全国本科院校机械类创新型应用人才培养规划教材

工程机械电气与电子控制

主编 钱宏琦
参编 陈伦军 周维粲
彭秀英 张大斌
胡 浩 钟丽琼

内 容 简 介

本书全面系统地论述了工程机械专业工程机械电气与电子控制课程的基础理论，介绍了目前流行的主要工程机械电气与电子控制的类型及控制手段。本书力求机电结合、理论联系实际，内容新颖，图文并茂，深入浅出，通俗易懂，注重引导性和实用性。

本书可作为高等院校工程机械专业学生的教材，也可供从事工程机械电气与电子控制工作的有关人员参考阅读。

图书在版编目(CIP)数据

工程机械电气与电子控制/钱宏琦主编. —北京：北京大学出版社，2016.3
（全国本科院校机械类创新型应用人才培养规划教材）
ISBN 978-7-301-26868-1

Ⅰ.①工… Ⅱ.①钱… Ⅲ.①工程机械—电气控制—高等学校—教材②工程机械—电子控制—高等学校—教材 Ⅳ.①TU6

中国版本图书馆CIP数据核字(2016)第025160号

书　　名 工程机械电气与电子控制
Gongcheng Jixie Dianqi yu Dianzi Kongzhi
著作责任者 钱宏琦　主编
策划编辑 童君鑫
责任编辑 黄红珍
标准书号 ISBN 978-7-301-26868-1
出版发行 北京大学出版社
地　　址 北京市海淀区成府路205号　100871
网　　址 http://www.pup.cn　新浪微博：@北京大学出版社
电子信箱 pup_6@163.com
电　　话 邮购部 62752015　发行部 62750672　编辑部 62750667
印 刷 者 北京溢漾印刷有限公司
经 销 者 新华书店
787毫米×1092毫米　16开本　24.5印张　572千字
2016年3月第1版　2016年3月第1次印刷
定　　价 54.00元

前　言

本书是根据“工程机械电气与电子控制教学大纲”和高校工程机械本科专业及近似专业的课程的基本教学要求编写而成的，同时考虑了从事工程机械电气与电子控制的广大工程技术人员的需要，并结合了编者多年从事相关科研实践与教学的经验。

“工程机械电气与电子控制”课程的特点是科技含量高、实践性较强。在教学过程中，必须加强课堂教学、生产实践和实习试验三方面的有机结合，以提高教学质量。

本书力求机电结合、理论联系实际，将元器件的介绍与其在工程机械控制系统中的应用紧密结合；编写体系新，内容全面、实用，由浅入深，重点突出。

全书除绪论外共10章，内容包括磁路和电路基础知识、工程机械电气控制基础、工程机械电器检测装置、可编程序控制器原理及应用、交流电动机变频调速技术、工程机械电子控制系统、塔式起重机电路控制、砂石料筛分楼电路、混凝土搅拌楼电路、混凝土振捣器和混凝土泵电路。

本书由钱宏琦担任主编，具体编写分工如下：绪论、第1～4章由钱宏琦编写，第5章由陈伦军编写，第6章由张大斌编写，第7～8章由周维綮编写，第9章由彭秀英编写，第10章由胡浩、钟丽琼编写。在本书的编写过程中，我们得到了邹建华、南冰等同志的大力支持，在此一并表示感谢。

本书篇幅较大，内容较多，如有不妥之处，敬请广大读者批评指正。

编　者

2015年12月

目　　录

绪论 …… 1

第 1 章　磁路和电路基础知识 …… 2

1.1　磁路和磁化 …… 4
1.2　电磁感应定律和电磁力定律 …… 9
1.3　电容和电感在直流电路中的过渡过程 …… 10
1.3.1　$R-C$ 电路的充电过程 …… 11
1.3.2　$R-C$ 电路的放电过程 …… 11
1.3.3　$R-L$ 电路的励磁过程 …… 12
1.3.4　$R-L$ 电路的消磁过程 …… 13
1.3.5　$R-L$ 电路的断开 …… 13
1.4　单相交流电路 …… 14
1.4.1　正弦交流电的三要素 …… 14
1.4.2　正弦交流电的相量表示法 …… 15
1.4.3　相量的加减运算 …… 16
1.4.4　交流纯电阻、纯电感和纯电容电路 …… 17
1.4.5　交流 $R-L$ 和 $R-C$ 串联电路 …… 18
1.4.6　交流 $R-L-C$ 串联电路 …… 20
1.4.7　交流 $R-L$ 和 $R-C$ 并联电路 …… 21
1.5　三相交流电路 …… 22
1.5.1　相序 …… 22
1.5.2　三相电源绕组的星形联结 …… 22
1.5.3　三相电源绕组的三角形联结 …… 23
1.5.4　三相负载的三角形联结 …… 24
1.5.5　三相负载的星形联结 …… 24
1.5.6　相序继电器 …… 26
1.5.7　三相负载的功率 …… 27
复习思考题 …… 27

第 2 章　工程机械电气控制基础 …… 29

2.1　常用工程机械电器 …… 31
2.1.1　非自动控制电器 …… 31
2.1.2　自动控制电器 …… 34
2.1.3　主令电器 …… 40
2.1.4　执行电器 …… 42
2.1.5　电阻器、电力制动器和集电环 …… 46
2.2　继电器-接触器控制的常用基本线路 …… 49
2.2.1　继电器-接触器自动控制线路的构成 …… 49
2.2.2　继电器-接触器自动控制的基本线路 …… 50
2.3　工程机械中常用的自动控制方法 …… 59
2.3.1　按行程的自动控制 …… 59
2.3.2　按时间的自动控制 …… 61
2.3.3　按速度的自动控制 …… 63
复习思考题 …… 64

第 3 章　工程机械电器检测装置 …… 66

3.1　概述 …… 68
3.2　温度传感器 …… 68
3.2.1　热敏电阻式传感器 …… 68
3.2.2　热敏铁氧体温度传感器 …… 69
3.2.3　热电偶式传感器 …… 70
3.3　转速传感器 …… 75
3.3.1　变阻式车速传感器 …… 75
3.3.2　测速发电机 …… 75
3.3.3　接近开关 …… 77
3.3.4　舌簧开关 …… 77
3.4　角位移传感器 …… 78

3.4.1 电位器式 …… 78
3.4.2 磁敏电阻式 …… 79
3.4.3 差动变压器 …… 79
3.5 电阻应变式称重传感器 …… 80
3.5.1 多种应变效应 …… 80
3.5.2 电阻应变片 …… 81
3.5.3 电阻应变式称重传感器 …… 82
复习思考题 …… 85

第4章 可编程序控制器原理及应用 …… 86

4.1 可编程序控制器简介 …… 88
4.1.1 可编程序控制器的定义 …… 88
4.1.2 可编程序控制器的特点 …… 88
4.1.3 可编程序控制器的工作原理 …… 88
4.1.4 可编程序控制器扫描工作方式 …… 89
4.1.5 可编程序控制器与普通计算机的比较 …… 90
4.1.6 可编程序控制器的分类 …… 90
4.2 可编程序控制器的产生与发展 …… 91
4.3 西门子 S7 系列可编程控制器 …… 92
4.4 西门子 S7－200 系列 PLC 的基本硬件组成 …… 94
4.4.1 基本单元 …… 94
4.4.2 扩展单元 …… 95
4.4.3 编程器 …… 95
4.5 西门子 S7－200 系列 PLC 的主要技术性能 …… 95
4.6 系统内部资源 …… 98
4.7 西门子 S7－200 系列 PLC 的编程语言及程序结构 …… 103
4.7.1 梯形图 …… 103
4.7.2 语句表 …… 106
4.7.3 功能块图 …… 106
4.8 西门子 S7－200 系列 PLC 的指令系统 …… 106
4.8.1 基本逻辑指令 …… 107
4.8.2 基本功能指令 …… 118
4.9 典型的简单应用程序 …… 129
4.10 PLC 的程序设计方法及应用 …… 135
4.10.1 经验设计法及应用 …… 136
4.10.2 随机逻辑控制一般编程方法及应用 …… 140
4.10.3 顺序控制的功能图法及应用 …… 143
复习思考题 …… 152

第5章 交流电动机变频调速技术 …… 155

5.1 鼠笼式异步电动机变压变频调速系统 …… 158
5.1.1 变频器的基本构成与分类 …… 158
5.1.2 模拟式 IGBT－SPWM－VVVF 交流调速系统 …… 161
5.1.3 数字式恒压频比控制交流调速系统 …… 163
5.2 矢量变换控制交流变频调速系统 …… 165
5.2.1 异步电动机矢量变换控制原理 …… 165
5.2.2 坐标变换与矢量变换 …… 166
5.2.3 异步电动机矢量控制变频调速系统的原理结构图 …… 168
5.3 由交-交变频器供电的同步电动机调速系统 …… 170
5.3.1 交-交变频器的基本工作原理 …… 170
5.3.2 交-交变频器的控制方式 …… 171
5.3.3 三相输出的交-交变频器主电路 …… 172
5.4 变频器的选择与使用 …… 175
5.4.1 通用变频器的功能 …… 175
5.4.2 通用变频器的结构 …… 175
5.4.3 变频器类型的选择 …… 176
5.4.4 变频器容量的选择 …… 176
5.4.5 变频器外围设备的应用及注意事项 …… 179
5.4.6 变频器外部接线与应用实例 …… 179

5.4.7　变频器的调试和运行步骤 …… 181

5.4.8　变频器的自身保护功能及故障分析 …… 182

复习思考题 …… 183

第6章　工程机械电子控制系统 …… 184

6.1　工程机械无级速度变换控制系统 …… 186

6.1.1　速度变换控制方式 …… 186

6.1.2　典型无级变速控制系统 …… 191

6.1.3　无级变速行驶控制 …… 194

6.1.4　制动控制系统 …… 196

6.1.5　特殊速度控制系统 …… 198

6.2　液压挖掘机电子控制系统 …… 205

6.2.1　电子监测控制系统 …… 205

6.2.2　电子功率优化控制系统 …… 207

6.2.3　工作模式控制系统 …… 209

6.2.4　自动怠速控制系统 …… 209

6.2.5　柴油发动机负荷电子控制系统 …… 210

6.2.6　挖掘机电子控制系统的故障诊断 …… 212

6.3　液压起重机电子控制系统 …… 214

6.4　自行式平地机的电子控制系统 …… 233

6.4.1　电子式调平装置 …… 233

6.4.2　激光式调平装置 …… 235

6.5　稳定土厂拌设备电子控制系统 …… 236

6.5.1　稳定土厂拌设备的电气系统 …… 236

6.5.2　物料计量控制技术 …… 237

复习思考题 …… 239

第7章　塔式起重机电路控制 …… 240

7.1　线绕式电动机的起动 …… 242

7.1.1　转矩平衡方程式 …… 242

7.1.2　线绕式电动机机械特性的改造 …… 242

7.1.3　附加电阻起动 …… 244

7.2　线绕式电动机的正反转和调速 …… 247

7.3　线绕式电动机的制动 …… 248

7.3.1　回馈制动 …… 249

7.3.2　反接制动 …… 250

7.3.3　能耗制动 …… 251

7.4　QT-60/80型塔式起重机简介 …… 252

7.4.1　结构简介 …… 252

7.4.2　行走机构 …… 253

7.4.3　回转机构 …… 254

7.4.4　变幅机构 …… 254

7.4.5　提升机构 …… 254

7.5　QT-60/80型塔式起重机电路 …… 256

7.6　QT-60/80型塔式起重机的操作和试运转 …… 264

7.6.1　操作程序 …… 264

7.6.2　试运转 …… 265

7.7　QT-60/80型塔式起重机电路故障的判断 …… 267

复习思考题 …… 268

第8章　砂石料筛分楼电路 …… 269

8.1　三相异步电动机的结构和工作原理 …… 271

8.1.1　基本结构 …… 271

8.1.2　工作原理 …… 273

8.1.3　转子绕组中的电动势、电流和频率 …… 275

8.2　三相异步电动机的工作特性 …… 276

8.2.1　转矩特性 …… 276

8.2.2　机械特性 …… 277

8.2.3　定子电压对电动机工作的影响 …… 278

8.2.4　三相鼠笼式电动机的直接起动 …… 278

8.2.5　三相鼠笼式电动机的调速 …… 279

8.2.6　三相异步电动机的断相运行 …… 279

8.3 电动机的发热、冷却和定额 …… 281
8.3.1 电动机的发热过程 …… 281
8.3.2 电动机的冷却过程 …… 281
8.3.3 电动机的定额 …… 282
8.4 筛分楼简介 …… 283
8.5 筛分楼电路 …… 285
8.5.1 主电路 …… 285
8.5.2 控制电路 …… 287
8.5.3 信号电路 …… 290
8.6 筛分楼的电气操作、试运转和故障判断 …… 291
8.6.1 电气操作 …… 291
8.6.2 电气试运转 …… 292
8.6.3 电路故障的判断 …… 293
复习思考题 …… 293

第9章 混凝土搅拌楼电路 …… 294

9.1 混凝土搅拌楼简介 …… 296
9.2 进料层电路 …… 300
9.2.1 骨料进料电路 …… 300
9.2.2 水泥进料电路 …… 304
9.3 配料层电路 …… 305
9.3.1 滤尘、通风和信号电路 …… 305
9.3.2 称量电路 …… 307
9.3.3 卸料电路 …… 311
9.4 搅拌层和出料层电路 …… 313
9.4.1 各工作机械的控制原理 …… 313
9.4.2 搅拌层电路动作原理 …… 316
9.4.3 搅拌层电路的联锁 …… 319
9.4.4 出料层电路 …… 319
9.5 搅拌楼的电气操作和试运转 …… 320
9.5.1 搅拌楼的电气操作 …… 320
9.5.2 搅拌楼的电气试运转 …… 321
9.6 搅拌楼电路故障的判断 …… 323
9.6.1 进料层电路故障的判断 …… 323
9.6.2 配料层电路故障的判断 …… 323
9.6.3 搅拌层电路故障的判断 …… 323
9.7 电子秤的工作原理 …… 324
9.7.1 传感器 …… 325
9.7.2 传感器桥路 …… 326
9.7.3 电子电位差计 …… 327
9.7.4 称量单元的实际电路 …… 327
9.7.5 给定单元的实际电路 …… 330
9.8 电子秤的稳压电源 …… 331
9.8.1 二极管和稳压管 …… 331
9.8.2 稳压电源实际电路 …… 332
9.9 电子秤的放大器 …… 334
9.9.1 变流级 …… 334
9.9.2 电压放大级 …… 336
9.9.3 功率放大级 …… 341
9.10 电子秤的执行机构 …… 344
9.10.1 可逆电机 …… 344
9.10.2 执行机构 …… 346
9.10.3 电子秤的输出电路 …… 347
9.11 电子秤的操作和故障检查 …… 348
9.11.1 电子秤的操作 …… 348
9.11.2 电子秤故障的检查 …… 349
复习思考题 …… 350

第10章 混凝土振捣器和混凝土泵电路 …… 351

10.1 混凝土振捣器 …… 353
10.2 变频机组 …… 359
10.3 振捣器电路 …… 360
10.4 振捣器的试运转和常见故障 …… 362
10.4.1 试运转 …… 362
10.4.2 使用注意事项 …… 363
10.4.3 常见故障 …… 363
10.5 日本700S-1型混凝土泵简介 …… 364
10.5.1 混凝土输送系统 …… 365
10.5.2 电液换向滑阀 …… 366
10.5.3 液压系统 …… 368
10.6 “星-三角”降压起动 …… 369
10.7 700S-1型混凝土泵电路 …… 370

10.8 700S-1型混凝土泵的操作和电路故障判断 …… 375
10.8.1 操作 …… 375
10.8.2 电路故障判断 …… 376
10.9 国产HB-30型混凝土泵电路 …… 376
复习思考题 …… 378
参考文献 …… 379

绪　论

“工程机械电气与电子控制”课程是一门以工程机械构造、电工学与电子学为基础，讲述工程机械所用的电气设备及检测设备的结构原理、特性及其使用与维修，以及可编程序逻辑控制器与变频器使用等内容的专业课。

该课程的特点是科技含量高、实践性较强。在教学过程中，必须加强课堂教学、生产实践和实习试验三方面的有机结合，以提高教学质量。

未来世界工程机械工业的竞争，是工程机械机电一体化、高新技术的竞争。从某种意义上来说，主要体现在工程机械电子化技术上。近几十年来，国外工程机械的机械部分变动不大，但在外形设计、内部布局和材料选用上改进较多，它的先进性主要体现在工程机械电子装置的选用上。从20世纪90年代以来，我国引进了几家世界著名工程机械生产厂的工程机械车型，并全力以赴实现配件国产化。在这二十几年的时间内，国内工程机械行业的综合技术水平得到了很大程度的提高。

工程机械工业在我国已被列入国家工业的重点产业。由于我国工程机械工业起步较晚，一个时期又踏步不前，在改革开放以后才以飞快的速度发展起来。预计在不久的将来，我国将有一批厂家的生产水平和设计能力达到世界先进水平，并且这些工程机械企业集团将会进入国际市场，参与工程机械工业的国际竞争。要实现上述宏伟目标，必须动员全国工程机械行业的专业技术人员，认真贯彻国家工程机械工业的产业政策，认清形势，找出差距，抓准时机，知难而进，勤奋学习，努力工作，为早日改变我国工程机械产品机电一体化技术落后的状况做出贡献。

当今，世界现代工程机械工业已经进入成熟期。国外各大工程机械公司为了进一步争夺世界工程机械市场，不断增加开发投资力度，试图从提高工程机械动力性、安全性、降低油耗、减少废气排放污染、改善施工舒适性和扩大自动化操纵的应用功能范围等方面继续发展，从而推动工程机械工业向高附加值方向发展。其重要的标志是工程机械技术向机电一体化迈进，工程机械电子化程度不断提高。特别是一些国际性的跨国工程机械公司都相继成立了工程机械电子研究中心。世界最著名的电器公司和计算机公司也积极地开拓工程机械电子产品市场，如德国的博世公司、西门子公司；英国的卢卡斯公司；法国的瓦雷奥公司；日本的日立公司、松下公司；美国的英特尔公司、摩托罗拉公司等。这预示着工程机械机电一体化技术的进程，将引起世界现代工程机械工业的重大改革。

第1章 磁路和电路基础知识

知识要点	掌握程度	相关知识
磁路	了解磁路的基本原理； 掌握磁路的基本计算公式	铁磁材料磁化曲线
交直流电路	了解电路的基本工作原理与组成； 熟悉常用电路的工作原理； 掌握常用电路的组成	电容和电感在直流电路中的过渡过程； 单相与三相交流电路； 三相交流电路的计算

导入案例

电磁学之父——法拉第

法拉第(图1.0)是英国物理学家，电磁场理论的创立者，于1791年出生在英国伦敦的一个铁匠家庭里，由于家境贫困，7岁上学，9岁辍学，12岁当了报童，13岁到一家印刷厂当订书学徒。他有强烈的求知欲，利用装订书和杂志的机会，如饥似渴地阅读物理、化学图书，并省吃俭用筹集钱来买些实验用品，自己试做书上的实验。他非常爱听英国化学家戴维的讲演。有一次他写了一封信并附上了自己听戴维讲演所做的笔记给戴维。戴维从中看出他的天分而赏识他，1813年收他为助手。法拉第帮助戴维做了不少工作。不久，开始独立研究化学。他最重要的贡献是1825年制取了苯。他还液化了氯气，并进行了一系列液化气体的工作，成功地运用了降低温度和增大压强相结合的方法来液化气体。

图1.0　电磁学之父——法拉第

1820年奥斯特发现了电流的磁效应后，法拉第开始对电磁学产生浓厚的兴趣。1821年，他在日记中写到“用磁产生电”。从此，他在长达10年的研究中，运用了多种方法，企图使磁产生电，但都告失败。1831年8月29日，他用软铁做了一个外径6in(1in=0.0254m)的铁心，缠上两组互相绝缘的线圈，一组接电流计，另一组接电池。当电池电路接通时，法拉第看见电流计指针偏转；电路断开时，指针又偏转。法拉第非常高兴，他领悟到这是一种“暂态现象”，并把这个实验起名为“伏打电感应”。随后他又用圆柱形磁铁插入接有电流计的闭合线圈中，仍有电流产生。1831年11月28日，法拉第向皇家学院报告了这一工作，并确定了“电磁感应定律”。一个划时代的发现就这样诞生了，从而为人类打开了电能的宝库，为现代电工学奠定了基础。

电路与磁路是现代控制系统的基础，我们的日常生活、工作都离不开电路与磁路。本章是学习后续章节的重要基础，认真学习本章，可为后续课程学习打下良好基础。

电路是由电气元件和设备组成的总体。它提供了电流通过的途径，进行能量的转换、电能的传输和分配，以及信号的处理等。例如，发电机将机械能转换为电能；电动机将电能转换成机械能；变压器和配电线路把电能分配给各用电设备；电子放大器或磁放大器可把所施加的信号经过处理后输出。

一台大型工程机械的电路是由若干简单电路组成的。因此，掌握简单电路的规律、特点和分析方法是学懂整机电路并指导实践的必要基础。为了满足初学电工者的要求和节省查阅参考书的时间，本章将对大型工程机械电路中必要的磁路和电路的基础知识进行重点介绍。

1.1 磁路和磁化

电和磁是紧密相关的，电流能产生磁场，而变动的磁场或导体切割磁力线又会产生电动势。初学电工者往往只注意电而不重视磁。其实在很多情况下没有磁路知识是不可能学懂电路的，如电机、变压器、互感器、接触器和磁放大器等的工作原理都与磁密切相关。

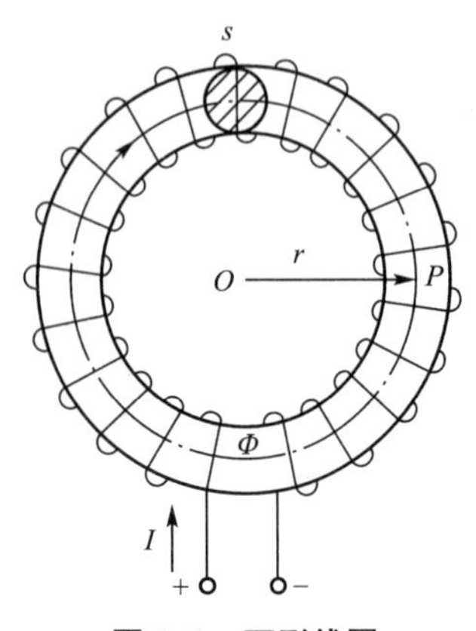

图 1.1 环形线圈

图 1.1 是一个均匀密绕的空心环形线圈，匝数为 w。当电流 I 通过线圈时，在环形线圈内就产生磁场。环内磁力线是一些以 O 为圆心的同心圆，其方向可用右手螺旋定则确定。磁力线通过的路径称为磁路，环形线圈的磁路是线圈所包围的圆环。

1. 磁感应强度

描述某点磁场强弱和方向的物理量称为磁感应强度。它不但有大小而且有方向，是一个矢量。它的方向与该点的磁力线方向一致。环形线圈内中心线上 P 点的磁感应强度大小为

$$B=\mu\frac{Iw}{2\pi r}=\mu\frac{Iw}{l} \tag{1-1}$$

式中，μ 为表征磁路介质对磁场影响的物理量，叫作磁导率；r 为 P 点到圆心的距离；l 为磁路的平均长度。

2. 磁通

为了描述磁路某一截面上的磁场情况，把该截面上的磁感应强度平均值与垂直于磁感应强度方向的面积 s 的乘积称为通过这块面积的磁通，即

$$\Phi=Bs \tag{1-2}$$

3. 磁场强度

为了排除介质对磁场的影响，使计算更加方便，引入磁场强度这个物理量，其定义为

$$H=\frac{B}{\mu} \tag{1-3}$$

环形线圈中 P 点的磁场强度为

$$H=\frac{B}{\mu}=\frac{Iw}{l} \tag{1-4}$$

4. 磁动势

环形线圈中的磁通是因为在 w 匝的线圈中通过电流 I 而产生的，所以仿照电路中电动势的意义把 w 与 I 的乘积称为磁动势。

$$[F]=Iw \tag{1-5}$$

5. 磁阻

描述磁路对磁通阻碍作用大小的物理量称为磁阻。一段磁路的磁阻 R_m 与磁路介质的磁导率及磁路截面成反比，与该段磁路的平均长度成正比，即

$$R_m=\frac{l}{\mu s} \tag{1-6}$$

6. 磁路欧姆定律

上述环形线圈磁路的截面和介质处处相同，而且没有分支，所以磁通也处处相同。对于这种简单磁路有

$$\Phi=Bs=\mu\frac{Iw}{l}s=\frac{Iw}{\frac{l}{\mu s}}=\frac{[F]}{R_m} \tag{1-7}$$

即简单磁路中的磁通与磁动势成正比，与磁阻成反比。

在一个磁路中绕有几个线圈并通以不同的电流，那么该磁路就有几个磁动势。磁动势在闭合回路中是有方向的，取决于电流的方向和线圈的绕向，即取决于该磁动势所产生的磁场的方向，也用右手螺旋定则确定。在多磁动势的磁路中磁通是几个磁动势共同作用的结果，总磁动势是几个磁动势的代数和，即

$$[F]=[F_1]+[F_2]+\cdots=I_1w_1+I_2w_2+\cdots \tag{1-8}$$

实际磁路的截面或介质经常不是处处相等的。例如，接触器的磁路一段是铁心，另一段是空气隙。此时磁阻要分段计算，总磁阻是各段磁阻之和，即

$$R_m=R_{m1}+R_{m2}+\cdots \tag{1-9}$$

对于多磁动势多段的无分支磁路，磁通与总磁动势成正比，与总磁阻成反比，即

$$\Phi=\frac{[F_1]+[F_2]+\cdots}{R_{m1}+R_{m2}+\cdots}=\frac{[F]}{R_m} \tag{1-10}$$

在磁通、介质和截面部处处相等的一段磁路中，磁感应强度和磁场强度也沿该段磁路处处相等，因此该段磁路中的磁通为

$$\Phi=Bs=\mu Hs=\frac{Hl}{\frac{l}{\mu s}}=\frac{Hl}{R_m} \tag{1-11}$$

式中，Hl 为该段磁路的磁压降。式(1-11)就是一段磁路的磁路欧姆定律，它说明一段磁路的磁通与该段磁路的磁压降成正比，与该段磁路的磁阻成反比。

7. 铁磁物质的磁化

图 1.2 所示为一个匝数为 w，磁路平均长度为 l，截面为 s 的铁心线圈。在线圈未通电流之前铁心不具有磁性，通电流以后就呈现磁性，而且磁感应强度比空气心时大得多，这种现象称为铁

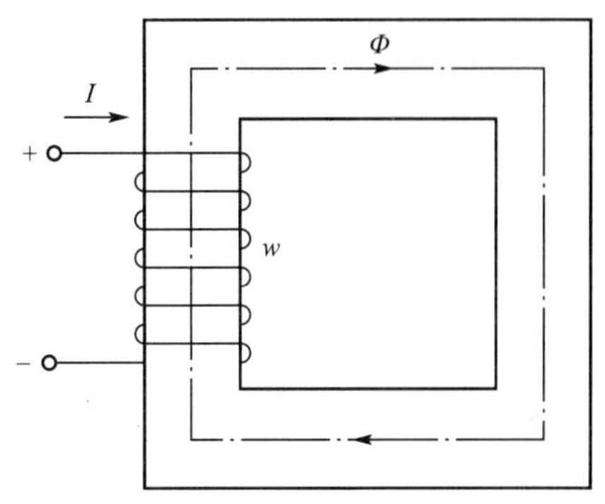

图 1.2 铁心线圈

磁物质被磁化。

8. 起始磁化曲线

当电流 I 从零逐渐增大时，铁心中的磁感应强度按式(1－12)的规律增长，即

$$B=\mu H=\mu\,\frac{Iw}{l} \tag{1-12}$$

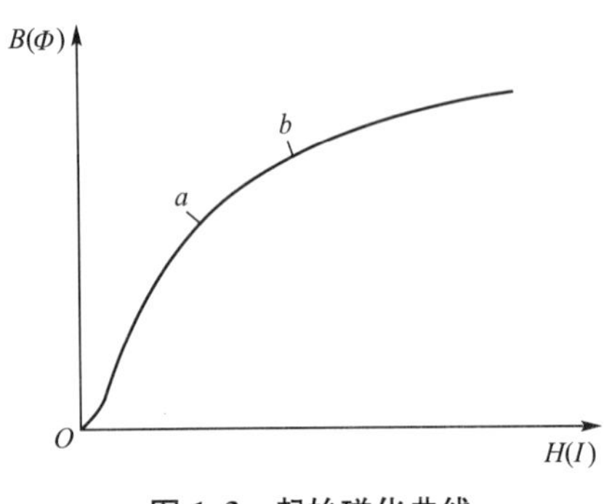

图 1.3　起始磁化曲线

图 1.3 是用实验方法测得的 B 随 H 而增长的关系曲线，叫作起始磁化曲线。对于已经制成的铁心线圈，s、w、l 都是常数，Φ 与 B 成正比，I 与 H 成正比，故也可把磁化曲线看成 Φ 与 I 的关系曲线。

在磁化曲线的 Oa 段，B 几乎随 H 直线增长，具有正比关系，电机和变压器等通常工作于这一段。在 ab 段 B 的增长速率减慢，叫作磁化曲线的膝部。在 b 点以后，B 增长得十分缓慢，称为磁化曲线的饱和段。饱和现象是铁磁物质的一个重要特性，对电气设备和电路的工作有重大影响。例如，电机和变压器若因故工作于饱和段，则励磁电流就会大大增加，引起过热，甚至烧坏；而磁放大器则利用饱和现象起放大作用。

9. 磁滞回线

给线圈通以如图 1.4 所示的交变电流 i，使磁场强度在正最大值 H_m 到负最大值 $-H_m$ 之间变化，就可得如图 1.5 所示的磁化曲线。第一次 H 从零增加到 H_m 时，B 从零沿起始磁化曲线增到 a 点(H_m，B_m)。此后 H 减小，但 B 并不沿原曲线而是沿 ab 曲线下降。当 H 减小到零时，B 下降到 b 点(O，B_r)，这说明外加磁场强度消失后铁心中仍保留有一定的磁感应强度 B_r，称为剩磁。要消除剩磁必须加反向磁场强度，当 H 反向增加到 $-H_c$ 时，B 下降到 c 点($-H_c$，O)，剩磁全部消除。消去剩磁所必需的反向磁场强度 $-H_c$ 叫作矫顽力。此后，B 沿曲线 $cdefa$ 而回到 a 点。电流每交变一周，B 就沿闭合回线 $abcdefa$ 循环一周。铁磁物质中的磁感应强度总是滞后于外加磁场强度的变化，故把这条闭合回线叫作磁滞回线。

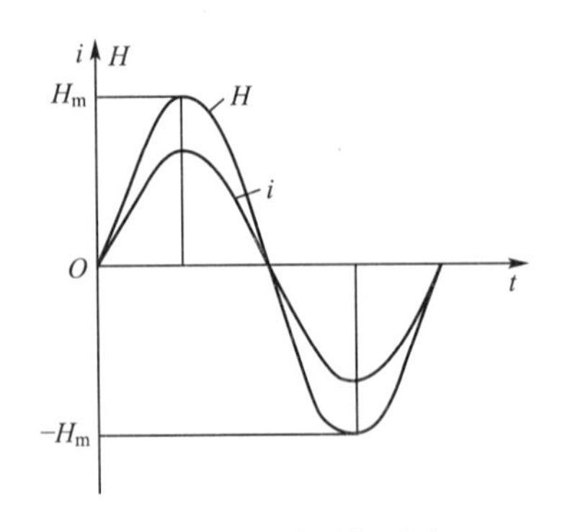

图 1.4　交变磁场强度

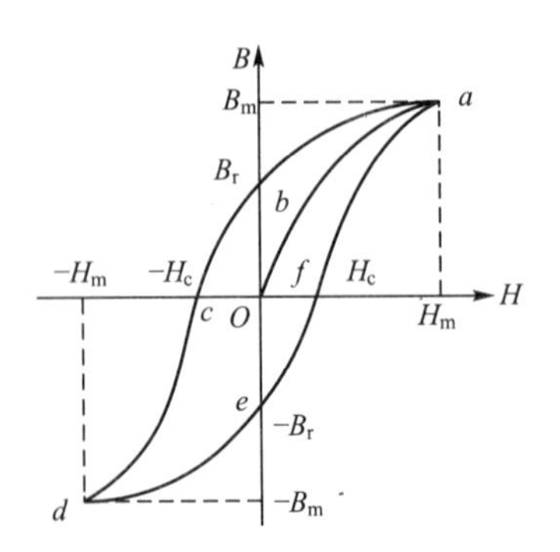

图 1.5　磁滞回线

铁磁物质反复磁化要在铁心内部损失一部分能量并转变为热能，叫作磁滞损耗。反复磁化一周所损耗的能量与磁滞回线所包围的面积成正比，因此在交变磁化的情况下总希望选用磁滞回线面积小的铁心材料。

10. 平均磁化曲线

以不同的磁场强度最大值对铁心进行反复磁化，可得一系列大小不同的磁滞回线，如图 1.6 所示连接各磁滞回线的顶点即得平均磁化曲线，它与起始磁化曲线很接近。常用铁磁材料的基本磁化曲线如图 1.7 所示。

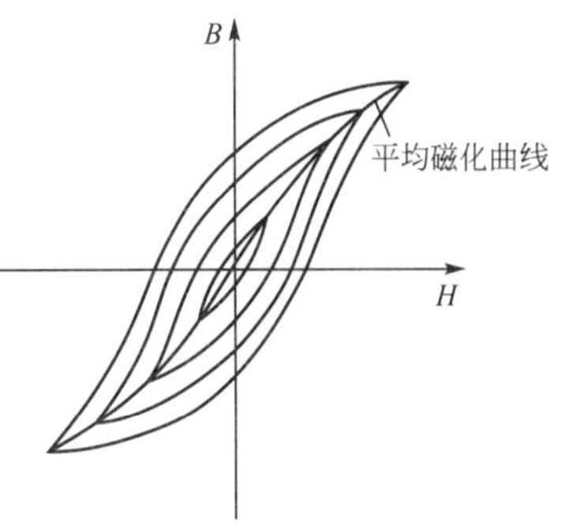

图 1.6　平均磁化曲线

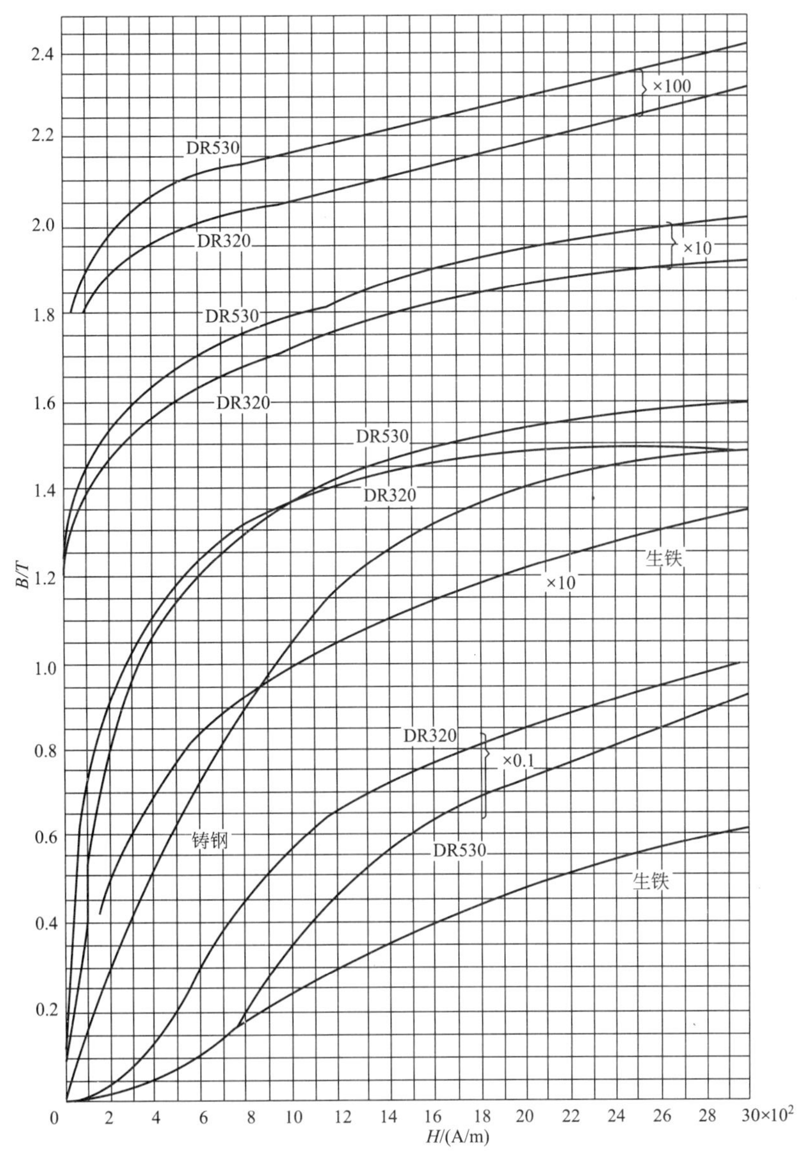

图 1.7　常用铁磁材料的基本磁化曲线

11．直流磁导率

在铁心被直流磁化的情况下应使用直流磁导率 μ_d。根据式(1－12)，如图 1.8 中 P 点的直流磁导率为

$$\mu_d=\frac{B_d}{H_d} \tag{1-13}$$

实际上 μ_d 就是线段 OP 的斜率，即 $\tan\alpha_d=B_d/H_d=\mu_d$，在磁化曲线的 Oa 段 μ_d 可以认为是常数，以后 μ_d 随 H 的增加而减小，可见铁磁物质的直流磁导率不是常数。

12．交流磁导率

磁放大器的铁心处于交直流混合磁化的状态下，要反映磁场强度交流成分对磁感应强度交流成分的影响，必须使用交流磁导率 μ_a。如图 1.8 所示，在磁场强度的直流成分 H_d上叠加着一个交流成分 $\Delta H=H''-H'$，与此相应在磁感应强度的直流成分 B_d 上叠加着一个交流成分 $\Delta B=B''-B'$，铁心工作在 P'点和 P''点之间。P 点的交流磁导率为

$$\mu_a=\frac{\Delta B}{\Delta H} \tag{1-14}$$

其实 μ_a 就是线段 $P'P''$的斜率 $\tan\alpha_a=\Delta B/\Delta H=\mu_a$。当磁场强度的交流成分 ΔH 越来越小时，线段 $P'P''$也越来越靠近磁化曲线在 P 点的切线，因此磁化曲线某点的交流磁导率 μ_a 可定义为该点切线的斜率。

铁磁物质交流磁导率 μ_a 随直流磁场强度 H_d的变化曲线 $\mu_a=f(H_d)$如图 1.9 所示。

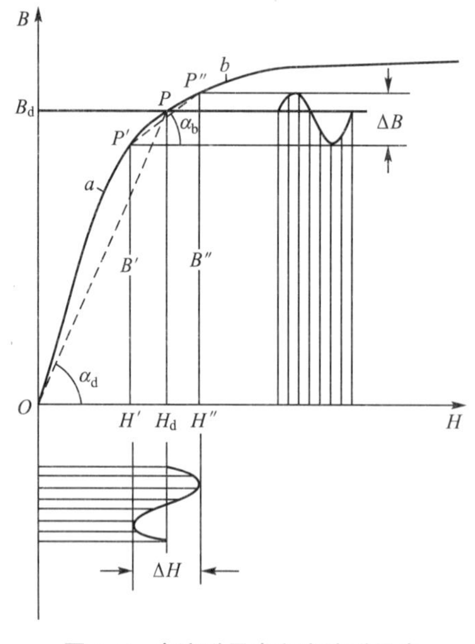

图 1.8　直流磁导率和交流磁导率

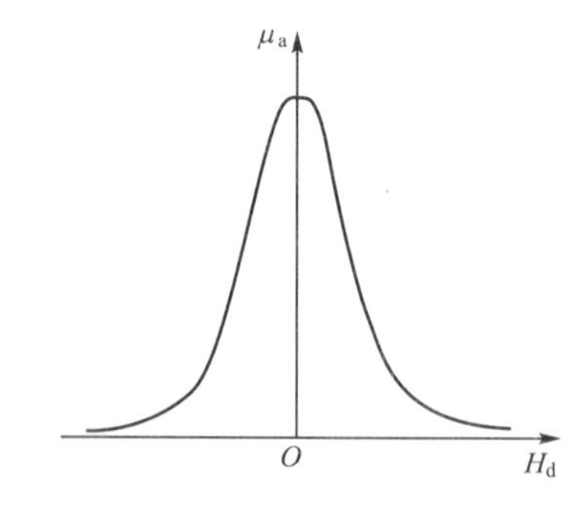

图 1.9　$\mu_a=f(H_d)$曲线

13．软磁材料

矫顽力很小的铁磁物质称为软磁材料，如铁、硅钢片、坡莫合金等。优良的软磁材料

要求剩磁小，矫顽力小(容易消除剩磁)，磁滞回线狭长(磁滞损耗小)，磁导率大，磁感应强度的最大值大。硅钢片和坡莫合金就是优良的软磁材料。交流铁心和失电后要求立即失磁的直流铁心都应以优良的软磁材料制成。

铁磁物质是理想软磁材料，它的交流磁导率等于无穷大，矫顽力等于零，磁感应强度最大值很大，它具有如图 1.10 所示的磁滞回线。优良的坡莫合金具有如图 1.11 所示的磁滞回线，很接近于理想的软磁材料。坡莫合金的缺点是价格贵，受振动或变形会使磁导率大大降低，因此安装、使用和维修时都要特别注意。

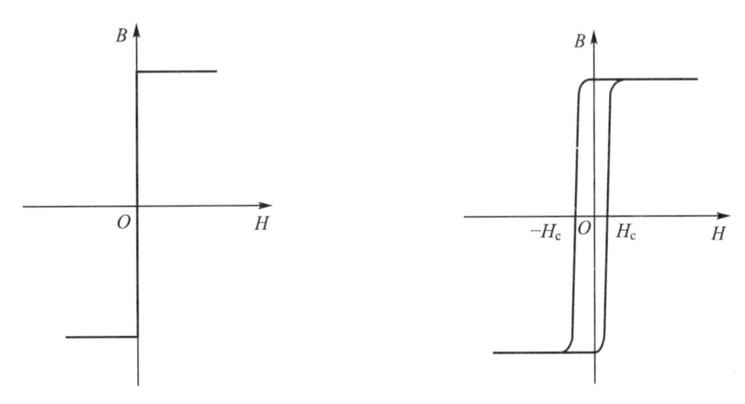

图 1.10　理想软磁材料的磁滞回线　　**图 1.11　坡莫合金的磁滞回线**

1.2　电磁感应定律和电磁力定律

1. 直线导体中的感应电动势

长度为 l 的直线导体以 u 的速度作垂直于磁场方向的运动而切割磁力线时，在导体内将产生感应电动势，这种现象叫作电磁感应现象。感应电动势 e 的大小与磁感应强度 B、导体切割磁力线的速度 u 及导体的长度 l 成正比，即

$$e=Blu \tag{1-15}$$

感应电动势的方向用右手定则确定。

2. 线圈中的感应电动势

当线圈所包围的面积中磁通的大小或方向发生变化时，在线圈中就要产生感应电动势，感应电动势的大小与磁通的变化率 $\Delta\Phi/\Delta t$ 成正比。单匝线圈的感应电动势为

$$e=-\frac{\Delta\Phi}{\Delta t} \tag{1-16}$$

线圈的匝数为 w 的感应电动势为

$$e=-w\frac{\Delta\Phi}{\Delta t} \tag{1-17}$$

感应电动势的方向用楞茨定律确定。按楞次定律，感应电动势总是企图沿着自己的方向产生一个感应电流，以便阻碍原来磁通的变化。由于习惯上把磁通和感应电动势的正方

向规定为符合右手螺旋定则。当磁通增加时($d\Phi/dt>0$)，根据楞次定律，感应电动势的实际方向与正方向相反，应为负值；反之，当磁通减少时，($d\Phi/dt<0$)，感应电动势应为正值。为了使式(1-16)和式(1-17)不仅能表明感应电动势的大小，而且还能反映它的方向，故在公式前置一负号。

3. 自感电动势

当流过线圈的电流发生变化时，穿过线圈的磁通也要发生变化而产生感应电动势。该电动势是由线圈自身电流的变化而产生的，故称为自感电动势。根据楞茨定律，自感电动势的方向总是阻碍电流(或磁通)的变化。

由式(1-1)和式(1-2)，对于环形线圈中的磁通 Φ 与电流 i 有如下关系，即 $\Phi=\mu\frac{ws}{l}i$。因此，自感电动势为

$$e_L=-w\frac{\Delta\Phi}{\Delta t}=-\mu w^2\frac{s}{l}\frac{\Delta i}{\Delta t}=-L\frac{\Delta i}{\Delta t} \tag{1-18}$$

式(1-18)说明自感电动势与流过线圈的电流变化率$\frac{\Delta i}{\Delta t}$成正比。

4. 自感系数

式(1-18)中的系数 L 称为线圈的自感系数，简称电感。

$$L=\mu w^2\frac{s}{l}\quad(\text{环形线圈}) \tag{1-19}$$

一个线圈的电感除了与线圈本身的结构有关之外，还与磁路的介质有关。空气的磁导率是常数，所以空气心线圈的电感是一个常数，可是铁心线圈的电感不是常数。

5. 电磁力定律

一根长度为 l、通过的电流为 I 的直线导体处于磁力线与导体垂直的磁场中将受到力的作用。这个力称为电磁力，其大小为

$$F=BlI \tag{1-20}$$

其方向用左手定则确定。

1.3 电容和电感在直流电路中的过渡过程

在大型工程机械的生产过程中，过渡过程是一种常见的现象。例如，吊车机要将重物吊到一定的高度至少要经过下列状态：静止→起动加速→匀速提升→制动减速→静止。其中“静止”和“匀速”属于稳定状态，简称稳态；“起动”和“制动”则属于过渡状态，简称动态或暂态。在稳态下，各物理量(如转速和电流等)都是确定的，但是在动态下各物理量则处于变化过程中。无论是机械系统还是电气系统，从一种稳态转变到另一种稳态的过程就称为过渡过程。

过渡过程的时间一般并不长，但却很重要，因为在过渡过程中无论是机械系统还是电气系统都会产生冲击现象，弄得不好很容易损坏机电设备。

1.3.1 *R*－*C* 电路的充电过程

图 1.12 所示为 $R-C$ 充电电路。当 K 接通时直流电源 U 就向电容 C 充电，电容端电压 u_C 和逐渐升高到 $u_C=U$ 时充电才结束，此后电流 $i=0$。

电容端电压 u_C 和充电电流 i 随时间 t 的变化规律如下：

$$u_C=U(1-e^{-\frac{t}{RC}})=U(1-e^{-\frac{t}{\tau}}) \tag{1-21}$$

$$i=\frac{U}{R}e^{-\frac{t}{RC}}=I_0e^{-\frac{t}{\tau}} \tag{1-22}$$

根据式(1－21)和式(1－22)绘成的电容充电曲线如图 1.13 所示。

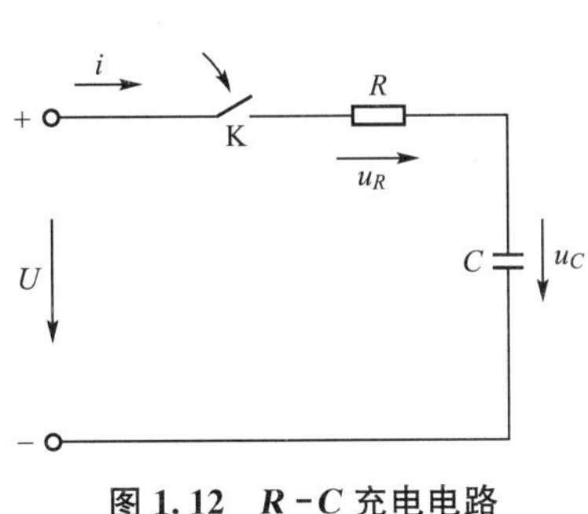

图 1.12 *R*－*C* 充电电路

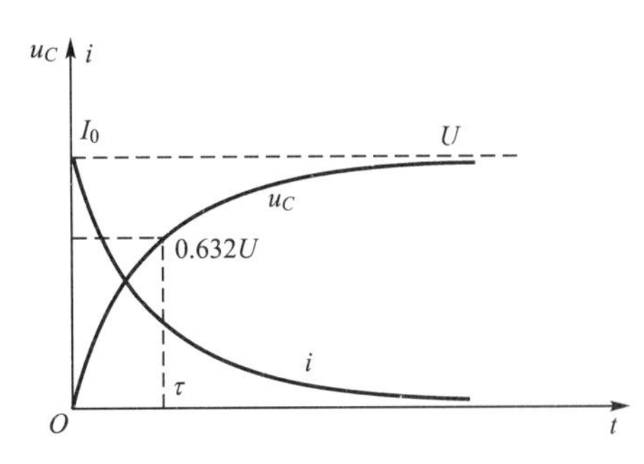

图 1.13 电容充电曲线

(1) 电容的端电压按指数规律从零增长到与电源电压相等。这说明电容器的端电压是不可能跃变的。

(2) 充电电流从开始的 $I_0=\dfrac{U}{R}$ 按指数规律衰减到零。这说明，一个电容器只有在暂态下才能通过直流电，在稳态下则阻止直流电通过。

(3) $\tau=RC$ 叫作充电时间常数。当 $t=\tau$ 时，$u_C=0.632U$。电容充电的快慢只决定于 RC 值，它越大充电越慢。

(4) 电容充电过程在理论上要经过无限长时间才能结束，在工程上则认为 $t=4\tau$ 时充电就已结束。

1.3.2 *R*－*C* 电路的放电过程

图 1.14 所示为 $R-C$ 放电电路。设电容器的端电压原来已被充到 U_C。当 K 接通时，电容器就对电阻放电，直到电容器上储存的电荷放完为止。

$R-C$ 电路的放电规律如下

$$u_C=U_Ce^{-\frac{t}{RC}}=U_Ce^{-\frac{t}{\tau}} \tag{1-23}$$

$$i=\frac{U_C}{R}e^{-\frac{t}{RC}}=I_0e^{-\frac{t}{\tau}} \tag{1-24}$$

根据式(1－23)和式(1－24)绘成的电容器放电曲线如图 1.15 所示。

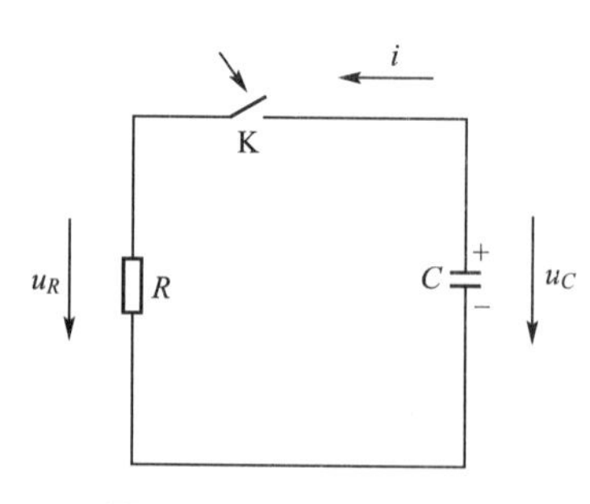

图 1.14　*R*-*C* 放电电路

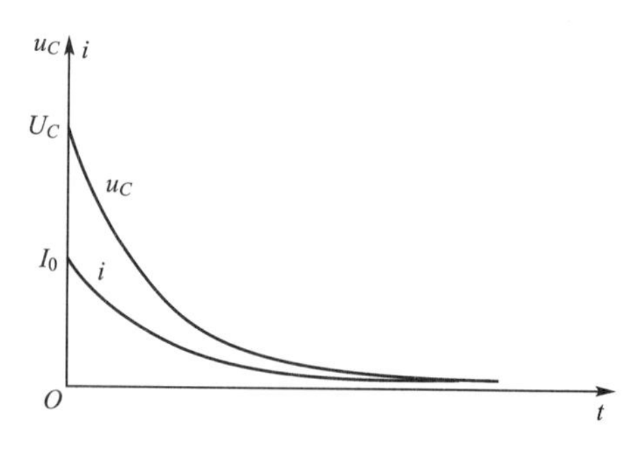

图 1.15　电容放电曲线

电容器放电时，其端电压和放电电流都按指数规律下降，放电的快慢取决于放电时间常数 $\tau=RC$。

1.3.3　*R*-*L* 电路的励磁过程

图 1.16 所示为 $R-L$ 励磁电路。当 K 接通时，电感线圈 L 中流过励磁电流而产生磁通，同时产生自感电动势 e_L，阻碍电流的变化。在励磁过程中电流是逐渐增大的，所以自感电动势的实际方向与电流的方向相反，起阻碍电流的作用，如图 1.16 中虚线箭头所示。

励磁电流和自感电动势都按指数规律变化

$$i=\frac{U}{R}(1-e^{-\frac{Rt}{L}})=I_W(1-e^{-\frac{t}{\tau}}) \tag{1-25}$$

$$e_L=Ue^{-\frac{Rt}{L}}=Ue^{-\frac{t}{\tau}} \tag{1-26}$$

根据式(1-25)和式(1-26)绘成的电感励磁曲线如图 1.17 所示。

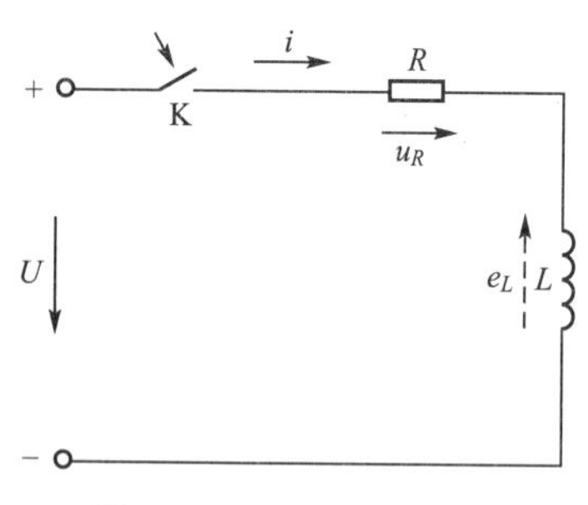

图 1.16　*R*-*L* 励磁电路

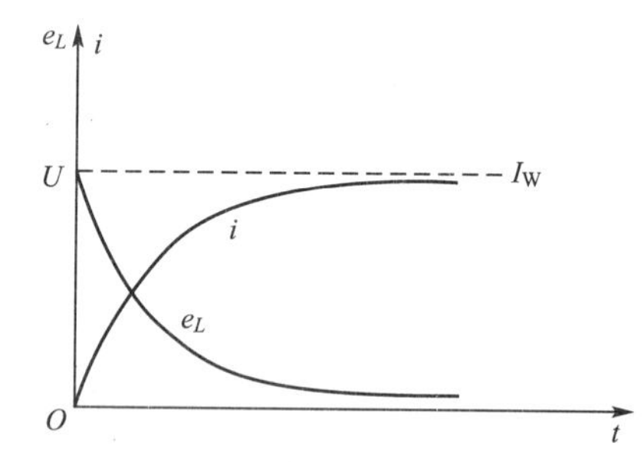

图 1.17　电感励磁曲线

(1) 励磁电流从零逐渐增长到稳态值 $I_W=\frac{U}{R}$，说明电感中的电流是不可能跃变的。

(2) 自感电动势从初始值 U 衰减到零，说明一个电感只有在暂态下才有阻碍直流电的作用，在稳态下则可以毫无阻碍地通过直流电。

(3) $\tau=\frac{L}{R}$是电感线圈的励磁时间常数。电感励磁的快慢取决于比值 L/R，它越大则励磁越慢。

(4) 电感励磁在理论上也要经过无限长的时间才能结束，工程上则认为 $t=(3\sim4)\tau$ 时就已结束。

1.3.4 *R*-*L* 电路的消磁过程

图1.18所示为$R-L$消磁电路。在K断开时刻，由于直流电源U的作用在电感L中已经流过电流I_0。K断开以后电感脱离电源，与电阻R接成闭合回路，电流逐渐减小，同时产生与电流方向相同的自感电动势，企图阻止电流的减小。

消磁电流和自感电动势也按指数规律变化。

$$i=I_0e^{-\frac{Rt}{L}}=I_0e^{-\frac{t}{\tau}} \tag{1-27}$$

$$e_L=u_R=I_0Re^{-\frac{Rt}{L}}=E_0e^{-\frac{t}{\tau}} \tag{1-28}$$

根据式(1-27)和式(1-28)绘成的电感消磁曲线如图1.19所示。

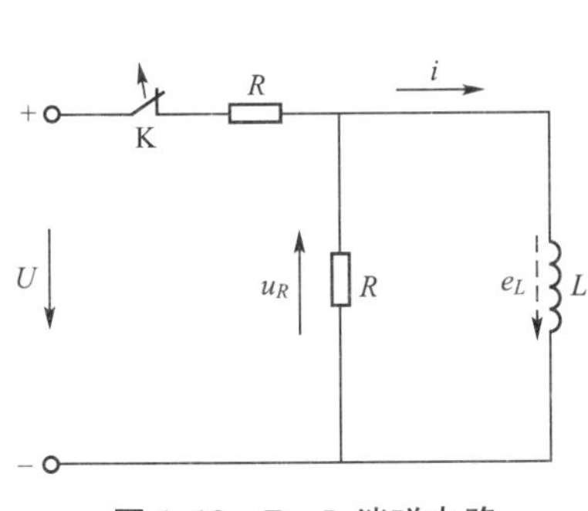

图1.18 *R*-*L* 消磁电路

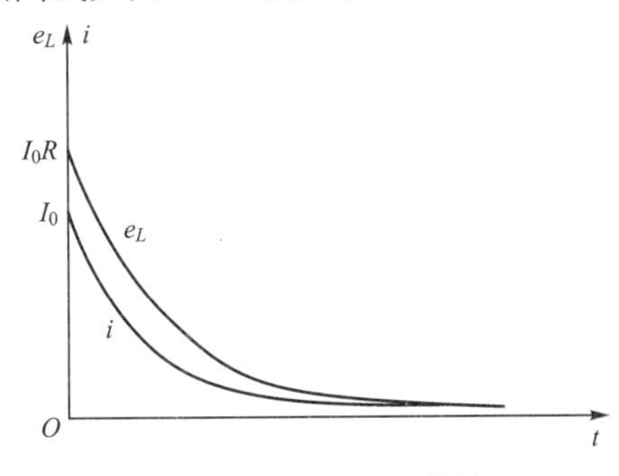

图1.19 电感消磁曲线

在电感的消磁过程中电流和自感电动势都是逐渐减小到零的，消磁的快慢取决于消磁时间常数$\tau=L/R$，消磁电阻R越大，消磁过程越快，但是初始时刻的自感电动势$E_0=I_0R$也越大，这容易造成过电压而损害绝缘或硅元件。

1.3.5 *R*-*L* 电路的断开

图1.20所示为$R-L$电路断开的情况。当K断开时，似乎电路中的电流立即从原有值变为零。实际上由于电感电流的减小立即产生一个自感电动势，在开关的断开点上出现一个高电压将空气击穿，产生电弧，使电流继续流通，保证电流不发生跃变。以后随着自感电动势的减小，开关断开距离的拉大，电流衰减为零，电路才真正断开。

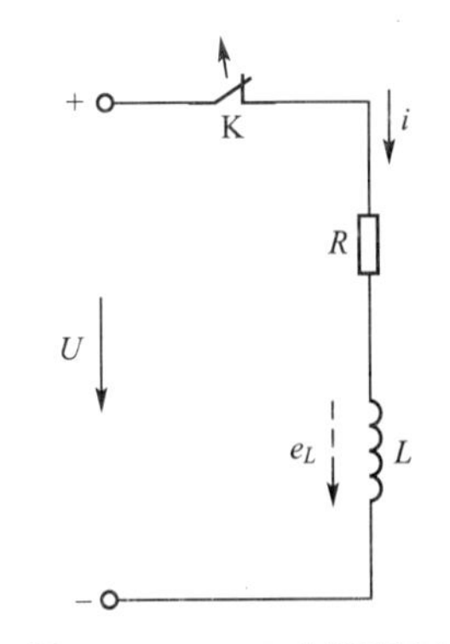

图1.20 *R*-*L* 电路断开

若断开前的电感电流比较大，开关断开的速度又比较快(某些新型号的自动开关和熔断器的断开速度相当快)，则自感电动势相当大，不但使触头因强烈的电弧而灼伤，而且造成整个电路过电压。这种过电压是因操作而造成的，故称为操作过电压。

为了保证电路的安全运行，必须设法限制操作过电压，或对过电压很敏感的硅元件采取保护措施。图1.21所示为操作过电压的常用保护方法。

图1.21(a)所示为在电感线圈两端并联一个消磁电阻R，把自感电动势的初始值限制在IR之内。R的阻值应选择适当，阻值过大则自感电动势过高；阻值过小，不但浪费电能而且电感消磁过慢，会造成制动电磁铁或接触器等的延时释放。

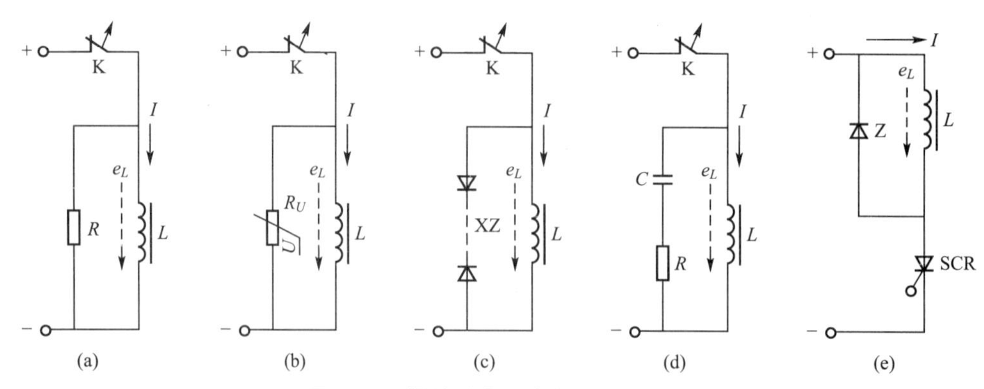

图 1.21　操作过电压的常用保护方法

图 1.21(b)所示为在电感线圈两端并联一个压敏电阻 R_U。压敏电阻的阻值随所加的电压而变化，在正常电压下呈高阻状态，过电压时阻值急剧减小，电压恢复正常时又自动恢复高阻状态，因此可以起过电压保护作用。

图 1.21(c)所示为在电感线圈两端并联一个串联反接的硒堆 XZ。硒堆本来是作整流用的，其反向电阻具有与压敏电阻相似的特性，故可以串联反接起来作过电压保护用。

图 1.21(d)所示为在电感线圈两端并联一个 $R-C$ 串联电路，习惯上称为阻容吸收电路。它是利用电容两端电压不可能突变的原理而起过电压保护作用的。R 是阻尼电阻，防止 L 与 C 并联而引起谐振。

图 1.21(e)所示为在电感线圈两端并联一只放电二极管 Z。正常工作时二极管上加反向电压而截止，晶闸管关断时自感电动势使二极管加正向电压而导通，将自感电动势短接。这只二极管的极性不可接错。

R_U、XZ 和 RC 并联在被保护电路或元件的两端，保护原理是相同的。

1.4　单相交流电路

电路中的电动势、电流、电压的大小和方向按正弦规律周期性变化的称为正弦交流电，简称交流电。按相数，交流电又分为单相交流电和三相交流电。

1.4.1　正弦交流电的三要素

正弦交流电势(或电压、电流)的瞬时值表达式如下

$$e=E_m\sin(\omega t+\psi) \tag{1-29}$$

式中，E_m是正弦交流电势的最大值；ω 是电角频率(rad/s)；ψ 是初相角。三者总称为正弦交流电的三要素。

图 1.22 是正弦交流电动势的波形图。图中 T 是正弦交流电变化一周所需要的时间，叫作周期。交流电在 1s 内所完成的周期数称为频率 f，单位是 Hz。T、f、ω 三者之间有如下关系

$$\left.\begin{aligned} &T=\frac{1}{f}\quad 或\quad f=\frac{1}{T} \\ &\omega=\frac{2\pi}{T}=2\pi f \end{aligned}\right\} \tag{1-30}$$

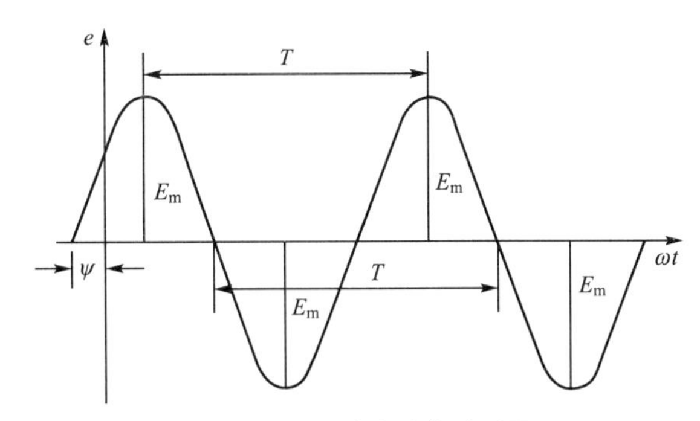

图 1.22 正弦交流电波形图

1.4.2 正弦交流电的相量表示法

用瞬时值表达式或波形图进行几个正弦交流电量的加减运算是相当繁复的，若用相量来表示，则电路运算和分析就简便得多。

相量表示法如下：在平面直角坐标系上从原点出发作一个带箭头的线段 OA，其长度等于正弦量的最大值(E_m)，它与横轴的夹角等于初相角 ψ，并使它绕原点以电角频率 ω 按逆时针方向旋转。这个带箭头的线段就称为旋转相量 E_m，简称相量，如图 1.23 所示。

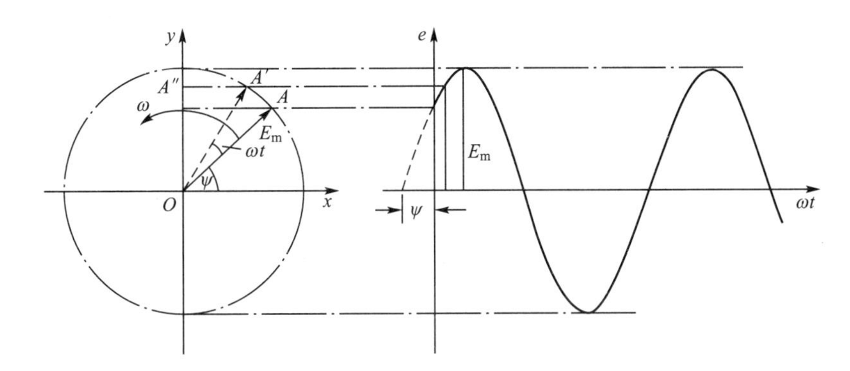

图 1.23 正弦交流电的相量表示法

相量不但可以完整地表示出正弦交流电的三要素，而且能通过相量在纵轴上的投影来求得其瞬时值。如图 1.23 所示，在任一瞬时 t，相量转过了 ωt，处于 OA'位置，此时它在纵轴上的投影为 $OA''=E_m\sin(\omega t+\psi)=e$，即正弦交流电的瞬时值。

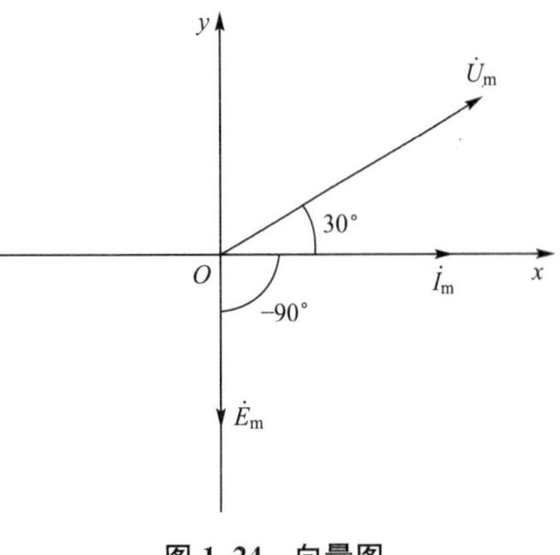

图 1.24 向量图

把几个频率相同的互相有关系的相量画在一张图中，称为相量图。由于这些相量的角频率相同，因此旋转到任一时刻，它们的相对位置是不变的。在实用中只重视各相量之间的相位差，所以不必标明角频率、旋转方向及初相位。通常选定某一个作为参考相量，画在直角坐标系的特定位置上(一般选在横轴或纵轴上)，其他相量则必须依据与参考相量的相位差依次画出。图 1.24 是$\dot{I}_m$、$\dot{U}_m$、和$\dot{E}_m$ 的相量图，以$\dot{I}_m$ 为参考相量，

$\dot{U}_m$ 超前于$\dot{I}_m 30°$，$\dot{E}_m$ 滞后于$\dot{I}_m 90°$。

为了简化相量图，通常不画出坐标轴。因为正弦量的有效值使用得最多，相量的长度也可以代表有效值，叫作有效值相量，并用 $\dot{I}$、$\dot{U}$、$\dot{E}$ 等表示。有效值相量在纵轴上的投影不代表瞬时值。

1.4.3 相量的加减运算

1. 相量加法

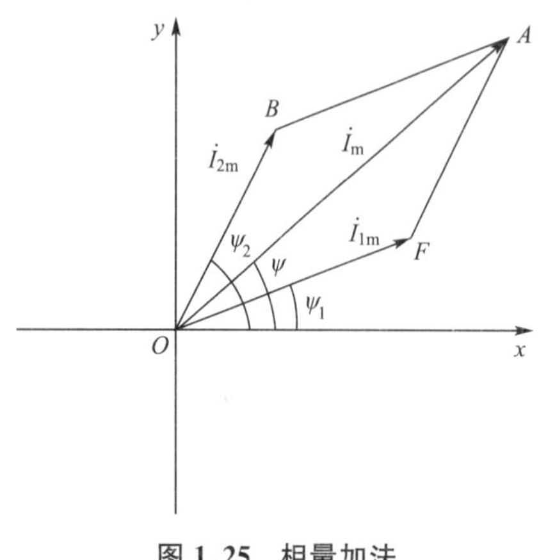

图 1.25 相量加法

如图 1.25 所示，$\dot{I}_{1m}$和$\dot{I}_{2m}$两个相量相加，先作平行四边形 $OBAF$，再连接 OA，即得相量之和 $\dot{I}_m$。$\dot{I}_m$的最大值和初相位可从图中测出，也可用几何方法算出。

相量加法的数学表达式是

$$\dot{I}_m = \dot{I}_{1m} + \dot{I}_{2m}$$

2. 相量减法

相量减法可变成加法来进行。如图 1.26 的两相量相减$\dot{I}_{1m} - \dot{I}_{2m}$先作一个与$\dot{I}_{2m}$大小相等方向相反的新相量$-\dot{I}_{2m}$，然后根据$\dot{I}_{1m}$和$\dot{I}_{2m}$作平行四边形相加，得相量差

$$\dot{I}_m = \dot{I}_{1m} + (-\dot{I}_{2m}) = \dot{I}_{1m} - \dot{I}_{2m}$$

3. 相量加减混合简便法

为了进一步简化作图步骤，几个相量相加减一般不作平行四边形，而采用平行移动首尾相接的简便方法。如图 1.27 中有 4 个相量相加减($\dot{I}_{1m} + \dot{I}_{2m} - \dot{I}_{3m} + \dot{I}_{4m}$)，选$\dot{I}_{1m}$为基础，平移$\dot{I}_{2m}$使其首端接到$\dot{I}_{1m}$的尾端上，然后同样平移$-\dot{I}_{3m}$和$\dot{I}_{4m}$，最后连接 OA，即得总相量($\dot{I}_{1m} + \dot{I}_{2m} - \dot{I}_{3m} + \dot{I}_{4m}$)。

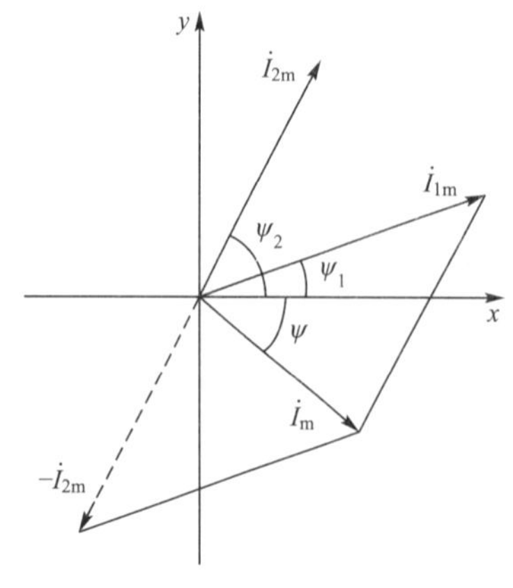

图 1.26 相量减法

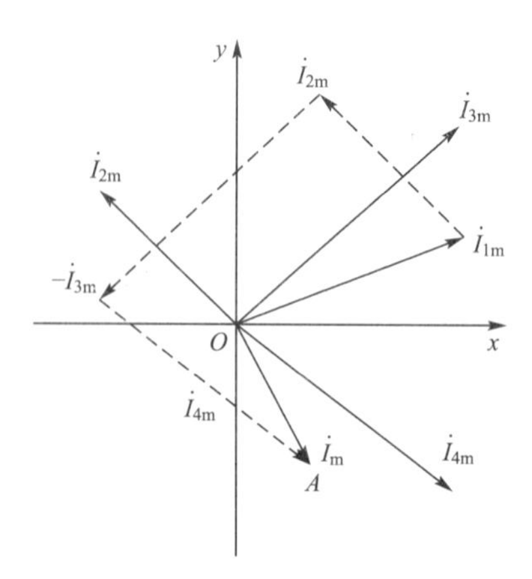

图 1.27 相量加减混合简便法

1.4.4 交流纯电阻、纯电感和纯电容电路

在实际的交流电路中绝对的纯电阻或纯电感或纯电容电路是不存在的。但是，在分析一个实际电路时，可以把它看成是纯电阻、纯电感和纯电容组成的等效电路。交流纯电阻、纯电感和纯电容电路如图 1.28 所示。

1. 电流和电压的有效值关系

电阻、电感、电容对交流电都有阻碍作用，其电流和电压的有效值关系也具有欧姆定律的形式。

纯电阻
$$I=\frac{U_R}{R} \tag{1-31}$$

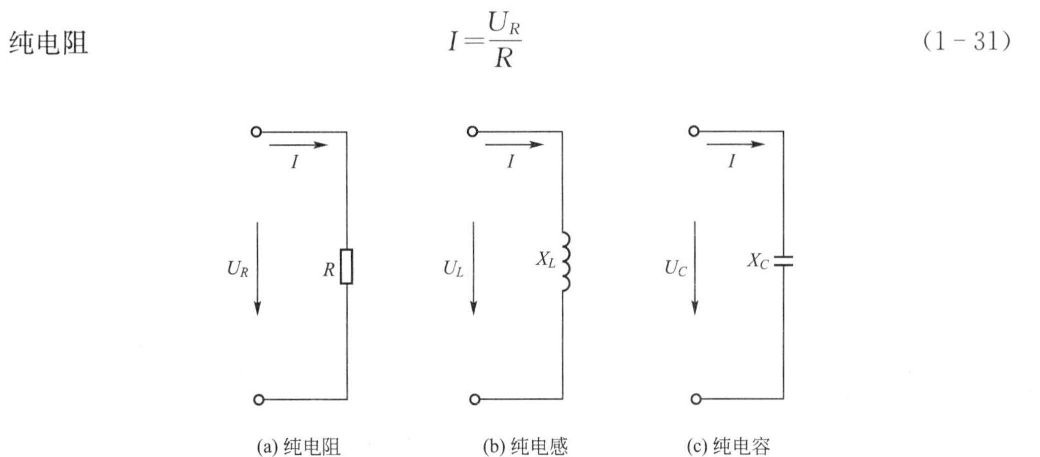

图 1.28 交流纯电阻、纯电感和纯电容电路

纯电感
$$I=\frac{U_L}{X_L} \tag{1-32}$$
$$X_L=2\pi fL \tag{1-33}$$

纯电容
$$I=\frac{U_C}{X_C} \tag{1-34}$$
$$X_C=\frac{1}{2\pi fC} \tag{1-35}$$

式中，X_L为感抗(欧姆)，表征电感对交流电的阻碍作用；X_C为容抗(欧姆)，表征电容对交流电的阻碍作用。

由式(1-32)和式(1-33)可见，电感线圈的感抗不仅与本身的自感系数 L 成正比，而且与所通过电流的频率成正比。同一个电感，电流的频率越高，感抗越大，电流越难通过；反之，电流的频率越低，感抗越小，电流越容易通过。对于直流电，$f=0$，$X_L=0$，所以直流电可以无阻碍地通过电感。电感的这种通低频阻高频特性，在滤波电路和需要扼制高频的电路中得到了广泛的应用。

由式(1-34)和式(1-35)可见，电容器的容抗与频率及电容量成反比。对于直流电，$f=0$，$X_C=\infty$，因此直流电不能通过电容。与电感相反，电容具有通高频、阻低频、隔直流的特性。

2. 电流和电压的相量关系

图 1.29 是交流纯电阻、纯电感和纯电容电路的相量图。对于纯电阻电路，电流与电压同相；对于纯电感电路，电流滞后于电压 90°；对于纯电容电路，电流超前于电压 90°。

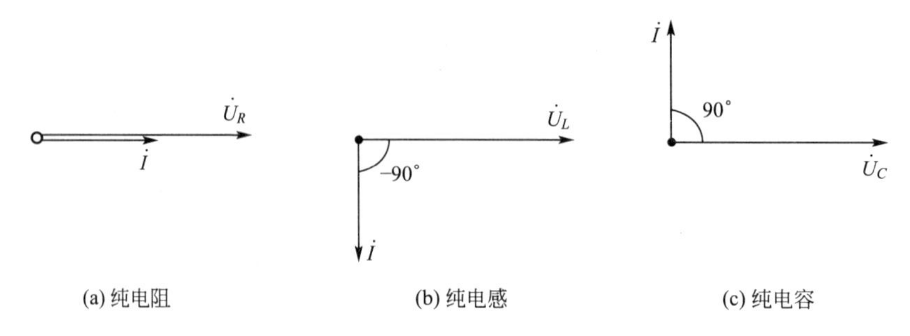

图 1.29　交流纯电阻、纯电感和纯电容电路的相量图

3. 功率

对于纯电阻电路，不管电流的方向是正还是负，任一瞬时都要消耗电能，并转换为热能而做功，其平均功率即有功功率(单位为 W)为

$$P=U_RI=I^2R=\frac{U_R^2}{R} \tag{1-36}$$

对于纯电感电路，当电流从零增大到正或负最大值时，电感励磁，从电源吸取电能并储存在磁场中；当电流从正或负最大值减小到零时，电感释放磁场能并送回电源。可见一个纯电感在交流电路中并不消耗电能，只是不断地与电源交换能量。为了衡量电感与电源之间能量的交换程度，把电压与电流有效值的乘积定义为无功功率(单位为 W)，即

$$Q_L=U_LI=I^2X_L=\frac{U_L^2}{X_L} \tag{1-37}$$

对于纯电容电路，当电容的端电压从零增加到正或负最大值时，电源对电容充电，把电能储存在电容中；当电压从正或负最大值减小到零时，电容放电，将电能送回电源。可见纯电容在交流电路中也不消耗电能。同理，电容电路的无功功率为

$$Q_C=U_CI=I^2X_C=\frac{U_C^2}{X_C} \tag{1-38}$$

1.4.5　交流 *R*－*L* 和 *R*－*C* 串联电路

图 1.30 是交流 $R-L$、$R-C$ 串联电路。设电路参数 R、L、C 和电源电压 U 已知。

1. 电压三角形

电阻电压 $U_R=IR$，它与电流 I 同相；电感电压 $U_L=IX_L$，它超前于电流 90°；电容电压 $U_C=IX_C$，它滞后于电流 90°。根据上述关系，以电流 I 为参考相量，即可作出各有效值相量，并求得总电压相量 $\dot{U}=\dot{U}_R+\dot{U}_L$，$\dot{U}=\dot{U}_R+\dot{U}_C$，如图 1.31 所示，由图可见，3 个电压之间组成一个直角三角形，叫作电压三角形。

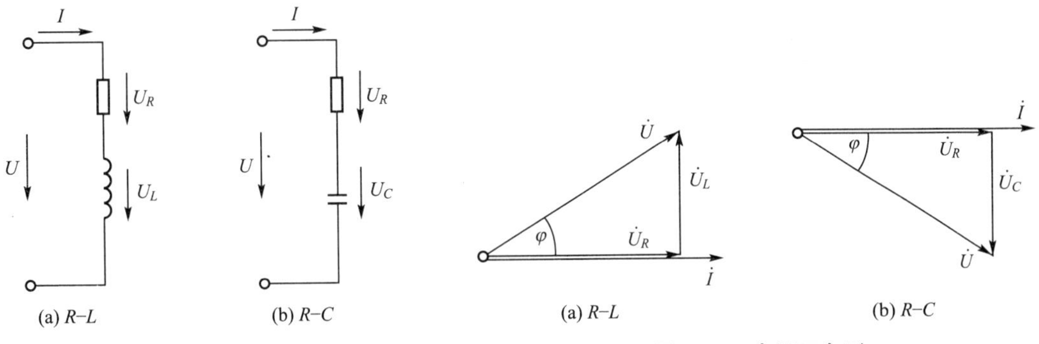

图 1.30　交流 $R-L$、$R-C$ 串联电路　　**图 1.31　电压三角形**

根据勾股弦定理，总电压的有效值为

对于 $R-L$ 串联电路　　$U=\sqrt{U_R^2+U_L^2}$

对于 $R-C$ 串联电路　　$U=\sqrt{U_R^2+U_C^2}$　　(1-39)

2. 阻抗三角形

将电压三角形每边同除以电流 I 即得阻抗三角形，如图 1.32 所示。总电压与电流的比值称为阻抗 Z。

对于 $R-L$ 串联电路　　$Z=\dfrac{U}{I}=\sqrt{R^2+X_L^2}$

对于 $R-C$ 串联电路　　$Z=\dfrac{U}{I}=\sqrt{R^2+X_C^2}$　　(1-40)

阻抗 Z 既与电阻，又与感抗、容抗有关，它表征整个电路对交流电的阻碍作用。

3. 功率三角形

将电压三角形每边同乘以电流 I 即得功率三角形，如图 1.33 所示。总电压与电流的乘积称为视在功率 S(单位为 VA)，即

对于 $R-L$ 串联电路　　$S=UI=\sqrt{P^2+Q_L^2}$

对于 $R-C$ 串联电路　　$S=UI=\sqrt{P^2+Q_C^2}$　　(1-41)

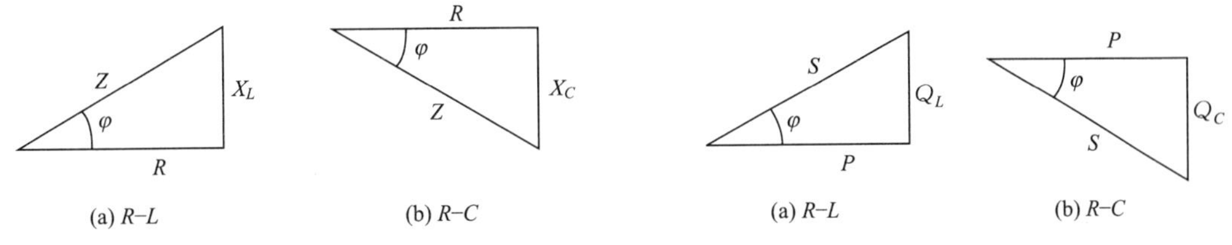

图 1.32　阻抗三角形　　**图 1.33　功率三角形**

4. $\dot{U}$ 与 $\dot{I}$ 的相位差

由图 1.31 可见，交流 $R-L$ 串联电路的总电压 $\dot{U}$ 超前于电流 $\dot{I}$ 一个 φ 角，这种电路称为电感性电路。交流 $R-C$ 串联电路的 $\dot{U}$ 则滞后于 $\dot{I}$ 一个 φ 角，称为电容性电路。φ 角

的正切为

$$\begin{aligned}&\text{对于电感性电路}\quad \tan\varphi=\frac{U_L}{U_R}=\frac{X_L}{R}=\frac{Q_L}{P}\\&\text{对于电容性电路}\quad \tan\varphi=\frac{U_C}{U_R}=\frac{X_C}{R}=\frac{Q_C}{P}\end{aligned}\right\}\quad(1-42)$$

5. 功率因数

φ 角的余弦称为功率因数。

$$\cos\varphi=\frac{P}{S}=\frac{U_R}{U}=\frac{R}{Z}\quad(1-43)$$

或

$$P=S\cos\varphi=UI\cos\varphi$$

功率因数越高，说明电路中有功功率所占的比例越大，无功功率所占的比例越小。无功功率对于电源来说是很不利的，因为无功电流通过电源内阻和输电线电阻时不但消耗电能而发热，而且增大了线路的电压损失，使用电设备的端电压下降，故人们总是希望功率因数比较高。

1.4.6 交流 *R*-*L*-*C* 串联电路

图 1.34(a)所示为交流 $R-L-C$ 串联电路。它包含了它包含了 3 种不同的电路参数，因此具有普遍意义。其相量图如图 1.34(b)所示，总电压 $\dot{U}=\dot{U}_R+\dot{U}_L+\dot{U}_C$。由图 1.34 可见，电感电压$\dot{U}_L$ 与电容电压$\dot{U}_C$ 是反相的，两者的相量和$\dot{U}_X=\dot{U}_L+\dot{U}_C$ 叫作电抗电压，但在数值上则是$U_X=U_L-U_C$。$\dot{U}$、$\dot{U}_R$ 和$\dot{U}_X$ 之间也组成一个直角三角形，因此总电压

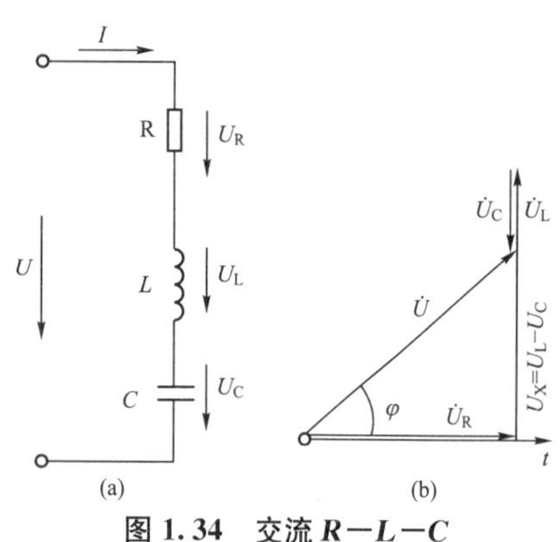

图 1.34 交流 *R*—*L*—*C* 串联电路和相量图

$$U=\sqrt{U_R^2+(U_L-U_C)^2}=\sqrt{U_R^2+U_X^2}\quad(1-44)$$

电路的总阻抗为

$$Z=\frac{U}{I}=\sqrt{R^2+(X_L-X_C)^2}=\sqrt{R^2+X^2}\quad(1-45)$$

式中，$X=X_L-X_C$，称为电抗。

电路的视在功率为

$$S=UI=\sqrt{P^2+(Q_L-Q_C)^2}=\sqrt{P^2+Q^2}\quad(1-46)$$

式中，$Q=Q_L-Q_C$ 是电路的总无功功率，它是感性无功功率 Q_L 和容性无功功率 Q_C 之差。

φ 角的正切为

$$\tan\varphi=\frac{U_L-U_C}{U_R}=\frac{X_L-X_C}{R}=\frac{Q_L-Q_C}{P}\quad(1-47)$$

图 1.34(b)是 $X_L>X_C$ 的相量图，这时 I 滞后于 U 一个 φ 角，整个电路表现为感性。图 1.35 是 $X_L<X_C$ 的相量图，I 超前于 U 一个 φ 角，电路表现为容性。图 1.36 是 $X_L=X_C$ 的相量图，I 与 U 同相，电路表现为阻性。

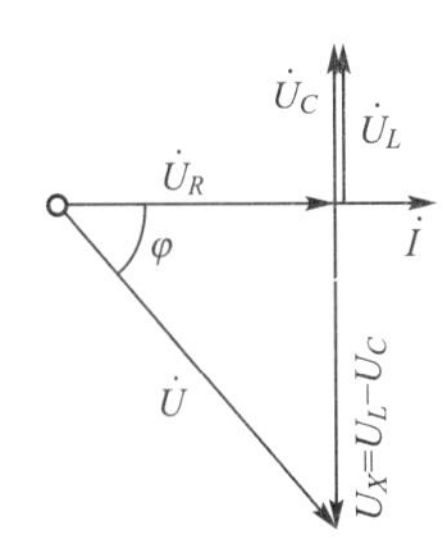

图 1.35 容性相量图

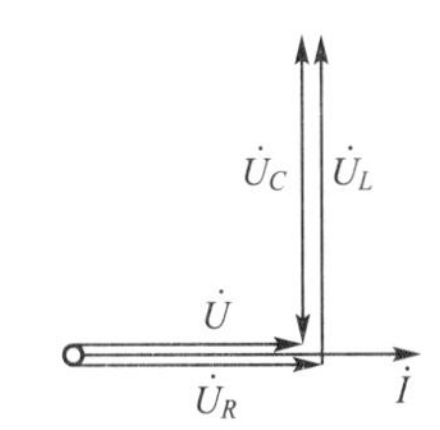

图 1.36 阻性相量图

1.4.7 交流 *R*-*L* 和 *R*-*C* 并联电路

图 1.37 所示为交流 $R-L$ 和 $R-C$ 并联电路。此电路就每条支路而言都是简单的串联电路，因此每条支路的电流和阻抗角是不难求出的。

$$I_1=U/\sqrt{R_1^2+X_L^2}\text{；}\tan\varphi_1=X_L/R_1$$

$$I_2=U/\sqrt{R_2^2+X_C^2}\text{；}\tan\varphi_2=X_C/R_2$$

而总电流则为 $I=I_1+I_2$。

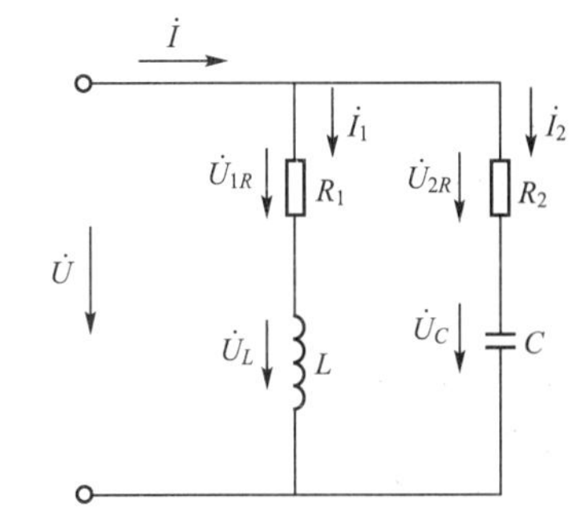

图 1.37 交流 *R*-*L* 和 *R*-*C* 并联电路

并联电路中各支路的电压相同，故以总电压 U 为参考相量，作出的相量图如图 1.38 所示。由图可见，总电流 $\dot{I}$ 滞后于总电压 $\dot{U}$ 一个 φ 角，整个电路表现为电感性。

在 $R-L$ 和 $R-C$ 并联电路中，改变任何一个元件的参数都可以改变功率因数角 φ 的大小或性质。例如，使 $R_2=0$，并选足够大的电容量 C，就可变换为 $R-L$ 和 C 并联电路，并得如图 1.39 的容性相量图。当然，只要适当选择电容量 C，也可以得阻性相量图，使整个电路表现为电阻性，即 $\cos\varphi=1$。

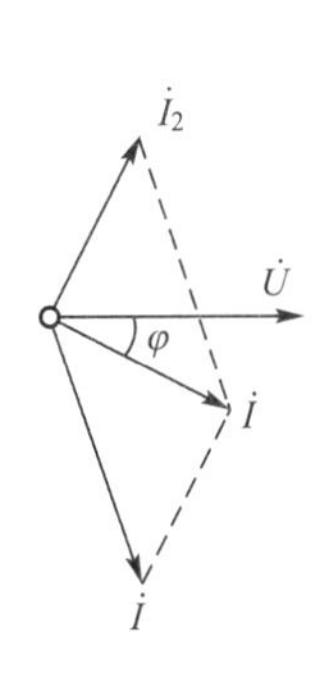

图 1.38 *R*-*L* 和 *R*-*C* 并联的感性相量图

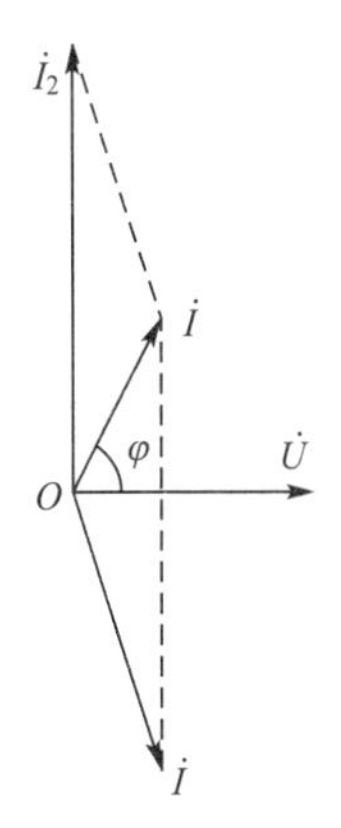

图 1.39 *R*-*L* 和 *C* 并联的容性相量图

由此可见，在 $R-L$ 串联电路上并联一个电容可以移动总电流的相位(相对于总电压)，改善电网的功率因数。这个电容习惯上称为并联移相电容或补偿电容。

1.5　三相交流电路

由频率相同，最大值相同，相位依次相差 120°的 3 个正弦交流电动势或电压组成的电源叫作三相制交流电源，简称三相电源。图 1.40 是三相电动势波形图，图 1.41 是它的相量图。三相电动势的瞬时值表达式如下

$$\left.\begin{aligned} e_A &= E_m \sin\omega t \\ e_B &= E_m \sin(\omega t - 120°) \\ e_C &= E_m \sin(\omega t - 240°) \end{aligned}\right\} \tag{1-48}$$

接在三相电源上的电路就叫作三相电路。

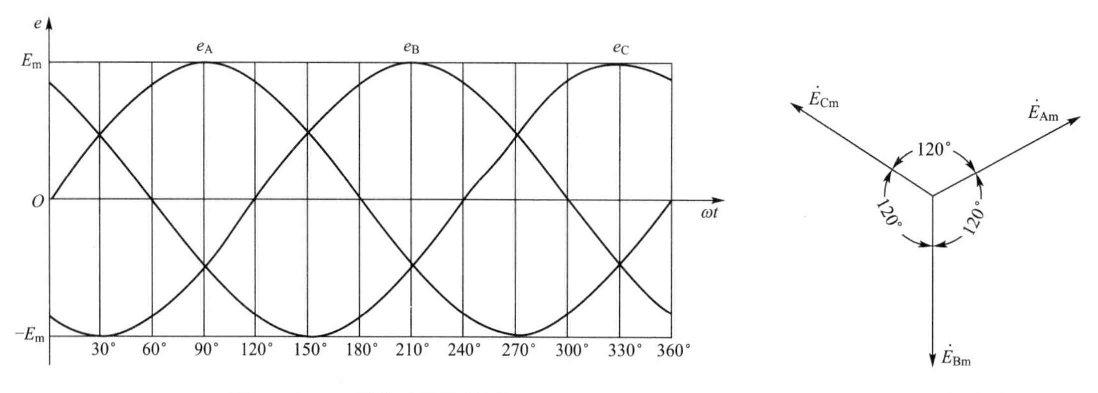

图 1.40　三相电动势波形图　　**图 1.41　三相电动势相量图**

1.5.1　相序

三相电势(或电压)依次到达最大值的先后次序叫作三相电源的相序。如图 1.40 所示的三相电动势到达最大值的次序是 e_A、e_B、e_C，故相序是 A、B、C。三相电动势到达最大值的次序是循环的，所以三相的命名也是相对的。三相中的任意一相都可命名为 A 相，再把滞后于 A 相 120°的那一相称为 B 相，剩下的一相为 C 相。

1.5.2　三相电源绕组的星形联结

把三相绕组的尾 X、Y、Z 接在一起成为公共点 O(称为中点或零点)，从头 A、B、C 分别引出一根导线(称为相线或火线)，就是星形联结，如图 1.42 所示。

每相头和尾之间的电压是相电压，用 U_A、U_B、U_C 表示，泛指时用 U_ϕ 表示。相电压的正方向规定自头指向尾，而相电动势的正方向规定自尾指向头。

两根相线之间的电压叫作线电压，用 U_{AB}、U_{BC}、U_{CA} 表示，泛指时用 U_l 表示。线电压 U_{AB} 的正方向规定自 A 指向 B，其他以此类推。

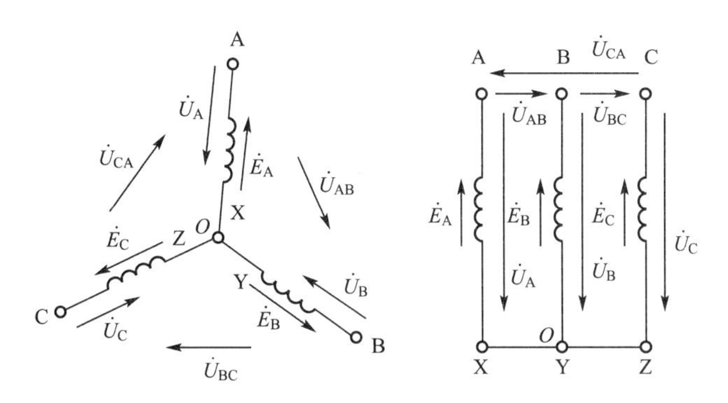

图 1.42　三相电源绕组的星形联结

根据克希霍夫第二定律，有

$$\dot{U}_{AB}=\dot{U}_A-\dot{U}_B;\ \dot{U}_{BC}=\dot{U}_B-\dot{U}_C;\ \dot{U}_{CA}=\dot{U}_C-\dot{U}_A$$

由此作出的相量图如图 1.43 所示。

由相量图用几何方法可以证明，$U_{AB}=\sqrt{3}U_A$，$U_{BC}=\sqrt{3}U_B$，$U_{CA}=\sqrt{3}U_C$。写成一般形式为

$$U_l=\sqrt{3}U_\phi \tag{1-49}$$

由相量图还可以看出，$\dot{U}_{AB}$超前$\dot{U}_A$，$\dot{U}_{BC}$超前$\dot{U}_B$，$\dot{U}_{CA}$超前$\dot{U}_C$ 分别为 30°。

如不特别声明，三相电源的电压都指线电压。

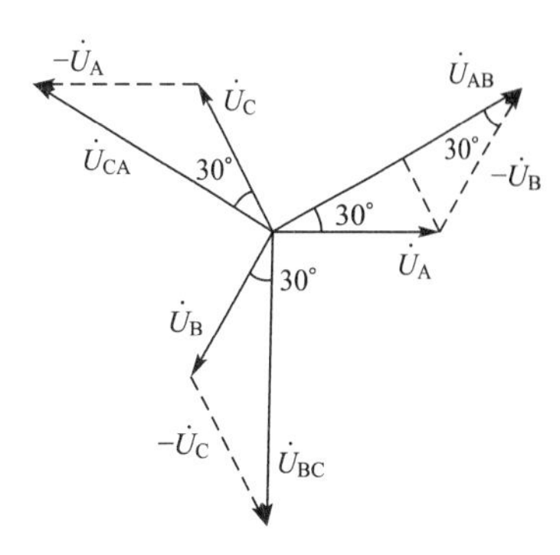

图 1.43　星形联结的相量图

1.5.3　三相电源绕组的三角形联结

三角形联结是 X 接 B，Y 接 C、Z 接 A 而形成一个三角形回路，再从 A、B、C 分别引出一根导线，如图 1.44 所示。显然，三角形联结的线电压就是相电压，即

$$\dot{U}_{AB}=\dot{U}_A;\ \dot{U}_{BC}=\dot{U}_B;\ \dot{U}_{CA}=\dot{U}_C$$

或

$$U_l=U_\phi \tag{1-50}$$

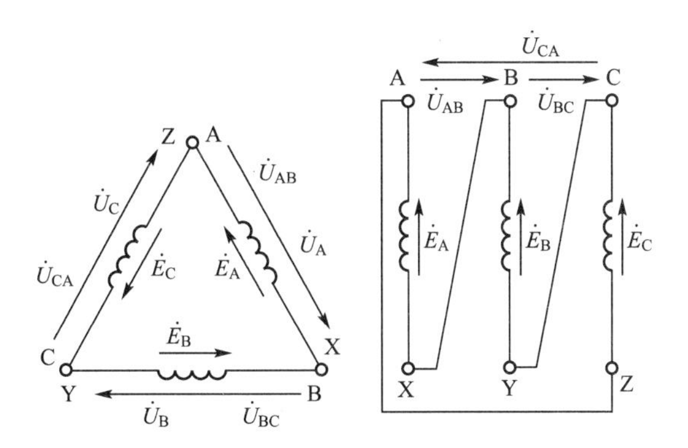

图 1.44　三相电源绕组的三角形联结

1.5.4 三相负载的三角形联结

根据三相负载的对称与否，分为对称三相负载和不对称相负载两类。所谓对称三相负载是指阻抗相等，阻抗角相等，负载性质相同的三相负载。三相电动机是常见的对称三相负载之一。

三相负载的三角形联结如图 1.45 所示。流过各相负载的电流 I_a、I_b、I_c叫作相电流，流过各相线的电流 I_A、I_B、I_C叫作线电流。电压和电流的正方向规定如图。

显然，每相负载的端电压就是电源的线电压，即

$$U_a=U_{AB};\ U_b=U_{BC};\ U_c=U_{CA}。$$

或

$$U_\phi=U \tag{1-51}$$

式(1-51)和相量图(图 1.46)说明，对称三相负载作三角形联结时，线电流等于相电流的$\sqrt{3}$倍，滞后于对应相电流 30°。但是，不对称三相负载的线电流和相电流则是不对称的。

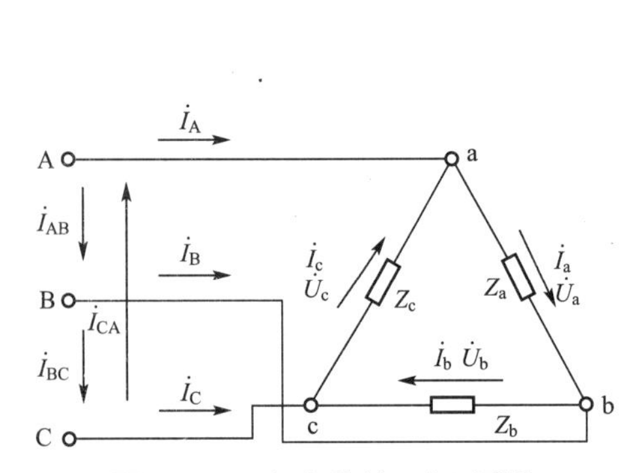

图 1.45 三相负载的三角形联结

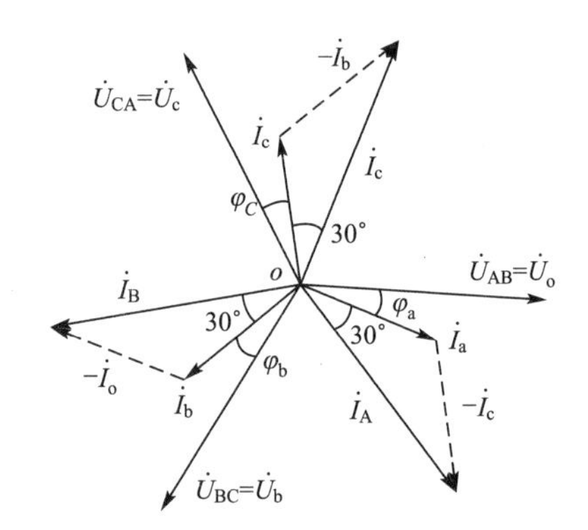

图 1.46 对称三相负载三角形联结时的相量图

1.5.5 三相负载的星形联结

三相负载的星形联结按照中线的有无又分为三相四线制和三相三线制两种。

1. 三相四线制

图 1.47 所示为三相四线制星形联结。两中点之间的连线叫作中线、零线或地线。若忽略连接导线的阻抗，则有$\dot{U}_a=\dot{U}_A$，$\dot{U}_b=\dot{U}_B$，$\dot{U}_c=\dot{U}_C$。可见只要三相电源是对称的，无论负载对称与否，负载各相电压总是对称的，这正是不对称三相负载应该采用三相四线制的理由。

与三相电源作星形联结一样，线电压等于相电压的$\sqrt{3}$倍，即

$$U_l=\sqrt{3}U_\phi \tag{1-52}$$

并且线电压超前于对应的相电压 30°。

显然，星形联结时相电流就是线电流。根据克希霍夫第一定律，中线电流为

$$I_o=I_a+I_b+I_c \tag{1-53}$$

图 1.48 是对称三相负载作星形联结的相量图。由图可见，中线电流$\dot{I}_o=0$。中线既然没有电流，因此可以取消。

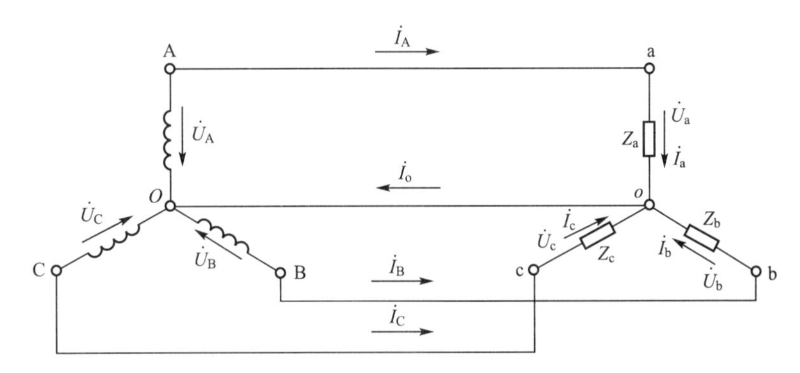

图 1.47　三相四线制星形联结

图 1.49 是不对称三相负载作星形联结的相量图。这时 $I_a \neq I_b \neq I_c$，$\varphi_a \neq \varphi_b \neq \varphi_c$，因此中线电流 $\dot{I}_o \neq 0$，说明电源中点与负载中点之间存在电位差(因为中线实际上有阻抗)。

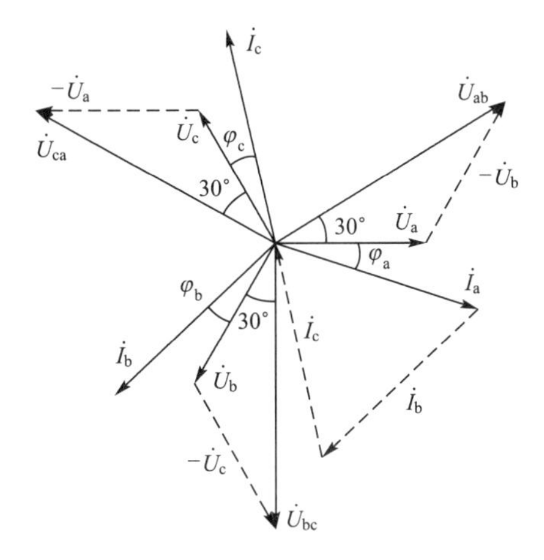

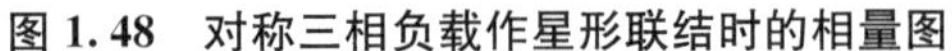

图 1.48　对称三相负载作星形联结时的相量图

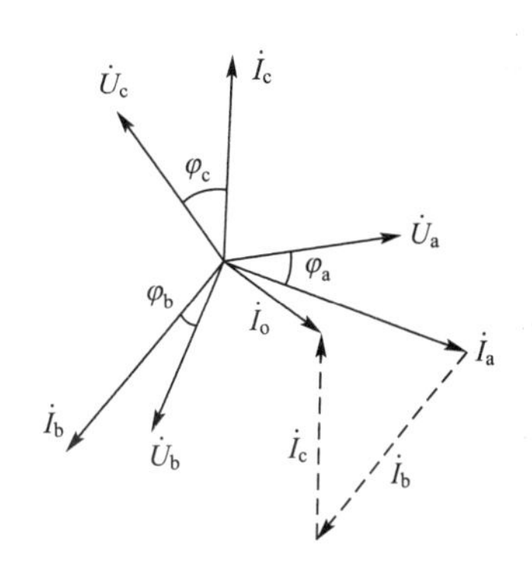

图 1.49　三相四线制的中线电流

2. 三相三线制

三相三线制星形联结的电路如图 1.50 所示。它主要用于对称三相负载。因为对称三相负载不存在中线电流，所以取消中线而成为三相三线制。

不对称三相负载一般不采用三相三线制，因为它将造成负载三相电压不对称而无法正常工作。但是，当电路发生故障(如三相电动机一相断线和三相四线制的中线断线等)或有特殊需要的场合(例如相序继电器)也存在不对称三相负载作三相三线制星形联结的情况。

图 1.51 所示为对称三相负载 a 相断线运行的情况，可作为一个特例。这时的电路实际上变成 Z_b 与 Z_c 串联的单相交流电路。因为 $Z_b = Z_c$，所以负载相电压 $U_b = U_c = \frac{1}{2}U_{bc} = \frac{\sqrt{3}}{2}U_\phi$。这说明未断线的两相负载的端电压只是原来的 $\frac{\sqrt{3}}{2}$，因而无法正常工作。

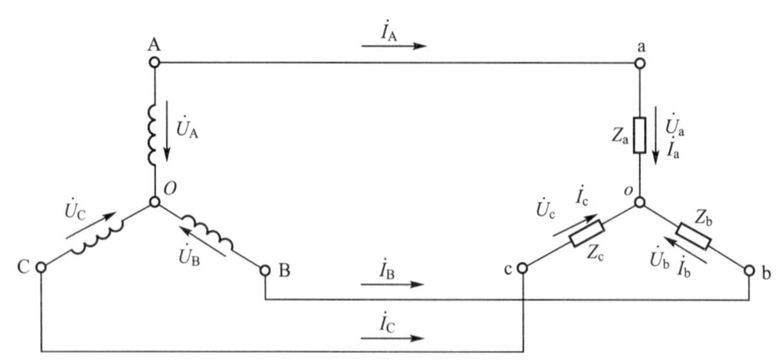

图 1.50　三相三线制星形联结

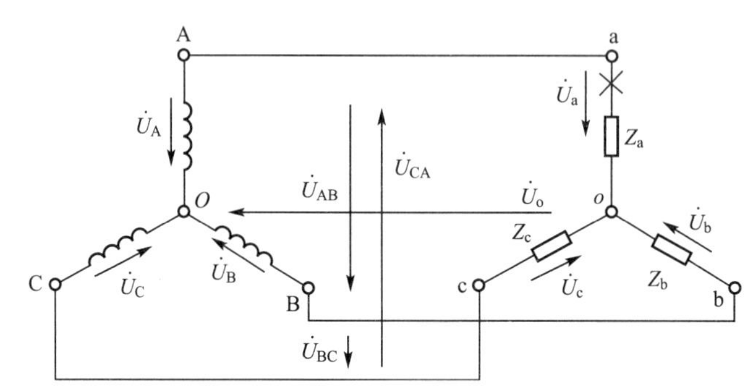

图 1.51　对称三相负载 a 相断线运行

1.5.6　相序继电器

图 1.52 所示为相序仪的原理电路。如图 1.52(a)所示，它由电容器 C 和两个阻值相同的灯泡 R_1、R_2组成，而且容抗 $X_C=\frac{1}{2\pi fC}=R_1=R_2$。设电容 C 接 A 相，R_1和 R_2分别接 B 相和 C 相，电源相序为 A、B、C。A 相是纯电容电路，相电流超前于相电压 90°，B 相和 C 相是纯电阻电路，相电流与相电压同相，因此是一个不对称负载的三相三线制电路。在电容电流的作用下将使 U_b升高，U_c降低，灯泡 R_1亮，R_2暗，因此根据两个灯泡的亮度就可以确定真正的 B 相和 C 相。图 1.52(b)是它的相量图，因为这种情况要用复数计算，所以这里不作证明。

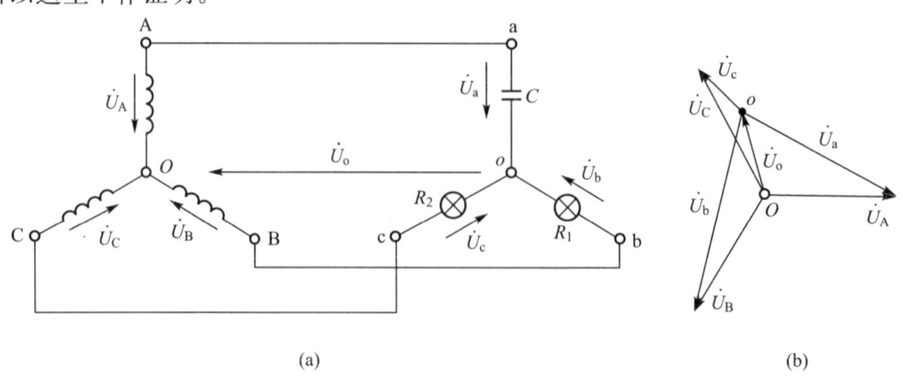

图 1.52　相序仪原理电路

图1.53是相序继电器的原理图。其中J是一个电磁式继电器。当电源相序为a、b、c时，U_b升高，继电器动作。当电源相序错误，即J所接的实际上是C相时，继电器不动作，从而起到相序保护的作用。

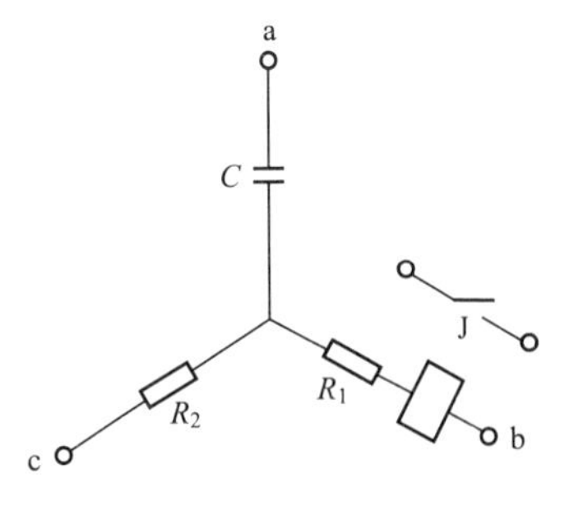

图1.53 相序继电器原理图

1.5.7 三相负载的功率

三相负载不论对称与否，三相总功率都等于每相功率之和，即

$$P=P_a+P_b+P_c=U_aI_a\cos\varphi_a+U_bI_b\cos\varphi_b+U_cI_c\cos\varphi_c$$

$$Q=Q_a+Q_b+Q_c=U_aI_a\sin\varphi_a+U_bI_b\sin\varphi_b+U_cI_c\sin\varphi_c$$

$$S=\sqrt{P^2+Q^2}$$

对于对称三相负载，因为各相功率相等，所以

$$P=2U_\phi I_\phi\cos\varphi \tag{1-54}$$

当对称三相负载作星形联结时，有$U_l=\sqrt{3}U_\phi$，$I_l=I_\phi$。当对称三相负载作三角形联结时，有$U_l=U_\phi$，$I_l=\sqrt{3}I_\phi$，因此无论哪种联结都有$U_lI_l=\sqrt{3}U_\phi I_\phi$。这样，在对称三相负载的情况下，三相总功率为

$$\left.\begin{aligned}P&=\sqrt{3}U_lI_l\cos\varphi\\Q&=\sqrt{3}U_lI_l\sin\varphi\\S&=\sqrt{3}U_lI_l\end{aligned}\right\} \tag{1-55}$$

必须注意，上述各式中的φ是相电流与相电压的相位差，而不是线电流与线电压的相位差。

复习思考题

1. 磁路的磁阻如何计算？磁阻的单位是什么？

2. 磁路的基本定律有哪几条？

3. 基本磁化曲线与起始磁化曲线有何区别，磁路计算时用的是哪一种磁化曲线？

4. 图1.54所示铁心线圈，线圈A为100匝，通入电流1.5A，线圈B为50匝，通入电流1A，铁心截面积均匀，求PQ两点间的磁位降(答案：$F_{PQ}=71.43$A)

5. 两个频率相同的正弦交流电流，它们的有效值是$I_1=8$A，$I_2=6$A，求在下面各种情况下，合成电流的有效值。

(1) i_1与i_2同相；

(2) i_1与i_2反相；

(3) i_1超前i_2 90°角度；

(4) i_1滞后i_2 60°角度。

6. 已知工频正弦电压u_{ab}的最大值为311V，初相位为$-60°$，其有效值为多少？写出其瞬时值表达式。当$t=0.0025$s时，U_{ab}的值为多少？

7. 把$L=51$mH的线圈(线圈电阻极小，可忽略不计)，接在$u=220\sqrt{2}\sin(314t+$

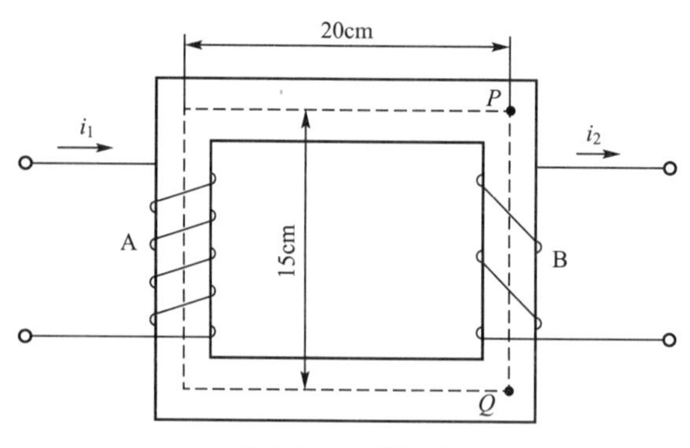

图 1.54　习题 4 图

60°)V 的交流电源上，试计算：

(1) X_L；

(2) 电路中的电流 i。

8. 有一线圈，接在电压为 48V 的直流电源上，测得电流为 8A。然后将这个线圈改接到电压为 120V、50Hz 的交流电源上，测得的电流为 12A。试问线圈的电阻及电感各为多少？

第2章 工程机械电气控制基础

知识要点	掌握程度	相关知识
工程机械电器	掌握常用电器的结构、工作原理； 熟悉常用继电器、接触器的结构、工作原理	主令电器、万能转换开关； 电磁器件结构与原理
常用基本线路	了解常用电路的工作原理； 熟悉交流继电器控制电路分析、动作原理； 掌握电动机起动、保护、正反转等基本电路； 掌握常用电路设计	电气制图规定； 电气线路分析； 直接起动、降压起动、频敏电阻； 功率计算、布尔代数

导入案例

电梯控制技术运用

在现代生活中，当我们面对几十层、甚至上百层的高楼，如果没有电梯使用，简直是无法想象的。

1765 年随着瓦特发明蒸汽机，也出现了电梯的雏形装置，用蒸汽机驱动的升降机问世了，此时的升降装置主要用于运送货物。1845 年英国人汤姆逊制造了第一台液压升降机。

1852 年在一次展览会上美国机械工程师奥蒂斯（Otis）展示了他的发明，由此也揭开了载人电梯的发展序幕。

1857 年，Otis 公司在纽约安装第一台客运升降机。1889 年又推出世界上第一台以直流电动机驱动的升降机。1899 年第一台阶梯式有硬木制成踏板的扶梯也试制成功。

1900 年交流感应电动机被应用于电梯驱动，随着交流电动机的发展，电梯运行速度和舒适性也逐渐提高。1903 年 Otis 公司采用了曳引驱动方式代替了卷筒驱动，提高了传动系统的通用性。

1. 电梯基本工作原理

曳引钢丝绳两端分别连着轿厢和对重，缠绕在曳引轮和导向轮上，曳引电动机通过减速器变速后带动曳引轮转动，靠曳引绳与曳引轮摩擦产生的牵引力，实现轿厢和对重的升降运动，达到运输目的。固定在轿厢上的导靴可以沿着安装在建筑物井道墙体上的固定导轨往复升降运动，防止轿厢在运行中偏斜或摆动。常闭块式制动器在电动机工作时松闸，使电梯运转，在失电情况下制动，使轿厢停止升降，并在指定层站上维持其静止状态，供人员和货物出入。轿厢是运载乘客或其他载荷的箱体部件，对重用来平衡轿厢载荷、减少电动机功率。补偿装置用来补偿曳引钢丝绳运动中的张力和重量变化，使曳引电动机负载稳定，轿厢得以准确停靠。电气系统实现对电梯运动的控制，同时完成选层、平层、测速、照明工作。指示呼叫系统随时显示轿厢的运动方向和所在楼层位置。安全装置保证电梯运行安全。

2. 电梯技术发展方向

图 2.0　电梯智能一体化控制器

高速电梯：随着高层建筑的增多，如何在提速的同时保证电梯的安全性、稳定性、舒适性、便捷性便成了关键。

电梯智能群控系统：基于强大的计算机软硬件资源支持，适应电梯交通的不确定性，控制目标多样化，非线性表现等动态特性。

蓝牙技术：实现无线成网，通过短距离无线通信取代复杂线路。

特种电梯：适应各种特殊要求。

所有这些，包括本章介绍的工程机械，都离不开电气控制技术。图 2.0 所示为电梯智能一体化控制器。

本章将详细介绍常用工程电气控制的传统控制电气与控制电路。

2.1 常用工程机械电器

工程机械电气控制不仅必需电动机来拖动工程机械这个主体，而且还必需一套控制装置，用以满足实现工程机械各种控制动作的要求。故须要对电动机的起动、调速、反转、制动等过程加以控制。

操作者以简单的控制电器如闸刀开关、转换开关等手控电器来实现电力拖动控制，称为手动控制；若用自动电器来实现电力拖动的控制，就称为自动控制。自动控制不仅能减轻操作人员的劳动强度、提高工程机械的生产率和动作质量，而且可以实现手动控制难以完成的诸如远距离集中控制等。尽管工程机械自动控制已向无触点、连续控制、弱电化、微机控制方向发展，但由于继电器一接触器控制所用的控制电器结构简单、价格便宜、能够满足工程机械一般生产的要求，因此，目前仍然获得广泛的应用。本章扼要地介绍了常用的各种控制电器的结构、工作原理、应用范围和自动控制的基本原理和基本线路。

工程机械中所用的控制电器多属低压电器，即电压在500V以下，用来接通或断开电路，以及用来控制、调节和保护用电设备的电器。

1）电器按动作性质分类

(1) 非自动电器，如刀开关、转换开关、行程开关等。这类电器没有动力机构，依靠人力或其他外力来接通或切断电路。

(2) 自动电器，如接触器、继电器、自动开关等。这类电器有电磁铁等动力机构，按照指令、信号或参数变化而自动动作，使工作电路接通和切断。

2）电器按用途分类

(1) 控制电器，如磁力起动器、接触器、继电器等。这类电器用来控制电动机的起动、反转、调速、制动等动作。

(2) 保护电器，如熔断器、电流继电器、热继电器等。这类电器用来保护电动机，使其安全运行，并保护生产机械使其不被损坏。

(3) 执行电器，如电磁铁、电磁离合器等。这类电器用来操纵、带动生产机械并支撑、保持机械装置在固定位置上。

大多数电器既可作控制电器，也可作保护电器，它们之间没有明显的界限。如电流继电器既可按“电流”参量来控制电动机，又可用来保护电动机不致过载；又如行程开关既可用来控制工作台的加、减速及行程长度，又可作为终端开关保护工作台不致闯到导轨外面去。

2.1.1 非自动控制电器

1. 刀开关

刀开关又名闸刀，一般用于不需要经常切断与闭合的交、直流低压(不大于500V)电路，在额定电压下其工作电流不能超过额定值。

但在工程机械上，刀开关主要用作电源开关，它一般不用来切断电动机的工作电流。

一般刀开关结构如图 2.1 所示。转动手柄后，刀极即与刀夹座相接，从而接通电路。

刀开关一般触头的分断速度慢，灭弧困难，仅用于切断小电流电路。当用刀开关切断较大电流的电路，特别是切断直流电路时，为了使电弧迅速熄灭以保护开关，可采用带有快速断弧刀片的刀开关，如图 2.2 所示。图中，主刀极用弹簧与断弧刀片相连，在切断电路时，主刀极首先从刀架座脱出，这时断弧刀片仍留在刀架座内，电路尚未断开，无电弧产生。当主刀极拉到足够远时，在弹簧的作用下，断弧刀片与刀架座迅速脱离，使电弧很快拉长而熄灭。

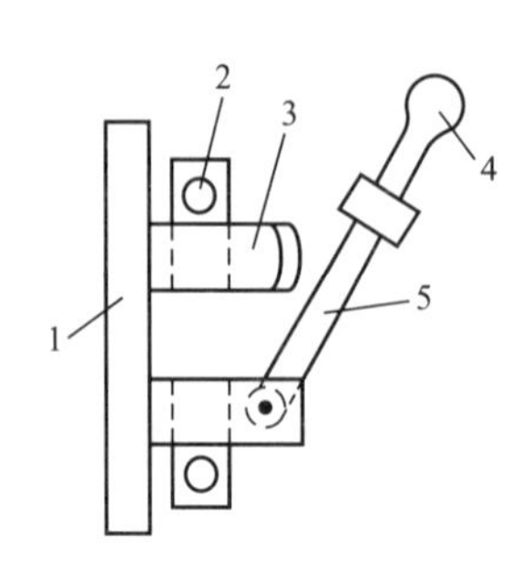

图 2.1　一般刀开关结构

1—绝缘底板；2—接线端子；3—刀夹座（静触头）；4—刀极支架和手柄；5—刀极（动触头）

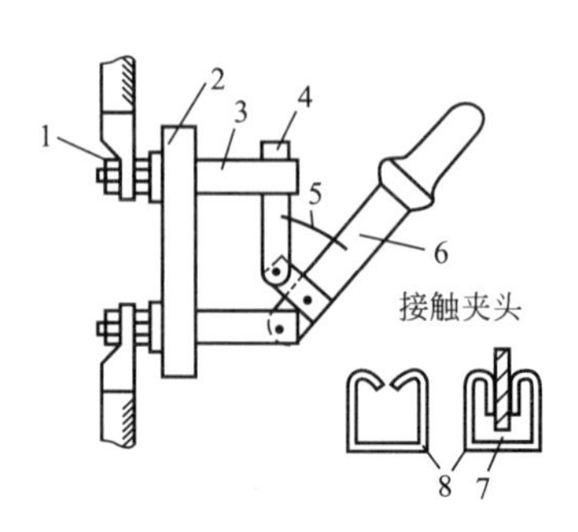

图 2.2　具有断弧刀片的刀开关结构

1—接线架子；2—底座；3、8—刀架座；4—断弧刀片；5—快断刀极弹簧；6、7—主刀极

刀开关分单极、双极和三极，常用的三极刀开关允许长期通过电流，通过的电流有 100A、200A、400 A、600A 和 1000A 五种。目前生产的产品型号有 HD(单投)和 HS(双投)等系列。

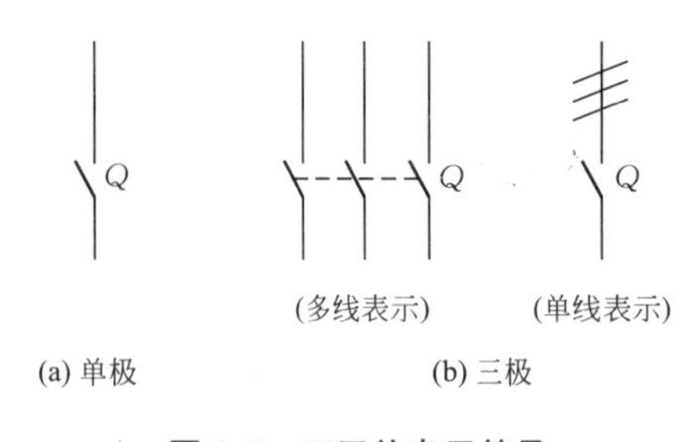

图 2.3　刀开关表示符号

负荷开关是由有快断刀极的刀开关与熔断器组合而成的铁壳开关，常用来控制小容量异步电动机的不频繁起动和停止。常用型号有 HH4 系列。

刀开关的选择应根据工作电流和电压来选择。

在电气传动控制系统图中，刀开关用图 2.3所示的符号表示，其文字符导用 Q 或 QG 表示。

2. 转换开关

刀开关作为隔电用的配电电器是恰当的，但在小电流的情况下用它进行线路的接通、断开和换接控制时就显得不太灵巧和方便了，所以，在工程机械上广泛地用转换开关(又称组合开关)代替刀开关。转换开关的结构紧凑，占用面积小，操作时不是用手扳动而是用手拧转，故操作方便、省力。

图 2.4 所示的是一种盒式转换开关结构，它有许多对动触片，中间以绝缘材料隔开，装在胶木盒里，故称盒式转换开关。常用型号有 HZ5、HZ10 系列。它是由一个或数个单线旋转开关叠成的，通过公共轴的转动控制。转换开关可制成单极和多极的，多极装置的

原理是：当轴转动时，一部分动触片插入相应的静触片中，使对应的线路接通，而另一部分断开，当然也可使全部动、静触片同时接通或断开。因此转换开关既起断路器的作用，又起转换器的作用。在转换开关的上部装有定位机构，以使触点处在一定的位置上，并能够迅速地转换而与手柄转动的速度无关。

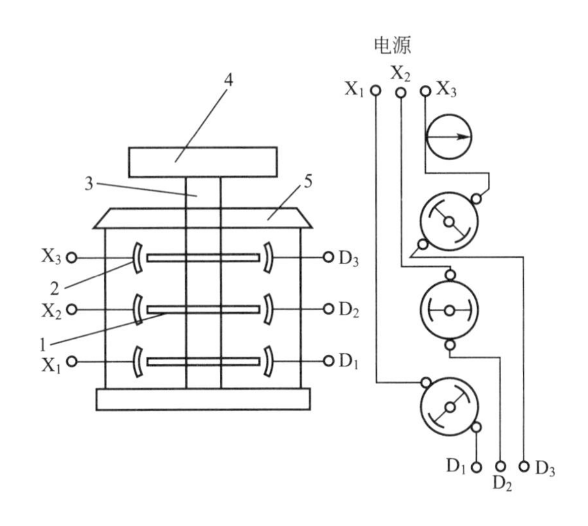

图 2.4 盒式转换开关结构

1—动触片；2—静触片；3—轴；4—转换手柄；5—定位机构

盒式转换开关除了可用作电源的引入开关外，还可用来控制起动次数不多(每小时开合次数不超过 20 次)、7.5kW 以下的三相鼠笼式感应电动机，有时也作控制线路及信号线路的转换开关。

HZ5 型转换开关有单极、双极、三极之分，额定电流有 10A、20A、40A 和 60A 四种。

用来控制电动机正反转的转换开关也称倒顺开关，如图 2.5(a)所示。电源线接到触点 X_1、X_2、X_3上，电动机定子绕组的三极线接到触点 D_1、D_2、D_3上。转换开关转到位置 I 时，触点 X_1、X_2、X_3相应地和 D_1、D_2、D_3接通，电动机正转；转换开关转到位置Ⅱ时，

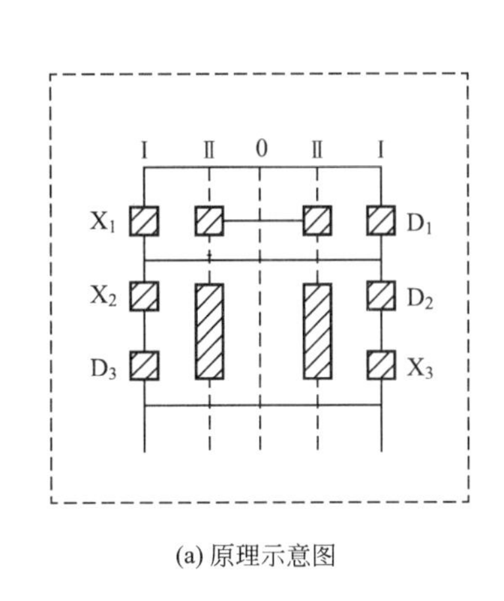

(a) 原理示意图

接触点	转换位置		
	I	0	Ⅱ
	正转	停止	反转
X_1-D_1	×		×
X_2-D_2	×		
X_3-D_3	×		
X_2-D_3			×
X_3-D_2			×

(b) 触点合断表

图 2.5 倒顺开关原理示意图和触点合断表

触点 X_1、X_2、X_3相应地和 D_1、D_2、D_3换通，电动机反转。为了更清楚地表明触点闭合与断开情况，在电气传动系统图中还用图 2.5(b)来表示触点的合断。其中，×表示触点接通，空格表示断开。

转换开关的图形符号用在主电路中与刀开关的图形符号相同，用在控制电路中则与万能转换开关的图形符号相同。转换开关的文字符号用 QB 表示。

2.1.2　自动控制电器

上述的手控电器不仅每小时开合的次数有限，操作较笨重，工作不太安全，而且保护性能差。例如，当电网电压突然消失时，因为这些开关不能自动复原，故它不能自动切断电动机的电源，如果不另加保护设备则可能发生意外。随着生产的发展，控制对象的容量、运动速度、动作频率等不断增大，运动部件不断增多，这要求各运动部件间实现连锁控制和远距离集中控制。显然，手控电器不能满足这些要求，因此，就要用到自动控制电器，如接触器、反映各种信号的继电器和其他完成各种不同任务的控制电器。本节着重介绍接触器(切换电器)、继电器，其他自动电器将在 2.1.3 节介绍。

1. 接触器

接触器是在外界输入信号下能够自动地接通或断开带有负载的主电路(如电动机)的自动控制电器，它是利用电磁力来使开关打开或闭合的电器。适用于频繁操作(高达每小时1500 次)、远距离控制强电流电路，并具有低压释放的保护性能、工作可靠、寿命长(机械寿命达 2000 万次，电寿命达 200 万次)和体积小等优点。接触器是继电器一接触器控制系统中最重要和常用的元件之一，它的工作原理如图 2.6 所示。当按下按钮时，线圈通电，静铁心被磁化，并把动铁心(衔铁)吸上，带动转轴使触头闭合，从而接通电路。当放开按钮时，过程与上述相反，使电路断开。

根据主触头所接回路的电流种类，接触器分为交流接触器和直流接触器两种。

1)交流接触器(图 2.7)

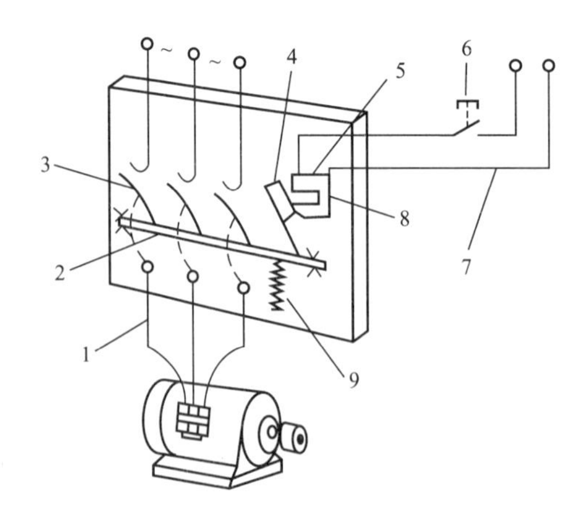

图 2.6　接触器控制电路的工作原理

1—主电路；2—轴；3—触头；4—动铁心；
5—线圈；6—按钮；7—控制电路；
8—静铁心；9—反作用弹簧

图 2.7　交流接触器

(1) 触头。它用来完成接触器接通或断开电路这个主要任务。对触头的要求是：接通时导电性能良好，不跳(不振动)，噪声小，不过热，断开时能可靠地消除规定容量下的电弧。

为使触头接触时导电性能好，接触电阻小，触头常用铜、银及其合金制成。但是在铜的表面上易产生氧化膜，并且在断开和接通处，电弧易将触头烧损，造成接触不良。因此，工作于大电流回路的接触器，其触头常采用滚动接触的形式。开始接通时，动触头在点 A [图 2.8(a)] 接触，最后滚动到点 B [图 2.8(b)]，点 B 位于触头根部，是触头长期工作接触区域。断开时触头先从点 B 向上滚动，最后从点 A 处断开。这样断开和接通点均在点 A，保证点 B 工作良好。同时，触头波动的结果，还可去除表面的氧化膜。

要使触头闭合时不跳，只要适当调整触头压力即可。

要使触头闭合时噪声小，就要使衔铁与铁心的接触面平滑，在交流接触器的铁心中还要加短路环。

要使触头闭合时不过热，必须把工作电流限制在额定值内。

在接触器中除了接在主电路中的主触头外还有辅助(连锁)触头，它用来闭合或断开辅助(控制)电路。辅助触头的构造与主触头不大一样，如图 2.9 所示，横杆上焊有两个动触头，当横杆压下时，动触头与静触头闭合，接通电路。

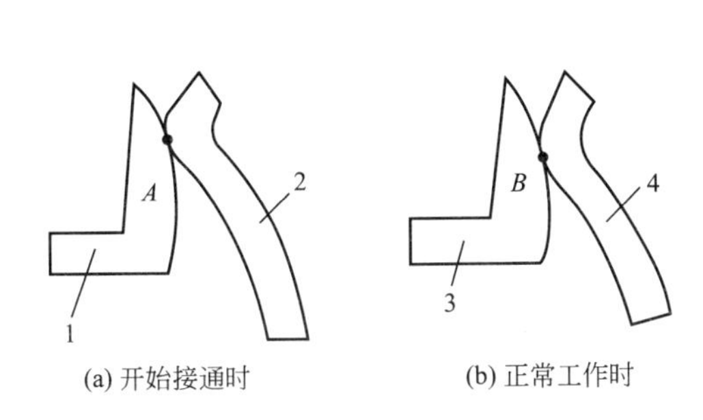

图 2.8 触头滚动接触的位置

1、3—静触头；2、4—动触头

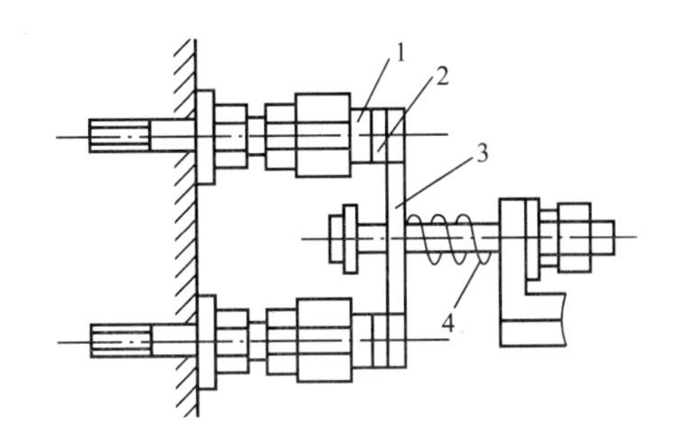

图 2.9 辅助触头结构

1—静触头；2—动触头；3—横杆；4—弹簧

弹簧的作用是使动触头与静触头保持良好的接触。

接触器中有两类触头：一类是动合(常开)触头。所谓动合触头，就是当接触器线圈内通有电流时触头闭合，而线圈断电时触头断开。另一类是动断(常闭)触头，即线圈通电时触头断开，而线圈断电时触头闭合。

(2) 灭弧装置。当触头断开大电流时，在动触头与静触头间会产生强烈电弧，严重时会烧坏触头，并使切断时间拉长，为使接触器可靠工作，必须使电弧迅速熄灭，故要采用灭弧装置。

灭弧的方法有以下几种：

① 利用触头回路本身电动力的简单灭弧法。如图 2.10(a)所示，电弧受到电动力 F 的作用而拉长，且电弧在移动的过程中迅速冷却，从而使电弧熄灭。

② 多断口灭弧法。图 2.10(b)所示为双断口即桥式触头的灭弧结构，它将整个电弧分成两段，并利用了上述电动力吹弧，因而效果较好。

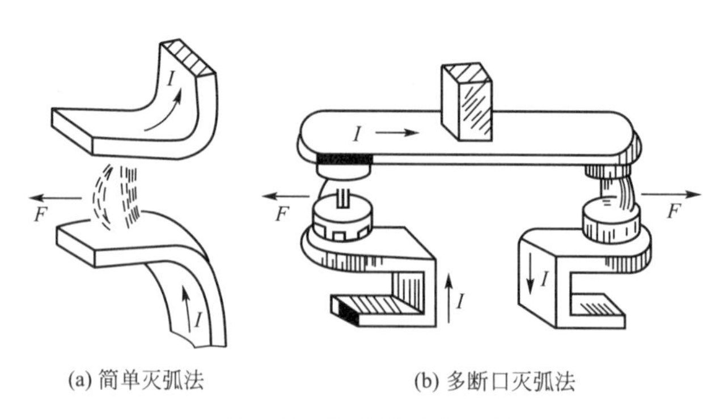

(a) 简单灭弧法　　(b) 多断口灭弧法

图 2.10　利用电动力灭弧

有时还在触头上加个灭弧罩，此罩是用石棉水泥或陶瓷材料制成的，用来隔弧，防止电弧在极间飞跃而造成短路。注意，使用时不要将灭弧罩取下。

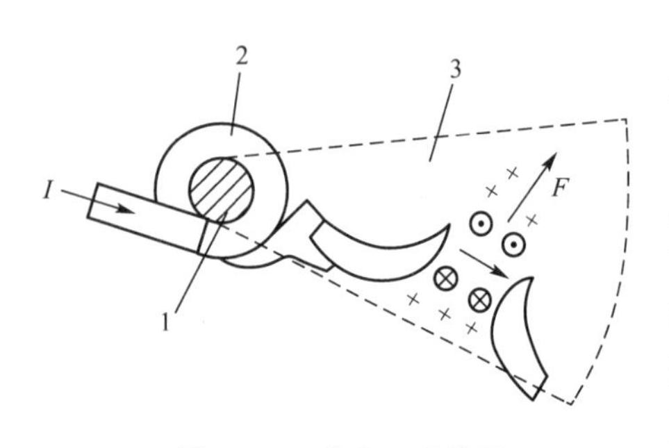

图 2.11　磁吹灭弧装置

1—线圈铁心；2—吹弧线圈；3—磁导颊片

③ 磁吹灭弧。磁吹灭弧装置如图 2.11 所示。在触头回路(主电路)中串接吹弧线圈(较粗的几匝导线，其间穿以铁心增加磁导性)，通电流后产生较大的磁通。触头分开的瞬间所产生的电弧就是载流体，它在磁通的作用下产生电磁力 F，把电弧拉长并冷却从而灭弧。电弧电流越大，吹弧的能力也越大。磁吹灭弧法在直流接触器中得到广泛应用。

另外，还有一些其他的灭弧方法，读者有兴趣可参阅其他书籍。

(3) 铁心(磁路)。为了减少涡流损耗，交流接触器的铁心都用硅钢片叠铆而成，并在铁心的端面上装有分磁环(短路环)。

在线圈中通有交变电流时，在铁心中产生的磁通是与电流同频率变化的，当电流频率为 50Hz 时，磁通每秒有 100 次经过零点。当磁通经过零点时，它所产生的吸力也为零，动铁心(衔铁)有离开趋势，但未及离开，磁通又很快上升，动铁心又被吸回，结果造成振动，产生噪声。如果能使铁心间通过两个在时间上不同相的磁通，总磁通将不会经过零点，矛盾即可解决，短路环即为此而设。

短路环结构如图 2.12 所示。短路环将铁心端部分为两部分。铁心面 A 不被短路环所包，通过这部分的磁通 Φ_A 产生吸力 F_A，如图 2.13 所示。为短路环所包的铁心面 B 在短路环内产生感应电动势和电流，这电流所产生的磁通将企图阻止面 B 中磁通的变化，致使穿过面 B 的实际磁通 Φ_B 滞后于 Φ_A 一个角度，它所产生的吸力 F_B 也将滞后于 F_A，使总的合力 $F_{合}$ 不经过零点，从而消除了振动和噪声。

(4) 线圈。交流接触器的吸引线圈(工作线圈)一般做成有架式，形状较扁，以避免与铁心直接接触，改善线圈的散热情况。交流线圈的匝数较少，纯电阻小，因此，在接通电路的瞬间，由于铁心气隙大，电抗小，电流可达到工作电流的 15 倍。所以，交流接触器不适合在极频繁起动、停止的条件下工作。而且要特别注意，千万不要把交流接触器的线圈接在直流电源上，否则将因电阻过小而流过很大的电流使线圈烧坏。

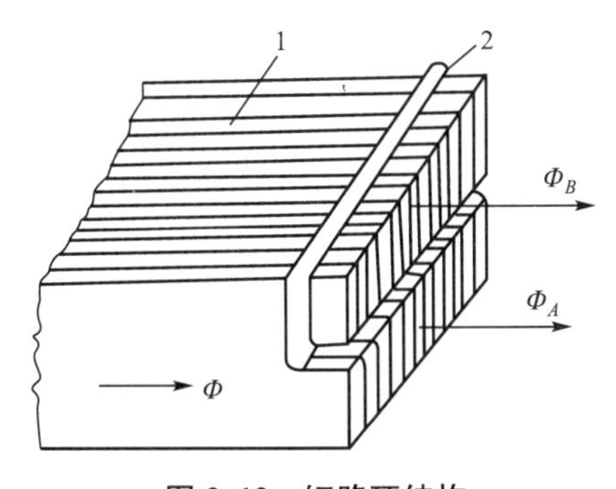

图 2.12　短路环结构

1—静铁心；2—铜制短路环

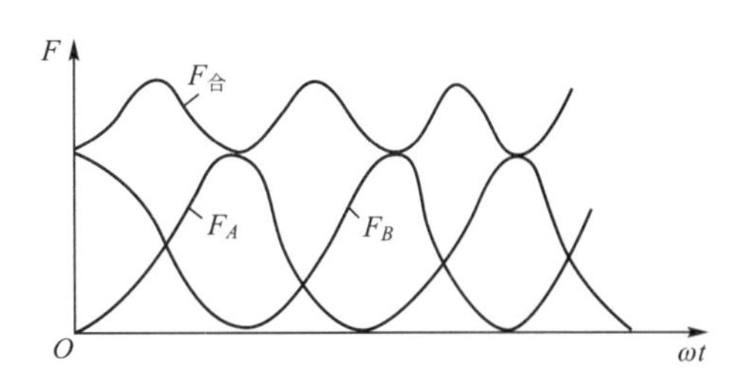

图 2.13　铁心吸力的变化

目前常用的交流接触器型号有 CJ10、CJ12、CJ12B、CJ20、CJX1 等系列。如型号为 CJ10-40A 的交流接触器，其主触头的额定工作电流为 40A，可以控制额定电压为 380V、额定功率为 20kW 的三相异步电动机，它的结构如图 2.14 所示。该接触器为开启式，动作机构皆为直动式，有动合主触头 3 个，动合、动断辅助触头各两个，触头为双断点式，接触部分为纯银块，外壳采用塑料压制成，具有结构紧凑、体积小、机械寿命长、成本低、使用和维修方便、允许操作频率高(1200 次/h 或 600 次/h)、外形美观等优点，适用于长期及间断长期工作制，也适用于短时和重复短时工作制，用于后者时额定电流可以适当选小一些。

2）直流接触器

直流接触器主要用来控制直流电路(主电路、控制电路和励磁电路等)。它的组成部分和工作原理同交流接触器一样。目前常用的是 CZ0 系列，直流接触器的原理结构如图 2.15所示。

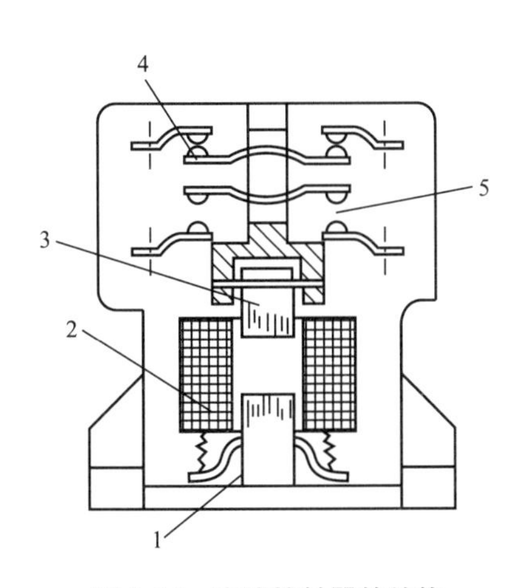

图 2.14　交流接触器的结构

1—静铁心；2—线圈；3—动铁心；4—常闭触头；5—常开触头

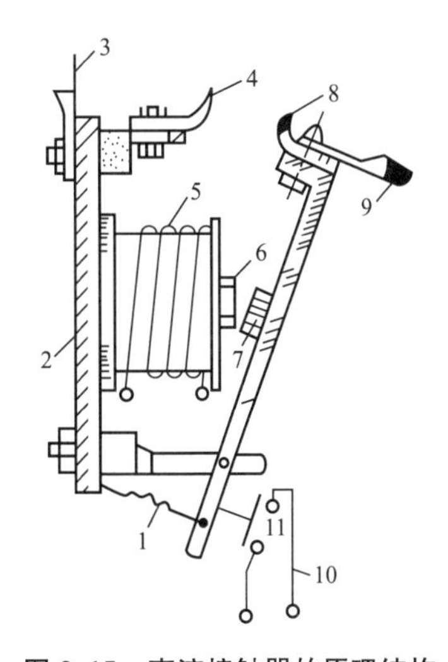

图 2.15　直流接触器的原理结构

1—反作用弹簧；2—底板；3、9、10—连接线端；4—静主触头；5—线圈；6—铁心；7—衔铁；8—动主触头；11—辅助触头直流接触器常用磁吹和纵缝灭弧装置来灭弧。直流接触器的铁心与交流接触器不同，它没有涡流的存在，因此一般用软钢或工业纯铁制成。

由于直流接触器的吸引线圈通以直流电，所以没有产生冲击的起动电流，也不会产生铁心猛烈撞击现象，因而它的寿命长，适用于频繁起动、制动的场合。

交、直流接触器的选用可根据线路的工作电压和电流查电器产品目录。

在电气传动系统图中，接触器用图 2.16 所示的图形符号表示。

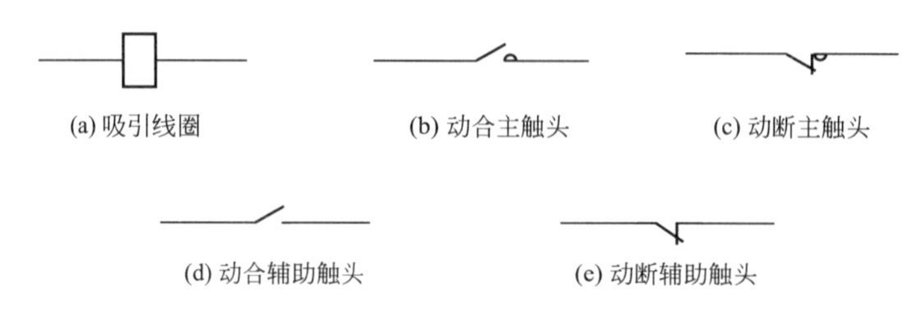

图 2.16　接触器的图形符号

接触器的文字符号用 KM 表示。

2. 继电器

接触器虽已将电动机的控制由手动变为自动，但还不能满足复杂生产工艺过程自动化的要求，如对于大型塔吊，不仅要求能自动地上升和下降，而且要求能自动地减速和加速。这些要求，必须有整套自动控制设备才能满足，而继电器就是这种控制设备中的主要元件。

继电器实质上是一种传递信号的电器，它可根据输入的信号达到不同的控制目的。

继电器的种类很多，按它反映信号的种类可分为电流、电压、速度、压力、热继电器等，按动作时间可分为瞬时动作和延时动作继电器(后者常称为时间继电器)，按作用原理可分为电磁式、感应式、电动式、电子式和机械式继电器等。由于电磁式继电器具有工作可靠、结构简单、制造方便、寿命长等一系列的优点，故其在工程机械电气控制系统中应用得最为广泛，90%以上的继电器是电磁式的。继电器一般被用来接通和断开控制电路，故电流容量、触头、体积都很小，只有当电动机的功率很小时，才可用某些中间继电器来直接接通或断开电动机的主电路。电磁式继电器有直流和交流之分，它们的主要结构和工作原理与接触器基本相同，各自又可分为电流、电压、中间、时间继电器等，而且同一型号(如直流继电器 JT3)中可有以下几种继电器。

1) 电流继电器

电流继电器是根据电流信号动作的。如在直流并励电动机的励磁线圈里串联一电流继电器，当励磁电流过小时，它的触头便打开，从而控制接触器以切除电动机的电源，防止电动机因转速过高或电枢电流过大而损坏，具有这种性质的继电器叫欠电流继电器(如 JT3－L 型)；反之，为了防止电动机短路或电枢电流过大(如严重过载)而损坏电动机，就要采用过电流继电器(如 JL3 型)。

电流继电器的特点是匝数少、线径较大、能通过较大电流。

在电气传动系统中，用得较多的电流继电器的型号有 JL14、JL15、JT3、JT9、JT10 等。选择电流继电器时主要根据电路内的电流种类和额定电流大小来选择。

2) 电压继电器

电压继电器是根据电压信号动作的。如果把电流继电器的线圈改用细线绕成，并增加匝数，就成了电压继电器，它的线圈与电源是并联的。

电压继电器也可分为过电压继电器和欠(零)电压继电器两种。

(1) 过电压继电器。当控制线路出现超过所允许的正常值的电压时，继电器动作从而控制切换电器(接触器)，使电动机等停止工作，以保护电气设备不致因过高的电压而损坏。

(2) 欠(零)电压继电器。当控制线圈电压过低，使控制系统不能正常工作时(如异步电动机因 $T \propto U^2$，不宜在电压过低的情况下工作)，利用欠电压继电器可在电压过低时动作的特性，使控制系统或电动机脱离不正常的工作状态，这种保护称欠压保护。

在工程机械电气控制系统中常用的电压继电器有 JT3、JT4 型。选择电压继电器时根据线路电压的种类和大小来选择。

3) 中间继电器

中间继电器本质上是电压继电器，但还具有触头多(多至 6 对或更多)、触头能承受的电流较大(额定电流 5～10A)、动作灵敏(动作时间小于 0.05s)等特点。

它的用途有如下两个：

(1) 中间传递信号。当接触器线圈的额定电流超过电压或电流继电器触头所允许通过的电流时，可将中间继电器作为中间放大器再来控制接触器。

(2) 同时控制多条线路。

在工程机械电气控制系统中常用的中间继电器除了 JT3、JT4 型外，JZ7 型和 JZ8 型中间继电器用得最多。在可编程序控制器和仪器仪表中还会用到各种小型的中间继电器。

选用中间继电器的主要根据是控制线路所需触头的多少和电源电压等级。

4) 热继电器

热继电器是根据控制对象的温度变化来控制电流流通的继电器，即利用电流的热效应而动作的电器。它主要用来保护电动机的过载，电动机工作时不允许超过额定温度，否则会缩短电动机的使用寿命。熔断器和过电流继电器只能保护电动机电流不超过允许最大电流，不能反映电动机的发热状况。由于电动机短时过载是允许的，但长期过载就会发热，因此，必须采用热继电器进行保护。图 2.17 是 JR14 - 20/2 型热继电器的原理结构示意

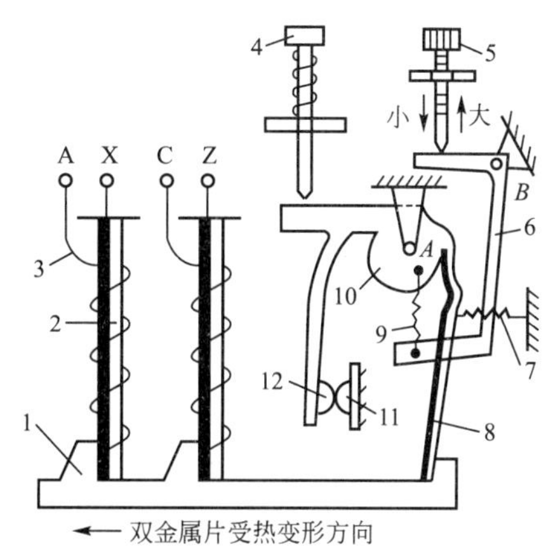

图 2.17 JR14 - 20/2 型热继电器的原理结构示意图

1—绝缘杆(胶纸板)；2—双金属片；3—发热元件；4—手动复位按钮；5—调节旋钮；6—杠杆(绕支点 *B* 转动)；7—弹簧(加压于 8 上，使 1 与 8 扣住)；8—感温元件 (双金属片)；9—弹簧；10—凸轮支件(绕支点 *A* 转动)；11—静触头；12—动触头

图。为反映温度信号，设有感应部分——发热元件与双金属片；为控制电流流通，设有执行部分——触点。发热元件用镍铬合金丝等材料制成，直接串联在被保护的电动机主电路内。它随电流 I 的大小和时间的长短而发出不同的热量，这些热量加热双金属片。双金属片是由两种膨胀系数不同的金属片碾压而成的，右层采用高膨胀系数的材料，左层则采用低膨胀系数的材料，双金属片的一端是固定的，另一端为自由端，过度发热便向左弯曲。热继电器有制成单个的(如常用的 JR14 型系列)，也有和接触器制成一体、安放在磁力启动器的壳体之内的(如 JR15 系列配 QC10 系列)。目前一个热继电器内一般有 2 个或 3 个发热元件，通过双金属片和杠杆系统作用到同一常闭触点上，感温元件用作温度补偿装置，调节旋钮用于整定动作电流。热继电器的动作原理是：当电动机过载时，通过发热元件的电流使双金属片向左膨胀，推动绝缘杆，绝缘杆带动感温元件向左转使感温元件脱开绝缘杆，凸轮支件在弹簧的拉动下绕支点 A 顺时针方向旋转，从而使动触头与静触头断开，电动机得到保护。

目前常用的热继电器有 JR14、JR15、JR16 等系列。

使用热继电器时要注意以下几个问题：

(1) 为了正确地反映电动机的发热状况，在选择热继电器时应采用适当的发热元件。发热元件的额定电流与电动机的额定电流相等时，继电器便准确地反映电动机的发热状况。同一种热继电器有多种规格的发热元件，如 JR14－20 型热继电器采用的发热元件额定电流 I_N从 0.35～22A 就有 12 种规格。而每一种规格中，电流又有一定的调整范围。如 I_N=5A，其整定范围为 3.2～5A。

(2) 注意热继电器所处的周围环境温度，应保证它与电动机有相同的散热条件，对有温度补偿装置的热继电器尤其如此。

(3) 由于热继电器有热惯性，大电流出现时它不能立即动作(图 2.18)，故热继电器不能用于短路保护。

(4) 用热继电器保护三相异步电动机时，至少要用有两个发热元件的热继电器，以在不正常的工作状态下，可对电动机进行过载保护，例如，电动机单相运行时，至少有一个发热元件能起作用。当然，最好采用有 3 个发热元件带缺相保护的热继电器。

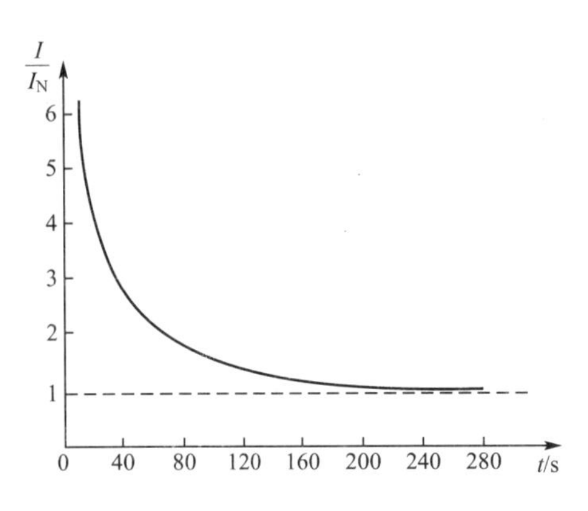

图 2.18 热继电器电流与动作的关系曲线

2.1.3 主令电器

除接触器、继电器外，自动控制线路中还有一类所谓主令电器，主要用来切换控制线路。实际上，操作人员只要操作这类电器，就能控制线路的工作。工程机械电气控制上最常见的主令电器为按钮开关、万能转换开关、主令控制器，有些主令电器可由工程机械的运动部件带动(操纵)，如常见的行程开关。

1. 按钮

按钮是一种专门发号施令的电器，用以接通或断开控制回路中的电流。图 2.19 所示为按钮开关的结构与图形符号。按下按钮，动合触头闭合而动断触头断开，从而同时控制了两条电路；松开按钮，则在弹簧的作用下使触头恢复原位。

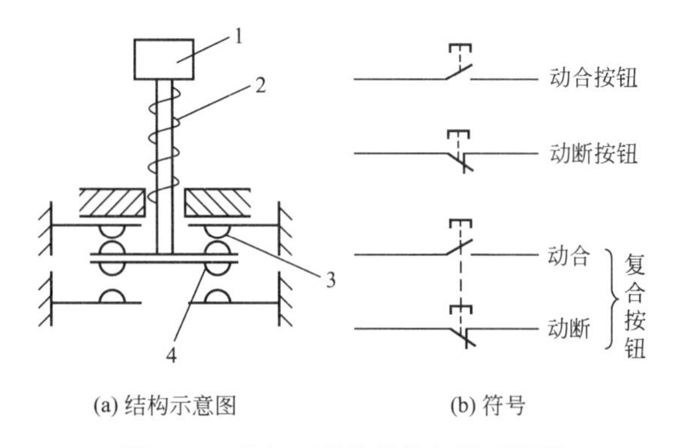

图 2.19　按钮开关的结构与图形符号

1—按钮；2—弹簧；3—动断触头；4—动合触头

按钮开关的文字符号用 SB 表示。按钮一般用来遥控接触器、继电器等，从而控制电动机的起动、反转和停转，因此一个按钮盒内常包括两个以上的按钮元件，在线路中分别起不同的作用，最常见的是由两个按钮元件组成“启动”“停止”的双联按钮，以及由三个按钮元件组成“正转”“反转”“停止”的三联按钮。此外，有时由很多按钮元件组成一个控制按钮站，它可以控制很多台电动机的运转。为了避免误按按钮，按钮帽一般都低于外壳。但为了在发生故障时操作方便，有些“停止”按钮的按钮帽高于外壳或做成特殊形状(如蘑菇头形)并涂以红色以显目。

常用的按钮有 LA18、LA19、LA20、LAY3 型。

2. 主令控制器与万能转换开关

主令控制器与万能转换开关广泛应用在控制线路中，以满足需要多连锁的工程机械控制系统的要求，实现转换线路的远程控制。

主令控制器又名主令开关，它的主要部件是一套接触元件，其中的一组如图 2.20 所示，具有一定形状的凸轮 A 和凸轮 B 固定在方形轴上。与静触头相连的接线头上连接被控制器所控制的线圈导线。桥形动触头固定于能绕轴转动的支杆上。当转动凸轮 B 的轴时，其凸出部分推压小轮并带动杠杆，于是触头被打开。按照凸轮的不同形状，可以获得触头闭合、打开的任意次序，从而达到控制多回路的要求。它最多有 12 个接触元件，能控制 12 条电路。

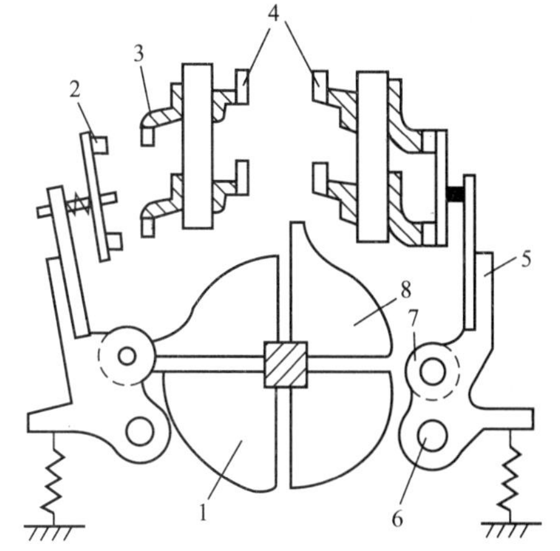

图 2.20　主令控制器原理示意图

1—凸轮 A；2—桥形动触头；3—静触头；4—接线头；5—支杆；6—轴；7—小轮；8—凸轮 B

常用的主令控制器有 LK14、LK15 和 LK16 型。

主令控制器的触头多，为了更清楚地表示其触点分合状况，在电气传动系统图中除了用图 2.21(a)所示的图形符号外，还常用图 2.21(b)

来表示触点的合断。其中，符号“×”表示手柄转动在该位置下，触点闭合，空格代表断开。如手柄从位置O向左转动到位置Ⅰ后，触点2、4闭合；当手柄从位置O向右转动到位置Ⅰ后，触点2、3闭合。其他类推。

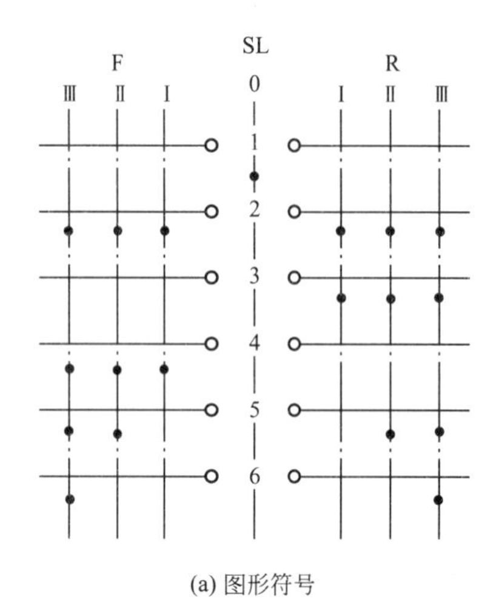

(a) 图形符号

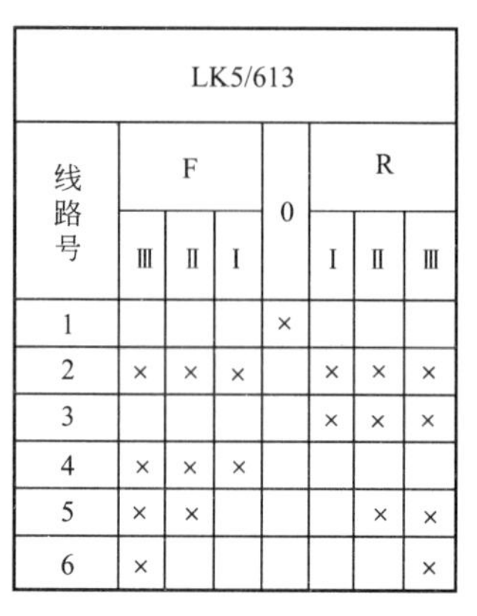

LK5/613							
线路号	F			0	R		
	Ⅲ	Ⅱ	Ⅰ		Ⅰ	Ⅱ	Ⅲ
1				×			
2	×	×	×		×	×	×
3					×	×	×
4	×	×	×				
5	×	×				×	×
6	×						×

(b) 触点合断表

图2.21　主令控制器的图形符号和触点合断表

图2.21所示为一个具有7挡(每挡有6个触头)的主令控制器。在电气传动系统图中主令控制器的文字符号是SL。

万能转换开关是一个多段式能够控制多回路的电器，也可用于小型电动机的起动和调速。在电气传动系统图中万能转换开关的图形符号和触头合断表与主令控制器类似。它的文字符号为SO，常用的有LW5、LW6型。

另外，工程机械控制系统中有时用到十字形转换开关(如LS1型)，这种开关也属主令电器，用在多电动机控制的设备上，以控制各台电动机的动作。十字形转换开关的安装应使其手柄动作的方向与所要引起的动作一致，以便于控制而减少误动作。

还有凸轮控制器和平面控制器，它们主要用于电气传动控制系统中，变换主回路或励磁回路的接法和电路中的电阻，以控制电动机的起动、换向、制动及调速。常用的凸轮控制器为KT10、KT12型，平面控制器为KP5型。

2.1.4　执行电器

在电力拖动控制系统中，除了用到上面已经介绍过的作为控制元件的接触器、继电器和主令电器等控制电器外，还常用到为完成执行任务的电磁铁、电磁离合器、电磁工作台等执行电器。

1. 电磁铁

广义而言，电磁铁是一种通电以后对铁磁物质产生引力，把电磁能转换为机械能的电器。而这里介绍的电磁铁是指将电流传号转换成机械位移的执行电器，它的工作原理与接触器相同。它只有铁心和线圈，图2.22所示为单相交流电磁铁的结构。

交流电磁铁在线圈通电，吸引衔铁而减小气隙时，由于磁阻减小，线圈内自感电动势和感抗增大，因此，电流逐渐减小。但与此同时，气隙漏磁通减少，主磁通增加，其吸力将逐步增大，最后将达到初始吸力的 1.5～2 倍。$I=f(x)$、$F=f(x)$特性如图 2.23 所示。由此可看出，使用这种交流电磁铁时，必须注意不要使衔铁有卡住现象，否则衔铁不能完全吸上而留有一定的气隙，使线圈电流大增而严重发热甚至烧毁。交流电磁铁适用于操作不太频繁、行程较大和动作时间短的执行机构，常用的交流电磁铁有 MQ2 系列牵引电磁铁、MZD1 系列单相制动电磁铁和 MZS1 系列三相制动电磁铁。

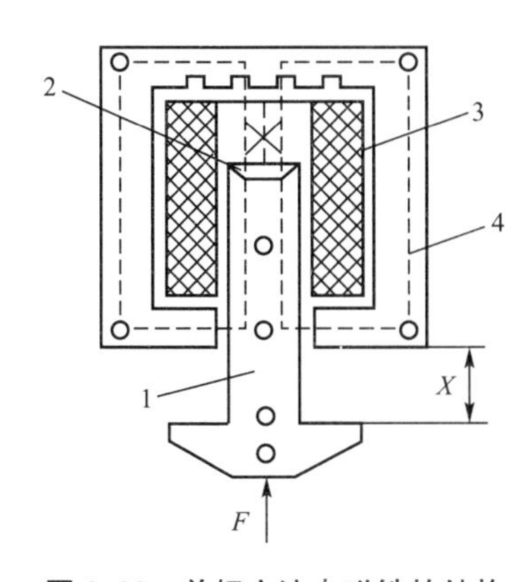

图 2.22　单相交流电磁铁的结构

1—动铁心；2—短路环；3—线圈；4—静铁心

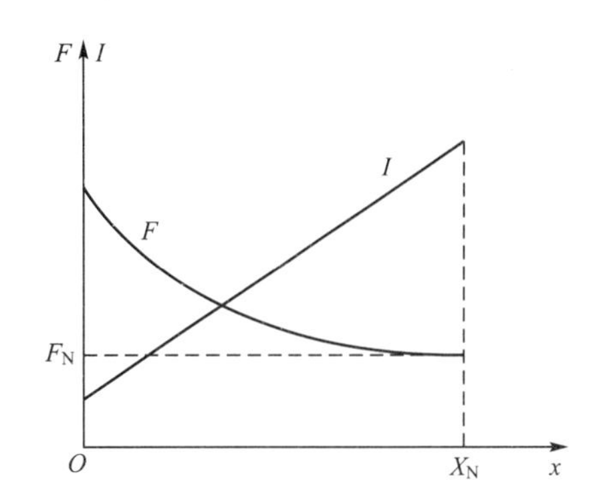

图 2.23　电磁铁的工作特性

直流电磁铁的线圈电流与衔铁位置无关，但电磁吸力与气隙长度关系很大，所以，衔铁工作行程不能很大。由于线圈电感大，线圈断电时会产生过高的自感电动势，故使用时要采取措施消除自感电动势(常在线圈两端并联一个二极管或电阻)。直流电磁铁的工作可靠性高，动作平稳，寿命比交流电磁铁长，它适用于动作频繁或工作平稳可靠的执行机构。常用的直流电磁铁有 MZZ1A、MZZZ2S 系列直流制动电磁铁和 MW1、MW2 系列起重电磁铁。

采用电磁铁制动电动机的机械制动方法常称为电磁抱闸制动，它在经常制动和惯性较大的机械系统中应用得非常广泛。

起重电磁铁可以提起各种钢铁、分散的钢砂等铁磁性物体，如 MW1－45 型直流起重电磁铁在提起钢板时起重力可达到 4.4×10^5N。

选用电磁铁的依据是机械所要求的牵引力、工作行程、通电持续率、操作频率等。

2. 电磁离合器

电磁离合器是利用表面摩擦或电磁感应来传递两个转动体间转矩的执行电器。电磁离合器由于能够实现远距离操纵，控制能量小，便于实现机械自动化，同时动作快，结构简单，因此获得了广泛的应用。常用的电磁离合器有摩擦片式电磁离合器、电磁粉末离合器、电磁转差离合器等。

在起重设备上广泛采用多片式的摩擦片式电磁离合器，摩擦片做成如图 2.24 所示的特殊形状，摩擦片数在 2～12 之间。多片式电磁离合器的缺点是制造工艺复杂，而且不能满足迅速动作的要求，因它在接合过程中必须有机械移动过程。常用的电磁离合器有 DLM0、DLM2、DLM3 系列。

电磁粉末离合器的结构如图 2.25 所示。在铁心气隙间安放铁粉，当线圈通电产生磁通后，铁粉就沿磁力线紧紧排列，因此，主动轴和从动轴发生相对移动时，在铁粉层间就产生切应力。切应力是由已磁化的粉末彼此之间摩擦而产生的，这样就带动从动轴转动，传递转矩。它的优点是动作快，因为没有摩擦片那样的机械位移过程，仅有铁粉的沿磁力线排列过程；而且制造简单，在工艺上没有特殊的严格要求。其缺点是工作性能不够稳定。

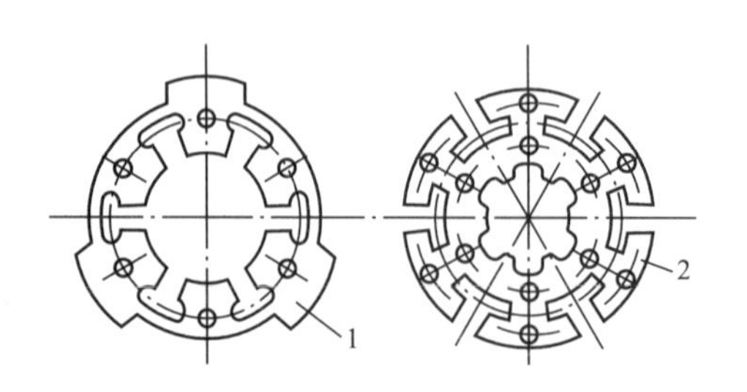

图 2.24　多片式电磁离合器的摩擦片

1—从动摩擦片；2—主动摩擦片

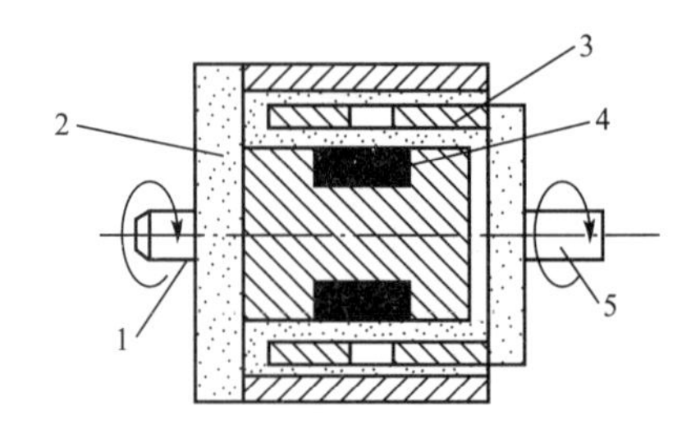

图 2.25　电磁粉末离合器的结构

1—主动轴；2—绝缘层；3—铁粉；4—线圈；5—从动轴

除上述利用摩擦原理制成的电磁离合器外，还有利用电磁感应原理制成的电磁转差离合器(又称为滑差离合器)，有兴趣的读者可参阅有关书籍，本书不再介绍。

3. 压力继电器和电磁气阀

1) 压力继电器

压力继电器是把气体或液体的压力信号变换成电信号，再返回控制气压系统或液压系统的自控电器。例如，当气压低于某给定值时，压力继电器自动接通电路，使空压机自动投入工作；当气压高于某给定值时，压力继电器自动断开电路，使空压机自动停止工作。

图 2.26 所示为压力继电器的原理结构，它由气(或油)缸、活塞和触头系统组成。当进气管 1 中的气压降低到某给定值时，反作用弹簧 4 推着活塞 3 向下移动，杠杆 6 右端向

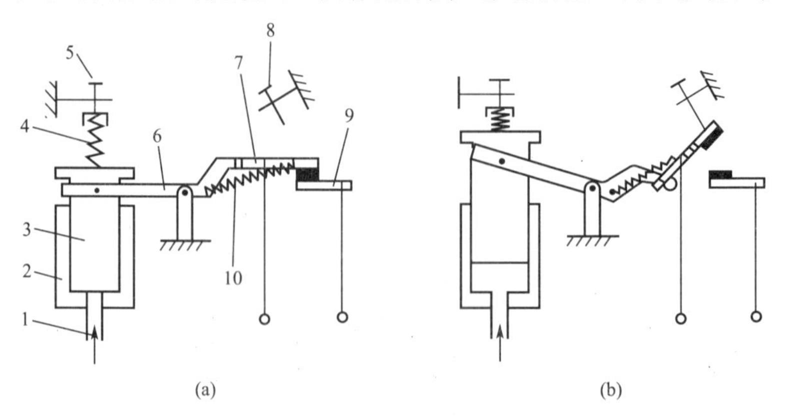

图 2.26　压力继电器原理结构

1—进气管；2—气缸；3—活塞；4—反作用弹簧；5—调压螺钉；6—杠杆；7—动触头；8—限位螺钉；9—静触头；10—速动弹簧

上抬起，一旦动触头7的铰接轴过了弹簧10，触头迅速地接通，其状态从图2.26(b)变到图2.26(a)。反之，当气压升高到某给定值时，活塞克服弹簧4的压力向上移动，触头迅速断开。弹簧10不但保证触头有足够的压力，而且能使触头动作迅速并与活塞的运动速度无关。转动螺钉5可以改变反作用弹簧的松紧，调节被控压力的范围。

2）电磁气阀

电磁气阀是把电信号变换成机械信号，实现气路的自动开启、关闭或转换，进一步控制生产机械动作的自控电器，由电磁系统和气阀两部分组成，图2.27所示为它的原理结构。

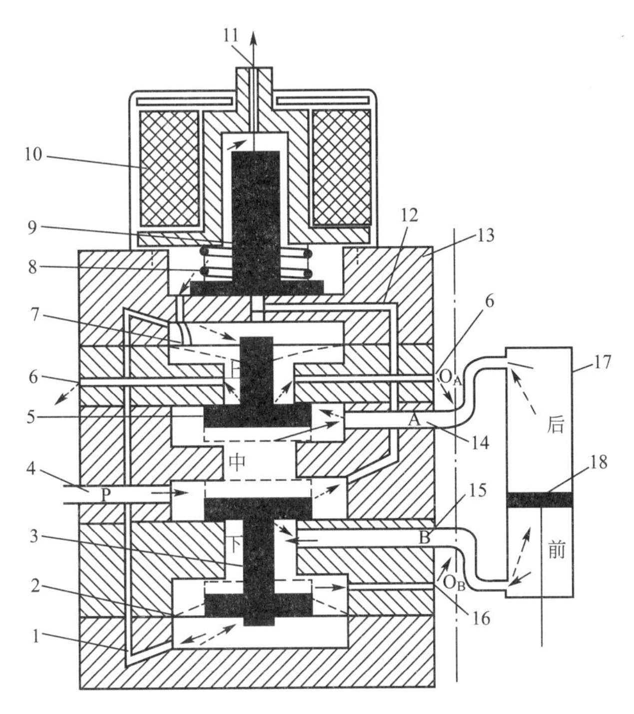

图2.27　电磁气阀原理结构

1、12—通气道；2、7—橡皮膜；3、5—气阀阀芯；4—进气口P；6、16—排气孔O_A和O_B；8—复位弹簧；9—动铁心；10—线圈；11—非磁性先导阀体及其出气孔；13—气阀阀体；14—常退出气口A；15—常闭出气口B；17—气缸；18—活塞

电磁部分又称为先导电磁阀，呈圆柱形，由线圈10、动铁心9、复位弹簧8、非磁性先导阀体11及铁质外罩等组成。先导阀体与气阀阀体13之间用螺钉和垫片密封连接。线圈断电时在复位弹簧的作用下动铁心处于最下位置，把通气道12堵死，出气孔打开；线圈通电时动铁心被吸向上，把通气道12打开，出气孔堵死。动铁心相对于阀体有两个位置，称为两位。

气阀阀体13是一个铝质方形柱体，由厚度和内部形状不同的5层叠加而成，层间用塑料薄膜密封，四角用螺栓压紧。阀体内部组成形状复杂的气阀阀室，室内有两个支持在橡皮膜2和7上的阀芯3和5。

线圈断电时通气道12被堵死，气流情况如图2.27中的实线箭头所示：压缩空气从P口进气阀阀室中部，推动阀芯5向上，阀芯3向下，将阀室分隔成上、中、下三部分；压缩空气从 A 口出去推动活塞向前运动，气缸前部空气从 B 口进入气阀阀室下部再由 O_B 口排于大气中；橡皮膜 7 的上部和 2 的下部空气经通气道 1 和出气孔排于大气。

线圈通电时出气孔被堵死，气流情况如图 2.27 中的虚线箭头所示：压缩空气经通气道 12、先导阀室、通气道 1 进入橡皮膜 7 的上部和 2 的下部，将阀芯 5 向下推，阀芯 3 向上推，把气阀阀室分隔为上、下两部分；压缩空气从 P 口进，B 口出，活塞向后，气缸后部空气从 A 口进，O_A 口出并排于大气中。

气阀阀室有 P、A、B、O 四个通道与气压系统相连通，叫作四通，故上述电磁气阀称为两位四通阀。它在气路系统中的图形符号如图 2.28(a)所示，箭头代表断电时的气流方向。根据不同用途还可做成两位三通、两位转换、两位开关阀等多种类型，如图 2.28所示。

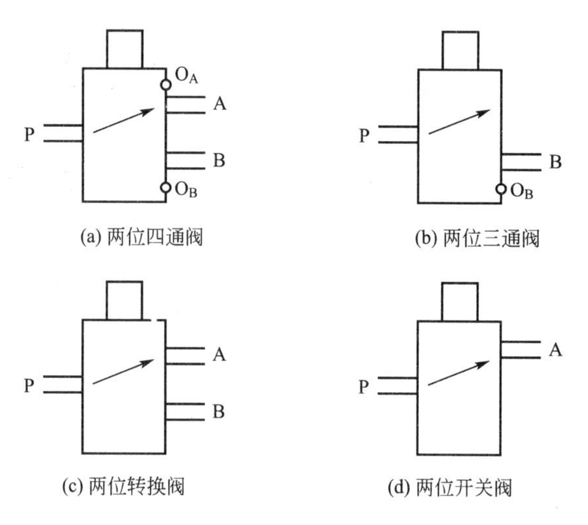

图 2.28 电磁气阀图形符号

电磁部分的好坏可用简单方法来检查。通电后如有清晰的“嗒嗒”吸合声，说明电磁部分正常；如无“嗒嗒”声也无“嗡嗡”声，可能是线圈内部或连接线断路；如无“嗒嗒”声而有“嗡嗡”声，可能是动铁心密封垫不平，动铁心被卡住，铁心端面生锈、有污垢，电压太低或线圈匝间短路等原因，对于这种情况，通电时间长会使线圈过热甚至烧坏。

2.1.5 电阻器、电力制动器和集电环

1. 电阻器

电阻器常用于电动机的起动、制动及调速等。常用的电阻材料有铸铁、康铜、新康铜、镍铬和铁铬铝等，铸铁电阻器因性脆、电阻率小、温度系数大、笨重等缺点，使用日趋减少。电阻器的元件可制成各种形状，常见的有管形、栅片、丝片等。图 2.29(a)所示为铸铁或铁铬铝制成的栅形电阻片，图 2.29(b)所示为将电阻丝绕在瓷管子上的电阻丝片。将多个电阻元件用螺栓组装在一起就叫作电阻箱。栅形电阻片的额定电流较大，适用于中、大容量电动机的起动和调速；电阻丝片的额定电流较小，适用于小容量的场合。

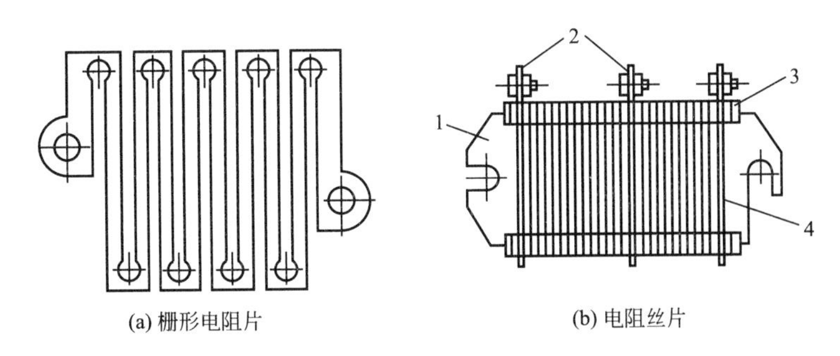

图 2.29 电阻元件

1—钢板；2—接线端子；3—磁箴子；4—电阻丝

2. 电力制动器

制动器俗称抱闸或刹车，其作用是产生机械制动力矩，使电动机停车迅速，停位准确，并防止外力使它们再转动。制动器按动力的来源分为人力制动器、气动制动器、电磁制动器和电动制动器，后两种属于电力制动器。电力制动器按是否采用液压方式又可分为非液压式和液压式两种。电磁制动器按衔铁的行程分为长行程(大于10mm)和短行程(小于5mm)两种，按线圈电源分为交流(又有单相和三相之分)和直流两种。

1) 电磁制动器

电磁制动器由电磁系统和机械抱闸两部分组成，图2.30所示为单相电磁制动器原理结构。电动机一般与闸轮同轴。图2.30所示为线圈断电时的情况。这时，在抱紧弹簧6的张力作用下，左右闸瓦9抱紧闸轮8。当线圈2通电时，衔铁4被吸引，推杆5被推向右，抱紧弹簧6受压缩，在松开弹簧7的张力作用下左右闸瓦松开闸轮。

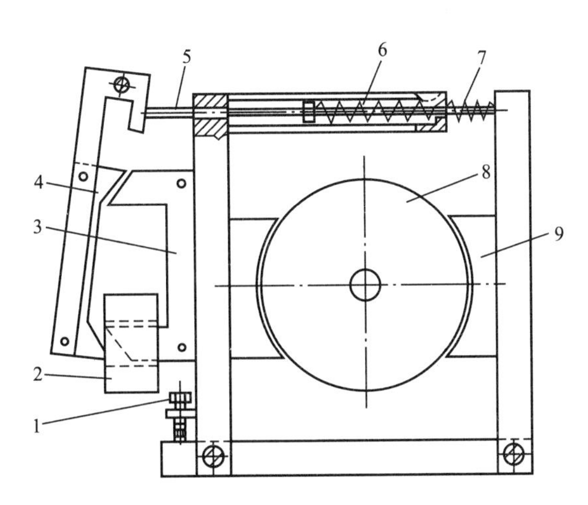

图 2.30 单相电磁制动器原理结构

1—调节螺钉；2—线圈；3—静铁心；4—衔铁；
5—推杆；6—抱紧弹簧；7—松开弹簧；8—闸轮；9—闸瓦

螺钉1用来调整闸瓦与闸轮外缘之间的间隙，使用中闸瓦磨损后应及时调整。

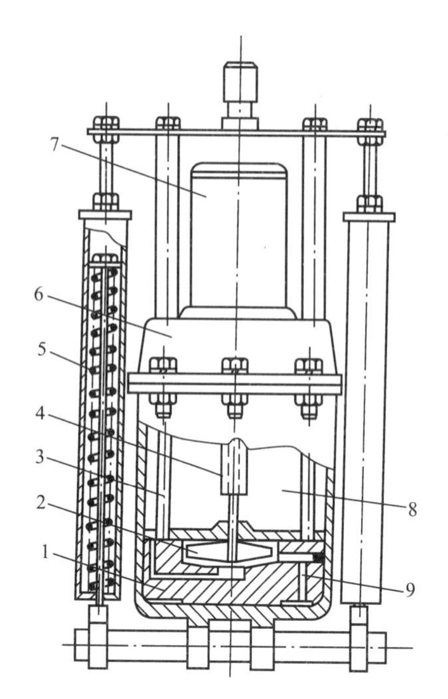

图 2.31　电力液压推杆制动器

1—活塞；2—叶轮；3—推杆；4—套轴；5—弹簧；6—泵体；7—电动机；8—油；9—油道

这种电磁制动器属于衔铁转动式。三相电磁制动器则常做成衔铁直动式。这类电磁制动器的缺点是瞬时动作，冲击较大，噪声较大，对于起重机来说不易作微小的提升和下降。

为了克服上述缺点，近年来制成了直流液压电磁制动器。它由硅整流装置供给直流电，电磁铁装在一个充满油的密封外壳内，借助于油的阻尼作用减小冲击和噪声，性能优良。

2）电力液压推杆制动器

图 2.31 所示为电力液压推杆制动器的原理结构，它由三相鼠笼式电动机和油泵两个主要部分组成，图中未包括机械抱闸部分。

电动机通电后，通过套轴带动叶轮，将油从活塞上部通过油道逐渐打入活塞下部，压力油将活塞和推杆托起，使抱闸逐渐松开。当电动机断电时，靠弹簧张力和活塞自重而复位，使抱闸逐渐抱紧。它具有冲击小，噪声小的优点。此外，油的压力与叶轮转速有关，所以它的抱紧程度可以通过改变电动机的转速来调节。叶轮的轴为方形，插在套轴的方孔内，使叶轮随活塞升降到任意位置都可以传递动力。

制动器的工作是否可靠关系到人身和设备的安全，并且制动器是一个动作具有冲击性的设备，因此必须加强检查和维护，如接线、螺钉、闸瓦、衔铁、油道等重要部位。对于液压制动器，油的种类最好根据季节和地区更换，气温在＋40～＋20℃可用 20 号机油，＋20～0℃可用 10 号变压器油，0～－15℃可用 25 号变压器油，－15～－30℃可用仪器油。

3. 集电环

生产机械回转部分与非回转部分之间的连接导线都要通过集电环连接。图 2.32 所示为集电环的原理结构，它主要由电刷和滑环两部分组成。滑环是一个铜质圆环，其数目决定于需要连接的电路数，它们借助于三根绝缘棒 2 组成一个滑环组。相应的电刷借助于两根绝缘棒 6 组成一个电刷组。滑环组和电刷组分别装在生产机械回转部分和非回转部分的中心。弹簧用来使电刷紧贴在滑环表面。

集电环的安装必须保证与回转轴的同心度。为了使滑环不致磨偏，生产机械(如起重机)应常作 360°的回转。

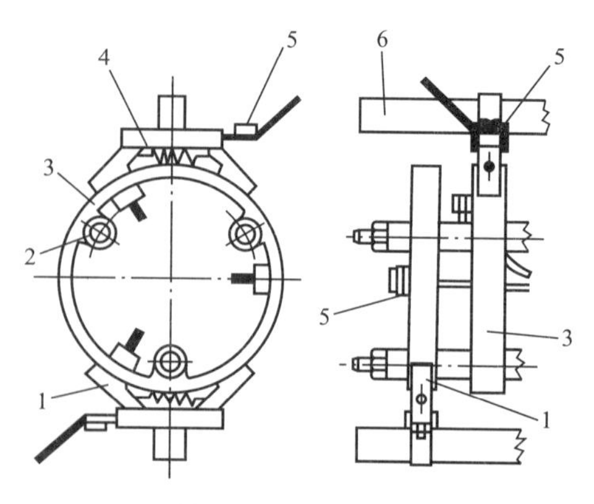

图 2.32　集电环

1—电刷；2—滑环绝缘棒；3—滑环；4—弹簧；5—接线端子；6—电刷绝缘棒

2.2 继电器-接触器控制的常用基本线路

2.2.1 继电器-接触器自动控制线路的构成

图2.6是用接触器控制鼠笼式异步电动机的工作原理图。该图形象地表示了控制线路电器的安装情况及相互间的连线，这种图对初学电路图的读者甚为适合，但它不易绘制。工程上电器线路都用一些规定的图形符号来表示，这就使绘图工作大为简化，线路图也得到统一。

对采用图形符号绘制的图2.6略加修改，就得到如图2.33所示的安装线路，它是电气施工(安装)时最重要的资料之一。随着生产的发展，控制系统日趋复杂，使用的电器元件越来越多，安装图中相交的线也越来越多，阅读起来很不方便。为了满足分析线路或设计线路的需要，产生了根据工件原理并为了便于阅读而绘制的线路图，这种图就称为原理线路图，简称原理图(图2.34)。实际上它就是图2.33的展开形式，所以有时又称之为展开线路图。原理图是工程机械电气设备设计的基本且重要的技术资料，工程机械的生产率及其在运行中的可靠性很大程度上与原理图的质量有关。

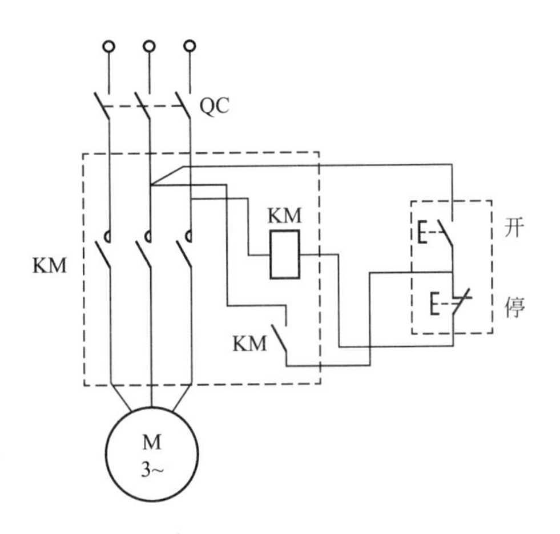

图2.33 安装接线图

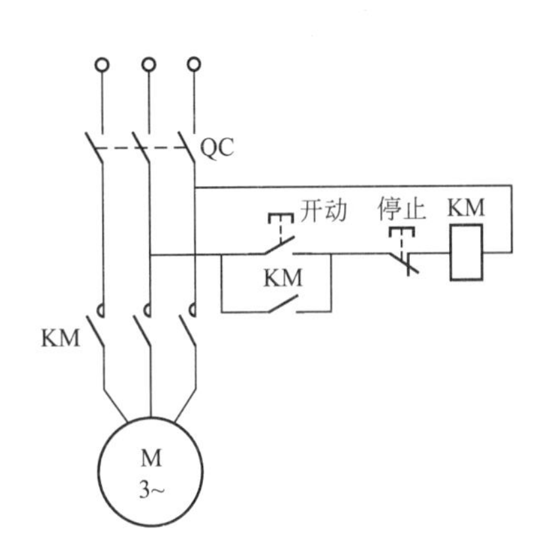

图2.34 原理线路图

为了便于读者有规律地阅读原理图或者拟定简单的原理图，下面介绍绘制原理图的基本规则(为了说明问题方便，这里用图2.35作为例子，它是一简化了的绕线式电动机原理线路图)。

(1) 为了区别主电路与控制电路，在绘制线路图时，主电路(电动机、电器及连接线等)用粗线表示，而控制电路(电器及连接线等)用细线表示。通常习惯将主电路放在线路图的左边(或上部)，而将控制电路放在右边(或下部)。

(2) 在原理图中，控制线路中的电源线分列两边，各控制回路基本上按照各电器元件的动作顺序自上而下平行绘制(如图2.35中KM动作后，KT_1再动作……)。

(3) 在原理图中，各个电器并不按照它实际的布置情况绘在线路上，而是采用同一电器的各部件分别绘在它们完成作用的地方(如图2.35中KM曲线圈和触头分得很散，3个

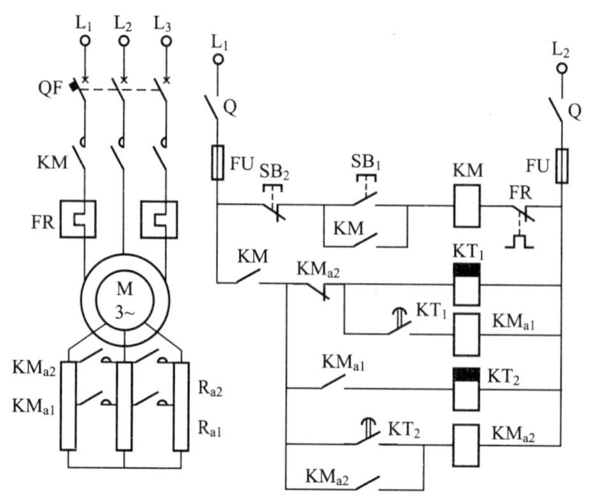

图 2.35　原理线路示例

主触头用来接通电动机，一个辅助触头用于自锁，另一个用于接通其他的控制电路）。

（4）为区别控制线路中各电器的类型和作用，每个电器及它们的部件用一定的图形符号表示，且给每个电器一个文字符号，属于同一个电器的各个部件（如接触器的线圈和触头）都用同一个文字符号表示。而作用相同的电器都用一定的数字序号表示（如图 2.35 中的 KM_{a1} 和 KM_{a2} 都是加速接触器）。

（5）因为各个电器在不同的工作阶段分别做不同的动作，触点时闭时开，而在原理图中只能表示一种情况，因此，规定所有电器的触点均表示正常位置，即各种电器在线圈没有通电或机械尚未动作时的位置。如对于接触器和电磁式继电器为电磁铁未吸上的位置，对于行程开关、按钮等则为未压合的位置。

（6）为了查线方便，在原理图中两条以上导线的电气连接处要打一圆点，且每个接点要标一个编号。编号的原则是：靠近左边电源线的用单数标注，靠近右边电源线的用双数标注，通常都是以电器的线圈或电阻作为单、双数的分界线，放电器的线圈或电阻应尽量放在各行的一边——左边或右边。

（7）对于具有循环运动的机构，应绘出工作循环图，万能转换开关和行程开关应绘出动作程序和动作位置。

2.2.2　继电器-接触器自动控制的基本线路

本节特以交流异步电动机为控制对象来研究它的起动、正反转、点动、连锁控制等线路。

1. 起动控制线路及保护装置

1）起动控制线路

只要在图 2.35 中加上一些保护电器便成了工程机械中常用的“不反转的鼠笼式异步电动机直接起动控制线路”，如图 2.36 所示，它是鼠笼式异步电动机直接起动控制线路。将线路中的控制设备组成一体称为不可逆磁力起动器，它包括一个接触器 KM、一个热继电器 FR 和一个双联按钮（起动按钮 SB_1 和停止按钮 SB_2）。图 2.36 中，QG 是刀开关，FU 是熔断器。接触器的吸引线圈和一个动合辅助触头接在控制电路中，而它的3个动合主触头则接在主电路中。

操作过程如下：

合上开关QG(作起动准备)，按下SB_1，接触器KM的吸引线圈得电，衔铁吸上，其主触头闭合，电动机便转动。与此同时，KM的辅助触头也闭合，使起动按钮SB_1短接，这样当松开SB_1时接触器仍旧有电。像这样利用电器自己的触头保持自己的线圈得电，从而保证长期工作的线路环节称为自锁环节，这种触头称为自锁触头。按下SB_2，KM的线圈断电，其主触头打开，电动机便停转，同时KM的辅助触头也打开，故松手后，SB_2虽仍闭合，但KM的线圈不能继续得电，从而保证了电动机不会自行起动。要使电动机再次工作，可再按SB_1。

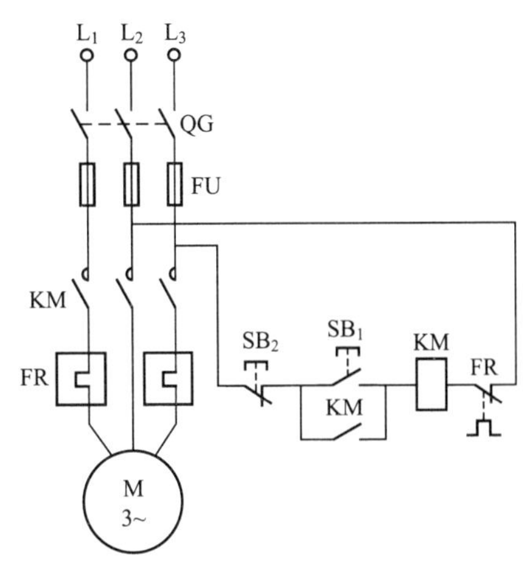

图2.36　鼠笼式异步电动机直接起动控制线路

为了避免电动机、控制电器等电气设备和整个工程机械、操作者受到不正常工作状态的有害影响，使工作更为可靠，自动控制线路中必须具有完成各种保护作用的保护装置。

2）保护装置

(1) 短路电流的保护装置。短路保护的作用在于防止电动机突然流过短路电流而引起电动机绕组、导线绝缘及机械上的严重损坏，或防止电源损坏。此时，保护装置应立即可靠地使电动机与电源断开。

常用的短路保护元件有熔断器、过电流继电器、自动开关等。

① 熔断器(熔丝)。它是一种广泛应用于电力拖动控制系统中的保护电器。熔断器串接于被保护的电路中，当电路发生短路或严重过载时，它的熔体能自动迅速熔断，从而切断电路，使导线和电气设备不致损坏。

熔断器从结构上分，有插入式、密封管式和螺旋式，其结构如图2.37所示。熔断器的熔体一般由熔点低、易于熔断、导电性能好的合金材料制成。常用的插入式熔断器有RC1A系列。

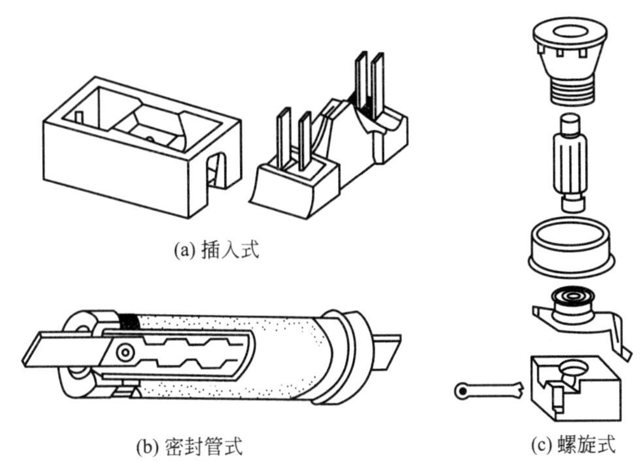

图2.37　熔断器

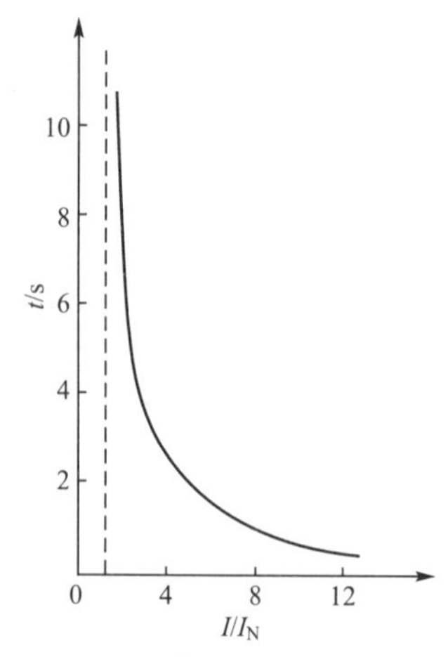

图 2.38 熔断器的熔断特性

螺旋式熔断器有 RLS 系列和 RL1 系列，无填料密封管式熔断器有 RM10 系列，有填料密封管式熔断器有 RTO 系列，快速熔断器有 RSO 系列和 RS3 系列。RSO 系列熔断器可作为半导体整流元件的短路保护，RS3 系列熔断器可作为晶闸管整流元件的短路保护。

熔断器的熔断时间与通过熔体的电流有关。它们之间的关系称为熔断器的熔断特性，如图 2.38 所示(电流用额定电流倍数表示)。从特性可看出，当通过的电流 $I/I_N \leqslant 1.25$ 时，熔体特长期工作；当 $I/I_N = 2$ 时，熔体在 30～40s 内熔断；当 $I/I_N > 10$ 时，认为熔体瞬时熔断。所以当电路发生短路时，短路电流使熔体瞬时熔断。

一般是根据线路的工作电压和额定电流来选择熔断器的。对一般电路、直流电动机和线绕式异步电动机的保护来说，熔断器是按它们的额定电流选择的。但对于鼠笼式异步电动机却不能这样选择，因为，鼠笼式异步电动机直接起动时的起动电流为额定电流的 5～7 倍，按额定电流选择时，熔体将即刻熔断。因此，为了保证所选的熔断器既能起到短路保护作用，又能使电动机起动，一般鼠笼式异步电动机的熔断器按起动电流的 $1/K(K=1.6\sim2.5)$来选择。若轻载起动、起动时间短，则 K 选得大一些；若重载起动、起动时间长，则 K 选得小一些。由于电动机的起动时间短促，故这样选择的熔断器在起动过程中来不及熔断。

熔断器结构简单、价格低廉，但动作准确性较差，熔体断了后需重新更换，而且若只断了一相还会造成电动机的单相运行，所以它只适用于自动化程度和其动作准确性要求不高的系统。

② 过电流继电器。它的动作准确性较高，多为自动复位，使用方便，不会造成单相运行，但它不能直接断开主回路，需要和接触器等配合使用。它广泛用于直流电动机和线绕式异步电动机的短路保护和瞬时最大电流(超载)保护，而在鼠笼式异步电动机中很少采用。

③ 自动空气断路器(自动开关)。这种电器的接触系统与接触器的接触系统相似，它既具有熔断器能直接断开主回路的特点，又具有过电流继电器动作准确性高、容易复位、不会造成单相运行等优点。它不仅具有作为短路保护的过电流脱扣器，而且具有作为长期过载保护的热脱扣器，能进行失压保护，但它价格较高，故在自动化程度和工作特性要求高的系统中，它是一种很好的保护电器。自动空气断路器的工作原理图如图 2.39(a)所示，在电气传动系统中的图形符号如图 2.39(b)所示，其文字符号为 QF。

自动空气断路器的工作原理如下：将操作手柄扳到合闸位置时主触头闭合，触头的连杆被锁钩锁住，使触头保持闭合状态。由凸轮将失压脱扣器的衔铁闭合，并经辅助触头进行自锁，失压脱扣器的顶杆被吸下。当电路失压或电压过低时，在反力弹簧 B 的作用下，失压脱扣器的顶杆将锁钩顶开，主触头在释放弹簧 A 的拉力下释放。

当电源恢复正常时，必须重新合闸后才能工作，实现了失压保护。过流脱扣器有双金属片式脱扣(热脱扣)和电磁式脱扣，一般要求瞬动的用电磁式脱扣(如需延时脱扣则用热脱扣或电磁式脱扣加延时装置)。当电路的电流正常时，过流脱扣器的衔铁未吸合，脱扣器顶杆被反力弹簧 C 拉下，所以锁钩保持锁住状态。当电路发生短路或严重过载时，过流

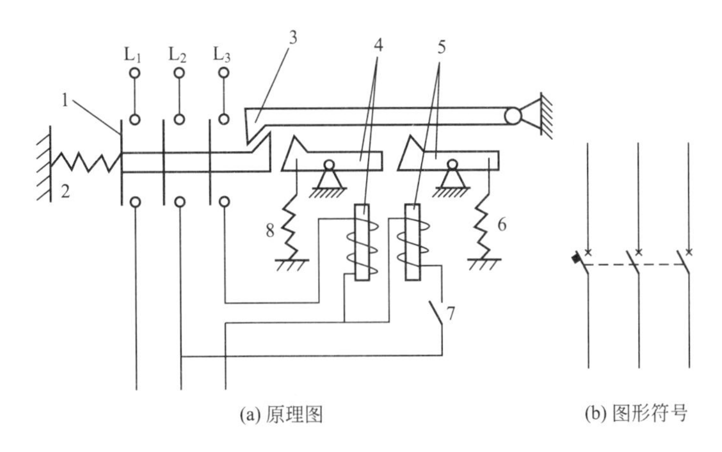

(a) 原理图　　(b) 图形符号

图 2.39　自动空气断路器

1—主触头；2—弹簧 A；3—锁钩；4—过流脱扣器；5—失压脱扣器；
6—弹簧 B；7—辅助触头；8—弹簧 C

脱扣器的衔铁被吸下，使其顶杆向上顶开锁钩，在弹簧 A 的拉力作用下，主触头迅速断开切断电路。电流脱扣器的动作电流值可以用调节电流脱扣器的反力弹簧 C 来进行整定。

常用的自动空气断路器有塑料外壳式的 DZ5、DZ10 系列和框架式的 DW10、DW5 系列。

短路保护装置在线路中应安装得越靠近电源越好，因为越靠近电源，保护的范围越广。

(2) 长期过载保护装置。所谓长期过载，是指电动机带有比额定负载稍高一点(115%～125%)I_N的负载长期运行，这样会使电动机等电气设备因发热而导致温度升高，甚至会超过设备所允许的温升而使电动机等电气设备的绝缘层损坏，所以必须给予保护。

目前使用得最多的长期过载保护装置是热继电器 FR。在图 2.40 所示的控制线路中，热继电器 PR 的发热元件串在电动机的主回路中，而其触点则串在控制电路接触器线圈的回路中。当电动机过载时，热继电器的热元件就发热，将其在控制电路内的动断触头断开，接触器线圈失电，触头断开，电动机停转。在重复短期工作制的情况下，由于热继电器和电动机的特性很难一致，所以不采用热继电器。

热继电器还可以保护电动机单相运行。但如果电动机单相运行时热继电器也失灵了，电动机仍会烧坏。采用长期过载与缺相双重保护的控制线路(图 2.40)就可以防止这种故障。在这个线路中，当电动机的电源断了一相时，继电器 KV_1 和 KV_2 至少有一个失电，其常开触点使接触器 KM 失电，从而使电动机得到保护。

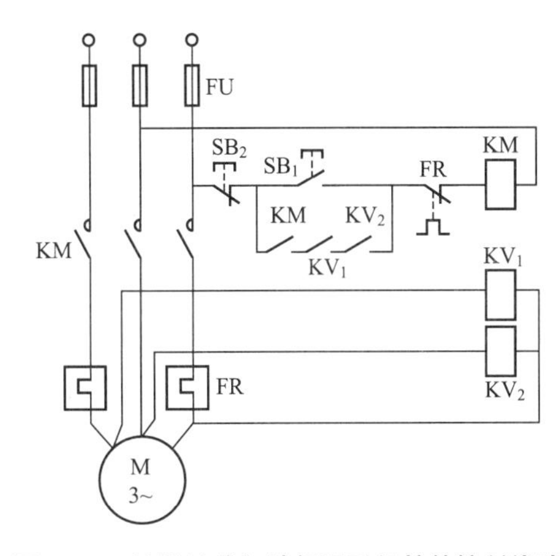

图 2.40　长期过载与缺相双重保护的控制线路

(3) 零电压(或欠电压)保护。零电压(或欠电压)保护的作用在于避免因电源电压消失或降低而可能发生的故障，如经常出现由工地的某种原因引起变电所的开关跳闸而暂时停止供电情况。对于手控电器，此时若未拉开刀开关或转换开关，当电源重新供电时，电动机就会自行起动，可能会造成设备或人身事故。但在图 2.41 所示的自动控制线路中，若电源暂停供电或电压降低，接触器线圈就失电，触头断开，电动机脱离电源而得到保护；过后当电源电压恢复时，不重新按起动按钮，电动机不会自动起动。这种保护称为零电压(或欠电压）保护。图 2.41 所示的线路是直接利用线路接触器作零电压保护的。但当控制线路中采用主令控制器和转换开关时，必须专加零电压保护装置，否则线路无零电压保护性能。通常用电压继电器作为零电压保护元件，如图 2.41 所示。SL 是主令控制器，只有当 SL 的手柄在 0 位置时，SL_1 才接通，这时零电压继电器 KUV 接通，而后转动手柄(向右或向左)，即可将 KM_1 或 KM_2（KM_1 和 KM_2 是控制电动机正、反转的接触器线圈)接通，起动电动机。如果电源电压消失，则 KUV 失电而断开其触头，因 KM_1 或 KM_2 断电，电动机停转；当电压恢复时，只有把 SL 转回到 0 位置，电动机才能再起动。

(4) 零励磁保护。直流电动机除了短路保护和过载保护外，还应有零励磁保护。这是因为，直流电动机在运行中若失去励磁电流或励磁电流减小很多，轻载时会产生超速运行甚至发生飞车，重载时则会使电枢电流迅速增加，电枢绕组会因发热而损坏。所以，要采用零励磁保护，如图 2.42 所示。当合上开关 QF 后，电动机励磁绕组 WF 中通过额定励磁电流，此电流使电流继电器 KUC 动作，其常开触头闭合。当按下起动按钮 SB_1 时，接触器 KM 动作，直流电动机起动运行。若运行中励滋电流消失或降低太多，就会使电流继电器 KUC 释放，常开触头打开，从而使接触器 KM 释放，电动机脱离电源而停车。图 2.42中，与 WF 并联的二极管 VD 的用途是降低切断电源时由励磁绕组感应产生的高电压。

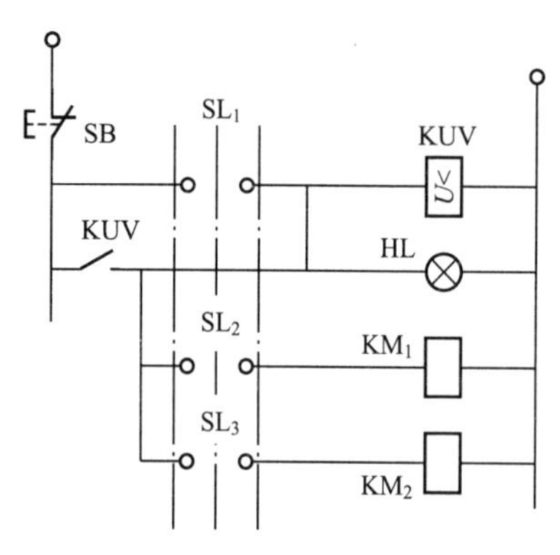

图 2.41　零压保护线路

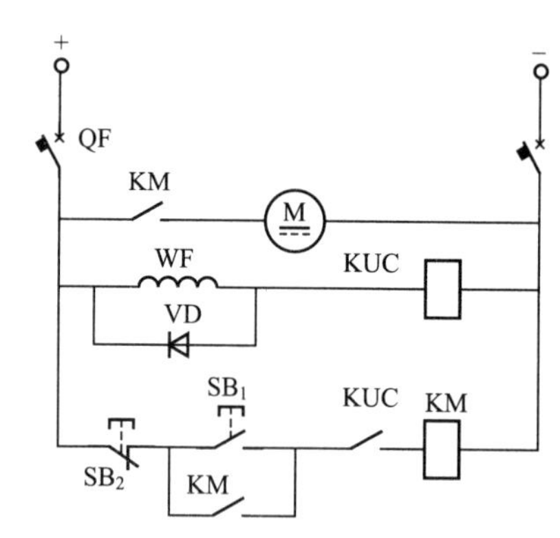

图 2.42　零励磁保护线路

2. 正反转控制线路

图 2.43(a)所示的自动控制线路具有下述缺点：若同时按下正向按钮 FSB 和反向按钮 RSB，可以使 FKM、RKM 接触器同时接通，造成图中虚线所示的电源短路事故。为避免产生上述事故，必须加连锁保护，使其中任一接触器工作时，另一接触器即失效，不能工作。为此，可采用图 2.43(b)所示的有电气连锁保护的线路。当按下 FSB 按钮后，接触器 FKM 动作，使电动机正转。FKM 除有一动合触头将其自锁外，另有一动断触点串联在接

触器 RKM 线圈的控制回路内，它此时断开，因此，若再按 RSB 按钮，接触器 RKM 受 FKM 的动断触头连锁不能动作，这样就防止了电源短路的事故。但此线路尚存在下述缺点：反向时，必须先按停止按钮 SB，不能直接按反向按钮 RSB，故操作不太方便。造成此缺点的基本原因在于按 RSB 时，不能断开正向接触器 FKM 的电路，因为 FKM 的动断触头具有连锁保护作用。因此，采用复合按钮，接成如图 2.43(c)所示的线路即可解决这一问题。所以，此线路是一个较完整的正反转自动控制线路，工程机械中用得很多。在实际生产中，常把此线路装成为一个成套的电气设备，称之为可逆磁力起动器或电磁开关。常用的起动器有 QC10 系列。

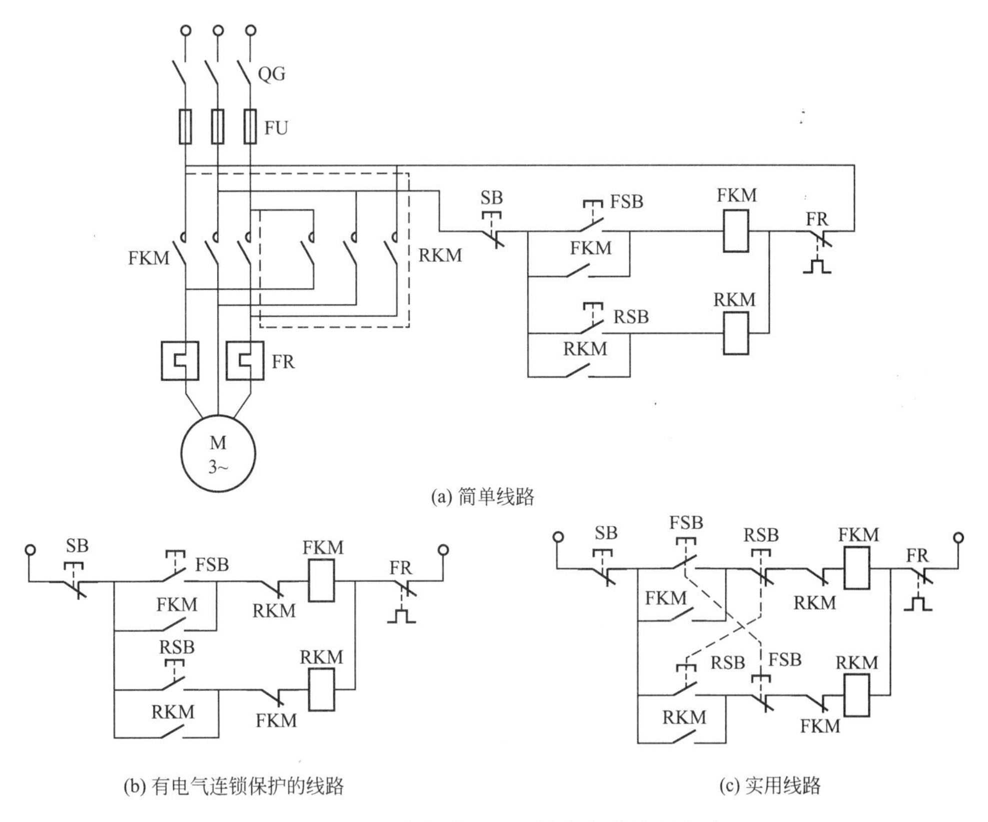

图 2.43 异步电动机正反转的自动控制线路

3. 点动控制线路

采用可逆与不可逆磁力起动器可以控制电动机长期工作。除长期工作状态外，工程机械有一种调整工作状态，如吊车起吊设备的就位。在这一工作状态中对电动机的控制要求是一点一动，即按一次按钮动一下，连续按则连续动，不按则不动，这种动作常称为“点动”或“点车”。图 2.44(a)所示是实现点动的最简单的控制线路，此时，只要不用自锁回路便可得到点动的效果。

但在实际工作中，工程机械既要求点动，又要求能连续长期工作。图 2.44(b)～图 2.44(d)所示是能同时满足上述两个要求的线路。图 2.44(b)采用了选择开关 SS 来选择工作状态，SS 打开时为点动工作，SS 闭合时为长期工作。但这个线路在操作时多了一个

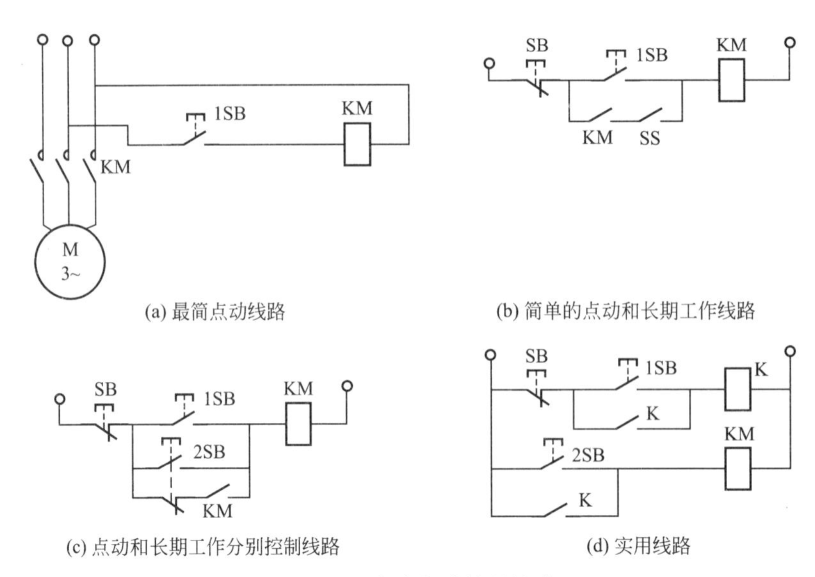

(a) 最简点动线路

(b) 简单的点动和长期工作线路

(c) 点动和长期工作分别控制线路

(d) 实用线路

图 2.44　点动自动控制线路

动作，不太方便。图 2.44(c)采用两个按钮分别控制，当按动按钮 1SB 时长期工作，而按点动按钮 2SB 时，依靠其动断触头将自锁触头回路断开，使 KM 不能自锁而得到点动工作。但这线路的工作不完全可靠，如果 KM 的释放动作缓慢，将因 1SB 的动断触头过早闭合，使 KM 继续自锁得电而使电动机长期工作。为消除上述缺点，采用图 2.44(d)所示的线路，图中采用中间继电器 K 进行连锁控制。按 1SB 时，通过 K 接通 KM，且 K 自锁，使电动机长期工作；如没有先按 1SB，按 2SB 时由于没有接通 K，KM 将不能自锁，仅能点动工作，且当电动机已经起动长期工作后，再按点动按钮 2SB，2SB 不能起作用。

4. 多电动机的连锁控制线路

以上介绍的都是单电动机拖动的控制线路，实际上，工程机械已广泛采用多电动机拖动，在一台设备上采用几台、几十台甚至上百台的电动机拖动各个部件，而设备的各个运动部件之间是相互联系的。为实现复杂的工艺要求和保证可靠地工作，各部件常常须要按一定的顺序工作或连锁工作。使用机械方法来完成这项工作会使机构异常复杂，有时还不易实现，而采用继电器-接触器控制却极为简单。

1) 两台电动机的互锁

如工程机械主传动与润滑油泵传动间的连锁就是一种最常见的连锁。例如，当工程机械主轴工作时，首先要求在齿轮箱内有充分的润滑油；龙门刨床工作台移动时，导轨内也必须先有足够的润滑油。因此要求主传动电动机应该在润滑油泵工作后才允许起动，这样的连锁采用图 2.45(a)所示的自动控制线路即可满足。图中，M_2 为主传动电动机，M_1 为润滑油泵电动机，因只有当 KM_1 动作后，KM_2 才能动作。上述线路中两台电动机的停车是同时的。

生产机械上还要求有另一种连锁，例如，铣床中不仅要求进给装置只有在主轴旋转后才能工作(避免刀具损坏)且两者能同时停车，而且要求在主轴旋转时进给装置可以单独停车。采用图 2.45(b)所示的线路即可满足要求，这里 M_1 代表主轴电动机，M_2 代表进给电动机。

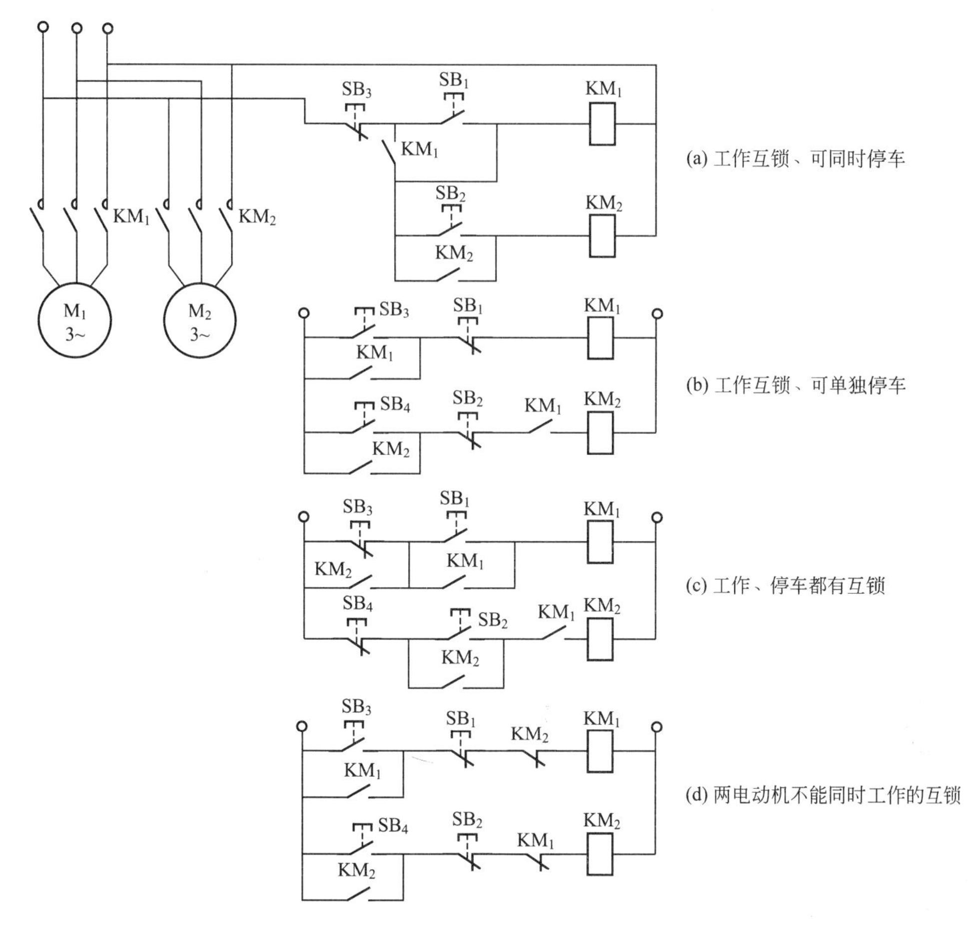

图 2.45　两台电动机互锁的控制线路

上述两种线路都是 M_2受 M_1的约束，而 M_1不受 M_2约束。但实际中往往要求两者相互受约束。如上述铣床不仅要求主轴旋转后才允许进给装置工作，而且最好能满足在进给装置停止后，才允许主轴停止旋转。采用图 2.45(c)所示的线路即可满足这种要求。又如要求龙门刨床的横梁与工作台、刀架的进给与快速移动都不能同时工作，采用图 2.45(d)所示的自动控制线路即可满足这种要求。

2）联合控制与分别控制

多电动机拖动的生产机械工作中常需要联合动作，而在调整时又需单独动作，如机床的主运动和进给运动之间就有这种要求，故有所谓联合控制和分别控制。

图 2.46 所示为两台电动机的联合控制和分别控制线路，其中采用了两个转换开关 QB_1和 QB_2来选择要求的动作，转换开关在图中位置Ⅰ时为联合动作，即按 QB_1后，KM_1和 KM_2同时得电，两台电动机同时工作。在调整时，若将 QB_1转 90°，处于位置Ⅱ时，则只有 KM_2可能得电，即第二台电动机单独工作；若不转 QB_1，而是将 QB_2转 90°，处于位置Ⅱ时，则第一台电动机单独工作。三台以上电动机的联合控制与分别控制的原理和线路与此相仿，不再一一介绍。

3）集中控制与分散控制

图 2.47 所示为另一种联合控制与分散控制的线路。这个线路的特点是各拖动电动机

的操作独立性更好，操作也简单，许多生产自动线上都采用这样的控制线路。图 2.47 中，SB_5 和 SB_6 装在集中控制台上，而 SB_1、SB_3 和 SB_2、SB_4 分别装在每一台设备的控制台上，因此，就得到了所谓的集中控制与分散控制。

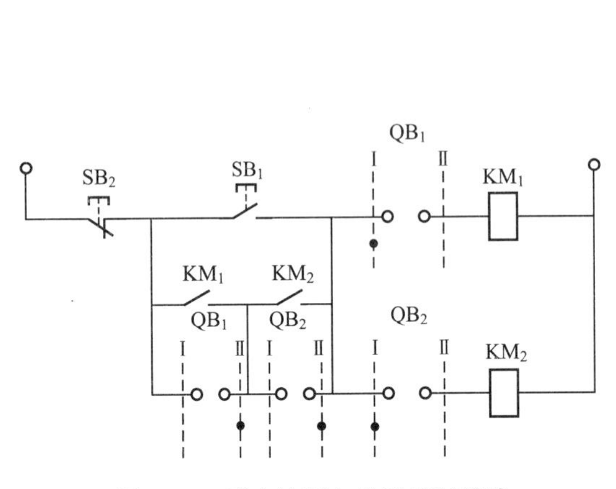

图 2.46　联合控制与分别控制线路

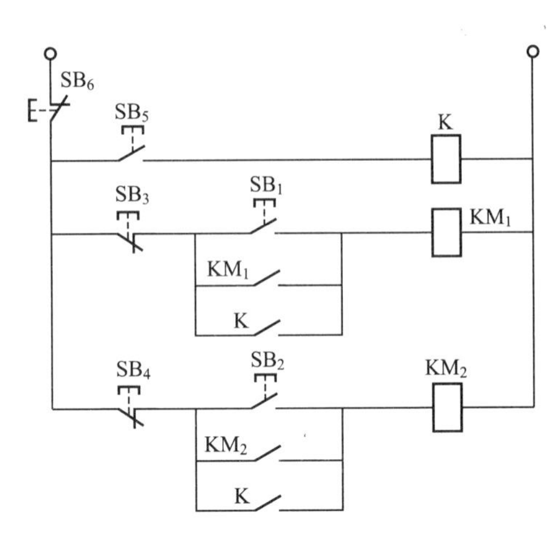

图 2.47　集中控制与分散控制线路

如果将集中控制台放在离设备较远的地方，通过较长的连线将按钮与其他的电器连接，则可得到所谓的远程控制。

5. 多点控制线路

对于大型的工程机械，为了操作方便，常常要求在两个或两个以上的地点都能进行操作。实现这种要求的多点控制线路如图 2.48 所示。即在各操作地点安装一套按钮，其接线的组成原则是各起动按钮的常开触头并联而各停止按钮的常闭触头串联。

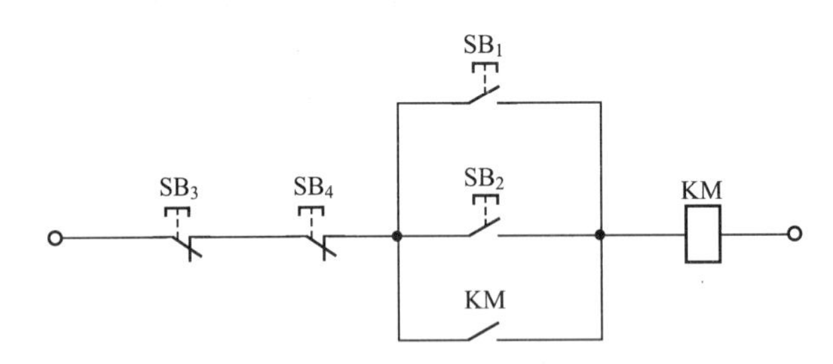

图 2.48　多点控制线路

6. 顺序(程序)控制线路

在自动化的生产中，根据生产工艺的要求，设备起动须按一定的程序进行，即设备要依次起动，一台设备起动完成后，才能自动转换到下一台设备的起动。在工程机械和生产流水线中常用继电器程序控制线路来完成这类任务。如图 2.49 所示，按下起动按钮 SB_2 后，继电器 K_1 得电并自锁，进行第一个程序，且 K_1 的另一动合触头闭合，为 K_2 得电做好了准备。当第一个程序工作结束后，行程开关 ST_1 被压合，K_2 得电并自锁，进行第二个程序。同时，由于 K_3 的一个动断触头打开，所以 K_1 断电。其他程序的转换依此类推。

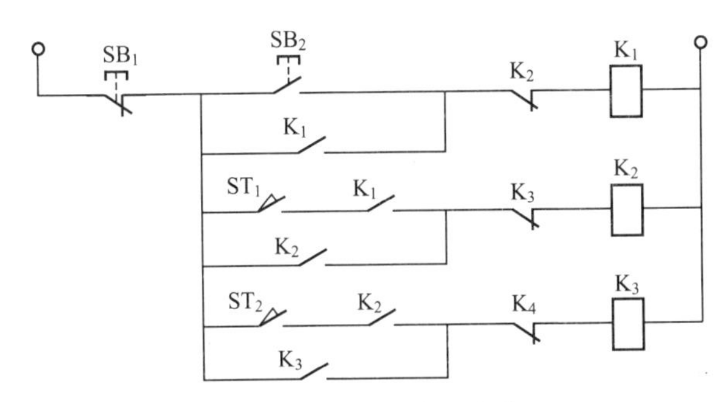

图 2.49 顺序控制线路

有些工程机械的动作顺序是经常变动的，为了解决程序的可变性问题，简单的可用继电器-接触器控制，复杂的则要用可编程序控制器或微型计算机控制(属后续课程的内容)。

2.3 工程机械中常用的自动控制方法

工程机械中的自动控制过程是很复杂的，为实现自动化，需要在控制系统中完成一系列的转换电路操作，这些操作应该按一定次序并在需要的时间内完成。要满足这些复杂的要求，仅仅依靠简单连锁控制显然是不够的，还必须利用电动机起动、变速、反转和制动过程中的各种变化因素和生产机械的工作状态等来控制电动机，因此，就出现了各式各样的控制方法。常用的机电传动自动控制的基本方法有以下几种：①利用电动机主电路的电流来控制；②利用电动机的速度来控制；③根据一定时间间隔来控制；④根据工程机械的运动行程来控制。

下面将通过一些基本线路环节来说明这些方法，虽然这些线路环节不一定是最完善的，但它们是组成生产机械机电传动自动控制的基础。

2.3.1 按行程的自动控制

为满足生产工艺的要求，生产机械的工作部件要做各种移动或转动。例如，龙门刨床的工作台应根据工作台的行程位置自动地实现起动、停止、反转和调速的控制，这就需要按行程进行自动控制。为了实现这种控制，就要有测量位移的元件——行程开关。通常把放在终端位置用以限制工程机械的极限行程的行程开关称为终端开关或极限开关。所谓按行程的自动控制，就是根据生产机械要求运动的位置通过行程开关发出信号，再通过控制电路中的继电器和接触器来控制电动机的工作状态。这种控制方法在工程机械中的塔吊中得到了采用。

1. 行程开关

行程开关有机械式和电子式两种，机械式又有按钮式和滑轮式等。

1) 按钮式行程开关

按钮式行程开关构造与按钮相仿，但它不是用手按，而是由运动部件上的挡块移动碰撞而工作。它的触头分合速度与挡块的移动速度有关，若移动速度太慢，触头不能瞬时切换电路，电弧在触头上停留的时间较长，易烧坏触头，因此，它不宜用在移动速度小于0.4m/min的运动部件上。但它结构简单，价格便宜。常用的型号有XS系列，JW_2系列组合行程开关(含有5对触头)。

2）滑轮式行程开关

滑轮式行程开关结构如图2.50所示，它是一种快速动作的行程开关。当行程开关的滑轮受挡块触动时，上转臂向左转动，由于盘形弹簧的作用，同时带动下转臂(杠杆)转动，在下转臂未推开爪钩时，横板不能转动，因此钢球压缩了下转臂中的弹簧，使此弹簧积蓄能量，直至下转臂转过中点推开爪钩后，横板受弹簧的作用，迅速转动，使触头断开或闭合。因此，触头分合速度不受部件速度的影响，故常用于低速度的工作部件上。常用的型号有LX19、JLX1、LXK2等系列。此类行程开关有自动复位和非自动复位两种。自动复位时依靠图2.50中的恢复弹簧复原，非自动复位的则没有恢复弹簧，但装有两个滑轮，当反向运动时，挡块撞及另一滑轮时将其复原。

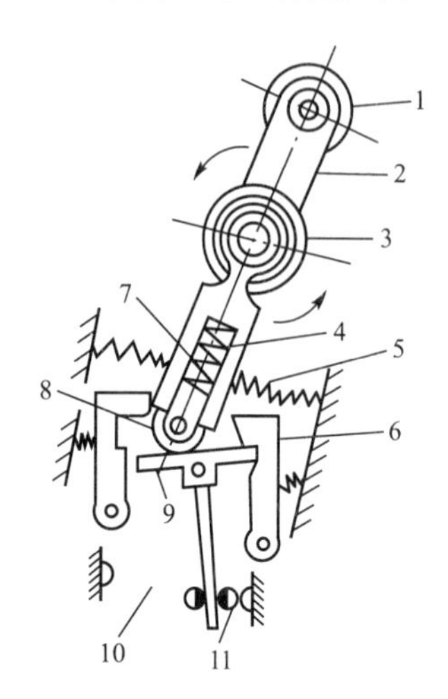

图2.50　滑轮式行程开关结构

1—滑轮；2—上转臂；3—盘形弹簧；4—下转臂；5—恢复弹簧；6—爪钩；7—弹簧；8—钢球；9—横板；10—动合触头；11—动断触头

3）微动开关

要求行程控制的准确度较高时，可采用微动开关，它具有体积小、质量轻、工作灵敏等特点，而且能瞬时动作。微动开关还可用来作其他电器(如空气式时间继电器、压力继电器等)的触头。常用的微动开关有JW、JWL、JLXW、JXW、JLXS等系列。

4）接近开关

行程开关与微动开关工作时均有挡块与触杆的机械碰撞和触头的机械分合，在动作频繁时，易产生故障，工作可靠性较低。接近开关是无触头行程开关，接近开关有高频振荡型、电容型、感应电桥型、永久磁铁型、霍尔效应型等多种。其中，以高频振荡型最为常用，它是由装在运动部件上的一个金属片移近或离开振荡线圈来实现控制的。

接近开关使用寿命长、操作频率高、动作迅速可靠，得到了广泛应用。常用的型号有WLX_1、LXU_1等系列。

2. 按行程控制的基本线路举例

按预定位置的自行停车与终端保护控制即为按行程控制。生产机械常要求其工作部件移动至预定位置时自行停车，其传动电动机停转，控制线路如图2.51所示，当按下SB时，由电动机所驱动的工作部件A从点1开始移动直至点2，在这里，挡块B压下行程开关ST使工作部件停止移动。图中，行程开关ST的动断触头自动地起了一个“停止”按钮的作用。

如果工作部件A的工作较频繁，则ST的动作次数很多，使可靠性大为降低，为保证工作部件可靠工作而不致跑出导轨，可再装一个极限开关STL作限位(终端)保护。

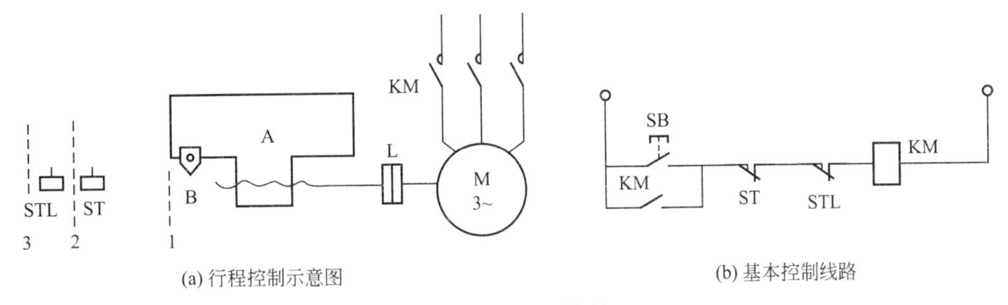

(a) 行程控制示意图　(b) 基本控制线路

图 2.51　行程控制

2.3.2　按时间的自动控制

按行程的自动控制的特点是命令信号直接由运动部件发出，但是，在某些生产机械中不能由运动部件直接给信号，例如，电动机起动电阻的切除，它需要在电动机起动后隔一定时间后切除，这就产生了按时间的自动控制方法。同时也出现了反映时间长短的时间继电器，这是一种在输入信号经过一定时间间隔后才能控制电流流通的自动控制电器。

1. 时间继电器

使继电器获得延时的方法是多种多样的，目前用得最多的是利用阻尼(如空气阻尼、电磁阻尼等)、电子和机械的方法。在工程机械中常采用的时间继电器有空气式、电磁式、电动式和电子式等。时间继电器可实现从0.05s到几十小时的延时。下面仅介绍空气式时间继电器。空气式时间继电器是利用空气阻尼作用制成的。图2.52所示为JS7－A型空气式时间继电器原理结构，它主要由电磁铁、空气室和工作触头三部分组成。其工作原理如下：

线圈通电后，衔铁吸下，胶木块支承杆间形成一个空隙距离，胶木块在弹簧的作用下向下移动，但胶木块通过连杆与活塞相连，活塞表面上敷有橡胶膜，因此当活塞向下移动时，就在气室上层形成稀薄的空气层，活塞受其下层气体的压力而不能迅速下降，室外空气经由进气孔、调节螺钉逐渐进入气室，活塞逐渐下移，移动至最后位置时，挡块撞及微动开关，使其触头动作，输出信号。这段时间自电磁铁线圈通电时刻起至微动开关触头动作时为止。

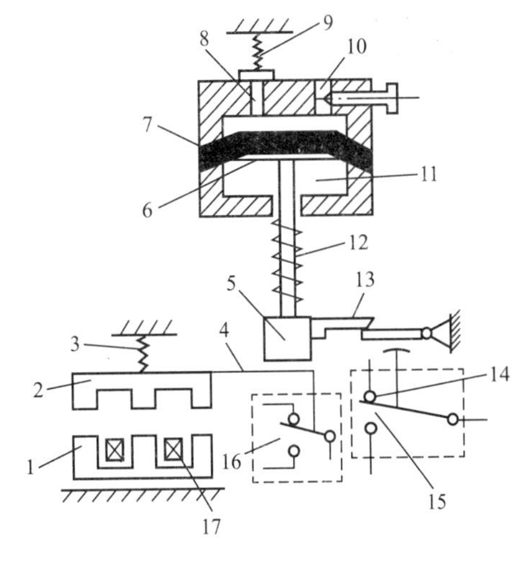

图 2.52　JS7－A型空气式时间继电器原理结构

1—铁心；2—衔铁；3、9、12—弹簧；4—档架；5—胶木块；6—伞形活塞；7—橡胶膜；8—出气孔；10—进气孔；11—气室；13—挡块；14—延时断开的常闭触头；15—延时闭合的常开触头；16—瞬时触头；17—吸引线圈

通过调节螺钉，调节进气孔气隙的大小就可以调节延时时间。

电磁铁线圈失电后，依靠恢复弹簧复原，气室空气经由出气孔迅速排出。

时间继电器的触头有4种可能的工作情

况，这4种工作情况和它们在电气传动系统图中的图形符号见表2-1。时间继电器的文字符号为KT。

表2-1 时间继电器的图形符号

线圈	触头
延时吸合(得电延时)	延时闭合的动合触头 延时断开的动断触头
延时释放(失电延时)	延时闭合的动断触头 延时断开的动合触头

空气式时间继电器在工程机械控制中应用广泛，因为它与其他时间继电器比较具有以下优点：

(1) 延时范围大。JS7-A型空气式时间继电器的延时调节范围达到0.4～180s，而且可以平滑调节。

(2) 通用性高。它既可用于交流，也可用于直流(仅需改换线圈)，在工程机械中多用于交流，既可以做成线圈通电后触头延时动作，也可做成线圈失电后触头延时动作(仅需交换电磁铁位置)，而两者的工作原理是相同的。

(3) 结构简单，价格便宜。

它的缺点是准确度低，延时误差不大于20%，因此，在要求高准确延时的工程机械中不宜采用。

常用的几种时间继电器的性能比较见表2-2。

表2-2 几种时间继电器的性能

形式	线圈的电流种类	延时范围	延时的准确度	触头延时的种类
空气式	交流	0.4～180s	一般，±(8%～15%)	得电延时/失电延时
电磁式	交流	0.3～16s	一般，±10%	失电延时
电动式	交流	0.5s至几十小时	准确，±1%	得电延时/失电延时
电子式	直流	0.1s～1h	准确，±3%	得电延时/失电延时

2. 按时间控制的基本线路举例

1) 定时控制线路

图2.53所示为加热炉定时加热控制线路。按下起动按钮SB_1，接触器KM及时间继电器KT同时得电，加热炉工作。当经过一定时间后，KT延时动作使常闭触头断开，将KM的自锁回路切断，KM的常开触头切断加热炉的电源，使加热停止。

2) 按时间和行程控制无进刀切割的自动控制线路

时间继电器还广泛地应用于机床加工工艺过程的自动化中，如在实现无进刀切削时，刀具需要在切削终了位置停留一段时间。如图2.54(a)所示，当刀具运动至ST_2处时，停留一段时间，然后开始返回。图2.54(b)所示为实现此要求的控制线路。

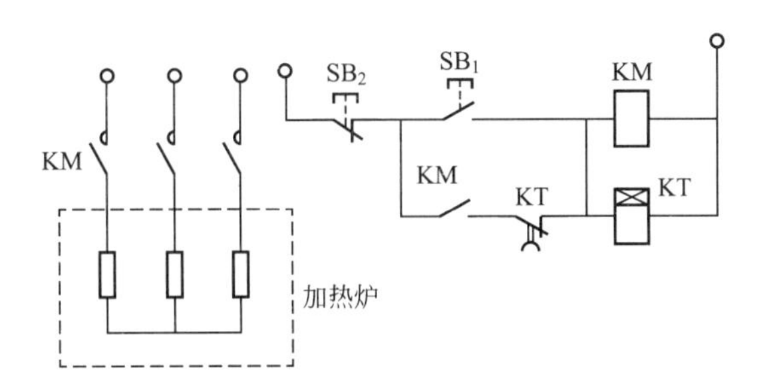

图 2.53 加热炉定时加热控制线路

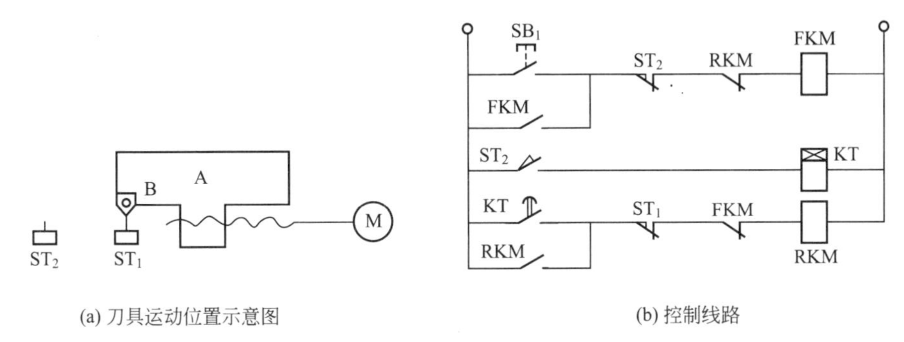

(a) 刀具运动位置示意图

(b) 控制线路

图 2.54 按时间和行程控制无进刀切削

当按下 SB_1时，FKM 得电，使电动机传动刀架 A 进给移动；A 移动至挡块 B 压下 ST_2时，ST_2的动断触头断开，使 FKM 失电，电动机停转，刀架停止进给；同时，ST_2的动合触头使 KT 得电，经一定延时后才将其延时闭合的动合触头闭合，RKM 得电，电动机反转，刀架返回，直至压下 ST_1时，电动机停转，刀架停止移动且停在原位。这种自动循环延时控制线路，在自动线路和组合机床中常用到。

2.3.3 按速度的自动控制

由于电动机的起动或制动时间与负载力矩的大小等因素有关，因此，按时间方法控制电动机的起动或制动过程是不够准确的，在反接制动的情况下，甚至有使电动机反转的可能。为了准确地控制电动机的起动和制动，需要直接测量速度信号，再用此速度信号进行控制，这就产生了按速度的自动控制。同时也出现了测量速度的元件，常用的有速度继电器。

1. 速度继电器

目前在塔吊上用得最多的是感应式速度继电器，其结构如图 2.55 所示。继电器的轴和需控制速度的电动机轴相连接，在轴上装有转子，它是一块永久磁铁，定子圆环固定在另一套轴承上，此轴承装在轴上。圆环内部装有绕组，其结构与鼠笼式异步电动机的转子绕组类似，故它的工作原理也与鼠笼式异步电动机完全一样。

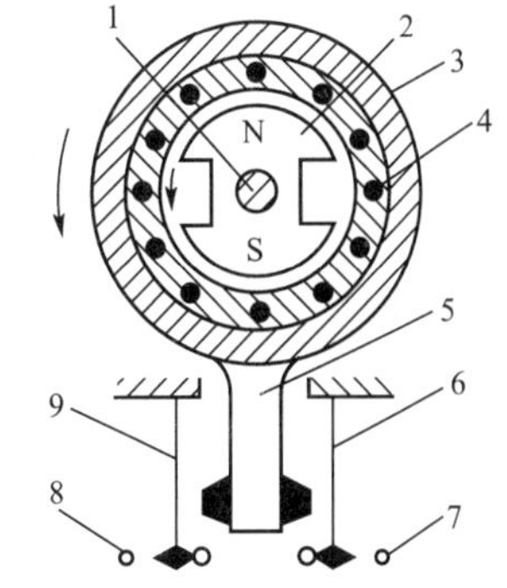

图 2.55 感应式速度继电器结构

1—轴；2—转子；3—定子；4—绕组；5—定子柄(杠杆)；7、8—触头；6、9—弹簧片当轴转动时，永久磁铁也一起转动，相当于一旋转磁场，在绕组里感应出电动势和电流，使定子有和转子一起转动的趋势，于是定子柄(杠杆)触动两个弹簧片，使两个触头系统动作(视轴的旋转方向而定)。当转轴接近停止时，动触头跟着弹簧片恢复至原来的位置，与两个靠外边的触头分开，而与靠内侧的触头闭合。

塔吊上常用的感应式速度继电器有 JY1 型和 JFZ0 型，JY1 型能在转速 3000r/min 以下可靠地工作，JFZ0 - 1 型适用于 300～1000r/min 的情况，JFZO - 2 型适用于 1000～3600 r/min 的情况。一般速度继电器在转速小于 100r/min 时，触头就恢复原状。调整弹簧片的拉力可以改变触头恢复原位时的转速，以达到准确的制动。

速度继电器的结构较为简单，价格便宜，但它只能反映转动的方向和是否停转，或者说只能够反映一种速度(是转还是不转)，所以，它仅广泛用在异步电动机的反接制动中。

速度继电器在电气传动控制系统图中的图形文字符号为 KS。

2. 按速度控制的基本线路举例

在工程机械中广泛地应用速度继电器以实现电动机反接制动的自动控制，图 2.56 所示为交流异步电动机反接制动的自动控制线路。

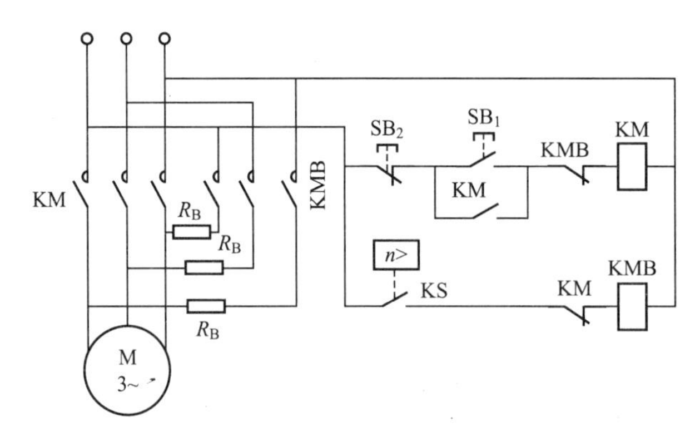

图 2.56　按速度控制的交流异步电动机反接制动的自动控制线路

当按下 SB_1 后，KM 得电使电动机旋转。KM 的动断触头断开，使制动接触器 KMB 不能得电。当电动机起动至一定转速时速度继电器 KS 动作，将动合触头 KS 闭合，为 KMB 的通电做好准备。当按下 SB_2 时，KM 失电，其动断触头闭合，使 KMB 得电，电动机反接制动，转速迅速下降。当转速接近于零时，KS 的动合触头断开，KMB 失电，从而将电动机自电网上切除。

由于在反接制动时电动机电流很大，因此在控制容量较大的电动机时，反接制动过程中还需串入反接制动电阻 R_B。

复习思考题

1. 从接触器的结构特征上如何区分交流接触器与直流接触器？为什么？
2. 为什么交流电弧比直流电孤容易熄灭？
3. 若交流电器的线圈误接入同电压的直流电源，或直流电器的线圈误接入同电压的交流电源，会发生什么问题？为什么？

4. 在交流接触器铁心上安装短路环为什么可减小振动和噪声？

5. 电动机中的短路保护、过电流保护和长期过载(热)保护三者有何区别？

6. 过电流继电器与热继电器有何区别？各有什么用途？

7. 为什么热继电器不能作短路保护而只能作长期过载保护？

8. 自动空气断路器有什么功能和特点？

9. 时间继电器的4个延时触头符号各代表什么意思？

10. 机电传动装置的电气控制线路有哪几种？各有何用途？电气控制线路原理、目的、绘制原则主要有哪些？

11. 要求3台电动机 M_1、M_2、M_3，按一定顺序起动：即 M_1起动后 M_2才能起动，M_2起动后 M_3才能起动，停车时则同时停，试设计此控制线路。

12. 试设计一台异步电动机的控制线路，要求：

① 能实现起、停的两地控制；

② 能实现点动调整；

③ 能实现单方向的行程保护；

④ 要有短路和长期过载保护。

第3章 工程机械电器检测装置

知识要点	掌握程度	相关知识
传感器原理	了解传感器的类型； 掌握常用传感器工作结构； 熟悉常用传感器的工作原理	温度传感器、速度传感器、角位移传感器、电阻应变传感器
传感器选型与应用	掌握传感器的选型； 掌握传感器的安装与使用方法	控制参数计算； 电器安装

导入案例

电子检测器件的妙用

通过手机能听到远隔千里之外亲朋的声音；在饭店洗手间，手一伸，水龙头自动出水；隔空测温这东西也好神奇……也许你不曾留意，但身边无处不在的传感器，它们确实在默默地工作着。

“信息时代”计算机被称为“大脑”，传感器被称为“五官”，信息的获取和处理都离不开“大脑”和“五官”。现代信息技术的三大基础是信息的获取、传输和处理技术，也就是传感技术、通信技术和计算机技术，它们分别构成了信息技术系统的“感官”、“神经”和“大脑”。如果没有“感官”感受信息，或者“感官”迟钝都难以形成高精度、高反应速度的控制系统。

人们通常将能把被测物理量或化学量按一定规律转换为电信号输出的装置称为传感器，其技术称为传感技术。传感器输出的信号有不同形式，有电压、电流、频率、脉冲等，以满足信息的传输、处理、记录、显示和控制等要求。图 3.0 为测量元件的多信息化应用。

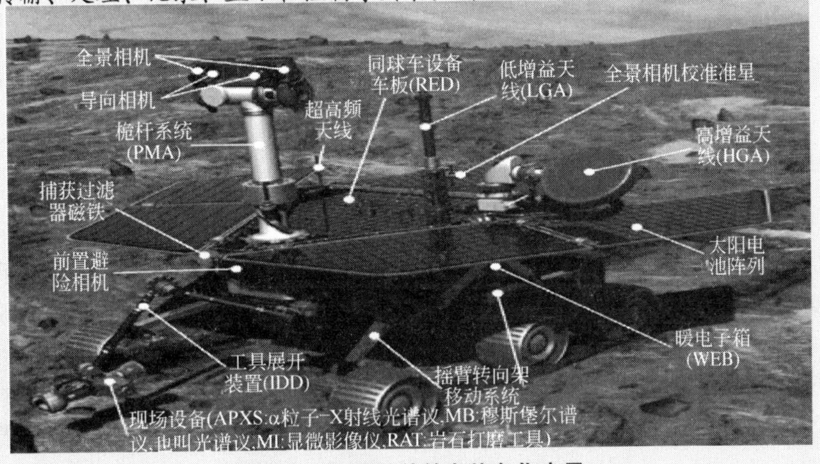

图 3.0 测量元件的多信息化应用

如红外传感器可以进行非接触式测量，在现场工业测试、国防建设、科学研究等领域得到广泛应用，主要应用在铁路、车辆、石油化工、食品、医药、塑料、橡胶、纺织、造纸、电力等行业的温度测量、温度检测、设备故障的诊断中；在民用产品中，广泛应用在各类入侵报警器、自动开关(人体感应灯)、非接触测温、火焰报警器等自动设施中，如办公楼宇的自动门，洗手间的水龙头的自动出水，人体感应的自动冲厕所装置等都是红外传感器应用的地方。

霍尔传感器可以将磁场转换为电压信号，因此可以在很多场合下应用，如速度检测、开关检测、电流传感器、位置检测、电动自行车调速器、霍尔传感器与外围电路的接口。

温度传感器用于工业测温中。双金属温度传感器主要用来作为开关使用，因此通常又被称为双金属温度开关，主要是将两种不同的金属片熔接在一起，因为金属的热膨胀系数不同，当加热时，热膨胀系数大的一方，因迅速膨胀而使得材料的长度变长，而热膨胀系数小的一方，材料的长度略微伸长。但由于两片金属片是熔接在一起的，因此两金属片上作用的结果使得材料弯曲。如应用在电熨斗、电饭锅的加热保温中。

测量元件正向多信息融合的自主智能方向发展。图 3.1 所示为测量元件的高度集成化。

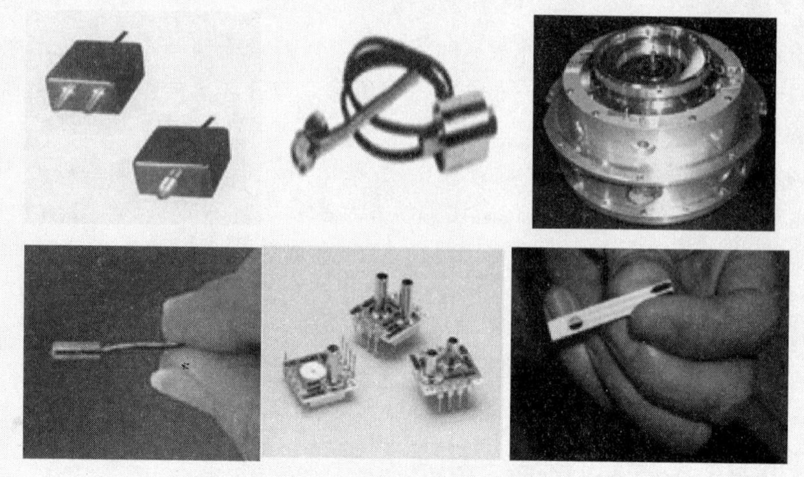

图 3.1　测量元件的高度集成化

3.1　概　　述

随着工程机械的控制和自动化技术的发展，电子检测技术越来越受到人们的重视。各种新型的检测元件不断出现，也进一步促进了工程机械自动化控制技术的发展。各种电器检测装置不仅能代替人们的感官功能，而且在检测人的感官所不能感受的参数方面创造了十分有利的条件，如工程机械中的沥青摊铺机的沥青温度检测、所摊铺的沥青厚度检测等。在微机普及的今天，如果没有各种类型的电器检测装置，提供可靠、准确的信息，自动控制是难以实现的。各种电器自动检测装置在工程机械中得到了广泛应用。

本章主要介绍在工程机械电气中常用的温度传感器、转速传感器、角位移传感器、电阻应变式称重传感器。

3.2　温度传感器

温度传感器是一种将温度变化转换为电量变化的装置。在各种热电式传感器中，把温度变化转化为电动势和电阻的方法最为普遍。

3.2.1　热敏电阻式传感器

随着温度的升高，铜(Cu)等一些导体的电阻值增大，还有许多半导体材料，其电阻值随温度变化而变化，变化情况一般分为 3 类：在工作温度范围内，电阻值随温度升高而增加的热敏电阻，称为正温度系数(PTC)热敏电阻；电阻值随温度升高而减少的热敏电阻，称为负温度系数(NTC)热敏电阻；在临界温度时，电阻值发生跃减的热敏电阻，称为临界温度热敏电阻(CTR)。这3类电阻的温度特性如图3.2所示。

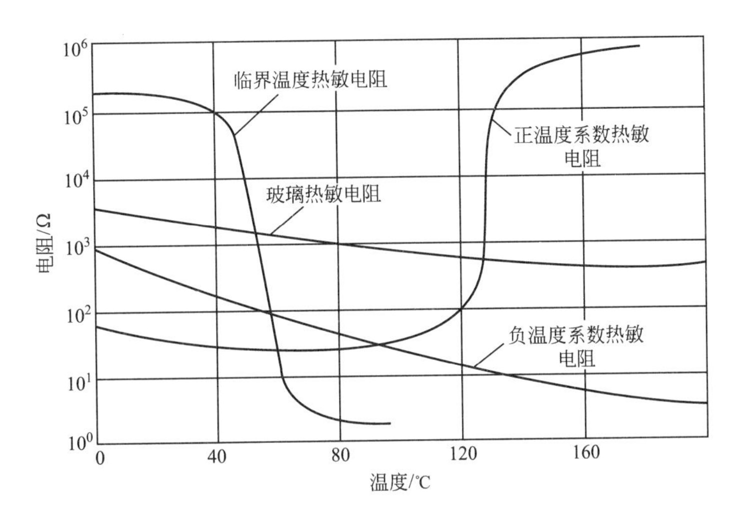

图3.2 热敏电阻的温度系数

热敏电阻是用半导体材料掺入适当的金属氧化物，根据所要求的形状，在1000℃以上高温下烧结而成。

按照氧化物比例的不同，烧结温度的差别，可以得到特性各异的热敏电阻。一般来说，工作温度范围为−20～130℃的热敏电阻可用于水温及气温的检测；工作温度范围为600～1000℃的热敏电阻可用于高温检测。

3.2.2 热敏铁氧体温度传感器

热敏铁氧体温度传感器一般用于控制工程机械柴油机散热器的电动风扇。传感器的结构如图3.3和图3.4所示。当热敏铁氧体所处环境低于规定温度时，笛簧开关的触头中有直通的磁力线穿过并产生吸力，所以触头闭合。当热敏铁氧体周围温度高于规定温度时，热敏铁氧体没有被磁化，磁力线平行地通过笛簧开关上的触头，触头之间产生排斥力，所以触头断开。其工作方式如图3.5所示。

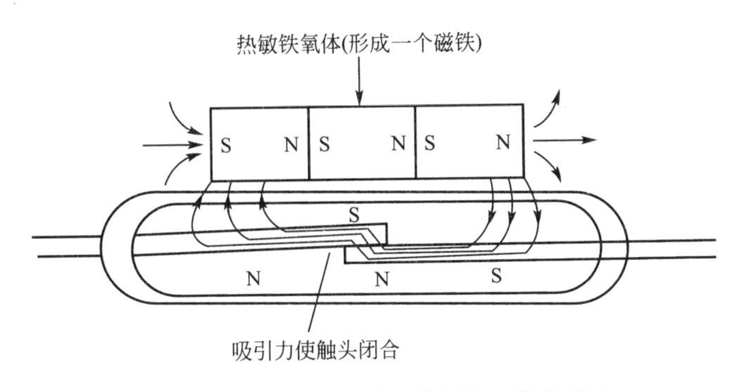

图3.3 低于规定温度时热敏铁氧体的状态

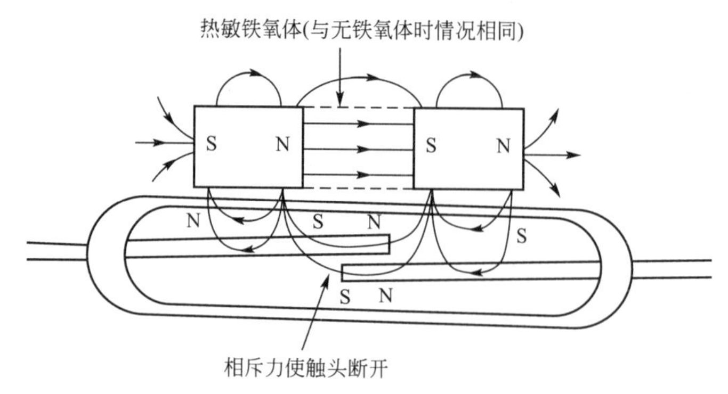

图 3.4　高于规定温度时热敏铁氧体的状态

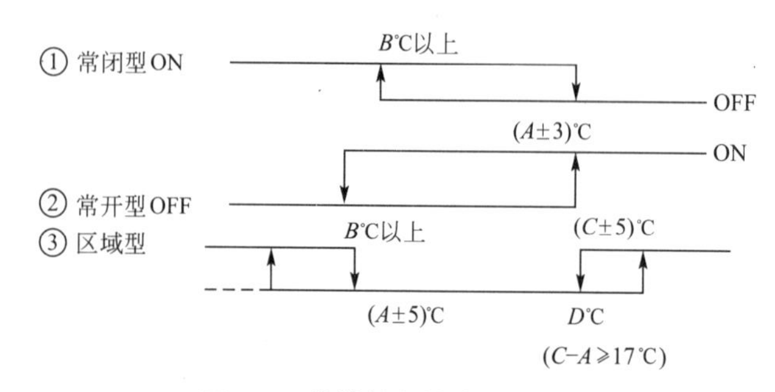

图 3.5　热敏铁氧体的工作方式

3.2.3　热电偶式传感器

热电偶式传感器简称热电偶，它是目前工程机械上应用最广泛、最成熟的一种接触式温度传感器。其主要特点如下：

(1) 具有较好的计量性能。热电偶式传感器的材料精度及灵敏度较高；易于保证有单值的函数关系，某些热电偶有近似线性关系；稳定性及复位性较好；响应时间较快。

(2) 材料容易得到，且制造方便，结构简单，有标准化定型产品，互换性能好；除铂铑-铂热电偶外，其他热电偶价格低廉。

(3) 测量范围广，高温热电偶可达 2800℃，低温热电偶可达 4K(−269℃)。

热电偶式传感器在沥青混凝土拌和设备中应用广泛，一般用来测量热骨料、成品料及沥青的温度。

1. 热电偶的测温原理

热电偶式传感器测温是基于热电效率或塞贝克(Thomas Seebeck)效应。如图 3.6 所

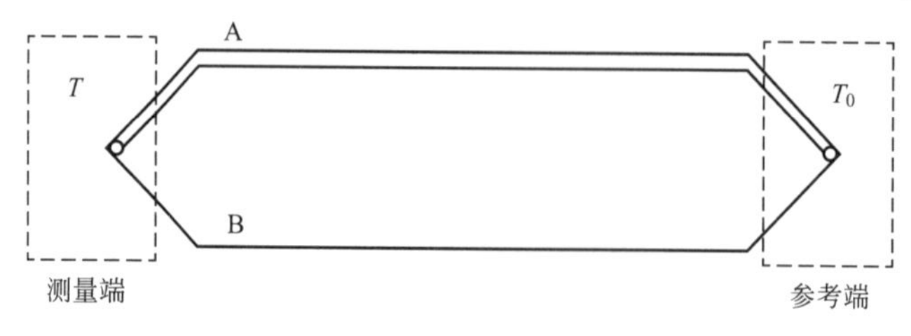

图 3.6　热电偶原理图

示，在两种不同的导体A或B组成的闭合回路中，如果它们的两个接点的温度不同，则回路中将产生一个电动势，称为热电势或塞贝克电势。这种现象就是热电效应或塞贝克效应。

由图3.6中可以看出，两种丝状的不同导体组成的闭合回路称为热电偶。导体A和B称为热电偶的热电极或热偶丝。热电偶的两个接点中，置于温度为T的被测对象中的接点称为测量端，又称为工作端或热端；而置于温度为参考温度T_0的另一端接点称为参比端或称参考端，又称为自由端或冷端。

在热电偶式传感器回路中串接一个毫安表。当$T=T_0$时，毫安表不偏转；当$T\neq T_0$时，热电势产生热电流，毫安表会发生偏转，并且测量端与参考端的温差越大，偏转越大；当A与B的材料变化时，热电流的大小也会变化；当测量端与参考端的位置相互更换时，热电流的方向也会发生变化。由此可见，热电偶的热电势与其测量端和参比端的温度有关，与热电极的材料有关，而与热电极的截面、长度和温度分布无关。

如图3.7所示的热电偶的热电势用$E_{AB}(T, T_0)$表示，则上述函数关系可记为

$$E_{AB}(T, T_0)=F_0(T, T_0, 或A和B) \tag{3-1}$$

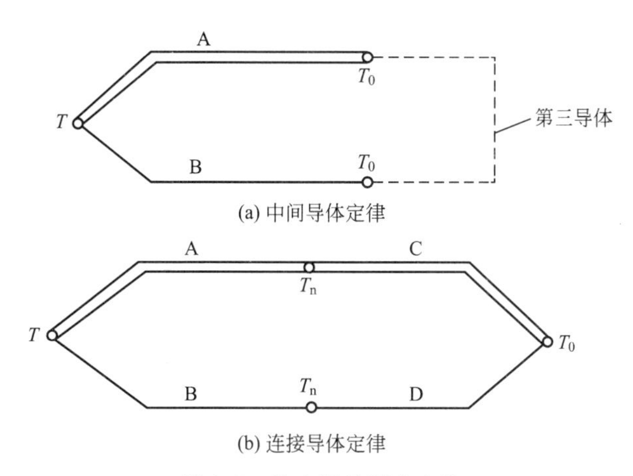

(a) 中间导体定律

(b) 连接导体定律

图3.7 热电偶的基本定律

当A、B热电偶材料确定，T_0保持不变时，热电偶的热电势$E_{AB}(T, T_0)$与被测温度T为一单值的函数关系。

$$E_{AB}(T, T_0)=F(T) \tag{3-2}$$

1）中间导体定律

在热电偶回路中接入第三导体，只要第三导体两端温度相同，则对其热电偶回路的总热电势没有影响。如图3.7(a)所示。

同理，热电偶回路中接入多种导体后，只要保证接入的每种导体的两端温度相同，则对热电偶的热电势没有影响。利用热电偶实际测量时，连接的导线和显示仪表均看作中间导体。根据中间导体定律，只要保证中间导体各自两端的温度相同，则对热电偶的热电势没有影响。

2）连接导体定律

在热电偶回路中，如果热电偶A与B分别同导线C与D相连接，其接点温度分别为T、T_0和T_n，如图3.7(b)所示，则回路的总热电势$E_{ABCD}(T, T_0, T_n)$等于热电偶的热电势$E_{AB}(T, T_n)$与连接导线的热电势$E_{CD}(T_n, T_0)$的代数和，即为连接导体定律，可用

式(3－3)表示。

$$E_{ABCD}=(T,\ T_0,\ T_n)=E_{AB}(T,\ T_n)+E_{CD}(T_n,\ T_0) \qquad (3-3)$$

在实际测量中，贵金属热电偶常采用补偿导线来连接，就是基于此定律。此时只要在T_0至T_n的温度范围内，补偿导线C与D的热电特性与贵金属热电极A与B的热电特性一致就可以。

3）中间温度定律

当A与C，B与D的材料分别相同，并且各接点的温度仍为T、T_n(中间温度)和T_0时的热电势由公式：

$$E_{ABCD}=(T,\ T_n,\ T_0)=E_{AB}(T_n,\ T_0)+E_{CD}(T_0,\ T_n) \qquad (3-4)$$

可得

$$E_{AB}=(T,\ T_n,\ T_n)=E_{AB}(T,\ T_n)+E_{AB}(T_n,\ T_0) \qquad (3-5)$$

这就是中间温度定律。式(3－5)说明接点温度为T和T_0的热电偶，其热电势等于接点的温度分别为T和T_n，以及T_0和T_n两只相同性质的热电偶热电势的代数和。

热电偶的分度表［即$E_{AB}(T,\ T_0)$与温度T的等对应关系表］均是以参考端T_0=0℃为标准的，而热电偶在实际使用中其参考端常不为0℃，此时不能按仪表所测得的热电势直接去查温度，而应按照$E_{AB}=(T,\ T_0,\ T_n)=E_{AB}(T,\ T_n)+E_{AB}(T_n,\ T_0)$修正后，才能查出工作端温度。

2. 热电偶的材料

依照上述热电偶的测温原理，理论上任何两种导体均可配成热电偶，但因实际测量时的实测精度及使用等都有一定的要求，所以对制造热电偶的热电极材料也有一定的要求。除满足对温度传感器的一般要求外，还应满足以下要求：在高温下材料要有稳定的物理化学性能，不易氧化和腐蚀变质，热电极间不易相互渗透污染，材料的电阻系数要小，熔点和电导率要高，热容量要小等。

目前国际上公认的应用较广的热电偶只有几种，它们在测量范围内具有良好的性能，基本上满足了测温的要求。国内生产的热电偶分为标准和非标准两种，标准热电偶是指国家标准规定了其热电势与温度稳定的关系及允许的误差，并有统一的标准分度表。以下介绍标准热电偶。

1）铂铑10－铂热电偶

铂铑10－铂热电偶是一种贵金属热电偶，正极是由90％铂和10％铑制成的合金丝，负极为纯铂丝，偶丝直径为(0.5±0.020)mm。

由于容易得到纯度极高的铂和铂铑合金，而且它们的物理化学性能稳定，熔点又高，因此铂铑-铂热电偶具有较高的复制性、精确性、稳定性和可靠性，适合在氧化性环境中使用，并具有较高的测温上限。这种热电偶的缺点是热电势小，热电特性的非线性较大；不宜在金属蒸气、金属氧化物、氧化硅和氧化硫环境中使用，否则很快会受到腐蚀或变质，如果在上述环境中使用时，必须加保护罩；同时铂铑热电偶在高温下会升华，铑分子会渗透到铂电极中污染铂极，导致热电势变化；另外价格也较贵，机械强度较低，特别是在受到腐蚀后更易折断。

2）铂铑30－铂铑6热电偶

铂铑30－铂铑6热电偶又称双铂铑热电偶，也是一种贵金属热电偶。正、负极均是铂铑合金，但正极含铑 30%，负极含铑 6%。双铂铑热电偶具有铂铑热电偶的各种优点，其抗污染能力强，实践证明它在高达 1800℃时，仍具有稳定性，长期使用时温度上限可达 1600℃，短期可达 1800℃，适用于氧化环境。

双铂铑热电偶的主要缺点是灵敏度低，热电势小，所以必须配用灵敏度高的显示仪表。在室温附近热电势最小，如 E_{LL}(25，0)=−2μv，E_{LL}(50，0)=3μv，故使用时不需要进行参考端温度的修正与补偿。

3）镍铬-镍硅(镍铬-镍铝)热电偶

镍铬-镍硅热电偶是一种贱金属热电偶，其正极为镍铬合金，含铬 9%～10%，含硅 0.4%，其余为镍；负极为镍硅合金，含硅 2.5%～3%，含铬小于等于 0.6%，其余为镍。

这种热电偶的优点是因组成热电偶的两个电极中含有大量的镍，具有较强的抗氧化性和抗腐蚀性，化学稳定性好，热电势也较大，热电势与温度的线性关系好，价格低廉，可在 1000℃以下长期连续工作，是工程机械中使用最为广泛的热电偶。

镍铬-镍硅热电偶的缺点是在硫及硫化物(SO_2和 H_2S)环境中和在 500℃以上使用时易被腐蚀，在这种情况下工作必须加保护罩，其测量精度低于铂铑-铂热电偶。镍铬-镍铝热电偶的热电特性与镍铬-镍硅的相同。镍铬-镍铝热电偶为含铝 2%，含锰 2.5%，含硅 1%，含铁 0.5%，其余为镍。因镍硅的抗氧性和稳定性较好，我国已经采用镍硅代替镍铝作为负极的材料。

4）镍铬-考铜热电偶

镍铬-考铜热电偶正极为镍铬合金，含铬 9%～10%，含硅 0.4%，其余为镍；负极为考铜，含铜 56%，含镍 44%。

镍铬-考铜热电偶热电势是所有热电偶中最大的，如 E_{EA}(100，0)=6.95mv，比铂铑-铂热电偶高了 10 倍左右，其热电特性的线性也好，价格便宜。

镍铬-考铜热电偶的主要缺点是不能用于高温，长期使用温度上限为 600℃，短期使用可达 800℃。另外，考铜容易氧化而变质，使用时必须加保护套管。

5）铜-康铜热电偶

铜-康铜热电偶的正极为纯铜，负极为铜镍合金，含铜 60%和含镍 40%。

铜-康铜热电偶的热电势很大，仅次于镍铬-考铜热电偶；其热电极价格便宜；在低温时测量精度高，可测量−200℃的低温，是常用的低温热电偶。但因铜易氧化，一般测量上限不能超过 300℃。

3. 工程机械用热电偶的类型与结构

热电偶的类型很多，根据结构形式的不同可分为普通型、铠装式和薄膜式 3 种，这里只介绍前两种。

1）普通型热电偶

普通型热电偶的结构如图 3.8 所示，它主要由以下四部分组成：热电偶、热电极绝缘子、部分套管和接线盒。

(1) 热电偶：测量温度的敏感元件，其测量端是用两根不同的热电极丝(或热偶丝)焊接而成的。

(2) 绝缘子：热电极的绝缘子，又称内套管，用以避免两根热电极丝彼此相碰，以及部分套管之间短路。绝缘子常用陶瓷材料制成，其截面呈圆形或椭圆形，有单孔、双孔、

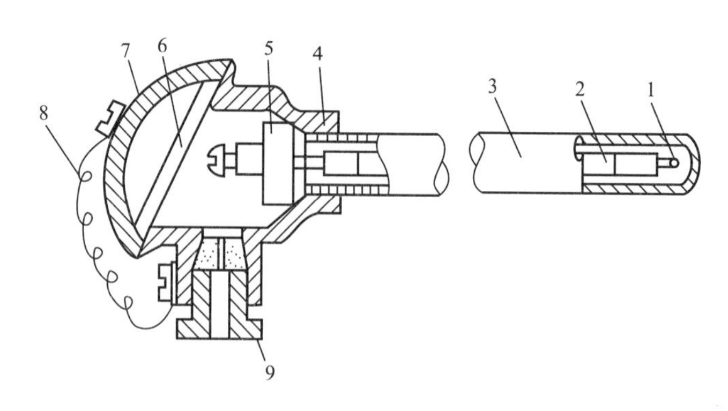

图 3.8　普通型热电偶

1—热电偶与测量端；2—热电偶绝缘子；3—部分套管；4—接线盒；5—接线座；
6—密封圈；7—盖；8—链环；9—出线孔螺母

四孔和六孔之分，热电极穿于孔间。

(3) 部分套管：为了使热电偶不直接与被测量介质接触，以免受到腐蚀、污染及机械损伤等。工程机械上用的热电偶与绝缘子装配在一起，然后放入外保护套管中。当温度在 1000℃以下时，热电偶多用金属保护套管；在 1000℃以上时，热电偶多用陶瓷保护套管。

(4) 接线盒：接线盒的主要作用是将热电偶参考端引出，供接线用，兼有密封和保护接线端子等作用。常用的有防溅式、防爆式、插座式等类型。

2) 铠装热电偶

铠装热电偶是由热电极、绝缘材料和金属套管三部分组成的特殊结构热电偶，很细、很长，并且可以弯曲，故称它为套管热电偶或缆式热电偶。

铠装热电偶是拉制而成的，套管外径为 1～8mm，最细可达 0.25mm，内部热电极常为 0.2～0.8mm 或更细，热电极周围用氧化镁或氧化铅粉末填充，并采取密封防潮。铠装热电偶种类繁多，可制成单芯、双芯或四芯，其测量端有露头型、接底型、绝缘型等结构，如图 3.9 所示。

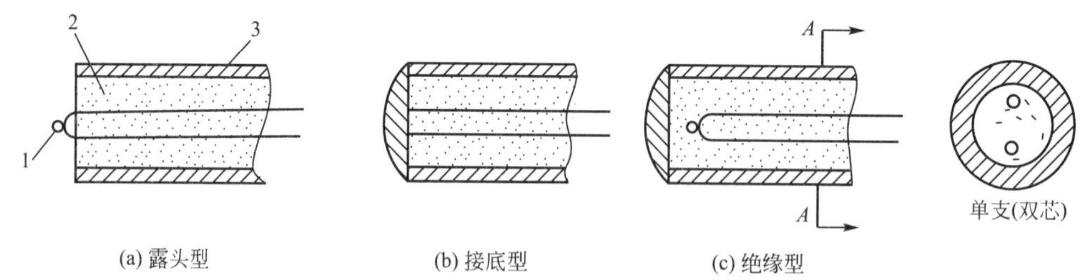

图 3.9　铠装热电偶测量端结构形式

1—热电极；2—填充料；3—套管

铠装热电偶与普通热电偶相比，具有体积小、精度高、响应速度快、可靠性及强度高、耐振动和冲击、比较柔软、可绕性好、便于安装等优点，因此在工程机械上得到了广泛应用。

3.3 转速传感器

转速传感器用于检测旋转部件的转速。由于工程机械的行驶速度与驱动轮或其他传动机构的转速成正比，测得转速便可以得知车速。因此，转速传感器被广泛用作车速传感器。目前工程机械中常用的转速传感器有变磁阻磁电式、测速发电机、接近开关及舌簧开关等。

3.3.1 变阻式车速传感器

变阻式车速传感器的结构如图3.10所示，主要由线圈、永久磁铁、外壳及铁心组成，整个传感器固定不动。为了能产生感应电动势，需要在被测轴上安装一由磁导材料制成的齿盘，传感器的感应端应对准齿盘的齿顶，并保持一定的径向间隙。当被测轴转动时，齿盘也随其转动，齿盘与铁心之间的气隙发生周期性的变化，使气隙磁阻和穿过线圈的磁通量发生相应的变化，于是在线圈中便产生交流电动势，其频率取决于齿数 Z 和转速 n(r/min)，即

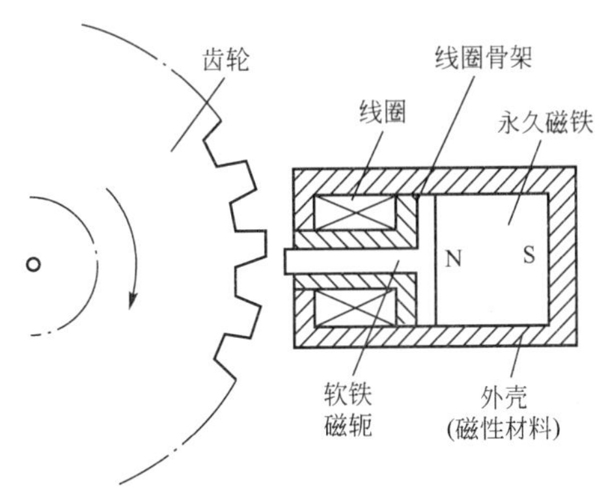

图3.10 变磁阻式转速传感器的结构与原理

$$f=\frac{nZ}{60} \tag{3-6}$$

测得频率 f 后便可根据式(3-6)求出转速 n。

变阻式车速传感器的输出信号还要经过放大和整形后，以便获得规则的脉冲信号。变阻式车速传感器具有结构简单、工作可靠、价格便宜等优点，在工程机械中应用较为广泛。

3.3.2 测速发电机

测速发电机又分为直流和交流两种。

1. 直流测速发电机

直流测速发电机的基本结构和工作原理与直流发电机相似，分为永磁式和他励式。永磁式直流测速发电机没有励磁线圈，其永久磁极采用矫顽力较高的磁钢制成。他励式的结构和他励式直流发电机相似。

在励磁电压 U_1 恒定即磁极磁通 Φ 为常数时，直流测速发电机的感应电动势 E 与电枢的转速 n 成正比，即

$$E=K_E\Phi n \tag{3-7}$$

式中，K_E 为与电机结构相关的常数。

直流测速发电机的输出电压 U_2 为

$$U_2=E-I_2R_a=K_E\Phi n-I_2R_a$$

而

$$I_2=\frac{U_2}{R_L}$$

于是

$$U_2=\frac{K_E\Phi}{1+\frac{R_a}{R_L}}n \tag{3-8}$$

式(3-8)表示直流测速发电机有负载时输出电压U_2与转速n的关系。如果Φ、R_a及R_L均保持为常数，则U_2与n之间呈线性关系，这样通过测量直流测速发电机的输出电压，便可测得与电枢相连的转速n。

2. 交流测速发电机

交流测速发电机分同步式和异步式两种，这里只介绍异步式。

异步式交流测速发电机的结构如图3.11所示，定子上有两个线圈，一个作励磁用，称为励磁线圈1，另一个输出电压，称为输出线圈2，两个线圈的轴线相互垂直。转子的结构有两种，一种为鼠笼式，另一种为空心杯式。后一种转动惯量小，测量的精度和灵敏度比较高，是目前工程机械中较普遍应用的一种。

如图3.12所示，当转子不转动时，向励磁线圈提供恒定的交流励磁电压后，在励磁线圈的轴线方向将产生一个交变脉动磁通Φ_1。由于脉动磁通与输出线圈的轴线垂直，所以输出线圈中并无感应电动势，输出电压为零。

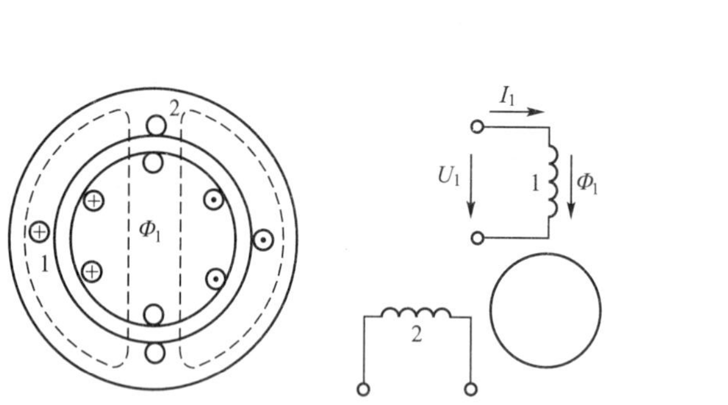

图3.11 交流测速发电机

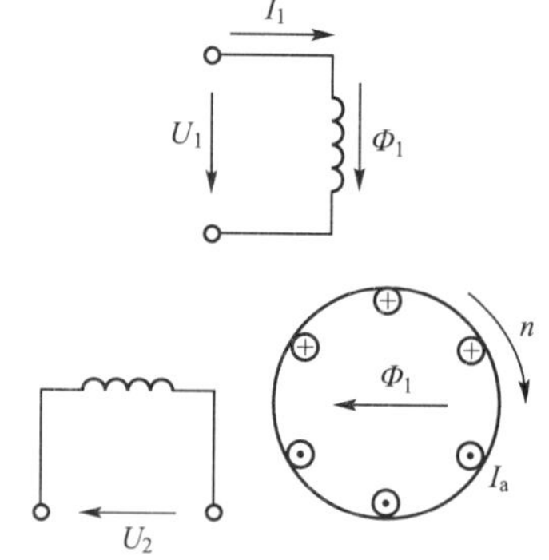

图3.12 交流测速发电机的原理图

当转子转动时，转子切割磁通Φ_1，转子中感应出电动势E_r，并产生相应的转子电流I_r，E_r和I_r与磁通Φ_1及转速n成正比。

$$I_r \propto E_r \propto \Phi_1 n$$

转子电流I_f也要产生磁通Φ_r，两者也成正比。即

$$\Phi_r \propto I_r$$

磁通Φ_r与输出线圈的轴线一致，因而在其中感应出电动势，两端就有一个输出电压U_2，U_2正比Φ_r，即

$$U_2 \propto \Phi_r$$

根据上述关系就可以得出

$$U_2 \propto \Phi_1 n \propto U_1 n \tag{3-9}$$

式(3-9)表明，当励磁线圈组加上交流电源电压U_1，测速发电机以转速n旋转时，它的输出线圈中就产生输出电压U_2，U_2的大小与转速n成正比。当转动方向改变，U_2的相位也改变180°，这就将转速信号转变为电压信号。输出电压的频率等于励磁电源电压的频率，与转速无关。

3.3.3 接近开关

接近开关是一种无触头电子开关。当运动的金属或非金属物体接近开关的感应部分时，接近开关的输出状态(电平)便发生变化。接近开关多用来作为行程开关，检测运动物体的位置。例如，在拌和设备中，可用于检测搅拌器料门的状态。另外，也可以用于检测旋转物体的转速，作为转速传感器或车速传感器使用。

在检测转速时，需要在被测轴上安装一齿盘，每当齿盘的一个齿接近开关时，接近开关便输出一个脉冲信号。接近开关的形状较多，有圆柱形、长方形、沟形等。

3.3.4 舌簧开关

舌簧开关由一抽出空气或充入惰性气体的密封玻璃管及玻璃管内的两个簧片和触头组成，如图3.13(a)所示。簧片用磁导材料制成，每个簧片上各有一触头，触头平时处于打开状态，其数量可以分为两个或更多。当一磁铁移近舌簧开关时，舌簧开关的两个簧片便被磁化而相互吸引，使触头闭合，此时电路接通传感脉冲；当磁铁移离时，触头又在两个簧片弹力的作用下打开，将电路切断。

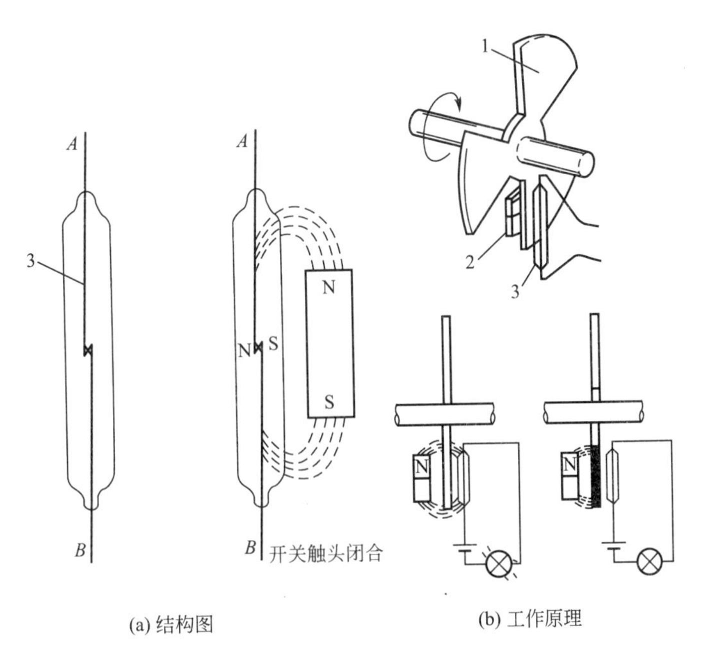

图3.13 舌簧开关的结构与工作原理

1—齿轮；2—磁铁；3—舌簧开关

为了使舌簧开关能不断地开、闭，以测量转速，磁铁吸引安装在校测轴上，这样被测轴每转一圈，舌簧开关便开闭一次而输出一个脉冲。也可以用一个随轴转动的转子来周期性地隔断其磁通，如图 3.13(b)所示。根据一定时间内舌簧开关开闭次数或输出脉冲的多少，便可以得到转速的高低。

舌簧开关的用途较广，在工程机械上经常用于液面高低的测量。

3.4 角位移传感器

角位移传感器在工程机械中应用较广，沥青混凝土摊铺机中用于检测料仓内料堆高度的料位传感器，以及自动找平系统的纵坡传感器等都属于角位移传感器。常用的角位移传感器有电位器式、磁敏电阻式和差动变压器等。

3.4.1 电位器式

电位器式角位移传感器的传感元件为电位器，通过电位器将机械的位角转换为与之成一定函数关系的电阻或电压输出。电位器式角位移传感器的优点是结构简单、尺寸小、质量小、精度高且稳定性好；可以实现线性及任意函数特性；受环境因素的影响较小；输出信号较大，一般不需要放大。它的缺点主要是存在摩擦和磨损。由于有摩擦，又由于有滑动磨损，因而需要敏感元件有较大的输出功率，否则传感器的可靠性和使用寿命就会受到影响。另外，线绕电位器分辨力较低，这也是一个缺点。

电位器式角位移传感器按照其结构形式不同，可分为线绕式、薄膜式、光电式等；按照其特性曲线不同，可分为线性电位器和非线性电位器。

线绕式电位器角位移传感器的结构如图 3.14 所示。传感器主要由电位器 1 和电刷 2(滑动触头)两个基本部分组成。电位器 1 由电阻系数很高又极细的绝缘导线整齐地绕在一个绝缘骨架上制成。在它与电刷相接触的部分，将导线表面的绝缘层去掉，并加以抛光，形成一个电刷可在其上滑动的光滑而平整的接触道。电刷通常采用具有弹性的金属薄片或金属丝制成，电刷与电位器之间始终有一定的接触压力。在检测角位移时，将传感器的转轴与被测角度的转轴相连，当被测物体转过一个角度时，电刷在电位器上有一个相应的角位移，于是在输出端就有一个与转角成比例的输出电压 U_s。

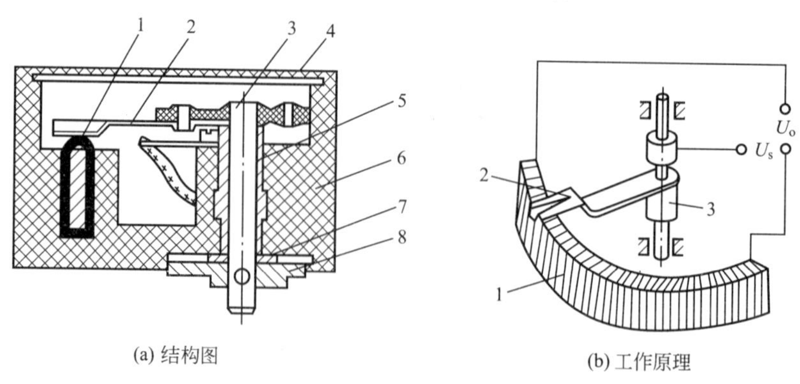

图 3.14 线绕式电位器角位移传感器的结构与原理

1—电位器；2—电刷；3—转轴；4—端盖；5—衬套；6—电位器外壳；7—垫片；8—锁止环

线绕式电位器角位移传感器具有效能稳定、易达到较高的线性度和实现各自非线性特性等优点，也存在着阶梯误差、分辨率低、耐磨性差、使用寿命短的缺点。而非线绕式电位器在某些方面效能优于线绕式电位器，因此在不少场合下取代了线绕式电位器。

非线绕式电位器角位移传感器的结构与工作原理如图 3.15 所示。传感器主要由电位器、电刷、导电片、转轴和壳体组成。根据电位器传感器元件的材料及制作工艺不同，可分为合成膜、金属膜、导电塑料、金属陶瓷等。它们的共同特点是在绝缘基座上制成各种电阻薄膜元件，因此比线绕式电位器具有高得多的分辨率，并且耐磨性好、寿命长，如导电塑料电位器使用寿命可达上千万次。

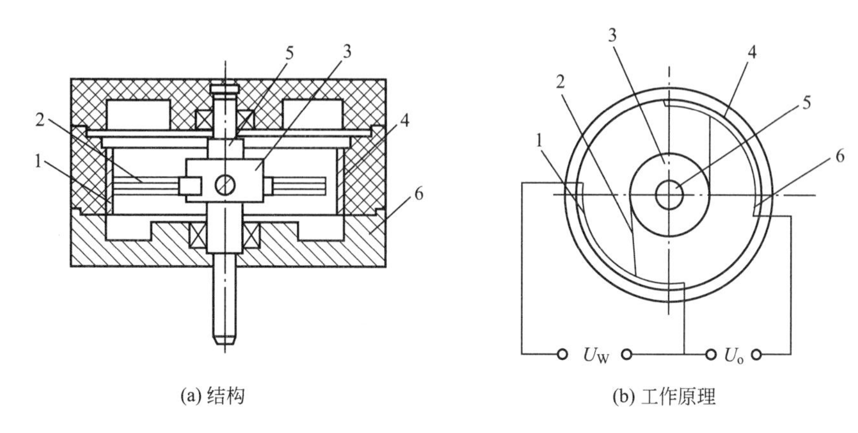

图 3.15　非线绕式电位器角位移传感器的结构与工作原理

1、4—电位器；2—电刷；3—固定座；5—转轴；6—端盖

光电式电位器是一种非线绕、非接触式电位器，其特点是以光束代替了常规的电刷，但在工程机械上采用较少。

3.4.2　磁敏电阻式

磁敏电阻是由半导体材料制成的。这种材料的特点是其电阻值随外加磁场的强弱而变化，这种现象称为磁阻效应。磁敏电阻通常采用 InSb 或 InAs 半导体材料制成。

磁敏电阻式角位移传感器的主要元件为磁敏电阻和永久磁铁。磁铁固定在轴上，当被测物体带动传感器轴转动时，改变了磁铁与磁敏电阻之间的距离，使通过磁敏电阻的磁通量发生变化，于是传感器的输出电阻值或电压便产生相应的变化。

InSb 磁敏电阻的灵敏度较高，在 1T(特拉斯)磁场中，电阻可增加 10～15 倍。在强磁场范围内，线性较好。但是受温度影响较大，一般需要采取温度补偿措施。

3.4.3　差动变压器

差动变压器式角位移传感器通过将角位移转换成线圈互感的变化而实现角位移测量。其主要由一个初级线圈、两个次级线圈及铁磁转子组成，如图 3.16 所示为其电路图。初级线圈由交流电源励磁，交流电的频率称为励磁频率或载波频率。两个次级线圈和接成差动式，即反向串接，输出电压 ΔU 是两个次级线圈感应电压的差值，故称差动变压器。当转子处于如图 3.16 所示的位置时，两个次级线圈的磁阻相等，由于互感作用，两个次级

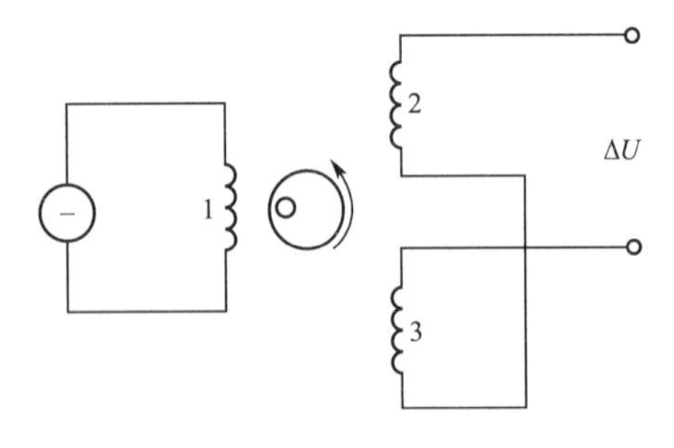

图 3.16　差动变压器角位移传感器的电路图

1—初级线圈；2、3—次级线圈

线圈感应的电压大小相等，相位相反，故无输出电压。当转子向一侧转动时，一个次级线圈的磁阻将减小，使其与初级线圈耦合的互感系数增加，于是该次级线圈的感应电压增大。而另一个次级线圈的变化情况则与其正好相反，这样传感器便有电压 ΔU 输出。输出电压的大小在一定范围内与转子的角位移呈线性关系。

传感器输出的电压是交流，故不能给出转子的转向。经过放大和相位调解，则可得到正、负极性的直流输出电压，从而给出转子的转向。

3.5　电阻应变式称重传感器

现代拌和设备中广泛采用电子秤来计量骨料、粉料和沥青。与机械秤相比，电子秤具有惯性小、称重速度快，以及可以进行远距离指示和进行数据处理等优点。

称重传感器是电子秤的重要组成部分。根据原理的不同，称重传感器有电阻式、压电式、电感式、电容式等多种型式，其中电阻应变式具有体积小、测量精度高、灵敏度高、性能稳定、使用简单等优点，是目前在拌和设备中应用最多的一种称重传感器。

3.5.1　多种应变效应

电阻应变式称重传感器的工作原理是基于导体的电阻应变效应，即导体在外力的作用下发生变形时，其电阻值发生变化。设有一根圆截面的电阻丝，如图 3.17 所示，在不受力时其电阻值为

$$R=\rho\frac{l}{S}$$

式中，ρ 为电阻率($\Omega mm^2/m$)；S 为电阻丝截面积(mm^2)。

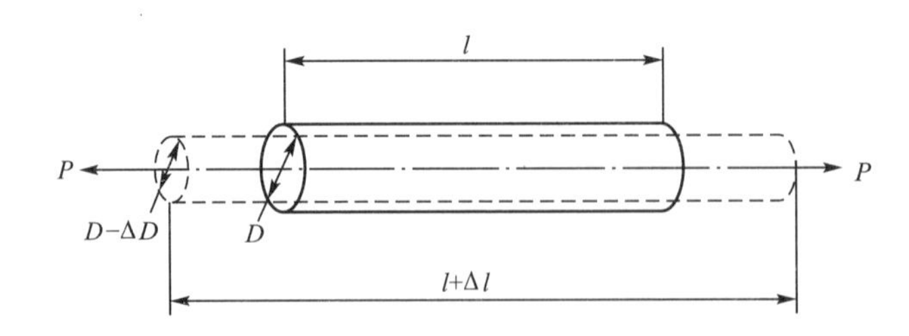

图 3.17　电阻丝受力变形情况

当它受拉力变形后，其长度增加，截面积减小，电阻率也因晶格的变形而改变，因而引起电阻的变化。电阻的相对变化公式为

$$\frac{dR}{R}=\frac{dl}{l}-\frac{dS}{S}+\frac{d\rho}{\rho} \tag{3-10}$$

由于$\frac{\mathrm{d}l}{l}=\varepsilon$，则

$$\frac{\mathrm{d}S}{S}=\frac{\mathrm{d}(\pi D^2/4)}{\pi D^2/4}=2\frac{\mathrm{d}D}{D}=-2\mu\varepsilon \tag{3-11}$$

μ为材料的泊松比，于是将电阻的相对变化公式改写为

$$\frac{\mathrm{d}R}{R}=(1+2\mu)\varepsilon+\frac{\mathrm{d}\rho}{\rho} \tag{3-12}$$

现用K_0表示电阻丝的应变灵敏系数，即单位应变所引起的电阻丝电阻的相对变化。

$$K_0=\frac{\mathrm{d}R/R}{\varepsilon}=(1+2\mu)+\frac{\mathrm{d}\rho/\rho}{\varepsilon} \tag{3-13}$$

可以看出，电阻丝变形时其电阻的变化是由两个因素引起的，一是电阻丝几何形状改变，二是由于材料的电阻率改变，这是因为电阻丝受力变形后自由电子的数量和活动能力发生了变化。实践证明，对于大多数金属材料来说，变形时电子变化主要是由于几何形状的改变所引起的，电阻率的改变对电阻变化影响较小，而与电阻丝的材料成分、加工工艺、热处理方法等有关。

试验得知，某些金属在很大的应变范围内，电子相对变化$\frac{\mathrm{d}R}{R}$与应变ε之间有良好的线性关系，甚至在进入线性变形后仍能保持这种线性关系，即

$$K_0=\frac{\Delta R/R}{\varepsilon}=常数$$

表3-1为几种常见的电阻应变金属材料，其中应用最广的是康铜。

表3-1 电阻应变金属材料的物理性质

材料性质	成分		灵敏度系数K_0	电阻率ρ/(Ωmm²/m)	电阻温度系数α_T($\times10^{-6}$)/℃	线膨胀系数β_K(10^{-6})/℃
	元素	%				
康铜	Cu Ni	57 43	17～21	0.49	−20～20	149
镍铬合金	Ni Cr	80 20	21～25	0.9～11	110～150	146
镍铬铝合金	Ni Cr Al Fe	73 20 3～4 余量	24	133	−10～10	133

3.5.2 电阻应变片

电阻应变片是将应变变化转换成电阻变化的一种传感元件，虽然品种很多，但其结构基本相同，一般由敏感栅、基底、覆盖层及引线四部分组成。图3.18所示为丝绕式电阻应变片结构示意图。

敏感栅的作用是感受应变，并将应变转换成电阻变化，它由康铜或其他合金绕制而成，直径为0.01～0.05mm，用黏合剂固定在基底上。

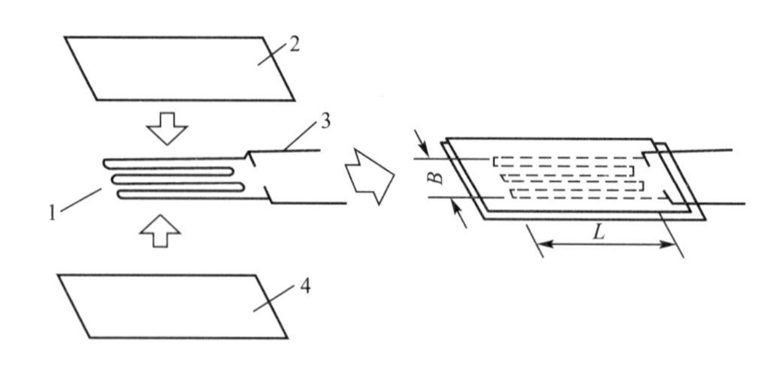

图 3.18　丝绕式电阻应变片的结构

1—敏感栅；2—覆盖层；3—引出线；4—基底

基底和覆盖层的作用是固定和保护敏感栅，应变片粘贴在试件上，与粘贴剂一起将试件的变形传递给敏感栅，并使敏感栅和试件之间绝缘。不同应用范围的应变片其基底材料也不同。常用的有纸基和胶基两种。纸基一般用多孔、不含油分的纸制成；胶基一般用厚 0.03～0.05mm 的有机聚合物薄膜制成。

引出线的作用是将敏感栅的电阻变化信号引到测量电路中去，起连接作用。它通常由直径为 0.15～0.18mm 的镀银铜丝制成。

在测量时，将应变片牢固地贴在试件上。当试件受力变形时，试件沿应变片轴向的变形通过试件与基底间的胶层、基底及基底与丝栅间的胶层以剪切的形式传递给敏感栅，再根据电阻应变效应，敏感栅的电阻将随之发生变化。由于应变与电阻变化之间存在一定的比例关系，因此当用测量仪器测出敏感栅的电阻变化量后，就可以得出测试件的应变大小。

3.5.3　电阻应变式称重传感器

1. 传感器的结构及工作原理

电阻应变式称重传感器由弹性元件、应变片和测量电桥组成。在测试时弹性元件受拉力或压力的作用而产生应变，贴于其表面的应变片将弹性元件的应变转化为电阻的变化，然后经电桥电路转变为电压信号输出。

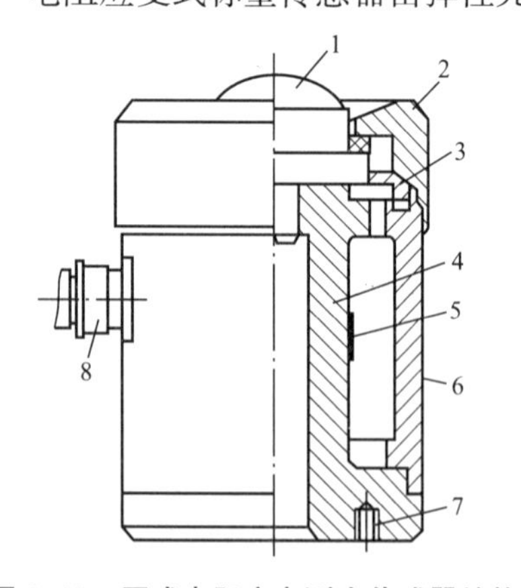

图 3.19　压式电阻应变测力传感器结构

1—球面加载头；2—上盖；3—压环；4—弹性元件；5—应变片；6—外壳；7—安装螺孔；8—导线插头

根据弹性元件的结构不同，应变片式电阻应变式称重传感器可分为柱式、梁式、环式等。其中柱式电阻应变称重传感器在拌和设备中使用最多，它的弹性元件结构简单、体积紧凑、承载能力大，其截面形状有圆形、矩形、方形和圆环形等。被测力沿轴心作用于柱体的承载面，电阻应变片均匀粘贴在柱面上，并且测量片通常是与柱体轴线平行或垂直布置。

图 3.19 所示为典型压式电阻应变称重传感器的结构。表 3－2 列出了国产电阻应变式称重传感器的主要性能参数。

表3-2　国产电阻应变式测力传感器的主要性能参数

型号 性能参数	BL拉压力传感器	BLR-1拉压力传感器	BLR-10高精度拉压力传感器		BHR-4型荷重传感器
			A	B	
非线性误差(%)	≤0.5	≤0.5	≤0.05	≤0.1	≤0.5
滞后误差(%)	≤0.5	≤0.5	≤0.05	≤0.1	≤0.5
输出灵敏度(mV/V)	1～40	1～15	≥2.5		1～15
量程范围(N)	$1\sim10^6$	$2\times10^3\sim10^6$	$2\times10^3\sim3\times10^5$		$2\times10^3\sim10^6$

注：输出灵敏度是指传感器在额定载荷下，单位电桥电压所对应的输出电压(mV)。

2. 测量电桥

弹性元件表面的应变，传递给应变片敏感栅，并使其电阻变化，测量出电阻的变化，便可知道应变或受力的大小，也可将应变片通以恒流而测量两端的电压变化。由于温度等因素的影响，使得单片测量结果误差较大。选用电桥测量不仅可以提高检测灵敏度，而且还能获得较为理想的补偿效果。称重传感器目前普遍使用直流电桥，以下主要介绍直流测量电桥。

1) 直流电桥

图3.20所示为直流电桥的基本形式。电阻R_1、R_2、R_3、R_4组成4个桥臂，A、C端接直流电源U_0，称为供桥端，B、D端称为输出端。

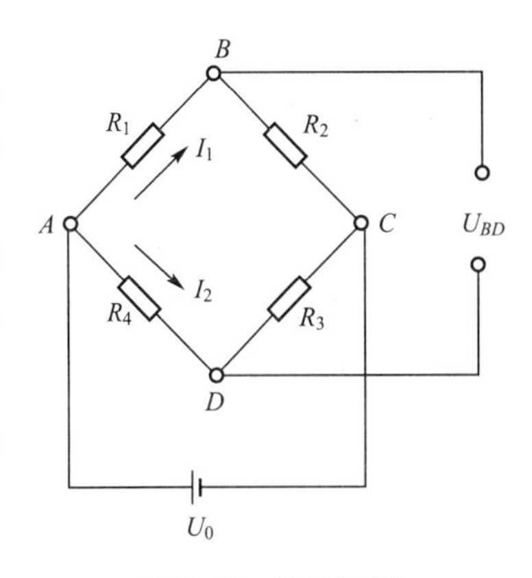

图3.20　直流电桥

当电桥输出端接上输入阻抗较大的仪表或放大器时，可以认为电桥输出端相当于开路，电流输出为零，根据欧姆定律，桥路电流为

$$I_1=\frac{1}{R_1+R_2}U_0,\quad I_2=\frac{1}{R_3+R_4}U_0 \qquad (3-14)$$

则A、B间的电位差为

$$U_{AB}=I_1R_1=\frac{R_1}{R_1+R_2}U_0$$

则A、D间的电位差为

$$U_{AD}=I_2R_4=\frac{R_4}{R_3+R_4}U_0$$

这时，电桥的输出电压为

$$U_{BD}=U_{AB}-U_{AD}=\left(\frac{R_1}{R_1+R_2}-\frac{R_4}{R_3+R_4}\right)U_0=\frac{R_1R_3-R_2R_4}{(R_1+R_2)(R_3+R_4)}U_0$$

可以看出，如果要使输出为零，即电桥平衡，应满足

$$R_1R_3=R_2R_4 \qquad (3-15)$$

这个条件称为电桥平衡条件，式(3-15)说明，如果适当选择各桥臂电阻值，可使输出电压只与电阻变化有关。

2) 测量电桥

基本电桥测量电路如图3.21所示。图中的补偿片粘贴在一块不受力的试件上，补偿片和测量片因温度变化而产生的电阻变化大小相等，从而可消除温度变化对测量精度的影响。

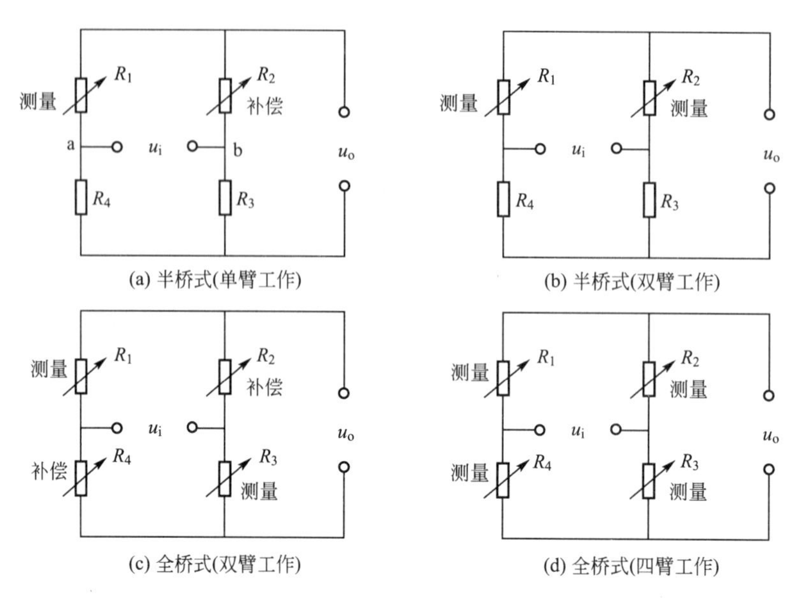

图 3.21　基本测量电路

图 3.21(a)和 3.21(b)所示为半桥测量电路。在图 3.21(a)中 R_1 为测量片，R_2 为补偿片，R_3 和 R_4 为固定电阻。桥路输出电压为

$$U_0=\frac{1}{4}K(\varepsilon_1-\varepsilon_2)U_1$$

当 $\varepsilon_1=-\varepsilon_2$ 时，

$$U_0=\frac{1}{2}K\varepsilon_1U_1$$

式中，K 为应变片灵敏系数；ε_1 为测量电路上感受的应变。

在图 3.21(b)中，R_1、R_2 均为测量片、又互为补偿片。测量时一片受拉，一片受压，输出 U_0 为

$$U_0=\frac{1}{4}K(\varepsilon_1-\varepsilon_2)U_1,$$

当($\varepsilon_1=-\varepsilon_2$)时，

$$U_0=\frac{1}{2}K(\varepsilon_1-\varepsilon_2)U_1$$

图 3.21(c)和 3.21(d)所示为全桥测量电路。在图 3.21(c)中 R_1、R_3 为测量片，两片同时受拉受压。R_2、R_4 为补偿片，输出 U_0 为

$$U_0=\frac{1}{4}K(\varepsilon_1-\varepsilon_2+\varepsilon_3-\varepsilon_4)U_1$$

当 $\varepsilon_2=\varepsilon_4=-\varepsilon_1$，$\varepsilon_3=\varepsilon_1$ 时，

$$U_0=K\varepsilon_1U_1 \tag{3-16}$$

3. 称重传感器的连接

在拌和设备中，通常将多个称重传感器组合在一起使用，组合的方法有串联和并联两种形式。

传感器串联连接［图 3.22(a)］的方法，是将各个电桥的输出端串联起来，而电桥的输入端则各自分别连接。这种连接方法可以提高信号的电平。如果各个传感器的规格性能相同，则串联后的输出电压为

$$\Delta V_0 = \frac{W_g}{W_D} V_D \tag{3-17}$$

式中，W_g为荷重；W_D为单个传感器的额定负荷；V_D为单个传感器的额定输出电压。

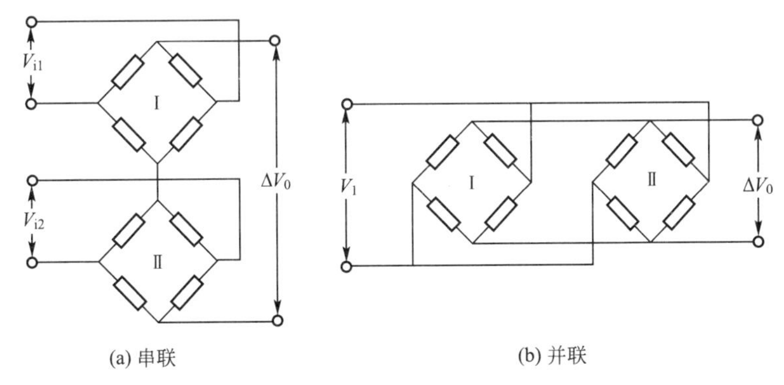

图 3.22 传感器的连接方式

传感器并联的连接方法如图 3.22(b)所示。这种方法是将个电桥的输入端并联起来，作为总的输入端，将所有的输出端并联起来，作为总的输出端，这样可以分散每个传感器的负荷，延长使用寿命。并联连接时总的输出电压为

$$\Delta V_0 = \frac{W_g}{W_D N} V_D \tag{3-18}$$

式中，N 为传感器的个数。

复习思考题

1. 工程机械上常用的热电偶有几种？按照热电偶的制造材料来区别，可以分为哪5种？
2. 工程机械上常用的温度传感器有几种？在沥青混凝土拌和机上常用的温度传感器是什么类型？
3. 在工程机械上常用的称重传感器有几种？在沥青混凝土拌和机上常用的称重传感器是什么类型？
4. 在工程机械上常用的速度传感器有几种？其中哪种类型的速度传感器最常用？
5. 什么是角位移传感器？工程机械上哪种类型的角位移传感器最常用？

第4章 可编程序控制器原理及应用

知识要点	掌握程度	相关知识
PLC 结构	了解 PLC 的组成； 掌握 PLC 安装接线	输入端、输出端、信号指示、电气安装、设备接地
PLC 工作原理	掌握 PLC 工作原理	软触点、逐行扫描、光电耦合、继电器输出、晶闸管输出、晶体管输出
PLC 指令	掌握基本指令； 掌握常用程序编程； 了解软件编程	LD，OUT，AND，OR，T/N； 电动机控制电路； 基本软件编程方法、步骤

导入案例

PLC在交通灯监控系统的应用

交通信号灯的出现，使交通得以有效管制，对于疏导交通流量、提高道路通行能力，减少交通事故有明显效果。

为了实现交通道路管理的先进性、科学化，将可编程控制器（PLC）用于交通灯管制的控制系统，能够有效地疏导交通，提高交通路口的通行能力。根据现代城市交通控制与管理现状，结合PLC性能特点，给出了一种简单实用的城市交通灯控制系统的PLC设计方案(图4.0和图4.1)。PLC在工业自动化中的地位极为重要，广泛地应用于各个行业。随着科技的发展，可编程控制器的功能日益完善，加上小型化、价格低、可靠性高，在现代工业中的作用更加突出。

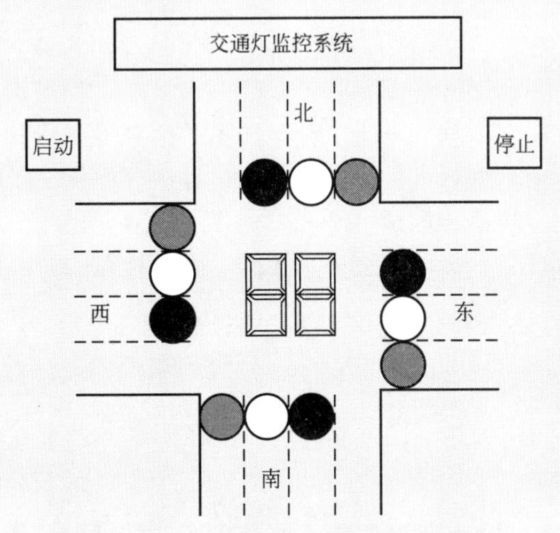

图4.0　PLC在交通灯监控系统的应用

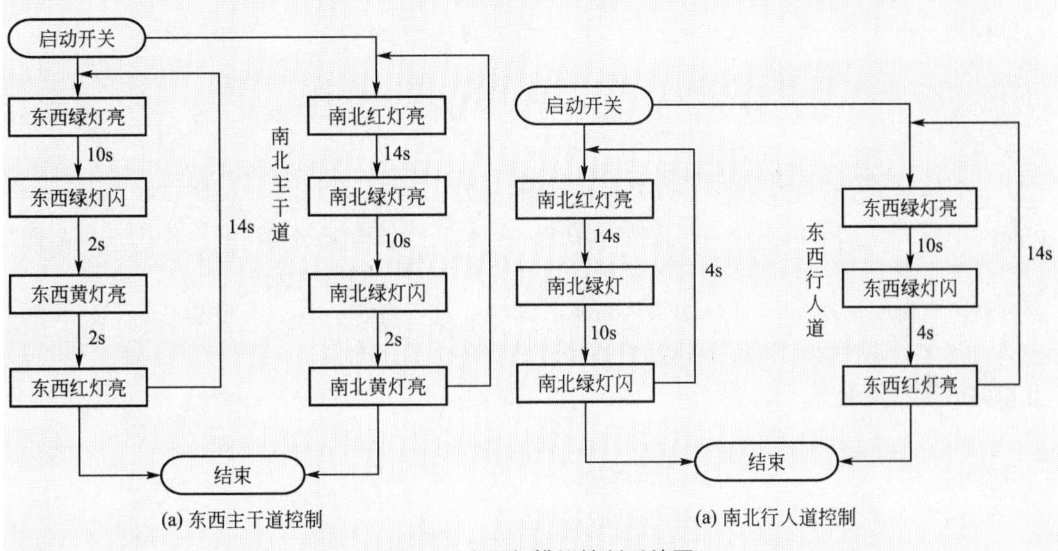

图4.1　交通灯模拟控制系统图

利用 PLC 的优点，我们可以设计出各种控制系统，满足各种不同的控制需要。

4.1 可编程序控制器简介

4.1.1 可编程序控制器的定义

可编程序控制器(Programmable Logic Controller，PLC)简称 PLC 机。随着 PLC 机的发展，它不仅能完成逻辑运算控制，而且能实现模拟量、脉冲量的算术运算，故把原来的 logic 删去，简称可编程序控制器为 PC 机(Programmable Controller)。但是此 PC 机的名称与市面上的 IBM - PC 机和个人电脑(Personal Computer，PC)容易混淆，所以很多人仍称可编程序控制器为 PLC 机。

国际电工委员会(IEC)对可编序控制器的定义如下："可编程序控制器是一种专为在工业环境下应用而设计的数字运算操作的电子系统，它采用一种可编程序的存储器，在其内部存储执行逻辑运算、顺序控制、定时、计数和算术运算等操作指令。通过数字式或模拟式输入、输出来控制各种类型的机械设备或生产过程；可编程序控制器及其有关设备的设计原则使它应易与工业控制系统联成一个整体并具有扩充功能。"现在可编程序控制器已是工业控制机的一个重要分支，特别适合于逻辑、顺序控制。

4.1.2 可编程序控制器的特点

可编程序控制器具有以下特点。

(1) 适应工业现场的恶劣环境，可靠性高。工业生产一般要求控制设备具有很强的抗干扰能力，能在恶劣的环境下可靠地工作，而 PLC 在这方面有它的独到之处：硬件上采用许多屏蔽措施以防止空间电磁干扰；采用较多的滤波环节，以消除外部干扰和各模块之间的相互影响；还采用光电隔离、联锁控制、模块式结构、环境检测和诊断电路等措施，以提高硬件的可靠性；在软件上采用了故障检测自诊断等措施；在机械结构设计和加工工艺设计上做了精心的安排。

可编程序控制器的应用得到迅速的发展并受到用户的青睐，是因为用户把其高可靠性作为首选指标。

(2) 使用方便。可编程序控制器编程中有一种特殊的编程方法，即使用梯形图(ladder diagram)编程。它类似于继电器控制线路图。只要具有继电器控制线路方面的知识，就可以很快学会编程和操作，特别适合于现场电气工作者学习和使用。

(3) 系统扩展灵活。PLC 多采用积木式结构、具有各种各样的 I/O 模块，以供挑选和组合，便于根据需要配置成不同规模的分散式分布系统。即使是紧凑式的 PLC，也可以用几个箱体进行配置。

4.1.3 可编程序控制器的工作原理

可编程序控制器的工作原理如图 4.2 所示。

可编程序控制器是一种工业控制机。有中央处理器(CPU)，它的 CPU 有如下类型：Z80、inte18031、80386 等。在大中型的 PLC 中多采用运算速度快、抗干扰能力强的双极

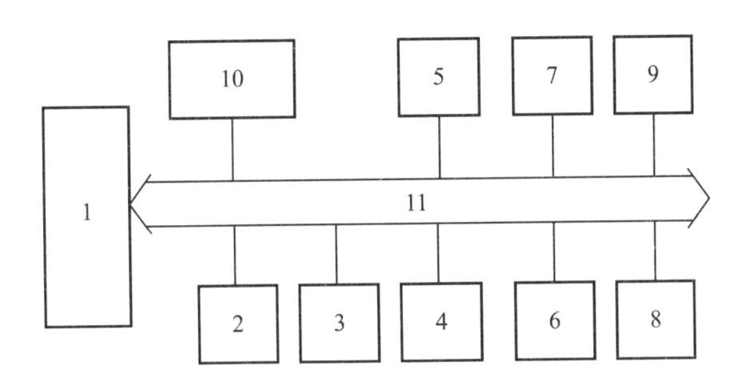

图4.2 PLC原理框图

1—中央处理器CPU；2—ROM操作系统；3—RAM内存储器；4—输出接口；
5—输入接口；6—通信接口；7—智能接口；8—存储器扩展接口；
9—I/O扩展接口；10—编程器接口；11—总线

型单片机作为CPU，如AMD2900系列。

系统总线(BUS)包括数据总线(D-BUS)、地址总线(A-BUS)和控制总线(C-BUS)。有的存储器、外部设备都挂在系统总线上。

只读存储器(ROM)固化着生产厂家提供的监控程序或操作系统(2～8KB)。

随机存储器(RAM)的一部分作为操作系统使用的输入、输出缓冲区(映像区)、定时器计数器、内部继电器等；另一部分为用户程序区。小型机RAM为2～4KB，大中型机RAM为4～48KB。

输入接口、输出接口是PLC与现场的接口，是PLC应用、连接的通道。

智能接口是连接热电偶、位置、计数等专用的模块接口。有的智能模块内带有单片机，以处理和管理输入、输出的信号。

通信接口多采用RS232等串行通信接口，用以连接显示器、上位机、打印机等设备。

I/O扩展接口作为增加I/O点数，连接I/O扩展模块的接口。

存储器扩展接口作为增加用户程序内存容量的接口，可插入EAM、EPROM和EEPROM。

编程器是人机对话的设备，用于用户程序输入、修改和监控。编程器有屏幕式如CRT、液晶显示屏等，它可以输入梯形图和其他图形编辑语言。还有便携式编程器，大小与计算机类似，可输入符号指令，便于现场调试。

从上述PLC原理图可看出，PLC就是一台计算机，只不过它侧重于I/O接口输入、输出控制环节。

4.1.4 可编程序控制器扫描工作方式

计算机用于控制、运行程序时常采用扫描工作方式和中断工作方式。PLC主要采用扫描工作方式，顺序扫描工作方式简单直观，简化了程序设计，并为PLC可靠运行提供有力的保证。在有的场合也插入中断方式，允许中断正在扫描运行的程序，以处理急需处理的事件。

PLC扫描工作方式可用图4.3框图表示。

PLC扫描工作的第一步是采样阶段，它通过输入接口将所有输入端子的信号状态读入并存入输入缓冲区，即刷新所有输入信号的原有状态。第二步扫描用户程序，根据本周期

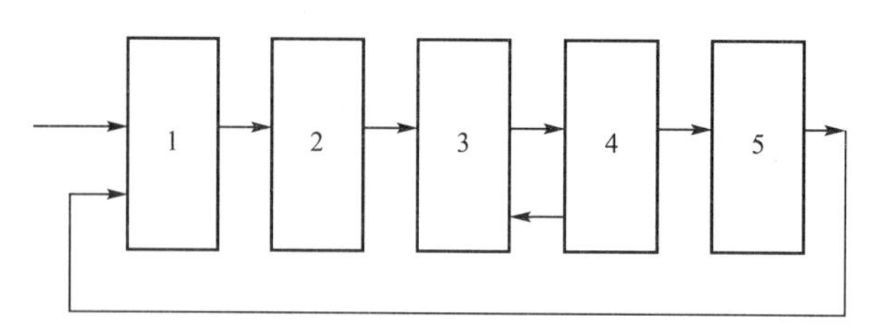

图 4.3　PLC 扫描工作方式

1—读入输入状态；2—刷新输入缓冲区；3—扫描用户程序；4—刷新输出缓冲区；
5—输出状态，从输出接口输出

输入信号的状态和上周期输出信号状态，对用户程序逐条进行扫描运算，将运算结果逐一填入输出缓冲区。第三步输出刷新，将刷新过的输出缓冲区各输出点状态通过输出接口电路全部送到 PLC 的输出端子。PLC 同期性地循环，执行上述三个步骤，这种工作方式称为 PLC 扫描工作方式。上述三步骤执行一个周期所用的时间称为扫描周期。PLC 扫描周期是 PLC 重要的参数之一，它反映了 PLC 对输入信号的灵敏度的滞后程度。通常工业控制要求 PLC 扫描周期为 30～60ms。

4.1.5　可编程序控制器与普通计算机的比较

PLC 是一种工业控制计算机，它具有计算机共性的一面，但由于历史发展的原因和设备适用于现场控制使它具有区别于普通计算机的特点。它们之间主要区别如下：PLC 的工作目的是生产过程自动化，普通计算机主要用于科学计算、数据处理；PLC 的工作环境是工业现场，普通计算机是在机房；PLC 的工作方式是扫描工作方式，普通计算机是中断工作方式；PLC 编程主要采用梯形图，普通计算机采用高级语言。还有输入输出设备等都有明显的不同。

4.1.6　可编程序控制器的分类

PLC 的分类方法有多种，如按 I/O 点数分为大、中、小型，还可按功能分类，也可按结构分为整体式和积木式，但通常还是按 I/O 点数来分类。相应的各类性能见表 4-1。

表 4-1　PLC 各机型的规模和性能

性能	小型机	中型机	大型机
I/O 能力	256 点以下(无模拟量)	256～2048 点(模拟量 64～128 点)	2048 点以上(模拟量 128～512 点)
CPU	单 CPU 8 位处理器	双 CPU 8 位字处理器和位处理器	多 CPU 16 位字处理器，位处理器和浮点处理器
扫描速度/(ms/KB)	20～60	5～20	1.5～5
存储器/KB	0.5～2	2～64	>64
智能 I/O	无	有	有

（续）

性能	小型机	中型机	大型机
联网能力	有	有	有
指令及功能	逻辑运算	逻辑运算	逻辑运算
	计时器 8～64 个	计时器 64～128 个	计时器 128～512 个以上
	计数器 8～64 个	计数器 64～128 个	计数器 128～512 个以上
	标志位 8～64 个 其中 1/2 可记忆	标志位 64～2048 个 其中 1/2 可记忆	标志位 2048 个以上 其中 1/2 可记忆
	具有寄存器和触发器功能	具有寄存器和触发器功能	具有寄存器和触发器功能
		算数运算，比较，数制转换，三角函数，开方，乘方，微分，积分，中断	算数运算，比较，数制转换，三角函数，开方，乘方，微分，积分，实时中断，PID，过程监控
编程语言	梯形图	梯形图，流程图，语句表	梯形图，流程图，语句表，图形语言，BASIC 等高级语言

4.2 可编程序控制器的产生与发展

PLC 于 20 世纪 60 年代末在美国问世，至今已有 40 多年的历史。当时美国汽车制造工业为了适应生产工艺的不断更新，需要一种交流 220V 输入、输出信号可以直接进入设备，控制方式随着要求的改变能灵活地变化，操作方便、价格便宜、能适应工作现场恶劣环境的工业自动化控制装置。于是在 1969 年研制出了世界上第一台 PLC。从那时起，美国的 PLC 技术得到了快速的发展。欧洲各国也相继投入了一定力量研制 PLC。日本凭借着本国集成电路技术的发展优势，进一步提高了 PLC 的集成度。

20 世纪 70 年代中期，随着半导体技术的发展，各种单片机和八位微处理器相继问世。由于 CPU 的引入，PLC 技术产生了飞跃发展，成为工业控制计算机的一个重要分支。PLC 在原有逻辑运算功能的基础上，增加了数值运算、闭环调节功能，提高了运算速度，扩大了输入输出规模，并开始与网络和小型机相连，构成以 PLC 为重要部件的初级分散系统。目前 PLC 在冶金、石化、轻工等工业过程控制中得到了广泛应用。

20 世纪 70 年代末和 80 年代，PLC 进入成熟阶段。向大规模、高速度、高性能方面继续发展。90 年代，PLC 仍迅速发展，各公司进一步完善了自己的原有产品并开发新的产品系列，与局部网建成整体分布系统，不断向上发展并与计算机系统兼容。

西门子公司在其 SIMATIC S5 系列的基础上，又推出了微型高性能的 SIMATIC S7 系列。它包括小型 S7-200、中型 S7-300 和大型 S7-400 系列，软硬件上提高了集成度，提高了性能价格比。它的小型机每 KB 语句执行时间达到 0.8～1.3ms，达到了过去大型机的速度。

三菱电机 PLC 在 F1、FX2、A 系列的基础上推出了小型遥控的 FX2C 系列，基本指令处理速度加快到 0.48ms/KB，控制距离达 100m(最远可达 400m)。还有超薄型的 FXON 系列。

国际上 PLC 迅速发展，并出现 PLC 热。引起了国内技术人员的极大兴趣和关注，许多部门积极推广应用，引进其技术设备，并积极消化、移植和开展应用研究。

20 世纪 80 年代初我国几个大的钢铁厂首先在控制上最繁琐的高炉继电器控制系统中采用 PC－584 和 S5－115U 可编程序控制器，并取得明显效果。在宝钢、武钢等企业引进的设备中，带有大量的 PLC。不仅在生产线上 PLC 越来越多地代替原有的继电器控制线路，而且在单机自动化设备如龙门刨床、电梯等控制中也常采用 PLC 控制。

80 年代中期在成套设备和整机引进的同时，我国一些部门已开始进行开发和应用研究，引进了生产 PLC 的生产线，建立生产 PLC 的合资企业，继而开发自己的产品。如 1982 年天津自动化仪表厂与美国哥德公司(GOULD Inc)签订了 PC－584 散件组装和专有技术转让的协议；1986 年，辽宁无线电二厂与德国西门子公司签订了建立一条 S5－101U 和 S5－115U PLC 的生产线引进协议；1988 年，在厦门经济特区建立了与美国 A－B 公司合资生产 PLC 的工厂；1989 年，在无锡建立了与日本光洋公司合资生产 S5R 等系列(相当于 CE 系列)PLC 的工厂。

目前国际上生产 PLC 的厂家很多，遍及美国、日本及欧洲各国。PLC 的品种繁多，目前在我国市场上常见的 PLC 系列有：三菱公司生产的 FX 系列(FX1N、EX2N、PX1S、FXON)、Q 系列和 A 系列；西门子公司生产的 SIMATIC S5 系列(S5－90U、S5－95U、S5－100U、S5－115U)和 57 系列(S7－200、S7－300、S7－400)；欧姆龙公司生产的 C60P、C20、C200、C200P、C500、CPM1A 和 5P 系列。

PLC 是工业控制过程中的重要装置，它将促进我国对传统电气设备的改造，缩小设备体积，提高系统性能。现有的控制室和操作站，都有大量继电器、接触器的盘箱柜，运行起来噪声大、故障多、维护工作量大，如果这些盘箱柜中的继电器逻辑控制线路用 PLC 代替，功率驱动部分用双向晶闸管交流开关代替，可以想象，此时控制室或操作站将是无声的，而且故障少，维护也容易。工艺改变时，也只要修改 PLC 用户程序或参数，就可很容易地改变其控制方式或参数，可以取得很好的效益。今后 PLC 技术将会在我国取得越来越广泛的应用。

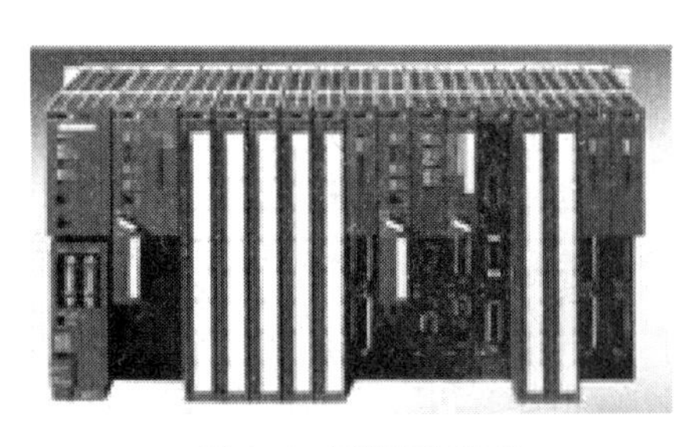
图 4.4　西门子 PLC

下面就以工程机械中使用较多的西门子 PLC (图 4.4)为例介绍可编程控制器的使用。

4.3　西门子 S7 系列可编程控制器

S7 系列 PLC 是德国西门子(SIEMENS)公司生产的可编程序控制器，该系列 PLC 具有体积小、运行速度快、功能强、可靠性高、网络通信能力强等特点，在工程机械等行业得到了广泛应用。西门子(SIEMEN)公司的S7系列PLC产品可分为微型PLC(如S7-200)、小规模性能要求的PLC(如S7-300)和中高性能要求的PLC(如S7-400)等。

1. SIMATIC S7-200 PLC

S7-200 PLC是一种超小型化、紧凑型的PLC，电源、CPU中央处理系统、I/O接口都集成在一个机壳内，可单总机运行，也可以输入/输出扩展，还可连接扩展模块，如图4.5所示。

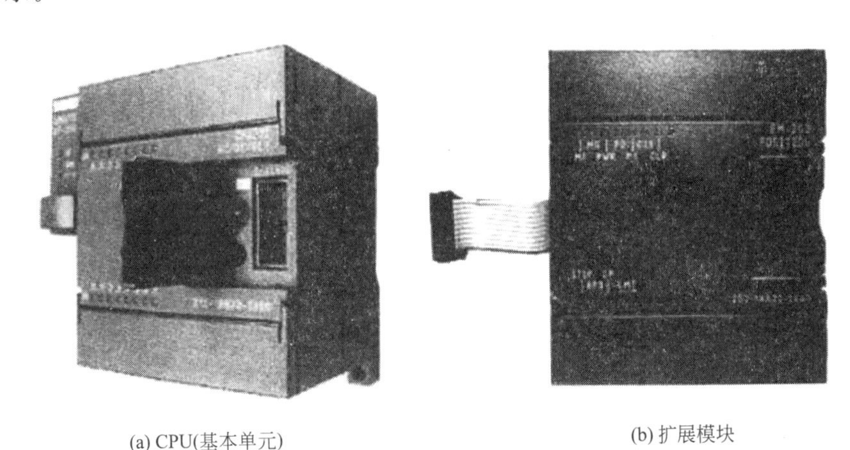

(a) CPU(基本单元)　　(b) 扩展模块

图4.5　S7-200 PLC外形图

S7-200 PLC具有结构小、可靠性高、运行速度快、性能价格比高等优点，用于各类机电设备的自动检测、监测和自动控制。

2. SIMATIC S7-300 PLC

S7-300是模块化小型PLC系统，能满足中等性能要求的应用。各种模块相互独立，并安装在固定的机架(导轨)上，构成一个完整的PLC应用系统，如图4.6所示。单独的模块之间可进行广泛组合构成不同要求的系统。与S7-200 PLC相比，S7-300 PLC具备较高的指令运算速度(0.06～0.1μs)，有一个带标准用户接口的软件工具方便用户给所有模块进行参数赋值，集成了方便的人机界面服务等，从而大大减少了人机对话的编程要求。

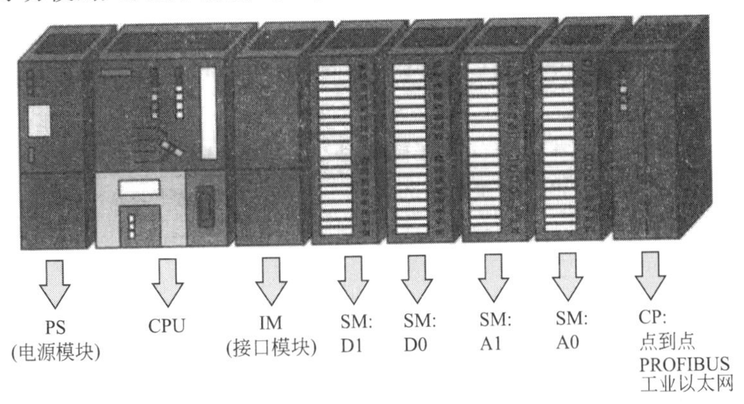

图4.6　S7-300 PLC外形图

3. SIMATIC S7 - 400 PLC

S7 - 400 PLC 是一种中高档性能的可编程序控制器。

S7 - 400 PLC 采用模块化无风扇的设计，可靠性高，同时可以选用多种级别(功能逐步升级)的 CPU，并配有多种通用功能的模板，这使用户能根据需要组合成不同的专用系统。当控制系统规模扩大或升级时，只要适当地增加一些模板，就能使系统升级并充分满足用户需要。

4.4 西门子 S7 - 200 系列 PLC 的基本硬件组成

S7 - 200 系列 PLC 采用整体式加积木式的结构，即主机采用包括一定数量的 I/O 端口，可提供 4 种不同的基本单元和 6 种型号的扩展单元。其构成系统包括基本单元、扩展单元、编程器、存储卡、写入器、文本显示器等，如图 4.7 所示。

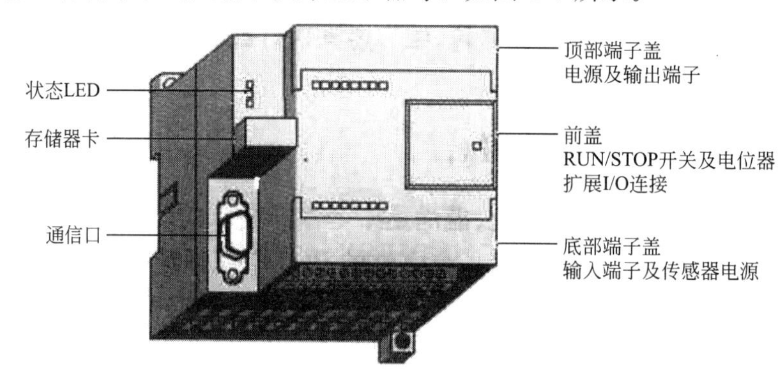

图 4.7 S7 - 200 PLC 的外形结构

4.4.1 基本单元

S7 - 200 系列 PLC 可以提供 5 种不同基本型号的 CPU，其输入输出点数的具体分配见表 4 - 2。

表 4 - 2 S7 - 200 系列 PLC 中 CPU22× 的基本单元

型号	输入点	输出点	可带扩展模块数
CPU221	6	4	—
CPU222	8	6	2 个扩展模块 78 路数字量 I/O 点或 10 路模拟量 I/O 点
CPU224	14	10	7 个扩展模块 168 路数字量 I/O 点或 35 路模拟量 I/O 点
CPU226	24	16	2 个扩展模块 248 路数字量 I/O 点或 35 路模拟量 I/O 点
CPU226XM	24	16	2 个扩展模块 248 路数字量 I/O 点或 35 路模拟量 I/O 点

4.4.2 扩展单元

当主机上所集成的 I/O 点数不够时，可以通过连接扩展单元来增加 I/O 点数，S7 - 200 系列 PLC 主要有 6 种扩展单元，它本身没有 CPU，只能与基本单元相连接使用，主要有效字量是 I/O 扩展模块、模拟量 I/O 扩展模块。另外还有连接专门传感器的工作单元或专用的功能单元，如热电偶功能单元、定位控制单元及专用的通信单元等。S7 - 200 系列 PLC 扩展单元型号及输入输出点数的分配见表 4 - 3。

表 4 - 3　S7 - 200 系列 PLC 扩展单元型号及输入输出点数

类型	型号	输入点	输出点
数字量扩展模块	EM221 EM222 EM223	8 无 4/8/16	无 8 4/8/16
模拟量扩展模块	EM231 EM232 EM235	3 无 3	无 2 1

4.4.3 编程器

PLC 正式运行时不需要编程器。编程器主要用来进行用户程序的编写、存储和管理等，并将用户程序送入 PLC 中，在调试过程中进行监控和故障检测。S7 - 200 系列 PLC 可采用多种编程器，一般可分为简易型和智能型。

简易型编程器是袖珍型的，简单实用，价格低廉，是一种很好的现场编程及监测工具，但显示功能较差，只能用指令表方式输入，使用不方便。智能型编程器采用计算机进行编程操作，将专用的编程软件装入计算机内，可直接采用梯形图语言编程，实现在线监测，非常直观，且功能强大，S7 - 200 系列 PLC 的专用编程软件为 STEP7 - Micro/WIN 32。

4.5 西门子 S7 - 200 系列 PLC 的主要技术性能

下面以 S7 - 200 CPU224 为例说明 S7 - 200 系列 PLC 的主要技术性能。

1. 一般性能

S7 - 200 CPU224 的一般性能见表 4 - 4。

表 4 - 4　S7 - 200 CPU224 一般性能

电源电压	DC 24V，AC 100～230V
电源电压波动	DC 20.4～28.8V，AC 84～264V(47.63Hz)
环境温度、湿度	水平安装 0～55℃，垂直安装 0～45℃，5%～95%
保护等级	IP20 到 IEC529

（续）

输出给传感器的电压	DC 24V(20.4～28.8V)
输出给传感器的电流	280mA 电子式短路保护(600mA)
为扩展模块提供的电流	600mA
程序存储器	8KB/典型值为2.6k条指令
数据存储器	2.5KB
存储器子模块	1个可插入的存储器子模
块数据后备	整个BD1在EEPROM中无需维护 在RAM中当前的DB1标志位，定时器、计数器等 通过高能电容或电池维持，后备时间190h(40℃，120h)，插入电池后备200天
编程语言	LAD，FBD，STL
程序结构	一个主程序块(可以包括子程序)
程序执行	自由循环，中断控制，定时控制(1～255ms)
子程序级	8级
用户程序保护	3级口令保护
指令集	逻辑运算，应用功能
位操作执行时间	0.37μs
扫描时间监控	300ms(可重启动)
内部标志位	256，可保持：EEPROM中0～112
计数器	0～256，可保持；256，6个高速计数器
定时器	可保持：256 4个定时器，1ms～30s 16个定时器，10ms～5min 256个定时器，100ms～54min
接口	一个RS485通信接口
可连接的编程器/PC	PC740PⅡ，PC760PⅡ，PC(AT)
本机I/O	数字量输入：14，其中4个可用作硬件中断，10个用于高速功能 数字量输出：10，其中2个可用作本机功能 模拟电位器：2个
可连接的I/O	数字量输入/输出，最多94/74 模拟量输入/输出，最多28/7(或14) AS接口输入/输出，496
最多可接扩展模块	7个

2. 输入特性

S7－200 CPU224 的输入特性见表 4－5。

表 4－5 S7－200 CPU224 输入特性

输入电压	DC 24V，“1 信号”：14～35A，“0 信号”：0～5A
隔离	光电耦合，6 点和 8 点
输入电流	“1 信号”：最大 4mA
输入延迟(额定输入电压)	所有标准输入：全部 0.2～12.8ms(可调节) 中断输入：(I0.0～I0.3)0.2～12.8ms(可调节) 高速计数器(I0.0～I0.5)最大 30kHz

3. 输出特性

S7－200 CPU224 的输出特性见表 4－6。

表 4－6 S7－200 CPU224 的输出特性

类型	晶体管输出型	继电器输出型
额定负载电压	DC 24V(20.4～28.8V)	DC 24V(4～30V) AC 24～230V(20～250V)
输出电压	“1 信号”：最小 DC 20V	L+/L－
隔离	光耦隔离，5 点	继电器隔离，3 点和 4 点
最大输出电流	“1 信号”：0.75A	“1 信号”：2A
最小输出电流	“0 信号”：10μA	“0 信号”：0mA
输出开关容量	阻性负载：0.75A 灯负载：5W	阻性负载：2A 灯负载：DC 30W，AC 200W

4. 扩展单元的主要技术特性

S7－200 系列 PLC 是模块式结构，可以通过配接各种扩展模块来达到扩展功能、扩大控制能力的目的，目前 S7－200 主要有三大类扩展模块。

1) 输入/输出扩展模块

S7－200 CPU 上已经集成了一定数量的数字量 I/O 点，但如用户需要多于 CPU 单元 I/O 点时，必须对系统做必要的扩展。CPU221 无 I/O 扩展能力，CPU 222 最多可连接 2 个扩展模块(数字量或模拟量)，而 CPU224 和 CPU226 最多可连接 7 个扩展模块。

(1) 输入扩展模块 EM221 有两种：8 点 DC 输入、8 点 AC 输出。

(2) 输出扩展模块 EM222 有 3 种：8 点 DC 输出、8 点 AC 输出、8 点继电器输出。

(3) 输入和输出混合扩展模块 EM223 有 6 种：分别为 4 点(8 点、16 点)DC 输入/4 点(8 点、16 点)DC 输出、4 点(8 点、16 点)继电器输出。

2) S7－200 PLC 系列典型模拟量的模块

(1) 模拟量输入扩展模块 EM231 有 3 种：4 路模拟量输入、2 路热电阻输出和 4 路热电偶输入。

(2) 模拟量输入和输出混合扩展模板 EM235。每个 EM235 可同时扩展 3 路模拟输入和 1 路模拟量输出，其中 A/D 转换时间为 25μs，D/A 转换时间 100μs，位数均为 12 位。

基本单元通过其右侧的扩展接口用总线连接器(插件)与扩展单元左侧的扩展接口相连接。扩展单元正常工作需要 DC +5V 工作电源，此电源由基本单元通过总线连接器提供。扩展单元的 DC 24V 输入点和输出点电源可由基本单元的 DC 24V 电源供电，但要注意基本单元所提供的最大电流能力。

(3) 热电偶/热电阻扩展模块。热电偶、热电阻模块(EM231)是为 CPU222、CPU224、CPU226 设计的。S7-200 与多种热电偶、热电阻的连接备有隔离接口。用户通过模块上的 DIP 开关来选择热电偶或热电阻的类型、接线方式、测量单位和开路故障的方向。

3) 通信扩展模块

除了 CPU 集成通信口外，S7-200 还可以通过通信扩展模块连接成更大的网络。

S7-200 系列 PLC 输入/输出扩展模块的主要技术性能见表 4-7。

表 4-7　S7-200 系列 PLC 输入/输出扩展模块的主要技术性能

类型	数字量扩展模块			模拟量扩展模块		
型号	EM221	EM222	EM223	EM231	EM232	EM235
输入点	8	无	4/8/16	3	无	3
输出点	无	8	4/8/16	无	2	1
隔离组点数	8	2	4	无	无	无
输入电压		DC 24V		DC 24V		
输出电压		DC 24V 或 AC 24～230V	DC 24V 或 AC 24～230V			
A/D 转换时间				<250μs		<250μs

4.6　系统内部资源

PLC 是以微处理器为核心的电子设备，使用时可以看作继电器、定时器、计数器等元件组成的软器件，各软器件间用程序实现连接。

PLC 内部元器件的功能是相互独立的，在数据存储区每一种元器件都分配有一个存储区域，每一种元件都有一个地址与之相对应，由字母加数字构成，字母表示器件的类型，数字表示数据的存储地址，如 I 表示输入映像寄存器(输入继电器)、Q 为输出映像寄存器(输出继电器)、M 为标志位存储器、SM 为特殊标志位存储器、T 为定时器存储器、C 为计数器存储器、V 为变量存储器、L 为局部存储器、S 为顺序控制标志位、AC 为累加器、HC 为高速计数器、AI/AQ 为模拟量输入/输出寄存器等。这些存储器或寄存器构成了 S7-200 PLC 的内部硬件资源。

1. 数据存储器的分配

S7－200 PLC按元件的种类将数据存储器分为若干个存储区域，每个区域的存储单元按字节由八位组成，可以进行位操作的存储单元，每一位都可以看成是有0、1状态的逻辑器件。

2. 常数及类型

在S7－200 PLC中所处理数据有3种，即常数、数据存储器中的数据和数据对象中的数据。

在S7－200 PLC的指令中可以使用字节、字、双字类型的常数，常数的类型可指定为十进制、十六进制(6＃7AB4)、二进制(2＃100001100)或ASCII字符(SIMATIC)。PLC不支持数据类型的处理和检查，因此在有些指令隐含规定字符类型的条件下，必须注意输入数据的格式。

3. 数据存储器的寻址

S7－200 PLC将信息存于不同的存储单元，每个单元都有唯一的地址，系统允许用户以字节、字、双字为单位存取信息。提供参与操作的数据地址的方法，称为寻址方式。S7－200 PLC的寻址方式有立即寻址、直接寻址和间接寻址三大类。有位、字节、字和双字4种寻址格式。立即寻址的数据在指令中以常数形式出现；直接寻址是指在指令中直接给出存储器或寄存器的名称和地址编号，直接存取数据；间接寻址是指使用地址间接给出要访问的存储器或寄存器的地址。

(1) 直接寻址方式。直接寻址方式是指在指令中直接使用存储器或寄存器的元件名称和地址名称，直接查找数据。数据地址一般由两个部分组成，格式为：Aa1.a2。其中A为区域代码(I、Q、M、SM、V)，a1为字节首址，a2为位地址(0～7)。例如，I3.1表示该数据在I存储区3号地址的第1位。

数据直接地址的表示方法如图4.8所示。

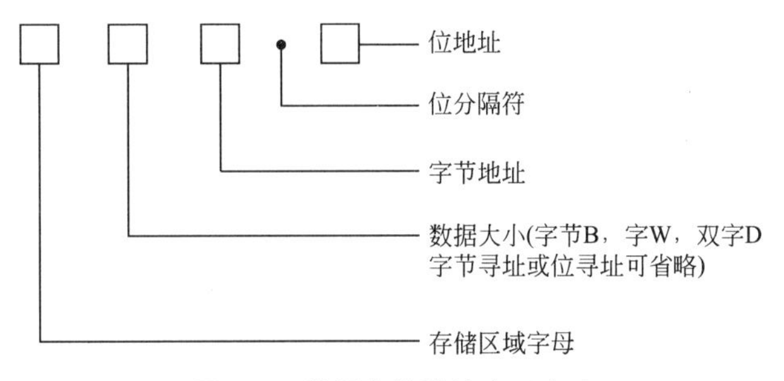

图4.8 数据直接地址表示方法

位寻址是对存储器中的某一位进行读写访问。例如，访问输入映像寄存器I中的第4字节第5位，地址表示为I4.5。

可以进行位操作的元件有输入映像寄存器(输入继电器)I、输出映像寄存器(输出继电器)Q、标志位存储器M、特殊标志位存储器SM、变量存储器V、局部变量存储器L及状态元件S等。

(2) 间接寻址方式。间接寻址是指用地址指针来存取存储器中的数据。使用前，首先将数据所在单元的内存地址放入地址指针寄存器中，然后根据此地址存取数据。S7－200 CPU 中允许使用间接寻址的存储区域有 I、Q、V、M、S、T、C。

建立内存地址的指针为双字长度(32 位)，可以使用 V、L、AC 作为地址指针。必须采用双字传送指令(MOVD)将内存的某个地址移入到指针当中，以生成地址指针。指令中的操作数(内存地址)必须使用“&”符号表示内存某一位置的地址(长度为 32 位)。例如，“MOVD & VB200，AC1”是将 VB200 在存储器中的 32 位物理地址值送给 AC1。

4. 数据存储区及其功能

(1) 输入映像寄存器(I)。输入映像寄存器标识符为 I。输入映像寄存器(输入继电器)的电路如图 4.9 所示。其功能为接收并存储外部开关量输入设备的通断状态信号，输入继电器线圈只能由外部信号驱动，不能用程序指令驱动，用外部信号传感器(如按钮、行程开关、热电偶等)来检测外部信号的变化。它们与 PLC 的输入端相连。在每个扫描周期的开始，CPU 对输入端的信号进行采样，并将采样值(接通状态对应信号 1，断开状态对应信号 0)存于输入映像寄存器中。CPU22 系列输入映像寄存器区为 16 个字节，能存储 128 位信息，寻址范围为 I0.0～I5.7，输入映像寄存器可以按位、字节、字或双字访问。

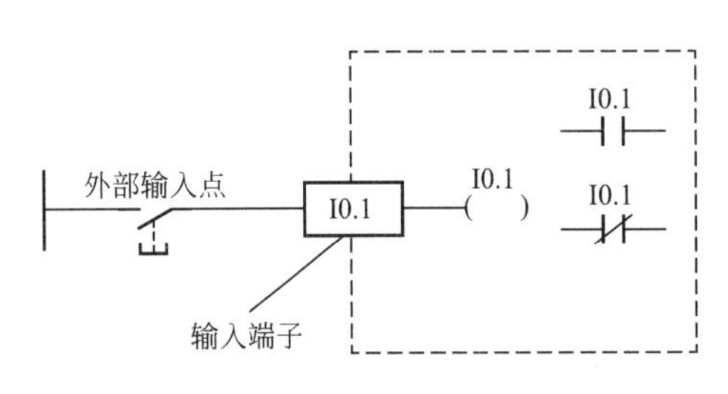

图 4.9　输入映像寄存器(输入继电器)电路

(2) 输出映像寄存器(Q)。输出映像寄存器(输出继电器)的标识符为 Q，其等效电路如图 4.10 所示。其功能为通过程序改变输出映 XIAN 寄存器内容，从而控制外部开关与负载的通断，也就是用来将 PLC 的输出信号传递给负载。它只能用程序指令驱动。它的工作过程是在一个循环扫描周期的执行程序阶段，将对应程序执行结果写入输出映像寄存器中；在刷新输出阶段，将输出映像寄存器的值送到输出模块，驱动外部负载，值 1 对应接通负载，值 0 对应断开负载。CPU22X 系列输出映像寄存器区为 16 个字节，能存储 128 位信息，寻址范围为 Q0.0～Q15.7。输出映像寄存器可以按位、字节、字或双字访问。图 4.10 为输出映像寄存器(输出继电器)的等效电路图，程序控制能量流从输出继电器 Q0.1 线圈左端流入时，Q0.1 线圈通电(存储器位置 1)，带动输出触点动作，使负载工作。

注意：输入/输出映像寄存器是以字节为单位分配给各模块的输入/输出点。例如一个 S7－200 PLC 应用系统由 CPU224 主机与 3 个不同的数字量扩展模块组成，各模块输入/输出点如图 4.11 所示。

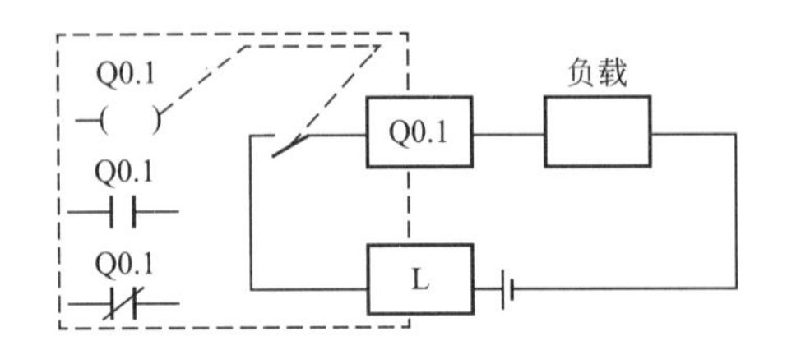

图 4.10　输出映像寄存器(输出继电器)等效电路

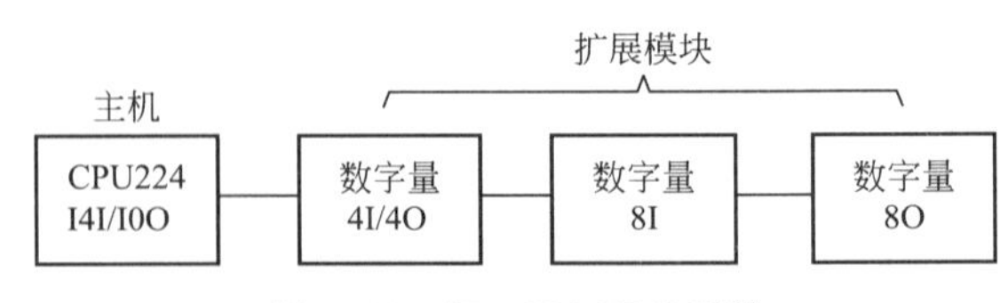

图 4.11　S7－200 PLC 系统

各模块输入输出点对应的地址如下。

CPU224 主机：I0.0～I0.7、I1.0～I1.5、Q0.0～Q0.7、Q1.0～ Q1.1。

4I/4O 模块：I2.0 ～I2.3、Q2.0～ Q2.3。

8I 模块：I3.0～I3.7。

8O 模块：Q3.0～ Q3.7。

(3) 变量存储器(V)。变量存储器标识符为 V，其功能是用来存储运算的中间结果，也可以用来保存与工序或任务相关的其他数据，如模拟量控制、数据运算、设置参数。变量存储器可以按位、字节、字或双字访问。

(4) 标志位存储器(M)。标志位存储器标识符为 M，作为中间继电器，其功能为存储中间状态或其他控制信息。位存储器区不仅可以按位访问，也可以按字节、字或双字访问。CPU22×系列标志位存储器区为 32 个字节，有 256 位。寻址范围为 MO.O～M31.7。

(5) 特殊标志位存储器(SM)。特殊标志位存储器标识符为 SM，用户可以通过特殊标志位存储器来沟通 PLC 与用户程序之间的信息，其标志位提供了大量的状态信息和控制功能，并能起到在 CPU 与用户程序之间交换信息的作用。特殊标志位存储器可以按位、字节、字或双字访问。

CPU22×系列特殊标志位存储器区为 180 个字节。寻址范围为 SM0.0～SM179.7，其中 SMB0～SMB29.7 为只读区。

例如，特殊存储器的只读字节 SMB0 为状态位，在每次扫描循环结束时由 S7CPU 更新，用户可以使用这些位的信息启动程序内的功能，编制用户程序。

SM0.0：RUN 监控。PLC 在运行状态时该位始终为 1。

SM0.1：首次扫描为 1，PLC 从 STOP 转为 RUN 状态时，在一个扫描周期中为 1。

SM0.2：当 RAM 中数据丢失时，在一个扫描周期中为 1，用于出错处理。

SM0.3：PLC 上电进入 RUN 方式，该位将为一个扫描周期。该位可用在启动操作之前给设备提供一个预热时间。

SM0.4：分脉冲，该位提供了一个时钟脉冲，30s 为 1，30s 为 0，周期为 1 min。

SM0.5：秒脉冲，该位提供了一个时钟脉冲，0.5s 为 1，0.5s 为 0，周期为 1s。

SM0.6：扫描时钟，一个扫描周期为 ON(高电平)，下一个为 OFF(低电平)，循环交替。

SM0.7：该位指示 CPU 工作方式开关的位置，0 为 TERM 位置，1 为 RUN。

指令 SM1 包括了各种潜在的错误提示，在执行某些指令时这些位被置位或复位，其部分指令含义如下：

SM1.0：零标志，当执行某些指令，其结果为 0 时，该位置为 1。

SM1.1：溢出标志，当执行某些指令，其结果溢出，或为非法数值时，该位置为 1。

SM1.2：负数标志，当执行数学运算．其结果为负时，该位置为 1。

SM1.3：除数为零时，该位置为 1。

(6) 局部存储器(L)。局部存储器标识符为 L，其功能为用来存放局部变量。S7 - 200 PLC 的局部存储器区为 64 个字节，前 60 个字节可以用作暂时存储器或给子程序传递参数，与变量存储器不同的是局部存储器中的局部变量只在被创建的程序块中有效，当该程序块被执行完后，相应的局部变量被释放。局部存储器可以按字节、字或双字访问，如 LB0、LW2 W 等。

(7) 顺序控制标志位(S)。顺序控制标志位标识符为 S，其功能是用来实现顺序控制和步进控制。顺序控制标志位的存储区为 32 个字节，共 256 位，寻址范围为 M0.0～

M31.7，可以按位、字节、字或双字访问。

(8) 定时器存储器(T)。定时器存储器标识符为 T，它相当于时间继电器，是累计时间增量的内部器件，其功能为定时控制。每个定时器各有一个 16 位的当前值寄存器和一个 1 位的触点值寄存器，它们的标识符均为 T，对指令寻址方式是位访问还是字访问加以区分，定时器的主要参数有定时器预置值、当前计时值和状态位。

定时器在使用时要提前输入时间预设值，当定时器输入条件满足且开始计数时，当前值从 0 开始按一定的时间单位增加，当定时器当前值达到预设值时，定时器动作，然后驱动负载动作，利用定时器可以得到控制所需要的延时时间。

CPU22×系列提供了 256 个定时器(T0～T255)。

(9) 计数器存储器(C)。计数器存储器标识符为 C，其功能主要是用来累计输入脉冲的个数。当前值寄存器用以累计脉冲个数，当输入满足触发条件时，计数器开始累计它的输入端脉冲个数，累计数据当前值大于或等于预置值时，状态位置为 1。

它分为加计数器、减计数器和可逆计数器三种类型，每个计数器各有一个 16 位的当前值寄存器和一个 1 位的状态位寄存器，它们的标识符均为 C，对指令寻址方式是位访问还是字访问加以区分，CPU22×系列提供了 256 个计数器(C0～C255)。

(10) 模拟量输入寄存器(AI)。模拟量输入寄存器标识符为 AI，其功能是用来实现模拟量/数字量(A/D)的转换，将外部输入的模拟量(如温度、电压等)转化为 1 个字长(16 位)的数字量，存入模拟量映像寄存区域，可用区域标志符(AI)、数据长度(W)及起始的字节地址来存取这些值。CPU22×系列提供了最多 32 个模拟输入通道(AIW0～AIW62)，如 AIW6、AIW12 等(用偶数号字节进行编址来存取)，模拟量输入寄存器输入位为只读数据。

(11) 模拟量输出寄存器(AQ)。模拟量输出寄存器标识符为 AQ，其功能是用来实现数字量和模拟量(D/A)的转换，它是将模拟量输出映像寄存器区域的 1 个字长(16 位)数字值转化为模拟电流或电压输出，可用标志符(AQ)、数据长度(W)及起始字节的地址来设置。CPU22×系列提供了最多 32 个模拟输出通道(AQW0～AQW62，用偶数号字节进行编址来存取)，如 ADW6、ADW12 等，用户程序只能给模拟量输出寄存器赋值，而不能读取该数据。

注意：因为模拟输入/输出量为 1 个字长，因此模拟量输入/输出寄存器只能进行字寻址。由于地址是从 0 字节开始计数，所以必须用偶数字节定义模拟量输入/输出地址。

(12) 高速计数器(HC)。高速计数器标识符为 HC，它的工作原理与普通计数器基本相同，用于累计比主机扫描速度更快的高速脉冲。CPU22×系列提供了 4～6 个高速计数器(HC0～HC5)，均为 32 位，最高额率 30kHz，其当前值需要借助于特定的 SM 存储器才能访问。

(13) 累加器(AC)。累加器标识符为 AC，用于暂存数据的寄存器。可以向子程序传递参数或从子程序返回参数，以及存放计算结果的中间值。它可以用来存放运算数据、中间数据和结果数据等。S7-200 CPU 有 4 个 32 位累加器(AC0、AC1、AC2、AC3)，可以按字节、字或双字为单位存取累加器中的数据，按字节或字存取时累加器只使用低 8 位或低 16 位。

4.7 西门子 S7－200 系列 PLC 的编程语言及程序结构

PLC 常用语言目前主要有：梯形图(Ladder Diagram，LD)、语句表(Statement List，STL)、功能块图(Function Block Diagram，FBD)、顺序功能图(Sequential Function Chart，SFC)及某些高级语言。梯形图是 PLC 编程的高级语言，比较直观，对于初学者来说，简单易学，容易被 PLC 编程人员掌握，各厂家生产的 PLC 均支持梯形图编程语言，它是首选的编程语言。对于 S7－200 系列 PLC 所使用的编程软件 STEP7－Micro/WIN32，主要提供梯形图、语句表和功能块图 3 种编程语言。

4.7.1 梯形图

1. 梯形图的符号

梯形图在形式上与继电接触器控制系统中的电气原理图相类似。梯形图由母线、触点、线圈和指令盒组成。触点表示输入条件，它由开关、传感器信号、按钮控制的输入映像寄存器状态和内部寄存器状态等组成。线图表示输出结果，利用 PLC 输出点可直接驱动接触器线圈、继电器、指示灯、内部输出条件等负载。指令盒表示一些功能较复杂的附加指令，如定时器、计数据、数学运行指令等。各图形符号及名称见表 4－8。典型的梯形图程序如图 4.12 所示。

表 4－8 梯形图符号及名称

名称		梯形图
母线		├──── - - -┤
触点	1 闭合触点(动合触点)	──┤ ├──
	0 闭合触点(动断触点)	──┤/├──
线圈		──( )
指令盒		──□

梯形图中的触点符号“──┤ ├──”，表示对应的存储器位为 1 时，该触点闭合。触点符号“──┤/├──”表示对应的存储器位为 0 时，该触点闭合。对于输入映像寄存器，当 PLC 输入端子接入的传感器输入高电平时，对应的存储位为 1，低电平时对应的存储位为 0。

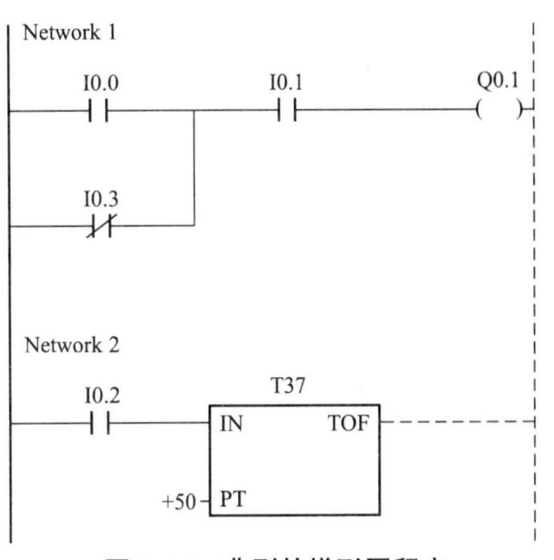

图 4.12 典型的梯形图程序

图 4.12 中的 I0.0、I0.1、I0.2 表示对应的存储器位为 1 时，该触点闭合，称为 1 闭合触点；图中的 I0.3 表示对应的存储器位为 0 时，该触点闭合，称为 0 闭合触点。梯形图中的指令盒是指 CPU 对存储器中的字节、字或双字长度

的数据做各种运算及处理，图 4.12 中的 T37 是对时间计时。梯形图两边的母线表示假想的逻辑电源，假设左边的母线为电源的“火线”，右边的母线(一般可省略不画)为电源的“零线”。如果支路上各触点均闭合，“能流”从左至右流向线圈，表示线圈得电，则对应的线圈存储器位为 1。如果没有“能流”，则对应的线圈存储器位为 0。实际上，“能流”是不存在的，在梯形图上只是一个假想。

例如，图 4.13 所示为三相异步电动机接触器自锁正转控制线路。按下起动按钮 SB_1(动合按钮)，接触器线圈 KM 得电，其主触头闭合使电动机运转，其辅助动合触头闭合使接触器 KM 自锁，电动机实现连续运转。当按下停止按钮 SB_2(动断按钮)时，接触器线圈 KM 断电，触点释放，电动机停止运转。HL_1 为电动机运转指示灯，HL_2 为停机指示灯。

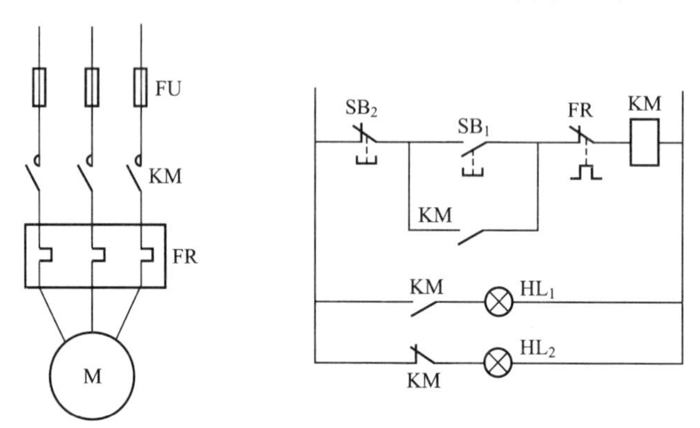

图 4.13　三相异步电动机接触器自锁正转控制线路

图 4.14 是用 PLC 实现上述控制功能的接线图(硬件图)和程序的梯形图。从图中看到，起动按钮 SB_1 接在 PLC 的输入端子 I0.0 上，停止按钮 SB_2 接在 PLC 的输入端子 I0.1 上。电动机运转时，SB_1 和 SB_2 均处于闭合状态，I0.0 和 I0.1 输入的均是高电平，两触点在输入映像寄存器中的存储位均为 1。在梯形图中的 I0.0 和 I0.1 均用符号“—| |—”表示。此时线圈 Q0.0 输出 1 信号，用“—(　)”表示，电动机运转。对于指示灯的控制程序，当电动机运转时指示灯 HL_1 亮，即 Q0.0 触点闭合时存储位为 1，Q0.0 触点用“—| |—”表示，线圈 Q0.1 输出 1 信号，HL_1 亮。当 Q0.0 触点为“—|/|—”时，HL_2 亮。

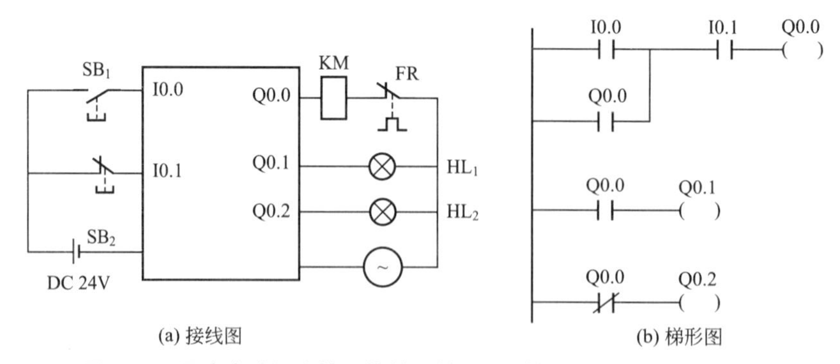

图 4.14　异步电动机自锁正转控制的 PLC 的接线图及程序的梯形图

2. 梯形图的结构规则

(1) 梯形图的各分支路均起始于左母线，按照从左至右、自上而下的顺序排列，PLC

在扫描程序时也按照这个顺序执行程序。

(2) 每个网络段起始于左母线，先是触点的连接，然后是输出线圈或指令盒，输出线圈和指令盒必须在支路的最右端，如图 4.15 所示。

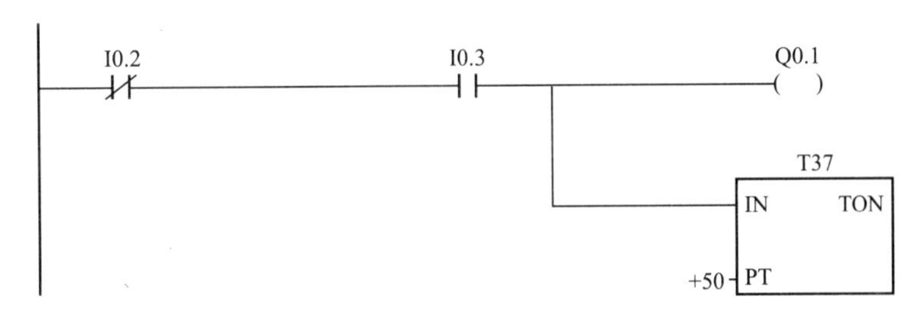

图 4.15　梯形图的绘制举例一

(3) 触点应画在水平线上，不能画在垂直线上。例如，图 4.16(a)所示是不正确的，应改为图 4.16(b)的形式。

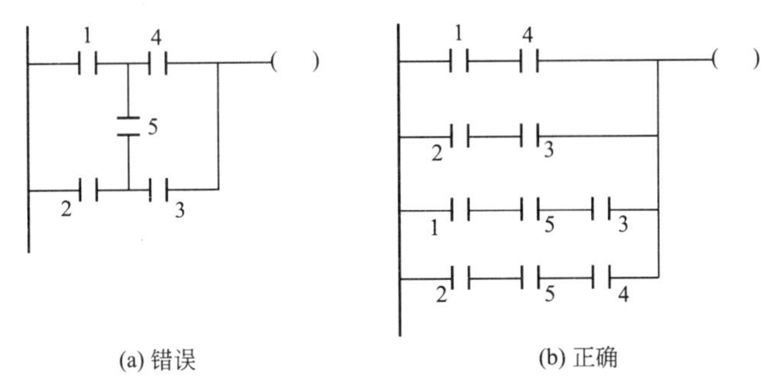

(a) 错误　　(b) 正确

图 4.16　梯形图的绘制举例二

(4) 为了使编写的程序简单，对应的语句表指令较少，在几个串联回路并联时，应将触点最多的那个串联回路放在支路的最上面。例如，图 4.17(a)所示是不正确的，应改为

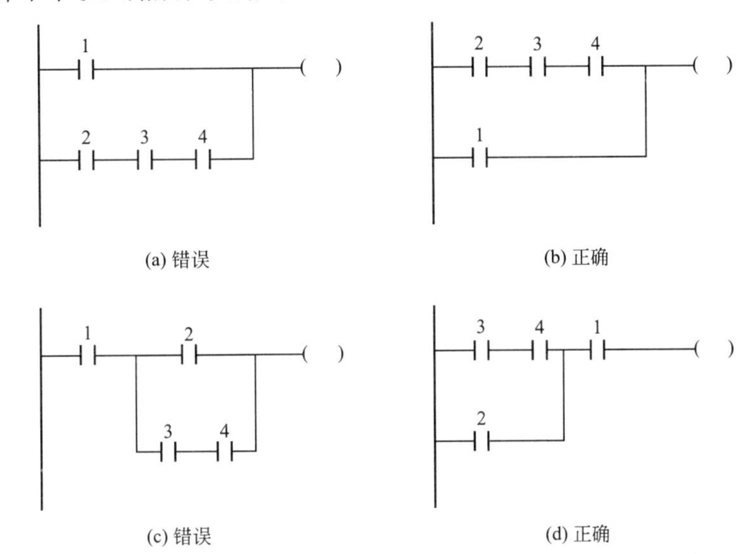

(a) 错误　　(b) 正确

(c) 错误　　(d) 正确

图 4.17　梯形图的绘制举例三

图 4.17(b)所示的形式。

在几个并联回路相串联时，应将触点最多的那个并联回路放在支路的最左面。例如，图 4.17(c)所示是不正确的，应改为图 4.17(d)所示的形式。

4.7.2 语句表

语句表类似于计算机的汇编语言，它使用指令的助记符进行编程。对于有计算机编程基础的用户来说，使用语句表编程比较方便。但是不同 PLC 生产厂家所用的 CPU 芯片不同，因此语句表指令的助记符和操作数的表示方法也不相同。梯形图与语句表对应举例如图 4.18 所示。

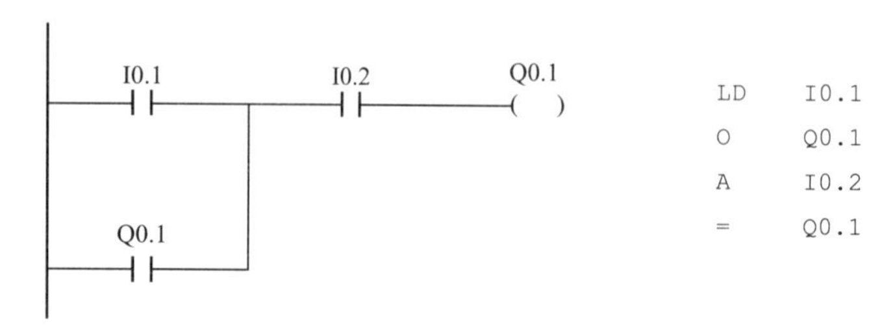

图 4.18 梯形图与语句表对应举例

4.7.3 功能块图

功能块图的结构与数字电路中的逻辑门电路结构相似，它由输入段、输出段及逻辑关系函数组成。所有的逻辑运算、算术运算和数据处理指令均用一个功能块图表示，通过一定的逻辑关系将它们连接起来。功能块图编程适合对数字电路设计比较熟的人使用。

对应图 4.18 所示的梯形图，用功能块图编写程序，如图 4.19 所示。

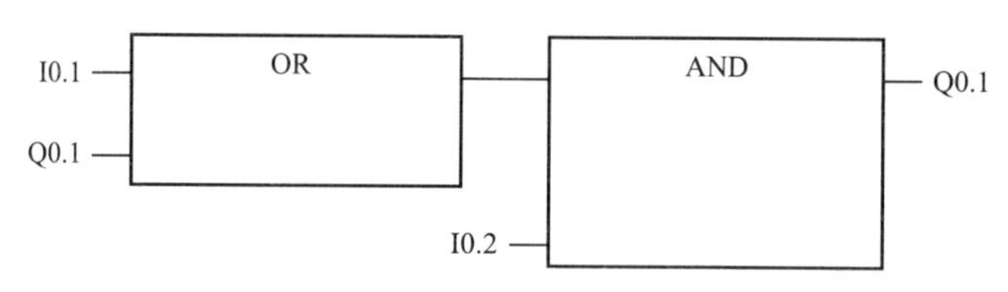

图 4.19 功能块图举例

在 STEP7 - Micro/WIN32 软件中，梯形图、语句表和功能块图这 3 种编程语言可任意切换，使用梯形图或功能块图编写的程序，在任何时候都可以转换成语句表；但并不是用语句表编写的程序都能转换成梯形图或功能块图。目前在工程上，大多数还是采用梯形图编程，由梯形图切换为其他形式的程序可检查梯形图编程的正确性。

4.8 西门子 S7 - 200 系列 PLC 的指令系统

S7 - 200 系列 PLC 的指令系统包括基本逻辑指令、算术和逻辑运算指令、数据处理指令、程序控制指令等。这里主要介绍一些常用的指令。

4.8.1 基本逻辑指令

基本逻辑指令是PLC中最基本、最常见的指令，主要包括基本位操作、取非和空操作、置位、复位、边沿触发、定时器指令和计数器指令。这些指令处理的对象大多为位逻辑量。

1. 装入指令

装入指令用于读入从左母线起第一个触点的状态，其指令格式见表4-9，指令中操作数的数据类型及寻址范围见表4-10。

表4-9 装入指令格式

指令名称	LAD	STL	功能
取	bit ├─┤├─	LD bit	读入逻辑行或电路块的第一个常开接点
取反	bit ├─┤/├─	LDN bit	读入逻辑行或电路块的第一个常闭接点

表4-10 装入指令中操作数的数据类型及寻址范围

操作数	数据类型	寻址范围
bit	BOOL	I，Q，M，SM，T，C，V，LS

指令助记符：LD(Load)、LDN(Load Not)。

LD：若操作数是“1”，则常开触点“动作”，即认为是“闭合”的；若操作数是“0”，则常开触点“复位”，即触点仍处于打开的状态。

LDN：若操作数是“1”，则常闭触点“动作”，即触点“断开”；若操作数是“0”，即常闭触点“复位”，即触点仍保持闭合。

2. 赋值指令

赋值指令是将逻辑运算结果赋值给存储器中相应的存储位，其指令格式见表4-11，指令中操作数的数据类型及寻址范围见表4-12。

表4-11 赋值指令格式

指令名称	LD	STL	功能
输出	bit ──( )	=bit	输出逻辑行的运算结果

表4-12 赋值指令中操作数的数据类型及寻址范围

操作数	数据类型	寻址范围
bit	BOOL	Q，M，SM，T，C，V，S

指令助记符：=(out)，线圈输出。

输出线圈与继电器控制电路中的线圈一样，如果有电流(能流)流过线圈，则被驱动的操作数置“1”；如果没有电流流过线圈，则被驱动的操作数复位(置“0”)。输出线圈位于梯形图的最右边。

3. 触点与、触点或指令

触点与相当于几个触点串联，所有触点均闭合输出为1；触点或相当于几个触点并联，只要有一个触点闭合输出就为1。其指令格式见表4-13，指令中操作数的数据类型及寻址范围见表4-14。

表4-13　触点与、触点或指令的指令格式

指令名称	LAD	STL	功能
触点与	bit	A bit	串联一个常开接点
	bit	AN bit	串联一个常闭接点
触点或	bit	O bit	并联一个常开接点
	bit	ON bit	并联一个常闭接点

表4-14　触点与、触点或指令中操作数的数据类型及导址范围

操作数	数据类型	寻址范围
bit	BOOL	I，Q，M，SM，T，C，V，S

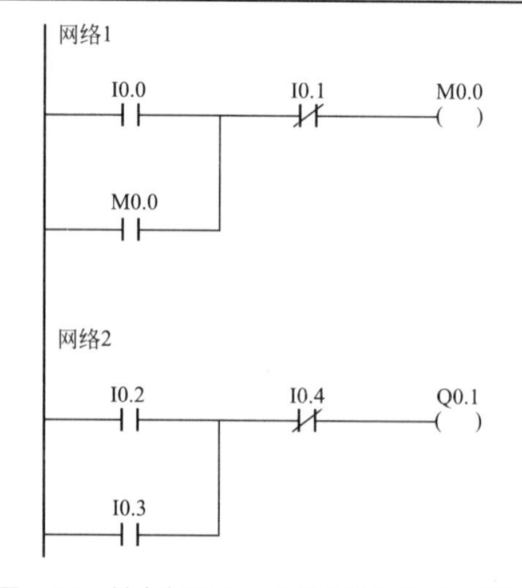

图4.20　触点与和触点或指令应用梯形图举例

指令助记符：A(And)、AN(And Not)、O(Or)、ON(Or Not)。

【例4.1】 分析图4.20所示的梯形图程序，试写出其语句表及表示的逻辑关系。

语句表：

```
NETWORK 1
LD  I0.0  (装入常开触点)
O   M0.0  (或常开触点)
AN  I0.1  (与常闭触点)
=   M0.0  (输出线圈)
NETWORK 2
LD  I0.2  (装入常开触点)
O   I0.3  (或常开触点)
```

```
AN   I0.4   (与常闭触点)
                                    =    Q0.1   (输出线圈)
```

逻辑关系：

网络段1　$M0.0=(I0.0+M0.0)\times\overline{I0.1}$

网络段2　$Q0.1=(I0.2+I0.3)\times\overline{I0.4}$

4. 逻辑块与、逻辑块或指令

逻辑块与指令相当于几个电路块串联，逻辑块或指令相当于几个电路块并联，其指令格式见表4-15。

表4-15　逻辑块与、逻辑块或指令格式

指令名称	LAD	STL	功能
逻辑块与		ALD	串联一个电路块
逻辑块或		OLD	并联一个电路块

【例4.2】 分析图4.21所示的程序梯形图，试写出其语句表。

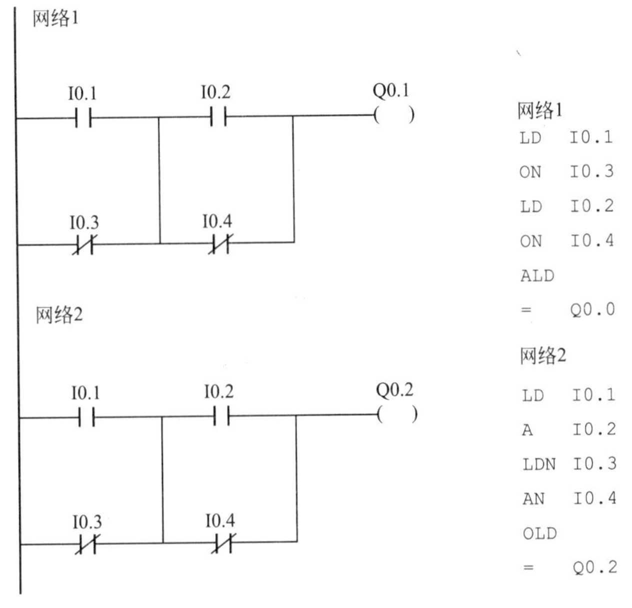

图4.21　逻辑块与、逻辑块或指令应用梯形图举例

5. 置位、复位指令

置位指令表示对存储器某一位置 1 并保持不变，除非对它复位；复位指令表示对存储器某一位置 0 并保持不变，除非对它再置位。其指令格式见表 4－16，指令中操作数的数据类型及寻址范围见表 4－17。

表 4－16　置位和复位指令格式

指令名称	LAD	STL	功能
置位	I0.1 ─┤├─ (S) bit N	S bit，N	从起始位(S－BIT)开始的 N 个元件置 1
复位	I0.1 ─┤/├─ (R) bit N	R bit，N	从起始位(S－BIT)开始的 N 元件置 0

表 4－17　置位、复位指令操作数的数据类型及寻址范围

操作数	数据类型	寻址范围
bit	BOOL	Q，M，SM，V，S

【例 4.3】 已知某一控制系统：将两个动合按钮 SB_1、SB_2 分别接在 S7－200 PLC 的输入接点 I0.1 和 I0.2 上，一个指示灯 HL 接在输出接点 Q0.1 上，要求实现按下 SB_1 灯 HL 亮，按下 SB_2 灯 HL 灭。

解： 分析控制系统可知，动合按钮的状态不能保持，而灯亮、灭的状态却需要保持，可使用置位和复位指令实现控制这一功能，用梯形图和语句表编写程序及时序图(时间顺序图)，如图 4.22 所示。

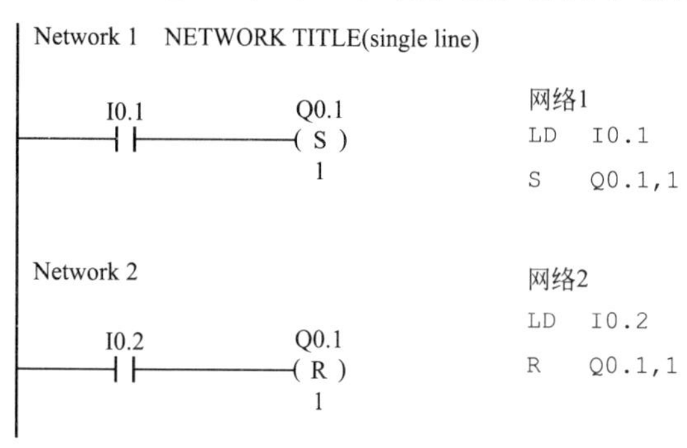

(a) 梯形图和语句表

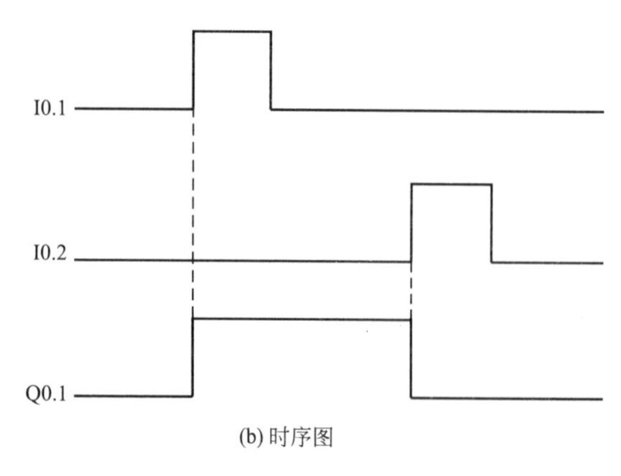

(b) 时序图

图 4.22　例 4.3 的梯形图、语句表和时序图

由此可见：按下 SB_1，I0.1 的上升沿(脉冲上升瞬时信号)使 Q0.1 接通并保持不变，此时指示灯常亮，即使 I0.1 断开也对 Q0.1 没有影响；按下 SB_2，I0.2 的上升沿使 Q0.1 断开并保持断开状态，此时指示灯处于灭的状态不变。

6. 边沿脉冲指令

边沿脉冲指令是逻辑运算结果取上升沿或下降沿。上升沿脉冲指令在逻辑运算结果从 0 变为 1 时，输出一个扫描周期的脉冲；下降沿脉冲指令在逻辑运

算结果从 1 变为 0 时，输出一个扫描周期的脉冲。其指令格式见表 4－18。

表 4－18　边沿脉冲指令格式

指令名称	LAD	STL	功能
上升沿	bit ┤├──┤P├──	EU	bit 从 0 变为 1 时，输出一个扫描周期的脉冲
下降沿	bit ┤├──┤N├──	ED	bit 从 1 变为 0 时，输出一个扫描周期的脉冲

【例 4.4】 分析图 4.23 所示的程序梯形图，写出语句表并绘制其时序图。

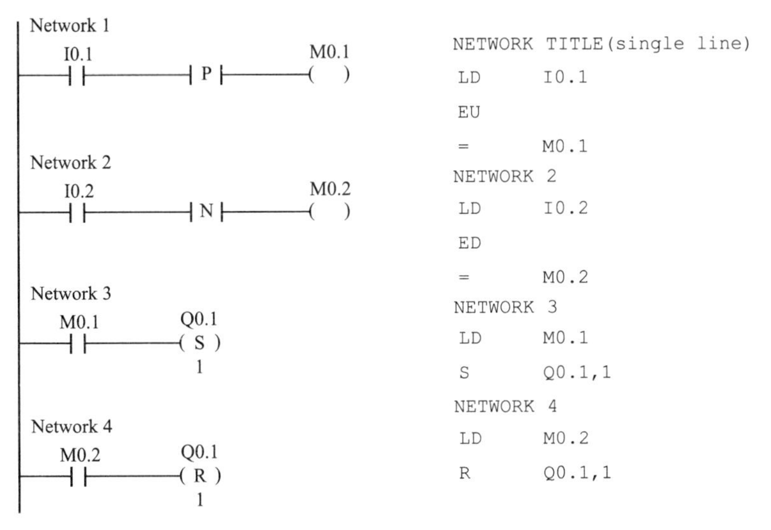

图 4.23　边沿脉冲指令应用举例

解：由上升沿和下降沿的概念知，当 I0.1 从 0 变为 1 时，M0.1 输出一个扫描周期的脉冲，使 Q0.1 开始置 1；当 I0.2 从 1 变为 0 时，M0.2 输出一个扫描周期的脉冲，使 Q0.1 清零。其时序图如图 4.24 所示。

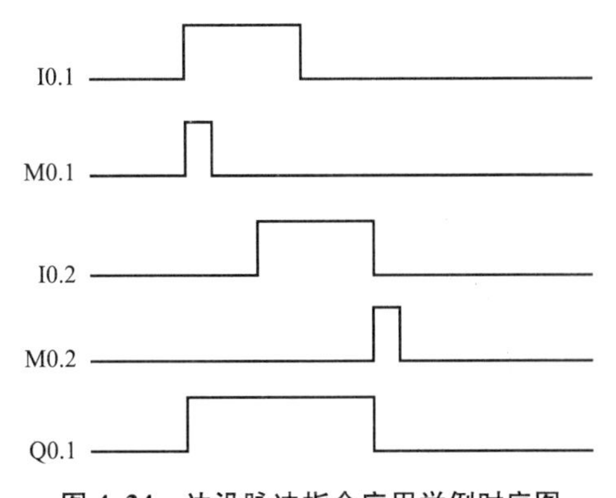

图 4.24　边沿脉冲指令应用举例时序图

7. 立即指令

立即指令是为了提高 PLC 对输入/输出的响应速度而设置的，它不受 PLC 循环扫描工作(周期)方式的影响，允许对输入和输出点连续快速直接存取。当使用立即触点指令读取输入端点的信号状态时，CPU 并不读取输入映像寄存器中的值，而是直接读取输入端点对应的外设信号的状态，该操作不影响输入映像寄存器中的值；当使用立即输出指令访问输出端点的信号状态时，CPU 直接修改输出端点对应的外设的信号状态，同时更新相应的输出映像寄存器的值。其指令格式见表 4－19，指令中操作数的数据类型及寻址范围见表 4-20。

表 4-19　立即指令格式

指令名称	LAD	STL	功能
立即触点	bit ─┤I├─	LDI bit AI bit OI bit	立即读入逻辑行或电路块的第一个常开接点
	bit ─┤/I├─	LDNI bit ANI bit ONI bit	立即读入逻辑行或电路块的第一个常闭接点
立即输出	bit ─(I)	=I bit	例 4.3 时序图
	bit ─(SI) N	SI bit，N	例 4.4 时序图
	bit ─(RI) N	RI bit，N	例 4.5 时序图

表 4-20　立即指令中操作数的数据类型及寻址范围

操作数	数据类型	寻址范围
bit N	BOOL BYTE(无符号整数)	立即触点：I； 立即输出：Q I，Q，M，SM，V，L，S，AC，常数

【例 4.5】 分析图 4.25 所示的程序梯形图，写出语句表并绘制时序图。

解： 语句表如图 4.26 所示，时序图如图 4.27 所示。

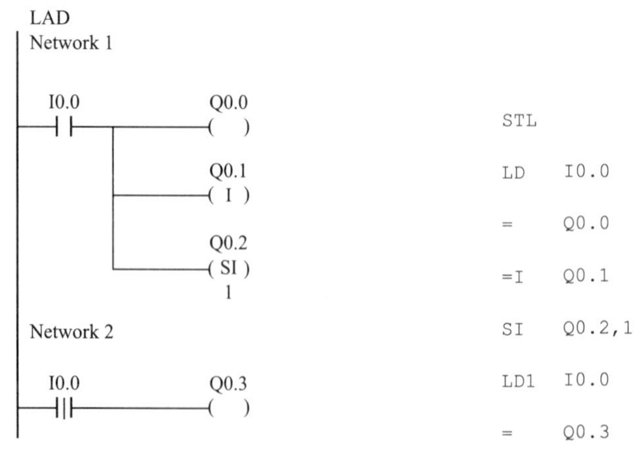

图 4.25　立即指令应用举例　　图 4.26　立即指令举例语句表

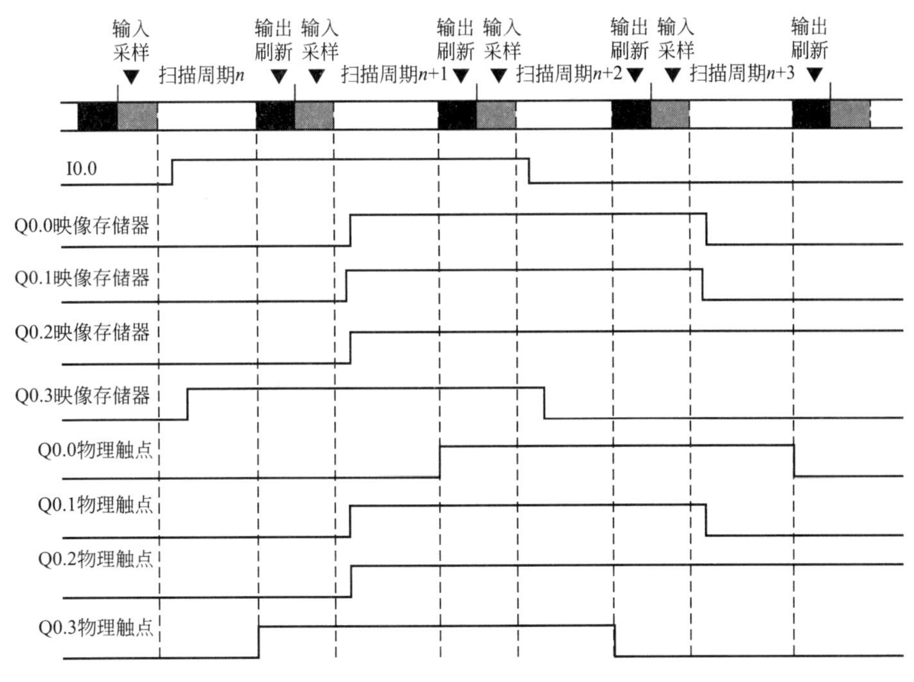

图 4.27 立即指令应用举例时序图

8. 定时器指令

定时器是PLC中最常用的元器件之一。S7－200系列PLC按时基脉冲(定时精度)分为1ms、10ms、100ms三种，按工作方式分为接通延时定时器(TON)、有记忆接通延时定时器(TONR)和断开延时定时器(TOF)三大类，共计256个定时器(T0～T255)。其指令格式见表4－21，操作数的数据类型及寻址范围见表4－22。

表 4－21 定时器指令格式

指令名称	LAD	STL
接通延时定时器(TON)	Tn IN TON PT	TON IN，PT
有记忆接通延时定时器(TONR)	Tn IN TONR PT	TONR IN，PT
断开延时定时器(TOF)	Tn IN TOF PT	TOF IN，PT

表 4-22　定时器指令操作数的数据类型及寻址范围

操作数	数据类型	寻址范围
n	WORD(整数)	定时器序号，范围 0～255
IN	BOOL	I，Q，M，SM，T，C，V，L，S(能流输入端)
PT	WORD(整数)	预设值，最大预设值 32767

(1) 按时基脉冲分，S7-200 系列 PLC 的定时器中 1ms、10ms、100ms 时基的定时器的刷新方式是不同的，时基越大，定时时间越长，但精度越差。

① 1ms 定时器。由系统每隔 1ms 刷新一次，与扫描周期及程序处理无关。所以当扫描周期较长时，在一个周期内可能被多次刷新，当前值在一个扫描周期内不一定保持一致。

② 10ms 定时器。由系统在每个扫描周期开始时自动刷新。由于每个扫描周期只刷新一次，在每次程序处理期间，当前值为常数。

③ 100ms 定时器。在该定时器指令执行时刷新，下一条执行的指令即可使用刷新后的结论。因而要留意，如果该定时器线圈被激励而该定时器指令并不是每个扫描周期都执行的话，那么该定时器不能及时刷新，就会丢失时基脉冲，造成计时失准。

不同序号的定时器，对应不同的时基，定时器序号与时基的对应关系见表 4-23。

表 4-23　定时器序号与时基的对应关系

时基	1ms	10ms	100ms
TON	T32，T96	T33～T36，T97，T100	T37，T63，T101～T255
TONR	T0，T64	T1～T4，T65～T68	T5～T31，T69～T95
TOF	T32，T96	T33～T36，T97，T100	T37，T63，T101～T255

定时器时间的计算与时基有关。

用户设定的定时时间(ms)＝预设值(ms)×时基

1s＝1000 ms

(2) 按工作方式分为以下几种。

① 通电延时定时器(TON)，使能端(IN)输入有效时，定时器开始计时，当前值从 0 开始递增，大于或等于预置值(PT)时，定时器输出状态位置 1(输出触点有效)，当前值的最大值为 32767。使能端输入无效(断开)时，定时器复位(当前值清零，输出状态位置 0)。

【例 4.6】 通电延时型定时器应用程序及时序分析如图 4.28 所示。

此例中，当 I0.1 接通时，驱动 T33 开始计数(数时基脉冲)；计时到设定值 2s 时，T33 状态位置 1，其常开触点接通，驱动 Q0.1 有输出；之后当前值仍增加，但不影响状态位。当 I0.1 断开时，T33 复位，当前值清零，状态位也清零，即回复原始状态。若 I0.1 接通时间未到设定值 2s 就断开，则 T33 跟随复位，Q0.1 不会有输出。

② 有记忆接通延时定时器(TONR)。有记忆接通延时定时器 TONB 与 TON 指令的工作方式基本相同，不同的地方是：当 IN 条件不满足时，定时器当前值保持不变(记忆)，而不复位为 0，直到下一次条件再满足，再在原来的基础上递增计时，有记忆接通延时定时器 TONR 采用线圈的复位指令(R)进行复位操作，当复位线圈有效时，定时器当前值清零，输出状态为 0。

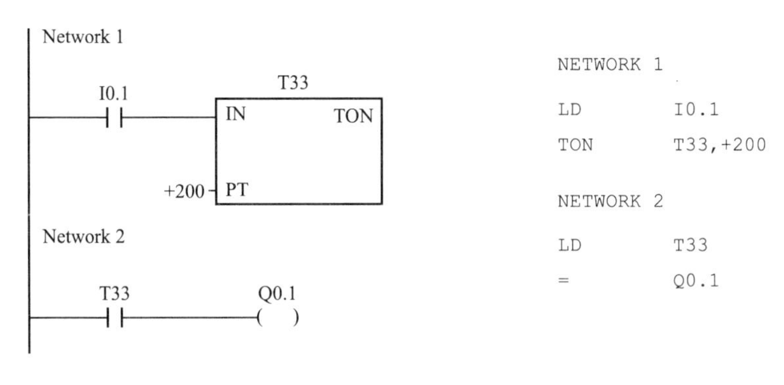

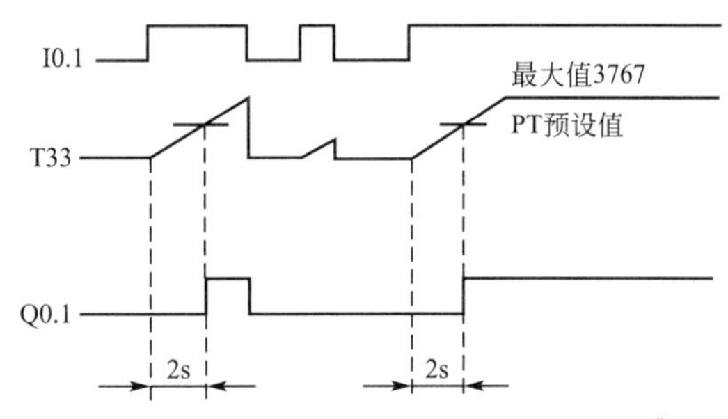

图 4.28　通电延时型定时器应用程序举例

【**例 4.7**】　有记忆接通延时定时器 TONR 的应用程序及时序分析如图 4.29 所示。

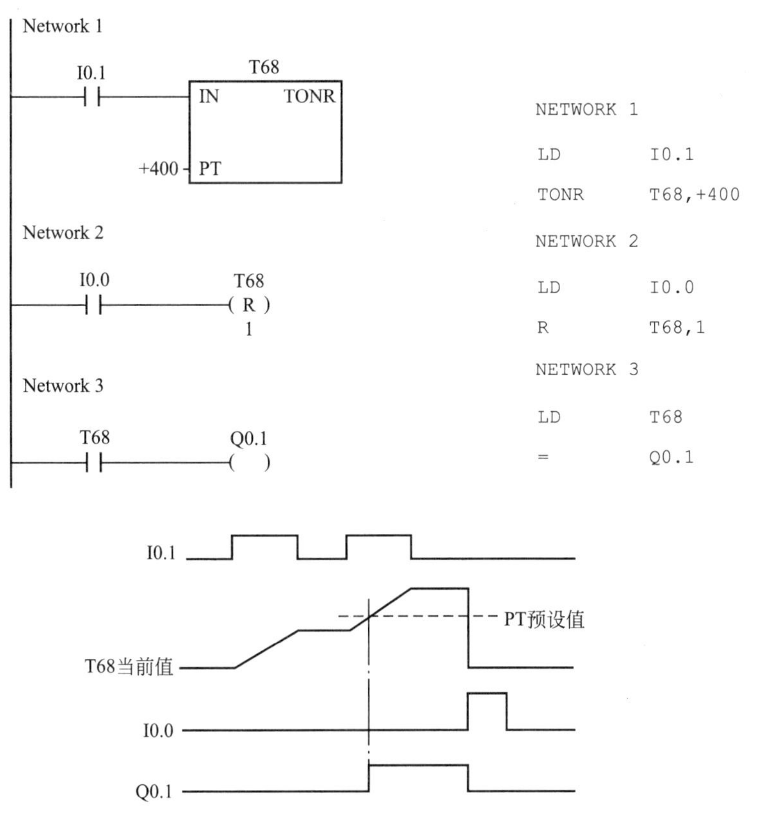

图 4.29　有记忆接通延时定时器 TONR 的应用举例

此例中，当输入 I0.1 为 1 时，定时器开始计时；当 I0.1 为 0 时，保持当前值不变；当 I0.1 下次再为 1 时，T68 当前值从原值开始往上加计时，并将当前值与设定值 PT 作比较，当前值大于或等于设定值时，T68 状态为 1，驱动 Q0.1 有输出；以后即使 I0.1 再为 0 也不会使 T68 复位，要使 T68 复位必须 I0.0 置 1(复位指令)。

③ 断开延时定时器(TOF)。使能输入端 IN 有效时，定时器输出状态位立即置 1，当前值复位(为 0)，当 IN 条件从 1 变为 0 时，定时器开始计时，当定时器的当前值大于或等于 PT 时，定时器触点值清零，定时器当前值保持不变。

【例 4.8】 断开延时定时器 TOF 的应用程序及时序分析如图 4.30 所示。

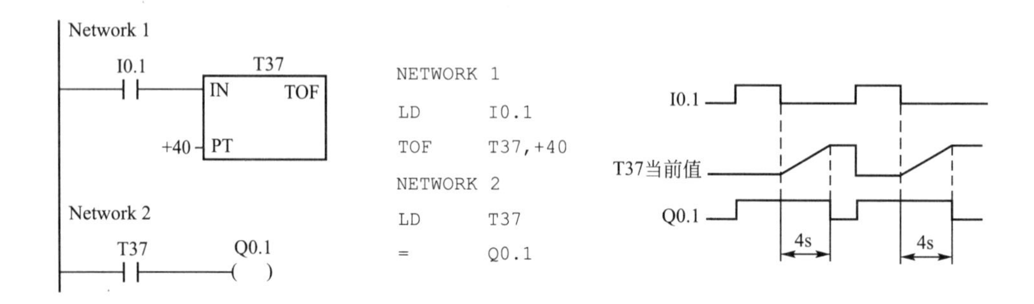

图 4.30 断开延时定时器 TOF 的应用举例

9. 计数器指令

计数器用于累计输入脉冲的个数，在工程上主要用来对产品进行计数或完成复杂的逻辑控制任务。S7-200 系列 PLC 的计数器有 3 种类型：加计数器 CTU、减计数据 CTD、可逆计数器 CUD，它主要由预置寄存器、当前值寄存器和状态位等组成，计数器的编程范围为 C0～C255，预置值最大为 32767。相关指令格式见表 4-24，指令中操作数的数据类型及寻址范围见表 4-25。

表 4-24 计数器指令格式

指令名称	加计数器	减计数器	可逆计数器
LAD	Cn CU CTU R PV	Cn CD CTD R PV	Cn CU CTUD CD R PV
STL	CTU Cn，PV	CTD Cn，PV	CTUD Cn，PV

表 4-25 计数指令中操作数的数据类型及寻址范围

操作数	数据类型	寻址范围
n	WORD	n 为计数器序号，取值范围为 0～255
CU	BOOL	CU 为加计数脉冲输入端 I，Q，M，SM，T，C，V，S，L，能流
CD	BOOL	CD 为减计数脉冲输入端 I，Q，M，SM，T，C，V，S，L，能流
PV	WORD(16 位整数)	PV 为预设值 I，Q，M，SM，T，C，V，S，L，AI，AC 常数
R	BOOL	R 为计数的复位脉冲端 I，Q，M，SM，T，C，V，S，L，能流
LD	BOOL	LD 为减计数装载预设输入端 I，Q，M，SM，T，C，V，S，L，能流

(1) 加计数器 CTU。加计数据指令 CTU 在每一个 CU 输入端状态从 0 变成 1 时，计数器当前值加 1，当计数器当前值大于等于预设值 PV 时，计数器触点位置 1。当达到最大值 32767 后，计数器停止计数；当复位端 R 为 1 时，计数器复位，即当前值和触点值都复位为 0。

【例 4.9】 加计数器指令 CTU 应用程序及时序分析如图 4.31 所示。

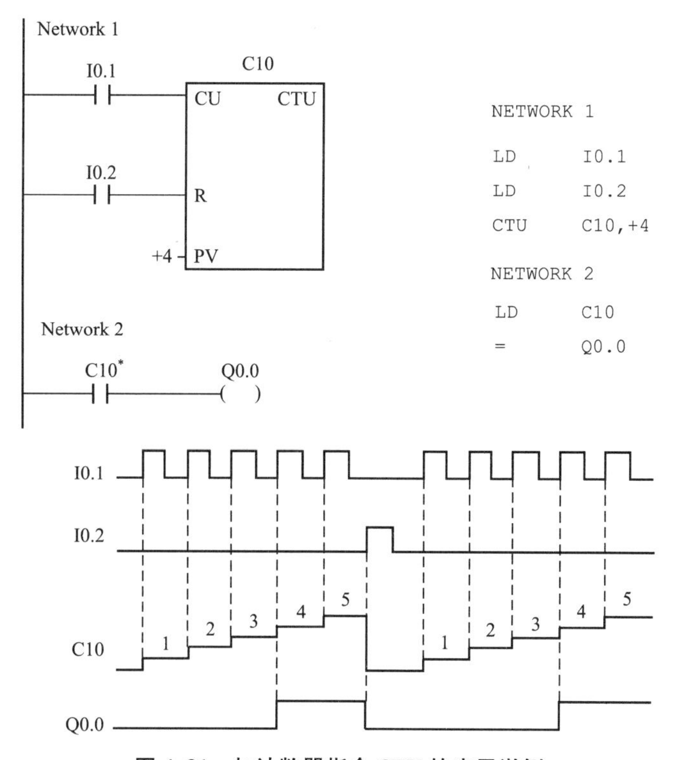

图 4.31 加计数器指令 CTU 的应用举例

(2) 减计数器CTD。复位输入(LD)有效时，计数器把预设值PV装入当前值存储器，计数器触点值复位为0。在每一个CD输入端从0变成1时，计数器当前值减1，当计数器当前值恒等于0时，计数器触点值置1，计数器停止计数；当装载预设值输入端LD再为1时，计数器触点值复位为0，当前值再恢复为预设值PV。

【例4.10】 减计数器指令CTD应用程序及时序分析如图4.32所示。

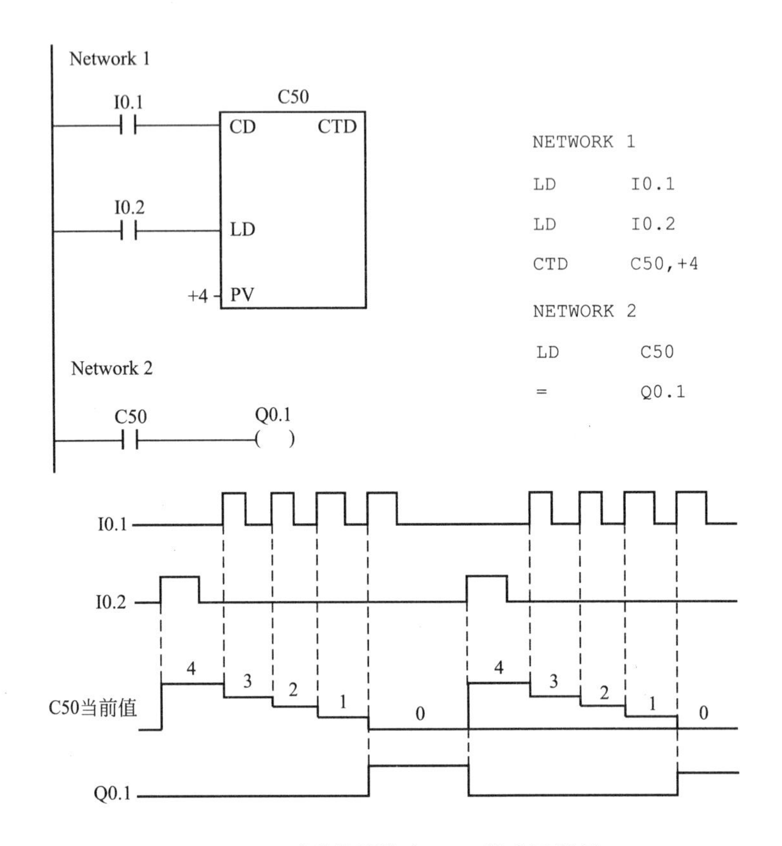

图4.32 减计数器指令CTD的应用举例

(3) 可逆计数器CTUD。可逆计数指令CTUD有两个脉冲输入端，其中，CU端用于递增计数，CD端用于递减计数。工作时，在可逆计数器输入端CU从0变成1时，计数器当前值加1，在可逆计数器输入端CD从0变成1时，计数器当前值减1。当前值大于或等于预设值(PV)时，计数器触点值置1；当计数达到最大值+32767时，再来一个加计数脉冲，则当前值变为−32768；同样减到最小值−32768时，再来一个减计数脉冲，则当前值变为最大值+32767；当复位输入端R为1时，计数器当前值和触点值被复位为0。

【例4.11】 可逆计数器CTUD应用程序及时序分析如图4.33所示。

4.8.2 基本功能指令

功能指令又叫应用指令功能，它是指令中应用于复杂控制的指令，常用的有传送指令、比较指令、数字运算指令、逻辑操作指令、移位与循环移位指令，另外还有表指令、转换指令、时钟指令等。

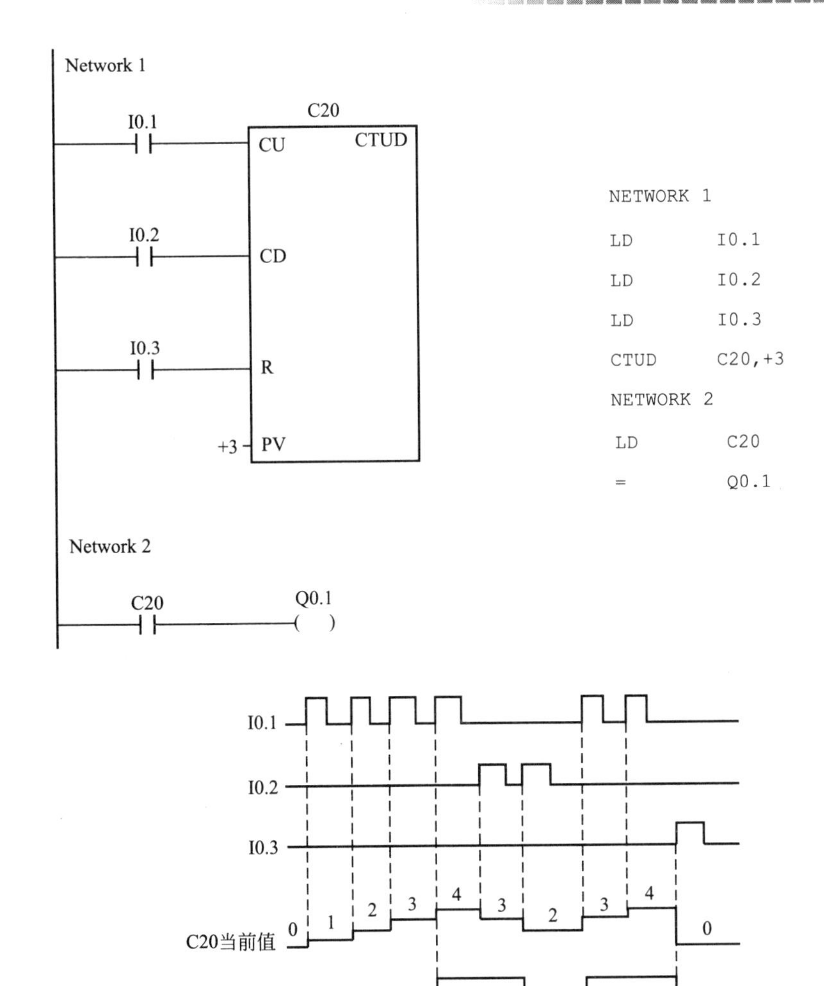

图 4.33　可逆计数器 CTUD 的应用举例

1. *数据传送*

数据传送指令有字节、字、双字和实数的单个传送指令，还有以字节、字、双字节为单位的成组传送指令，用来实现各存储器单元之间的数据的传送和复制。

(1) 单个数据传送。单个数据传送指令完成一个字节、字、双字和实数的传送，其功能是：位能输入流 EN 有效时，把一个输入 IN 的单字节、字、双字节或实数送到 OUT 指定的存储器单元输出。其指令格式见表 4-26，操作数及寻址范围见表 4-27。

表 4-26　单个数据传送指令格式

指令名称	字节传送	字传送	双字节传送	实数传送
LAD	MOV_B EN ENO IN OUT	MOV_W EN ENO IN OUT	MOV_DW EN ENO IN OUT	MOV_R EN ENO IN OUT
STL	MOVB IN，OUT	MOVW IN，OUT	MOVDW IN，OUT	MOVR IN，OUT

表 4-27 单个数据传送操作数及寻址范围

操作数	传送	数据类型	寻址范围
IN	字节	BYTE	I，Q，M，SM，V，S，L，常数
OUT			I，Q，M，SM，V，S，L
IN	字	WORD INT	I，Q，M，SM，V，T，C，S，L，常数
OUT			I，Q，M，SM，V，T，C，S，L
IN	双字	DWORD DINT	I，Q，M，SM，V，S，L，常数
OUT			I，Q，M，SM，V，S，L
IN	实数	REAL	I，Q，M，SM，V，S，L，常数
OUT			I，Q，M，SM，V，S，L

字节传送指令的应用举例如图 4.34 所示，当 I0.0=1 时，将 C37 的当前值传送到 VW10 中。

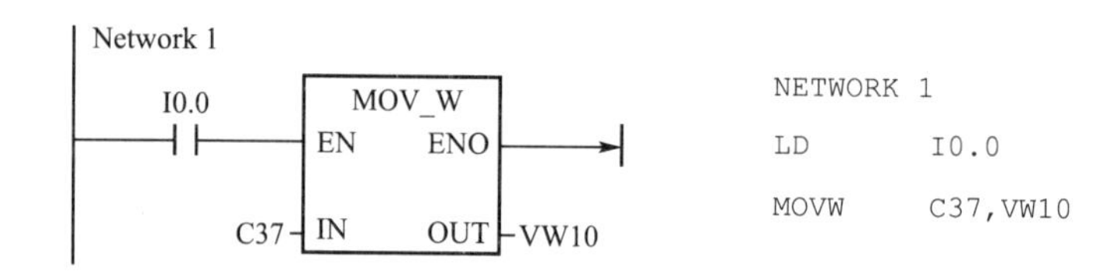

图 4.34 字节传送指令的应用举例

(2) 数据块的传送。数据块的传送指令一次可完成 N 个(最多 255 个)数据的成组传送。指令类型有字节块、字块或双字块 3 种。它的功能是：使能输入端有效时，把从输入 IN 的字节(字、双字)开始的 N 个字节(字、双字)的数据传输到输出字节(字、双字)的 N 个字节(字、双字)存储区中，其指令格式见表 4-28，操作数及寻址范围见表 4-29。

表 4-28 数据块的传送指令格式

指令名称	字节块传送	字块传送	双字块传送
LAD	BLKMOV_B EN ENO IN OUT N	BLKMOV_W EN ENO IN OUT N	BLKMOV_D EN ENO IN OUT N
STL	BMB IN，OUT，N	BMW IN，OUT，N	BMD IN，OUT，N

表 4-29 数据块的传送操作数及寻址范围

操作数	传送	数据类型	寻址范围
IN OUT	字节	BYTE	I，Q，M，SM，V，S，L
N			I，Q，M，SM，V，S，L，常数
IN	字	WORD	I，Q，M，SM，V，T，C，S，L
N		BYTE	I，Q，M，SM，V，S，L，常数
OUT		WORD	I，Q，M，SM，V，T，C，S，L
IN OUT	双字	DWORD DINT	I，Q，M，SM，V，S
N			NI，Q，M，SM，V，S，L，常数

【例 4.12】 当 I0.0＝1 时，将矩阵 1(VB20 到 VB25)的数据传送到矩阵 2(VB30 到 VB35)，如图 4.35 所示。

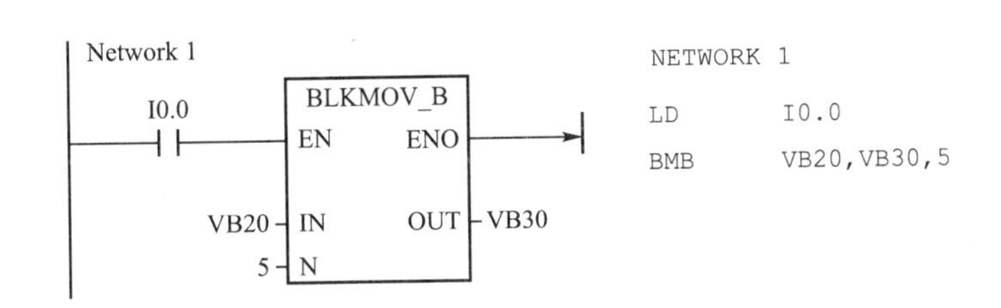

图 4.35 字块传送指令的应用举例

2. 字节交换

字节交换指令用来将字形输入数据(IN)的高位字节与低位字节进行交换。它的功能是：使能输入 EN 有效时，将输入字(IN)的高、低字节交换的结果输出到 OUT 指定的存储器单元中，字节交换指令格式和功能见表 4-30。

表 4-30 字节交换指令格式和功能

指令	LAD	STL	说明	数据类型及操作数
交换字节	SWAP EN ENO IN	SWAP	将输入字(IN)的高字节与低字节进行交换	IN(WORD)：VW，IW，QW，MW，SMW，LW，T，C，AC，VD，AC，LD

字块传送和交换应用指令的应用如图 4.36 所示。

3. 比较指令

比较指令是将两个操作数按指定条件进行比较，在梯形图中用带参数和运算符的触点表示比较指令，当比较条件满足时，该触点闭合，否则断开。在梯形图中，比较触点可以装入，也可以串、并联。

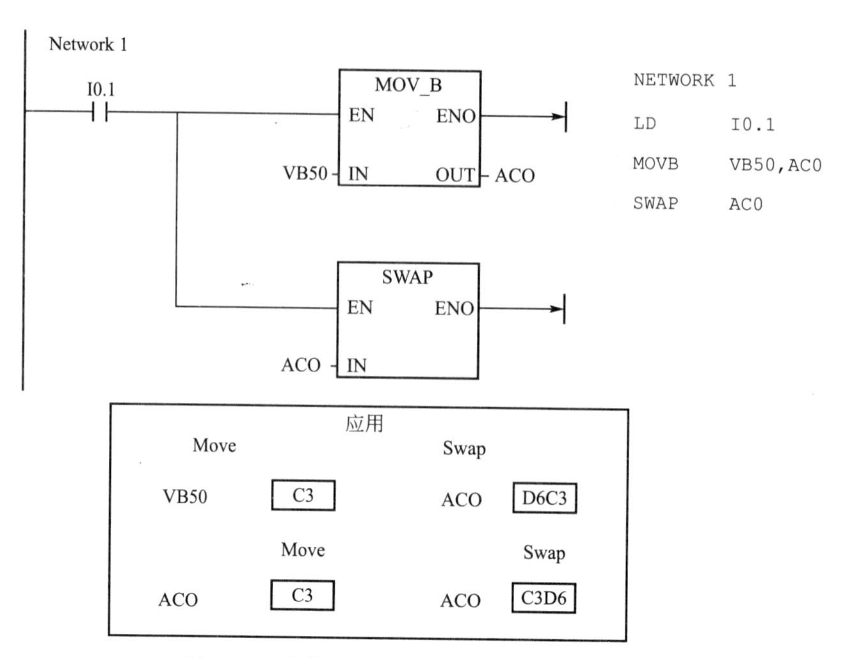

图 4.36　字块传送和交换应用指令的应用举例

比较条件：

相等　　＝

大于等于 ＞＝

小于等于 ＜＝

大于　　＞

小于　　＜

不等于　＜＞

操作数类型：

字节型(8 位无符号数)，用符号 B 表示。

整数型(16 位带符号整数)，用符号 I 表示。

双整数型(32 位带符号整数)，用符号 D 表示。

实数型(32 位实数)，用符号 R 表示。

表 4－31 列举了两个整数作大于等于比较的指令格式，其他指令格式类似。参与比较的两个数 INI 和 IN2 的数据类型(单元长度)要与比较指令的数据类型相匹配。

表 4－31　两个整数作大于等于比较的指令格式

指令名称	LAD	STL	功能
整数比较	IN1 ──┤ >=1 ├── IN2	LAW＞＝IN1，IN2 AW＝IN1，IN2 OW＞＝IN1，IN2	IN1 与 IN2 作比较，如果 IN1 大于等于 IN2，则触点闭合，否则断开

【例 4.13】 当计数器 C30 中的当前值大于等于 10 且 VD100 中的内容小于 96 时，Q0.1 输出为 1，否则输出为 0。

解：满足题意要求的梯形图和语句表如图 4.37 所示。

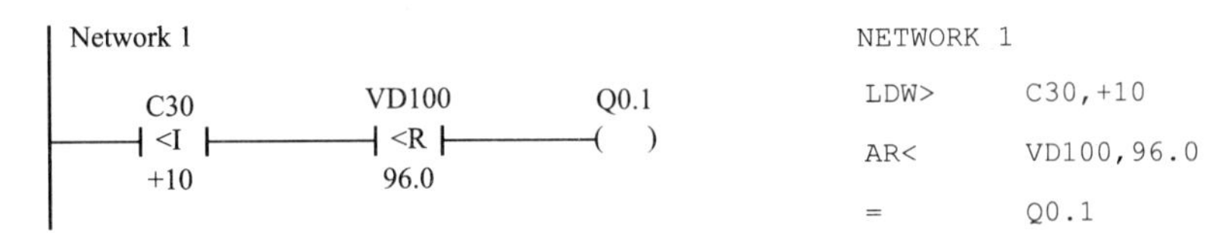

图 4.37 例 4.13 的梯形图和语句表

4. 数学运算类指令

数学运算类指令包括四则运算、递增、平方根、指数、对数、三角函数等指令。在数学运算指令中，数据类型为整数 INT、双整数 DINT 和实数 REAL。

(1) 加/减运算指令格式。加减运算是对符号数的加/减运算操作，包括整数加/减运算、双数整加/减运算和实数加/减运算。

梯形图加/减运算指令采用指令盒格式，指令盒由指令型、使能端 EN、操作数输入端 IN1 和 IN2、运算结果输出端 OUT、逻辑结果输出端 ENO 等组成，指令格式见表 4－32。

表 4－32 加/减运算指令格式

指令名称	整数加	双整数加	实数加	功能
LD	ADD_I EN ENO IN1 OUT IN2	ADD_DI EN ENO IN1 OUT IN2	ADD_R EN ENO IN1 OUT IN2	IN1＋IN2＝OUT
STL	＋I INT，OUT	＋D INT，OUT	＋R INT，OUT	
指令名称	**整数减**	**双整数减**	**实数减**	**功能**
LD	SUB_I EN ENO IN1 OUT IN2	SUB_DI EN ENO IN1 OUT IN2	SUB_R EN ENO IN1 OUT IN2	IN1－IN2＝OUT
STL	－I INT，OUT	－D INT，OUT	－R INT，OUT	

使能 EN 有效时，将两个符号数(IN1 和 IN2)相加/减，然后将运算结果送到 OUT 指定的存储器中。操作数和存放单元的关系为：

IN1＋IN2＝ OUT，IN1－IN2＝OUT

(2) 乘/除运算。乘除运算是对符号数的乘法和除法运算，包括有整数乘/除运算、双整数乘/除运算、整数乘/除双整数运算和实数乘除运算等。指令格式见表 4－33。

表 4-33　乘/除运算指令格式

指令名称	整数乘	双整数乘	整数乘产生双整数	实数乘	功能
LD	MUL_I EN ENO IN1 OUT IN2	MUL_DI EN ENO IN1 OUT IN2	MUL EN ENO IN1 OUT IN2	MUL_R EN ENO IN1 OUT IN2	IN1 * IN2 =OUT
STL	* I INT，OUT	* D INT，OUT	MUL INT，OUT	* R INT，OUT	
指令名称	整数除	双整数除	整数除产生双整数	实数除	
LD	DIV_I EN ENO IN1 OUT IN2	DIV_DI EN ENO IN1 OUT IN2	DIV EN ENO IN1 OUT IN2	DIV_R EN ENO IN1 OUT IN2	IN1/IN2 =OUT
STL	/I INT，OUT	/D INT，OUT	/DIV INT，OUT	/R INT，OUT	

整数、双整数、实数的加、减、乘、除运算，只用于带符号数的操作。其指令中操作数的数据类型及寻址范围见表 4-34。

表 4-34　加、减、乘、除运算指令操作数的数据类型及寻址范围

运算	操作数	数据类型	寻址范围
整数加、减、乘、除	IN1，IN2	INT	I，Q，M，SM，V，T，C，S，L，常数
	OUT	INT	I，Q，M，SM，V，T，C，S，L
双整数加、减、乘、除	IN1，IN2	DINT	I，Q，M，SM，V，T，C，S，L，常数
	OUT	DINT	I，Q，M，SM，V，T，C，S，L
实数加、减、乘、除	IN1，IN2	REAL	I，Q，M，SM，V，T，C，S，L，常数
	OUT	REAL	I，Q，M，SM，V，T，C，S，L

使能 EN 有效时，将两个符号数(IN1 和 IN2)相对除，然后将运算结果送到 OUT 指定的存储器中。在梯形图中，操作数和存放单元的关系为：

IN1 * IN2=OUT，IN1/IN2=OUT

如果在梯形图中 IN1、IN2 与 OUT 的地址都不相同，则对应的语句表要用两条指令编写。

需要注意的是，在带余数的整数除法中，将两个 16 位整数相除得 32 位结果，其中结果的低 16 位存放商，高 16 位存放余数。

【例 4.14】 已知 AC1=50，AC2=50，VW100=50，VW200=2000，执行图 4.38 所示程序后，判断当 I0.0=1 时，AC0、VW10、VW20 中的内容变为多少？

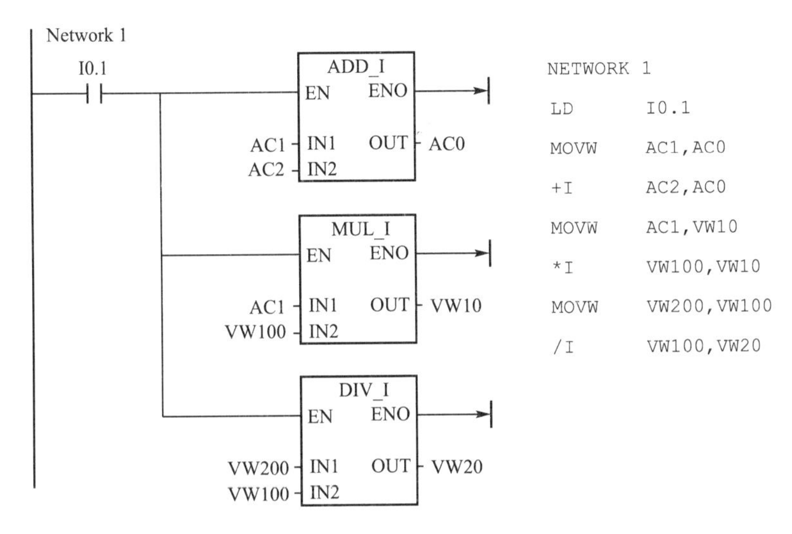

图 4.38 四则运算应用举例

解： 运算结束后，AC0＝100(AC1＋AC2)，VW10＝2500(AC1 * VW100)，VW20＝40(VW200/VW100)。

(3) 函数运算功能。函数运算功能包括求平方根、自然对数、指数、三角函数(实数弧度值 IN 分别取正弦、余弦和正切)等。其指令格式见表 4－35，指令中操作数的数据类型及寻址范围见表 4－36。

表 4－35 函数运算功能指令格式

指令	平方根	指数	自然对数	正弦	余弦	正切
LAD	SQRT EN ENO IN OUT	EXP EN ENO IN OUT	LN EN ENO IN OUT	SIN EN ENO IN OUT	COS EN ENO IN OUT	TAN EN ENO IN OUT
STL	SQRT IN，OUT	EXP IN，OUT	LN IN，OUT	SIN IN，OUT	COS IN OUT	TAN IN OUT
功能	求 IN 的平方根指令SQRT(IN)＝OUT	求 IN 的指数指令 EXP(IN)＝OUT	求 IN 的自然对数指令LN(IN)＝OUT	求 IN 的正弦指令 SIN(IN)＝OUT	求 IN 的余弦指令 COS(IN)＝OUT	求 IN 的正切指令 TAN(IN)＝OUT

表 4－36 函数功能运算指令操作数的数据类型及寻址范围

操作数	数据类型	寻址范围
IN	REAL	I，Q，M，SM，V，T，C，S，L，常数
OUT	REAL	I，Q，M，SM，V，T，C，S，L，常数

【例 4.15】 求 60°的余弦值。

解： 梯形图和语句表如图 4.39 所示。

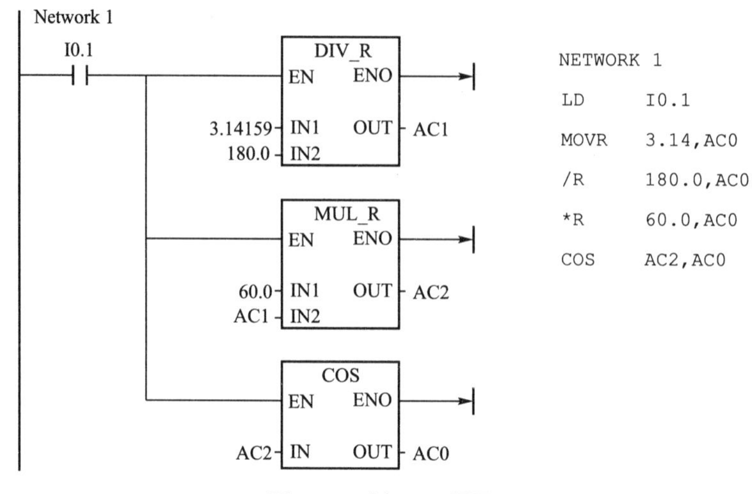

图 4.39　例 4.15 题图

5. 移位与循环指令

移位与循环移位指令是对无符号数进行左移、右移、循环左移、循环右移操作。字节长度可以是一个字节、字、双字，字节的移位指令与循环移位指令格式见表 4－37，其他字长的指令格式类似。

表 4－37　字节的移位指令与循环移位指令格式

指令	梯形图	语句表	说明	数据类型及操作数
字节右移位	SHR_B EN ENO IN OUT N	SRB OUT，N	将输入字节(IN)右移 N 位后，结果输出至 OUT 字节，移出位(左端)自动补零	IN(BYTE)： VB，IB，QB，MB，SB，SMB，LB，AC，VD，LD OUT(BYTE)： VB，IB，QB，MB，SB，SMB，LB，AC，VD，LD N(BYTE)： VB，IB，QB，MB，SB，SMB，LB，AC，常数 VD，AC，LD 注：移位指令还可以是字、双字的移位操作，相应的 IN 和 OUT 分别为 WORD 和 DWORD，N 仍为 BYTE 移位操作无符号
字节左移位	SHL_B EN ENO IN OUT N	SLB OUT，N	将输入字节(IN)左移 N 位后，结果输出至 OUT 字节，移出位(右端)自动补零	
字节循环右移	ROR_B EN ENO IN OUT N	RRB OUT，N	将输入字节(IN)循环右移 N 位后，结果输出至 OUT 字节	
字节循环左移	ROL_B EN ENO IN OUT N	RLB OUT，N	将输入字节(IN)循环左移 N 位后，结果输出至 OUT 字节	

对于移位指令，实现的功能是：使能输入有效时，将 IN 操作数的各位向左或向右移动 N 位，空出位自动补 0，溢出位进入特殊标志位存储器的 SM1.1，结果放在 OUT 存储单元中，最大移动位数由字长的位数确定。

对于循环移位指令，实现的功能是将 IN 操作数的各位首尾相接循环向左或向右移动 N 位，空出位由溢出位补进，结果放在 OUT 存储单元中，每次的溢出位进入特殊标志位存储器的 SM1.1，最大移动位数由字长的位数确定。

在语句表指令中，没有 IN 参数，移位时是将 OUT 存储单元中的数据移位。其他功能同梯形图。

【例 4.16】 已知 AC0＝16＃4001，VW200＝16＃E2AD。试判断当执行图 4.40 所示程序后，AC0 和 VW200 中的内容分别为多少？溢出位 SM1.1 如何变化？

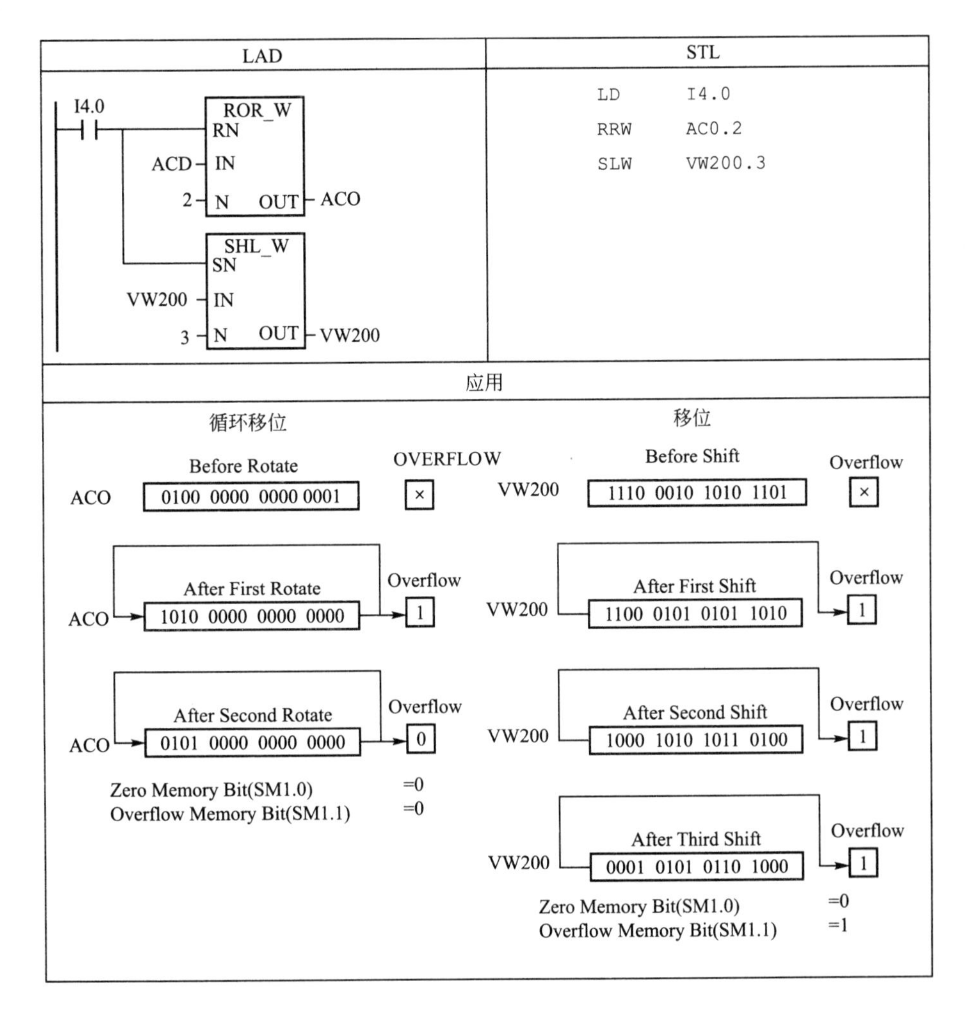

图 4.40 例 4.16 题图

图 4.40 中，SM1.0、SM1.1 为特殊存储器位，当执行移位或循环移位时，溢出位 SM1.1 上的值是最近一次移动位的值。

6. 程序控制指令

程序控制指令用于程序远行状态的控制，合理使用这些指令可以优化程序结构，增强程序功能。程序控制指令主要包括结束指令、暂停指令、跳转及标号指令、循环指令、顺序控制指令、中断指令等。

7. 结束及暂停指令

结束指令的功能主要用于结束主程序，它分两种，一种是有条件结束，另一种是无条件结束。结束指令只能在主程序中使用，不能用于子程序。

梯形图结束指令直接连在左母线(无使能输入)的为无条件结束指令(MEND)，它是立即终止用户程序的执行，返回到主程序第一条指令上去执行。

梯形图结束指令不直接连在左母线的为条件结束指令(END)，它是在使能输入有效时，终止用户程序的执行，返回到主程序第一条指令上去执行。

使用 STEP7 - Micro/WIN32 软件编程时，程序编译后自动在主程序结尾加上无条件结束指令，无需编程人员手工输入。

暂停指令的功能是使能输入有效时，立即结束用户程序的执行，CPU 的工作方式由 RUN 模式切换到 STOP 模式。结束及暂停指令格式见表 4 - 38。

表 4 - 38　结束及暂停指令格式

指令名称	LD	STL	功能
有条件结束	I0.1 ─┤ ├─(END)	END	条件结束时，结束程序运行，返回到主程序起点，开始新的物质循环
无条件结束	├─(END)	MEND	无条件结束程序运行，返回到主程序起点，开始新的物质循环
暂停		STOP	CPU 的工作方式由 RUN 模式切换到 STOP 模式，立即结束程序

在梯形图中，有条件结束指令和暂停指令不能直接接在左母线上，一般在指令前加逻辑条件，当条件满足时执行指令。

【例 4.17】 分析图 4.41 所示程序。

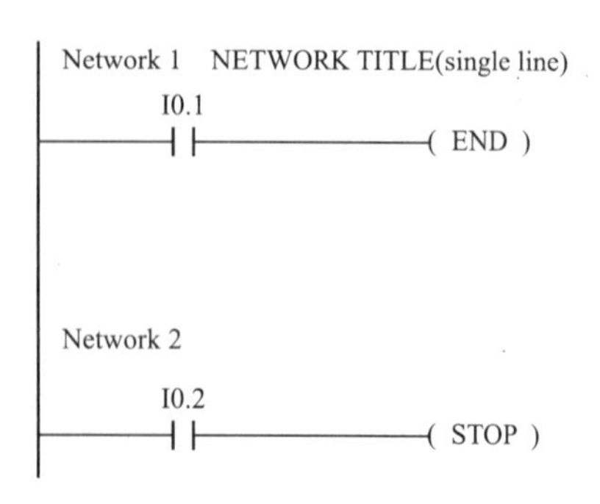

图 4.41　结束及暂停程序应用举例

解： 在执行该程序时，若 I0.1 为 1，则终止用户主程序，然后返回主程序的第 1 条指令重新扫描；I0.2 为 1，则 CPU 进入 STOP 模式，停止执行用户程序。

8. 跳转及标号指令

跳转指令可以使 PLC 编程的灵活性大大提高，使主机可以根据不同的条件选择执行不同的程序段。跳转指令和标号指令配对使用，当跳转指令输入端条件满足时，程序跳转到标号处执行，标号 N 为一字节无符号数(N=0～255)。跳转及标号指令的指令格式见表4-39。

表4-39 跳转及标号指令的指令格式

条件名称	LAD	STL	功能
跳转指令	N ——(JMP)	JMP N	当跳转指令输入端条件满足时，程序跳转到标号N处执行
标号	N —[LBL]	LBL N	指令跳转的目标标号

【例4.18】 I0.0为手动/自动选择开关，I0.0=0时为手动方式，I0.0=1时为自动方式，试使用跳转指令实现手动/自动功能选择。

解： 程序如图4.42所示。

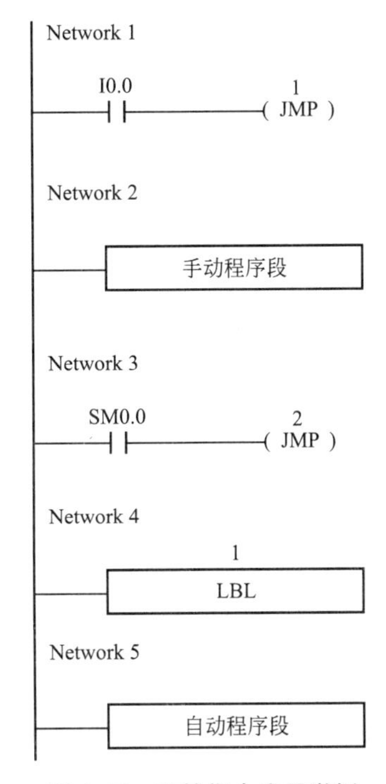

图4.42 跳转指令应用举例

4.9 典型的简单应用程序

1. 延时接通程序

图4.43所示程序可实现延时接通、立即断开。当I0.1从0变为1时，启动定时器T38，1s后，T38触点接通，Q0.1输出为1；当I0.1从1变为0时，T38复位，Q0.1也输出为0。时序图如图4.43所示。

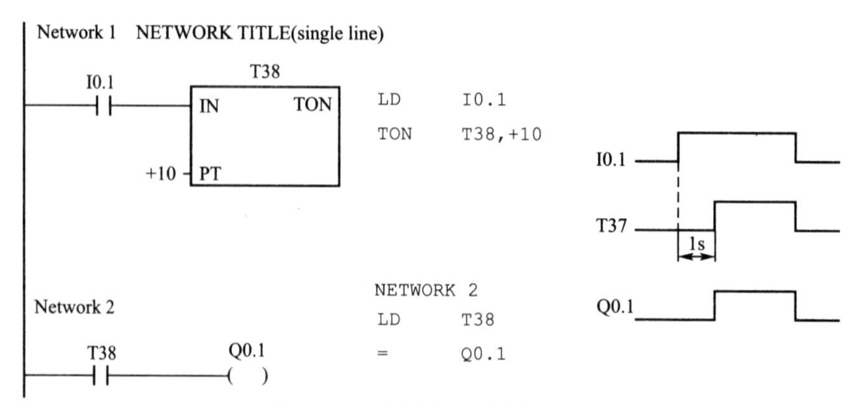

图 4.43 延时接通程序及时序图

2. 延时断开程序

图 4.44 所示程序可实现立即接通、延时断开。当 I0.1 从 0 变为 1 时，Q0.1 输出为 1。当 I0.1 从 1 变为 0 时，启动定时器 T38，开始延时 5s 后，T37 触点变为 1，从而 Q0.1 复位，同时 T38 也复位。时序图如图 4.44 所示。

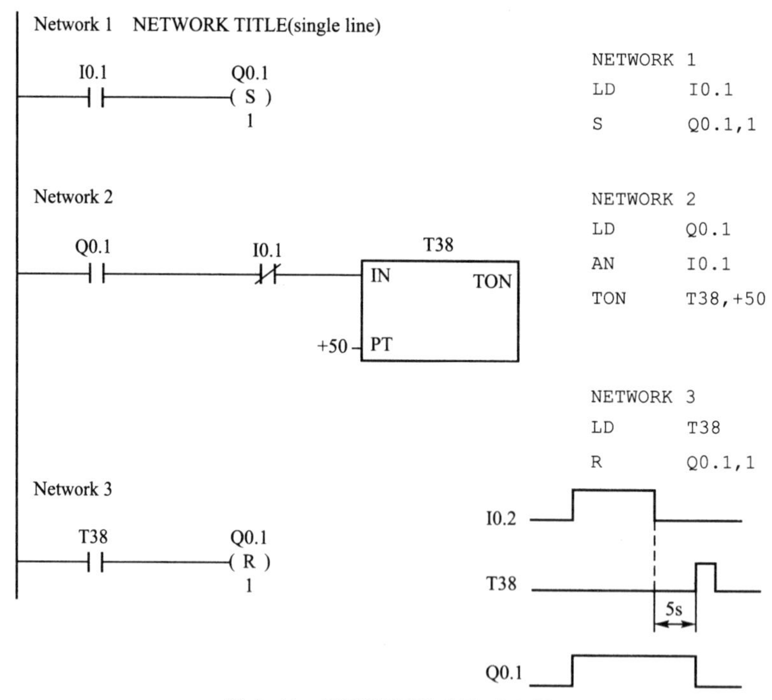

图 4.44 延时断开程序及时序图

3. 延时接通、断开程序

图 4.45 所示程序可实现延时接通、延时断开。当 I0.0 从 0 变为 1 时，启动定时器 T37，开始延时 3s 后，Q0.0 输出为 1；当 I0.0 从 1 变为 0 时，启动定时器 T38，开始延时 5s 后，T38 触点变为 1，从而 Q0.0 复位输出为 0，同时 T37、T38 也复位。时序图如图 4.45 所示。

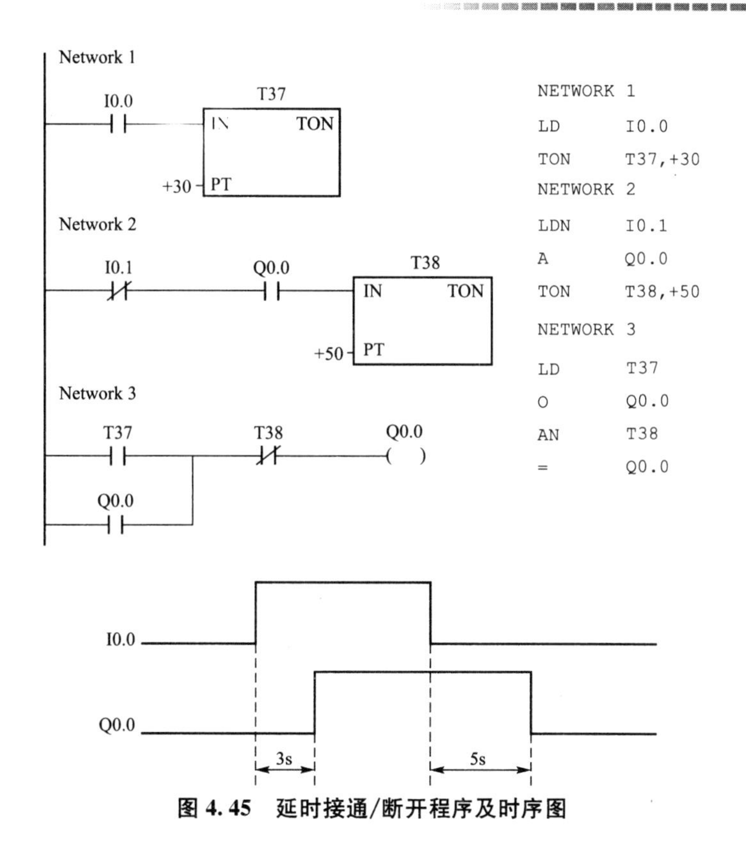

图 4.45 延时接通/断开程序及时序图

4. 脉宽和周期可调的脉冲发生器(闪烁信号)

如图 4.46 所示，I0.1 接通时，T37 开始定时，2s 后，T37 触点接通，使 Q0.0 输出

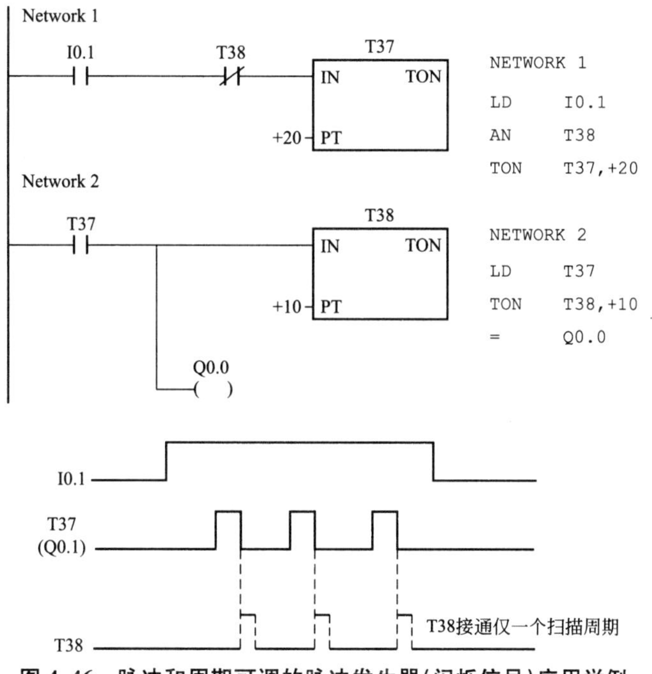

图 4.46 脉冲和周期可调的脉冲发生器(闪烁信号)应用举例

为1，且启动定时器T38，1s后，T38触点接通，使T37复位，Q0.0也输出为0，同时T38复位，重新使T37开始定时，周而复始。因此，本程序实现的功能为当满足条件(如I0.1为1)时，Q0.1输出脉宽和周期可调的脉冲。

5. 多个定时器串联的定时时间扩展

S7－200系列PLC的定时器最大当前值为＋32767，最大时基为100ms，最大定时时间为3276.7s，若需要定时更长时间，可以使用多个定时器串联的方法延长定时时间。

如图4.47所示，当I0.1为1时，T37开始定时，3000s后，T37触点变为1，又启动T38开始定时，2000s后，T38触点变为1，同时Q0.1输出为1。该程序实现的功能为满足条件(I0.1＝1)后，延时10h，Q0.1输出为1。

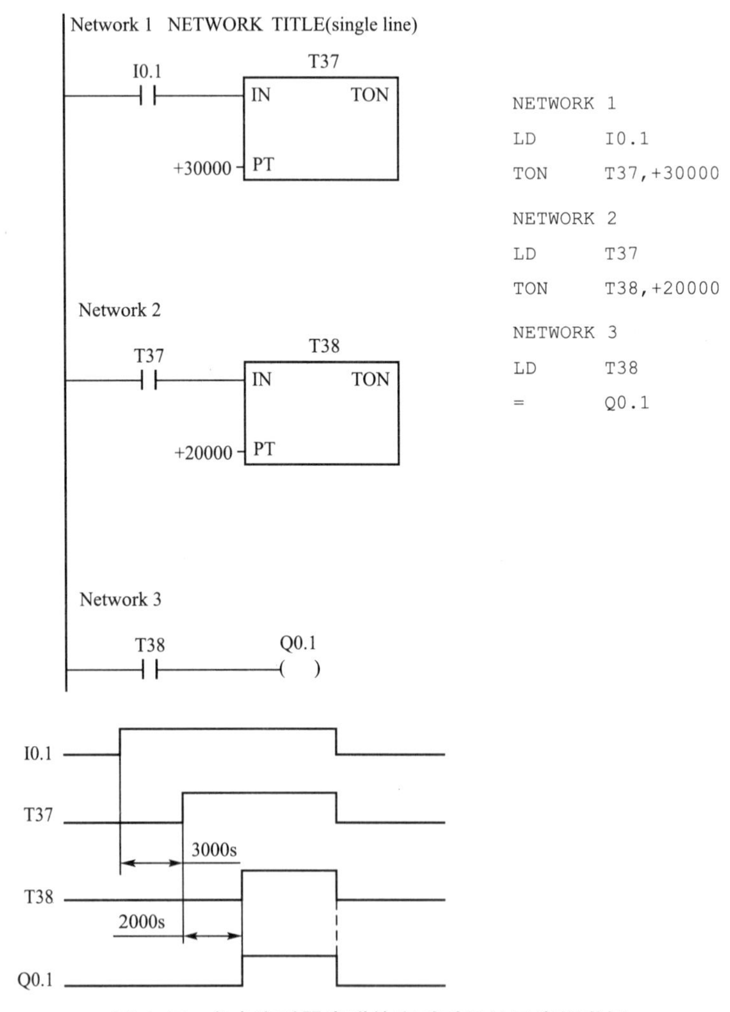

图4.47 多个定时器串联的定时时间扩展应用举例

定时器采用串联的方法，其定时时间为每个串联的定时器定时时间的总和。

6. 使用计数器实现定时时间扩展

如图4.48所示，用定时器T37形成自脉冲发生器，其产生的脉冲串作为计数器C3的计数信号，从而达到定时时间扩展的目的。当 I0.1 从 0 变为 1 后，T37 产生周期为 50s，脉宽为 1 个扫描周期的脉冲串；该脉冲串作为计数器 C3 的计数脉冲输入端，当计数器计到 200 次时，C3 的触点接通，使 Q0.0 输出为 1。本程序实现的功能为 I0.1 接通 10000s 后，Q0.0 输出为 1。使用计数器与定时器组合的方法定时，所定时的时间为定时器定时时间与计数器计数值之积。

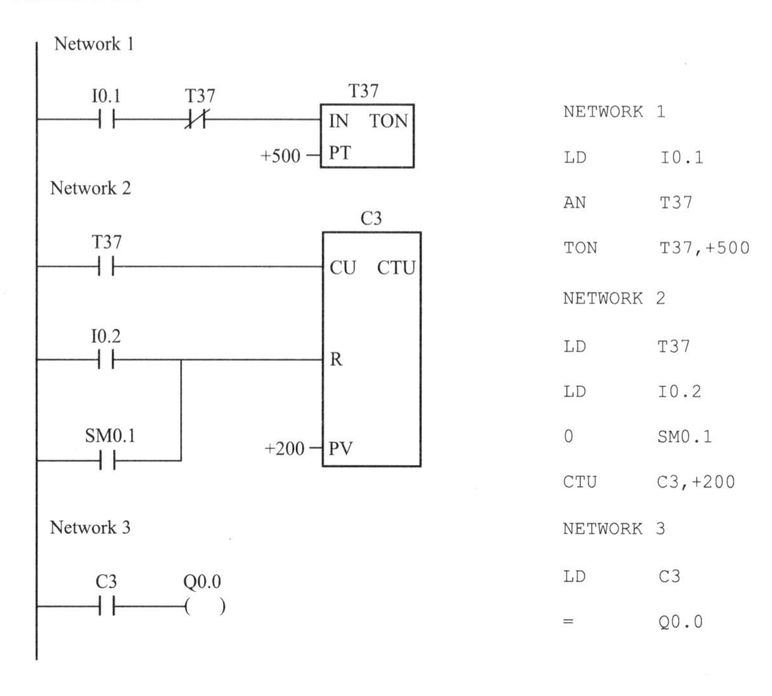

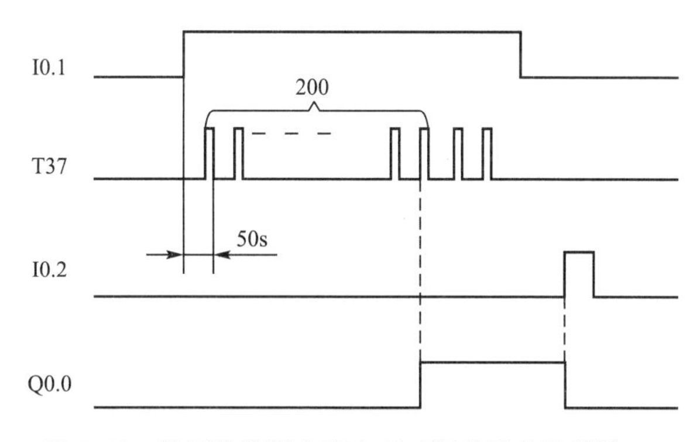

图 4.48 使用计数器实现定时时间扩展应用举例

计数器的复位需要在复位端加信号来控制，本程序使用 SM0.1 和 I0.2 进行上电复位和手动复位。

7. 计数器计数值扩展

S7－200 系列 PLC 中，每个计数器的最大预置值为 32767，如果需要的预置值超过最大预置值，可以通过几个计数器串联来扩展计数值范围。如图 4.49 所示，I0.1 为输入计数信号，I0.2 为计数器复位信号。计数器 C1 对 I0.2 输入的脉冲进行计数，当计到 400

时，计数器C1触点接通，使C2计数值加1。计数器C1的复位端使用C1的触点，从而使C1的触点仅接通一个扫描周期就断开，C1复位后又开始新的计数。使用计数器串联进行扩展计数的计数值为每个串联的计数器预设值之积。本程序实现的功能为对I0.1脉冲计数4000次后，Q0.0输出为1。

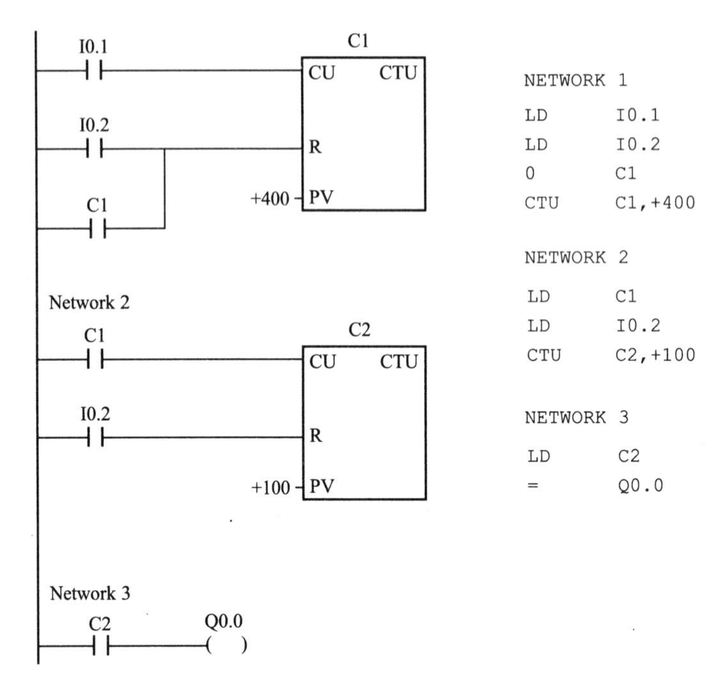

图4.49 计数器计数值扩展应用举例

8. 电动机起停

实现电动机起停的控制任务要求按下SB_1(动合按钮)电动机连续运转，按下SB_2(动断按钮)电动机停止。若使用接触器KM_1控制电动机起停，在控制电路中，SB_1接在I0.0上，SB_2接在I0.1上，KM_1的线圈接在Q0.1上，则编写的梯形图程序如图4.50所示。

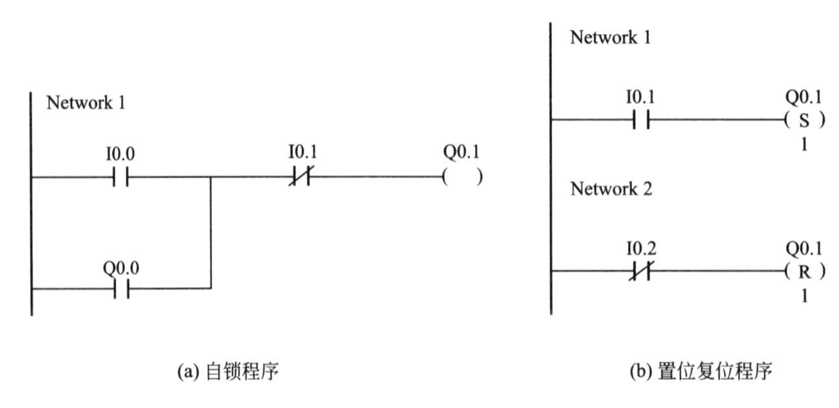

(a) 自锁程序　　(b) 置位复位程序

图4.50 电动机起停程序

9. 电动机正反转

实现电动机正反转的控制任务要求按下 SB_1(动合按钮)时电动机正向连续运转，按下 SB_3(动断按钮)时电动机停止，按下 SB_2(动合按钮)时电动机反向连续运转。使用接触器 KM_1 控制电动机正向起停，使用接触器 KM_2 控制电动机反向起停。在控制电路中，SB_1 接在 PLC 的 I0.1 上，SB_2 接在 I0.2 上，SB_3 接在 I0.3 上，KM_1 的线圈接在 Q0.1 上，KM_2 的线圈接在 Q0.2 上，则硬件接线图和编写的梯形图程序如图 4.51 所示。

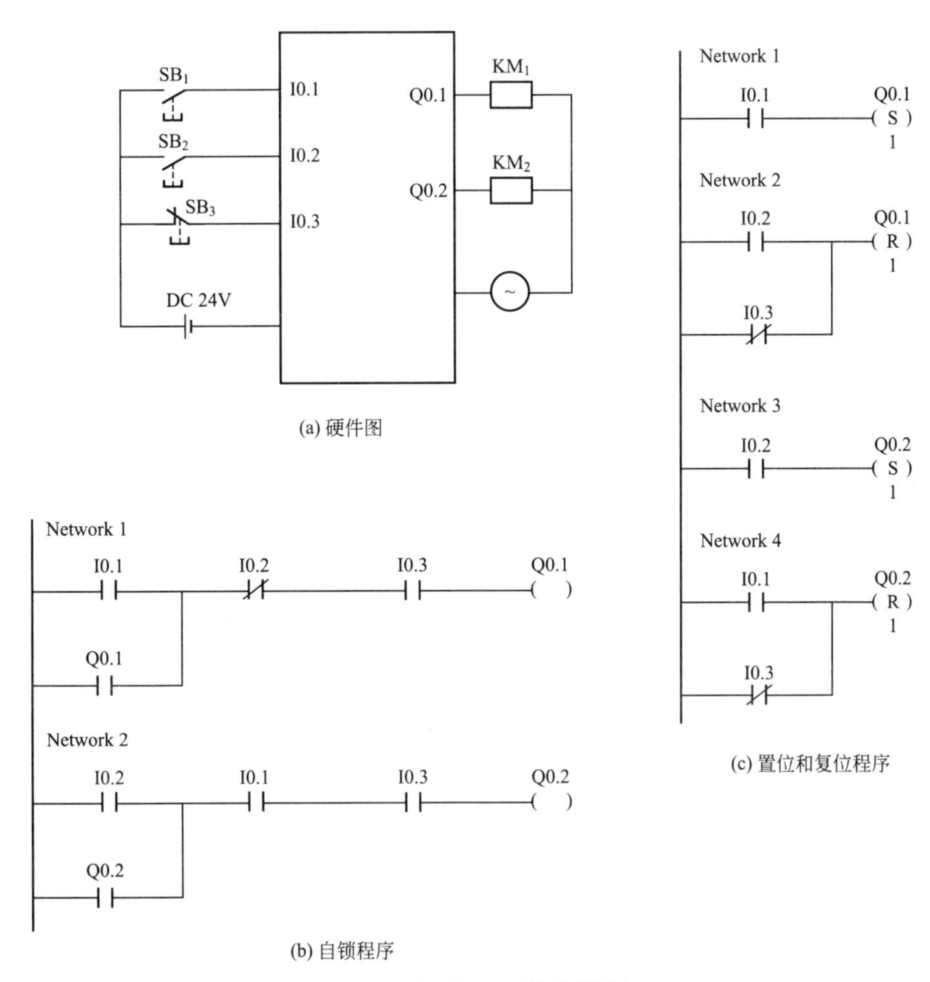

图 4.51 电动机正反转应用举例

4.10 PLC 的程序设计方法及应用

PLC 的应用主要分为两大类，即逻辑控制和过程控制，其中逻辑控制以开关量控制为主，过程控制以模拟量控制为主。

在使用 PLC 进行控制时，首先应明确硬件控制系统，然后在硬件控制系统基础上进行程序设计。在进行程序设计时，首先需要确定程序设计方法，然后根据相应步骤来完成编程。PLC 的程序设计方法有经验设计法、随机逻辑控制、翻译法和顺序控制。这里介绍常用的 3 种方法：经验设计法、随机逻辑控制和顺序控制。

4.10.1 经验设计法及应用

在 PLC 发展初期，沿用了继电器电路图的方法设计比较简单的 PLC 的梯形图，根据被控对象对控制系统的具体要求，不断完善和修改梯形图，具有很大的试探性和随意性，程序的设计与设计人员的经验密切相关，所以把这种设计方法称为经验设计法。经验设计法仍是目前广泛应用的方法，其设计步骤如下：

(1) 分析控制要求，选择控制方法。根据输出线线圈，确定该线圈的输入条件和自锁条件，从而确定输入和输出设备。

(2) 画出硬件图。

(3) 设计执行元件的控制程序，根据控制对象，确定每一个输出线圈的输入条件、自锁条件、保护条件，编写梯形图。

(4) 程序修改和完善，程序编写完成后输入 PLC，观察设备运行情况，逐步调试、完善程序。

在设计程序时，先画出基本梯形图程序，当基本梯形图程序的功能满足时，再增加其他功能，在使用输入条件时，要注意输入的信号是电平、脉冲还是边沿，调试时按机器的功能分阶段进行，然后调试全部功能。

【例 4.19】 三相笼型异步电动机的Y-△降压起动控制继电器控制电路如图 4.52 所示，试用 S7-200 PLC 设计控制电路，并编写梯形图。

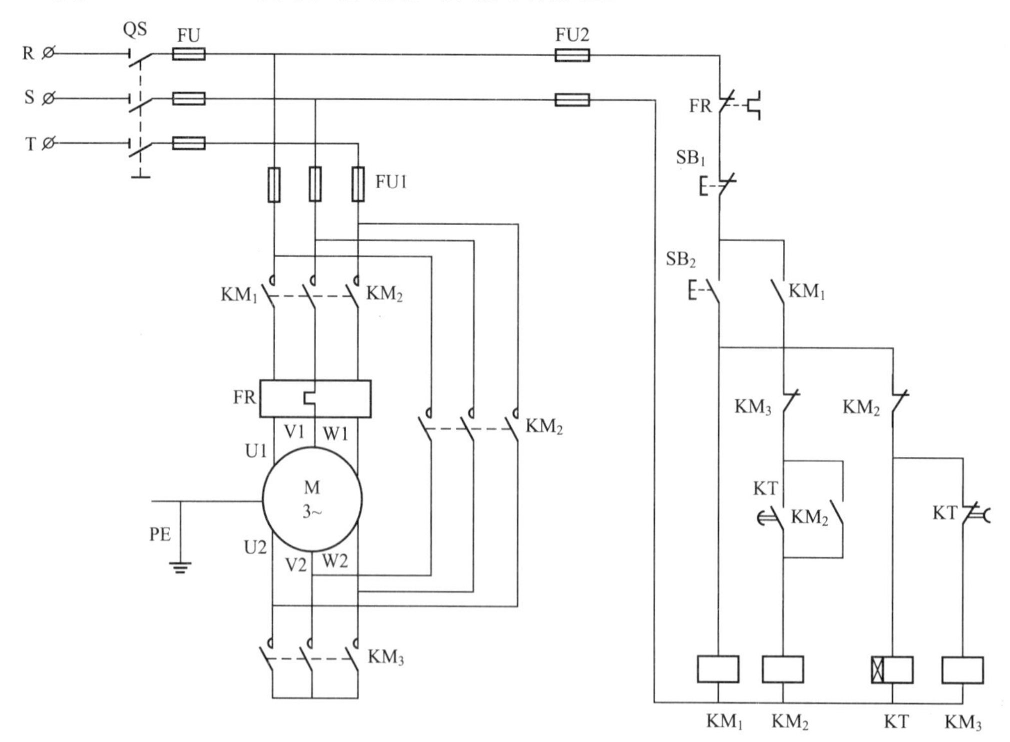

图 4.52 电动机的Y-△降压起动控制继电器控制电路

解：(1) I/O 地址分配。

输入端：IO.0 为Y形起动 SB_2(动合按钮)；IO.1 为停车 SB_1(动断按钮)。

输出端：Q0.0 为电动机通电接触器线圈(KM_1)；Q0.1 为Y运转接触器线圈(KM_3)；Q0.2 为△运转接触器线圈(KM_2)。

(2) 选用时间定时器 T37(100ms 时基接通延时定时器)，设定时间 PT＝100(电动机Y形起动时间 10s 后△运转)。

(3) 画出硬件图(图 4.53)。

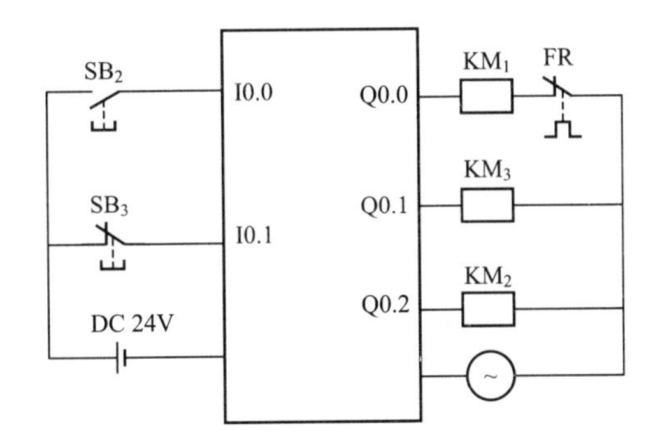

图 4.53 例 4.19 硬件图

(4) 编写梯形图(图 4.54)。

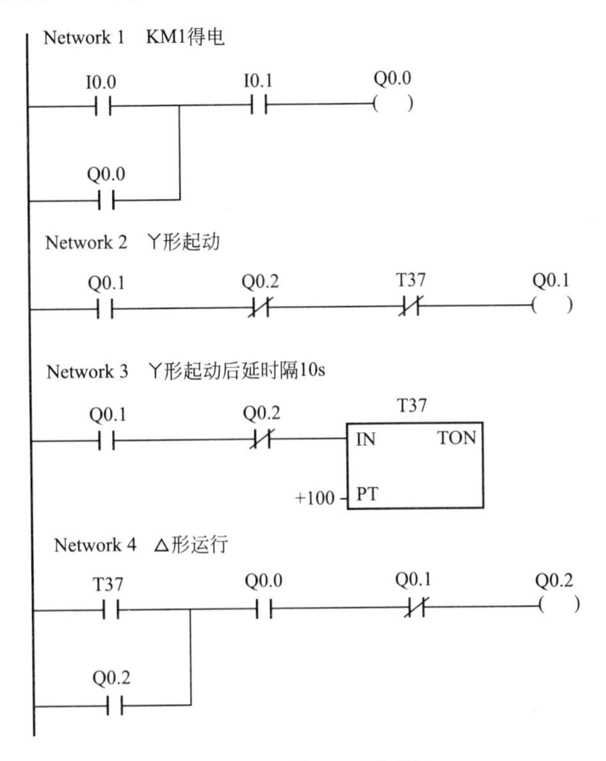

图 4.54 例 4.19 梯形图

【例 4.20】 三相异步电动机可逆运行能耗制动接触器控制电路如图 4.55 所示，用 S7－200 PLC 设计控制电路，并编写梯形图。

解：(1) I/O 地址分配。

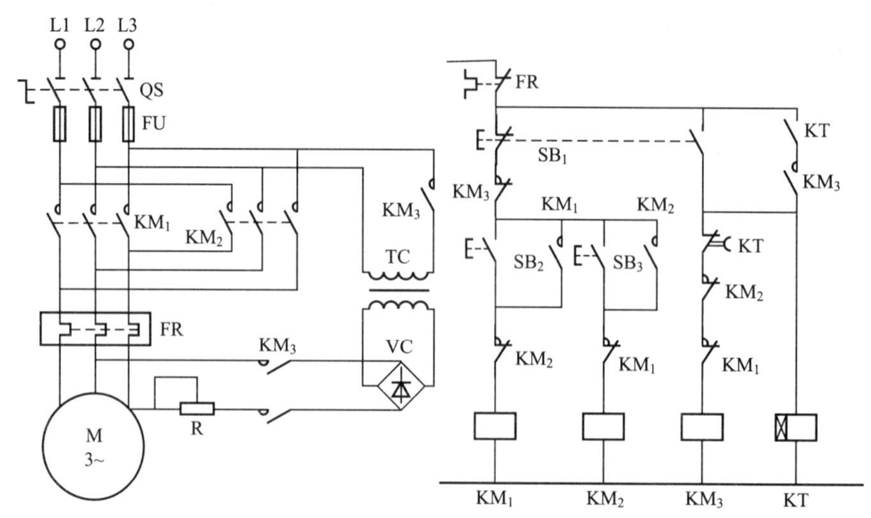

图 4.55 电动机可逆运行能耗制动控制

输入端：I0.1 为 SB_1 停车按钮；I0.2 为 SB_2 正转按钮 5；I0.3 为 SB_3 反转按钮；I0.4 为 FR 过载保护(本题将过载保护设为常闭触点，串接在 PLC 插入点上，也可把常闭触点串接在输出点 Q0.1 上，不占触点)。

输出端：Q0.1 为接触器 KM_1 线圈；Q0.2 为接触器 KM_2 线图；Q0.3 为接触器 KM_3 线圈。

(2) 选定时器：T37(100ms 时基接通延时定时器)，设定时时间，PT=100(定时时间 10s)。

(3) I/O 端子接线硬件图(略)。

(4) 梯形图(I0.4 过载保护设为常开触点)如图 4.56 所示。

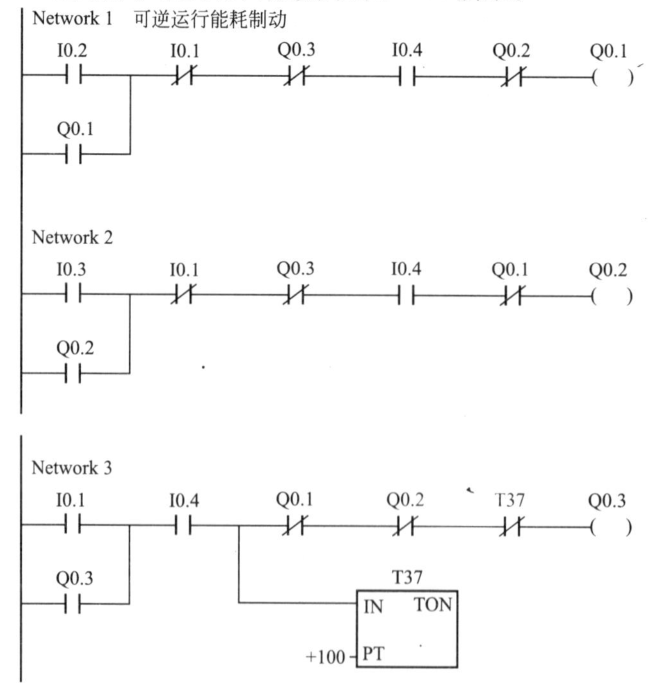

图 4.56 例 4.20 梯形图

在控制线路中，设置有KT的瞬动触点与KM_3辅助常开触点串联，在PLC控制中，定时器是软器件，不存在机械故障的问题，所以不必设KT的瞬动触点。

根据定时器的工作时序，在Q0.3的自锁支路上串联的应是T37的常闭触点。

【例4.21】 有一运货小车，如图4.57所示，在限位开关SQ_0处装料，15s后装料结束。开始右行碰到限位开关SQ_1后，停下来卸料，卸料10s结束后左行到SQ_0处装料，15s装料结束后又开始右行，碰到限位开关SQ_1后，继续右行，直到碰到限位开关SQ_2后停下卸料，10s后又开始左行，这样不停地循环工作直到按下SB_0。小车右行和左行的起动按钮为SB_1和SB_2。

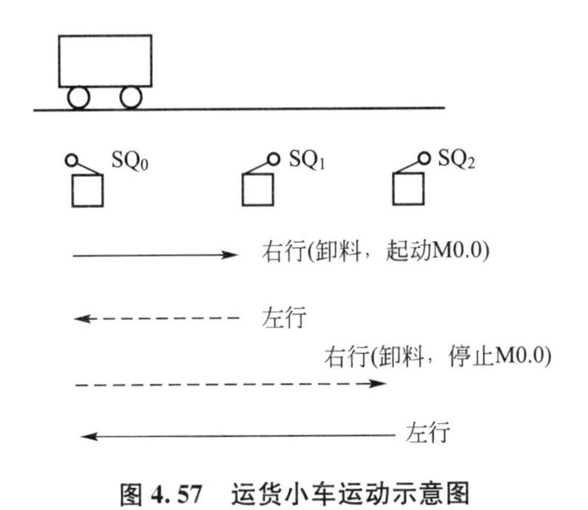

图4.57 运货小车运动示意图

解：(1) 分析任务，小车的行走可由电动机M_1来驱动，若小车右行由电动机M_1正转来驱动，由接触器KM_1来控制，则小车左行由电动机M_1反转来驱动，由接触器KM_2来控制。小车的装料和卸料由电动机M_2来驱动，若小车装料时由电动机M_z正转来驱动，由接触KM_3来控制，则小车卸料由电动机M_2反转来驱动，由接触器KM_4来控制。根据要求找出PLC的输入和输出设备。

输入：停止按钮SB_0、右行起动按钮SB_1、左行起动按SB_2、限位行程开关SQ_1、限位行程开关SQ_2、限位行程开关SQ_3。

输出：车右行接触器KM_1、小车左行接触器KM_2、装料接触器KM_3、卸料接触器KM_4。

(2) 进行I/O的地址分配，画硬件接线图(略)。

输入端：I0.0为停止按钮SB_0；I0.1为右行起动按钮SB_1；I0.2为左行起动按钮SB_2；I0.3为限位行程开关SQ_1；I0.4为限位行程开关SQ_2；I0.5为限位行程开关SQ_3。

输出端：Q0.0为小车右行接触器KM_1；Q0.1为小车右行接触器KM_2；Q0.2为装料接触器KM_3；Q0.3为装料接触器KM_4。

(3) 编写小车的控制程序梯形图(图4.58)。

本例中，M0.0的作用是记忆I0.4第几次被碰到，它只在小车第二次右行经过I0.4起作用，它的启动条件为小车碰到行程开关SQ_1，停止条件为小车碰到行程开关SQ_2。

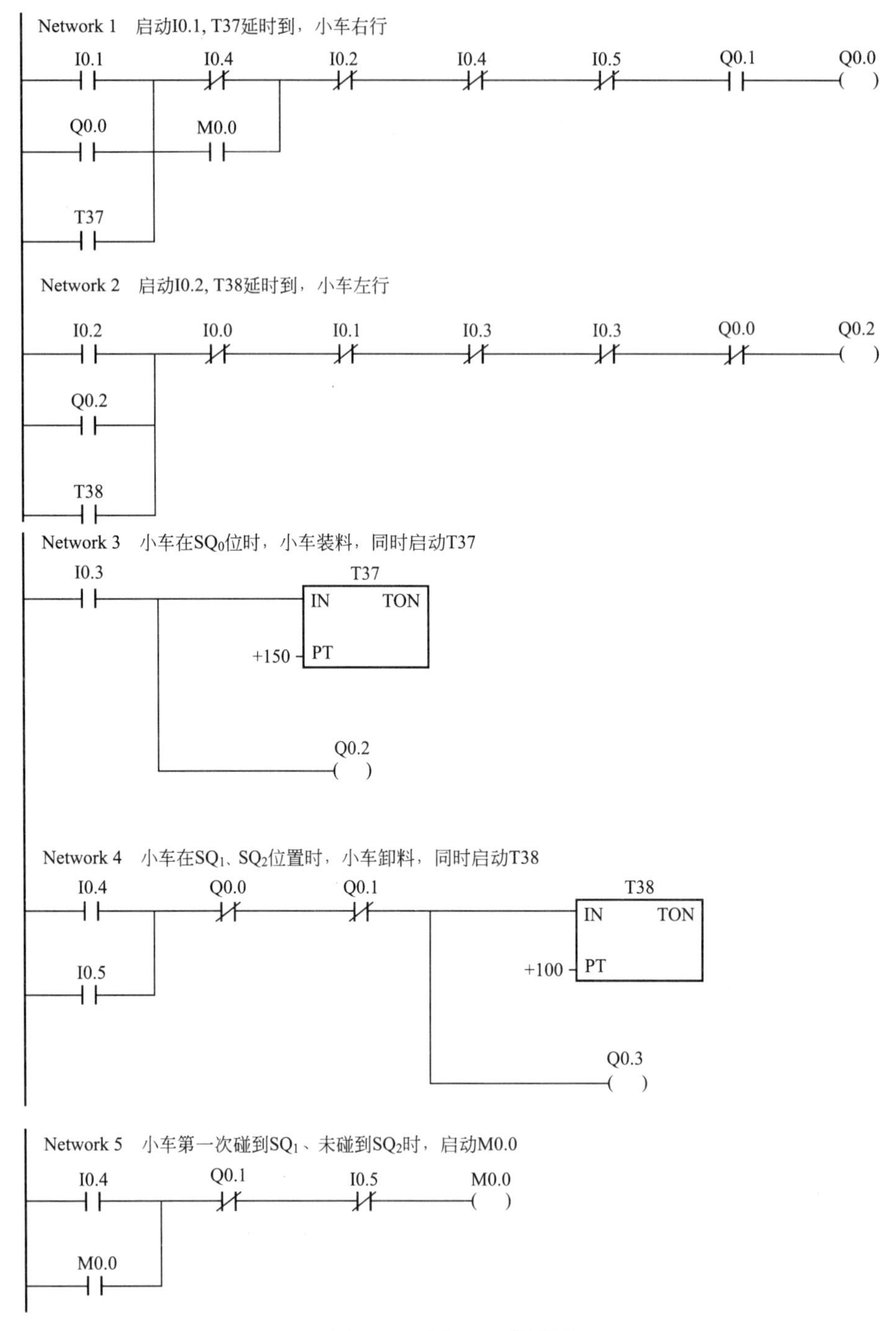

图 4.58 例 4.21 梯形图

4.10.2 随机逻辑控制一般编程方法及应用

PLC 是一种新型的工业控制计算机，可以认为是“与”“或”“非”的逻辑线路的组合体，梯形图程序基本形式是与、或、非的逻辑组合。它们的工作方式及其规律符合逻辑运算的基本规律。

随机逻辑控制的特点是输入信号的状态具有随机性，运行程序后控制系统的输出状态是不可预知的。在实际应用中，如智力抢答器、电梯控制、故障诊断等情况属于随机逻辑控制。对于随机逻辑控制进行程序设计，可以使用列逻辑方程法。

这里以控制电动机起动、停止的程序为例，介绍列逻辑方程的方法。

实现电动机起停的任务，要求按下起动按钮(动合按钮，I0.0)电动机连续运转，按下停止按钮(动断按钮 I0.1)电动机停转，梯形图程序 4.50(a)所示，写成逻辑表达式为

$$Q0.1=(I0.0+Q0.0)\times I0.1$$

上式中，按下起动按钮 I0.0 的信号为 1，使 Q0.0 为 1，电动机运转，因此可以称 I0.0 的信号为 1 是电动机的起动条件，简单表示为 I0.1。按下停止按钮 I0.1，使 Q0.0 为 0，电动机停转，因此可以称 I0.1 的信号为 1 是电动机的停止条件，简单表示为$\overline{I0.1}$。若用 J 表示结果 Q0.0，用 QA 表示起动条件 I0.0，用 TA 表示停止条件$\overline{I0.1}$，则上式可以表示为

$$J=(QA+J)\times\overline{TA}$$

对于 Q、M、V 等存储单元的某一位的状态，若存在短时信号的起动条件和停止条件，则都可以使用类似上述逻辑表达式来表示。这种使用逻辑方程来表示存储单元中的某一位状态的方法，称为“列逻辑方程法”。在逻辑方程中，起动条件也称进入条件，停止条件也称退出条件。

当起动条件和停止条件同时满足时，若要求停止条件优先有效，则方程式为 $J=(QA+J)\times\overline{TA}$。若要求起动条件优先有效，则方程式为 $J=QA+J\times\overline{TA}$。

在实际应用中，停止条件优先有效的情况比较常见，若不加特殊说明，均为停止条件优先有效。

使用列逻辑方程法进行程序设计，其编程步骤如下：

(1) 分析控制任务，根据控制要求找出 PLC 的输入条件和输出条件。

(2) 画出硬件接线图，进行 I/O 的地址分配。

(3) 找出每个输出存储器位(通常为输出映像寄存器 Q)的进入条件 QA 和退出条件 TA，然后列逻辑方程。若进入或退出条件比较复杂，可设置标志位存储器 M 的某一位作中间标志位，找出 M 位的进入和退出条件，对 M 位列逻辑方程，最后把 M 位的状态作为已知条件来引用。

(4) 根据逻辑方程编写程序。

【例 4.22】 对 I0.0 信号计数(按下 SB_1)，达 50 次后，指示灯 L 亮，按下 SB_2，灯灭。

解：(1) 分析控制任务，根据控制要求找出 PLC 的输入、输出。

输入：SB_1 按钮、SB_2 按钮。

输出：L(指示灯)。

(2) 进行 I/O 的地址分配，画硬件接线图(图 4.59)，设 SB_1、SB_2为动合按钮。

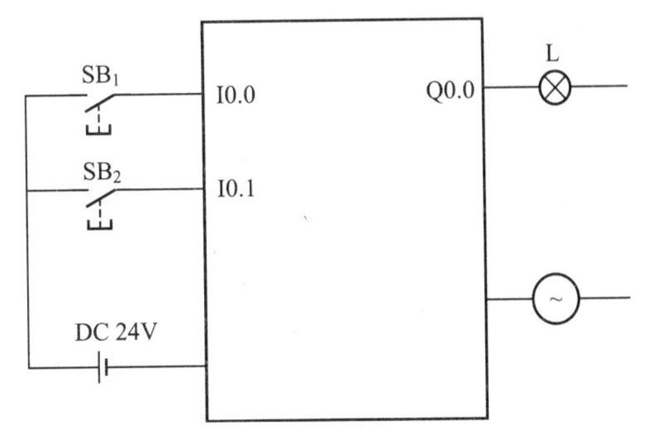

图 4.59　例 4.22 硬件接线图

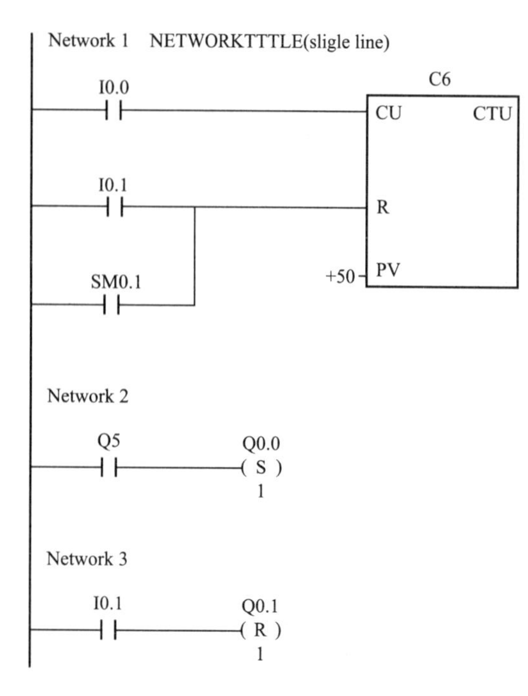

图 4.60 例 4.22 梯形图程序

输入端：I0.0 为 SB_1 按钮，I0.1 为 SB_2 按钮。

输出端：Q0.0 为指示灯 L。

(3) 对每个输出元件，找出其进入条件 QA 和退出条件 TA，然后列出逻辑方程。

本题只有一个输出 Q0.0；QA 为对 I0.0 计数满 50 次，可用计数器 C6 计数。TA 为 I0.2。

编写程序，如图 4.60 所示。

本题用到一个特殊位存储器 SM0.1，该位在 CPU 运行的第 3 个扫描周期内保持为 1，其他扫描周期内为 0，在本题中的作用为刚开始启动控制系统时将 C6 清零，使之从 0 开始计数。

【例 4.23】 设计一个抢答器控制系统，实现简单的抢答显示控制。在控制系统中，有 3 个动合按钮 SB_1、SB_2、SB_3，分别为参加智力竞赛的 A、B、C 三人的桌上的抢答按钮；有 3 盏指示灯 HL_1、HL_2 和 HL_3，分别显示三人的抢答信号；有一个开关 SA，作抢答允许开关。控制系统要求：当主持人按下 SA 后抢答开始，最先按下按钮的抢答者的灯亮。与此同时，应禁止另外两个抢答者的灯亮；指示灯 HL_1、HL_2 和 HL_3 在主持人断开开关 SA 后熄灭。

解： (1) 分析控制任务，根据控制要求找出 PLC 的输入、输出。

输入设备：SB_1、SB_2、SB_3 和 SA。

输出设备：HL_1、HL_2 和 HL_3。

(2)进行 I/O 的地址分配，画硬件接线图(硬件接线图略)。

输入端：I0.0 为抢答按钮 SB_1；I0.1 为抢答按钮 SB_2；I0.2 为抢答按钮 SB_3；I0.3 为允许抢答按钮 SA。

输出端：Q0.0 为指示灯 HL_1；Q0.1 为指示灯 HL_2；Q0.2 为指示灯 HL_3。

(3) 对每个输出元件，找出其进入条件 QA 和退出条件 TA，然后列出逻辑方程。

对于 Q0.00：进入条件 QA 为按下 SB_1 且 B 和 C 未抢答，即 $I0.0 \cdot \overline{Q0.1} \cdot \overline{Q0.2}$；退出条件 TA 为按下允许抢答按钮 SA，即 I0.3。

对于 Q0.1：进入条件 QA 为按下 SB_2 且 A 和 C 未抢答，$I0.1 \cdot \overline{Q0.0} \cdot \overline{Q0.2}$；退出条件 TA 为按下允许抢答按钮 SA，即 I0.2。

对于 Q0.2：进入条件 QA 为按下 SB_3 且 A 和 B 未抢答，即 $I0.2 \cdot \overline{Q0.0} \cdot \overline{Q0.1}$；退出条件 TA 为按下允许抢答按钮 SA，即 I0.2。

(4) 使用置位复位指令编写程序，如图 4.61 所示。

图 4.61 中，由于 Q0.0、Q0.1 和 Q0.2 的退出条件相同，因此使用一条复位指令实现。

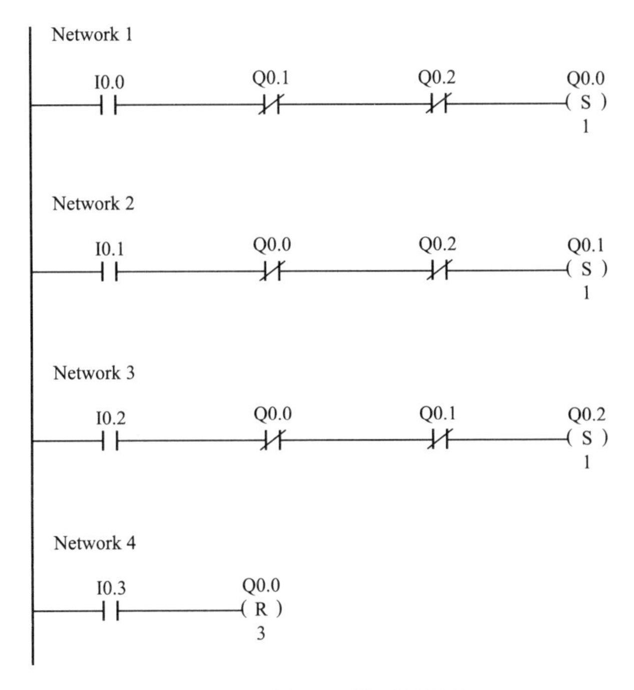

图 4.61 例 4.23 梯形图程序

4.10.3 顺序控制的功能图法及应用

所谓顺序控制，就是按照生产工艺要求，在各个输入信号的作用下，根据内部状态和时间顺序，在生产过程中各个执行机构自动有序地完成规定的动作。顺序控制指系统在整个控制过程中包括若干个稳定状态，每个稳定的状态对应固定的输出，如自动化运行设备、机械手等，对于这种控制，通常用功能图法来进行程序设计。

1. 功能图的概念

功能图是一种顺序控制系统的图解表示方法，是专用于工业顺序控制程序设计的一种功能性语言。它的特点是按照流程图的方法表现控制过程的执行顺序及处理内容，它能描述控制系统的工作过程，编程简单，便于程序的编制和调试。

(1) 组成元素及表示符号。功能图是根据设备的工艺过程要求，将程序分为各个程序步，每一步由进入条件、程序处理、转换条件和程序结束等组成。在绘制功能图时，主要由步、转换、转换条件和动作来表示，如图 4.62 所示。

① 步：控制系统中一个稳定的状态，它可以对应一个或多个动作。在功能图中，步通常表示某个执行元件的状态，用矩形框表示，框中的数字是该步的编号；对于控制系统的初始状态，称为初始步，用双线框表示。

② 转移：从一个步到另一个步的变化，在相邻两步之间必须用有向转移线段相连接。

③ 转移条件：表示从一个步到另一个步的转换条件。在功能图中表示为在有向线段上加一横线并标注转移的条件。

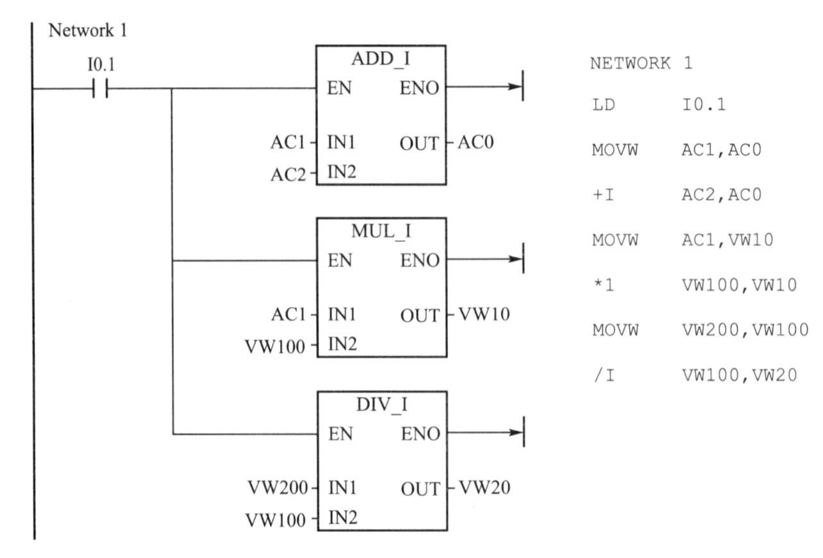

图 4.62　功能图的表示方法

④ 动作说明：在功能图中，可以在步的右边加一个矩形框，在框中用简明的文字说明该步对应的动作。

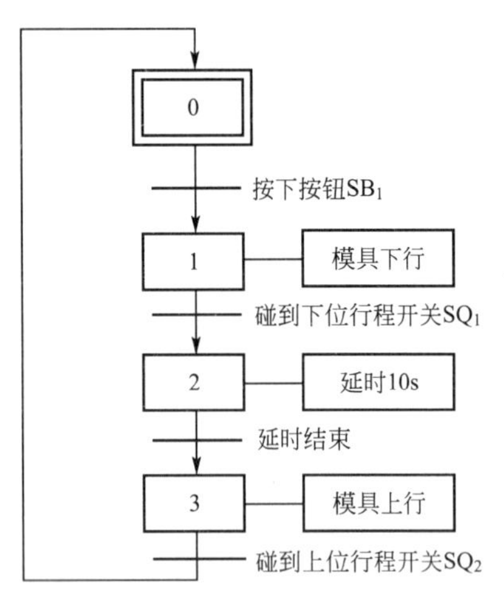

图 4.63　液压机控制系统功能图

(2) 功能图的绘制。功能图的绘制应遵守如下规则：

① 步与步要用转移分开。

② 转移与转移要用步分开。

③ 转移方向自上至下画时可省略箭头，自下至上画时不能省略箭头。

④ 一个功能图至少有一个初始步。

【例 4.24】 有一个液压成形机电气控制系统，按下起动按钮 SB_1，则模具下行碰到下位行程开关 SQ_1，模具停止下行，并保持 10s，然后模具上行，碰到上位行程开关 SQ_2，模具停止，等待下一次起动，试画出 PLC 的控制系统的功能图。

解： 根据题意，控制系统的功能图如图 4.63 所示。

2. 功能图的结构类型

功能图的结构类型主要有 4 种：顺序结构、分支结构、循环结构和复合结构。

(1) 顺序结构。顺序结构的特点是步与步之间只有一个转移，转移与转移之间也只有一个步。图 4.64 和图 4.65 所示即为顺序结构。

(2) 分支结构。分支结构有两种：选择分支和并行分支。

如果在某一步执行结束后，转向执行若干条分支中的一条，但多路分支不同时执行，到底执行哪一个分支取决于分支前面的转移条件，这种结构称为选择分支结构。选择分支结构以单水平线开始和结束，条件均在单水平线之内，如图 4.64 所示。

如果在某步执行完后，能够同时执行若干条分支，当多个分支产生的结果满足特定要求时，这些分支合并成一个分支再向下执行，这种结构称为并行分支结构。并行分支结构以双水平线开始、结束，条件均在双水平线之外，如图 4.65 所示。

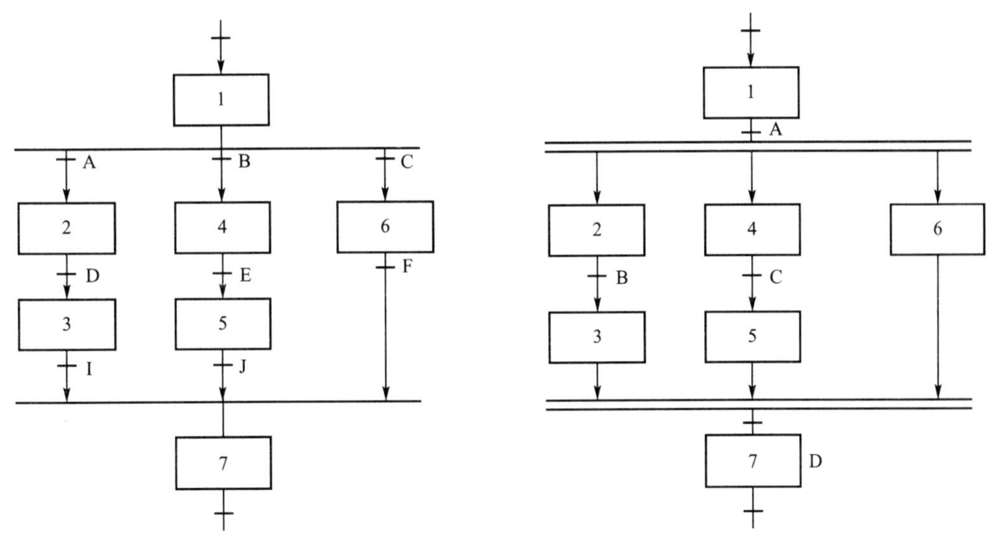

图 4.64 选择分支结构

图 4.65 并行分支结构

(3) 循环结构。循环结构用于一个顺序过程的多次或往复执行，它有局部循环和全局循环两种情况，如图 4.66 所示。

(4) 复合结构。复合结构是指在一个分支中又含有分支的结构，图 4.67 所示。

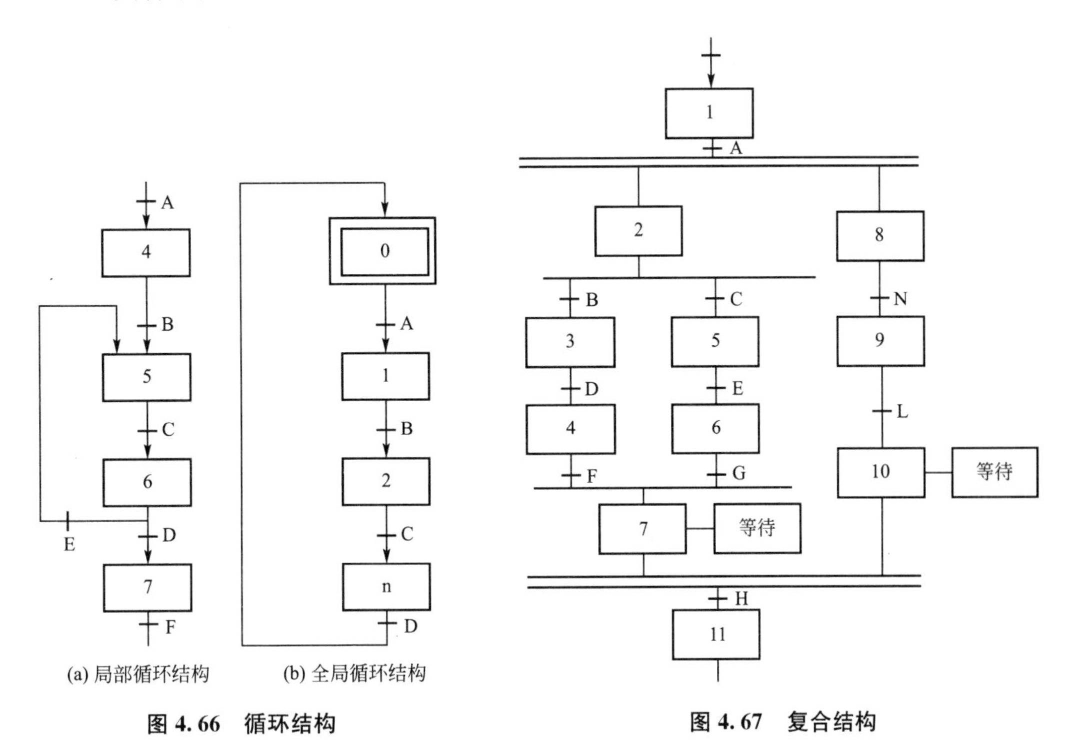

图 4.66 循环结构

图 4.67 复合结构

3. 功能图法的编程步骤及应用举例

使用功能图法进行程序设计，通常使用标志位存储器 M 来存储每一步运行的状态，当 M 位为 1 时，表示该步正在执行；当 M 位为 0 时，表示该步没有执行。然后通过 M 位的状态来控制输出。

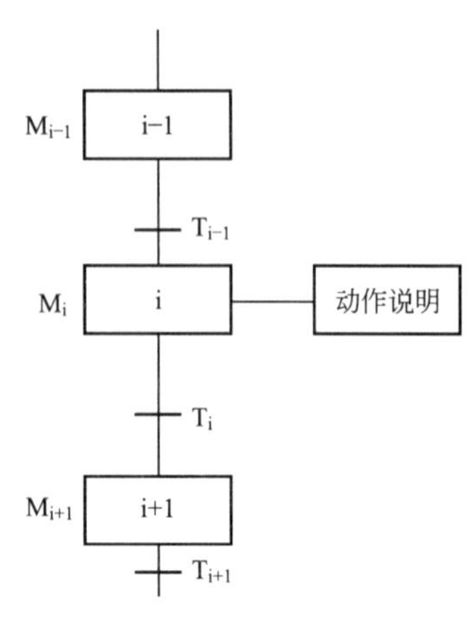

图 4.68　标志位存储路 M 顺序控制

对于功能图法的编程步骤如下：

(1) 分析控制任务，根据控制要求，找出 PLC 每步动作的输入信号(条件)。

(2) 画出功能图。

(3) 进行 I/O 及标志位存储器 M 等地址分配，画出硬件接线图。

(4) 对标志位存储器 M 及输出进行编程。

在对 M 位进行编程时，可以使用随机逻辑控制的一般编程方法。如图 4.68 所示，i−1，i，i+1 表示步的编号，T_{i-1}、T_i、T_{i+1} 表示转移条件，M_{i-1}、M_i、M_{i+1} 表示步的运行状态。根据顺序控制的原理，得出如下结论：

对于中间步 M_i，进入条件 QA 为 M_{i-1}、T_{i-1}；退出条件 TA 为 M_{i+1}。

使用置位和复位指令进行编程，下步的进入条件 QA 为上一步的退出条件 TA，即将本步 M_i 置 1 的同时将上一步的 M_{i-1} 清零(上一步结束时，立即开通下一步，同时关断上一步)。初始步没有上一步，可以将进入顺序控制的条件(系统初始状态)作为初始步的进入条件 QA；对于最后一步，若没有下一步，则需要根据控制任务确定该步的退出条件 TA。

【例 4.25】 有一液压成型机控制系统，按下起动按钮 SB_1 则模具下行，碰到下位行程开关 SQ_1 模具停止下行，并保持 10s，然后模具上行，碰到上位行程开关 SQ_2 模具停止，等待下一次起动。该成型机由液压系统控制执行，模具上行和下行动作分别由方向换向阀上电磁线圈 1YT 和 2YT 得、失电使阀换向，控制液压缸动作来实现，即 1YT=1 模具下行，2YT=1 模具上行，要求设计该液压成型机控制系统并编程，如图 4.69 所示。

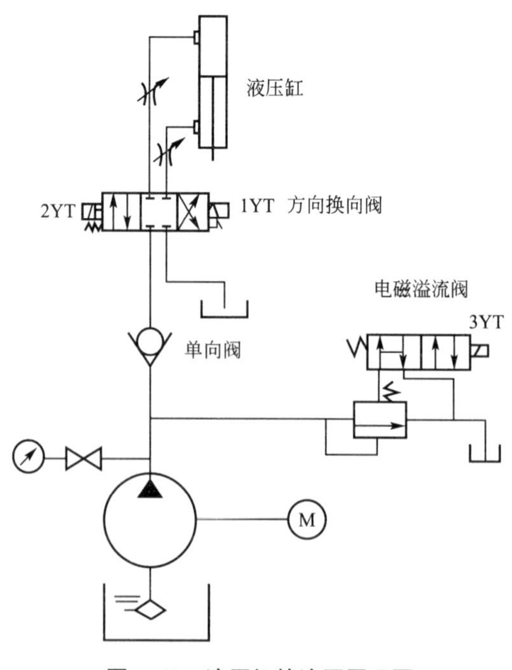

图 4.69　液压机的液压原理图

解：(1) 分析：完成上述动作功能，液压成型机所用的液压原理图如图 4.69 所示。为了实现液压成型机的动作，采用动合按钮 SB_2 起动液压泵电动机 M，动断开关 SB_3 停止液压泵电动机 M。液压泵电动机起动后，在液压机模具未动作时，电磁溢流阀 3YT

得电，电磁溢流阀卸荷，然后按下起动按钮 SB_1，模具下行，碰到下位上行程开关 SQ_1，保持 10s，模具上行，碰到上位上行程开关 SQ_2，模具停止(也可设计自动下行自动循环)。在此控制电路中，还设有液压泵电动机停止按钮 SB_3，为了机床调整方便，还可设置模具下行点动按钮 SB_4、模具上行点动按钮 SB_5 及急停按钮 SB_5。

液压成型机工作时，1YT、2YT、3YT 得、失电情况见表 4－40。

表 4－40　1YT、2YT、3YT 得、失电情况

工作情况	1YT	2YT	3YT
泵起动，模具不上、下行时	−	−	+
模具下行时	+	−	−
模具上行时	−	+	

(2) 画出功能图，如图 4.70 所示。

(3) 进行 I/O 及标志位存储器 M 等地址分配，画出硬件接线图，如图 4.71 所示。

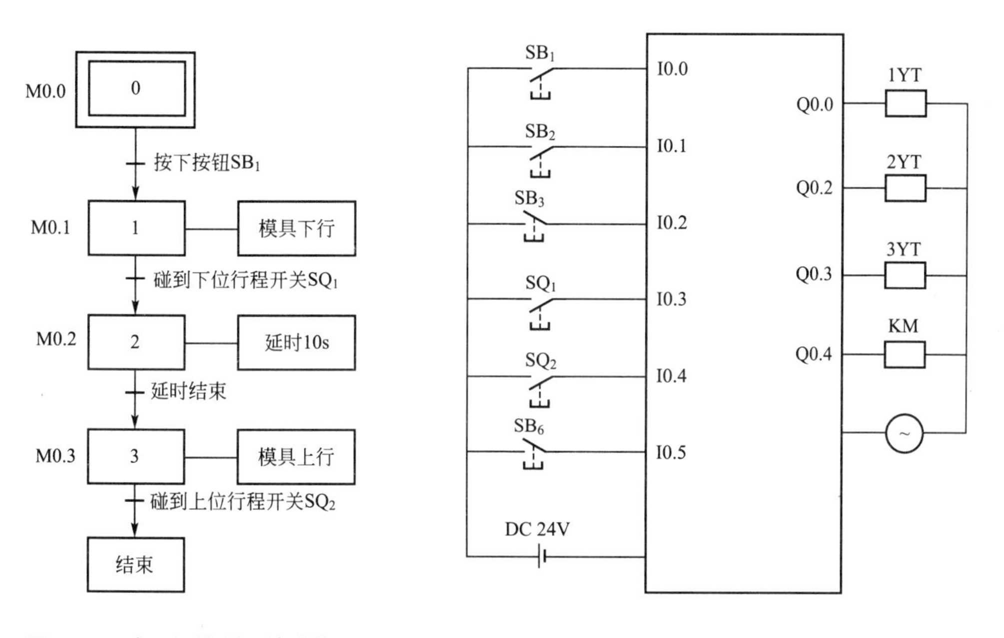

图 4.70　液压机控制系统功能图

图 4.71　液压成型机电气系统硬件图

输入端：I0.0 为模具下行起动按钮 SB_1；I0.1 为液压泵电动机起动按钮 SB_2；I0.2 为液压泵电动机停止按钮 SB_3；I0.3 为液压泵下行点动按钮 SB_4；I0.4 为模具上行点动按钮 SB_5；I0.5 为急停按钮 SB_6；I0.6 为下位行程开关 SQ_1；I0.7 为上位行程开关 SQ_2。

输出端：Q0.0 为模具下行电磁线圈 1YT；Q0.1 为模具上行电磁线圈 2YT；Q0.2 为电磁溢流阀 3YT；Q0.3 为液压泵电动机控制接触器 KM。

标志位存储器 M：M0.0 为第 0 步标志位；M0.1 为第 1 步标志位；M0.2 为第 2 步标志位；M0.3 为第 3 步标志位。

(4) 根据随机逻辑控制的编程方法进行编程，如图 4.72 所示。

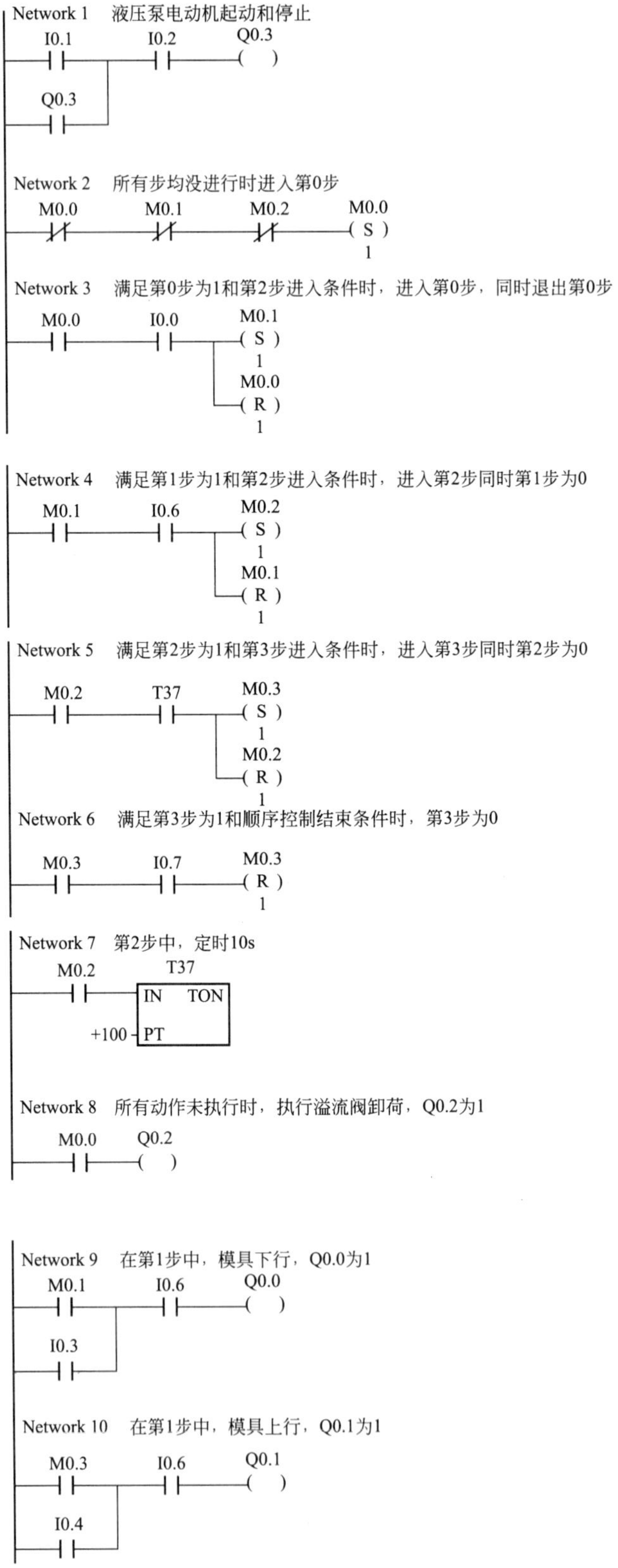

Network 1　液压泵电动机起动和停止

I0.1　I0.2　Q0.3 ( )

Q0.3

Network 2　所有步均没进行时进入第0步

M0.0　M0.1　M0.2　M0.0 (S) 1

Network 3　满足第0步为1和第2步进入条件时，进入第0步，同时退出第0步

M0.0　I0.0　M0.1 (S) 1

M0.0 (R) 1

Network 4　满足第1步为1和第2步进入条件时，进入第2步同时第1步为0

M0.1　I0.6　M0.2 (S) 1

M0.1 (R) 1

Network 5　满足第2步为1和第3步进入条件时，进入第3步同时第2步为0

M0.2　T37　M0.3 (S) 1

M0.2 (R) 1

Network 6　满足第3步为1和顺序控制结束条件时，第3步为0

M0.3　I0.7　M0.3 (R) 1

Network 7　第2步中，定时10s

M0.2　T37

IN　TON

+100　PT

Network 8　所有动作未执行时，执行溢流阀卸荷，Q0.2为1

M0.0　Q0.2 ( )

Network 9　在第1步中，模具下行，Q0.0为1

M0.1　I0.6　Q0.0 ( )

I0.3

Network 10　在第1步中，模具上行，Q0.1为1

M0.3　I0.6　Q0.1 ( )

I0.4

图 4.72　液压成型机控制系统单一循环程序

若把液压成型机控制系统看作一个全局循环结构的顺序控制，功能图参见图4.62，则需要在结束的位置(第6步)设置一个循环结束标志位M0.4，与图4.72程序相比，网络2、网络3和网络6需要进行修改，全自动时修改程序如图4.73所示。

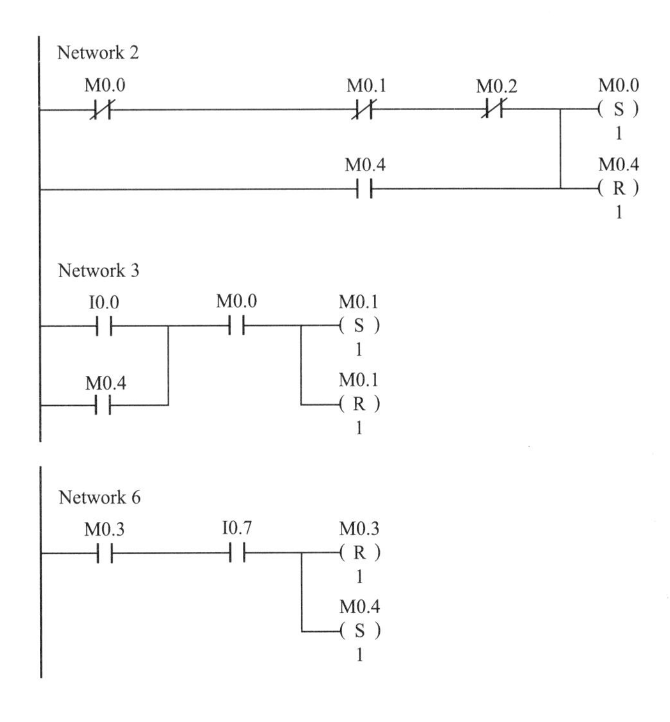

图4.73 液压机控制系统全自动循环修改程序

【例4.26】 有一深孔钻机用两只钻头同时钻两个孔。控制系统要求：操作人员放好工件后，按下起动按钮SB_1，夹具夹紧工件，夹紧行程开关SQ_1动作，两只钻头同时开始钻孔，钻到由行程开关SQ_2和SQ_4设定的孔加工深度时分别上行，回到由行程开关SQ_3和SQ_5设定的起始位置时停止上行；两个都到位后，工件松开，松开到位后，加工结束，系统返回到原始状态，要求设计该钻机控制系统并编程。

解： 本控制系统为带全局循环的并行分支结构顺序控制。

(1) 分析控制任务：为了实现该系统的功能，首先必须明确该系统的机械与电气结合的实现方式，该钻机的夹紧动作和钻头的上、下运动可用由液压系统来实现，大、小钻头在上、下运动中还有钻头的切削旋转运动，因此该钻机必须有3个电动机来驱动，即液压泵电动机和大、小钻头的钻削驱动电动机，该专用深孔钻机液压原理图如图4.74所示。

根据题意，输入设备：液压泵电动机起动按钮SB_1、停止按钮SB_2、工作时起动按钮SB_3、急停行程开关SB_4、夹紧到位行程开关SQ_1、大钻头限位行程开关SQ_2、SQ_3，小钻头限位行程开关SQ_4、SQ_5。输出设备：液压泵电动机接触器KM_1和大、小钻头钻削驱动电动机KM_2(一个接触器控制)，液压系统中1YT、2YT、3YT、4YT、5YT、6YT(系统中的输入也可根据实际增减)。

(2) 画出功能图，如图4.75所示。

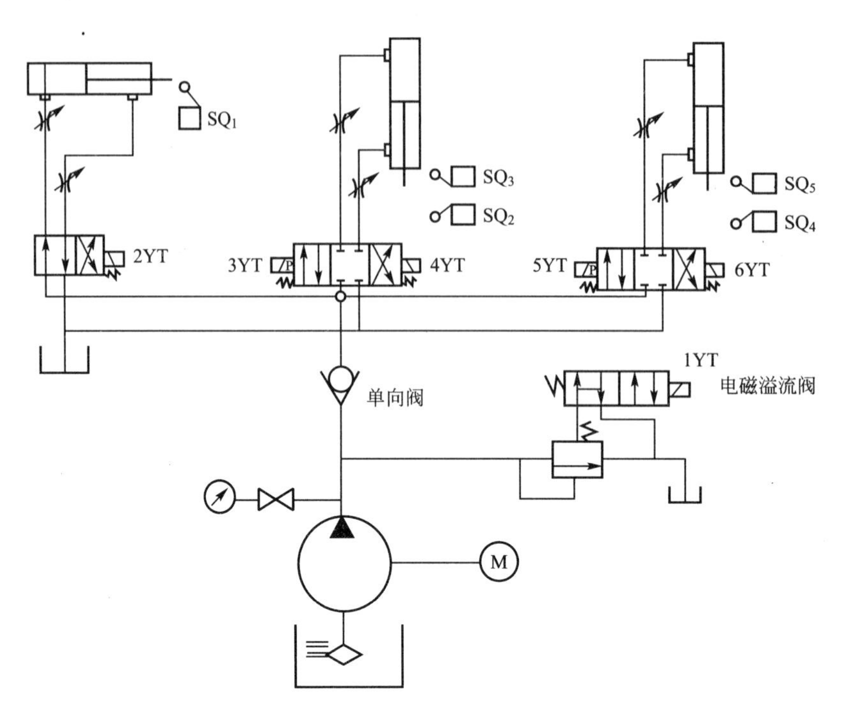

图 4.74　专用钻机液压原理图

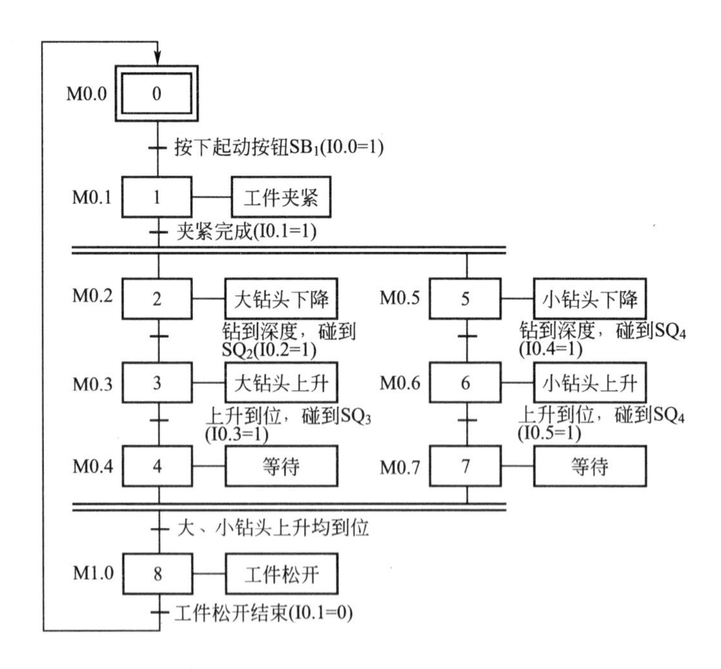

图 4.75　专用钻机控制系统功能图

(3) 进行 I/O 及标志位存储器 M 等地址分配，画出硬件接线图，如图 4.76 所示。

输入端：I0.0 为起动按钮 SB_1；I0.1 为夹紧行程开关 SQ_1；I0.2 为大钻头下位行程开关 SQ_2；I0.3 为大钻头上位行程开关 SQ_3；I0.4 为小钻头下位行程开关 SQ_4；I0.5 为小钻头上位

行程开关 SQ_5；I0.6 为液压泵电动机起动按钮 SB_2；I0.7 为液压泵电动机停止按钮 SB_3；I0.8 为急停按钮 SB_4。

输出端：Q0.0 为电磁溢流阀 1YT；Q0.1 为夹紧换向阀 2YT；Q0.2 为大钻头下行换向阀 3YT；Q0.3 为大钻头上行换向阀 4YT；Q0.4 为小钻头下行换向阀 5YT；Q0.5 为小钻头上行换向阀 6YT；Q0.6 为液压泵电动机 KM_1；Q0.7 为大、小钻头切削电动机 KM_2。

标志位：M0.0 为第 0 步标志位；M0.1 为第 1 步标志位；M0.2 为第 2 步标志位；M0.3 为第 3 步标志位；M0.4 为第 4 步标志位；M0.5 为第 5 步标志位；M0.6 为第 6 步标志位；M0.7 为第 7 步标志位；M0.8 为第 8 步标志位。

根据随机逻辑控制的一般编程方法进行编程，如图 4.77 所示。由于该控制系统具有全局循环结构特点，因此在顺序控制结束时增加一个循环结束标志位 M1.1。

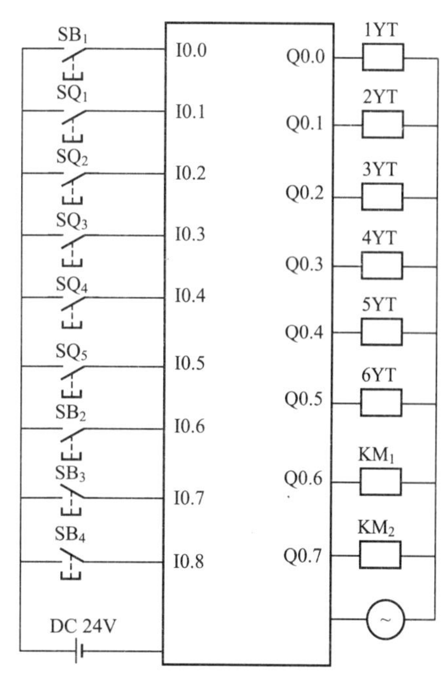

图 4.76 专用钻床控制系统硬件图

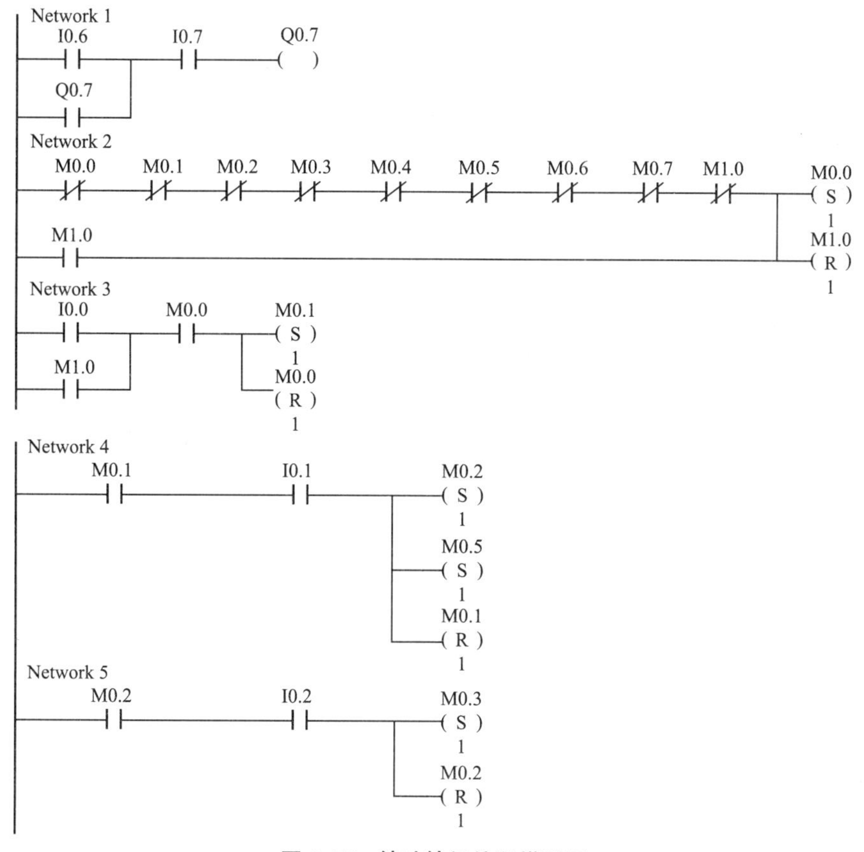

图 4.77 钻孔钻机编程梯形图

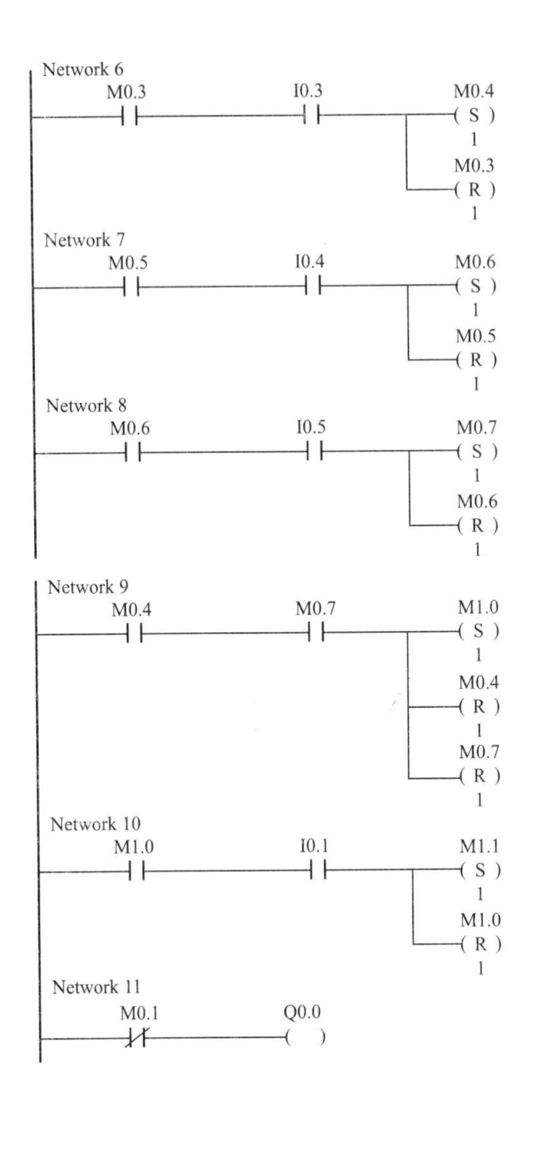

图 4.77 钻孔钻机编程梯形图（续）

复习思考题

1. S7－200 系列 PLC 有哪些输出方式？各适应于什么类型的负载？
2. S7－200 系列 PLC 的一个机器扫描周期分为哪几个阶段？各执行什么操作？
3. S7－200 系列 PLC 有哪两种寻址方式？
4. S7－200 系列 PLC 有哪些内部元器件？各元件地址分配和操作数范围怎么确定？
5. S7－200 系列 PLC 有哪几类扩展模块？最大可扩展的 I/O 地址范围是多大？
6. 梯形图程序能否转换成语句表程序？所有语句表程序是否均能转换成梯形图程序？

7. 写出与梯形图程序(图 4.78)对应的语句表指令。

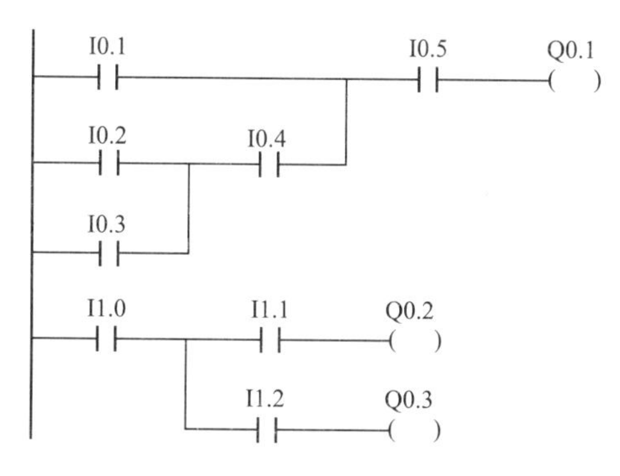

图 4.78　题 7 梯形图

8. 根据下列语句表程序，写出梯形图程序。

```
LD     I0.0
A      I0.6
AN     I0.1
=      Q0.1
LD     I0.2
LPP
A      I0.3
A      I0.7
O      I0.4
=      Q0.2
```

9. 使用置位、复位指令，编写两台电动机的控制程序，程序控制要求如下：

(1) 起动时，电动机 M_1 先起动才能起动电动机 M_2；停止时，电动机 M_1、M_2 同时停止。

(2) 起动时，电动机 M_1、M_2 同时起动；停止时，只有电动机 M_2 停止后电动机 M_1 才能停止。

10. 运用算术运算指令完成下列算式的运算。

(1) [(100+200)×10]/3。

(2) 6 的 78 次方。

(3) 求 sin65°的函数值。

11. 用逻辑操作指令编写一段数据处理程序，实现累加器 AC0 与 VW100 存储单元数据的逻辑与操作，并将运算结果存入累加器 AC0。

12. 编写一段程序，将 VB100 开始的 50 个字节的数据传送到 VB100 开始的存储区。

13. 分析寄存器移位指令和左、右移位指令的区别。

14. 使用顺序控制程序结构，编写出实现红、黄、绿 3 种颜色信号灯循环显示程序(要求循环间隔时间为 1s)，并画出该程序设计的功能流程图。

15. 编写一段输出控制程序，假设有 8 个指示灯，从左到右每间隔 0.5s 依次点亮，到达最右端后，再从左到右依次点亮，如此循环显示。

16. 已知硬件如图 4.79 所示，SA 为开关，接触器 KM_1 控制电动机 M 的起停，试分别编程实现：

（1）闭合 SA，接通 KM_1，电动机 M 转动。断开 SA，电动机 M 停止。

（2）闭合 SA 后 20s，接通 KM_1 电动机 M 转动。断开 SA，电动机 M 停止。

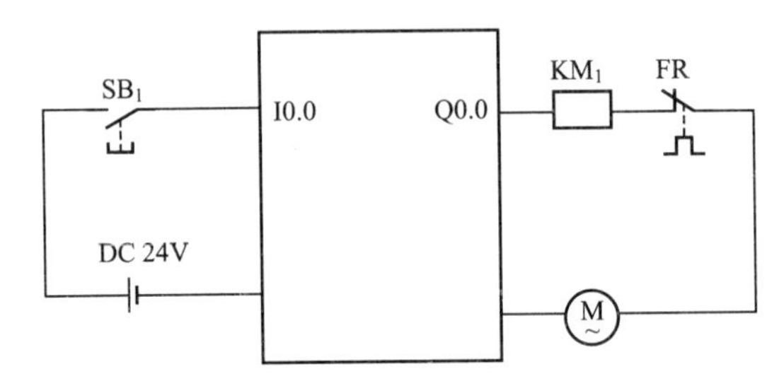

图 4.79　题 16 硬件图

第5章 交流电动机变频调速技术

知识要点	掌握程度	相关知识
变频调速原理	了解交流电动机结构； 熟悉变频调速原理； 熟悉交流变频调速组成	交流电动机； 交-交变频，交-直-交变频； 无刷直流调速系统
变频器使用	掌握变频器的选择； 掌握变频器的正确使用	变频器类型、特点； 变频器安装、调试

导入案例

变频器的应用

风机类负载，是使用量大面广设备，在各行业得到了普遍应用。传统的风量调节多数是通过调节挡板开度来调节风量的，浪费大量电能。石家庄炼油厂65t/h中压锅炉是为回收催化裂化装置生产中产生的一氧化碳气而设置的主要动力设备，由于燃烧燃料的不同，所需风量相差近一倍，为此，人们对锅炉风机采用变频调速控制，去掉了风机挡板，年节电67万度，节电率为67.7%，锅炉燃烧率提高1.6%～2.7%，节省燃料油989～1628t。大庆华能新华电厂在20万机组引风机上装备了2台1250kW/6kV变频器，是我国电力行业大型机组的首次应用，在有功负荷80～180MW间运行节约电能31%～56.3%。

转炉类负载，用交流变频替代直流机组简单可靠，运行稳定。1994年5月1日，承德钢铁公司炼钢厂三套20t转炉直流拖动系统全部处于故障状态，拟寻求一个“又快又好”的恢复生产的调速方式，请来了我国电气传动专家刘宗富教授。在刘教授的建议下，由该公司经理定案，20t转炉倾动和氧枪升降采用交流变频调速拖动，从供货到安装、调试，经过13天，三台转炉全部正常投入生产。这是我国20t转炉倾动和氧枪升降第一次采用变频调速。经过多年的生产应用，该系统运行稳定可靠，技术指标完全满足工艺要求。转炉、氧枪主传动系统引起的热停工减少90%以上，年增产1.5万t钢，节电22万度，直接经济效益231万元。

现在讲究环保、节能、可持续发展，如何在给人类提供方便舒适的生活环境的条件下尽量地节约能源成为社会的热点话题。中央空调是现代化楼宇不可缺少的一部分，随着我国经济的不断发展和城市化进程的不断推进，中央空调的应用越来越广泛。但是中央空调的能耗非常大，占整个建筑总用电量的60%～70%。对中央空调系统的节能研究、节能改造显得尤为重要。

中央空调系统绝大部分时间不会运行在满负荷状态，存在较大的富余，所以节能的潜力就较大。其中，冷冻主机可以根据负载变化随之加载或减载，冷冻水泵和冷却水泵却不能随负载变化作出相应调节，存在很大的浪费。水泵系统的流量与压差是靠阀门和旁通调节来完成的，因此，不可避免地存在较大截流损失和大流量、高压力、低温差的现象，不仅浪费大量电能，而且还造成中央空调最末端达不到合理效果的情况。

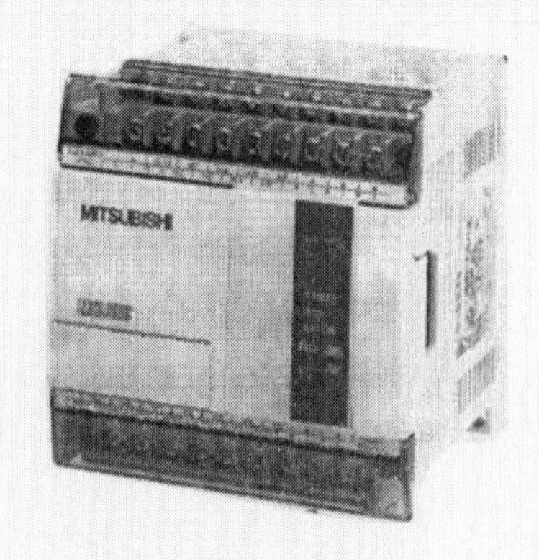

图5.0　三菱变频器外形结构

再因水泵的频繁起动造成的机械冲击和停泵时水锤现象，容易对水泵系统造成破坏，从而增加维修工作量和备品、备件费用。采用变频器(图5.0所示为三菱变频器)后，能根据冷冻水泵和冷却水泵负载变化随之调整水泵电动机的转速，在满足中央空调系统正常工作的情况下使冷冻水泵和冷却水泵作出相应调节，以达到节能目的，并相应延长了水泵系统的寿命。

交流调速系统可分为异步电动机调速系统和同步电动机调速系统。三相异步电动机是使用最广泛的一类电动机，其控制技术也是整个机电传动控制技术中最活跃的一个分支，内容十分广泛。

由异步电动机工作原理可知，从定子传入转子的电磁功率 P_e 可分为两部分：一部分是电动机轴上的功率 $P_m=(1-S)P_e$；另一部分是转差功率 $P_s=SP_e$，与转差率 S 成正比。转差功率如何处理，无论是消耗掉还是回馈给电网，均可衡量异步电动机调速系统的效率高低。因此按转差功率处理方式的不同可以把现代异步电动机调速系统分为以下三类：

(1) 转差功率消耗型调速系统。全部转差功率都转换成热能的形式消耗掉。晶闸管调压调速属于这一类。在异步电动机调速系统中，这类系统的效率最低，它以增加转差功率的消耗为代价来换取转速的降低。但是，由于这类系统结构最简单，所以在要求不高的小容量场合还有一些应用。

(2) 转差功率回馈型调速系统。转差功率一小部分消耗掉，大部分通过变流装置回馈给电网，转速越低，回馈的功率越多。绕线式异步电动机串极调速和双馈调速属于这一类。显然这类调速系统效率较高。

(3) 转差功率不变型调速系统。转差功率中转子铜耗部分的消耗是不可避免的，但在这类系统中，无论转速高低，转差功率的消耗基本不变，因此效率很高。变频调速属于此类。由同步电动机转速公式 $n_0=60f/p$。可知，同步电动机唯一依靠变频调速。由于 $n=n_0$，故没有转差功率，其变频调速自然也属于转差功率不变型的调速系统。随着异步电动机变频调速的发展，同步电动机的变频调速也已日趋成熟。根据频率控制方式的不同，同步电动机调速系统可分为两类，即他控式变频调速系统和自控式变频调速系统。前者和异步电动机的变频原理相同，后者主要是永磁同步电动机调速系统。

长期以来，在电动机调速领域中，直流调速方案一直占主要地位。20 世纪 60 年代以后，电力电子技术的发展和应用，现代控制理论的发展和应用，微机控制技术及大规模集成电路的发展和应用为交流调速的飞速发展创造了技术和物质条件。

20 世纪 90 年代以来，机电传动领域面貌焕然一新。各种类型的鼠笼式异步电动机压频比恒定的变压变频调速系统、同步电动机变频调速系统、交流电动机矢量控制系统、鼠笼式异步电动机直接转矩控制系统等，在工业生产的各个领域中都得到广泛应用，覆盖了机电传动调速控制的各个方面。电压等级从 110～10000V、容量从数百瓦的伺服系统到数千万瓦的特大功率传动系统，从一般要求的调速传动到高精度、快响应的高性能的调速传动，从单机调速传动到多机协调调速传动，几乎无所不有。交流调速技术的应用为工农业生产及节省电能方面带来了巨大的经济和社会效益。现在，交流调速系统正在逐步地全面取代直流调速系统。目前在交流调速系统中，变频调速应用最多、最广泛，变频调速技术及其装置仍是 21 世纪的主流技术和主流产品。

现代交流调速系统由交流电动机、电力电子功率变换器、控制器和电量检测器四大部分组成，如图 5.1 所示。电力电子功率变换器与控制器及电量检测器集于一体，称为变频器(变频调运装置)，如图 5.1 内框虚线所包括的部分。从系统方面定义，图 5.1 外框虚线所包括的部分称为交流调速系统。

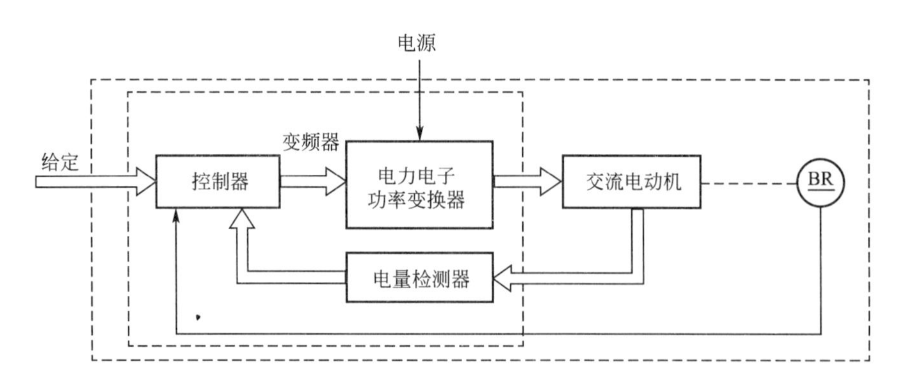

图 5.1 现代交流调速系统组成示意图

5.1 鼠笼式异步电动机变压变频调速系统

对于鼠笼式异步电动机的变压变频调速，必须同时改变供电电源的电压和频率。现有的交流供电电源都是恒压恒频的，必须通过变频装置，才能获得变压变频的电源。这样的装置通称为变压变频(Variable Voltage Variable Frequency，VVVF)装置。现在的变压变频装置几乎无一例外地都使用静止式电力电子变压变频装置(以下简称为变频器)。

5.1.1 变频器的基本构成与分类

从结构上看，变频器分为交-交和交-直-交两种形式。交-交变频器可将工频交流直接变换成频率、电压均可控制的交流，它又称直接式变频器，如图 5.2 所示。而交-直-交变频器则是先把工频交流电通过整流变成直流电，然后把直流电变换成频率、电压均可控制的交流电，其中设有中间直流环节，它又称为间接式变频器。目前应用较多的是交-直-交变频器。

1. 变频器的基本构成

交频器的基本构成如图 5.3 所示，由主电路(包括整流器、中间直流环节、逆变器)和控制电路组成。

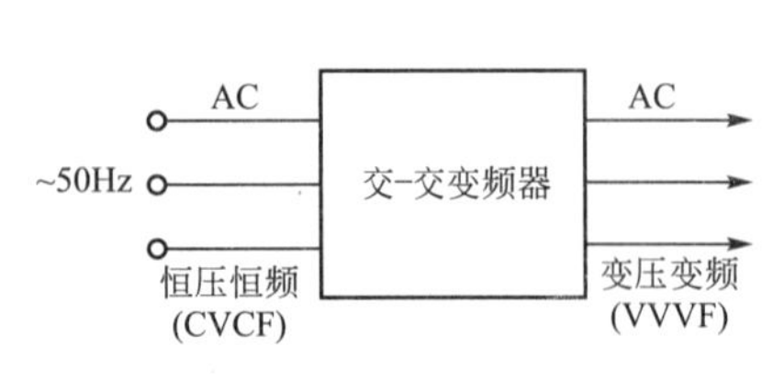

图 5.2 交-交变频器

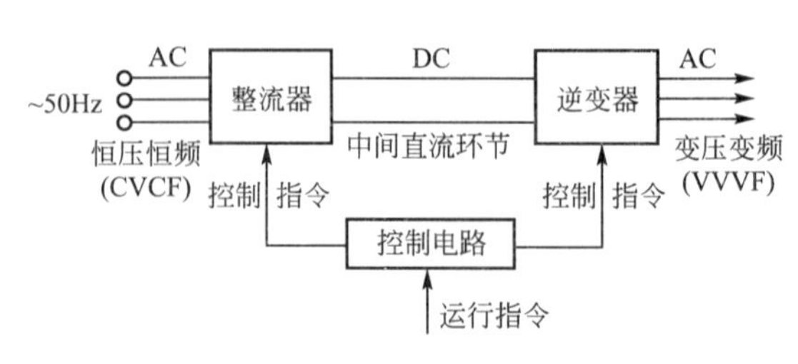

图 5.3 交-直-交变频器的基本构成

(1) 整流器。整流器的作用是把三相或单相交流电变成直流电。

(2) 逆变器。最常用的逆变器是三相桥式逆变电路。有规律地控制逆变器中主开关元器件的通与断，可以得到任意频率的三相交流电输出。

(3) 中间直流环节。由于逆变器的负载为异步电动机，属于感性负载，其功率因数不会为1，因此，在中间直流环节和电动机之间总含有无功功率的交换。这种无功能量要靠中间直流环节的储能元件(电容器或电抗器)来缓冲。

(4) 控制电路。控制电路通常由运算电路，检测电路，控制信号的输入、输出电路和驱动电路等构成。其主要任务是完成对逆变器的开关控制，对整流器的电压控制及完成各种保护功能等。控制方法可以采用模拟控制或数字控制。高性能的变频器目前已经采用微机进行全数字控制，采用尽可能简单的硬件电路，主要靠软件来完成各种功能。由于软件的灵活性，数字控制方式可以完成模拟控制方式难以完成的功能。

按照不同的控制方式，交-直-交变频器又可分成图5.4所示的3种。

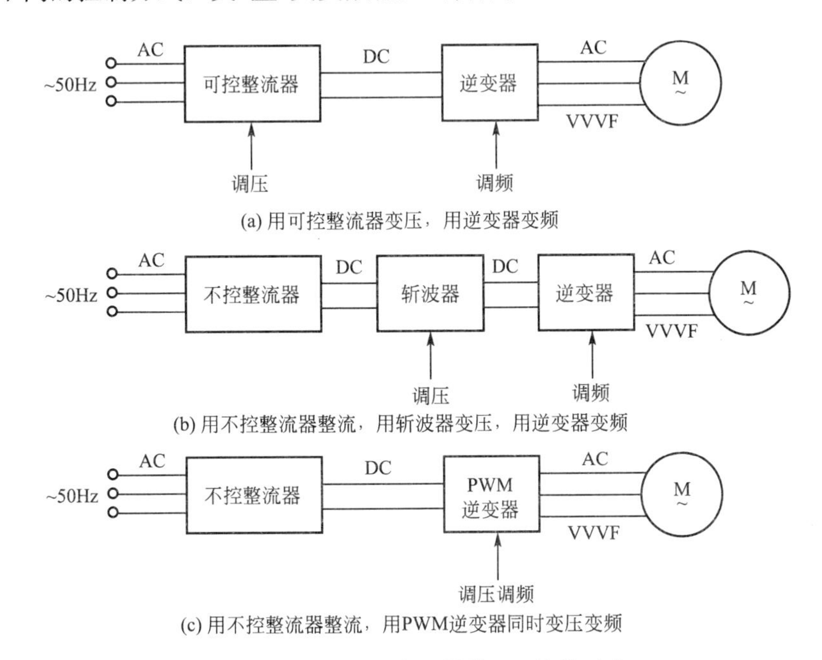

图5.4 交-直-交变频器的不同结构形式

① 用可控整流器变压，用逆变器变频［图5.4(a)］。这种装置的调压和调频分别在两个环节上进行，二者要在控制电路上协调配合。其优点是结构简单，控制方便，器件要求低；缺点是功率因数小，谐波较大，器件开关频率低。

② 用不控整流器整流，用斩波器变压，用逆变器变频［图5.4(b)］。这种装置的整流环节采用二极管不控整流器，再增设斩波器，用脉宽调压。其优点是功率因数高，整流和逆变干扰小，缺点是构成环节多，谐波较大，调速范围不宽。

③ 用不控整流器整流，用PWM逆变器同时变压变频［图5.4(c)］。用不控整流器整流，则功率因数高；用PWM逆变，则谐波可以减小。这样，前两种装置的缺点都解决了。谐波能够减小的程度取决于开关频率，而开关频率则受器件开关时间的限制。在采用可控关断的全控式器件以后，开关频率得以大大提高，输出波形几乎可以得到非常逼真的正弦波。若采用SPWM逆变器构成变压变频器，则可进一步改善调速系统的性能。SPWM变压变频器具有如下的主要特点：

a. 主电路只有一组可控的功率环节，简化了结构。

b. 采用了不控整流器，使电网功率因数接近于1，且与输出电压大小无关。

c. 逆变器同时实现调频与调压，系统的动态响应不受中间直流环节滤波器参数的影响。

d. 可获得比常规六拍阶波更接近正弦波的输出电压波形，因而转矩脉冲小，大大扩展了传动系统的调速范围，提高了系统的性能。

交-直-交 SPWM 变压变频装置已成为当前应用最多的一种结构形式。

2. 变频器的分类

变频器的分类方法很多，下面仅按直流电源的性质分类。

在变频调速系统中，变频器的负载通常是异步电动机，而异步电动机属于感性负载，其电流落后于电压，功率因数是滞后的，负载需要向电源吸取无功能量，在间接变频器的直流环节和负载之间将有无功功率的传输。由于逆变器中的电力电子开关器件无法储存能量，所以为了缓冲无功能量，在直流环节和负载之间必须设置储能元件。根据储能元件的不同，变频器可以分为电压型和电流型。

1）电压型变频器

电压型变频器的特点是在交-直-交变压变频装置的直流侧并联一个滤波电容，如图5.5(a)所示，用来储存能量以缓冲直流回路与电动机之间的无功功率传输。从直流输出端看，并联大电容，电源的电压得到稳定，其等效阻抗很小，因此具有恒电压源的特性，逆变器输出的电压为比较平直的矩形波。

对负载电动机而言，电压型变频器是一个交流电压源，在不超过容量限度的情况下，可以驱动多台电动机并联运行，具有不选择负载的通用性。这种线路结构简单，使用比较广泛；缺点是电动机处于再生发电状态，回馈到直流侧的无功能量难以回馈给交流电网。要实现这部分能量向电网的回馈，必须采用可逆变流器。同时因存在较大的滤波电容，动态响应较慢。

2）电流型变频器

电流型变频器的特点是在交-直-交变压变频装置的直流回路中串入大电感，如图5.5(b)所示，利用大电感来限制电流的变化，用以吸收无功功率。因串入了大电感，电源的内阻很大，类似于恒电流源，故逆变器输出的电流为比较平直的矩形波。

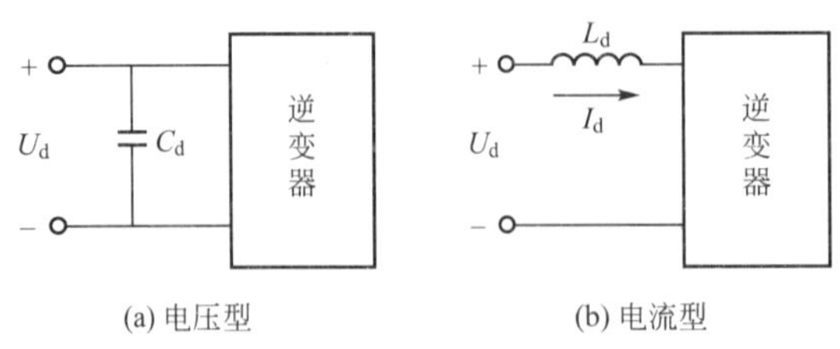

图5.5 电压型和电流型间接变压变频装置

电流型变频器的一个较突出的优点是当电动机处于再生发电状态时，回馈到直流侧的再生电能可以方便地回馈到交流电网，不需在主电路内附加任何设备。这种电流型变频器可用于频繁急加减速的大容量电动机的传动，在大容量风机、泵类节能调速中也有应用。

近年来，电流型变频器拖动受到了广泛的重视，但电流型变频器仅适用于中、大型单机拖动，拖动多电动机尚在研究中。此外，它的逆变范围稍窄，不能在空载状态下工作。

5.1.2 模拟式IGBT－SPWM－VVVF交流调速系统

图5.6为采用模拟电路的IGBT－SPWM－VVVF交流调速系统原理图。

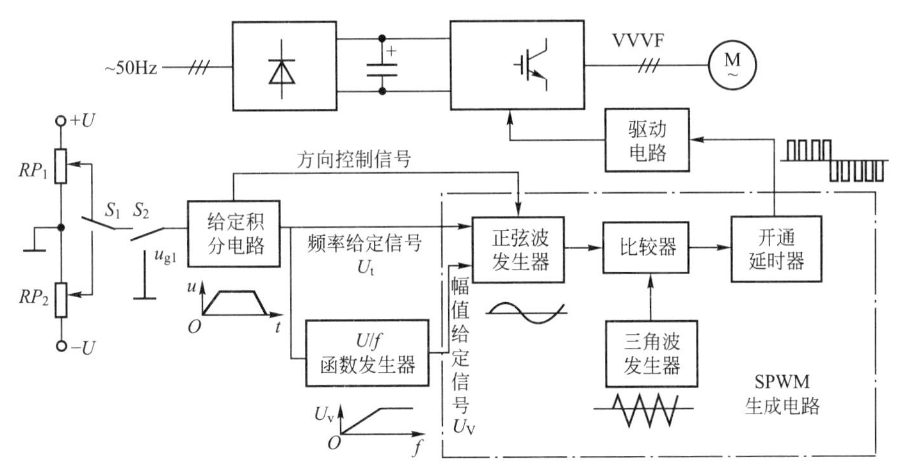

图5.6 采用模拟电路的IGBT－SPWM－VVVF交流调速系统原理图

1. 主电路

系统主电路为由三相二极管整流器和IGBT逆变器组成的交-直-交电压型变频电路。控制对象为三相异步电动机。IGBT采用专用驱动模块驱动。SPWM生成电路的主要作用是将由正弦波发生器产生的正弦信号波与三角波发生器产生的载波，通过比较器比较后，产生正弦脉宽调制波(SPWM波)。

2. 给定环节

在图5.6中，S_1为正、反向运转选择开关。电位器RP_1调节正向转速速。S_2为起动、停止开关。停车时，将输入端接地，防止干扰信号侵入。

3. 给定积分电路

给定积分电路的主体是一个具有限幅的积分环节，它将正、负阶跃信号转换成(上升和下降的，斜率均可调的，具有限幅的)正、负斜坡信号。正斜坡信号特使起动过程变得平稳，实现软起动，同时也减小了起动时的过大的冲击电流，负斜坡信号将使停车过程变得平稳。

4. U_1/f_1函数发生器

变压变频调速适合于基频(额定频率为f_{1N})以下调速。

在基频以下调速时，需要调节电源电压，否则电动机将不能正常运行。按照电机学的理论，由于三相异步电动机每相定子绕组的电压方程(相量式)为

$$\dot{U}_1=-\dot{E}_1+\dot{I}_1R_1+\mathrm{j}\,\dot{I}_1X_1=-\dot{E}_1+\dot{I}_1(R_1+\mathrm{j}X_1)=-\dot{E}_1+\dot{I}_1\dot{Z}_1$$

式中，$\dot{U}_1$为定子电压；$\dot{E}_1$为定子绕组中产生的感应电动势；$\dot{I}_1$为定子电流；R_1为定子绕组电阻；X_1为定子绕组感抗；$\dot{Z}_1$为定子绕组阻抗；$\dot{I}_1\dot{Z}_1$为定子电流在绕组阻抗上产生的电压降。

电动机在额定运行时，$\dot{I}_1\dot{Z}_1 \ll \dot{U}_1$，所以

$$U_1 \approx E_1 = 4.44 f_1 N_1 \Phi_m \tag{5-1}$$

式中，f_1 为定子中电源频率。

由式(5-1)有

$$\Phi_m \approx \frac{1}{4.44N_1}\frac{U_1}{f_1} \tag{5-2}$$

由于电源电压通常是恒定的，即 f_1 恒定，可见，当电压频率变化时，磁极下的磁通也将发生变化。

在电动机设计时，为了充分利用铁心通过磁通的能力，通常将铁心额定磁通 Φ_{mN}(或额定磁感应强度 B)选在磁化曲线的弯曲点(选得较大，已接近饱和)，以使电动机产生足够大的转矩(因转矩 T 与磁通 Φ_m 成正比)。若减小频率，则磁通将会增加，使铁心饱和，当铁心饱和时，要使磁通再增加，则需要很大的励磁电流。这将导致电动机绕组的电流过大，会造成电动机绕组过热，甚至烧坏电动机，这是不允许的。因此，比较合理的方案是，当降低 f_1 时，为了防止磁路饱和，就应使 Φ_m 保持不变，于是要保持 E_1/f_1 等于常数。但因 E_1 难以直接控制，故近似地采用 U_1/f_1 等于常数。这表明，在基频以下变频调速时，要实现恒磁通调速，应使电压和频率按比例地配合调节，这相当于直流电动机的调压调速，也称恒压频比控制方式。

由分析得知，SPWM 波的基波频率取决于正弦信号波的频率，SPWM 的基波的幅值取决于正弦信号波的幅值。U_1/f_1 函数发生器的设置，就是为了在基频以下产生一个与频率 f_1 成正比的电压，作为正弦信号波幅值的给定信号，以实现恒压频比(U_1/f_1 恒量)的控制。在基频以上，则实现恒压弱磁升速控制。

5. 开通延时器

开通延时器使得待导通的 IGBT 管在换相时稍作延时后再驱动(待桥臂上另一只 IGBT 完全关断)。这是为了防止桥臂上的两个 IGBT 管在换相时，一只没有完全关断而另一只却又导通，形成同时导通，造成短路。

综上所述，此系统的工作过程大致如下(图 5.6)：给定信号(给出转向及转速大小)→起动(或停止)信号→给定积分器(实现平稳起动、减小起动电流)→U_1/f_1 函数发生器(基频以下，恒压频比控制；基频以上，恒压控制)→SPWM 控制电路(由体现给定频率和给定幅值的正弦信号波与三角波载波比较后产生 SPWM 波)→驱动电路→主电路(IGBT 管三相逆变电路)→三相异步电动机(实现 VVVF 调速)。

此系统还设有过电压、过电流保护等环节及电源、显示、报警等辅助环节(图 5.6 中未画出)。因该系统未设转速负反馈环节，故它是一个转速开环控制系统。

此转速开环变频调速系统可以满足平滑调速的要求，但静态、动态性能都有限。转速负反馈闭环控制可以提高静态性能，提高调速系统的动态性能主要依靠控制转速的变化率 $\mathrm{d}n/\mathrm{d}t$(或 $\mathrm{d}\omega/\mathrm{d}t$)。由机电传动系统的运动方程式 $T_M - T_L = J\dfrac{\mathrm{d}\omega}{\mathrm{d}t}$ 知，控制$\dfrac{\mathrm{d}\omega}{\mathrm{d}t}$就要控制电动机的转矩 T_M。

可以证明，在转差率 S 很小的稳态运行范围内，保持气隙磁通 Φ_m 不变时，异步电动机的 T_M 近似与转差角频率 ω_s($\omega_s = S\omega_0$，ω_0 为同步角速度)成正比，控制转差频率就代表

控制转矩。所以采用转速闭环转差频率控制的变压变频调速系统就能获得较好的静、动态性能。具体的内容请参阅其他有关文献。

5.1.3 数字式恒压频比控制交流调速系统

图5.7是一种典型的数字控制通用变频器-异步电动机调速系统原理图。它包括主电路、驱动电路、微机控制电路、保护信号采集与综合电路，图中未绘出开关器件的吸收电路和其他辅助电路。

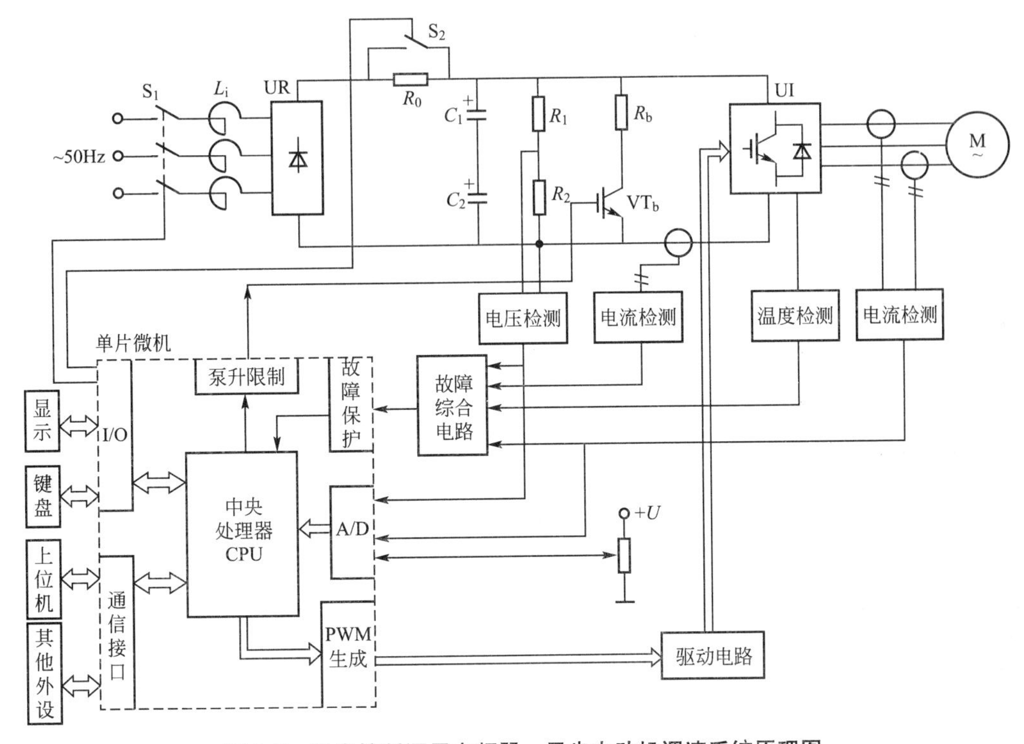

图5.7 数字控制通用变频器—异步电动机调速系统原理图

主电路由二极管整流器UR、全控开关器件IGBT或功率模块IPM组成的PWM逆变器UI与中间电压型直流电路三部分组成，构成交-直-交电压源型变压变频器。变频器采用单片微机进行控制，主要通过软件来实现变压、变频控制，SPWM控制和发出各种保护指令(包含上节中各单元的功能)，组成单片微机控制的IGBT－SPWM－VVVF交流调速系统。它也是一个转速开环控制系统，此系统的控制思路与上节是相同的。

需要设定的控制信息主要有U/f特性、工作频率、频率升高时间、频率下降时间等，还可以有一系列特殊功能的设定。低频时或负载的性质和大小不同时，须靠改变U/f函数发生器的特性来补偿，使系统的E_g/f达到恒定，在通用产品中称为“电压补偿”或“转矩补偿”。

实现补偿的方法有两种：一种方法是在微机中存储多条不同斜率和折线段的U/f函数，由用户根据需要选择最佳特性；另一种方法是采用霍尔电流传感器检测定子电流或直流回路电流，按电流大小自动补偿定子电压。但无论如何都存在过补偿或欠补偿的可能，这是开环控制系统的不足之处。

由于系统本身没有自动限制起动、制动电流的作用，因此，频率必须通过给定积分算法产生平缓的升速或降速信号来设定，升速和降速的积分时间可以根据负载需要由操作人员分别选择。综上所述，PWM 变压变频器的基本控制作用如图 5.8 所示。

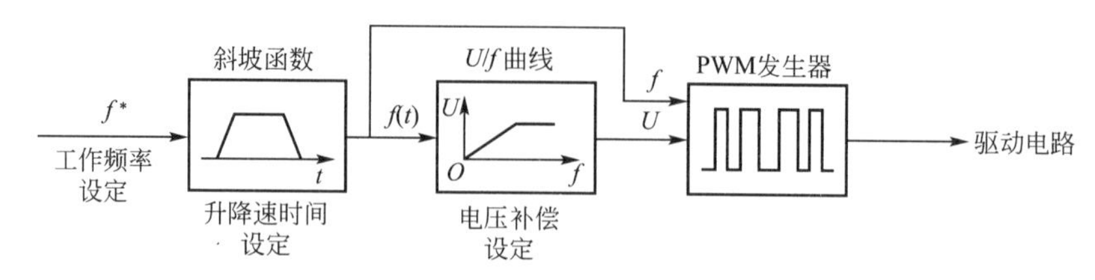

图 5.8　PWM 变压变频器的基本控制作用

下面对图 5.7 所示调速系统中的其他环节进行简单的介绍。

(1) 限流电阻 R_0和短接开关 S。由于中间直流电路与容量很大的电容器并联，在突加电源时，电源通过二极管整流桥对电容充电(突加电压时，电容相当于短路)，会产生很大的冲击电流，使元件损坏。为此在充电回路上，设置电阻 R_0(或电抗器)来限制电流。待加电源、起动过渡过程结束以后，为避免 R_0上继续消耗电能，可延时以自动开关 S 将 R_0短接。

(2) 电压检测与泵升限制。由于二极管整流器不能为异步电动机的再生制动提供反向电流的通路，所以除特殊情况外，通用变频器一般都用电阻(图 5.7 中的 R_b)吸收制动能量。减速制动时，异步电动机进入发电状态，并通过续流二极管向电容器充电，使电容上的电压随着充电的进行而不断升高，这样的高电压将会损坏元件。为此，在主电路设置了电压检测电路，当中间直流回路的电压(通称泵升电压)升高到一定的限制值时，通过泵升限制电路使开关器件 VT_b导通，将电动机释放出来的动能消耗在制动电阻 R_b上。为了便于散热，制动电阻器常作为附件单独装在变频器机箱外边。

(3) 进线电抗器。由于整流桥后面接有一个容量很大的电容，在整流时，只有当交流电压幅值超过电容电压时，才有充电电流流通，交流电压低于电容电压时，电流便终止，因此造成电流断续。这样电源供给整流电路的电流中会含有较多的谐波成分，会对电源造成不良影响(使电压波形畸变，变压器和线路损耗增加)。为了抑制谐波电流，容量较大的 PWM 变频器都应在输入端设有进线电抗器 L_i，也可以在整流器和电容器之间串接直流电抗器。L_i还可用来抑制电源电压不平衡对变频器的影响。

(4) 温度检测。温度检测主要是检测 IGBT 管壳的温度，当通过的电流过大、壳温过高时，微机将发出指令，通过驱动电路，使 IGBT 管迅速截止。

(5) 电流检测。由于此系统未设转速负反馈环节，所以通过在交流侧(或直流侧)检测到的电流信号，来间接反映负载的大小，使控制器(微机)能根据负载的大小对电动机因负载而引起的转速变化给予一定的补偿。此外，电流检测环节还用于电流过载保护。

以上这些环节，在其他类似的系统中也都可以采用。

现代 PWM 变频器的控制电路大都是以微处理器为核心的数字电路(图 5.7)，其功能主要是接收各种设定信息和指令，再根据它们的要求形成驱动逆变器工作的 PWM 信号。微机芯片主要采用 8 位或 16 位的单片机，或用 32 位的 DSP，现在已有应用 RISC 的产品出现。PWM 信号可以由微机本身的软件产生 PWM 端口输出，也可采用专用的 PWM 生成电路芯片。将出现故障时检测到的电压、电流、温度等信号经信号处理电路进行分压、光电隔离、滤波、放大等综合处理，再进入 A/D 转换器，输给 CPU 作为控制算法的依据，或者作为开关电平产生保护信号，从而对系统进行保护并加以显示。近年来，许多企业不断推出具有更多自动控制功能的变频器，使产品性能更加完善，质量不断提高。

5.2 矢量变换控制交流变频调速系统

矢量控制(Vector Control)又称为磁场定向控制(Field - Oriented Control)，是在 20 世纪 70 年代初由美国学者和德国学者各自提出的，它的诞生使交流变频调速技术在精细化方面大大迈进了一步。历经 40 多年，许多学者在实践中进行了大量的工作，经过不断改进，矢量控制现已达到了可与直流调速系统的性能媲美的程度。

矢量变换控制属闭环控制方式，是异步电动机调速实用化的最新技术。异步电动机矢量控制方式的运用，是近些年来交流异步电动机在调速技术方面能够快速发展并推广应用的重要原因之一。

5.2.1 异步电动机矢量变换控制原理

前面讨论的 VVVF 交流调速系统解决了异步电动机平滑调速的问题，使系统特别是中、小功率的交流调速系统，能够满足许多工业应用的要求。然而，其调速后的静、动态性能仍无法与直流双闭环调速系统相比，原因在于他励直流电动机的励磁电路和电枢电路是互相独立的，电枢电流的变化并不影响磁场，因此可以用控制电枢电流的大小去控制电磁转矩。而异步电动机的励磁电流和“负载电流”(转子电流通过电磁耦合，在定子电路中增加的电流)都在定子电路内(定子电流为励磁电流与转子电流折合过来的“负载电流”之和)，彼此相互叠加，其电流、电压、磁通和电磁转矩各量是相互关联的，而且属于强耦合状态。因此，交流异步电动机的控制问题变得相当复杂。如果在异步电动机中能对负载电流和励磁电流分别加以控制，那么，其调速性能就可以和直流电动机媲美了，这就是矢量控制的基本思想。

异步电动机的矢量控制的目的就是仿照直流电动机的控制方式，利用坐标变换的手段，把交流电动机的定子电流分解为磁场分量电流(相当励磁电流)和转矩分量电流(相当负载电流)分别加以控制。

为说明矢量控制的基本思想，必须先建立异步电动机(绕组)和直流电动机(绕组)物理模型间的等效变换。

由电动机结构及旋转磁场的基本原理可知，三相固定的对称绕组 A、B、C 通以三相平衡正弦交流电流 i_A，i_B，i_C 时，即产生转速为 ω_0 的旋转磁场(Φ)，如图 5.9(a)所示。

实际上，产生旋转磁场不一定非要三相不可，二相、四相等任意的多相对称绕组，通以多相平衡电流，都能产生旋转磁场。图 5.9(b)所示是两相固定绕组 α 和 β(位置上相差 90°)通以两相平衡交流电流 i_α和 i_β(时间上差 90°)时所产生的旋转磁场(Φ)，当旋转磁场的大小和转速都相同时，图 5.9(a)和图 5.9(b)所示的两套绕组等效。图 5.9(c)中有两个匝数相等、互相垂直的绕组 M 和 T，分别通以直流电流 i_M 和 i_T，产生位置固定的磁通 Φ_c。如果使两个绕组同时以同步转速旋转，那么磁通 Φ 自然随着旋转起来，这样也可以认为和图 5.9(a)与图 5.9(b)所示的绕组是等效的。

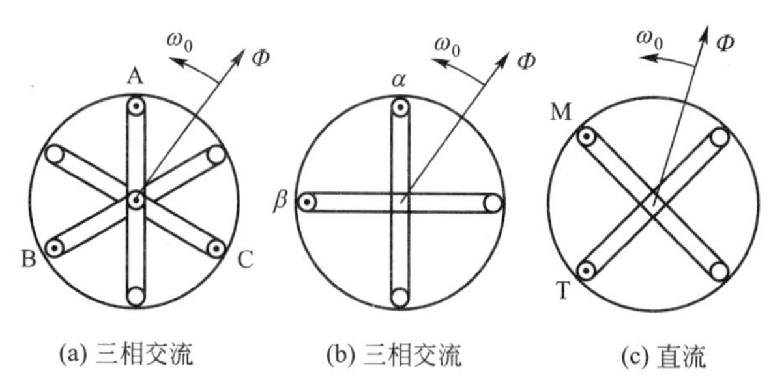

图 5.9　交流绕组与直流绕组等效原理图

可以想象，当观察者站到铁心上和绕组一起旋转时，所看到的是两个通以直流的相互垂直的固定绕组。如果取磁通 Φ 的位置和绕组 M 的平面正交，就和等效的直流电动机绕组没有差别了。其中，绕组 M 相当于励磁绕组，绕组 T 相当于电枢绕组。

由此可见，将异步电动机模拟成直流电动机进行控制，需要先将 A、B、C 静止坐标系表示的异步电动机矢量变换到以转子磁通方向为磁场定向并以同步速度旋转的 MOT 直角坐标系上，即进行矢量的坐标变换。可以证明，在 MOT 直角坐标系上，异步电动机的数学模型和直流电动机的数学模型是极为相似的。因此，人们可以像控制直流电动机一样去控制异步电动机，以获得优越的调速性能。

5.2.2　坐标变换与矢量变换

现在的问题是，如何求出 i_A、i_B、i_C 与 i_α、i_β 和 i_M 和 i_T 之间准确的等效关系，这就是坐标变换的任务。

1. 三相-两相变换

先考虑上述的第一种坐标变换——在三相静止绕组 A、B、C 和两相静止绕组 α、β 之间的变换，称为三相静止坐标系和两相静止坐标系间的变换或三相-两相变换，简称 3/2 变换。图 5.10 表示三相绕组 A、B、C 和与之等效的两相绕组 α、β 各相脉动磁动势矢量的空间位置。

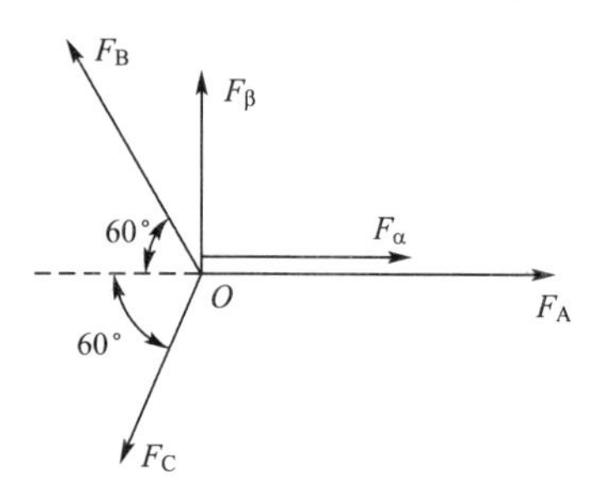

图 5.10　三相绕组与两相绕组等效磁动势空间位置图

现假定三相的 A 轴与等效的 α 轴重合，由于交流磁动势的大小随时间的变化而变化，图 5.10 中磁动势矢量的长度是随意的，设磁动势波形正弦分布，且只计其基波分量。按照合成旋转磁动势相同的变换原则，两套绕组瞬时磁动势在 α、β 轴上的投影应相等，即

$$F_\alpha = F_A - F_B\cos60° - F_C\cos60° = F_A - \frac{1}{2}F_B - \frac{1}{2}F_C$$

$$F_\beta = F_B\sin60° - F_C\sin60° = \frac{\sqrt{3}}{2}F_B - \frac{\sqrt{3}}{2}F_C$$

设两套绕组都为等效的集中整距绕组，且匝数相同，则电流表达式应为

$$i_\alpha = i_A - \frac{1}{2}i_B - \frac{1}{2}i_C \tag{5-3}$$

$$i_{\beta}=\frac{\sqrt{3}}{2}i_{B}-\frac{\sqrt{3}}{2}i_{C} \tag{5-4}$$

又根据旋转磁场原理，三相绕组的合成旋转磁动势基波幅值为

$$F=1.35I_3N$$

而两相绕组的合成旋转磁动势基波幅值则为

$$F=0.9I_2N \tag{5-5}$$

根据磁动势相等的原则，由 $1.35I_3N=0.9I_2N$ 得

$$I_2=\frac{3}{2}I_3 \tag{5-6}$$

为使两套绕组的标么值相等，将两相电流的基值定为三相绕组电流基值的3/2倍，则用标么值表示时，$I_2^*=I_3^*$，于是式(5-3)和式(5-4)可分别改写为

$$I_{\alpha}^*=\frac{2}{3}\left(i_A^*-\frac{1}{2}i_B^*-\frac{1}{2}i_C^*\right) \tag{5-7}$$

$$I_{\beta}^*=\frac{2}{3}\left(\frac{\sqrt{3}}{2}i_B^*-\frac{\sqrt{3}}{2}i_C^*\right) \tag{5-8}$$

这就是三相-两相变换方程式。经数学变换，也可得到两相-三相反变换式。

2. 两相-两相旋转变换

图5.9(b)和图5.9(c)中从两相静止坐标系 α、β 到两相旋转坐标系 M、T 相的变换称为两相-两相旋转变换，简称2s/2r变换，其中s表示静止，r表示旋转。把两个坐标系画在一起，即可得图5.11。图中，两相交流电流 i_α，i_β 和两个直流电流 i_M，i_T，产生同样的以同步转速 ω_0 旋转的合成磁动势 $\boldsymbol{F}_s$。由于各绕组匝数都相等，可以消去磁动势中的匝数，直接用电流表示，如 $\boldsymbol{F}_s$ 可以直接标成 $\boldsymbol{i}_s$。但必须注意，这里的电流都是空间矢量，而不是时间相量。$\boldsymbol{\Phi}$ 是旋转坐标轴的旋转磁通矢量。常取交链转子绕组的磁通 $\boldsymbol{\Phi}_2$ 作为这一基准磁通。

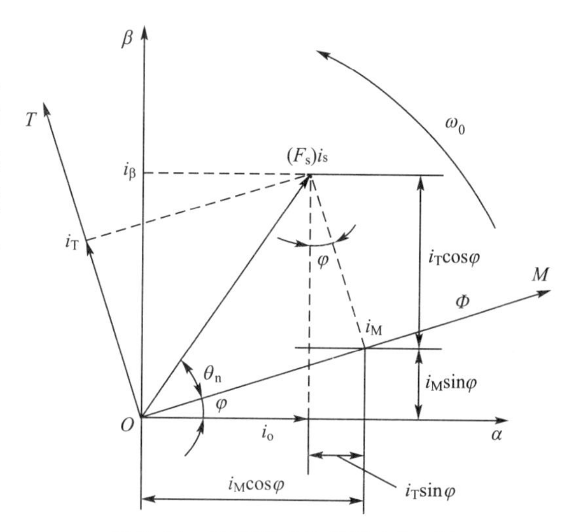

图5.11 两相静止和旋转坐标系与磁动势(电流)空间矢量

在图5.11中，M、T 轴和矢量 $\boldsymbol{F}_s(\boldsymbol{i}_s)$ 都以转速 ω_0 旋转，分量 i_M、i_T 的长短不变，相当于绕组 M、T 的直流磁动势。但 α、β 轴是静止的，α 轴与 M 轴的夹角 φ 随时间的变化而变化，因此 i_s 在 α、β 轴上的分量 i_α、i_β 的长短也随时间的变化而变化，它们相当于 α、β 绕组交流磁动势的瞬时值。由图5.11可见，i_α、i_β 和 i_M、i_T 之间存在下列关系

$$i_\alpha=i_M\cos\varphi-i_T\sin\varphi$$

$$i_\beta=i_M\sin\varphi+i_T\cos\varphi$$

在实际的矢量变换控制系统中，有时需将直角坐标变换为极坐标，用极径和极角来表示矢量。在图5.11中令矢量 $\boldsymbol{i}_s$ 和 M 轴的夹角为 θ，已知 i_M、i_T，求 i_s 和 θ_s，就是直角坐

标/极坐标变换，简称 K/P 变换。显然，其变换式应为

$$i_s=\sqrt{i_M^2+i_T^2} \tag{5-9}$$

$$\theta_s=\arctan\frac{i_T}{i_M} \tag{5-10}$$

当 θ_s 在 0°～90°之间变化时，$\tan\theta_s$ 的变化范围是 0～∞，这个变化幅度太大，在数字变换器中很容易溢出，因此常改用下列方式来表示 θ_s 值

$$\tan\frac{\theta_s}{2}=\frac{\sin\frac{\theta_s}{2}}{\cos\frac{\theta_s}{2}}=\frac{\sin\frac{\theta_s}{2}\left(2\cos\frac{\theta_s}{2}\right)}{\cos\frac{\theta_s}{2}\left(2\cos\frac{\theta_s}{2}\right)}=\frac{\sin\theta_s}{1+\cos\theta_s}=\frac{i_T}{i_s+i_M}$$

即

$$\theta_s=2\arctan\frac{i_T}{i_s+i_M} \tag{5-11}$$

式(5－11)可取代式(5－10)，作为 θ_s 的变换式。

5.2.3 异步电动机矢量控制变频调速系统的原理结构图

在前面的分析中已经阐明，以产生同样的旋转磁动势为准则，在三相坐标系上的定子交流电流 i_A、i_B、i_C 通过三相-两相变换可以等效成两相静止坐标系上的交流电流 i_α、i_β，再通过同步旋转变换，可以等效成同步旋转坐标系上的直流电流 i_M、i_T。如果观察者站到铁心上与坐标系一起旋转，所看到的便是一台直流电动机。通过控制，交流电动机的转子总磁通 Φ_r 可以等效成直流电动机的励磁磁通，故绕组 M 相当于直流电动机的励磁绕组，i_M 相当于励磁电流，绕组 T 相当于伪静止的电枢绕组，i_T 相当于与转矩成正比的电枢电流。

上述的等效变换可以设想为图 5.12 中的单元所进行的控制量的变换(即坐标量的变换)，图 5.12 也就是矢量控制构思的结构框图。图中，3/2 为三相-两相变换单元；VR 为同步旋转坐标变换单元；φ 为 M 轴与 α 轴的夹角，可通过供电电压、电流及转速的检测，然后间接换算得出。

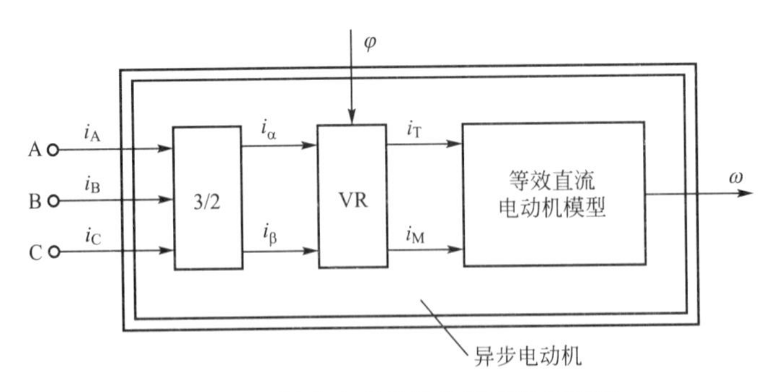

图 5.12 异步电动机的坐标变换结构图

3/2—三相-两相变换；VR—同步旋转变换；φ—M 轴与 α 轴(A 轴)的夹角

既然异步电动机经过坐标变换可以等效成直流电动机，那么，模仿直流电动机的控制策略，得到直流电动机的控制量，经过相应的坐标反变换，就能够控制异步电动机了。由于进行坐标变换的是电流(代表磁动势)的空间矢量，所以，通过坐标变换实现的控制系统

就叫作矢量控制系统(Vector Control System)，简称 VC 系统。VC 系统的原理结构如图 5.13所示，图中给定和反馈信号经过类似于直流调速系统所用的控制器，产生励磁电流的给定信号 i_M^* 和电枢电流的给定信号 i_T^*，经过反旋转变换 VR^{-1} 得到 i_α^* 和 i_β^*，再经过 2/3 变换得到 i_A^*、i_B^* 和 i_C^*。把这 3 个电流控制信号和由控制器得到的频率信号 ω_0 加到电流控制的变频器上，即可输出异步电动机调速所需的三相交频电流。

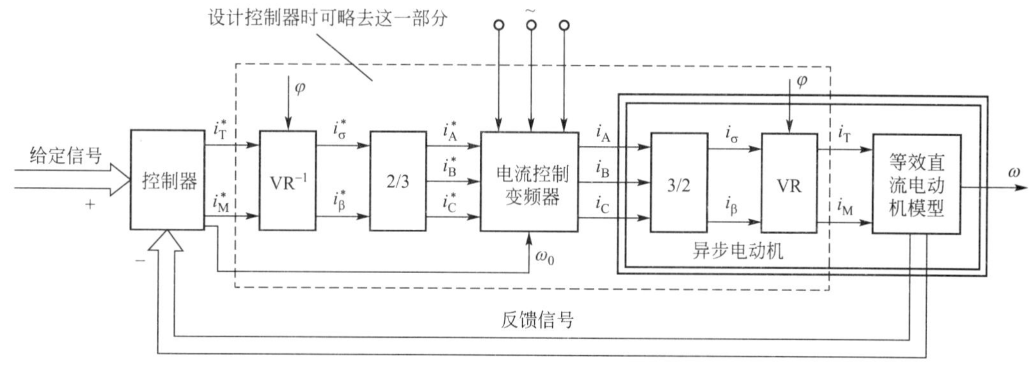

图 5.13 矢量控制系统原理结构图

在设计 VC 系统时，可以认为，在控制器后面的反旋转变换器 VR^{-1} 与电动机内部的旋转变换环节 VR 相抵消，2/3 变换环节与电动机内部的 3/2 变换环节相抵消，如果再忽略变频器可能产生的滞后，则图 5.13 中虚线框内的部分可以完全删去，剩下的就是直流调速系统了。可以想象，这样的矢量控制交流变压变频调速系统在静、动态性能上完全能够与直流调速系统媲美。

异步电动机的矢量控制是建立在动态数学模型的基础上的。因此矢量控制涉及大量的数学运算，特别是目前许多新系列的变频器设置了“无 PG 矢量控制”，PG(Pulse Generator，脉冲发生器)是指光电码盘等转速传感器。这里的无速度传感器的矢量控制方式并不表明系统无速度反馈，而是指该系统的速度反馈信号不是来自速度传感器，而是来自系统内部通过对旋转磁场的计算。这种控制方式，无需用户在变频器外部另设速度传感器及反馈环节，大大地方便了使用者。当然，这增加了系统内部的运算。目前，带矢量控制的变频器采用“精简指令集计算机(Reduced Instruction Set Computer，RISC)”。它是一种矢量微处理器，将指令执行时间缩短到纳秒级，运算速度相当于巨型计算机的水平。以 RISC 为核心的数字控制，可以实现无速度传感器矢量控制变频器的矢量控制运算、转速估算及 PID 调节器的在线实时运算，使交流调速系统的性能基本上达到直流调速系统的性能。

无论是直接矢量控制(转速、磁链闭环控制)还是间接矢量控制(磁链开环转差型控制)，都具有动态性能好、调速范围宽的优点，已在实践中获得普遍的应用，采用光电码盘转速传感器时，调速范围 D 一般可以达到 100。但实际上由于转子磁铁难以观测，系统动态性能受电动机参数变化的影响较大，加上复杂的矢量变换，使得它的实际控制效果难以达到理论分析的结果。为了避开旋转坐标变换，简化控制结构，控制定子磁链而不是转子磁链，不受转子参数变化的影响，继矢量控制系统之后发展起来的另一种高动态性能的交流电动机变压变频调速系统也得到快速发展。这种变频调速系统是利用转速环内转矩反馈直接控制电动机的电磁转矩，因而称为直接转矩控制(Direct Torque Control，DTC)系统，具体内容请参阅其他文献。

5.3 由交-交变频器供电的同步电动机调速系统

交-交变压变频器的结构如图 5.2 所示，它只有一个变换环节，是不经过直流环节，直接把一种频率的交流电变换为另一种频率交流电的交流器。它把恒压恒频(CVCF)的交流电直接变换成 VVVF 的交流电输出，因此又称为直接式变压变频器。有时为了突出其变频功能，也称其为周波变换器(cycloconverter)。

5.3.1 交-交变频器的基本工作原理

常用的交-交变压变频器输出的每一相都是一个由正、反两组晶闸管可控整流装置反并联的可逆线路，也就是说，每一相都相当于一套直流可逆调速系统的反并联可逆整流器，如图 5.14(a)所示。正、反两组按一定周期相互切换，在负载上就获得交变的输出电

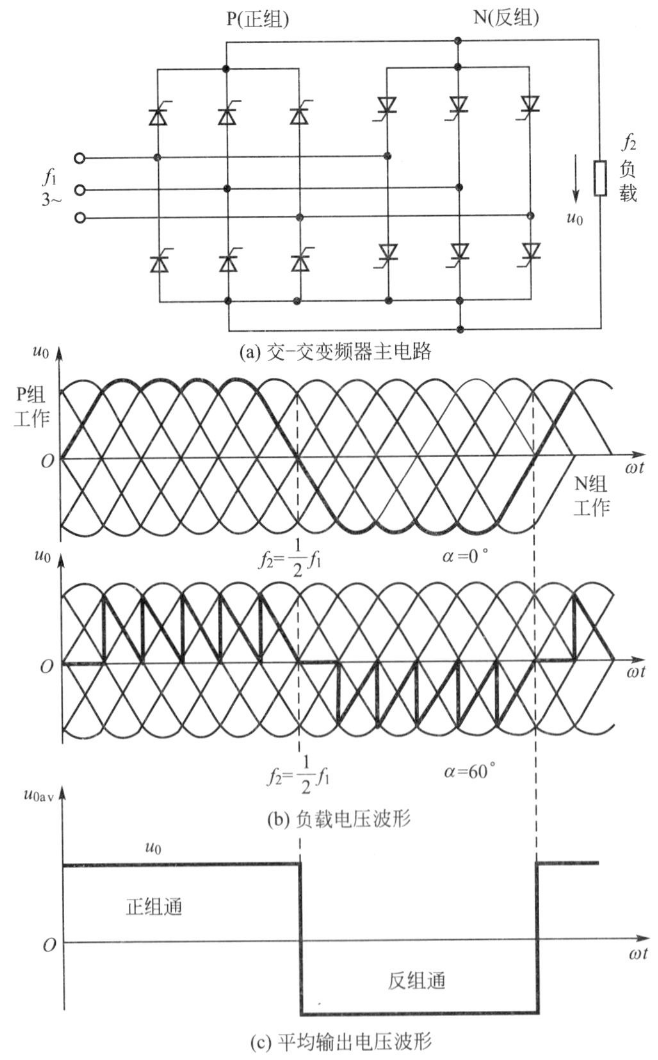

图 5.14 交-交变频器的工作原理

压 u_0，u_0的幅值取决于各组可控整流装置的控制角 α，u_0的频率取决于正、反两组整流装置的切换频率，如图 5.14(b)所示。如果控制角 α 一直不变，则平均输出电压 u_{0av}是方波，如图 5.14(c)所示。要获得正弦波输出，就必须在每一组整流装置导通期间不断改变其控制角。例如，在正向组导通的半个周期中，控制角 α 由 $\pi/2$(对应于输出电压 $u_0=0$)逐渐减小到零(对应于 u_0最大)，然后逐渐增加到 $\pi/2$(u_0再变为零)，如图 5.15 所示。当 α 按正弦规律变化时，半周中的平均输出电压 u_{0av}即为图 5.15 中虚线所示的正弦波。对反向组负半周的控制也是这样。不难看出，交-交变频器是用较高频率(f_1)的交流电压波形的若干适当部分拼成较低频率(f_2)电压波形的方法变频的。

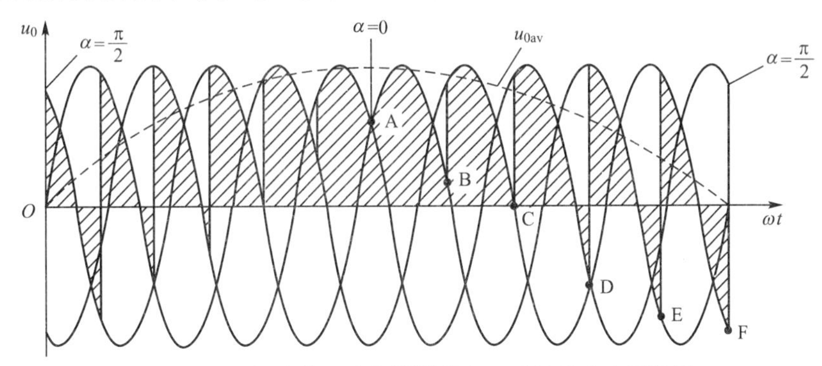

图 5.15　交-交变压变频器的单相正弦波输出电压波形

5.3.2　交-交变频器的控制方式

单相输出的交-交变频器由 P 组和 N 组整流器反并联组成，如图 5.16(a)所示。图 5.16(b)所示为忽略输出电压 u_0、电流 i_0的谐波，在变频器给感性负载供电时的工作状态。由图可见，无论输出电压的极性如何，当 $i_0>0$ 时必须由 P 组整流器提供电流 i_0；当 $i_0<0$ 时则必须由 N 组整流器提供电流 i_0。各组整流器必须有一段时间在逆变状态下工作。在 $i_0=0$ 时，P 组和 N 组整流器进行切换，称为交-交变频器的换组。换组可以采用无环流方式或有环流分式进行。

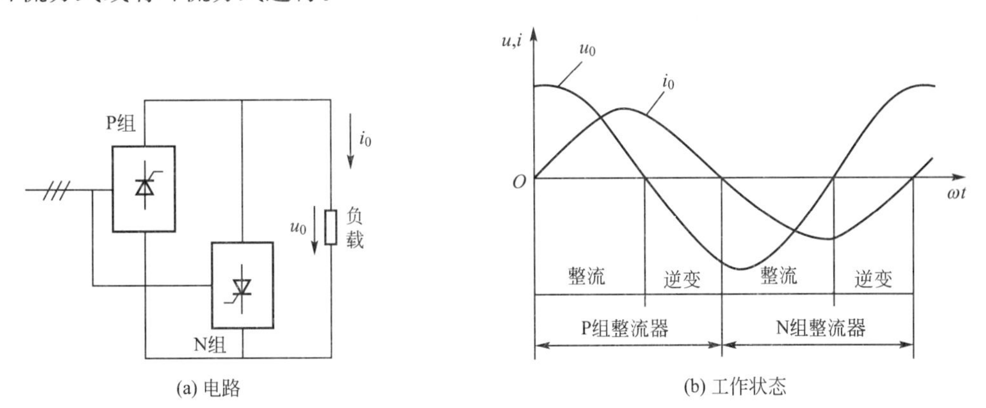

图 5.16　感性负载下交-交变频器的基本工作状态

1. 无环流控制方式

无环流控制方式是一组整流器工作时，把另一组整流器的触发脉冲封锁，使其处于阻断状态，这样就不会在两组整流器之间产生环流。

换组信号由零电流检测和电流极性鉴别装置发出，并控制电子开关，把触发脉冲送到相应整流器晶闸管的门极，如图 5.17 所示。由于零电流检测装置不可能绝对精确地在电流过零时发出信号，同时当晶闸管阳极电流过零关断后还需要一段时间才能恢复正向阻断能力。因此，在检测到换组信号后要等待一段时间(2～3ms)，以保证处于逆变状态的整流器电流确实已降到零，再封锁该组整流器的脉冲。为了使触发脉冲后被封锁的晶闸管能够恢复正向阻断能力，还需延迟一段时间(5～7ms)才允许给另一组整流器发出触发脉冲。可见无环流控制的交-交变频器在换组时输出电流将在一小段时间 Δt 内为零，Δt 称为电流换组死区。

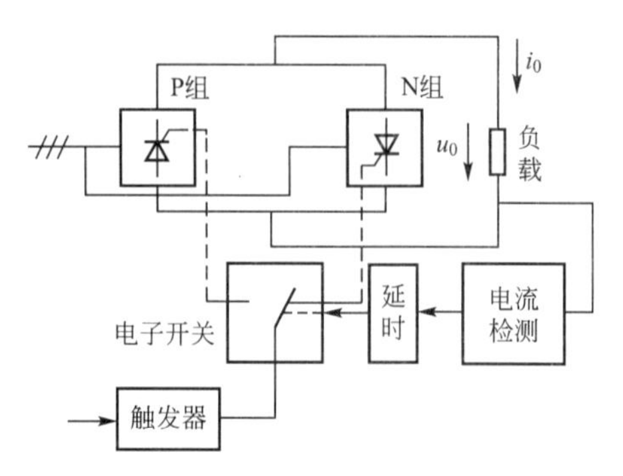

图 5.17　无环流交-交变频器的构成

无环流控制的交-交变频器的优点是在主回路中不用限环流电抗器，没有附加的环流损耗，从而可以节省整流变压器和晶闸管装置的附加设备容量。

2. *有环流控制方式*

在有环流控制的交-交变频器中，保持 P 组和 N 组整流器的控制角之和即 $\alpha_P+\alpha_N=\pi$，使它们的平均值始终相等。但由于瞬时值不等，因此在两组整流器之间就会产生环流。为了限制环流，需要在电路中接入限环流电抗器，如图 5.18 所示。

在实际的有环流交-交变频器中，由于 P 组和 N 组整流器的输出电压中都含有高次谐波，加在电抗器 L_P 和 L_N 上，在两个整流器中间会产生环流。这个环流与直流桥式反并联可逆电路中产生的环流一样，称为脉动环流。此外，由于交-交变频器的负载电流是交流的，这个电流流过 L_P 和 L_N 时，将产生自感电动势，在自感电动势的作用下又产生自感环流。通过分析可知，自感环流的平均值可达到总电流平均值的 57%。

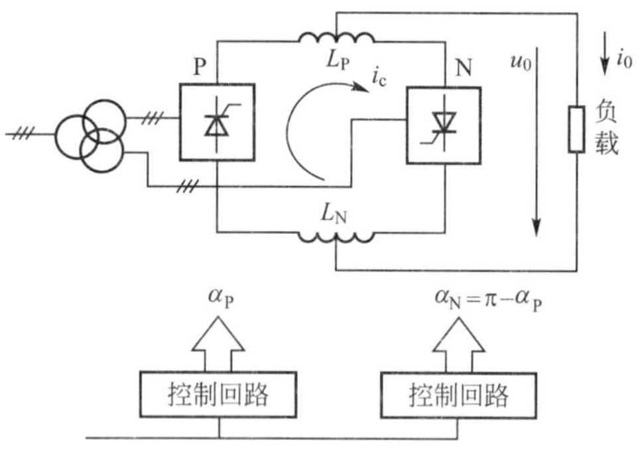

图 5.18　有环流交-交变频器的构成

通过以上分析可知，有环流交-交变频器除供给负载电流外，还要负担环流电流，因此增加了变频器的额外附加容量。它只适用于负载电流较小、允许较大环流的特定场合。与无环流交-交变频器相比，它的缺点是必须接入限环流电抗器，输入的无功功率大；P、N 组整流器的输入端必须绝缘，系统结构复杂；等等。它的优点是在换组时不会出现电流死区，换组控制方便，此外输出电压 u_0 中高次谐波较小。

5.3.3　三相输出的交-交变频器主电路

用于交流电动机变频调速的交-交变频器一般都有三相输入、三相输出的电路形式。三相输出的交-交变频器由三套单相输出的交-交变频器组成，它们的输出电压幅值相等，相互之间有 120°的相位差。交流电动机变频调速所用的三相输出交-交变频器通常采用无环流控制方式，常见的两种主电路接线方式如图5.19和图5.20所示。

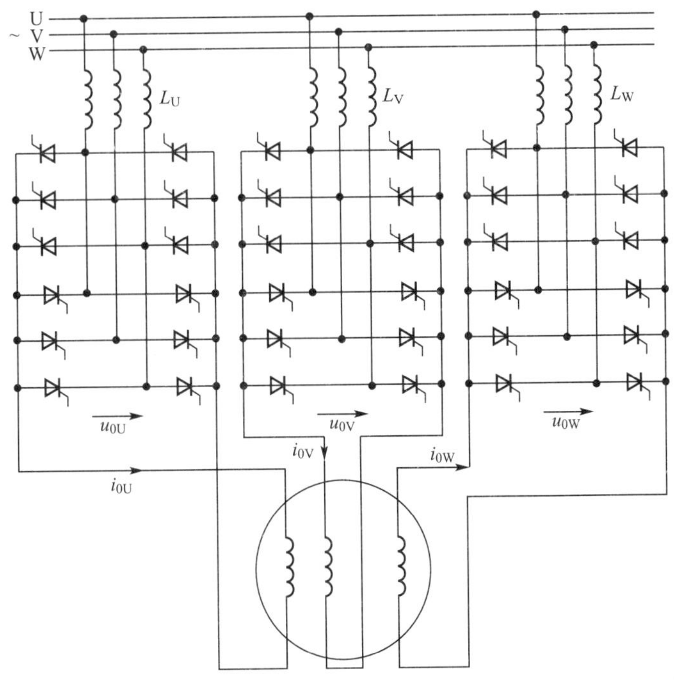

图5.19 公共交流母线的三相输出交-交变频器

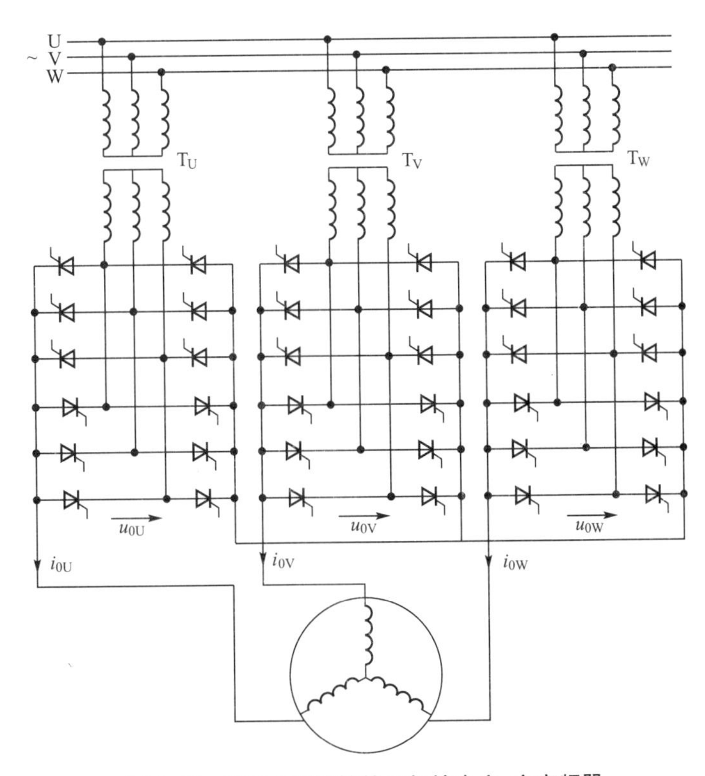

图5.20 输出端Y连接的三相输出交-交变频器

图5.19所示为具有公共交流母线的三相输出交-交变频器。它的三套单相输出交-交变频器的输入端，通过进线电抗器接在同一个50Hz交流母线上。但它的三相负载必须是相互绝缘的。如果负载是三相交流电动机，那么三相绕组必须分开，每个单相交-交变额器给一相绕组供电。所以这种三相输出的交-交变频器实际上是三套独立的单相输出交-交变频器，它与直流电动机用的可逆整流装置没有什么差别，主要用于中等功率的交流电动机变频调速。

图5.20所示为由三套单相输出交-交变频器组成且输出端Y联结的三相输出交-交变频器。负载电动机的三相绕组不需绝缘，变频器的中点也不必与电动机绕组中点接在一起，但三套单相交-交变频器的50Hz输入端必须互相隔离。这种三相输出的交-交变频器主要用于大功率交流电动机变频调速。由于变频器的中点不与负载的中点连接，所以至少要有两个整流桥、四个晶闸管同时有触发脉冲才能构成回路流通电流。每个整流桥中的两个晶闸管靠双脉冲保证触发，两个桥之间需靠脉冲宽度保证触发。这样，每个触发脉冲的宽度必须大于30°。

三相桥式可逆线路共需36个晶闸管，即使采用零式电路也需18个晶闸管。因此，这样的交-交变压变频器虽然在结构上只有一个变换环节，省去了中间直流环节，看似简单，但所用的器件数量却很多，总体设备相当庞大。不过这些设备都是直流调速系统中常用的可逆整流装置，在技术上和制造工艺上都很成熟，目前国内有些企业已有质量可靠的产品。

这类交-交变频器的其他缺点有输入功率因数较低，谐波电流含量大，频谱复杂等，因此须配置滤波和无功补偿设备，其最高输出频率不超过电网频率的1/2。它一般主要用于轧机主传动、球磨机、水泥回转窑等大容量、低转速的调速系统，供电给低速电动机直接传动时，可以省去庞大的齿轮减速箱。一种由交-交变压变频器供电的大型低速同步电动机调速系统的基本结构如图5.21所示。交-交变频同步电动机变压变频调速系统也可采用矢量控制。采用矢量控制后，这种系统具有优良的动态性能，广泛用于轧钢机主传动系统调速。交-交变频同步电动机调速系统容量可以很大，达到10MVA以上，但是调频范围最高只有20Hz(工频为50Hz时)，这是这种调速系统的不足之处。针对交-交变频器输出频率低的缺点，近年来又出现了一种采用全控型开关器件的矩阵式交-交变压变频器，它是一种可供选择的交-交频率变换器，类似于PWM控制方式，输出电压和输入电流的低次谐波都较小。输入功率因数可调，能量可双向流动，以获得四象限运行，其输出频率可提高到45Hz以上，但当输出电压必须接近正弦波时，最大输出输入电压比一般只有0.866，现在已有电压比更高的研究成果，目前这类变压变频器在国内外都已有研制产品出现。

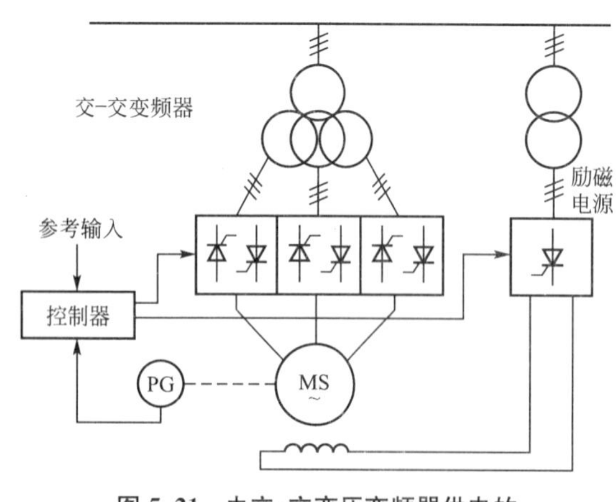

图5.21　由交-交变压变频器供电的大型低速同步电动机调速系统

5.4 变频器的选择与使用

交流电动机调速控制时，除了应选择合适的变频器类型，使其调速范围、调速精度等主要技术性能指标必须满足要求外，变频器的容量选择及与使用有关的一些事项的合理运用，也是电动机调速控制装置安全可靠运行的重要前提。本节以通用变频器为例说明变频器选择与使用中的主要问题。

随着电力电子器件的自关断化、复合化、模块化，变流电路开关模式的高频化，控制手段的全数字化，变频装置的灵活性和适应性不断提高。目前，中小容量(600kVA以下)的、一般用途的变频器已实现了通用化。现代通用变频器大都是采用二极管整流器和全控型开关器件IGBT或功率模块IPM组成的PWM逆变器，构成交-直-交电压源型变压变频器。它们已经占据了全世界0.5～500kVA中小容量变频调速装置的绝大部分市场。所谓“通用”，包含两方面的含义：一是可以和通用型交流电动机配套使用，而不一定使用专用变频电动机；二是通用变频器具有各种可供选择的功能，能适应许多不同性质的负载机械。此外，通用变频器是相对于专用变频器而言的，专用变频器是专为某些有特殊要求的负载而设计的，如电梯专用变频器。

5.4.1 通用变频器的功能

通用变频器产品大致分为三类：普通功能型U/f控制通用变频器、高功能型U/f控制通用变频器和高动态性能矢量控制通用变频器。目前，还出现了“多控制方式”的通用变频器产品，如安川公司的VS-616G5系列通用变频器，它有4种控制方式可供选用。

(1) 无PG(速度传感器)的v/f控制方式。

(2) 有FG的U/f控制方式。

(3) 无PG的矢量控制方式。

(4) 有PG的矢量控制方式。

这种“多控制方式”通用变频器，其性能可满足多数工业传动装置的需要。

5.4.2 通用变频器的结构

通用变频器的硬件主要由以下几个部分组成：

(1) 整流单元，即三相桥式不可控整流电路。

(2) 逆变单元，即由6个大功率开关管组成的。

(3) 滤波环节，即电阻与电解电容器。

(4) 计算机控制单元，用于控制整个系统的运行，是变频器的核心。

(5) 主电路接线端子，即电源、电动机、直流电抗器、制动单元和制动电阻等外接单元的接线端子。

(6) 控制电路接线端子，用于控制变频器的启动、停止、外部频率信号给定及故障报警输出等。

(7) 操作面板，用于变频器的功能与频率设定，以及控制操作等。如设定频率(基波频率，载波频率，上限频率，下限频率，高、中、低速频率等)，运行正、反转选择(正、反转防止设定)，启动、停车的加速度设定，过载电流设定等，以及启动、停止、点动、升速、降速等的操作。

(8) 冷却风扇，用于变频器机体内的通风。

5.4.3 变频器类型的选择

根据控制功能，又可将通用变频器分为 3 种类型：普通功能型 U/f 控制变频器、具有转矩控制功能的 U/f 控制变频器和矢量控制变频器。通常根据负载的要求来选择变频器的类型。

(1) 恒转矩类负载。如挤压机、搅拌机、传送带、起重机、机床进给、压缩机等，均属恒转矩类负载。目前，国内外大多数变频器厂家都提供应用于恒转矩负载的通用变频器。例如，日本富士公司的 G11，安川电机公司的 G5、G7 系列，ABB 的 ACS600 系列等。这类变频器的主要特点是：过电流能力强；控制方式多样化，开环、闭环既有 U/f 控制也有矢量控制和转矩控制；低速性能好；控制参数多。选择了恒转矩负载的变频器后，还要根据调速系统的性能指标要求，选择恰当的控制方式。一般有两种情况：一是调速范围要求不大，速度精度不高的多电动机传动(如轧机辊道变频调速等)，宜采用带有低频补偿的普通功能型变频器，但为了实现恒转矩调速，常用增加电动机和变频器的容量的办法来提高启动与低速时转短；二是对要求调速范围宽，速度精度高的设备，采用具有转矩控制功能的高功能型变频器或矢量控制变频器，这对实现恒转矩负载的调速运行比较理想。因为这种变频器启动与低速转矩大，静态机械特性硬度大，能承受冲击性负载，而且具有较好的过载截止特性。

(2) 风机、泵类负载。它们的阻力转矩与转速的二次方成正比，启动及低速运转时阻力转矩较小，通常可以选择普通功能型 U/f 控制变频器(如安川公司的 P5、西门子公司的 Eco 等)，它们与标准电动机的组合使用是十分经济的。但不要用 U/f 为常数的控制方式，而是用二次方递减转矩 U/f 控制模式。值得注意的是，传动风机、泵类负载，速度不能提高到工频所对应的速度以上，因为风机、泵的轴功率与速度的二次方(或三次方)成正比，速度提高会使功率急剧增加，可能超过电动机、变频器的容量，导致生产机械过热，甚至不能工作。

(3) 恒功率负载和对一些动态性能要求较高的生产机械，如轧机、塑料薄膜加工线、机床主轴等，可采用矢量控制型变频器。

5.4.4 变频器容量的选择

1. 变频器容量的表示方法

变频器容量通常以适用电动机容量(kW)、输出容量(kVA)、额定输出电流(A)来表示。其中额定电流为变频器允许的最大连续输出的电流有效值，无论作什么用途都不能连续输出超过此值的电流。

输出容量为额定输出电压及额定输出电流时的三相视在输出功率。根据实际情况，此值只能作变频器容量的参考值。这是因为：第一，随输入电压的降低此值无法保证；第二，不同厂家的变频器适用同样的电动机容量(kW)，而其输出容量(kVA)则有较大差距，其根本问题在于同一电压等级的变频器的输出容量(kVA)的计算电压不同。因此，不同厂家适合同一容量(kW)电动机的变频器的输出容量无可比性。

例如，适合电动机容量15kW，甲公司的变频器适应工作电压为380～480V，额定电流为27A，输出容量为22kVA；而乙公司的适应工作电压为380～440V，额定电流为34A，输出容量为22.8kVA。两项比较，额定电流相差20%，而输出容量几乎相当，因为前者是以480V、后者是以400V为基准计算的输出容量。即使不同公司均以440V为基准计算输出容量，适合电动机容量15kW，丙公司的输出容量为26kVA，而丁公司的输出容量仅为22.8kVA，原因在于两者的额定电流不同，前者为34A，后者为30A(表5-1)。

表5-1 不同厂家生产适合15kW电动机的变频器额定电流和输出容量的参考值

公司	计算输出容量的基准电压/V	额定电流/A	输出容量/(kVA)
甲	480	27	22
乙	400	34	22.8
丙	440	34	26
丁	440	30	22.8

2. 选择变频器容量的基本依据

对于连续恒载运转机械所需的变频器，其容量可近似计算为

$$P_{CN} \geqslant \frac{kP_N}{\eta \cos\varphi} \tag{5-12}$$

$$I_{CN} \geqslant kI_N \tag{5-13}$$

式中，P_{CN}为负载所要求的电动机的轴输出额定功率；η为电动机额定负载时的效率，通常$\eta=0.85$；$\cos\varphi$为电动机额定负载时的功率因数，通常$\cos\varphi=0.75$；I_N为电动机额定电流(有效值，单位为A)；k为电流波形的修正系数，PWM方式时取；P_{CN}为变频器的额定容量(kVA)；I_{CN}为变频器的额定电流(A)。

3. 选择变频器容量时还需考虑的几个主要问题

1) 同容量不同极数电动机的额定电流不同

不同生产厂家的电动机，不同系列的电动机，不同极数的电动机，即使同一容量等级，其额定电流也不尽相同。不同极数电动机的额定电流参考值见表5-2。

表5-2 不同级数电动机的额定电流参考值 (单位：A)

极数	功率/kW												
	7.5	11	15	18.5	22	30	37	45	55	75	90	110	132
4	15.5	21	29	36.8	43.7	58	70	84	105	136	162	200	235
6	18	26	34	38	45	60	72	85	108	140	168	205	245
8	19	26	36	39	47	63	76	92	118	153	182	220	265

变频器生产厂家给出的数据都是对4极电动机而言的。如果选用8极电动机或多极电动机传动，不能单纯以电动机容量为准选择变频器，而要根据电动机额定电流选择变频器

容量。由表5-2可以看出，如果要求8极15kW电动机满负荷(额定电流为36A)运行，就要选适合18.5kW(4极)电动机的变频器。同样，采用变极电动机时也要注意，因为变极电动机采用变频器供电可以在要求更宽的调速范围内使用。变极电动机在变极与变频同时使用时，同容量变极电动机要比标准电动机机座号大，电流大，所以要特别注意应按电动机额定电流选变频器，其容量可能要比标准电动机匹配的容量大几个档次。

2）多电动机并联运行时要考虑追加电动机的起动电流

用一台变频器使多台电动机并联运转且同时加速起动时，决定变频器容量的是I_{CN}。

$$I_{CN} \geqslant \sum_{n} K I_{N} \tag{5-14}$$

式中，I_{CN}为电动机的额定输出电流(A)；K为系数，一般$K=1.1$，由于变频器输出电压、电流中所含高次谐波的影响，电动机的效率、功率因数降低，电流增加10%左右；n为并联电动机的台数。

因此可按式(5-14)选择变频器容量。如果要求部分电动机同时加速起动后再追加其他电动机起动的状况，就必须加大变频器的容量。因为后一部分电动机起动时变频器的电压、频率均已上升，此时部分电动机追加起动将引起大的冲击电流。追加起动时变频器的输出电压、频率越高，冲击电流越大。这种情况下，可按式(5-15)确定变频器的容量。

$$I_{CN} \geqslant \sum_{n_1} K I_{N} + \sum_{n_2} I_{S} \tag{5-15}$$

式中，n_1为先起动的电动机的台数；n_2为后追加起动的电动机的台数；I_S为追加投入电动机的起动电流。

出现这种情况时，要特别注意。因为追加起动的电动机的起动电流可能达到电动机额定电流的6～8倍，变频器容量可能增加很多，这就需要分析，或许用两台变频器会更经济。

例如，4台15kW电动机同时起动运行，需要的I_{CN}为

$$1.1 \times 4 \times 29\text{A} = 128\text{A}$$

选一台75kW变频器即可。若按式(5-15)，$n_1=3$，$n_2=1$，则

$$I_{CN} \geqslant (1.1 \times 3 \times 29 + 5 \times 29)\text{A} = 240.7\text{A}$$

需要选132kW变频器。这时可以考虑用一台55kW变频器满足$n_1=3$的同时起动需要，另选一台15kW变频器满足$n_2=1$的追加起动电动机的需要，经济上要合算得多。

3）经常出现大过载或过载频率高的负载时变频器容量的选择

因通用变频器的过电流能力通常为在一个周期内允许125%或150%、60s的过载，超过过载值就必须增大变频器容量。例如，对于150%、60s的过载能力的变频器，要求用于200%、60s过载时，必须按式(5-14)算出总额定电流的倍数(200/150=1.33)，按其选择变频器容量。

另外，通用变频器规定了125%、60s或150%、60s的过载能力的同时，还规定了工作周期。有的厂家规定300s为一个过载工作周期，而有的厂家规定600s为一个过载工作周期。严格按规定运行，变频器就不会过热。

虽过载能力不变，但如要缩短工作周期，则必须加大变频器容量，频繁起动、制动的生产机械，加高炉料车、电梯、各类吊车等，其过载时间虽短，但工作频率却很高。一般选用变频器的容量应比电动机容量大一两个等级。

5.4.5 变频器外围设备的应用及注意事项

变频器的外围设备有电源、无熔丝断路器、电磁接触器、AC电抗器、输入侧滤波器及输出侧滤波器，如图5.22所示。其注意事项分别如下：

1）电源

(1) 注意电压等级是否正确，以避免损坏变频器。

(2) 交流电源与变频器之间必须安装无熔丝断路器。

2）无熔丝断路器

(1) 使用符合变频器额定电压及电流等级的无熔丝断路器作变频器的电源ON/OFF控制，并作变频器的保护。

(2) 无熔丝断路器不能作变频器的运转/停止切换。

3）电磁接触器

(1) 一般使用时可不加电磁接触器，但作外部控制，或停电后自动再起动，或使用制动控制器时，须加装一次侧的电磁接触器；

(2) 电磁接触器不能作变频器的运转/停止切换。

4）AC电抗器

若使用大容量(600kVA以上)的电源时，为改善电源的功率因数可外加AC电抗器。

5）输入侧滤波器

变频器周围有电感负载时，应加装滤波器。

6）变频器

(1) 输入电源端子R、S、T，无相序可分别任意换相连接。

(2) 输出端子U、V、W，接至电动机的U、V、W端子，如果变频器执行正转时，电动机欲逆转，只要将U、V、W端子中任意两相对调即可。

(3) 输出端子U、V、W，勿接交流电源，以免变频器损坏。

(4) 接地端子应正确接地，200V级为第三种接地，400V级为特种接地。

7）输出侧滤波器

减小变频器产生的高次谐波，以避免影响其附近的通信器材。

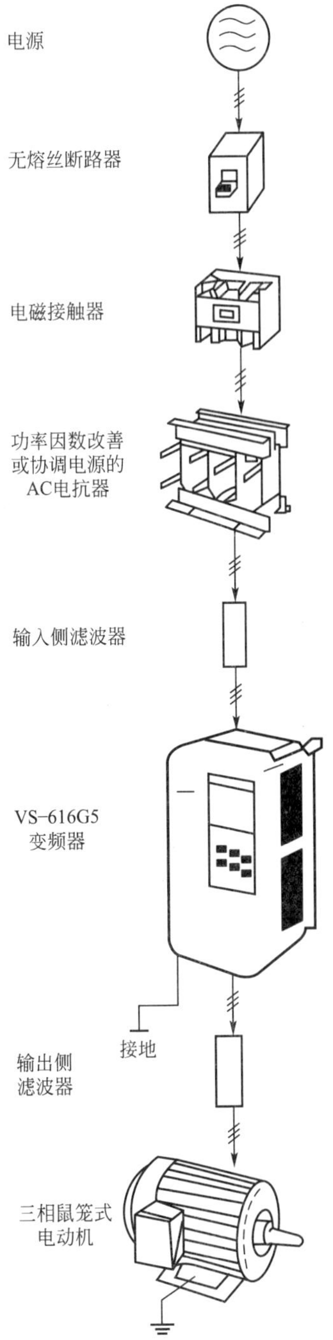

图5.22 通用变频器外围设备

5.4.6 变频器外部接线与应用实例

1. 变频器的基本原理接线实例

各种系列的变频器都有其标准接线端子，主要分为两部分；一部分是主电路接线，另一部分是控制电路接线。下面以富士电机公司 FRN－G95/P9S 系列变频器为例加以说明。

图 5.23 为变频器的基本原理接线图，将图中的主电路接线端子分列，即得图 5.24。图中 R、S、T 为电源端，电动机接 U、V、W 端，P1 和 P(＋)用于连接改善功率因数 DC 电抗器，如不接电抗器，必须将 P1 和 P(＋)牢固连接。容量较小的变频器，内部装有制动电阻，如果需要较大容量的外部制动电阻，则可将它接在 P(＋)和 DB 之间。7.5kW 以上的变频器内有制动电阻，为了增加制动能力，可将制动控制单元接于 P(＋)和 N(－)端，外部制动电阻接于 P(＋)和 DB 端，E(G)为接地端。

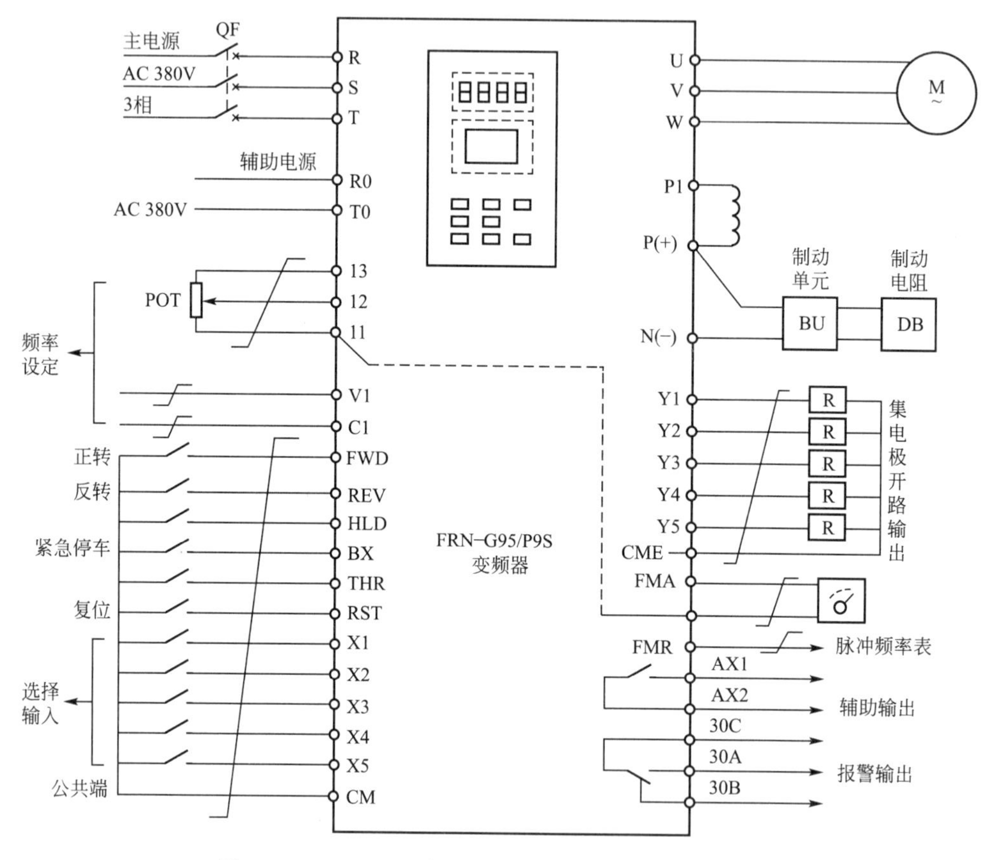

图 5.23　FRN－G95/P9S 系列变频器的基本原理接线图

FRN 变频器的控制端子分为五部分：频率输入、控制信号输入、控制信号输出、输出信号显示和无源触点端子(图 5.24)。

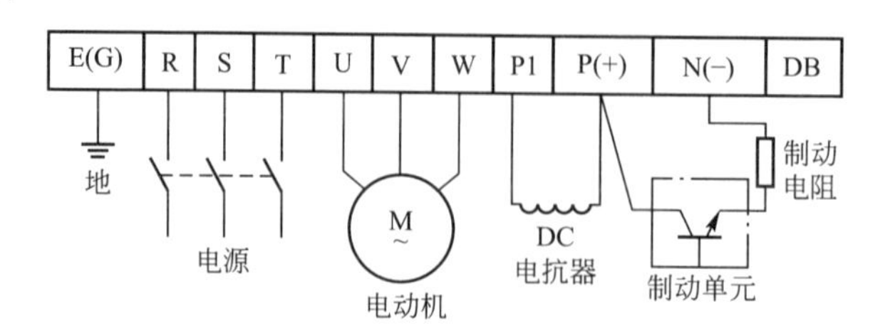

图 5.24　主电路接线端子

2. 变频器应用实例

下面以数控车床为例来说明交流变频调速在数控机床中的应用及其功率接口配置情况。

通常齿轮变速式的主轴转速最多只有30级可供选择，无法进行精细的恒线速控制，而且还必须定期维修离合器板。另一方面，直流调速型的主轴虽然可以无级调速，但存在必须维护电刷和最高转速受限制的问题。对主轴采用交流变频调速驱动就可以消除这些缺点。

5.4.7 变频器的调试和运行步骤

1. 做好调试前必要的准备工作

首先要搞清楚系统的工作原理；然后抓住每个环节的输入和输出，搞清各单元和各环节之间的联系，统观全局；接着要准备好必要的仪器，制订调试大纲，明确并列出调试顺序和步骤；最后逐步地进行调试。

2. 通电前的检查

参照变频器的使用说明书和系统设计图进行通电前的检查。

(1) 仔细、反复地阅读变频器的产品说明书，摘录要点，用彩色笔醒目地标出特别需要注意的事项，最好把它们全部记住。这是高效率调试好产品的关键；

(2) 认真检查控制对象有无故障(如机械传动、电气绝缘等是否正常)；

(3) 检查变频器的主电路和控制电路接线是否正确、牢靠。

3. 系统功能设定

为了使变频器和电动机能运行在最佳状态，必须对变频器的运行频率和功能进行设定。

(1) 频率设定。变频器的频率设定方式有3种：

① 通过面板上的(↑)/(↓)键直接输入运行频率。

② 在RUN或STOP状态下，通过外部信号输入端子(图5.23中的电位器端子11、12、13，电压端子11、V1，电流端子11、C1)拖入运行频率。

③ 通过X_1～X_5输入(1或0)的排列组合的选择，使变频器输出某一事先设定好的固定频率。

实际工作中只能选择这3种方式之一来进行设定，这些设定都是通过对功能码00的设置来完成的。

(2) 功能设定。变频器在出厂的时候，所有的功能码都已设定。在实际运行的时候，应根据功能要求对某些功能码进行重新设定。主要的功能码有频率设定命令(功能码00)、操作方法(功能码01)、最高频率(功能码02)、最低频率(功能码03)和额定电压(功能码04)等。

4. 调试并试运行

变频器在正式投入运行前，应驱动电动机空载运行几分钟。试运行可以在5Hz、10Hz、15Hz、20Hz、25Hz、30Hz、35Hz、50Hz等几个频率点进行，同时查看电动机的旋转方向、振动、噪声及温升等是否正常，升降速是否平滑。在试运行正常后，才可投入负载运行。

5.4.8 变频器的自身保护功能及故障分析

通用变频器不仅具有良好的性能，而且有先进的自诊断、报警及保护功能。表5－3表示了FRN－G95/P9S系列变频器的故障情况、保护功能、检查要点和处理方法。

表5－3 FRN－G95/P9S系列变频器的故障情况、保护功能、检查要点和处理方法

面板显示	保护功能	故障情况	检查要点	处理方法
OC	过电流	电动机过载、输出端短路、负载突然增大、加速过快	电源电压是否在允许的极限内，输出回路是否短路，是否有不合适的转矩提升，是否有不合适的加速时间，其他情况	调整电源电压，输出回路绝缘。兆欧表测量电动机绝缘，调整到适当的值，延长加速时间，增大变频器容量或减轻负载
OU	过电压	电动机的感应电动势过大，逆变器输入电压过高(内部无法提供保护)	电源电压是否在允许的极限内，输出回路是否短路，加速时间负载是否突然改变	调整电源电压，输出回路绝缘，延长加速的间、连接制动电阻
LU	欠电压	电源中断，电源电压降低	电源电压是否在允许的极限内；KM、QF闭合状态，电源是否断相；在同一电源系统中是否有大起动电流负载	调整电源电压，闭合KM、QF，改变供电系统，改正接线，检查电源电容
OH1、OH3	过热	冷却风扇发生故障，二极管、IGBT管散热板过热，逆变器主控板过热	环境温度是否在允许极限内，冷却风扇是否在运行(1.5kW以上)，负载是否超过允许极限	调整到合适的温度，清除散热片堵塞，更换冷却风扇，减轻负载，增大变频器容量
OH2	外部报警输入	当控制电路端子THR－CM间连接制动单元、制动电阻及外部热过载继电器等设备的报警常闭接点断开时，按接到的信号使保护环节动作	THR－CM间接线有无错误，外部制动单元端子是否正常	重新接线，减轻负载，调整环境湿度，降低制动频率
OL	电动机过载	电动机过载，电流超过热继电器设定值	电动机是否过载，电子热继电器设定值是否合适	减轻负载，调整热继电器动作值
CLU	逆变器过载	当逆变器输出电流超过规定的反时限特性的额定过载电流时，保护动作失灵	电子热过载继电器设定是否正确，负载是否超过允许极限	适当设定热过载继电器，减轻负载，增大变频器容量
FUS	熔断器烧断	IGBT功率模块烧损、短路	变频器内主电路是否短路	排除造成短路的故障，更换熔断器
Er1	存储器出错	存储器发生数据写入错误	存储是否出错	切断电源后重新给电

复习思考题

1. 按转差功率的处理方式，现代异步电动机调速系统分为哪几类？有哪些调速方法？它们各属于哪一类？

2. 交-直-交变频器与交-交变频器有何异同？

3. 交-直-交变频器由哪几个主要部分组成？各部分的作用是什么？

4. SPWM变压变频器有哪些主要特点？

5. 为什么说用变频调压电源对异步电动机供电是比较理想的交流调速方案？

6. 在脉宽调制变频器中，逆变器各开关元件的控制信号如何获取？试画出波形图。

7. 如何区别交-直-交变压变频器是电压源变频器还是电流源变频器？它们在性能上有什么差异？

8. 采用二极管不经整流器和功率开关器件脉宽调制(PWM)逆变器组成的交-直-交变频器有什么优点？

9. 在IGBT-SPWM-VVVF交流调连系统中，在实行恒压频比控制时，是通过什么环节，调节哪些量来实现调速的？

10. 在变压变频的交流调速系统中，给定积分器的作用是什么？

11. 矢量变换控制的基本出发点是什么？简述矢量变换控制的基本原理。

12. 什么叫无换向器电动机？它有什么特点？

13. 无换向器电动机调速系统和直流电动机调速系统有哪些异同点？

14. 如何改变由晶闸管组成的交-交变压变频器的输出电压和频率？这种变频器适用于什么场合？为什么？

15. 通用变频器有哪几类？各用于什么场合？

16. 通用变频器的基本结构由哪些部分组成？

17. 通用变频器的外部接线经常包括哪些部分？

18. 如何根据负载性质的要求来选择变频器的类型？

第6章 工程机械电子控制系统

知识要点	掌握程度	相关知识
无级速度变换控制系统	熟悉速度变换控制方式； 熟悉典型无级变速控制系统； 掌握无级变速行驶控制	开环控制、闭环控制； 电液伺服、无级变速； 制动控制系统
电子监测控制系统	掌握电子功率优化控制系统； 掌握工作模式控制系统； 掌握电子控制系统的故障诊断	自动怠速、温升控制、停车控制、超载控制； 故障诊断
起重设备电气控制	掌握液压起重机电子控制系统； 掌握全自动防止超载装置(ACS)	超载控制、液压保护； 压力检测、自停控制
电子搅拌设备控制	掌握物料计量控制技术； 掌握称重传感器	电子计量； 电阻式传感器

导入案例

汽车巡航系统

1. 巡航控制系统的功能

巡航控制系统是一种利用电子控制技术保持汽车自动等速行驶的系统。当汽车在高速公路上长时间行驶时，接通巡航控制主开关，设定希望的车速，巡航控制系统将根据汽车行驶阻力的变化，自动增大或减小节气门开度，使汽车按设定的车速等速行驶，驾驶人不必操纵加速踏板，避免了汽车行驶车速反复变化，使发动机的运行工况变化平稳，改善了汽车的燃料经济性和发动机的排放性能。另外，由于巡航控制系统工作时汽车等速行驶，故可以改善汽车的行驶平顺性，提高汽车的舒适性。

2. 巡航控制系统的发展

汽车巡航控制系统的发展始于20世纪60年代，经历了机械巡航控制系统、晶体管巡航控制系统、模拟微型计算机巡航控制系统和数字微型计算机巡航控制系统4个发展阶段。

自20世纪80年代初开始，数字微型计算机巡航控制系统得到广泛应用。

驾驶人操纵巡航控制开关，将车速设定、减速、恢复、加速、取消等命令输入计算机。

当驾驶人通过巡航控制开关输入了设定命令时，计算机便记忆此时车速传感器输入计算机的车速，并按该车速对汽车进行等速行驶控制。

汽车在巡航行驶过程中，不断通过比较电路将实际车速与设定车速进行比较，计算出实际车速与设定车速的差值；然后通过补偿电路输出对执行部件的命令，执行部件控制发动机节气门开大或关小，使实际车速接近设定车速。

3. 巡航控制系统的组成与原理

巡航控制系统由巡航控制开关、传感器、巡航控制ECU、执行器等组成。巡航控制过程(图6.0)如下：巡航控制开关和传感器将信号送至ECU，ECU根据这些信号计算出节气门的合理开度，并向执行器发出信号，调节节气门的开度，保持汽车按设定的车速等速行驶。也有的采用按键式开关，装在转向盘上。以丰田车系为例，巡航控制开关包括主开关(MAIN)、设定/减速开关(SET/COAST)、恢复/加速开关(RES/ACC)和取消(CANCEL)开关。

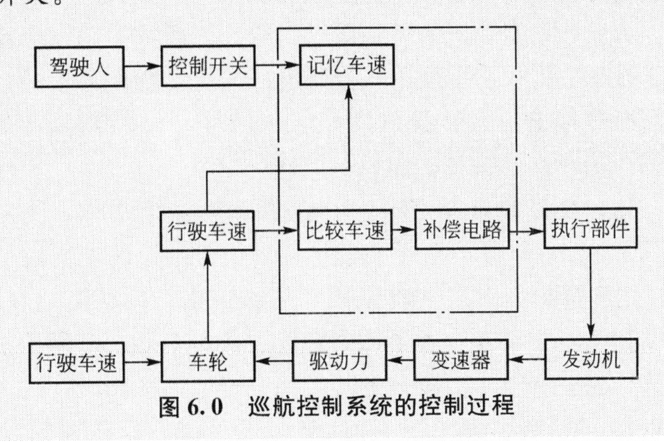

图6.0 巡航控制系统的控制过程

随着电子控制技术的发展，工程机械在自动控制、驾驶可靠性和安全性、舒适性及节能等方面都得到了发展。本章主要介绍电子控制技术在工程机械方面的应用。

6.1 工程机械无级速度变换控制系统

当前工程机械中广泛使用了全液压驱动装置，由于施工作业的需要，无级速度变换系统也大量投入使用，尤其是新型履带式筑路机械，如ABG422摊铺机、DEN7.16履带式装载机、EX200挖掘机、全液压自行式振动压路机等的行驶系统，均采用全液压驱动的电控液压泵-马达，实现了无级速度变换控制。

作为全液压驱动筑路机械的无级变速系统，可以实现的机械功能有直线行驶、转向控制、前进-倒退控制、制动控制和特殊速度控制等，但是最重要的是速度控制，而速度控制是以电液伺服控制为主。

6.1.1 速度变换控制方式

1. 电液伺服控制系统

电液速度伺服控制系统的原理图如图6.1所示。该系统控制驱动轮转速，使驱动轮转速能按照速度指令进行变化。

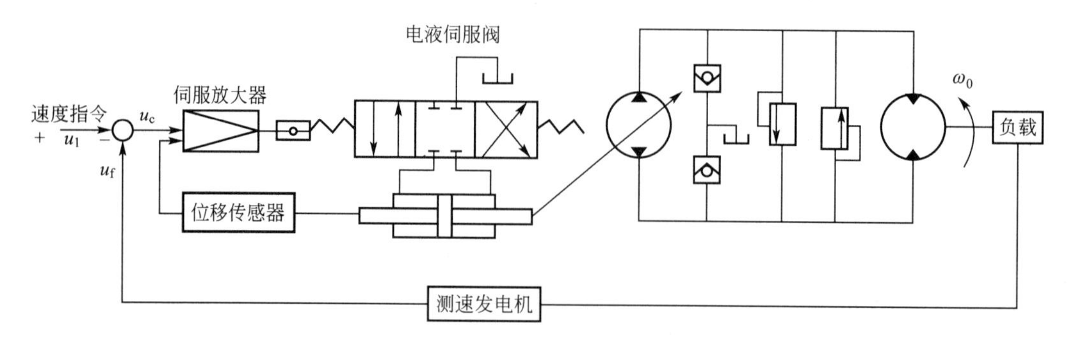

图6.1 电液速度伺服控制系统原理图

电液伺服控制系统的液压动力装置由变量泵和变量马达组成，变量泵既是液压能源又是主要的控制元件。由于操纵变量机构所需要的力较大，通常采用一个小功率的放大装置作为变量控制机构。图6.1所示系统采用阀控制电液伺服系统作为泵的控制机构。该系统输出的速度由测速发电机检测，并转换为反馈电压信号 u_f，与输入速度指令 u_1 相比较，得出偏差信号 $u_c=u_1-u_f$，作为变量控制机构的输入信号。

当速度指令 u_1 一定，驱动轮以某个给定的旋转速度 ω_0 工作时，测速发电机输出电压为 u_0，则偏差电压为 $u_{e0}=u_1-u_{f0}$，这个偏差电压对应于一定的液压缸位置，从而对应于一定的泵流量输出，此流量即为保持速度 ω_0 所需要的流量。可见偏差对于 ω_{e0} 是保持工作速度 ω_0 所需要的，这是个有差系统。在工作过程中，如果负载、摩擦力、温度或其他原因引起速度变化，则 $u_f \neq u_{f0}$，假如 $\omega > \omega_0$，则 $u_1 > u_{f0}$，而 $u_e=u_1-u_f<u_{e0}$，使液压缸输出位移减小，于是泵输出流量减小，液压马达速度自动下调至给定值。反之，如果速度下

降，则 $u_f < u_{f0}$，因而 $u_1 < u_{f0}$，$u_e > u_{f0}$，使液压缸输出位移增大，于是输出流量又增大，速度便增大回升至给定值。可见速度是根据指令信号 u_1 自动加以调节的。

在这个系统中，内部控制回路可以闭合也可以不闭合。当内部控制回路不闭合时，该系统是个速度伺服机构。如果闭合内部控制回路，便消除了变量控制机构中液压缸的积分作用，这时系统实际上不再是一个速度伺服系统，而成了一个速度调节器。

如图 6.1 所示的电液伺服控制系统，在内部控制回路闭合的情况下，将速度指令变为位置指令，测速发电机改为位移传感器，就可以进行位置的伺服控制。

电液伺服控制系统方框图如图 6.2 所示。该系统的指令信号、反馈信号及小功率信号是电量，而液压动力装置的控制元件是变量泵，所以称为泵控电液伺服控制系统。

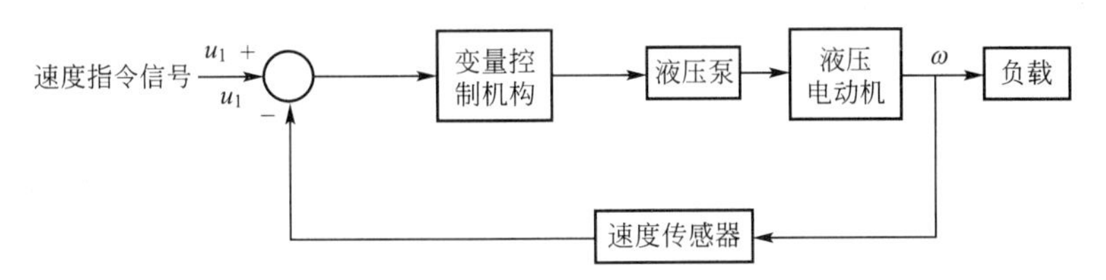

图 6.2　泵控电液伺服控制系统方框图

实际的液压伺服机构无论多么复杂，都是由一些基本元件组成的。根据元件的功能，系统的组成可用图 6.3 表示。

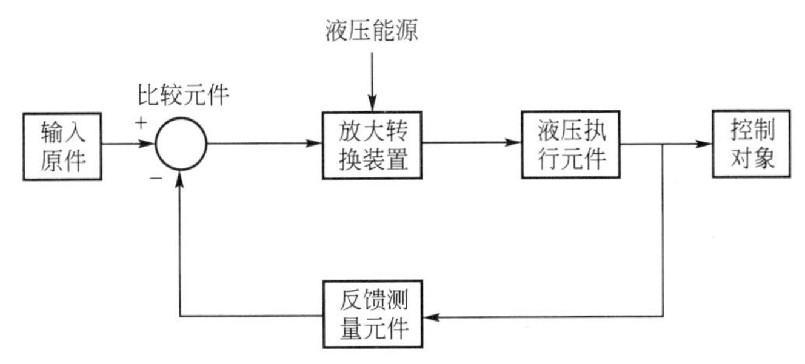

图 6.3　液压伺服控制系统的组成

输入元件：也称指令元件，它给出输入指令信号，并加于系统的输入端，如指令电位器等。

反馈测量元件：测量系统的输出量，并转换成反馈信号的元件，如缸体与阀体的机械连接、反馈电位器、测速发电机等。

比较元件：将反馈信号与输入信号进行比较，给出偏差信号的元件。输入信号与反馈信号是相同形式的物理量，以便进行比较。比较元件有时并不单独存在，而是与输入元件、反馈测量元件或放大元件一起由同一结构元件完成。在伺服机构中，输入信号元件、反馈测量元件和比较元件经常组合在一起，称为偏差检测器。

放大转换元件：将偏差信号放大并进行能量形式转换的元件，如放大器、电液伺服阀、滑阀等。放大转换元件的输出级是液压式的，前置级可以是电的、液压的、气动的，或它们的组合形式。

执行元件：产生调节动作施加于控制对象上，实现调节任务的元件。执行元件是液压缸、液压马达或摆动液压缸等。

控制对象：被控制的机器设备或物体，即负载。

2. 无级变速控制系统

无级变速控制系统的动力传递路线为：发动机→液压泵→液压马达→轮边减速→驱动轮。由于液压泵、液压马达的数量和形式不同，传递路线也可以分为以下形式：

（1）发动机→单一泵→马达→{左电磁阀离合器→左驱动；右电磁阀离合器→右驱动}

（2）发动机→单一泵→{左马达→左驱动；右马达→右驱动}

（3）发动机→{左泵→左马达→左驱动；右泵→右马达→右驱动}

一般轮胎式筑路机械采用第 1 种形式、履带式筑路机械采用第 3 种形式的较多，如图 6.4所示的轮胎式筑路机械行驶液压驱动回路，以及图 6.5 所示的典型履带式筑路机械行驶液压驱动回路。

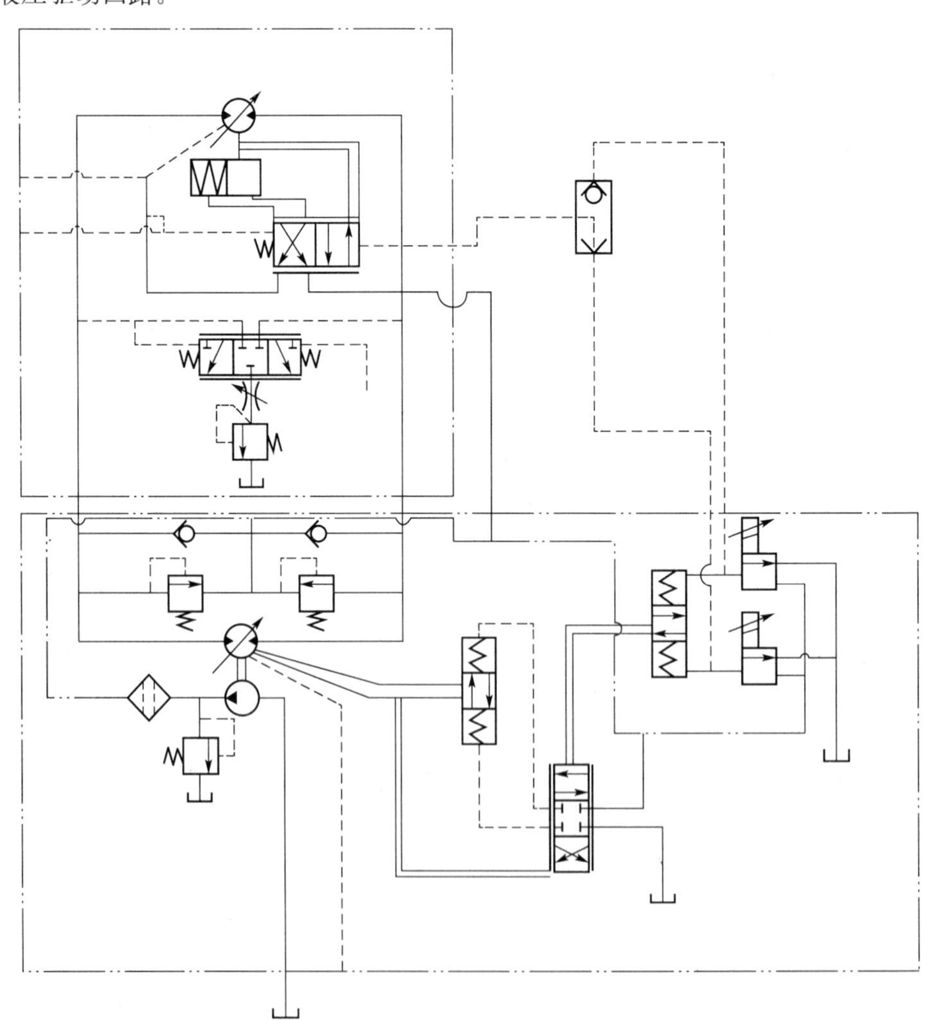

图 6.4　轮胎式筑路机械行驶液压驱动回路

图 6.4 所示的系统中，发动机通过分动箱直接驱动行走系统中的变量柱塞泵，然后驱动行走变量柱塞马达，由此组成一个双变量调速闭式回路，即变量泵和变量马达组成的调速系统。该系统中的泵和马达一般为轴向柱塞式，其结构紧凑，工作转速和压力高，系统传动总效率可达 80%以上。这种调速方式的优点如下：

(1) 变量具有连续性，并且调速范围大。

(2) 泵工作压力的大小取决于马达负载大小，在零流量时，几乎无功率损失。

(3) 具有安全溢流阀，可以限制输出的转矩值。

(4) 换向操纵容易。

(5) 可以采用电子控制，由比例电磁铁控制液压泵和液压马达的斜盘角度，实现系统流量的变化控制。

行走系统压力一般为 32～42MPa，压力由系统溢流阀来调定。闭式系统的外泄漏由补油泵补充，补油压力为 2～3.5MPa，排量为 10～15mL/r，行驶系统的液压马达通常为高速马达，主要用以提高闭式回路的工作效率。液压泵的输入转速与液压马达的输出转速之比为 1.5～2。液压泵的变量控制方式为电子比例控制，液压马达大多数也采用电子控制方式。

图 6.5 所示的履带式筑路机械行驶液压驱动回路中，通常采用行驶驱动液压回路。图 6.5所示为单边驱动的一套独立回路，实际上两套回路是完全相同的，既可以联动，又可以直行；还可以分别动作，实现转向。液压马达输入轴装有制动器，可以实现筑路机械的紧急制动。

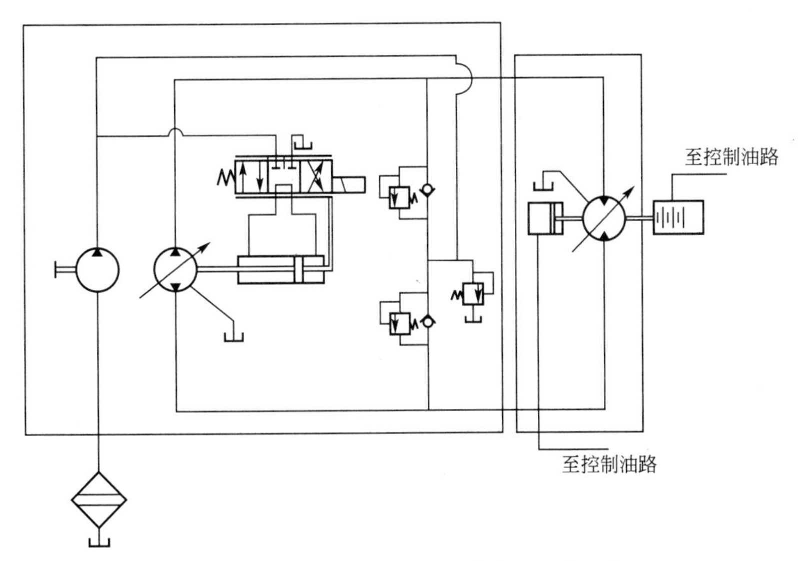

图 6.5 履带式筑路机械行驶液压驱动回路

3. 速度控制方式

泵控制液压马达速度控制系统可以有以下 3 种控制方式。

1) 开环控制系统

如图 6.6 所示，为变量泵由阀控制液压缸组成的位置回路控制系统图。这种控制方式是通过改变变量泵的斜盘角度来控制供给液压马达的流量，以此来调节液压马达的转速。因为是开环控制，所以受负载和温度的变化影响较大。

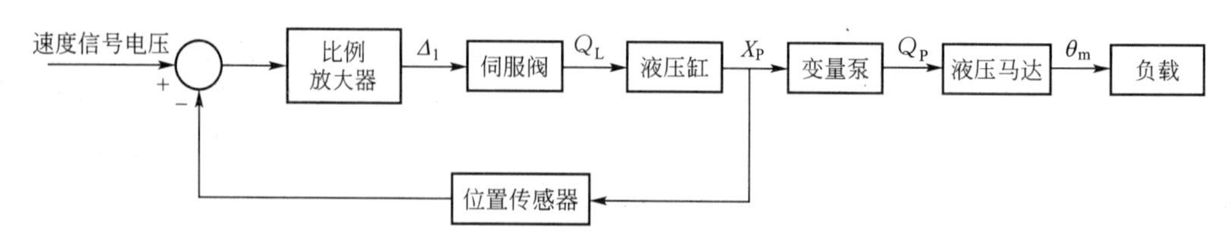

图 6.6　变量泵控制的开环速度控制系统

为了提高控制精度，可以采用压力反馈补偿，由压力传感器检测负载压力，作为第二个指令信号加进变量泵变量伺服机构，它将改变变量泵的行程，从而使流量随负载压力的升高而增加，以此来补偿驱动马达和变量泵泄漏所造成的流量减小。这个压力反馈补偿，实际上是压力正反馈，因此有可能引起稳定性问题，在使用时必须引起注意。

2）带位置环的闭环控制系统

如图 6.7 所示控制系统，在开环速度控制的基础上增加了速度传感器，将液压马达速度进行反馈，构成闭环控制系统。速度反馈信号与指令信号的差值经积分放大器加到变量伺服机构的输入端，使泵的流量向减小速度误差的方向变化。

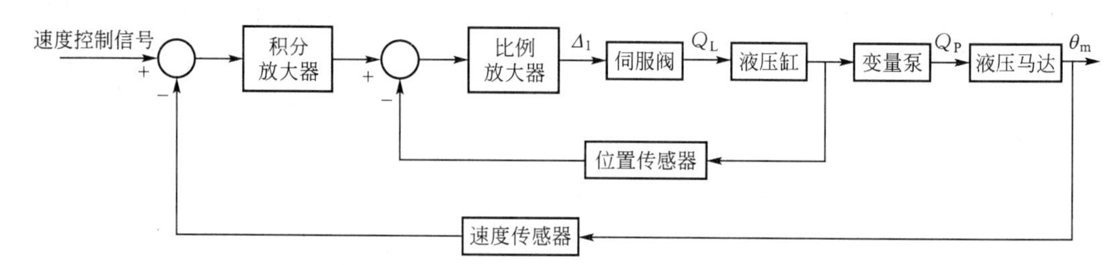

图 6.7　带位置环的闭环泵控液压马达速度系统

带位置环的闭环控制系统中的位置检测器，大多数采用差动变压器式传感器，液压泵一般为轴向柱塞泵，变量伺服机构的液压缸、伺服阀和位置检测器构成一体，装在液压泵上，驱动液压马达通常是定量液压马达，在液压马达轴的输出端上装有测速发电机。采用积分放大器是为了使开环系统具有积分特性，构成Ⅰ型伺服系统。通常，由于变量伺服机构机械惯量很小，液压缸-负载的谐振频率高达 100Hz 以上，可以看成积分环节，所以变量机构的伺服控制回路可以看成仪器伺服回路，其频带在 10～20Hz 以上。系统的动态特性主要由泵控液压马达所决定。从稳定性和快速性来看，要特别注意液压泵和液压马达之间的连接管路的刚性和管路中油的压缩性。

3）不带位置环的闭环控制系统

如果将变量泵机构的位置反馈通路去掉，可以得到如图 6.8 所示的速度控制系统。因为变量液压缸本身含有积分环节，所以放大器应采用比例放大器，系统仍然是Ⅰ型伺服系统。但是伺服阀零漂和负载力等引起的速度误差仍然存在。

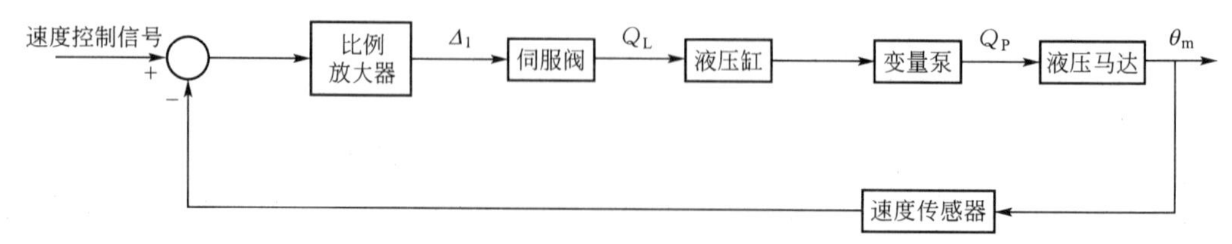

图 6.8　不带位置环的闭环泵控制液压马达速度系统

6.1.2 典型无级变速控制系统

BEN7.16履带式装载机是典型的无级变速系统，它采用双泵双马达驱动方式。这种液压控制系统和控制方式，也广泛应用在国产自行式振动压路机上，只是采用单泵单马达驱动控制。

1. 变速控制器

图6.9所示为BEN7.16型履带装载机行驶系统电气控制方框图，图6.10所示为装载机变速控制器接线图。计算机1接收和发送电信号至电磁阀12、13、16、17、18，电磁阀控制液压系统和液压马达的排量，以便调节来自发动机的驱动速度和驱动功率。发动机转速的测量由传感器14来完成，传感器测量柴油发动机飞轮的转速，并将这一测量数据输入计算机。可调电位计15与柴油发动机喷油泵控制装置连接，以便根据喷油泵的控制需要调节电阻值。电阻值的变化通过电信号传递，这样将由传感器记录的飞轮转速与喷油泵控制的转速作比较，该系统允许由操作者设置柴油发动机转速，如果柴油发动机转速低于设置值，可由电气调节机构来恢复。变速杆除控制喷油外，还控制前进/倒退的速度。依次操纵变速杆使其位于不同的位置，改变传递至计算机的电信号，将这一电信号送至泵上的电磁阀，使泵的斜盘向一边或向另一边倾斜，从而改变泵的排量。

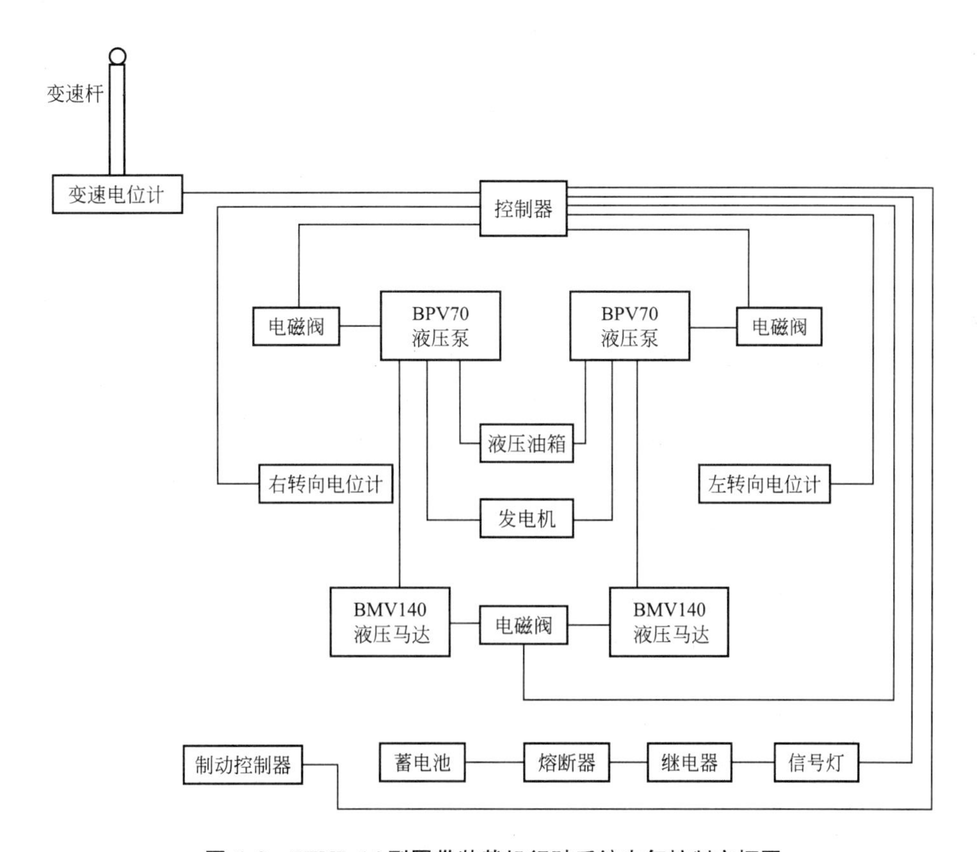

图6.9 BEN7.16型履带装载机行驶系统电气控制方框图

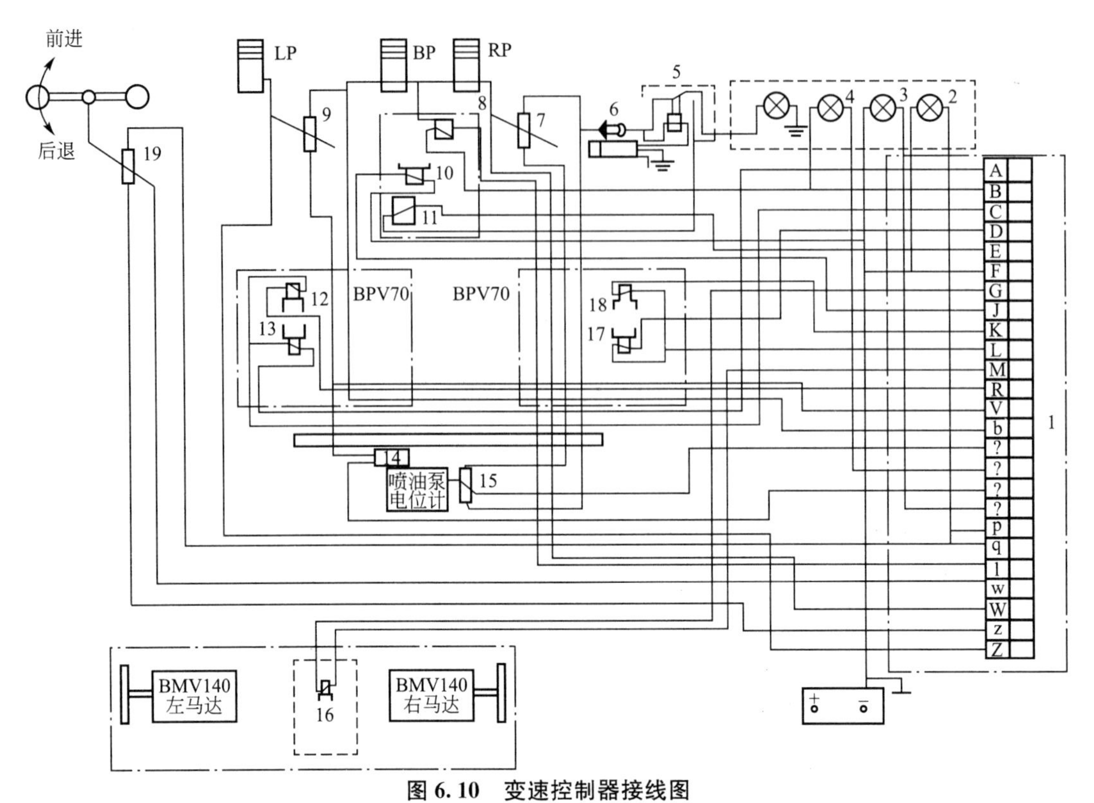

图 6.10　变速控制器接线图

1—计算机控制器；2—控制器自检指示灯；3—制动器指示灯；4—履带同步指示器；5—电磁阀；6—熔断器；7—右转向控制电位计；8—压力开关；9—左转向控制电位计；10—制动电磁阀；11—压力开关；12、13—左行驶泵前后控制电磁阀；14—柴油发动机转速传感器；15—喷油泵电位计；16—马达排量按制电磁阀；17、18—右行驶泵前后控制电磁阀；19—行驶控制电位计

两个转向踏板作用于两个电位计，无论何时踏板被压下，电位计将电信号送至计算机。计算机获得电信号并将该信号送至泵上的电磁阀，使泵的斜盘倾斜以调节其排量。两个液压马达的排量由一个比例电磁阀接受来自计算机上的电信号进行控制。

当制动踏板被踩下时，踏板作用在阀上，从而释放弹簧的压力，使弹簧产生制动作用。为了避免泵的斜盘在制动时维持一定的倾斜角度，即具有一定的牵引力，在系统中装有两个压力开关，一旦制动压力下降，这一信号将送至计算机，计算机控制使得泵的压力为零。变速控制器的控制过程如图 6.11 所示。

变速控制器作用组成部分如下。

1）控制器

系统中所使用的控制器实际上是一个计算机控制器，它接收前进/倒退、转向、制动等电信号，然后作出判断，对泵的液压油出口及泵和马达排量大小进行控制。

2）电位计

在系统中有 4 个电位计，它们的工作电压及形状都是完全相同的，电阻的变化均在 0～5000Ω 之间，电位计一端装有销轴，销轴可以旋转，通过拉杆和操纵杆连接在一起，拉杆移动引起销轴旋转，从而引起电阻的变化。电位计及销轴上各标有一个红点，当这两

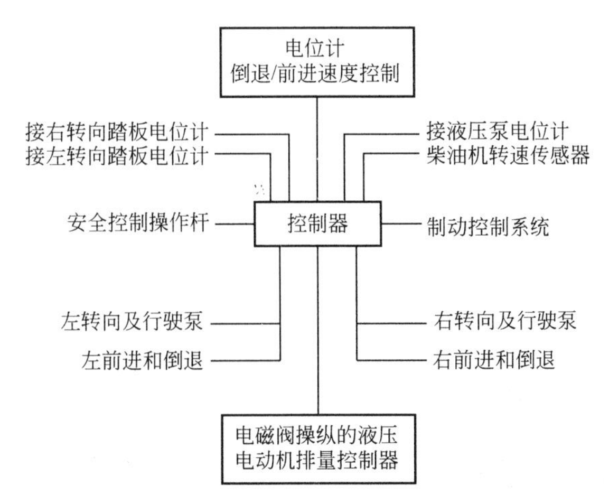

图 6.11　变速控制器的控制过程

个红点在同一半径上时，意味着达到总行程的 1/2，即总电阻值的 1/2，电位计销轴可以旋转的总角度为 44°。

摊铺机和压路机上使用的电位计为手动旋钮式，可以旋转的角度为 270°～330°，这是因为摊铺机和压路机在施工作业中一般要求行驶速度稳定，行驶速度也较低。装载机施工作业过程中要频繁地改变行驶速度，而且要求操纵方便、灵活、反应速度快。

3）柴油发动机转速传感器

柴油发动机转速传感器一般为电磁式速度传感器，距离柴油发动机飞轮齿环 1.5mm，用螺钉将其固定在柴油发动机飞轮壳体上。

4）液压泵

两个 BPV70 电控液压泵上各装有两个比例电磁阀，分别控制双向变量泵的排量，电控液压伺服机构的组成如同远距离液压伺服机构一样，改变分配器的斜盘位置，斜盘压力就能重新建立。但是操纵的压力不是来自外部的压力释放阀，而是来自壳体腔内的压力阀，以便维持自行调节装置，这些压力调节阀是由比例电磁阀操纵实现的。

5）液压马达

BMV 双向变量液压马达是由液压控制的，而液压控制是由电磁阀实现的，电磁阀同时调节两个液压马达的排量，两个泵的补油油路接至该电磁阀过程通路。两个泵补油油路接口的油压为 1.8～2MPa，电磁阀调节口的压力为 0～1.8MPa，依据来自计算机的电信号进行调节。两个液压泵上的电磁阀工作方式与其相同，甚至结构也一样。

6）踏板

LP 为左转向踏板，RP 为右转向踏板，BP 为制动踏板。

2. 液压控制系统

图 6.12 所示为 BEN7.16 履带式装载机行驶液压驱动系统。左右驱动为两套独立的由变量泵一变量马达组成的闭式驱动回路，系统连续工作压力为 25MPa，控制油路是由两个补油泵联合通过泵 X 出口提供的。整个控制的核心为图 6.10 所示的控制电磁阀 12、13、17、18 及 16，调节其工作电流的大小可以控制其流量，也就是控制了机械的行驶速度。控制电磁阀 12、13、17、18 以不同的组合方式工作，可以实现前进/倒退及转向等工况。

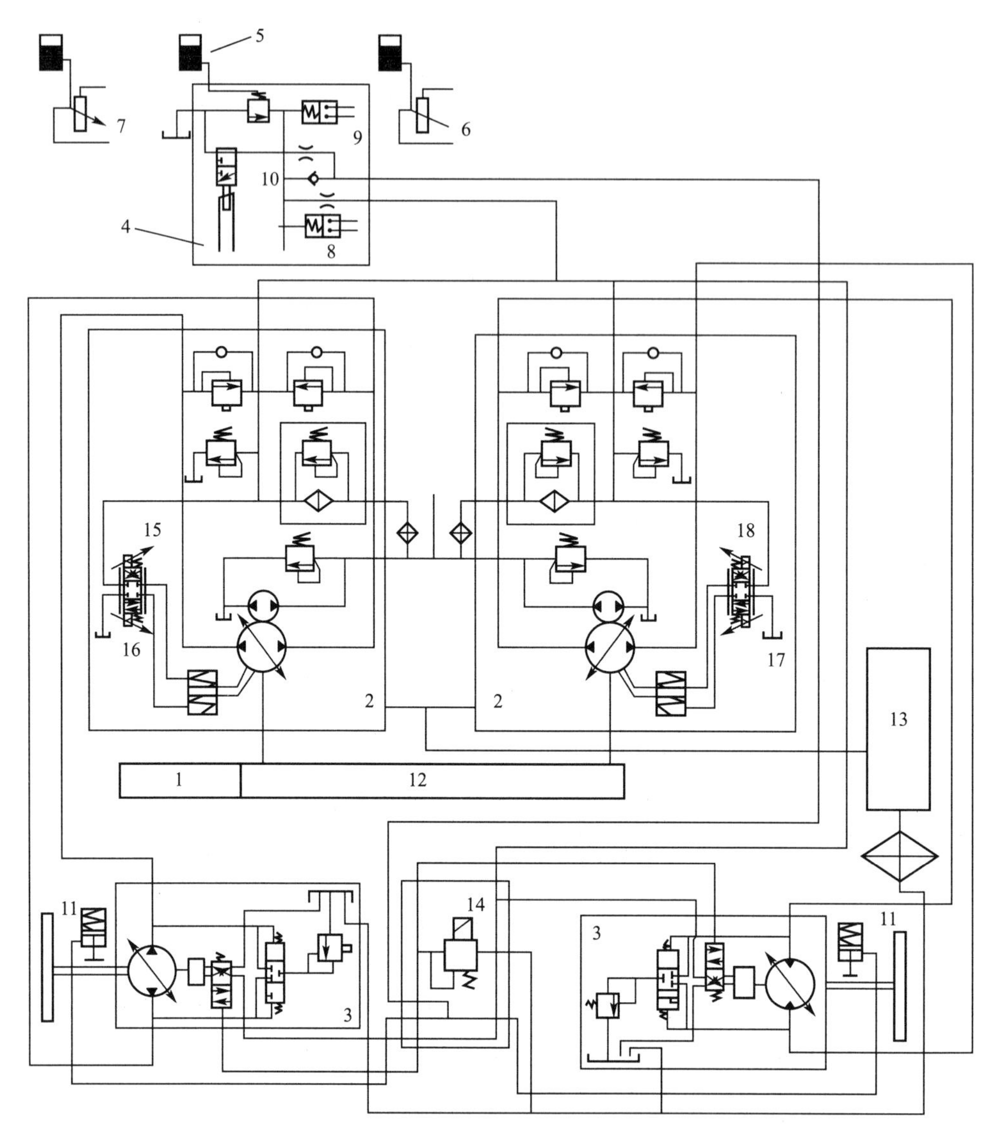

图 6.12 BEN7.16 履带式装载机行驶液压驱动系统

1—发动机；2—液压泵；3—液压马达；4—制动阀块；5—制动踏板；6—右转向电位计；7—左转向电位计；8、9—压力开关；10—开关电磁阀；11—制动油缸；12—分动箱；13—油箱；14—液压马达控制电磁阀；15、16—左行驶泵前、后控制电磁阀；17、18—右行驶泵前、后控制电磁阀

6.1.3 无级变速行驶控制

行驶系统包括筑路机械的前进、倒退、转向、行驶速度等。前进、倒退就是通过电子控制单元的逻辑判断，决定哪一个电磁阀加入工作；速度的控制是确定通入电磁阀工作电流的大小。转向是两者之间综合控制的结果。

1. 前进/倒退及行驶速度控制系统

如图 6.13 所示的无级变速控制系统的电路原理图，图中的变速电位计滑头一端和操纵杆相连，另一端和运算放大器 IC_1 的正向输入端相接。运算放大器的另一端与+12V电源相接。当电位器滑头在中间位置时，IC_1 不工作。当滑头向上移动，为前进状态时，IC_1 输入电压在12～24V变化，只有 IC_1 正端输入电压大于负端输入电压时，IC_1 才工作，根据需要再经过 IC_2 放大后，才可以驱动后续工作电路。图中 T_1 和 T_2 分别控制的EMV为泵的前进比例阀。IC_2 提供的电压大小由操纵杆的位置决定，IC_2 输出的端电压大小，决定了提供给 T_1 和 T_2 基极电流的大小，T_1 和 T_2 基极的电流越大，则 T_1 和 T_2 集电极至发射极的工作电流就越大，从而电磁阀工作电流也越大，使泵的排量增加，实现了筑路机械的增速工况。反之，操纵杆使滑阀触点下移，IC_1、IC_2 输出电流减小，T_1、T_2 基极电流减小，T_1、T_2 集电极至发射极之间的电阻增大，电磁阀工作电流减小，使泵的排量减小，实现了筑路机械的减速工况。

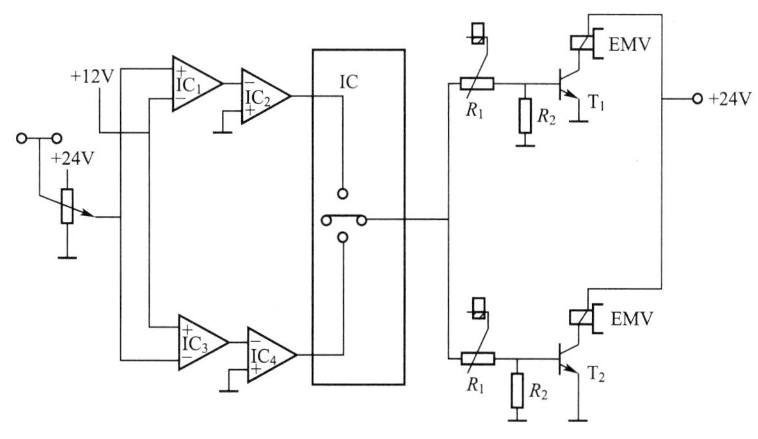

图6.13 无级变速控制系统的电路原理图

筑路机械的后退行驶时，此时将 IC_1 的“+”端输入端接+12V电源，“−”端输入端接电位计动触点，这样 IC_1 工作是在滑动触点移动过程中进行的，“−”端输入电压在0～12V之间变化，如果后续驱动电路接泵的倒退比例电磁阀，则可实现筑路进行倒退及相应的速度控制，控制过程与前进时相同。

以上可以实现整机的前进和倒退行驶，但是实际上存在的问题是：控制前进与倒退是由同一操纵杆完成的，而前进和倒退的电磁阀是分立的，这就要求对其进行比较判断，可以用一个比较电路来实现对前进、倒退行驶的综合控制。如图6.13所示，IC_1、IC_2、IC_3、IC_4 所组成的综合控制系统。当操纵杆移动时，可以使上边一路控制器工作，控制前进状态，由放大器工作原理可知，在前进一路工作时，倒退一路必然锁止。在放大器后加一个逻辑电路，它的主要作用是在前进时，前进一路开关接通，倒退一路断开。反之，倒退一路工作时，前进一路断开。这样就实现了前进与倒退的逻辑控制和行驶速度控制。

2. 转向控制系统

常用的工程机械全液压转向系统，是由全液压转向器通过转向盘来实现的，而在无级变速系统中，转向是通过控制不同泵的电磁阀来实现的。转向的快慢是通过控制电磁阀工作电流的大小调节泵排量的大小来实现的。图6.14所示为前进转向时控制原理图。当机械前进时，变速杆位置不变，电位计活动触点得出的电压值不变，即前进速度一定。当需要转向时，踩下左踏板，带动左转向电位计电阻值增大，使晶体管基极电流减小，从而减小了相应的电磁阀的工作电流，使泵的排量降低，实现了左转向。随着踏板的移动，电阻值逐渐增至使晶体管基极电流为零，使晶体管处于截止状态，电磁阀工作电流为零，泵排量为零，左行驶速度为零。当相应右转向时，踏下右踏板，电路调节控制过程与左转向时相同。

倒退转向控制原理与图 6.14 所示相同。只要将电路 IC_1 输入端的接线调换一下，后续驱动电路的电磁阀接入倒退泵电磁阀即可，整个调节过程与前进转向相同。

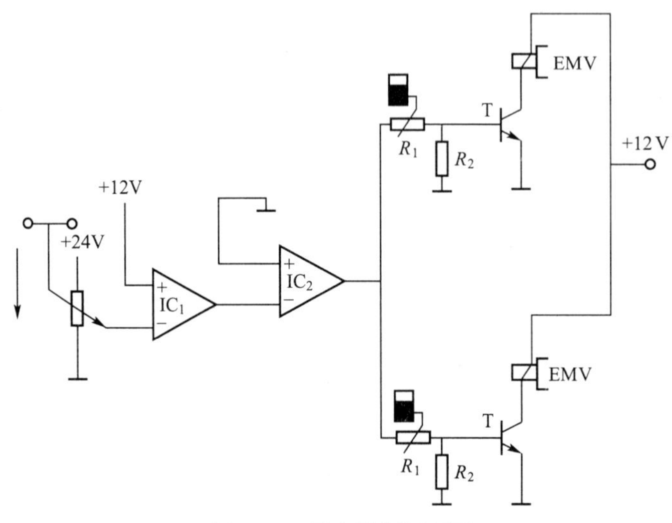

图 6.14　转向控制原理图

6.1.4　制动控制系统

筑路机械一般是在行驶过程中进行作业的，所以对行驶系统具有以下基本要求：

(1) 行驶速度持续可调。尤其要保证起步平稳，并能在较低转速下匀速稳定行驶，使其能充分发挥筑路机械的驱动力矩，保证足够的牵引力。

(2) 无论是前进还是后退，踩下单侧转向踏板，筑路机械向该侧转向，且随着踩下行程的增大，该侧行驶速度逐渐降低，最后完全不动；抬起转向踏板，机械应继续直线行驶。

(3) 在行驶中踩下制动踏板即可实现制动。

(4) 应能实现停车制动。

(5) 制动过程中应相应地使液压泵的排量减小至零。

图 6.15 所示为 BEN7.16 履带式装载机制动控制系统。

无论在紧急制动还是停车制动中，都是通过该制动系统来完成的。来自泵的控制压力油，通过孔径 $\phi1.5$mm 的一个节流孔进入制动系统。在 BPV 泵内由补油泵提供这一控制压力油，以补充制动元件释放的压力。

电磁阀 9 是由电控单元控制的，当安全操纵杆起作用时，说明来自电控单元的电流被切断，机械停止工作。来自泵的控制油经 $\phi1.5$mm 节流孔及电磁阀 9 进入液压油箱。制动油缸在弹簧力的作用下向下移动。制动油缸的液压油经 $\phi1.0$mm 节流孔及电磁阀 9 泄油。同时由于压力油的释放，开关 8、10 也先后打开，使液压泵、液压马达停止工作，实现停车制动。

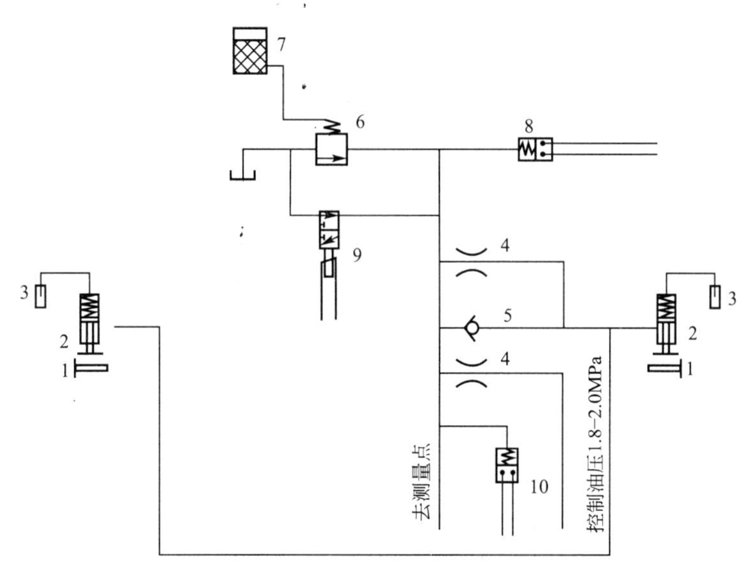

图 6.15 BEN7.16 履带式装载机制动控制系统

1—驱动轮；2—制动油缸；3—油环；4—节流孔；5—单向阀；6—可调溢流阀；
7—制动踏板；8、10—压力开关；9—开关电磁阀

在行驶过程中，制动踏板控制的溢流阀输入端油压为1.8～2.0MPa，当踩下制动踏板时，制动压力释放，使制动器工作。制动油缸中的压力油经 ϕ1.0mm 节流孔及可调溢流阀释放回液压油箱，制动缸在弹簧力的作用下移动产生制动工况。

制动踏板控制的是可调溢流阀的调整弹簧，实际上控制溢流阀的溢流压力在0.21～1.8MPa之间变化，随制动踏板踩下的行程量的增加，控制的压力也相应降低；当踩到极限时，控制压力为0.2MPa。即在紧急制动时，需要快速踩制动踏板；如果需要缓慢制动时，可慢踩制动踏板。踩下制动踏板的快慢决定了制动压力释放的速度，也就决定了制动产生的时间。

开关8和10是两个压力开关，在前进、后退行驶速度控制过程中需要制动时，可首先切断BPV泵比例电磁阀工作电压，使泵排量为零，然后产生制动；或在泵、马达出现故障时，起保护泵和马达的作用。

在制动控制系统中，由于制动踏板被踩下的程度不同，系统压力也在变化，无论什么原因，当压力低于1.4MPa时，此时踩制动踏板如同控制单元断电一样。开关10打开，控制泵的电磁阀断电，使泵斜盘角度处于中立位置，排量为零。当进一步踩下制动踏板、压力达0.2～0.25MPa时，压力开关8打开，并给控制单元一个信号，控制单元控制两个BMV马达之间共用的电磁阀，使马达排量调节为零，即转矩为最小状态。开关10设置在这里起监测和控制两个作用，保证了在制动时切断传动系统的动力；开关8的设置使液压系统故障更为安全。即使液压泵因故障不能使排量为零，液压马达也会在压力开关8的控制下调节其排量为最小，它所产生的附加转矩也为最小，从而减少了传动系统因转矩过大而损坏的可能性。

在制动系统控制油路中装有单向阀，它能够在解除制动的过程中，使液压油顺利地流向制动缓解的方向，使制动的解除动作迅速、彻底，达到避免摩擦片磨损的目的。相反，

在制动压力释放时，单向阀关闭，此时释放的压力油通过直径为 1.0mm 的节流阀泄放，引起制动，达到制动平稳、无冲击的效果。

6.1.5 特殊速度控制系统

在筑路机械中，除了一般的行驶速度外，还有一些特殊的速度控制。例如，摊铺机螺旋布料系统的速度控制等，它要求实现向左布料和向右布料，从中间向两边分料，从两边向中间集料等作业动作。在有些沥青混凝土摊铺机布料系统中，还安装了红外线探测传感器，它可以根据物料的多少自动控制布料器的旋转速度。例如，在振动压路机中，振动频率的调节实际上也是一个速度控制的问题，它实质上就是通过改变变量泵或变量马达的排量来实现频率的变化。

下面以 SF350 型水泥混凝土摊铺机的螺旋布料系统为例，主要介绍其速度控制的内容。

1. 螺旋布料系统速度控制系统

1）SF350 型水泥混凝土摊铺机的螺旋布料液压回路

如图 6.16 所示，该回路由螺旋布料泵、布料马达、液压油箱、吸油滤清器等组成。螺旋布料泵由补油泵、左布料泵、右布料泵、电位移控制器等组成。左、右泵为通轴串联泵，由补油泵供油，左泵与左布料器马达连接，右泵与右布料器马达连接，相互之间互不影响。

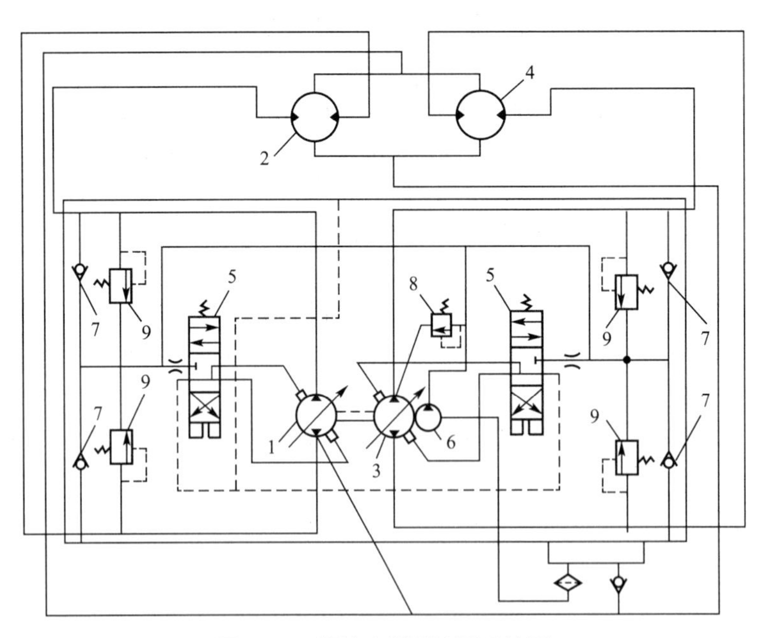

图 6.16 螺旋布料器液压系统图

1—左布料器泵；2—左布料器马达；3—右布料器泵；4—右布料器马达；5—电位移控制器；6—补油泵；7—单向阀；8—溢流阀；9—过载阀

布料器泵为无级变量柱塞泵，每个泵的输出量由发动机的转速和泵斜盘的倾角位置决定。发动机转速由线性调速器控制，泵的斜盘倾角由每个泵上的电位移控制器控制。电位移控制器由操纵台上的螺旋布料器手柄控制。

左布料泵和右布料泵分别为两个液压回路，各自有独立的液压输出，两个泵由一个补油泵提供控制压力油和补油。

供给油泵的液压油通过滤清器从油箱中吸出，当控制面板上的螺旋布料器控制手柄扳至中位时，液压油不经过电位移控制器而顶开单向阀给主泵的低压侧供油。这时由于没有油流到控制泵斜盘的伺服机构，斜盘倾角为零，泵空转没有输出。当控制面板上的螺旋布料器控制手柄扳至左方位时，电位移控制器一端的电磁线圈通电，电位移控制器在上位工作，液压油流到控制泵斜盘的伺服机构使斜盘倾角为正，同时液压油顶开单向阀的主泵低压侧，主泵高压油流到布料器马达，布料器马达正转。

当布料器控制手柄扳向左方位时，电位移控制器在下位工作，主泵斜盘倾角为负，布料器马达反转。左泵和右泵的工作情况一样，它们都是由各自的布料控制器控制杆控制的，互不干涉，可以分别调整左、右布料器马达的转速，从而适应了各自工况的作业需要。

供给泵回路中有一个溢流阀，如果供给压力在650kPa以上时，溢流阀打开，供给泵回路中多余的液压油由此溢流阀流入主泵泵体，对主泵起冷却作用。经过主泵之后，液压油从排油口流出，进入布料器马达底部的泄油门，冷却布料器马达，然后从布料器马达顶部的排油口排出。如果排油口压力超过172kPa，单向阀打开，过量的压力油直接流回液压油箱。

每个泵都含有两个溢流阀和两个单向阀连接在主回路上。溢流阀可防止回路中的高压冲击，在快速加速、制动或突然加载时，高压侧的油可以通过溢流阀过载溢流回到低压侧。同时，两个单向阀可起到补油作用。因此，这4个阀起到组合闭式回路的过载补油作用。

操纵台上的压力仪表与油泵之间由梭阀连接。这样使油泵无论是正转或反转都可以保证高压油和压力仪表相通，从而测出系统的液压油压力值。

2）螺旋布料器控制电路

SF350型水泥混凝土摊铺机的螺旋布料器的正反转，由螺旋布料器电路控制螺旋布料器系统的液压元件来执行。螺旋布料器控制系统的电路如图6.17所示。

在螺旋布料器系统工作时，先将电源总开关1打开。从电源总开关1来的电流分成三路：一路经空挡开关2、行走止/动开关3到螺旋布料器选择开关4；一路经行走止/动开关到螺旋布料器选择开关4；还有一路直接到螺旋布料器选择开关4。

行走止/动开关有两个位置："GO(行走)""STOP(停止)"；螺旋布料器选择开关有3个位置："AUTO(自动)""RUN(运行)""OFF(停止)"。

当螺旋布料器选择开关处于"OFF"位置时，没有电流流到螺旋布料器控制器，螺旋布料器不工作，此时再将行走止/动开关置于"STOP"位置，将行走止/动开手柄置于中位，则从总电源开关来的电流经空挡开关、行走止/动开关和螺旋布料器选择开关到达起动按钮，如果再按下起动按钮，就能使发动机起动。

当螺旋布料器选择开关置于"AUTO"位置时，没有电流到起动按钮，此时如果将行走止/动开关置于"GO"位置，则从总电源开关来的电流经行走止/动开关、螺旋布料器选择开关到达左、右螺旋布料器控制器，操纵这两个控制器就可以使螺旋布料器工作；如果行走止/动开关置于"STOP"位置，就没有电流流到螺旋布料器控制器，螺旋布料器停止工作。

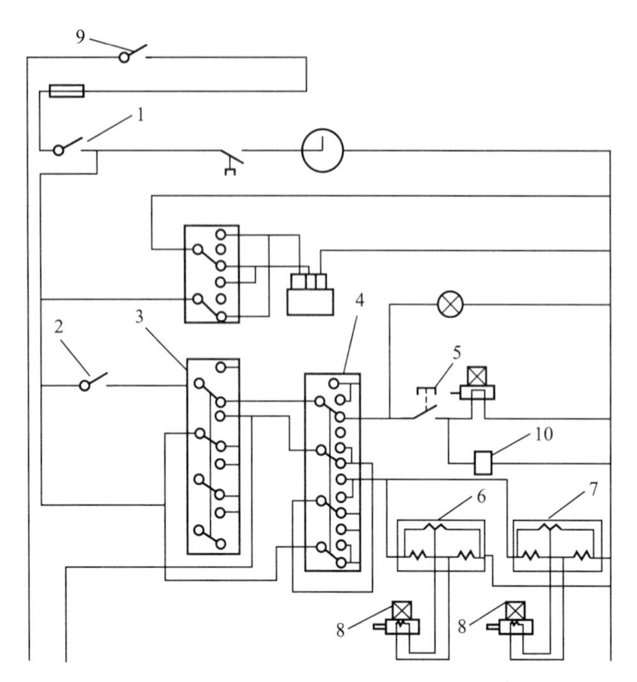

图 6.17　螺旋布料器控制系统的电路

1—总电源开关；2—空挡开关；3—行走止/动开关；4—螺旋布料器选择开关；5—起动按钮；
6—左螺旋布料器控制开关；7—右螺旋布料器控制开关；8—电位移控制器；
9—继电器触头；10—发动机断电器线圈

当螺旋布料器控制开关处于“RUN”位置时，则不管行走止/动开关所处位置如何，都有电流流到螺旋布料器控制器，这就允许操纵者在机械静止的情况下，单独操纵螺旋布料器分料。

螺旋布料器由液压马达驱动，液压马达的旋转方向取决于螺旋布料器泵的输出方向，螺旋布料器泵是柱塞斜盘变量泵，斜盘的偏转方向和偏转量由螺旋布料器控制器控制。

螺旋布料器控制器的结构如图 6.18 所示。当螺旋布料器控制手柄处于中位时，如图 6.18(a)所示，此时可变电阻器处于中位，没有电流至电位移控制阀，阀芯处于中位，螺旋布料器泵斜盘的偏角为 0°，螺旋布料器泵没有输出，螺旋布料器不工作。

当螺旋布料器控制手柄处于工作位置时，如图 6.18(b)所示，此时可变电阻器向左移，产生正向电流并输送到电位移控制阀，阀芯向左移动从而带动泵的斜盘向左偏转，使流过泵的液压油于 A 口输出，驱动液压马达按照顺时针方向旋转。控制手柄偏离中位越远则斜盘的偏转角度越大，泵的输出也越大。

3) 螺旋布料器控制器原理

螺旋布料器控制器可以看成是一个电桥电路(图 6.19)，滑臂(即控制手柄)的移动，可以看成电桥内某两个电阻的变化，这种变化使输出电压的大小和极性产生改变。

条件：只有电压参数，没有电阻参数，当 A 点处于 C、D 两点中心时，$R_1=R_2=R_3=R_4$。只有输出电压 $U_{SO}=U/\{(R_1R_4-R_2R_3)/[(R_1+R_2)(R_3+R_4)]\}$，根据电桥平衡条件：当 $R_1=R_2=R_3=R_4$时，$U_{SO}=0$，即滑臂处于中心位置时，输出电压为零。

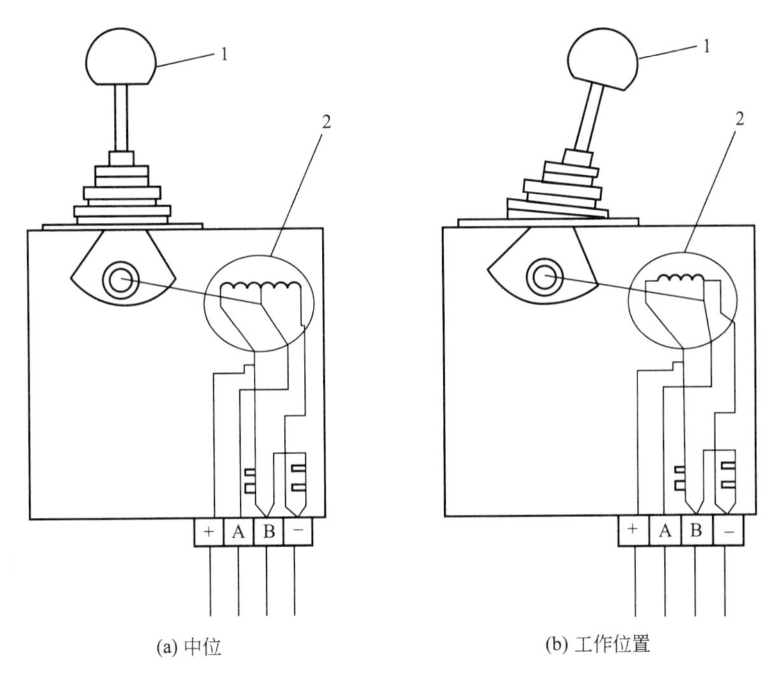

图 6.18　螺旋布料器控制器的结构

1—螺旋布料器控制手柄；2—可变电阻

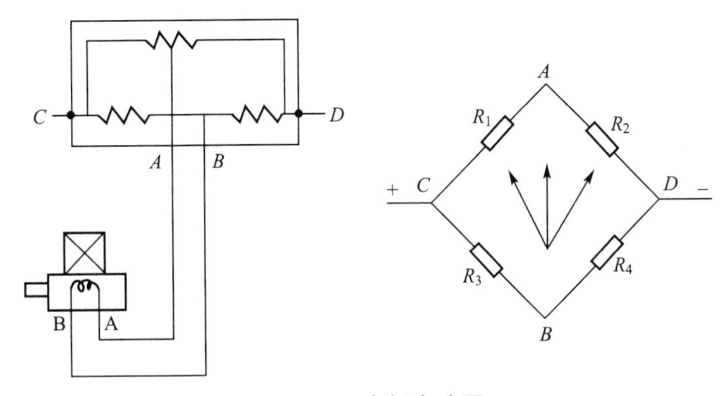

图 6.19　电桥电路图

(1) 当滑臂向右移动时，电阻增大，R_2电阻减小，输出端A呈现负电位。滑臂移动到D点时，输出电压为全电压的1/2。

(2) 当滑臂向左移动时，R_1电阻值减小，R_2电阻值增大，使输出端A呈现正电位。滑动臂滑到C点时，输出电压为全电阻的1/2。

由以上分析可以看出，滑臂的活动具有调压和变换电源极性的作用。调压能使螺旋布料器马达转速变化；电源极性变换，可以使螺旋布料器马达产生正反转。

这种控制器结构简单，故障容易识别，但是在中位区有一定的“死区”，因此线性可操作范围小。另外，电桥电阻要求有一定的功率，线路功耗大。

2. 振动压路机行驶控制系统

振动压路机行驶控制具有其特殊要求，除了要求在作业过程中速度恒定外，还要求其在减速度过程中均匀平稳，在改变行驶方向后，振动块的旋转方向也要有相应变化。对于双刚轮振动压路机来说，在作业过程中有时要实现前轮静压，后轮振动，且与行驶方向一致，这就要求在前进和倒退行驶中不断改变振动轮的工作状态。另外，还需要控制振动频率、振动幅度等。

1）行驶系统控制

行驶系统控制主要是速度控制，包括起动、停车和转向时的加减速控制，工作时的恒速控制，以及换向和变速控制等。这些控制性能的好坏不仅影响振动压路机生产率的提高，而且决定了路面压实质量的优劣。

(1) 加减速控制。对于薄而软的混合稳定土层压实作业，振动滚轮的急加速与急减速都会在压实层表面形成不应有的波纹。所以振动压路机在起动、停车及急加速、减速、换向过程中，都要保证机械速度变化的平稳和灵活，所以要求液压泵要有灵敏的变量控制，目前采用较多的是机械控制、凸轮控制和电气控制。采用机械控制时，油泵的斜盘倾角即流量和机械杠杆的转角成比例，如图 6.20 所示。在零位附近存在“死区”，加减速比较急促。采用凸轮控制时，油泵的流量和凸轮的转角关系如图 6.21 所示。适当地设计凸轮的升程曲线，可以获得较好的加减速性能和换向性能。

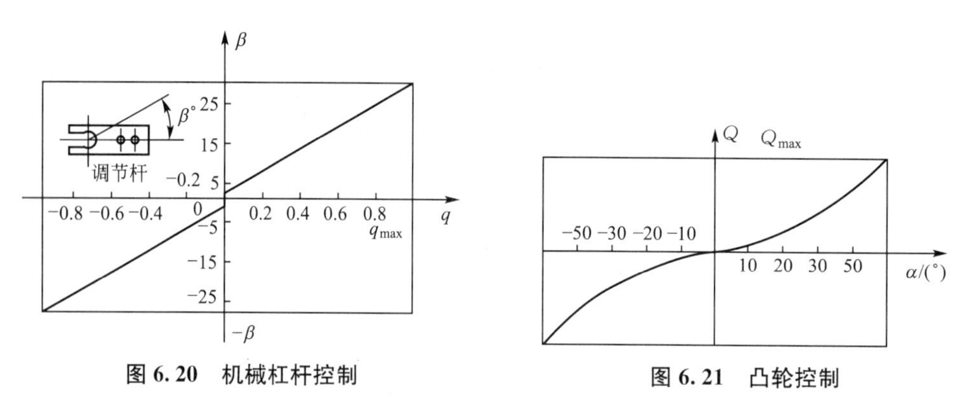

图 6.20 机械杠杆控制　　**图 6.21 凸轮控制**

(2) 恒速控制。为了得到均匀的压实度，振动滚轮的行驶应当保持恒定，不受路面状况和柴油发动机转速的影响。如图 6.22 所示，为液压驱动行走系统保持速度稳定的原理图。它采用 PID 控制修正偏差，以保持马达速度的恒定。为了获得快速的响应性能，可以增加前反馈控制。

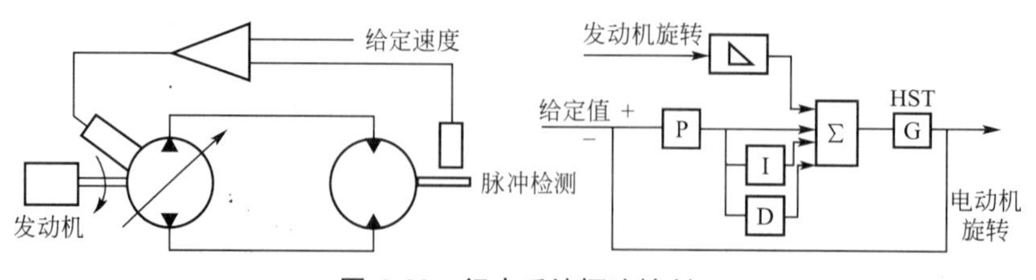

图 6.22 行走系统恒速控制

(3) 行驶方向改变时的配合控制。对于双压轮振动压路机，为了增大压实度，常采用预备压实作业。这时前轮为静压，后轮为振动。运动方向改变后，前后轮工作状态反过来，根据运动方向自动变换前、后轮的工作状态，如图 6.23 所示。

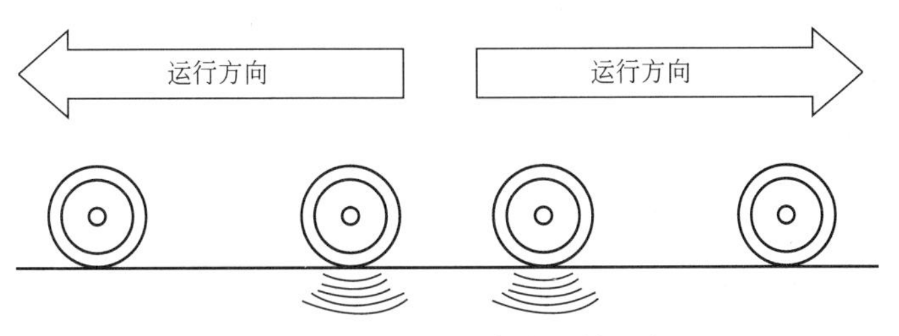

图 6.23 振动和行走方向的配合

采用电气控制的振动压路机，其液压系统能较好地满足以上要求。图 6.24 所示为德国生产的振动压路机控制器，该装置具有一特殊的放大器，可以根据输入电压得到如图 6.25所示的生产电流，以控制液压泵的伺服变量机构。该装置可以改善液压泵零位及低速性能。

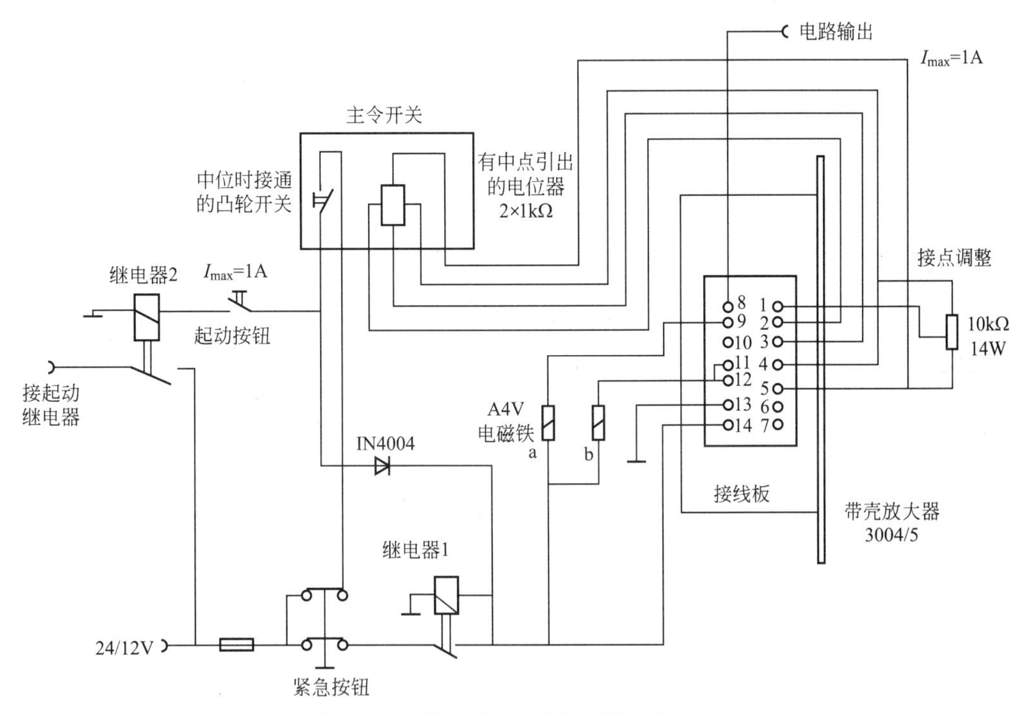

图 6.24 振动压路机液压系统电气控制

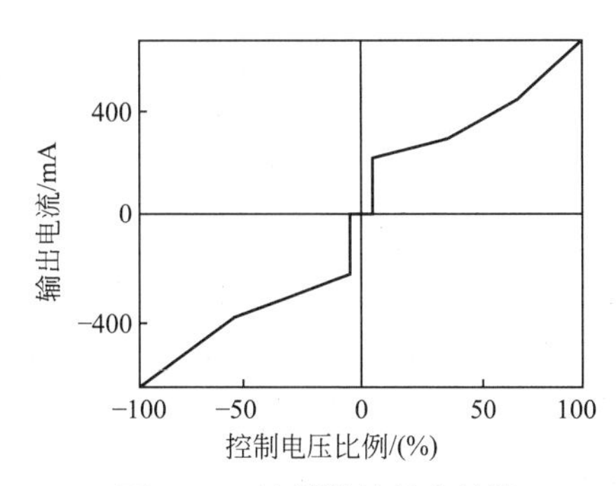

图 6.25 控制器的放大特性

当柴油发动机起动时，只有在主令开关处于中位，油泵斜盘倾角在零位时，凸轮操作开关才能接通。电源电流经紧急按钮的闭合接点与被压下的起动按钮，经过继电器的线圈，接通起动继电器，实现起动。

方向和速度的控制通过主令开关中的电位器来实现。其位置是处于停车状态，根据电位器调整的位置来控制振动压路机的行驶方向和速度快慢。

如图 6.26 所示，振动压路机是一个单独的电磁开关控制，振动块的旋向控制是通过振动开关Ⅰ和Ⅱ分别给振动泵的电磁阀送电，改变泵的供油出口，从而改变振动马达的旋向。

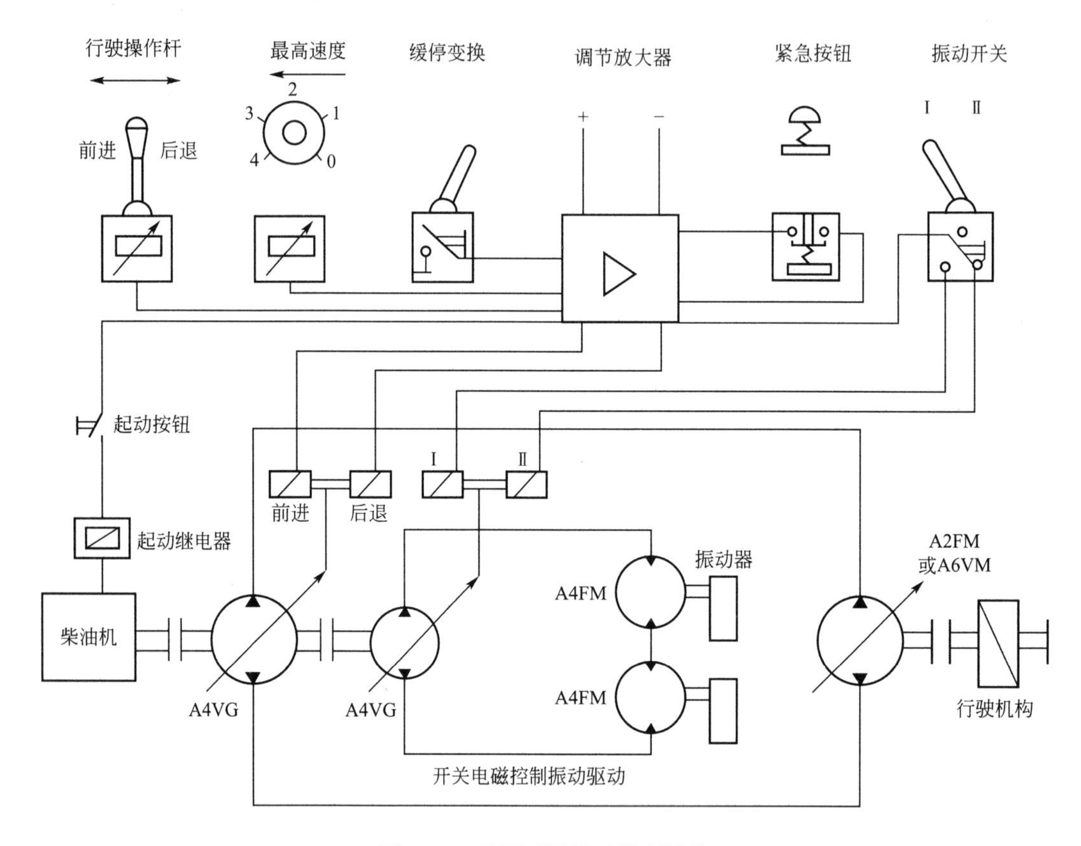

图 6.26 液压系统振动控制器件

2）振动系统控制

振动系统除了振动频率和振幅的控制外，还包括振动系统和行驶系统的配合控制，因为振动轮不仅作为行驶部件，还作为振动和碾压部件，两者适当配合才能保证良好的压实效果。

(1) 振动频率的控制。压实表层土时，采用高频、小振幅的振动；压实基层土时，采用低频、大振幅的振动。对于不同的土质，应选择适当的频率与振幅。振动频率的控制可根据马达形状的不同，采用双频、三频或在一定范围内的无级调整。频率的选择应和滚轮行走速度相配合，采用一定的频率配合，恒定的运行速度，可以得到均匀的冲击间隔，以保证压实的均匀性和压实度，如图 6.27 所示。

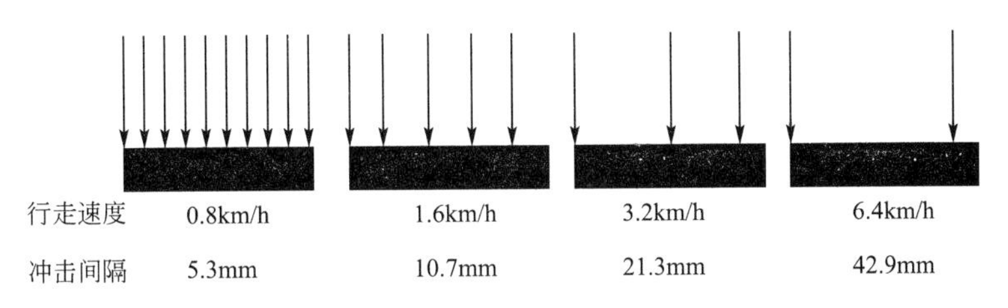

图 6.27 行走运度与冲击间隔

(2) 起振和停振的控制。起振和停振应与行驶速度实现连锁控制，滚轮行走加速到一定值时起振，减速到一定值时停振。相应的速度值应能调整的，且这种调整不应因为前进、倒退行驶变化而变化。同时，振动块的旋转方向应与振动轮行驶方向一致。当前常采用的方法有两种：一是在前进、倒退操纵杆位置装有两只行程开关，二是在前进、倒退操纵杆位置装有两只接近开关。这两只开关分别控制振动泵的两个电磁阀，两个电磁阀分别控制泵的压力出油口，即控制了振动马达的旋向。

前进、倒退行驶速度快慢依靠操纵杆的位置来决定，当操纵杆向前推、行驶速度达到一定值时，操纵杆前行程开关或接近开关接通振动泵的一个电磁阀，开始起振；当倒退时，操纵杆后行程开关或接近开关接通振动泵的另一个电磁阀。这样不仅保证了前进和后退作业过程中的行驶方向与振动块旋向一致，而且实现了起振与停振过程中速度的配合。

6.2 液压挖掘机电子控制系统

液压挖掘机是工程机械的主要机型之一。随着对挖掘机在工作效率、节省能源、操作轻便、安全舒适、可靠耐用等各方面性能要求的提高，单凭液压控制技术是不能满足要求的。机电一体化技术在液压挖掘机上的应用，使挖掘机的各种性能指标得到了迅速提高。以计算机技术为核心的高新技术在挖掘机上得到越来越广泛的使用，使挖掘机的设计、制造及使用与维修技术得到了发展。

6.2.1 电子监测控制系统

电子监测控制系统主要用于对挖掘机的运行状态进行监视，发现异常情况时能够及时报警，并指出故障部位，以便及早消除事故隐患，减少维修时间，降低维修费用，改善作业环境，提高作业效率。

美国的卡持皮勒公司 1978 年就研制出了用于挖掘机的电子监控系统，该公司已有 60%以上的产品配置了这种系统，它能够对机械的运行情况进行连续监控。在近几年开发的 E 系列挖掘机上均采用了具有三级报警的电子监控系统：在一级报警时，蜂鸣器鸣叫报警，提示操作者立即停车检查；在二级报警时，控制面板上的主故障报警灯提示闪亮；在三级报警时，蜂鸣器和控制面板报警灯提示鸣叫和闪亮。德国 O&K 公司开发的 BORD 电子监控系统，能监控与液压挖掘机作业和维修有关的全部重要参数；可利用计算机检查挖掘机重要的各种数据，对机械进行快速监测，并评估和显示所计算的各种数据；也可以识别发生故障和超出极限值的信息，在重大事故前显示报警信息。该系统还可以记录和保存重要状态的信息数据，并以显示或打印方式提供作业和维修计算数据。

大宇重工公司生产的挖掘机也配有电子监护系统。当挖掘机出现异常情况时，能通过该系统的声、光及电的方式进行报警。下面以大宇重工公司生产的DH280型挖掘机为例，介绍电子监控系统的电路及工作原理。

大宇重工DH280型挖掘机的电子监控系统电路如图6.28所示，由仪表板、仪表、报警灯、蜂鸣器、控制器及传感器等组成。仪表板上装有16个指示灯，用于指示各种开关的状态及故障报警。另外还有5种仪表：柴油发动机转速表、冷却液温度表、柴油量表、电压表及工作时间表等。在柴油发动机起动之前，将起动开关的钥匙转至“ON”位置，此时仪表板的端子8通过控制器的端子12搭铁，仪表板上的所有报警指示灯及发光二极管同时发光，与此同时蜂鸣器也通电发出声响。3s之后所有指示灯及发光二极管熄灭，蜂鸣器也停止鸣叫。然后控制器通过液面高度传感器开关，先后检查柴油发动机油底壳内的

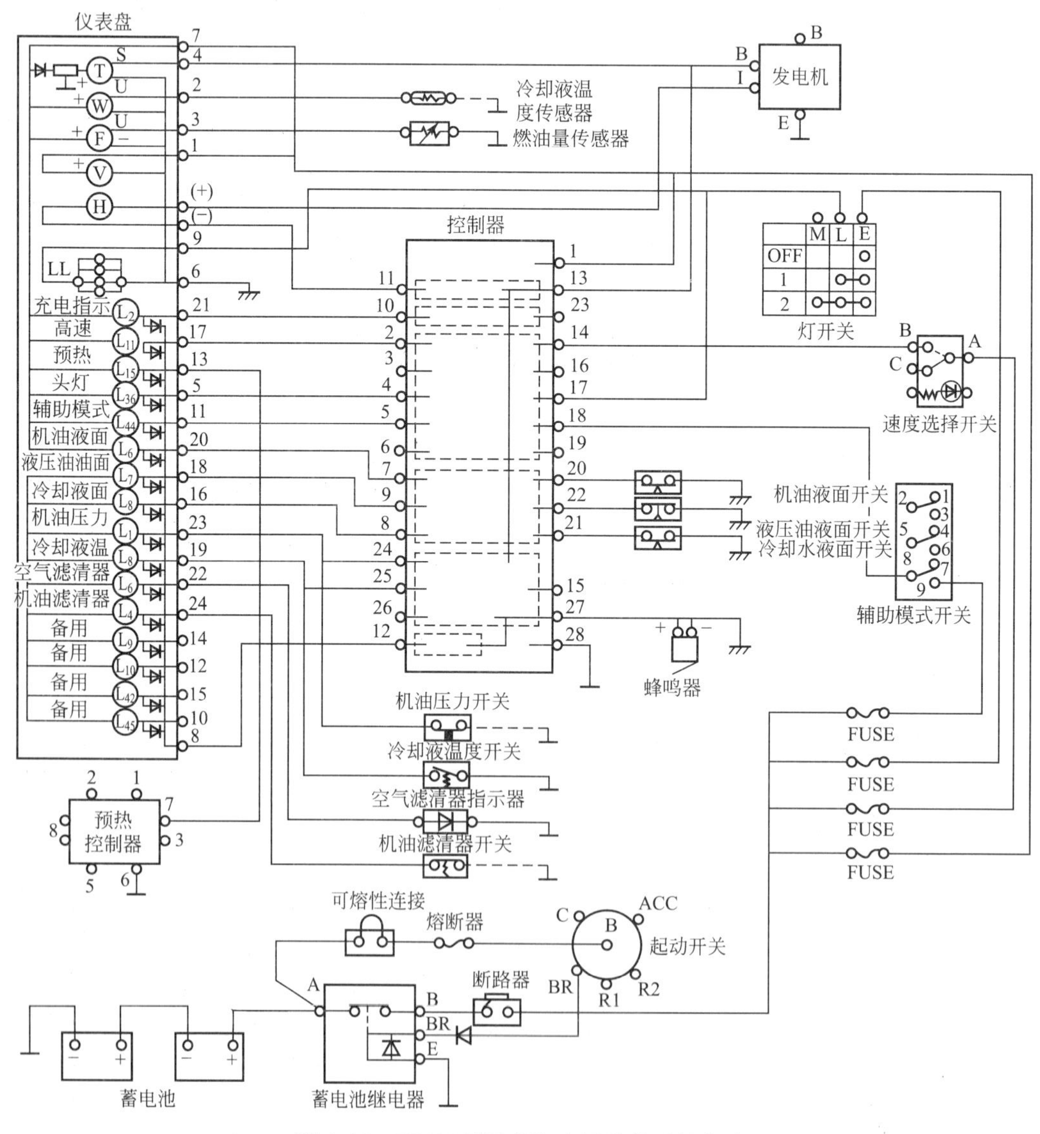

图6.28　DH280型挖掘机电子监控系统电路

机油液面，液压油箱中的液压油液面，以及水箱中的冷却液液面的高度是否合适，如果低于规定值，仪表板上的指示报警灯将闪亮报警。为了避免挖掘机产生误报警情况，检查挖掘机时应停在水平地面上。蜂鸣器停止发声后，仪表板上的充电指示灯和机油压力指示灯仍然发亮属于正常现象。

柴油发动机起动后，充电指示灯和机油压力指示灯都应熄灭，否则说明充电系统有故障且机油压力过低。一旦机油压力过低，蜂鸣器也同时报警，这时应立即停车检查柴油发动机的润滑系统。

在柴油发动机工作期间，如果空气滤清器和机油滤清器被堵塞，仪表板上的相应的报警灯将常亮。当柴油发动机过热、冷却液温度过高超过103℃时，报警灯和蜂鸣器将同时报警。

6.2.2 电子功率优化控制系统

液压挖掘机能量的总利用率仅为20%，巨大的能量损失使节能技术成为衡量液压挖掘机先进性的重要指标。采用电子功率优化控制系统(EPOS)对发动机和液压泵系统进行综合控制，使两者达到最佳的匹配，节能效果特别显著，所以许多著名的工程机械公司都采用了这种技术。

EPOS是一种闭环控制技术，在工作中它可以根据发动机负荷的变化，自动调节液压泵所吸收的功率，使发动机转速始终保持在额定转速附近，可以使发动机始终以全功率投入工作。这样既充分利用了发动机的功率，提高了挖掘机的作业效率，又可以防止发动机过载熄火。

大宇重工DH280型挖掘机的电子功率优化控制系统，其组成及电路图分别如图6.29和图6.30所示。该系统由柱塞泵斜盘角度调节装置、电磁比例减压阀、ER6控制器、柴油发动机转速传感器及柴油发动机节气门传感器等组成。柴油发动机转速传感器为电磁感应式，它固定在发动机飞轮的上方，用来检测发动机的实际转速。柴油发动机节气门位置传感器由行程开关和微动开关组成，前者装在驾驶室内，与节气门拉杆相连；后者装在发动机高压油泵调速器上，两个开关并联以提高工作可靠性。当柴油发动机节气门处于增大位置时，两个开关均闭合，并将信号传给EPOS控制器。整个控制过程如下：

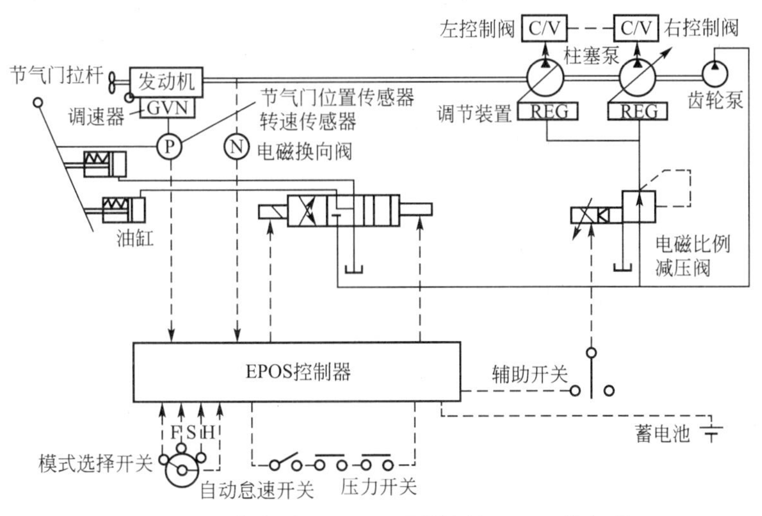

图6.29 大宇重工DH280型挖掘机EPOS的组成

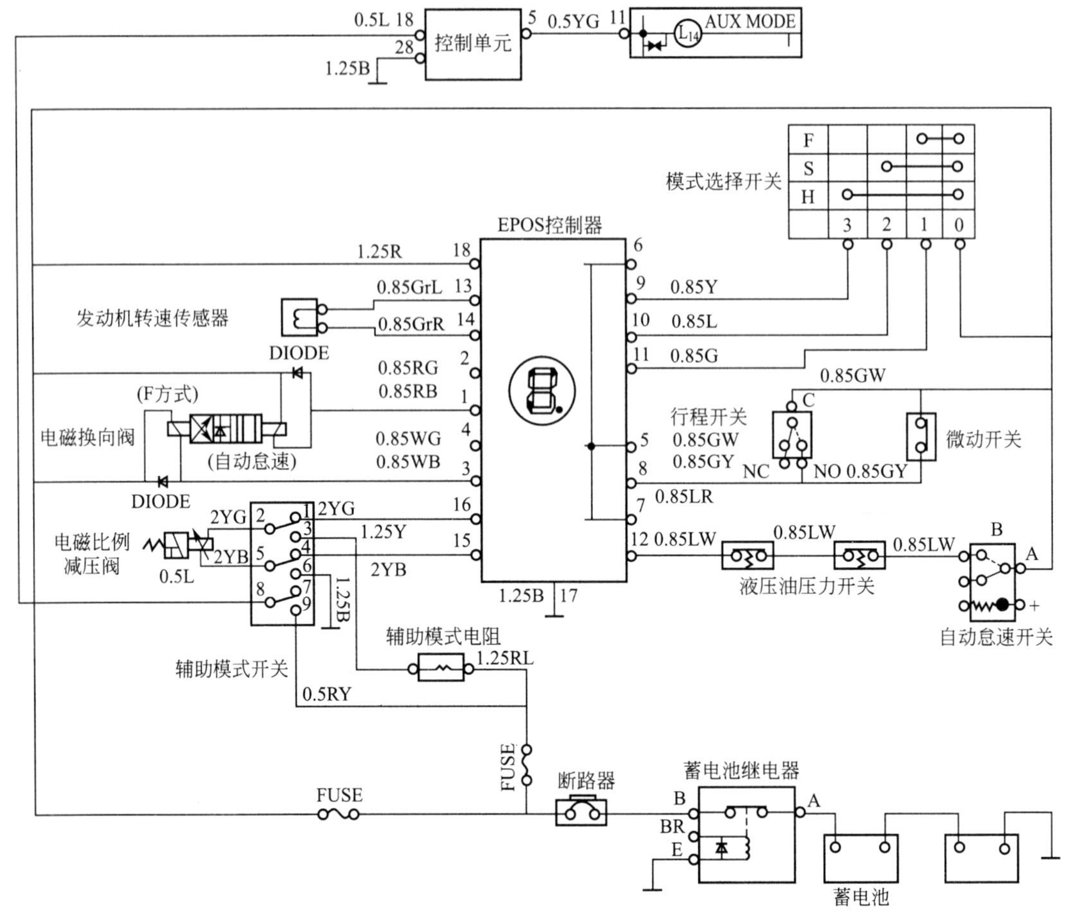

图 6.30　大宇重工 DH280 型挖掘机 EPOS 电路图

当工作模式选择开关处于“H”位置时，装有微型计算机的 EPOS 控制器的端子 8 上有电压信号(即节气门拉杆处于增大供油位置)时，EPOS 控制器便不断地通过转速传感器检测发动机的实际转速，EPOS 控制器便增大驱动电磁并联减压阀的电流，使其输出压力增大，继而通过油泵斜盘角度调节装置减小斜盘角度，降低泵的排量。上述过程重复进行直到实测发动机转速与设定的额定转速相符为止。如果实测的发动机转速高于额定转速，EPOS 控制器便减小驱动电流，使泵的排量增大，最终使发动机工作在额定转速附近。

该控制系统配备辅助模式开关，当 EPOS 控制器失效时，可将该开关扳向另一位置，通过辅助模式电阻向电磁比例减压阀提供恒定的 470mA 的电流，使挖掘机处于 S 方式继续工作，此时仪表板上的辅助模式指示灯常亮。

大宇重工 DH280 型挖掘机的 EPOS 电路如图 6.30 所示。其特点是发动机节气门位置传感器为电位器式，当节气门处于最大和最小位置时，电位器 AB 端子间的输出电压分别为 0V 和 5.5V。挖掘机在工作过程中，无论节气门拉杆放在什么位置，EPOS 都能自动地使发动机工作处于与节气门位量相应的自动功率状态，并使发动机的转速保持不变。

6.2.3 工作模式控制系统

液压挖掘机配备的工作模式控制系统，可以使操作者根据作业工况的不同，选择合适的作业模式，使发动机输出最合理的动力。大宇重工 DH280 型挖掘机有三种作业模式可供选择，模式的选择通过一个模式选择开关操作，其模式情况如下所示：

1. H 模式

H 模式为重负荷挖掘模式。当发动机节气门处于最大供油位置时，发动机将以全功率投入工作。在这种工作模式下，电磁比例减压阀中的电流在 0～470mA 或在 0～600mA 之间变化。

2. S 模式

S 模式为标准作业模式。在这种工作模式下 EPOS 控制器向电磁比例减压阀提供恒定的 470mA 的电流或切断电流的供给，液压泵输入功率的总和约为发动机最大功率的 85%。对于大宇重工 DH280 型和 DH200 型挖掘机，当选择 H 模式而节气门未处于最大供油位置时，控制器也将使挖掘机处于 S 模式，并与转速传感器测得的转速信号无关。

3. F 模式

F 模式为轻载作业模式。液压泵输入功率约为发动机最大功率的 60%，适合于挖掘机的平整作业。在 F 模式 EPOS 控制器向电磁换向阀提供电流，换向阀的换向接通了安装在发动机高压油泵处的小驱动油缸的油路。于是活塞杆伸出，将发动机节气门关小。

6.2.4 自动怠速控制系统

装有自动怠速控制系统的挖掘机，当操纵杆回到中位达数秒后，发动机能自动进入低速运转，这样可以减小液压系统的空流损失和降低发动机的磨损，起到节能和降低噪声的作用。

大宇重工 DH280 型挖掘机的自动怠速装置，在液压回路中装有两个压力开关，在挖掘机工作过程中两个开关都处于开的状态。当左右两个操纵杆都处于中立位置时，挖掘机停止作业，两开关闭合。如果此时自动怠速开关处于接通位置，并且两个压力开关闭合 4s 以上，EPOS 控制器便向自动怠速电磁换向阀提供电流，接通自动怠速小驱动油缸的油路，油缸活塞推动节气门拉杆以减小发动机的供油量，使发动机自动进入低速运转。扳动操纵杆重新作业时，发动机将自动快速地恢复到原来的转速状态。

大宇重工 DH280 型挖掘机的自动怠速功能是由专门的自动怠速控制器来完成的，为了实现自动怠速，先接通自动怠速选择开关，使 AB 端子相通。当操纵杆都处于中立位置时，两个压力开关与自动怠速选择开关都闭合，于是自动怠速控制器的端子 3 和 4 上有电流流入。当该状态持续 4s 以上时，自动怠速控制器的端子 1 和地相通，减速电磁换向阀中有电流流过，液压油经此换向阀流入自动怠速驱动油缸，在油缸活塞杆的推动下发动机节气门被关小，使发动机以低速运转。

6.2.5 柴油发动机负荷电子控制系统

日本小松挖掘机采用了柴油发动机负荷电子控制系统。下面以小松 PC200－5 型挖掘机为例，介绍该系统的组成、电路及工作原理。

柴油发动机负荷电子控制系统也称“节气门控制系统”，它由节气门控制器、调速器电机、燃油控制盘、监控仪表板、蓄电池电器等组成，如图 6.31 所示，其电路如图 6.32 所示。该系统的功能有 3 个，即柴油发动机转速的控制、自动升温和柴油发动机停车控制。

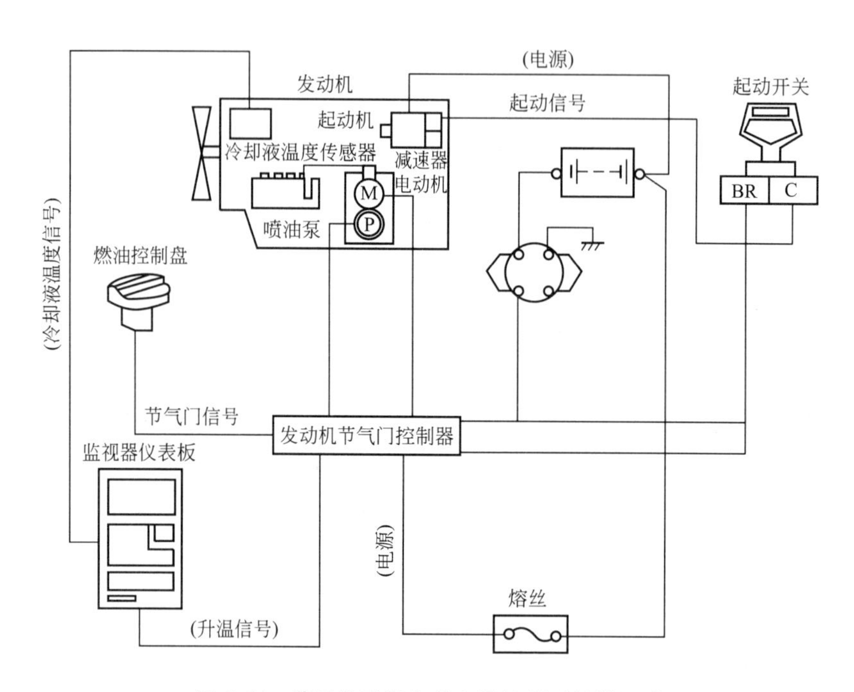

图 6.31 柴油发动机负荷电子控制系统的组成

1. 柴油发动机转速的控制

柴油发动机的转速是通过燃油控制盘来选定的。燃油控制盘与一个电位器相接，电位器的电源通过节气门控制器的端子 7 和 8 提供，如图 6.32 所示。

将节气门控制盘旋至不同位置，电位器便输出不同的电压，装有微型计算机的节气门控制器据此电压，便可以计算出所选定的柴油发动机转速的大小。燃油控制盘的位置与电位器输出的电压之间的关系如图 6.33 的下半部分所示。

在一定的负荷下，柴油发动机的转速与喷油泵的循环油量，即供油拉杆的位置有关。供油拉杆油调速步进电动机通过连杆机构驱动，当电动机轴转至不同位置时，便对应不同的供油量。为了检测电动机轴转动的实际角度，电动机通过齿轮传动带动一个电位器，节气门控制器通过测量电位器的输出电压，而间接测出电动机轴的转角即节气门拉杆的位置。整个过程如下：控制器根据所测得的燃油控制盘电位器的输出电压的大小，驱动调速器使其正转或反转，直到电动机转角电位器所反馈的电动机实际转角位置与燃油控制盘的位置相符为止，如图 6.33 的上半部分所示。

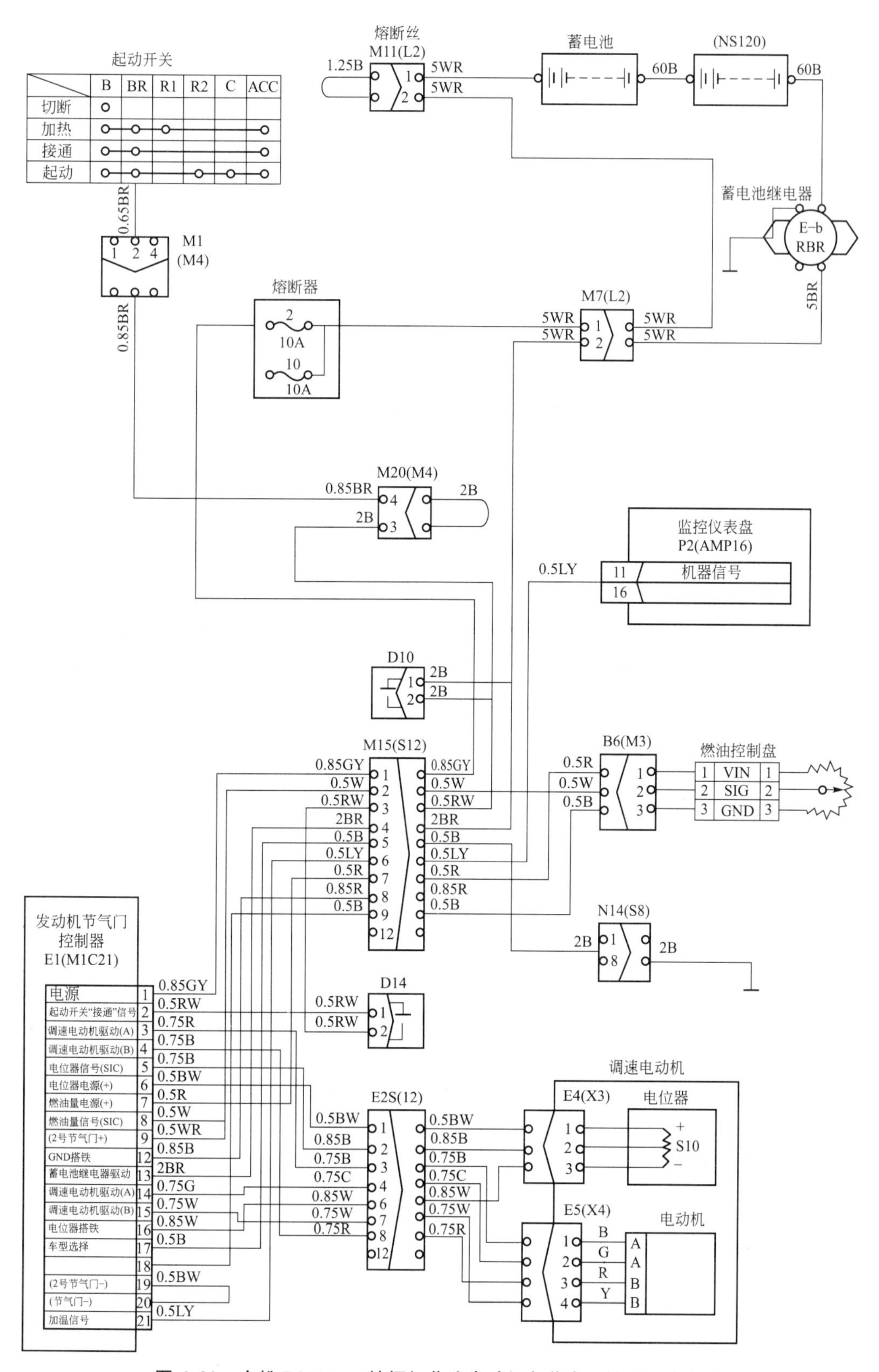

图 6.32 小松 PC200-5 挖掘机柴油发动机负荷电子控制系统电路

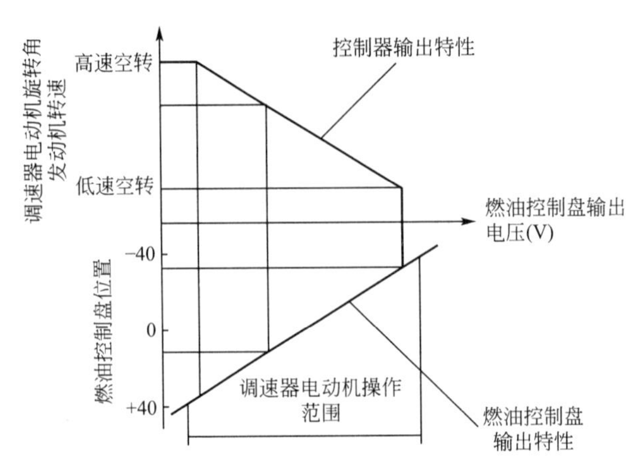

图 6.33　燃油控制盘位置与柴油发动机转速的关系

2. 自动升温控制

柴油发动机起动后，监控仪表板中的微型计算机通过热敏电阻式温度传感器不断监控柴油发动机冷却液温度。如果冷却液的温度低于 30℃，并且燃油控制盘所选定的柴油发动机转速不低于 1200r/min，监控仪表板中的微型计算机便向柴油发动机节气门控制器发出“升温”信号。节气门控制器微型计算机接收到该信号后，便驱动调速器电机使柴油发动机转速升至 1200r/min，以缩短柴油发动机的暖机时间。满足以下 3 个条件时，柴油发动机的升温功能便直接消除。

(1) 冷却液温度超过 30℃。

(2) 燃油控制盘处于满行程的 70%以上，发动机空转超过 3s。

(3) 升温时间超过 10min。

3. 柴油发动机停车控制

节气门控制器的端子 2 与起动开关的“BR”端子相连，用以检测起动开关的位置。当检测到起动开关转至“切断”位置时，即节气门控制器的端子 2 上没有电压信号，节气门控制器输出电流，切断蓄电池继电器使其触点保持闭合，以保证主电路的继续接通。同时，控制器切断调速器电动机，将喷油泵的供油拉杆拉到停止供油位置，从而使柴油发动机熄火。当供油拉杆处于“停油”位置时，控制器延时 2.5s，然后使蓄电池继电器断电，切断主电路，如图 6.34 所示。

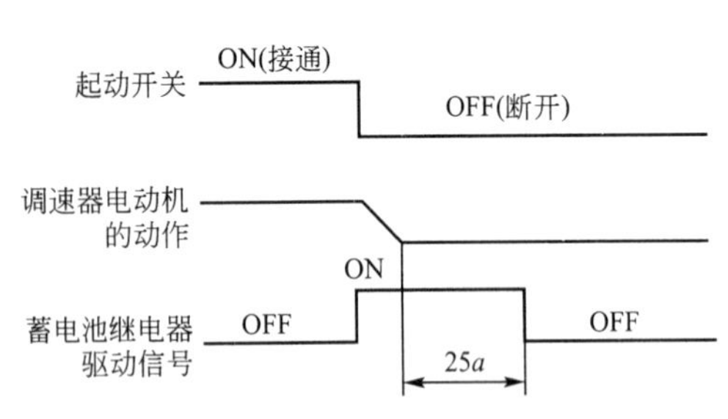

图 6.34　柴油发动机停车控制

6.2.6　挖掘机电子控制系统的故障诊断

以微型计算机为核心的电子控制系统通常都具有故障自诊断功能，在工作过程中，控制器能不断地检测和判断各主要元件的工作是否正常。如果发现异常时，控制器通常以故障代码的形式向操作者提出警告，并能指示出故障所在部位，从而方便准确地查出故障。

这里以大宇重工DH220-L型和DH280型挖掘机，以及小松PC200-5挖掘机为例，介绍电子控制系统的故障诊断方法。

1. 大宇重工DH220-L型和DH280型挖掘机电子控制系统

大宇重工DH220-L型和DH280型挖掘机EPOS控制器具有故障自诊断功能，通过观察EPOS控制器上的检测屏幕，可以从所显示的英文字母得知控制系统是否存在故障。EPOS控制器所显示的英文字母及含义，见表6-1。

表6-1 大宇重工DH220-L型和DH280型挖掘机电控系统故障自诊断表

显示字母	故障位置	产生故障原因
U	发动机转速传感器	在H模式时，转速传感器没有信号输出
P	加速踏板行程开关	在H模式时，行程开关处于断开的状态
O	模式选择开关	模式选择开关未接通
E	电磁比例减压阀	EPOS控制器与电磁比例减压阀之间有搭铁
L	F模式电磁换向阀	在F模式时，电磁换向阀断路或搭铁
P	自动怠速电磁换向阀	自动怠速电磁换向阀断路或搭铁
	电源	EPOS控制器无电源

2. 小松PC200-5挖掘机电子控制系统

小松PC200-5挖掘机的电子控制器上装有3只发光二极管，通过发光二极管亮与灭的组合来显示整个电子控制系统工作是否正常。

将起动机开关转至“接通”位置时，3只发光二极管(红、绿、红)首先进行车型标记显示，见表6-2，约5s后，进入系统的工作正常显示(表6-3)或系统的故障显示。在故障自诊断显示中，发光二极管通断的组合所代表的含义见表6-4。如果电子控制系统存在两种以上的故障对，发光二极管将按照表6-3中的前后顺序进行显示。当故障排除后，自诊断功能将停止。

表6-2 小松挖掘机机型标记显示

机型	发光二极管(LEDS)	机型	发光二极管(LEDS)
PC200	红●绿○红○	PC200-5	红○绿●红○

表6-3 小松挖掘机正常标记显示

二极管颜色	红	绿	红	二极管颜色	红	绿	红
正常显示	○	●	○	通断状态	断	通	断

表 6-4　小松 PC200-5 挖掘机电控系统故障自诊断显示

前后顺序	发光二极管(LEDS)	故障部位及原因	前后顺序	发光二极管(LEDS)	故障部位及原因
1	红绿红 ○○○ 断断断	电源系统或控制系统	4	红绿红 ○○● 断断通	调速电动机断路
2	红绿红 ●○● 通断通	调速电动机有部分短路	5	红绿红 ●●○ 通通断	调速电动机电位器异常或电动机失调
3	红绿红 ●○○ 通断断	蓄电池继电器有短路	6	红绿红 ●●● 通通通	燃油控制盘电路异常

6.3　液压起重机电子控制系统

液压起重机的运载车和吊机的电器及电子设备，包括常规普通电器、电子安全电器等。常规电器包括仪表电器、柴油发动机起动电器、充电电器、灯光电器、辅助电器等，这一部分内容较为简单，本书不介绍，读者可参阅有关书籍；电子安全电器主要是全自动防止超载装置，下面将展开介绍。

在日本加藤液压起重机上，装用微型计算机控制的数字式全自动防止超载装置(ACS)。这种用数字显示液压起重机作业性能的尖端电子技术，可以在起吊作业达到极限状态时自动强制停机，防止超载事故的发生。全自动防止超载装置还具有自身监视和故障自诊断功能，这些高新技术显著提高了液压起重机作业的效率和安全可靠性能。

1. 全自动防止超载装置结构原理

图 6.35 所示为 MS-10BⅢ型的 ACS 系统，主要由传感器、全自动防止超载装置主体和自动停止装置等组成。其中传感器包括绕卷检测部、臂杆长度和角度检测部、压力检测部、回转角度检测部和前侧千斤顶伸出检测部等。

1）传感器

传感器是将机械或液压的非电压信号，转变为电压信号，以便微型计算机读取或执行程序。

(1) 臂杆长度和角度检测器。臂杆长度和角度检测器主要由安装在主臂杆侧面的卷线筒、臂杆长度和角度检测器组成。卷线筒的结构如图 6.36 所示，导线 7 的末端装在最后一节臂杆前端的过卷检测插座上。另一端通过电刷 3、13，由导线 15 连接到 ACS 状态的插接件上，将过卷电压信号输入微型计算机；另一方面导线 7 又绕过臂杆长度和角度检测器的带轮。因此臂杆伸出时，导线 7 便带动卷筒 11 旋转将导线拉长，臂杆缩回时，卷筒内的弹簧使卷筒倒转，将导线 7 卷回。

臂杆长度和角度检测器的结构如图 6.37 所示。卷线筒导线绕过带轮，臂杆的伸缩驱动带轮正转或反转，再经齿轮减速器减速，带动臂杆长度电位器旋转。通过导线将臂杆长

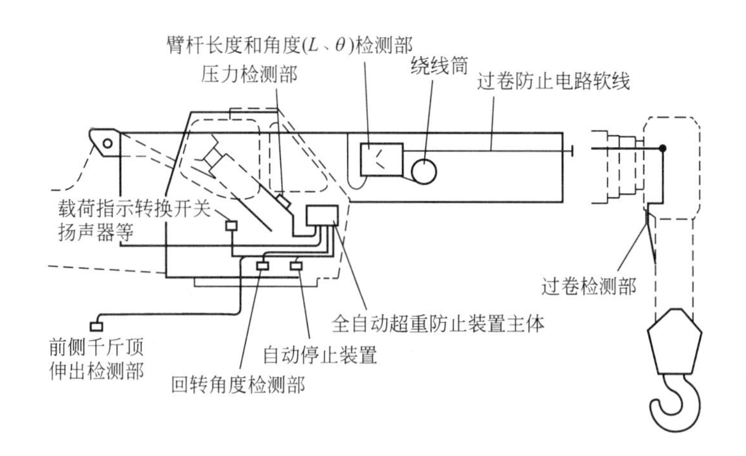

图 6.35 MS-10BⅢ型的 ASC 系统的组成

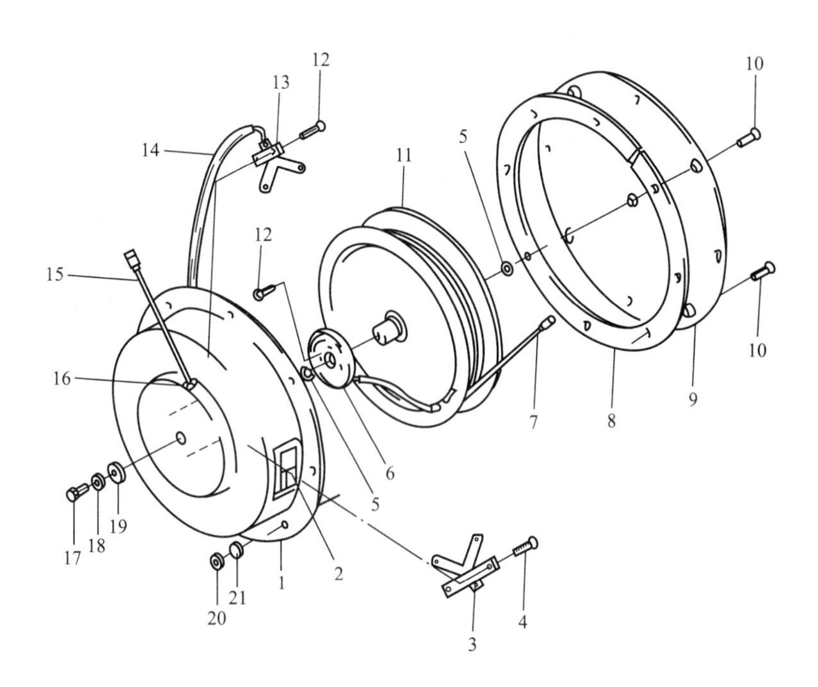

图 6.36 卷线筒

1—外壳；2—导线口；3、13—电刷；4、10、12、20、21—螺栓；5—卡环；
6—集电环；7、15—导线；8—密封垫；9—底板；11—卷筒总成；14—聚乙烯管；
16—胶套；17—螺栓；18、19—垫圈

度电位信号输入 ACS 状态。臂杆角度检测器是依靠带刻度的扇形板自身的质量，带动臂杆角度电位器转动，带磁性的指针直观地指示臂杆角度，以便与电位器通过微型计算机显示的臂杆角度进行核对。在臂杆变幅油缸伸缩时，臂杆倾斜角度发生变化、扇形板带动其电位器转动，使电位值发生变化，可将该电压信号输入微型计算机。

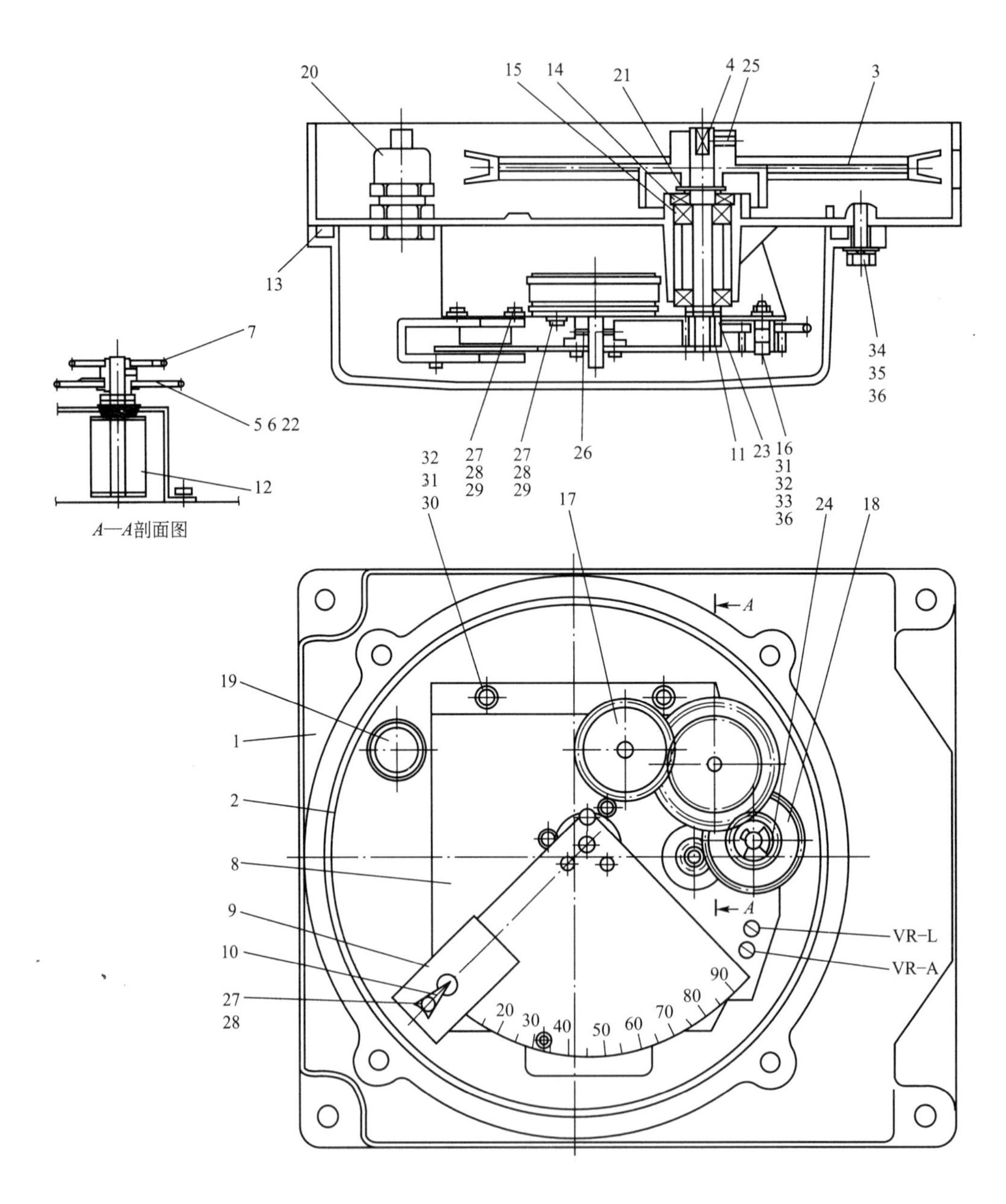

图 6.37 臂杆长度和角度检测器

1、8、11—底座；2—盖；3—带轮；4、16—轴；5、7、17、18—齿轮；6—弹簧；9—磁铁；10—指针；12—长度电位器；13—密封圈；14—油封；15—轴承；19—通气孔；20—绝缘线；21、22、23、24—卡环；25、26、27、30、34—螺栓；28、29、31、32、35、36—垫圈；33—螺母

在臂杆的右侧中部还安装着机械式臂杆角度指示器(图 6.38)。刻度板 5 固定在臂杆上，指针可围绕轴转动，当臂杆倾角改变时，指针可指示臂杆角度，在车上操纵室内便可明显看到，供 ACS 装置发生故障时使用。

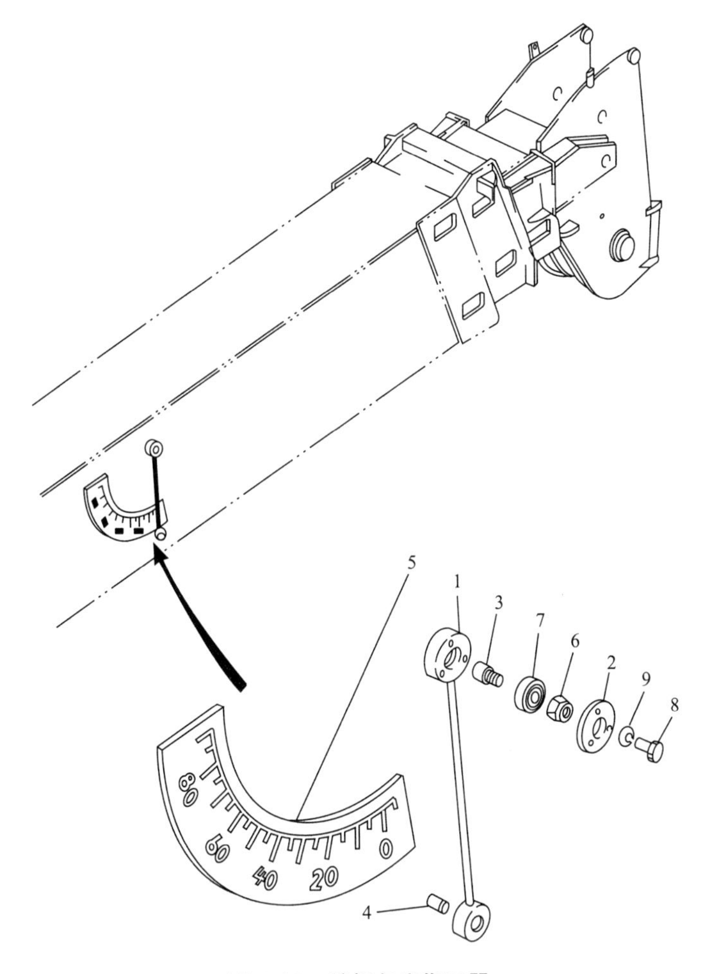

图 6.38 臂杆角度指示器

1—指针；2—轴承盖；3—轴；4—固定销；5—刻度板；
6—螺母；7—轴承；8—螺栓；9—弹簧垫

(2) 绕卷检测器。绕卷检测器由绕卷限位开关和防止绕卷重锤等组成。绕卷限位开关的结构如图 6.39 所示。绕卷限位开关的外壳 1 的上端固定在最末一节臂杆的前部，线束 11 中的一根导线通过插座连接绕卷线筒导线而接通 ACS 电源，另一端导线经限位开关 8 而搭铁。连接盘用螺栓 19 固定在外壳 1 内，吊环 3 穿过连接盘、弹簧座 5、导套 6 和弹簧 4 用螺母 14 固定。限位开关通过支架 7 也固定在连接盘上。当拉下吊环而压缩弹簧时，限位开关接通；当松开吊环时，弹簧的张力使吊环上升而打开限位开关，形成绕卷断路，ACS 系统使吊钩提升自动停止。

防止绕卷重锤的结构如图 6.40 所示，采用销轴 2 连接线卷限位开关的吊环，将吊钩左后外侧一股钢丝绳装入重锤 4、5 合成圆孔内。重锤将限位开关的吊环拉下，使绕卷电路接通。当吊钩提升到与绕卷重锤接触时，举升重物达到极限高度，吊钩不能再提升。如果继续提升吊钩，则吊钩将绕卷重锤托起，使限位开关断路，ACS 系统自动停止卷扬提升动作，但可以进行落钩操作。

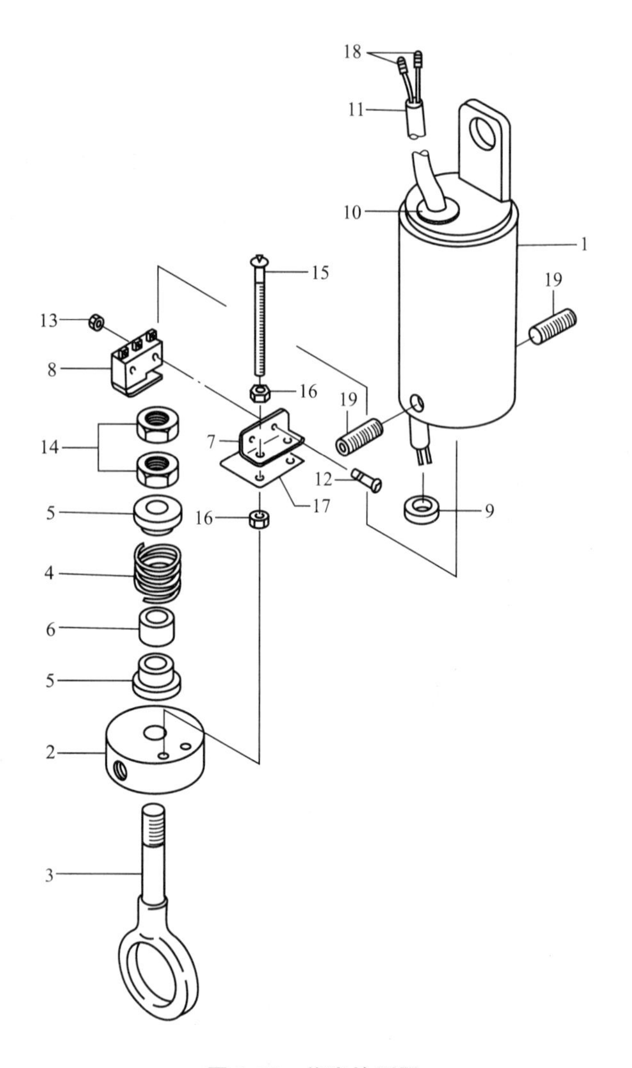

图 6.39　绕卷检测器

1—外壳；2—连接盘；3—吊环；4—弹簧；5—弹簧座；6—轴套；7—支架；
8—限位开关；9—止动圈；10—胶套；11—线束；12、15、19—螺栓；
13、14、16—螺母；17—垫圈；18—接线柱；19—堵塞

采用副杆作业或利用臂杆尖滑轮作业时，可以使用如图 6.41 所示的绕卷重锤。工作原理基本相同，只是一根钢丝绳连接限位开关吊环，另一端固定在副杆或末节臂杆顶部，单股钢丝绳穿过重锤中心孔，副吊钩提起绕卷重锤而使限位开关断路。

(3) 压力检测部。采用两支压力传感器分别安装在臂杆变幅油缸活塞侧和活塞杆侧的油道上，将变幅油缸内的液体压力转变为电压信号，再输入微型计算机，经运算后显示臂杆起吊载荷值。

(4) 回转角度检测部。回转密封的电刷上装有回转检测电位器，臂杆绕中心轴的回转变成齿轮绕齿轮的转动，齿轮带动电位器转动，输出回转方向和角度的电压信号。

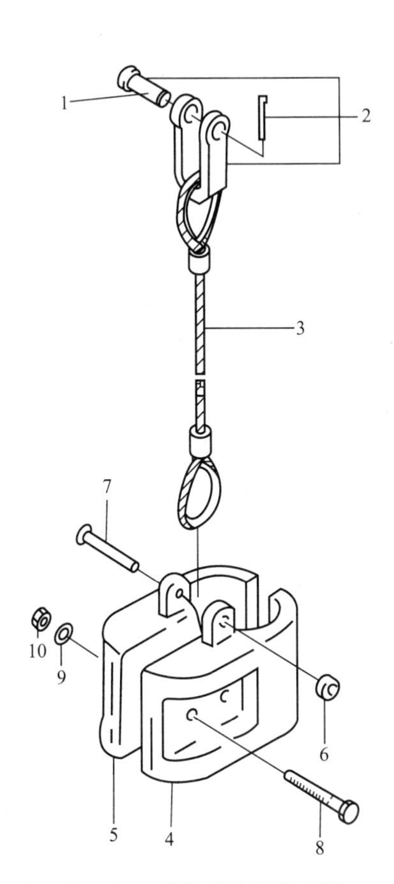

图 6.40 臂杆防止绕卷重锤

1—锁销；2—吊环；3—钢丝绳；4、5—重锤；
6、9—垫圈；7—销轴；8—螺栓；10—螺母

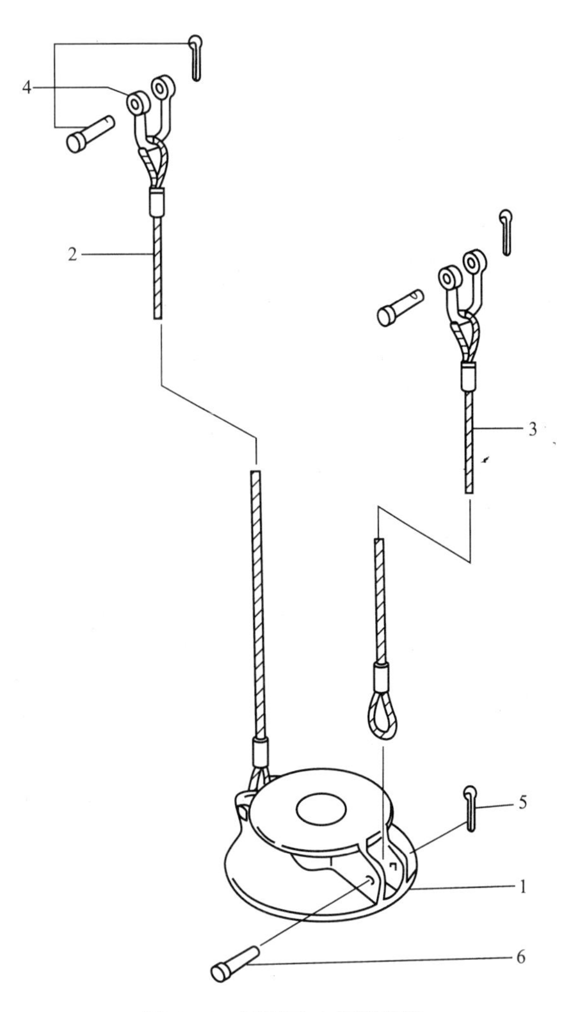

图 6.41 副杆防止绕卷重锤

1—重锤；2、3—钢丝绳；
4—吊环；5—开口销；6—销轴

2）全自动防止超载装置主体

ACS 主体安装在上车操纵室座位的左前方，主要由仪表板及电路板、稳压电源电路板、输入输出电路板、存储元件及壳体等组成，如图 6.42 所示。

微型计算机由硬件和软件组成，硬件就是组成计算机的电子线路及电器元件的设备；软件是计算机工作过程中必不可少的数据，还有对这些数据处理的控制指令等信息库。

微型计算机由运算器、控制器、寄存器、输入设备及输出设备、存储器、定时器和其他辅助电路组成。其中运算器、控制器和寄存器是计算机的核心部分，通常称为中央处理器。中央处理器微缩成一片或几片超大规模集成电路芯片，简称为 CPU。如果计算机的存储器、输入部分及配套的电路也采用超大规模集成电路，这种微型计算机简称为微机。

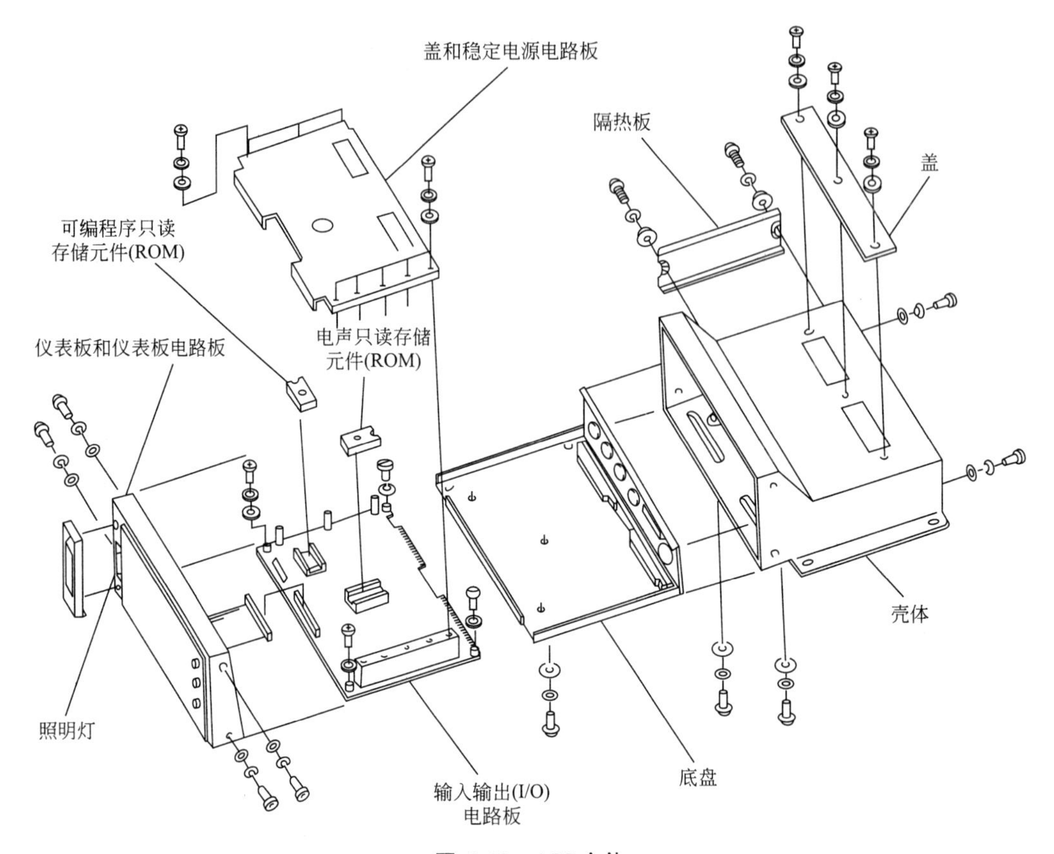

图 6.42　ACS 主体

(1) ACS 系统微型计算机控制原理。使用微机的全自动防止超载的硬件框图如图 6.43 所示，其软件的运算方式如图 6.44 所示。

(2) 输入设备。通过输入设备向微型计算机输入原始数据和处理这些数据的程序。ACS 系统的输入设备是模拟-数字(A－D)转换器，它将臂杆长度、臂杆角度、回转角度、变幅油缸压力、绕卷检测等的传感器变化的模拟量(如电流、电位、长度、角度等)转化为数字量输入微型计算机。

(3) 输出设备。输出设备将计算结果或其他信息，如显示数字、文字、图形等，由数字-模拟(D－A)转换器，将计算结果的数字量转化为模拟量，向被控制的对象发出控制或报警信号，或采取相应的保护措施。MS－10B 型的 ACS 系统能显示起吊载荷质量、提升高度、工作半径等作业性能，以及安全度和微型计算机故障代码等。当液压起重机作业达到极限状态，微型计算机发出报警信号或自动停止指令。用 I/O 表示输入输出电路和元件。

(4) 运算器。运算器可完成各种算术运算或逻辑运算，是信息加工的场所，它只能显示当前操作和操作完成的一个数据，中间结果一般输送到寄存器中保存起来，以备以后使用。

(5) 存储器。存储器是用来存放系统的控制程序、数据、表格或运算中的中间结果的。存储器的功能是能保存大量代码、按照需要取出代码，或再将新的代码存入。

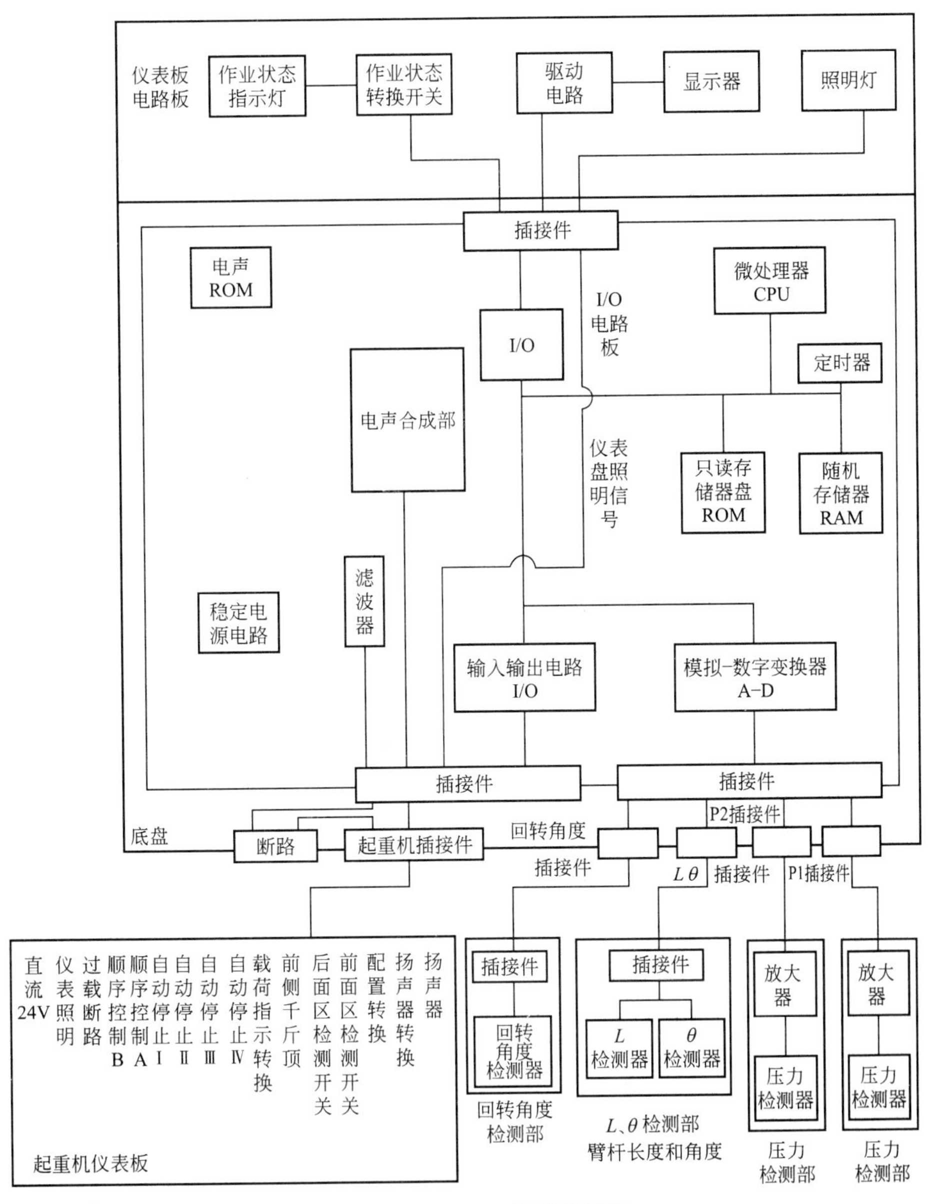

图6.43 MS-10B型硬件框图

存储器一般分为随机存储器(RAM)和只读存储器(ROM)。随机存储器是存入经传感器输入的数字信号,每个单元的数字是可变的,电源关闭信息会自动消失。只读存储器每个单元的信息是固定的,用户只能读出使用,无法使其改变,接通电源后信息便开始建立。通过大量试验,获得在各种作业工况下的极限载荷,形成极限载荷脉谱图,并将这些数据存储在ROM中。当液压起重机在某一作业工况下工作时,传感器将实际工况输入,便可由微型计算机查询该极限载荷脉谱图,并调出该作业工况相应的极限载荷,由显示器显示出来。

(6) 寄存器。寄存器是用来寄存参与运算的数据相中间结果的,是计算处理的暂时存储器。

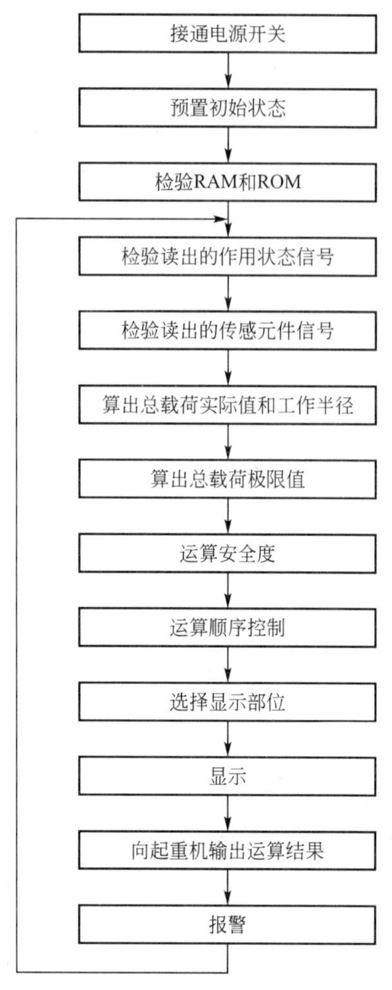

图 6.44　软件的运算方式

(7) 控制器。控制器是实现微型计算机各部分协调工作，使计算过程自动进行的装置，它的功能是在正确的时刻，将信息准确地送往目的地，是 CPU 的控制中枢。

(8) 中央处理器 CPU。中央处理器 CPU 的功能是对数据或信息进行算术运算或逻辑运算、输入输出部分及 CPU 本身进行控制。

在微型计算机工作时，由各种传感器不断地检测系统工作过程中各有关参数的变化，按照程序流程，通过输入输出接口电路，适时输入这些数据，然后经分析、判断或按照一定的算法进行运算，再通过输出接口电路，由显示终端显示计算结果，或向被控制对象发出控制指令或报警，也可采取相应的保护措施，使系统持续正常工作。

ACS 主体的底部安装插接件，其布置的端子号码如图 6.45 所示。从图中可以看出，采用防水线连接的插接件共有 5 只，其中 4 只为传感器输入微型计算机的插接件，另外 1 只为沟通微型计算机与液压起重机的有关电器装置的插接件，与插接件同排安装的是断路器，这是微型计算机的 24V 通断电源开关。图 6.45 中也标明了插接件中各插头连接的内容，并在插接件的实物上标有插头的号码，为检测和维修提供了方便。

ACS 主体顶面为显示起吊作业性能的仪表板，右侧盖板为检测灯及可调电阻。

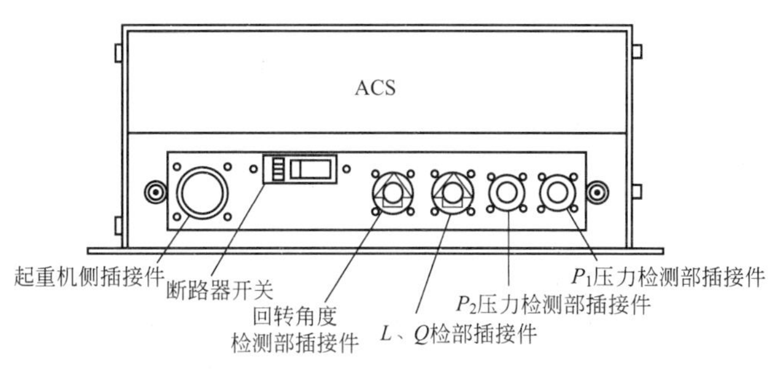

图 6.45　ACS 系统插接件布置图

2. 数字显示起重作业性能

总体结构比较简单的液压起重机，在臂杆上仅设有臂杆角度机械指示器，当臂杆变幅时，指示臂杆倾角。在起吊作业时，可根据该臂杆倾角和目测的臂杆长度、工作半径及吊重区，再查询额定起吊质量来核对实际起吊质量。这样往往存在着严重的误差，容易造成机械损坏或事故的发生。

MS-10B 型全自动防止超载装置，根据传感器和作业状态等输入信号，由维修计算机通过精确的计算，自动采用三位数字将作业主要参数显示在仪表板上，协助和指导操纵者合理操作。液压起重机仪表板显示器如图 6.46 所示。

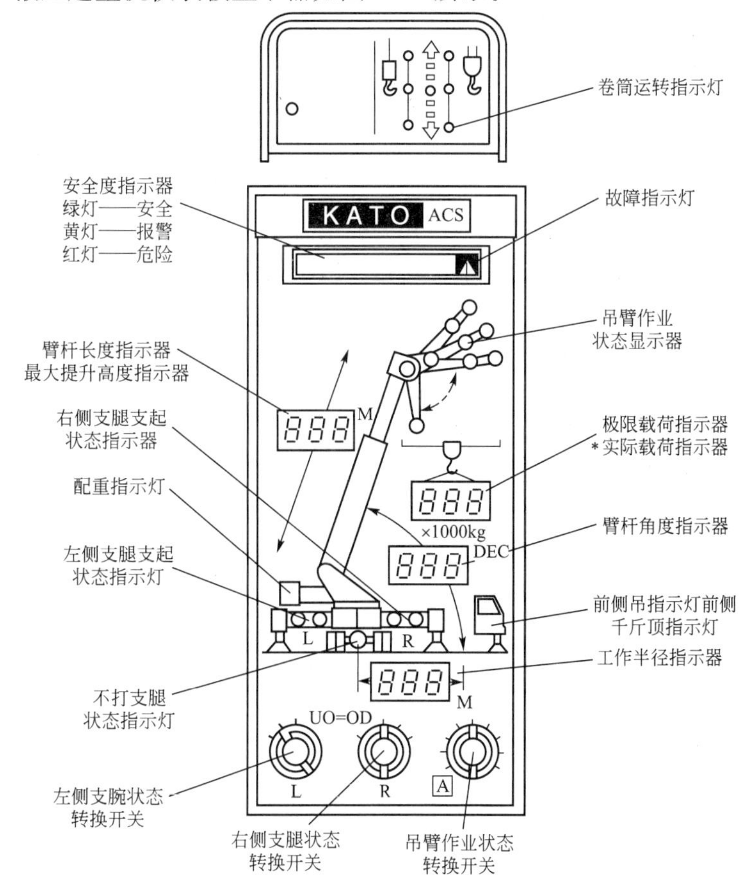

图 6.46　液压起重机仪表板作业性能显示器

1）安全度指示器

在仪表板上部的安全度指示器，可显示红灯区、绿灯区和黄灯区。

红灯区指示灯点亮后，表示液压起重机在危险区域范围内进行作业，总力矩实际值已经超过极限值，于是蜂鸣器鸣叫，红灯闪烁以警示操作者——起重作业已经相当危险。这时自动停止装置进入工作状态。

绿灯区指示灯点亮时，表示起重机在安全作业范围内工作。

黄灯区指示灯点亮时，表示起重机起吊载荷总力矩的实际值达到极限值的95%，于是蜂鸣器鸣叫，红灯闪烁以警示操作者——起重作业已经进入危险状态。

2）吊臂作业状态转换开关

液压起重机在利用臂杆进行作业时，如果有两节副杆，可以有9种作业状态，如果有一节副杆则有6种作业状态。在使用主臂进行作业时，使用臂杆尖滑轮作业，利用一节或两节副杆作业，又可采用5°、17°和30°不同的补偿角度，以及副杆安装到臂杆上和将副杆复位固定到收存位置时的作业状态。吊臂作业状态转换开关用来选择转换位置，采用何种形式的臂杆进行作业，就将吊臂作业状态显示器上对应的指示灯点亮，以便向微型计算机输入信号。吊臂作业状态转换开关置于左下方▲位置，能检测全自动防止超载的全部功能。如果全自动防止超载处于故障状态，则故障指示灯点亮，同时臂杆长度指示器、臂杆角度指示器、载荷指示器或工作半径指示器上以代码显示故障原因。

3）支腿转换开关

支腿转换外关向微型计算机输入支腿支撑状况信号，由于支腿状况不同，微型计算机在输入参数相同的情况下，可计算出不同的性能数据。在仪表板左下方装有左右支腿转换开关，左侧支腿状态转换开关用于显示左侧水平支腿的最大伸出、中间伸出、最小伸出的3种位置；而右侧支腿状态转换开关则用于显示右侧支腿水平伸出、中间伸出、最小伸出及左右支腿均不使用的4种位置。在所选择的开关转换位置，相对应的指示灯就会点亮。

在作业时，应先将作业支腿状态转换开关扳至需要伸出的实际位置，该位置的指示灯点亮；并且一侧支腿状态应先取前后水平支腿伸出距离较短的一端位置。

4）臂杆长度指示器

臂杆长度指示器显示正在使用的臂杆长度，也可显示吊钩最大提升高度。

5）最大提升高度指示器

当按下安装在卷扬操作杆手柄上的载荷指示转换开关时，臂杆长度指示器的显示值就会变为吊钩的最大提升高度指示值。

6）前侧千斤顶指示器

当伸出前侧千斤顶时，或臂杆随回转进入前面区时，前侧千斤顶指示器就会点亮。

7）载荷指示器

只要将臂杆作业状态转换开关置于所需的转换位置，载荷指示器就会显示出置于该状态下能够起吊的载荷极限值。如果按下载荷指示器转换按钮，载荷指示器便会显示包括吊钩等吊具质量在内的载荷实际值。在测量载荷实际值时，要使起吊重物在空中静下来。

8）臂杆角度指示器

臂杆角度指示器显示臂杆与地面的夹角。

9）工作半径指示器

只要将臂杆作业状态转换开关置于所需的转换位置，工作半径指示器就会显示出液压起重机处于该状态下实际的工作半径位置。

10）配重指示器

安装配重时，配重指示器点亮。

11）卷筒运转指示器

卷筒运转指示器是一个独立的显示装置，它反映主、副卷筒的工作状况，显示卷筒正、反转及速度快慢，使操作者在操纵室便可了解卷筒的工作状况。

如图6.47所示，在卷筒端面上有磁铁，固定支架上装有开关，当卷筒转动时，磁铁使舌簧开关通断，指示灯便发出闪烁。右侧为主卷筒旋转指示灯，左侧为副卷筒旋转指示灯。

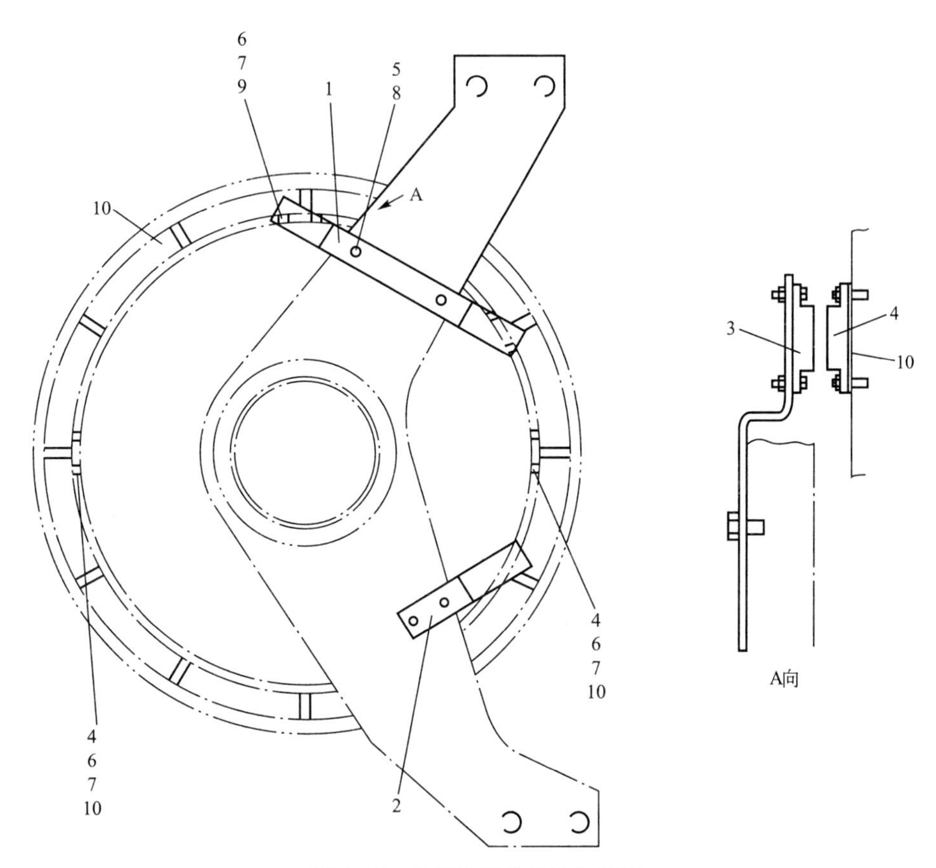

图6.47　卷筒旋转信号输入装置

1、2—支架；3—舌簧开关；4—磁铁；5、6—螺栓；7、8—螺母；9—卷筒；10—卷筒突缘

12）紧急按钮开关

紧急按钮开关是全自动防止超载装置的紧急开关，ACS系统发生故障时，只要按下紧急按钮开关，就可以解除ACS系统自动停止装置的功能，但是在起重作业中不得按下该按钮开关。

13）全自动回转超载装置电源开关

在主仪表板上的ACS开关为电源开关，将ACS开关扳至“接通”位置时，全自动回转超载装置电源开关开始动作。

14）绕卷紧急开关

在主仪表板上有绕卷紧急开关，当绕卷自停或绕卷电路发生故障时，按下绕卷紧急开关，则绕卷防止装置恢复正常工作。

液压起重机在安全范围内作业时，打开 ACS 系统的电源开关，将支腿状态转换开关和吊臂作业状态转换开关都旋至与各自的实际状况相符的位置，则作业性能指示器上可分别显示臂杆长度、臂杆角度、工作半径、最大起吊质量。这时故障灯熄灭，安全度指示器的绿灯点亮，液压起重机在安全范围内正常作业。按下载荷指示转换开关，则臂杆长度转变为吊钩最大提升高度，极限载荷转变为实际载荷的吨位，其他内容不变。

3. 超极限状态的自停装置

1）ACS 系统的自停装置

液压起重机自动停止安全装置利用电器线路最终控制电磁液动阀。当起重作业过程到达极限状态时，自动接通电磁阀电源，改变液压油流向，使控制第一泵和第二泵液压的主安全阀同时卸载，停止液压系统的工作，使液压起重机停止向危险侧的操作。

电磁液动阀的结构如图 6.48 所示。当电磁阀断电时，柱塞滑阀 22 在两侧弹簧 11、24 的作用下，保持左侧位置，使两只主安全阀的卸荷油路阻塞，主安全阀控制液压系统正常工作；当电磁阀通电时，电磁线圈的磁力使铁心 5 带动柱塞滑阀移位，沟通了主安全阀的卸荷油路，使驱动臂杆和卷扬的液压油返回油箱。

2）ACS 系统的自停控制

MS－10B 型 ACS 系统的极限状态自停装置由极限位置自停系统、绕卷自停系统和超载自停系统组成，如图 6.49 所示。在使用时应首先接通 ACS 系统电源开关和断路器。

极限位置自停装置由主、副卷筒限位开关 77A、77B，臂杆伸出限位开关 77C 和臂杆下卧限位开关 77D，自停继电器 33A，卸荷电磁液动阀 45B，以及紧急开关 38D 等组成。由于电源已经接通，继电器 33A 通电吸合，即触点 3 与 5 接通和 4 与 6 接通。当进入上述 3 种动作中任何一种单独位置时，其限位开关的常闭触点打开，从而使继电器 33A 断电释放，使触点 2 与 6 相通，接通电磁液动阀 45B 的电源，使液压系统的主安全阀卸荷而停止工作。

当臂杆全部伸出，卷筒上缠绕钢丝绳单独规定的最少圈数时，主、副卷筒限位开关 77A、77B 便开始动作，打开常闭触点，而停止起重机起钩操作。紧急开关 38B 闭合，则自停继电器 33A 恢复工作。

臂杆变幅油缸限位开关 77E 由继电器 33F 控制，当变幅油缸举升臂杆达到极限位置时，限位开关 77E 的常闭触点断开，从而使继电器 33F 释放，将触点 2、6 闭合，使自动停止电磁液动阀 45B 通电，造成液压系统卸载而自停。

超载自停电路由继电器 33D、绕卷限位开关、绕卷警铃 32 及紧急开关 38A 等组成。当电源开关闭合后，继电器 33B 经绕卷限位开关的常闭触点而搭铁，继电器 33B 工作后使触点 3 与 5 和 4 与 6 接通。同时，ACS 系统接线柱 11 的 24V 电压，通过继电器 33B 的 4 和 6 触点加到继电器 33A 的 3 和 5 触点，使 33A 正常工作。

当吊钩提升到极限位置后，将绕卷限位开关 78 的常闭触点打开，使继电器 33B 断路而停止工作。触点 1、5 闭合后，使绕卷警铃 32 接通电源而报警。同时，继电器 33B 的 4、6触点断开，使继电器 33A 的 24V 维持电压消失，从而使继电器 33A 释放，通过其触点 2、6 接通自动停止电磁液动阀 45B，使卷扬液压回路卸荷，达到停止吊钩上升的目的。

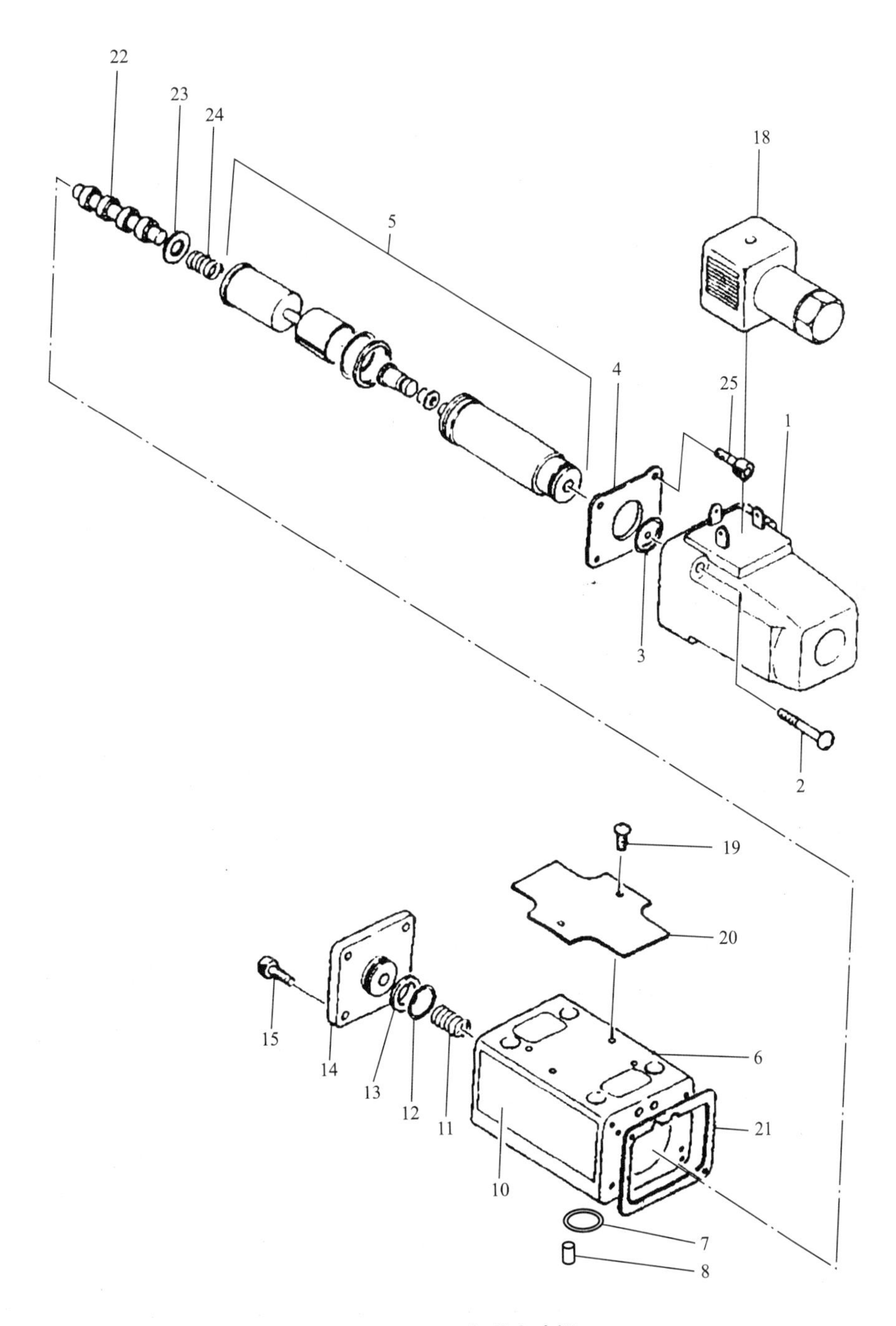

图 6.48 电磁液动阀

1—线圈；2、15、19、25—螺栓；3、7、12、21—密封圈；4、14、20—盖板；
5—铁心；6—阀体；8—定位销；10—标牌；11、24—弹簧；
13—垫圈；18—插座；22—滑阀；23—定位垫

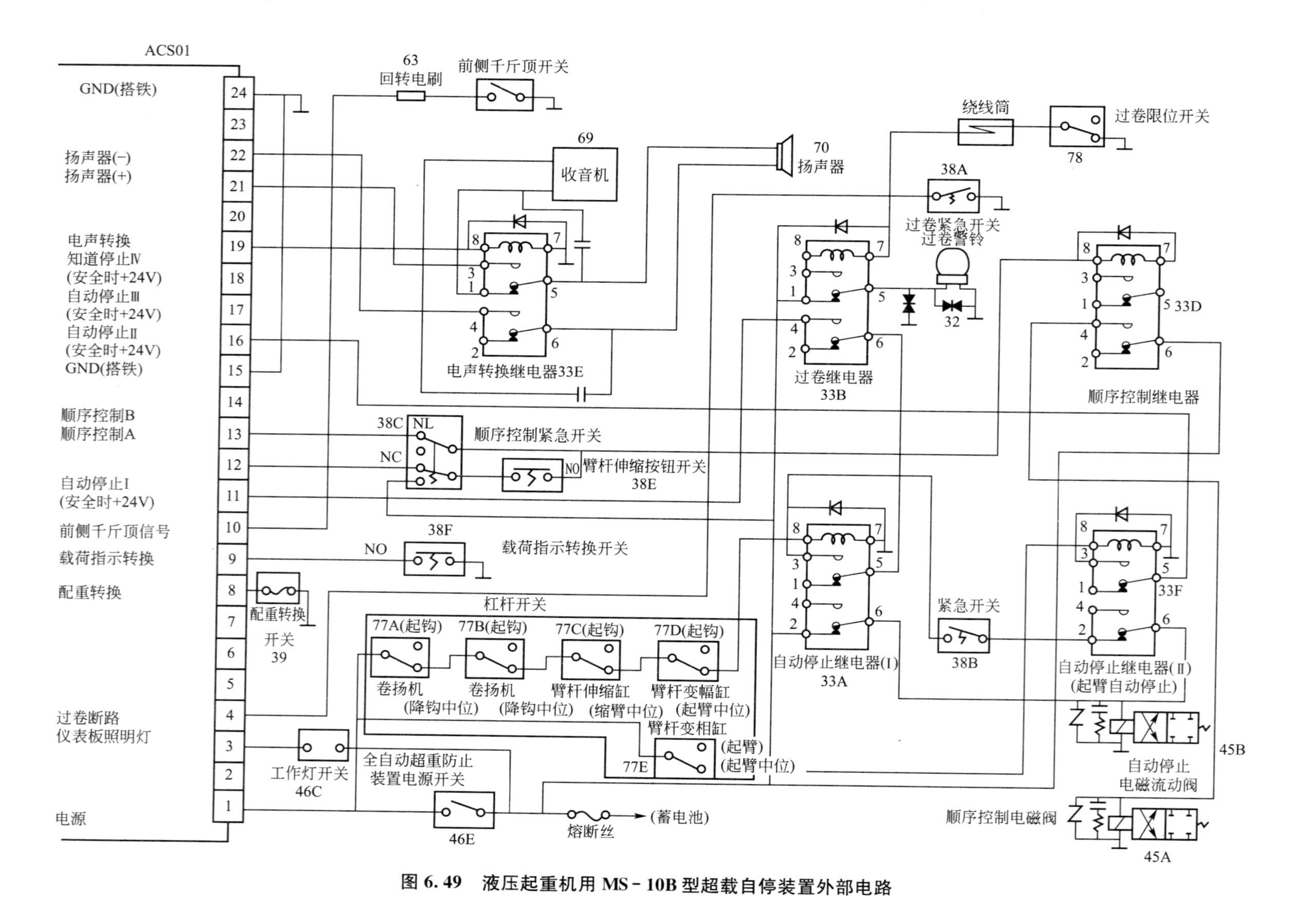

图 6.49 液压起重机用 MS-10B 型超载自停装置外部电路

当绕卷自停后，可按下绕卷紧急开关38A，则继电器33B又恢复工作，警报停止，但是这时只能进行降钩操作，使起重机又恢复正常。

超载自停装置用于作业超载时，自动停止起重机向危险方向的任何操作。ACS系统接线柱11控制继电器33A的线圈，在安全范围内接线柱11将保持24V电压，而接线柱11的电压下降时，继电器33A释放。当起重机作业的实际载荷达到该工况下的额定载荷时，MS-10B型超载自停装置的中央处理器会发出控制信号，使接线柱11的电压下降，因此继电器33A释放，从而接通电磁液动阀45B而卸载，达到自停目的。

按下紧急开关38B，继电器33A恢复工作，但是只能向增加起重机安全侧操作。

超载防止装置，可以用于检测各种不同因素，即起重机的一切工况所决定的作用于臂杆的起吊载荷，再加上臂杆质量而形成的总力矩实际值。将实际值输入微型计算机进行运算，与在该工况下预先存储于微机内的总力矩极限值进行比较。实际值小于极限值，则起重机在安全范围内工作，安全度指示器上的绿灯点亮。如果总力矩实际值达到极限值的95%时，安全度指示器上的红灯点亮，同时警报器报警。如果实际值达到或超过极限值时，安全度指示器红灯报警，警铃鸣响，自动停止装置立即动作。这时，增加力矩侧的操作均被停止，只能进行减少力矩侧的操作，因而使起重机作业恢复为安全状态。

如图6.50所示，当起重机在进行作业时，只要将支腿状态转换开关与臂杆状态转换开关扳至各自所需位置时，ACS系统就会根据传感器输入的信号和起重机的稳定度，自动地监视所控制的前面区、侧面区、后面区及过渡时的起重性能，并且及时地显示在仪表板上。只要工作过程达到极限状态，就会自动发出报警和停止指令，停止向危险侧的动作，允许向安全侧的操作。

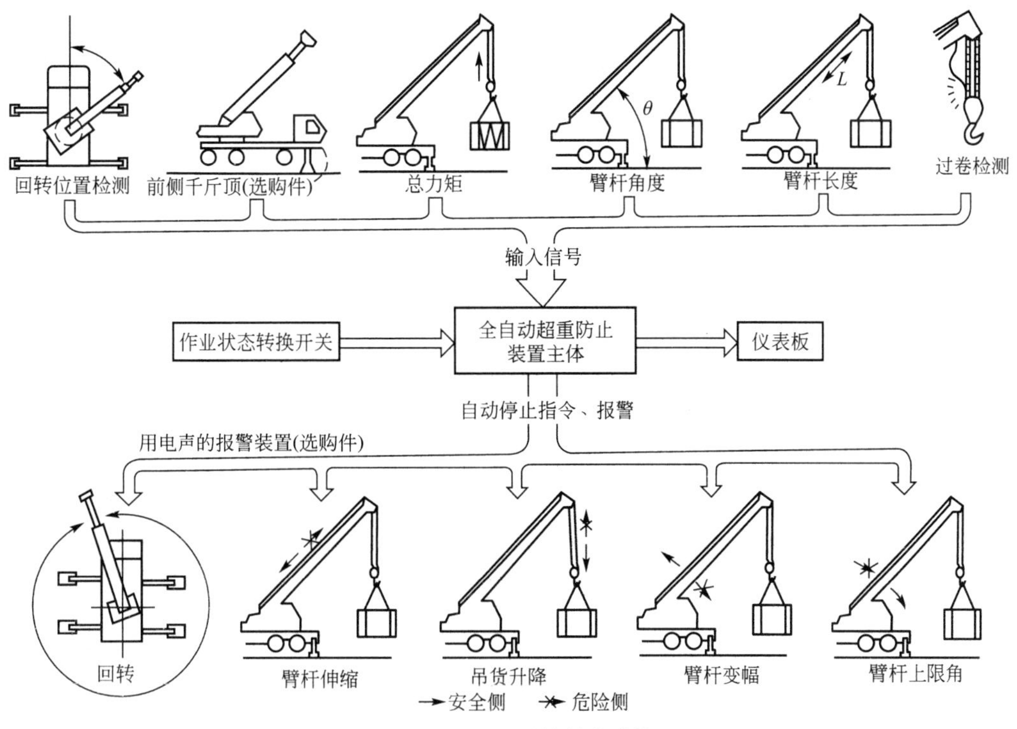

图6.50 ACS系统基本功能

MS－10B型的ACS系统为全自动式安全装置，它不仅能适应臂杆长度、臂杆角度、吊钩倍率、吊具质量、用不用副杆等起重机的自身变化，而且还能适应臂杆挠曲、风压、起吊重物的摆动、外界温度等间接变化，在起重机的一切作业工况下，都能可靠地防止过载、机械损坏和倾翻事故。

4. 全自动防止超载装置(ACS)的自身监视

打开全自动防止超载装置的主体右侧的两块盖板，可以看到如图6.51所示的各种装置，主要为监视灯、可变电阻和调整开关。图6.52所示为ACS系统的监视和调整装置。

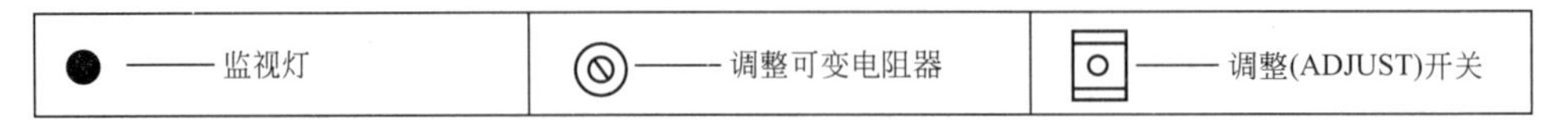

图6.51　自身监视装置

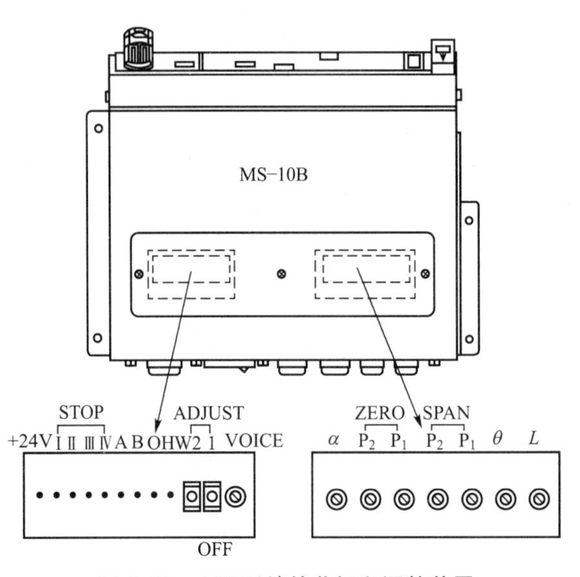

图6.52　ACS系统的监视和调整装置

1）监视灯

ACS系统本身的工作状况，由监视灯的熄灭或点亮来显示，它共有9只红色监视灯。

(1) 24V监视灯点亮，表示ACS系统的电源已经接通，该红色监视灯熄灭表示无电源输入。

(2) STOP表示自动停止信号灯，共4支。1号灯为总力矩引起的自动停止，2号灯为臂杆倾角引起的自动停止，3号灯为停止向右回转，4号灯为停止向左回转。

当正常作业不输出自动停止信号时，4只红色停止信号灯点亮；熄灭的监视灯，表示该装置发生自停。

(3) W为载荷指示转换开关监视灯。当开关接通时，红色灯点亮，当开关断开时灯灭。

(4) 监视灯 A。当臂杆伸缩顺序开关接通时，红色灯点亮，否则熄灭。

(5) 监视灯 B。当臂杆顺序紧急开关接通时，红色灯点亮，否则熄灭。

(6) 当输出绕卷断路信号时，OH 红色灯点亮，当绕卷发生自停时，报警器鸣叫。

2) 调整开关

(1) 1 号调整开关(ADJUST1)用于检测和调整 ACS 系统的性能。

(2) 2 号调整开关(ADJUST2)用于向后移动显示数值的小数点，但是错误代码不变。

3) 可变电阻的调整

可变电阻主要用于调整归零或调整量程。以下是对可变电阻调整的补充说明：

(1) VOICE——电声用音量调整(因出厂时已精确调整而不要触动)。

(2) α——回转角度检测部调零。

(3) P_1 ZERO——P1 压力检测部调零。

(4) P_2 ZERO——P2 压力检测部调零。

(5) P_1 SPAN——P1 压力检测部量程调零(不要触动)。

(6) P_2 SPAN——P2 压力检测部量程调零(不要触动)。

(7) θ——臂杆角度检测部调零。

(8) L——臂杆长度检测部调零。

5. 全自动防止超载装置(ACS)的故障自诊断

如果在起重机吊装作业中发生操作错误或故障，则故障指示灯点亮，ACS 系统的显示器上出现故障代码(或称错误代码)，起重机会自动停止吊装作业。

如果起重机发生故障，便以故障代码的形式显示在仪表板的特定位置，用来指示操作人员或维修人员进行故障检测及排除。

故障代码的显示部位，如图 6.53 所示。故障代码的含义及排除方法见表 6-5。

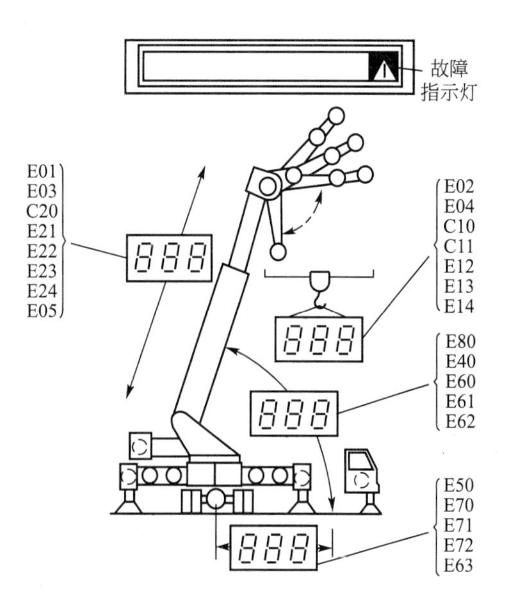

图 6.53 故障代码显示部位

表 6-5　故障代码的含义及排除方法

故障代码	故障内容	检修措施
E01	随机存储单元(RAM)故障	更换中央处理器电路板
E02	只读存储元件(ROM)故障	① 更换可编程序只读存储单元(ROM) ② 更换中央处理器 CPU 电路板
E03	稳定电源故障	
E04	模拟信号不良	① 拆卸每一个外部插接件加以检查 ② 检查输入输出电路和元件 I/O 电路板
E05	内部运算不良	① 检查来自检测元件的输入信号 ② 更换可编程序只读存储器(ROM)
E10	支腿状态转换开关在两个转换位置之间	① 检查支腿状态转换开关及转换位置的指示灯 ② 更换仪表板电路板 ③ 更换输出输入电路和元件 I/O 电路板
E11	支腿状态转换开关置于“不打开支腿”位置而前倾千斤顶指示灯点亮	① 检查支腿状态转换开关的实际位置 ② 更换仪表板电路板 ③ 更换输出输入电路和元件 I/O 电路板
E12 E13 E14	支腿状态转换开关故障	① 检查支腿状态指示灯 ② 更换仪表板电路板 ③ 更换输出输入电路及元件 I/O 电路板
E20	起吊臂作业状态转换开关置于两个转换位置之间	① 检查吊臂作业状态转换开关及指示灯 ② 更换仪表板电路板 ③ 更换输出输入电路和元件 I/O 电路板
E21	来自起吊臂置转换开关的输入信号不符合可编程序只读存储器(ROM)的内容	① 检查只读存储元件(ROM)仪表板 ② 更换仪表板电路板 ③ 更换输出输入电路和元件 I/O 电路板
E22 E23 E24	起吊臂作业转换开关故障	① 检查吊臂作业状态显示灯 ② 更换仪表板电路板 ③ 更换输出输入电路和元件 I/O 电路板
E40	臂杆长度信号超过最大值	参照故障检查并排除
E50	臂杆角度信号超过 90°	参照故障检查并排除
E60	将压力检测部 P_1 和 P_2 连接到相 R 的位置时出现	参照故障检查并排除
E61	P_1 超过规定上限值	参照故障检查并排除
E62	臂杆角度大于 10°时 P_1 出现	参照故障检查并排除
E63	检查时 P_1 不符合规定	参照故障检查并排除

（续）

故障代码	故障内容	检修措施
E70	将压力检测部 P_1 和 P_2 连接到相反的位置时出现	参照故障检查并排除
E71	P_2 超过规定上限值	参照故障检查并排除
E72	P_2 值运算错误	参照故障检查并排除
E80	回转角度信号不良	参照故障检查并排除

6.4 自行式平地机的电子控制系统

自行式平地机是一种以刮刀为主，配备其他多种可换作业装置，进行土壤平整和整形作业的工程机械。平地机的刮刀比推土机的铲刀具有较大的灵活性，它能连续改变刮刀的平面角度和倾斜角，并可使刮刀向任一侧伸出，因此，平地机是一种多用途的连续作业式土方机械。

现在较为先进的平地机上安装有自动调平装置。平地机上应用的自动调平装置是按照施工人员预定的要求，如斜度、坡度等，预先设定基准，自动调节刮刀作业参数。采用自动调平装置，除了能极大地减轻操作者的作业疲劳强度外，还具有很好的施工质量和经济效益。由于作业精度高，作业循环次数减少，节省了作业时间，从而降低了机械使用费用。又由于路面的刮平精度或物料摊铺的精度提高，因而物料的分布比较均匀，可以节省铺路材料，提高铺设质量。

自动调平装置有电子式和激光式两种，一般都由专门的生产厂家生产，只有一些较大的工程机械制造公司(如美国的CAT公司和日本的小松公司)由自己设计制造，为自己公司生产的平地机配套。

6.4.1 电子式调平装置

目前世界各国使用的电子式调平装置，在结构和原理上基本相同，只是在一些具体结构参数上有所不同。下面以美国Sundstrand-Sauer公司生产的ABS1000型自动调平装置为例，对电子式调平装置进行介绍。如图6.54所示，该系统由控制箱、横向斜度控制装置、纵向斜度控制装置和液压伺服机构四部分组成。

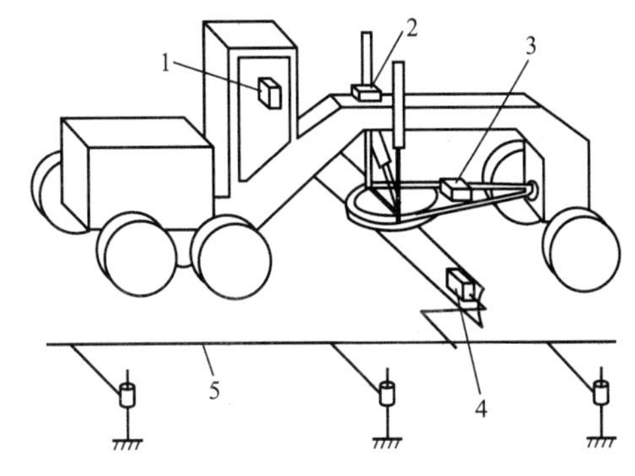

图6.54 平地机自动调平装置

1—控制箱；2—液压伺服机构；3—横向斜度控制装置；4—纵向斜度控制装置；5—基准线

控制箱装在驾驶室内，它接收并传出各种信号。控制箱的体积不大，上面装有各种功能的旋钮、仪表灯和指示灯。操作者可以通过控制箱的旋钮来设置刮平高度和刮刀横向坡度。控制箱上的仪表可以连续地显示出实际作业中的刮平高度和斜度偏差。控制箱上还有控制开关及状态显示，可以随时打开或关闭整个系统，也可以很容易地实现手工操作和自动操作的转换。

横向斜度控制装置安装在牵引架上。它由斜度传感器和反馈转换器等元件组成的回路控制，同时用一个单独的机械系统来补偿回转圈转角和纵向倾斜牵引的横向误差，整个系统就像一个自动水平仪，可以连续不断地检测刮刀横向坡度。当操作者在控制箱上设置了斜度值后，如果实际测得的刮刀横向斜度与设置的斜度不同，立即通过信号传到液压伺服机构，控制升降油缸调节刮刀至合适的斜度。

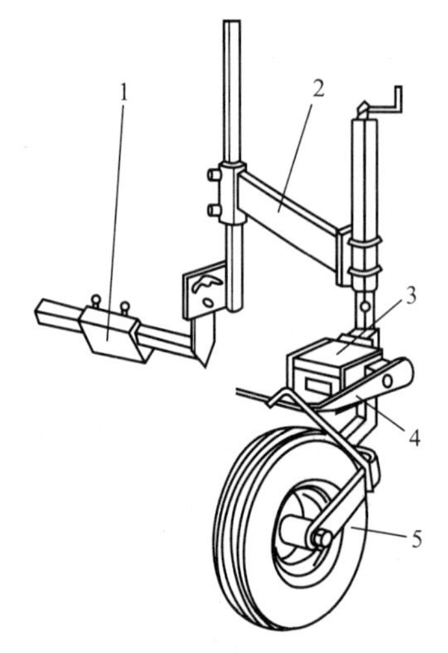

图 6.55　纵向刮平控制装置

1—连接套；2—连接架；3—传感器；4—摆杆；5—随动轮

纵向刮平控制装置安装在刮刀一端的背面，用于检测刮刀的一端在垂直方向与刮平基准的偏差，其工作原理与横向斜度控制装置相似。纵向刮平控制装置包括刮平传感器、高度调节器及基准线或轮式随动装置。

图 6.55 所示为轮式随动装置的(纵式)刮平控制系统。方形连接套装在副刀一侧的背面，连接整个装置的方形杆可插入套内，然后固定。整个装置可以从刮刀的一端换刀，另一端拆装。在工作时，轮子在基准路面上被刮刀拖着滚动，轮子相对刮刀的跳动量直接传给传感器上的摆杆，使之绕摆轴转动，转动角由传感器测量。转动角的变化反映了刮刀滚动的变化。如果测得的滚动与操作者在控制箱上设置的滚动存在偏差，通过信号立即传至液压伺服机构，控制升降油缸调节刮刀的滚动至设置滚动为止。轮式随动装置常用于以比较硬的地面为基准时的作业，如沥青路面。

当基准路面比较软时，多采用滑靴式随动控制装置，如图 6.56 所示，滑靴由连杆带动，连杆与刮刀背面的连接块铰接，可相对于刮刀作上下摆动，摆动量通过连杆上的支杆拨动摆杆传给传感器。

在没有可参照的基准路面，通常要在工作路面的一侧设置基准线。基准线的设置方法如图 6.57 所示。桩杆钉入土内，上面套有横杆，横杆可以在桩杆上下摆动以调节基准线的高度，调好后用螺钉定位。传感器上的摆杆在弹簧力的作用下抵在基准线的下面，弹簧的拉力可以起到补偿线下垂的作用。摆杆绕传感器轴转动，将跳动量传递到传感器。

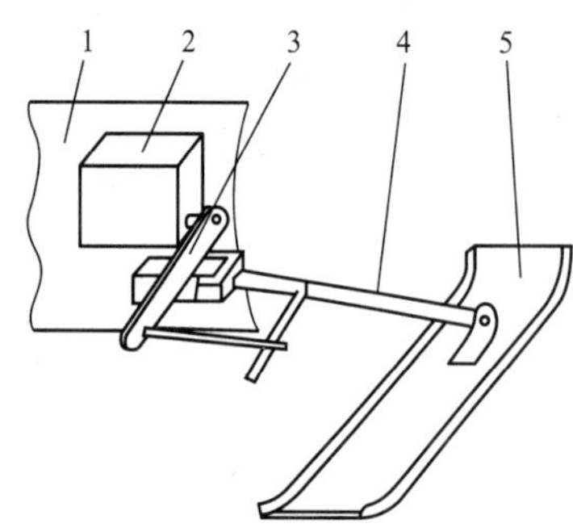

图 6.56　滑靴式随动控制装置

1—刮刀；2—传感器；3—摆杆；4—连杆；5—滑靴

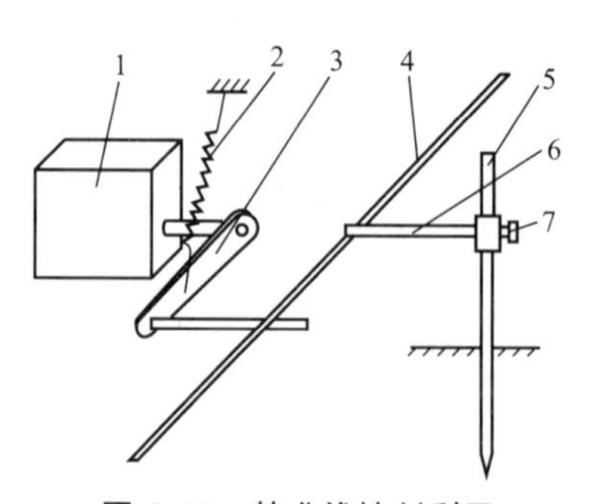

图 6.57　基准线控制刮平

1—传路器；2—弹簧；3—摆杆；4—基准线；5—桩杆；6—横杆；7—固定螺钉

液压伺服机构装在一个箱内，安装在主机靠近摆架的地方。每个升降油缸由一组阀控制，阀与液压系统的油路相通，直接接收控制信号，以控制两只油缸的升降。在两只油缸中，一只跟踪控制纵向刮平，控制刮刀设置基准一侧的升降；另一只跟踪横向斜度，控制刮刀另一侧的升降，以保证给定的斜度。基限可以设置在刮刀的左侧，也可以设置在右侧，两只升降油缸的控制转换，皆可以在驾驶室内的控制箱上通过转动“基准转换旋钮”获得。如果转换到“人工操纵”方式，对人工操纵无任何影响。

6.4.2 激光式调平装置

激光式调平装置利用激光发射机发出的激光束作为调平基准，控制刮刀升降油缸自动调节刮刀位置。激光发射机安装在一个支架上，一般为三角架。激光发射机在发出激光束的同时，以一定的速度旋转，形成一个激光基准面。随着范围的扩大，激光束逐渐扩散，一般有效测量范围为100～200m。在平地机的牵引架上装有支柱，支柱上安装激光接收机，用来检测激光基准面。接收机上安装有传感器，能在各个方向检测激光基准面。在驾驶室内装有控制箱，操作者可预设刮刀位置。当刮刀实际位置与预设位置发生偏差时，电压信号给液压控制装置以自动矫正刮刀位置。

激光调平系统的特点是在一个大的范围内设置基准，在此范围内工作的平地机都可以通过接收装置接收基准信号，进行刮平精度的调整。所以特别适用于航空机场、运动场、停车场、公路施工、路面平整、农田大面积整地等。激光调平装置有两种：一种是显示加激光调平型；另一种是激光调平与电子调节相结合型。

1. 显示加激光调平型

以美国Spectra-Physics公司生产的激光调平装置为例。该装置由激光发射机、激光接收机、控制箱、显示器和液压电磁伺服机构组成。发射机每秒旋转5次，激光基准面可以倾斜0～9%的坡度，基准面斜度如果向纵向或横向分解，可以作为纵向坡度和横向坡度基准的设定值。

显示系统根据接收机的测量结果，不断地向操作者显示刮刀实际位置与所需位置的误差。操作者观察显示器，按照显示器的指示，操纵刮刀的升降。显示器一般安装两个，根据两个接收机的测量结果分别显示刮刀两端的高度，也可以只装一个显示器，显示刮刀一端的情况。

控制箱可以实现“人工操作”与“自动控制”的转换，并且具有暂停、设置刮刀高度等功能。在“自动控制”模式下，利用激光接收机的信号控制液压伺服机构，自动地将刮刀保持在某个平行激光束平面的位置上。

2. 激光调平与电子调节结合型

激光调平与电子调节结合型和电子激光调平型不同之处是其纵向刮平以激光束为基准，而电子调平装置中纵向刮平是以基准线或符合要求的路面为基准。日本小松公司生产的平地机采用了激光调平与电子调节结合型调平装置，如图6.58所示。刮刀纵向刮平采用激光调平方式控制，而斜度控制采用倾斜仪测量控制，这样只需要安装一个激光接收机，装在纵向刮平控制一侧的牵引架上，以激光束为基准调节这一侧刮刀的高度。倾斜仪安装在牵引架上，可以检测刮刀的横向斜度，按照设置的斜度要求控制另一侧升降油缸。控制箱装在驾驶室内，刮刀高度和倾斜度均由控制箱设置，可以实现“人工操作”和“自动控制”的相互转换。另外，还有一个优先设计，即当自动调节作业时，如果刮刀的负荷过大，则可用手动优先操纵各操纵杆。

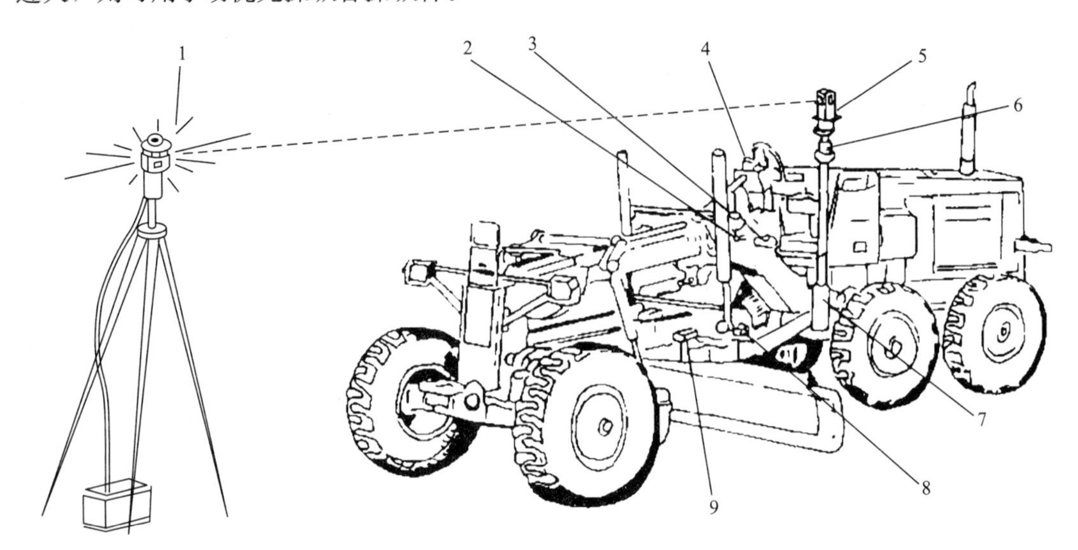

图 6.58　激光调平与电子调节结合型调平装置

1—发射机；2—斜度仪(SLOPE)；3—液压箱；4—控制箱；5—接收机；
6—2 号连接箱；7—1 号连接箱；8—倾斜仪(TILT)；9—旋转传感器

倾斜仪(TILT)装在牵引架上，其功能与电子调平装置相同，用来检测刮刀横向倾斜度。斜度仪(SLOPE)和旋转传感器用来补偿由于机体纵向倾斜和刮刀回转一定角度而造成的横向测量误差。当刮刀的回转角为 0°时，则可不必使用这两个装置。

6.5　稳定土厂拌设备电子控制系统

稳定土厂拌设备是专门用于拌制各种以水硬性材料为结合剂的稳定混合料的搅拌机组。由于混合料的拌制是在固定的场地进行，使稳定土厂拌设备具有材料配制精确、拌和均匀、节省材料、便于计算机自动控制和统计打印各种数据等优点，因而广泛应用于公路和城市道路的基层、底基层施工。稳定土厂拌设备也适用于停车场、航空机场、运动场、货场等工程建设中。

6.5.1　稳定土厂拌设备的电气系统

稳定土厂拌设备的电气系统包括电源、各种执行元件、电气运行显示系统等。不同形式的电气控制系统具有不同的结构组成。

稳定土厂拌设备电气系统的控制形式主要有计算机控制和常规电气控制两种。在控制系统的电路中都设有过载和短路保护装置及各种电气机构的运行状况指示灯，用来保护电路和直接显示设备的运行情况。具有自动控制的厂拌设备的控制系统，一般都配置了自动控制和手动控制两套装置，在操作时可以自由切换。任何形式的控制系统都必须遵守工艺流程中规定的操作程序，如起动、停机、变速等。在起动时应先开搅拌器电动机，当搅拌器电动机完成Y-△转换，进入全速运转后，才能起动其他电动机；在停止工作时，应最后关闭搅拌机电动机。这主要是为了保证搅拌机拌筒内无积料，防止搅拌电动机带载起动。为了确保操作安全，有些厂拌设备的盖板上装有位置开关，当盖板打开时，整个设备不能起动工作。

对于卧式储仓的结合料供给系统，有倾斜螺旋输送器驱动电动机 M1 和水平螺旋器驱动电动机 M2。M1 和 M2 两台电动机在线路控制上具有联锁功能，即起动 M2 时，M1 同时起动，但是 M1 也可单独起动或停止。在整个作业过程中，高、低料位器能自动控制这两个电动机的起动与停止；当低料位器测出无料时，低料位指示灯亮，此时两个螺旋输送器起动加料；当高料位器检测出料已足够时，高料位指示灯亮，此时两个螺旋输送器停止加料。

稳定土厂拌设备的电气系统在作业时，通常需要至少两名熟练的操纵人员：一人在控制室负责整台设备的起动或停止，并在发生意外情况时及时切断电源停机；另一人在设备工作时负责巡视各机构的运行情况，如果发现给料机不给料、皮带跑偏、搅拌器桨叶脱落等故障，及时通知控制台停机或检修与排除故障。给料机的料斗上装有仓壁振动器，如果发现某个给料机由于斗内物料粘结产生供料不畅或中断时，可用控制台上的按钮手动控制相应的振动器产生振动，消除料斗内的粘结现象。

6.5.2 物料计量控制技术

配料机计量方式有容积式和称重式两种。称重式计量方式是在容积计量的基础上，采用电子传感器测出物料单位时间内通过的质量信号，并根据质量信号调节皮带输送机的转速。这种方式采用质量作为计量和显示单位，因此，计量精度高于容积式。称量式计量形式很多，有电子皮带秤、核子秤、减量秤、冲量秤等。

电子皮带秤是在皮带输送机的适当部位安装一组或多组计量托辊，用以计量物料的瞬间和累积质量。电子皮带秤由两部分组成：机械部分(托架和托辊)；荷重传感器、速度传感器和二次仪表等。机械部分的作用是承载和输送物料；传感器的作用是将质量信号转变为电压信号，二次仪表的作用是将传感器的电压信号进行处理、放大和显示。我国研制并投入使用的 GGP－50 型电子皮带秤的工作原理框图如图 6.59 所示。称重框架采用十字簧片支承，且为对称结构形式，因而胶带摩擦力和张力对计量的影响较小，同时由于称量段长度较大，胶带的不均匀性和大颗粒物料对计量的影响减至最小，所以具有较高的计量精度和稳定性，特别适合用于大颗粒物料和高速皮带输送机的计量。

称重传感器通过称重框架感受物料的质量，使传感器的弹性体发生变形，粘贴在弹性体上的等臂电桥的电阻应变片发生阻值变化，在恒电压供桥的情况下，电桥输出正比于物料质量的毫伏级(10～2mV)的电压信号，经线性单元放大后，与速度信号一起送到乘法计算单元进行乘法运算，处理成脉冲信号，推动计算机予以累积。速度信号经放大、整形、微分触发单态触发器产生宽度恒定的电压脉冲，由它接通和关闭逻辑开关电路，控制模拟质量信号的输入量，实现数字频率量同模拟量的触发运算。相乘后的信号由积分器线性地转换成频率信号，推动电磁计数器累积，计数器的读数则代表了 0～t 时间内输送机输送物料的总质量。

电子皮带秤能对砂石、碎石、矿石、煤炭等散粒料进行精确计量，其动态精度为 0.5%。电子皮带秤在投入使用后，必须定期进行校验，以确保使用精度。

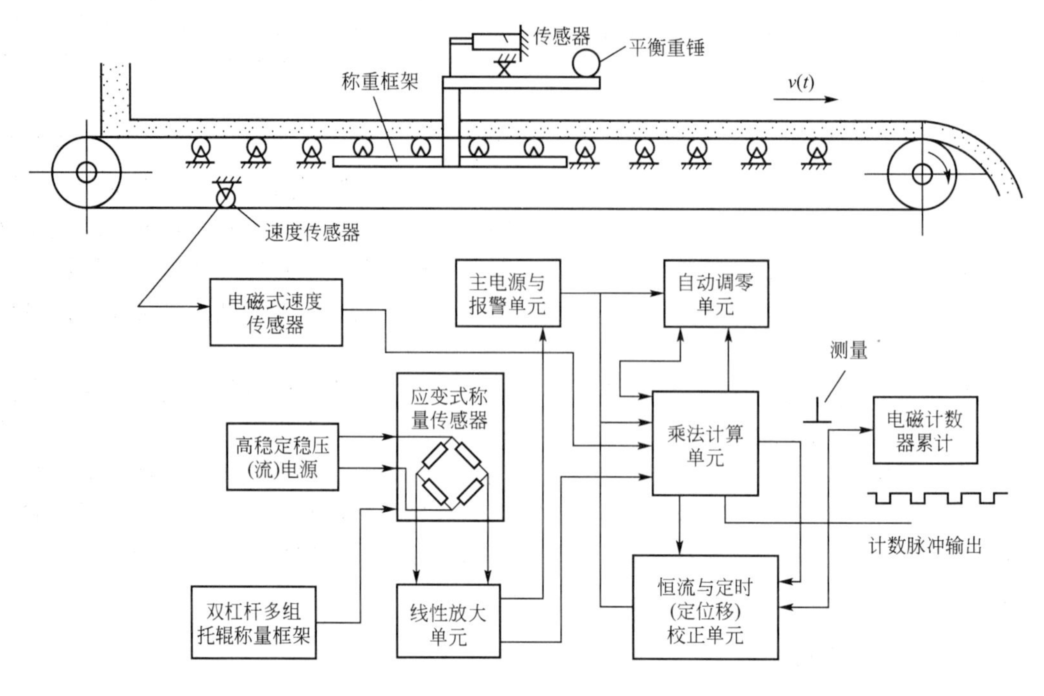

图 6.59　GGP－50 型电子皮带秤工作原理框图

由于影响电子皮带秤计量精度的因素很多，如皮带的刚度和张力，皮带的摩擦力，秤框上的拉簧、十字簧片支承上粘结的污物等都会引起计量误差，即使是优质的负荷传感器，长期处理误差也有±2%。近几年出现的核子输送机秤，由于采用非接触测量，测量精度不受皮带张力变化和刚度大小的影响，测量精度长期稳定，且无磨损，使用寿命长，安装维修方便，不需要特殊的输送段，具有先进的显示技术，也可以与任选的计算机兼容，是一种适应性强，较有发展前途的物料计量装置。

核子输送机秤的测量原理：利用 γ 射线的传播范围来测量输送机单位长度上的物料量，而速度计则用来测定输送速度，这两种电压信号经电子设备处理就可以得到输送机的生产率。

核子输送机秤包括三大部分：测量装置、速度计和操作装置。测量装置和速度计均装在皮带输送机上，而操作装置可装在测量装置附近，但是大多数安装在控制室内，以方便操作和维修。

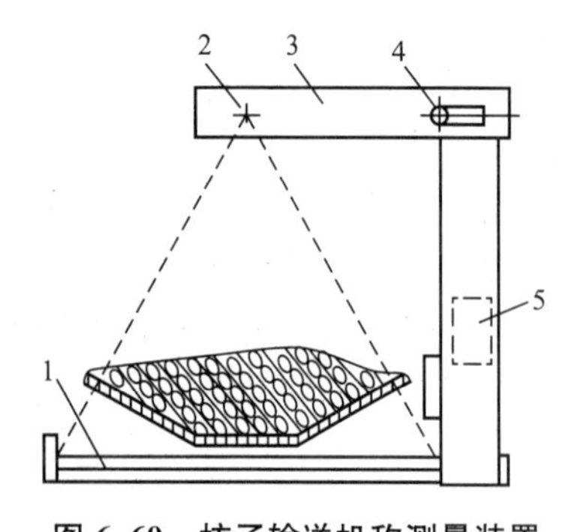

图 6.60　核子输送机称测量装置

1—放射探测器；2—放射源；3—C 型框架；4—开关；5—前置电子设备

测量装置的结构如图 6.60 所示，它包括一个与输送机架相接的 C 型框架，其中装有位于皮带上方的放射源，位于皮带下方的放射探测器，放射源的启闭控制开关。在 C 型框架垂直臂上还装有前置电子设备。

C 型框架是一个由数节矩形钢板焊接而成的箱形结构，它必须质量轻而且有一定的刚度，以便作为放射源、探测器和电子设备的支承。放射源到探测器之间的距离约比输送皮带宽20%，辐射的射线对准稍宽于输送机上的最大负荷，并正好等宽于皮带输送机上的探测器的宽度。

探测器采用较高效率的闪烁计数器，用来测定γ射线的强度，并将脉冲射线转变为电压信号。前置电子设备是由操作控制装置输送电能，并提供给探测器以高电压，继而接收并放大探测器的电压信号，产生电压脉冲送往操作控制装置进行显示和记录。

核子输送机秤的测量原理：在γ射线穿过一定厚度的物质后，γ射线的辐射强度就会按照一定的规律减弱，物质的密度越大，厚度越厚，则辐射强度减弱的就更严重，所以设置在皮带下方的探测器处γ射线的强度将随皮带上输送的物料量而变化，该变化量可通过电子线路用仪表进行显示与记录，从而达到连续计量的目的。

复习思考题

1. 工程机械中的速度控制方式有几种？简述其中一种速度控制方式的工作原理。
2. 简述履带式装载机制动控制装置的工作原理。
3. 简述水泥混凝土摊铺机螺旋布料系统的工作原理。
4. 振动压路机在行驶控制系统中是如何实现加、减速控制的？
5. 挖掘机的电子功率优化系统的工作原理是什么？挖掘机是如何实现对设备进行运行监控的？
6. 简述起重机的全自动防止超载装置(ACS)的工作原理。
7. 起重机的全自动防止超载装置(ACS)是怎样进行系统监控和故障自诊断操作的？
8. 简述自动平地机的自动调平装置是采用什么原理进行自动调平操作的。
9. 简述VOGELE SUPER 1700型沥青混凝土摊铺机的主要电路故障。
10. 简述VOGELE SUPER 1700型沥青混凝土摊铺机的行驶电子控制装置的故障原理。
11. 简述VOGELE SUPER 1700型沥青混凝土摊铺机供料电子控制系统的故障原理。
12. 沥青混凝土摊铺机是怎样进行摊铺作业时的自动找平操作控制的？
13. 简述ABG Titan 411型沥青混凝土摊铺机的加热电子控制装置故障原理。
14. 简述电子计算机在工程施工拌和设备上的应用情况。

第7章 塔式起重机电路控制

知识要点	掌握程度	相关知识
线绕式电动机工作原理	熟悉绕线式电动机结构； 掌握绕线式电动机起动、反转、停止动作原理	绕线式电动机起动特性； 转子电路外接电阻特性、频敏、电阻起动特性
塔式吊车的运行及故障排除	了解塔式起重机基本结构； 掌握塔式起重机电路； 掌握塔式起重机常见故障分析与排除	塔吊结构、组成及操控系统； 控制电路、主电路、保护电路试运行、超高、超重、过载保护

导入案例

吊车的起源

在遥远的古代，人们就知道了利用吊车(图7.0)来提升重物。我国明朝宋应星编写的《天工开物》中，就有现代吊车的雏形记载。

塔式起重机简称塔机，俗称塔吊，起源于西欧。据记载，第一项有关建筑用塔机的专利颁发于1900年，1923年制成第一台近代塔机的原型样机，1930年德国已经开始批量生产。

我国的塔机行业起步于20世纪50年代初，自从1984年引进法国Potain公司3种型号塔机的设计技术后，极大地促进了我国塔机设计制造技术的进步。进入90年代后，我国的塔机行业进入了一个新的兴盛时期。特别是近几年，我国塔机的产销量都增长迅速，2010年的销售量为40000台，塔机保有量已达20万台，所以无论是从生产规模，应用范围和塔机总量来讲我国均堪称世界首号塔机大国。图7.1所示为塔机在建筑施工中的应用。

图7.0 古代吊车(见《天工开物》)

图7.1 塔机的应用

目前国外的塔机厂商主要有Potain、LIEBHEER、WOLF、COMANSA、KROLL、FAVCO、JOST等。

国内的塔机厂商大大小小有400多家，其中主要有中联重科、三一重工、永茂(后起之秀，80%来自海外)、三洋、四川建机、广西建工、南京中昇、山东丰汇、华夏、方圆等。

世界上最大的塔机：丹麦KROLL公司生产的K10000。

塔式起重机因为有一座直立的钢结构塔身而得名，它是建筑工程、厂矿企业常用的起重机械之一。塔式起重机一般有提升(卷扬)、变幅(俯仰)、回转和行走 4 个工作机构，具有提升高度大，回转半径大，全圆周回转，操作灵活，安装拆卸方便等优点。

塔式起重机有多种型式：塔身和起重臂一起旋转的叫作下旋式；塔身上部的起重臂、塔帽和平衡臂旋转而塔身不旋转的叫作上旋式；整台起重机可以沿铺设在地面上的轨道行走的叫作行走式；塔身固定安装在专门基础上，本身不能行走的叫作自升式；用改变起重臂仰角方式进行变幅的叫作俯仰式；起重臂处于水平状态，利用可以在起重臂轨道上跑的小车速度变幅叫作小车式；起重量在 0.5～3t 的属于轻型，3～15t 的属于中型，0～40t 属于大型。

室外工作的起重机要受到日晒、雨雪、风尘的侵袭。在进行起重作业时，几个机构交替间歇工作，时开时停，时正时反，时而轻载，时而重载。因此，电动机需要频繁起动、制动、反向、调速，同时还要承受大的过载和机械冲击。为此，专门设计制造了起重机用的三相异步电动机，线绕式 JZR 和 JZR_2 系列，鼠笼式有 JZ 和 JZ_2 系列。它们制成封闭式，结构坚固，耐热性能好，空气隙较大，惯性较小，起动转矩大，过载能力强，起动、制动迅速，能承受相当大的过载和机械冲击。

塔式起重机采用三相 380V 电源。电动机的起动方式有直接起动、频敏变阻器起动和附加电阻起动 3 种。电动机的控制方式通常为鼓形控制器手动控制(因劳动强度大而逐渐被淘汰)，凸轮控制器手动控制(小型起重机)，继电接触器自动控制(大中型起重机)等。

7.1 线绕式电动机的起动

7.1.1 转矩平衡方程式

电动机是一种把电能转换为机械能拖动生产机械旋转做功的电气设备。电动机所产的电磁转矩 M 与生产机械的阻转矩 M_S 及由电动机本身的轴承和风阻摩擦而产生的阻转矩 M_0 之间是矛盾双方对立统一的关系。

$$M=M_0+M_S=M_Z \tag{7-1}$$

式(7-1)称为转矩平衡方程式。

当 $M=M_Z$ 时，转矩处于平衡状态，电动机以某种速度稳定运行(匀速转动或停止)。当 $M>M_Z$ 时，平衡状态遭到破坏，电动机加速度运行，其内部电磁关系将重新自动调整以过渡到新的平衡状态，即稳定运行于较高的转速。反之，当 $M<M_Z$ 时，电动机减速度运行，并过渡到较低的稳定转速。

7.1.2 线绕式电动机机械特性的改造

对于三相异步电动机，其机械特性为

$$M\approx\frac{K}{f}\cdot\frac{sR_2U_1^2}{R_2^2+(sX_{20})^2} \tag{7-2}$$

式中，U_1 为定子绕组线电压有效值；f 为电源频率；s 为转差率；R_2 为转子每相绕组的电阻；X_{20} 为转子每相绕组的开路感抗；K 为与电动机结构有关的常数。

式(7－2)表示三相异步自动机的转矩特性。对线绕式自动机，转子绕组可借助于电刷集电环接入附加电阻 R_f，使转子每相电路的总电阻增大为(R_2+R_f)，这时式(7－2)可改写为

$$M\approx\frac{K}{f}\cdot\frac{s(R_2+R_f)U_1^2}{(R_2+R_f)^2+(sX_{20})^2} \tag{7-3}$$

由式(7－3)可见，在其他条件不变的情况下，接入附加电阻后，电磁转矩将发生变化，因而改变了机械特性曲线形状。

实际上通常把附加电阻分成若干段，使用接触器或凸轮控制器改变它的阻值，如图7.2所示，例如，当接触器3C的触头接通时，R_{f2}被短接，转子每相电路的总电阻为($R_2+R_{f1}+R_{f2}$)。图7.3所示为根据式(7－3)画出的附加电阻不同的4条机械特性曲线：曲线1是 $R_f=0$ 的自然特性曲线，曲线2、3、4叫作人为特性曲线，它们的附加电阻分别为 R_{f1}、($R_{f1}+R_{f2}$)、($R_{f1}+R_{f2}+R_{f3}$)。

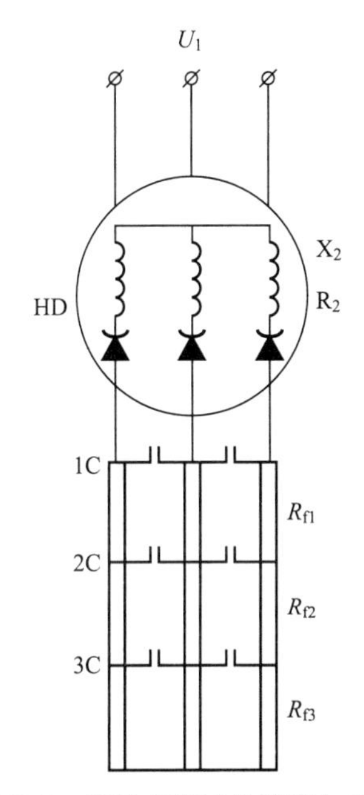

图7.2　绕线式转子外接附加电阻

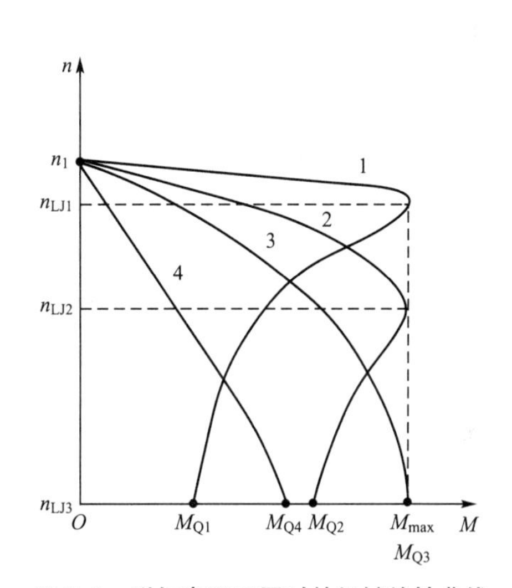

图7.3　附加电阻不同时的机械特性曲线

当改变转子的外接附加电阻时，线绕式三相异步电动机动机的机械特性变化规律如下：

(1) 各条特性曲线都通过同一点(0，n_1)。因为电动机的转速等于同步转速 n_1 时，转差率 $s=0$，电磁转矩 $M=0$，因为电动机的转速 n_1 决定于电源频率 f 和电动机的极对数 p，而与附加电阻无关，所以各条特性曲线都过这一点。

(2) 机械特性曲线在稳定工作区的斜率随 R_f 增大而增大。在稳定工作区内转差率 s 比较小，转子每相绕组的感抗 $X_2=sX_{20}$，相对于转子每相电路的电阻(R_2+R_f)要小得多，可以忽略，因此，式(7－3)可写成

$$M\approx\frac{K}{f}\cdot\frac{sU_1^2}{R_2+R_f} \tag{7-4}$$

将 $s=\frac{n_1-n}{n_1}$ 代入式（7-4），整理后得

$$n=n_1-\left[1-\frac{fn_1(R_2+R_f)}{KU_1^2}M\right] \tag{7-5}$$

由式(7-5)可见，在稳定工作区内机械特性曲线的斜率$\frac{fn_1(R_2+R_f)}{KU_1^2}$随附加电阻 R_f 的增大而增大，表现在图 7.3 中，4 条机械特性曲线一条比一条倾斜。

(3) 各机械特性最大转矩 M_{max} 的数值相同，可是临界转速 n_{LJ} 随 R_f 的增大而减小。由图 7.3 可见，当附加电阻增大时，最大转矩在图中的位置不断向下移动，即 $n_{LJ1}>n_{LJ2}>n_{LJ3}$。曲线 4 的最大转矩将处于第四象限。

通过以上分析可以看出，对于绕线式三相异步电动机，只要在转子电路中接入适当的附加电阻就可以把机械特性曲线改变成所需要的形状。

7.1.3 附加电阻起动

起动时在线绕式电动机转子电路中接入适当的附加电阻，不但可以减小起动电流，而且可以增大起动转矩，正好可以满足起重机上电动机满载起动的要求。

1. 附加电阻对起动电流的影响

转于电路接入附加电阻以后，转于起动电流应该是

$$I_{2Q'}=\frac{E_{20}}{\sqrt{(R_2+R_f)^2+X_{20}^2}} \tag{7-6}$$

由式(7-6)可见，附加电阻使转子每相阻抗增大，必然使转子起动电流减小，反映到定子，起动电流也减小。

2. 附加电阻对起动转矩影响

三相异步电动机起动转矩小是起动时刻功率因数低，无功电流不产生电磁转矩的缘故。接入附加电阻后，起动时刻的转于功率因数应为

$$\cos\varphi_{2Q}=\frac{R_2+R_f}{\sqrt{(R_2+R_f)^2+X_{20}^2}} \tag{7-7}$$

因为附加电阻使转子电路每相的总电阻增加，所以功率因数提高了。

接入附加电阻以后，一方面起动电流减小使起动转矩减小，另一方面功率因数提高使起动转矩增加，由于增加的比减少的多，所以总的来说起动转矩是增大了。例如，图 7.2 的特性曲线 1 与 2 相比，附加电阻从 0 增加到 R_{f1}，起动转矩从 M_{Q1} 增大到 M_{Q2}，当接入某个适当的附加电阻时，可以使起动转矩等于最大转矩，例如，图 7.3 中特性曲线 3 的附加电阻为$(R_{f1}+R_{f2})$，起动转矩 $M_{Q1}=M_{max}$。但是，附加电阻再增大时，功率因数提高就不多，而起动电流的减小则加快，因此起动转矩反而减小，例如，图 7.3 中特性曲线 3 与 4 相比，附加电阻从$(R_{f1}+R_{f2})$增加到$(R_{f1}+R_{f2}+R_{f3})$，起动转矩则从 M_{Q2} 减小到 M_{Q4}。

由以上分析可见，线绕式三相异步电动机在转子电路中接入适当的附加电阻可以增大起动转矩，因此它适用于重载起动的生产机械。

3. 外接附加电阻的起动过程

为了使电动机的起动过程快而平稳，通常都将起动电阻分成若干段，随着电动机转速 n 升高逐段切除(短接)，如图 7.4 所示。图 7.3(a)中 C 是线路接触器，1C、2C、3C 是加速接触器。因为稳定工作区内的机械特性近似于直线，所以图 7.3(b)中各特性都以直线画出，M_1叫作切换转矩，M_2叫作峰值转矩。

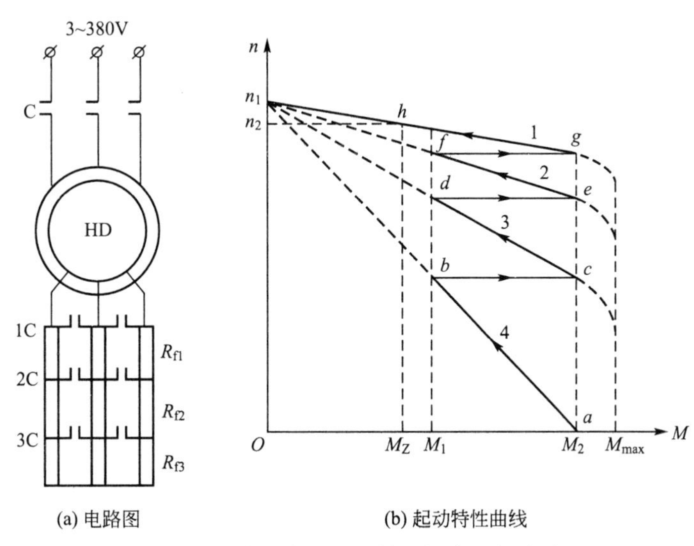

图 7.4 绕线式电动机外接附加电阻起动过程

电动机的起动过程如下：

(1) C 接通，转子接入全部附加电阻($R_{f1}+R_{f2}+R_{f3}$)，电动机开始起动，这时电磁转矩 $M>M_Z$，故沿着特性曲线 4 从 a 点加速到 b 点，电磁转矩则从 M_2减小到 M_1。

(2) 到 b 点时使 3C 接通，切除 R_{f3}，因惯性这时转速仍保持 b 点数值，但机械特性曲线从 4 变为 3，故工作点从 b 点跳到 c 点再沿特性曲线 3 加速到 d 点。

(3) 到 d 点时使 2C 接通，又切除 R_{f2}，同理工作点从 d 点跳到 e 点再沿特性曲线 2 加速到 f 点。

(4) 到 f 点时使 1C 接通，又切除 R_{f2}，工作点从 f 点跳到 g 点再沿自然特性曲线 I 加速到 h 点，这时 $M=M_Z$而稳定运行于转速 n_z，起动过程到此结束。由此可见，在起动过程中电磁转矩是锯齿形变化的，如图 7.4(b)中的实线所示。

接触器的接通一般借助主令控制器或万能转换开关由驾驶员人为控制，所以起动过程并不像上面所说的那样理想。如果转速还没有达到预定值就过早地使接触器接通，那么接通时刻的电磁转矩就会超过峰值转矩 M_2 而造成过大的机械冲击。另外，转速未达到预定值说明转差率还比较大，转子电动势还比较高，过早切除起动电阻还会造成过大电流冲击。反之，如果接触器过晚接通，则起动过程的平均起动转矩就会减小而使起动过程减慢。所以说适当掌握操作速度是相当重要的，并且应避免越挡操作，在电路设计上也应有防止越挡切除附加电阻的联锁。

4. 频敏变阻器起动

附加电阻起动的缺点是所使用的电器多，触头多，电路复杂，使故障的机会增加，此

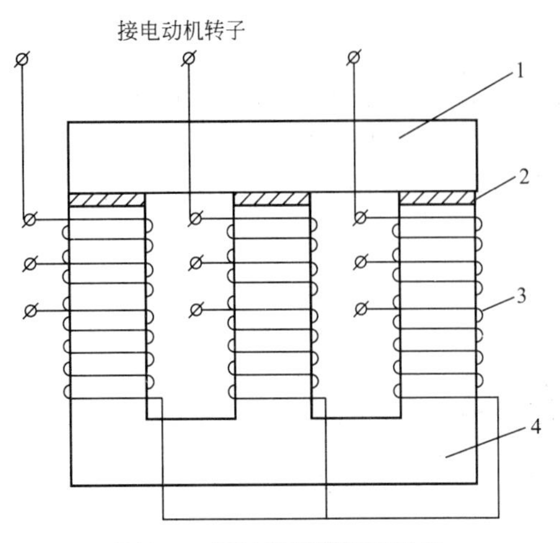

图 7.5　频敏变阻器原理结构
1—磁轭；2—非磁性垫片；3—线圈；4—铁心

外起动电阻的体积比较大，操作也比较麻烦。因此，现在越来越多地采用频敏变阻器来起动线绕式三相异步电动机。

1）频敏变阻器的结构

频敏变阻器是一种无触点的电磁元件，实质上是一个铁损特别大的三相铁心线圈。图 7.5 所示为频敏变阻器的原理结构，它由三柱铁心和三相线圈两个主要部分组成。铁心用 6～12mm 厚的钢板制成，涡流损耗和磁损耗都特别大。为了散热良好，钢板之间留有一定的空隙。三个铁心柱上各套一个线圈，并接成星形。线圈有几组抽头，磁轭和铁心之间有厚度可以改变的非磁性垫片，以便调节起动性能。

2）频敏变阻器的工作原理

图 7.6 所示为频敏变阻器的工作原理。它接在绕线式三相异步电动机的转子电路中，所加的是频率为 f_2的转子三相交流电动势 E_2。频敏变阻器的每相感抗

$$X_B=2\pi f_2L_B=2\pi sfL_B=sX_B$$

式中，L_B为频敏变阻器每相线圈的自感系数；X_B为起动时刻频敏变阻器每相感抗。

可见，在起动过程中，X_B是一个随着电动机的加速，s 的减小而自动减小的可变阻抗。

另外，线圈中通过频率为 f_1的交变电流还要在铁心中产生铁损，即涡流损耗和磁滞损耗。铁损使铁心发热而消耗有功功率，故可以用一个与感抗 X_B并联的等效电阻 R_B来代替。铁损随频率的降低而减小，起动时刻 f_2最高，铁损最大，即并联等效电阻最小，随着转速的升高，f_2减小，铁损也减小，即 R_B增大。这说明，在起动过程中 R_B是一个随电动机转速的升高而自动增大的可变电阻。

图 7.6(b)所示为频敏变阻器一相的等值电路，r_B是一相线圈的导线电阻。因为 X_B和 R_B都对频率的变化很敏感，所以叫频敏变阻器。

3）频敏变阻器的起动特性

图 7.6(c)中的曲线 2 是线绕式三相异步电动机用频敏变阻器起动时的起动特性曲线，为了对比而把自然特性曲线 1 也画在图中。

电动机起动时使接触器 1C 接通，转子接入频敏变阻器 BP。在起动过程的前一阶段，转速比较低，等效电阻 R_B比较小而感抗 X_B比较大，转子电流的大部分流过 $R_B(I_R\gg I_X)$，频敏变阻器主要表现为电阻性。这相当于在转子电路中接入一个附加电阻(r_B+R_B)，起限制起动电流增大起动转矩的作用，因此起动特性曲线 2 的 AB 段比自然特性曲线 1 的转矩大。在起动过程的后一阶段，转速比较高，R_B变得比较大而 X_B变得比较小，转子电流的大部分流过 $X_B(I\gg I_R)$。此时，频敏变阻器主要表现为电感性而使转子电路的功率因数降低，故起动特性曲线 2 的 BC 段比自然特性曲线 1 的转矩小。

起动过程结束后，电动机的转速接近于同步转速 n_1，转子频率 f_2很低，感抗 X_B很小，转子绕组接近于短路状态，故起动特性曲线 2 与自然特性曲线 1 很接近。

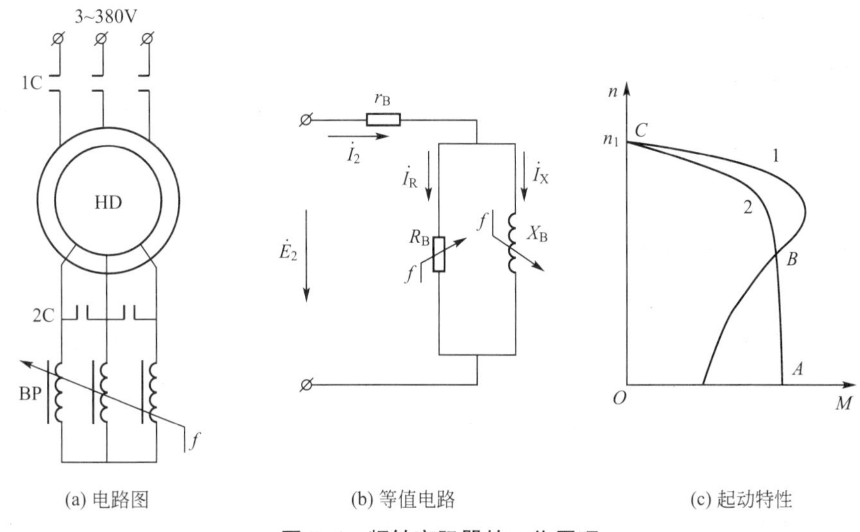

(a) 电路图　　(b) 等值电路　　(c) 起动特性

图 7.6　频敏变阻器的工作原理

由以上分析可见，使用频敏变阻器的起动过程是自动完成的，而且电磁转矩相当恒定，可以认为恒转矩是无级起动。频敏变阻器起动不但所用电器少，电路触头少，线路简单，操作简便，而且起动过程平稳。

对于长期定额的电动机，起动完毕后都使接触器 2C 接通，使频敏变阻器短接，电动机工作于自然特性，以便提高电动机的稳定转速，避免在频敏变阻器中的功率损耗。对于频繁起动的电动机，通常不用接触器 2C，频敏变阻器长期接入电路，使电路更加简单，操作更加简便。

4）频敏变阻器的调整

采用适当的频敏变阻器可以把起动电流限制在电动机额定电流的 2.5 倍以内，起动转矩增大到电动机额定转矩的 1.2 倍左右。起动过程中出现下列 3 种情况应对频敏变阻器进行调整。

(1) 起动电流过大，起动太快、太猛、有冲击，可以改接匝数较多的抽头，使起动电流和起动转矩都减小。

(2) 起动电流太小，起动转矩不够，起动太慢甚至不能起动，可改接匝数较少的抽头，使起动电流和起动转矩都增大。

(3) 刚起动时起动转矩过大，有机械冲击，起动结束后又因稳定转速过低而造成短接频敏变阻器时冲击电流过大，可增加磁轭与铁心之间的非磁性垫片，使起动电流略有增大，起动时刻的转矩减小，起动结束后的稳定转速提高。

有的频敏变阻器上装有抽头换接开关，变换抽头十分方便。非磁性垫片一般是石棉纸片等，松开固定磁轭的螺栓可以增加或减少它的片数。

7.2　线绕式电动机的正反转和调速

图 7.7 是线绕式电动机的正反转和调速电路。

1. 线绕式电动机的正反转

由电机学知识可知，三相异步电动机的转向与旋转磁场的转向相同，而旋转磁场的转向又与定子三相绕组的相序一致。因此，调换任意两极电源线的位置就可以使电动机反转。图 7.7 中正转接触器 ZC 和反转接触器 FC 是用来调换 A、C 两相电源线的位置以实现线绕式电动机正反转的。

2. 线绕式电动机的调速

线绕式电动机通常采用转子外接附加电阻的方法进行调速。如前所述，转子电路中接入不同的附加电阻，将得到一组稳定工作区的斜率越来越大的机械特性曲线，如图 7.8 所示。在一定的负载阻矩(如 M_{Z1})下，随着附加电阻的增大，工作点将从 a、b、c、d 向下移动，即电动机转速下降，从而达到调速的目的。

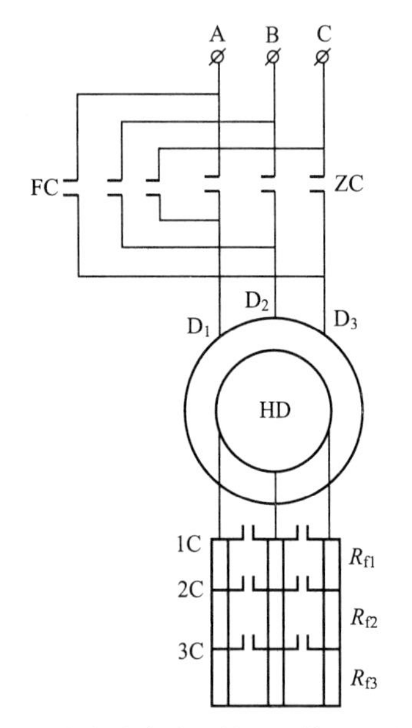

图 7.7　绕线式电动机的正反转和调速电路

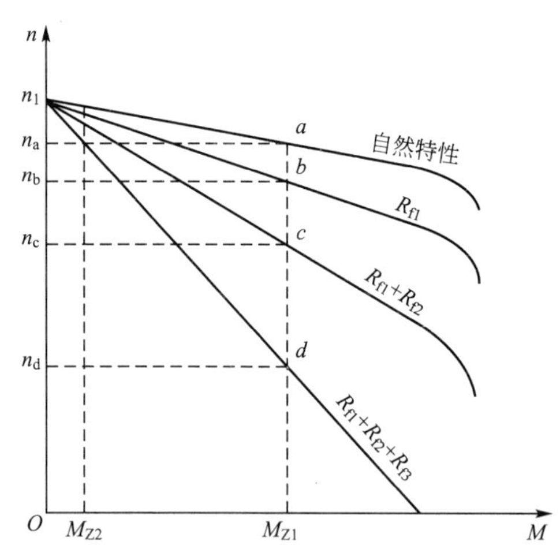

图 7.8　转子外接附加电阻调速

这种调速方法的缺点是功率损耗大，轻载调速效果、调速的相对稳定性和调速的平滑性较差。但是，由于它具有线路简单，容易实现，调速电阻和起动电阻可以共用等优点，因此，附加电阻调速广泛应用于对调速要求不太高的起重机中。

7.3　线绕式电动机的制动

一般情况下，电动机是原动机，产生电磁转矩拖动生产机械运转，这时电磁转矩的方向与电动机的转向相同，这种工作状态叫作拖动状态。

起重机的提升电动机所拖的是位能负载，在放下重物时，荷载本身将反过来拖着电动机转动，这时电动机会产生一个同旋转方向相反的电磁转矩与荷载相平衡，这种工作状态称为制动状态，此时电动机的电磁转矩实际上起制动作用，故称为制动转矩。

电动机放下重物时常用的制动方法有回馈制动、反接制动和能耗制动3种。

7.3.1 回馈制动

1. 回馈制动的接线

用回馈制动放下重物时，应把电动机定子绕组与电源之间接成下降接线，使旋转磁场的转向与提升重物时相反，即反转接触器FC接通，如图7.9(a)所示。为了叙述方便，把提升重物时的转速和电磁转矩的方向规定为正方向，那么回馈制动放下重物时的同步转速 n_1 和电动机的转速 n 应为负值。

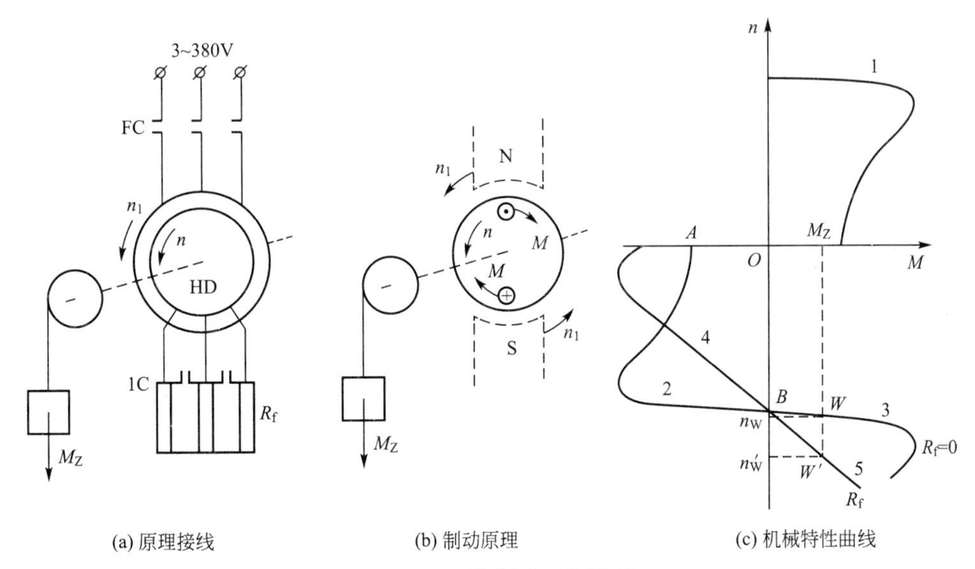

图7.9 回馈制动工作原理

2. 制动原理

回馈制动时使反转接触器FC和加速接触器1C接通并松开抱闸，电动机在电磁转矩 M 和负载转矩 M_Z 的共同作用下起动并加速。这时电动机的转速小于同步转速($n<n_1$)，工作于拖动状态，不过 n_1、n 和 M 的方向都与提升时相反而取负值，所以机械特性曲线应画在第三象限，如图7.9(c)的特性曲线2所示。

由于位能负载转矩的作用，电动机从 A 点开始沿曲线2可以一直加速到 B 点而达到同步转速，即 $n=n_1$。这时电动机进入理想空载状态，旋转磁场与转子绕组之间不发生相对切割运动，电磁转矩 $M=0$。

达到同步转速时虽然电磁转矩消失，但是位能负载转矩大于传动系统的摩擦阻矩，还要使电动机加速而超过同步转速，即 $n>n_1$。这时，旋转磁场与转子绕组之间的相对切割运动反向，用左、右手定则不难确定转子电动势、转子电流和电磁转矩的方向也都反向，而成为制动转矩，如图7.9(b)所示。这个阶段电动机工作于制动状态，转速是下降方向，为负值；电磁转矩是上升方向，为正值，所以机械特性曲线延伸到第四象限，如图7.9(c)的特性曲线3所示。

随着转速的继续增高，转差率增大，转子电动势、转子电流和制动转矩都增大，直到

电磁转矩 M 与负载转矩 M_Z 相平衡而稳定运转于图 7.9(c)所示特性曲线 3 的 W 点。此时，以匀速 n_W 放下重物，从而起到限制重物下降速度的作用。

当转速超过同步转速以后，电动机变成一台与电网并联的异步发电机，将重物的位能转换成电能回送给电网，所以叫作回馈制动，又叫作再生发电制动。

由以上分析可知，回馈制动是一种节约能量的制动方式，但是只能用来高速放下重物(超过同步转速)。

3. 附加电阻对回馈制动稳定转速的影响

图 7.9(c)中的特性曲线 4 和 5 是断开 1C 接入附加电阻 R_f 时的回馈制动机械特性曲线。由图可见，在负载转矩 M_Z 不变的情况下，工作点将从 W 点移到 W' 点，即电动机放下重物的转速增大，说明回馈制动时电动机的稳定转速随附加电阻的增大而增大。

7.3.2 反接制动

1. 反接制动的接线

用反接制动放下重物时，应把电动机定子绕组与电源之间接成上升接线，即与提升重物时一样使正转接触器 ZC 接通，如图 7.10(a)所示。此外，还要在转子电路中接入一个比起动电阻大得多的附加电阻 R_f，叫作反接电阻，以便把机械特性曲线改造得很倾斜，使起动转矩 M_Q 小于负载转矩 M_Z，如图 7.10(c)的特性曲线 2 所示。这样，反接制动开始后就在位能负载转矩的作用下使重物下放，而不会把它提升上来。

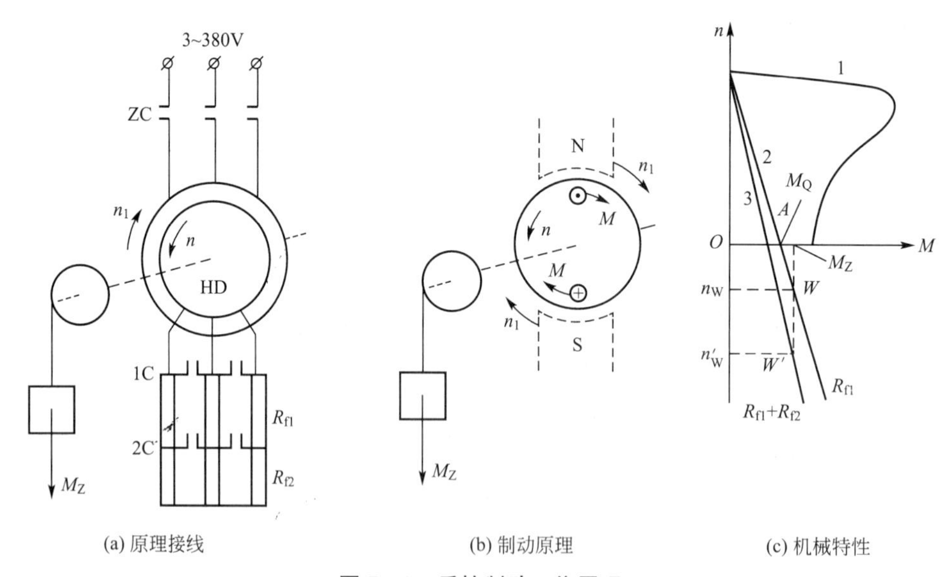

图 7.10 反接制动工作原理

2. 制动原理

反接制动时使 ZC 和 2C 接通并松开抱闸，由于负载转矩 $M_Z > M_Q$，因此电动机从特性曲线 2 的 A 点开始向下降方向加速。这时，n 是下降方向而 n_1 是上升方向，故转差率 $s=(n_1+n)n_1>1$。根据左、右手定则，电磁转矩是上升方向，成为制动转矩，如图 7.10

(b)所示。随着电动机的加速，s 增大，转子电动势、转子电流、电磁转矩 M_Q 都增大，一直到 $M_Q=M_Z$ 时电动机稳定运行于 W 点。此时，重物以匀速 n_W 下放，从而起到限制重物下降速度的作用。这时 M_Q 是负值，M_Z 是正值，所以反接制动的机械特性曲线是延伸到第四象限的这一部分。

反接制动时转差率很大($s>1$)，转子电动势很大($E_2=SE_{20}>E_{20}$)，因此反接电阻对于限制反接电流来说也是必需的。反接制动时超速运行是很危险的，因为过大的转子电动势有可能击穿电动机的绝缘。

制动开始后，电动机一方面从电网吸收电功率，另一方面把重物的位能转换成电能，两者几乎都消耗在附加电阻上，所以这是一种很不经济的制动方式。

反接制动的机械特性曲线斜率很大，因此转速稳定性很差，起重量稍有变化就会引起下降速度的较大波动。尽管反接制动有上述缺点，但是容易实现，目前在起重机上还广泛采用。

对比图 7.10(c)的特性曲线 2 和 3 可以看出，反接制动时与回馈制动时一样，电动机的稳定转速随附加电阻的增大而增大。附加电阻($R_{f1}+R_{f2}$)$>R_{f1}$，电动机的转速 $n'_W>n_W$。

7.3.3 能耗制动

1. 能耗制动的接线

用能耗制动放下重物时，应使定子绕组脱离三相电源，并将它接上直流电源，即 1C 断开，2C 接通，如图 7.11(a)所示。流过定子绕组的直流电流在空间产生一个静止的磁场，故 $n_1=0$。

2. 制动原理

能耗制动时 1C 断开，2C 接通并松开抱闸，在位能负载转矩 M_Z 的作用下电动机向下降的方向旋转。转子绕组切割静止磁场，产生转子电动势、转子电流和电磁转矩。根据左、右手定则不难确定，这时的电磁转矩是上升方向的制动转矩，如图 7.11(b)所示。因为 $n_1=0$，n 是负值，M 是正值，所以机械特性曲线应画在第四象限，并通过坐标原点，如图 7.11(c)所示。

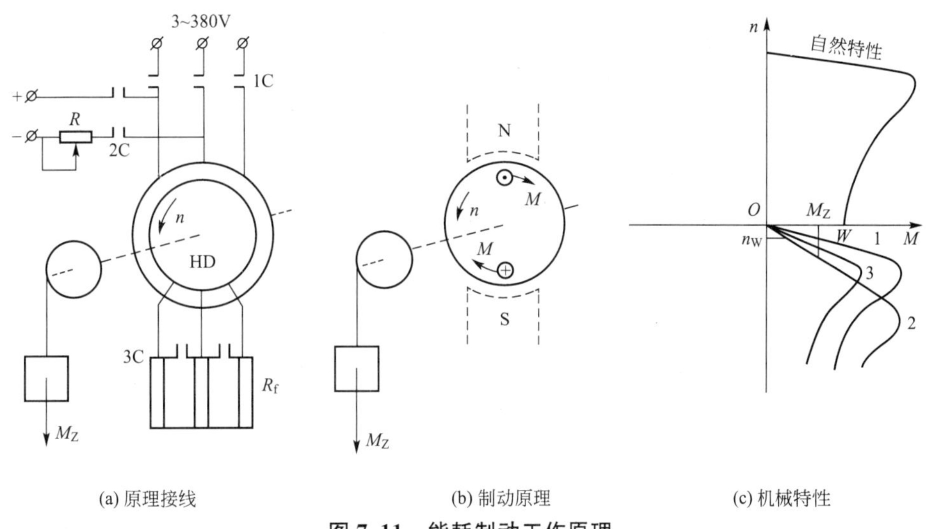

图 7.11 能耗制动工作原理

制动开始时，M_Z使电动机加速，转速差($\Delta n=n_1-n=-n$)不断增大，电磁制动转矩也不断增大。电动机的工作点从原点O开始沿着特性曲线1移动到W点时，制动转矩与负载转矩相平衡($M=M_Z$)，电动机稳定工作于W点，以n_W匀速放下重物，从而起到限制重物下降速度的作用。

能耗制动时，三相异步电动机实际上变成一台由重物拖动的交流发电机，把负载的位能变换成电能消耗在转子回路中，所以叫作能耗制动。

能耗制动机械特性曲线的形状与定子直流电流及转子附加电阻有关。在附加电阻不变的情况下，减小直流电流将使静止磁场减弱，制动转矩减小，特性曲线向左移动，如图7.11(c)的特性曲线1移到3(曲线3的直流电流小于曲线1的)。在直流电流不变的情况下，增大附加电阻将使特性曲线向下移，但最大制动转矩的数值不变，如图7.11(c)的特性曲线1移到2(2是接入附加电阻R_f后的特性曲线)。可见用这两种方法都可以调节放下重物的稳定转速，增加附加电阻或减小直流电流都可以使下放重物的稳定转速增大。

当直流电流过小而使最大制动转矩$M_{max}<M_Z$时，就起不到限制下降速度的作用而造成重物下放失控。这是很危险的，必须有相应的保护装置。

能耗制动比反接制动平稳，机械和电气冲击较小，但是需要一个直流电源，所以限制了它的应用。

7.4 QT-60/80型塔式起重机简介

QT-60/80型起重机属于中型塔式起重机，按其塔高可分为高塔(50m)、中塔(40m)和低塔(30m)3种，起重臂长度有15m、20m、25m和30m 4种。起重量、提升高度和工作幅度都比较大，安装拆卸方便，适应性强，因此应用范围很广。

塔高和起重臂长度不同，最大起重量、最大提升高度及幅度范围也不相同。幅度是指吊钩离起重机回转轴的水平距离。幅度和起重量的乘积叫作起重力矩。高塔的最大起重力矩为60t·m，中塔为70t·m，低塔为80t·m，臂长为30m时不管塔高多少都为60t·m。型号中的60和80即代表最大起重力矩的范围。主要技术性能如下：

最大起重量：10t(低塔，15m臂，幅度7.7m时)；

最大工作幅度：30m(30m臂时)；

最大提升高度：68m(高塔，30m臂，幅度14.6m时)；

提升速度：双绳21.5m/min，三绳14.6m时；

行走速度：17.5m/min；

变幅速度：8.5m/min；

回转速度：0.6r/min。

QT-60/80型塔式起重机由钢结构，工作机构和电气装置三部分组成。图7.12是它的外貌。

7.4.1 结构简介

最下部的龙门架支承着整台起重机的重量。它的4条腿下有4组行走轮。因此整

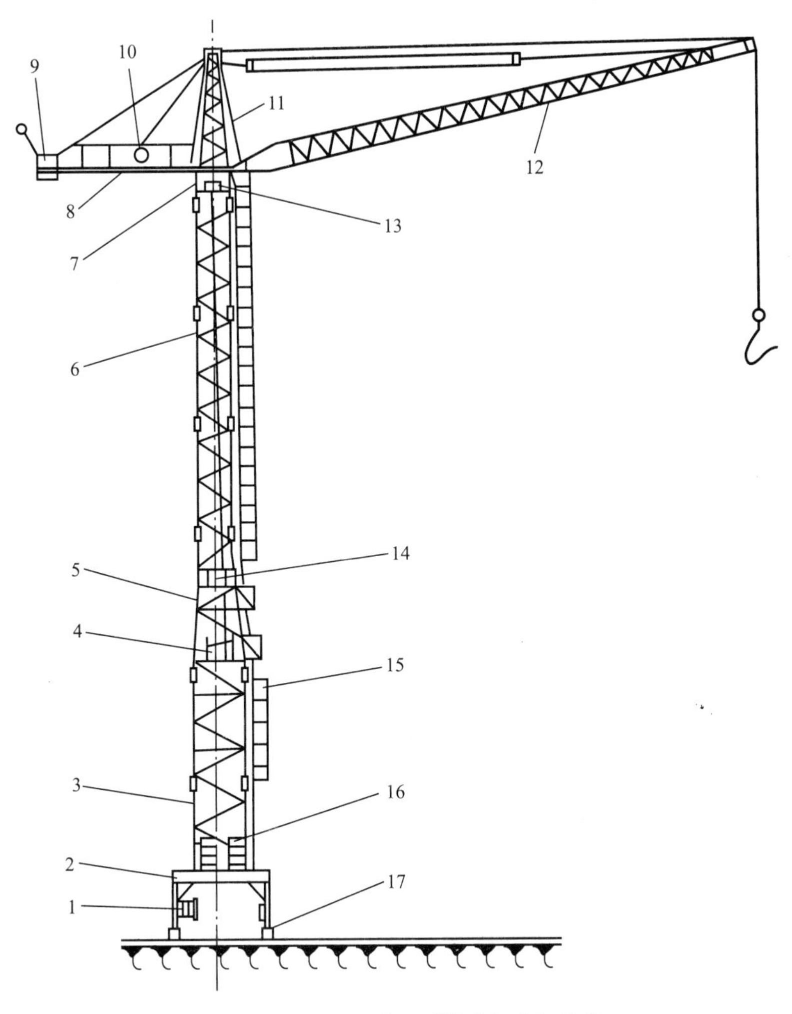

图 7.12 QT-60/80 型塔式起重机外貌

1—电缆卷筒；2—龙门架；3—塔身(第一、二节)；4—提升机构；5—塔身(第三节)；
6—塔身(延接架)；7—塔顶；8—平衡臂；9—平衡重；10—变幅机构；
11—塔帽；12—起重臂；13—回转机构；14—驾驶室；15—爬梯；16—压重；17—行走机构

台起重机可以沿钢轨行走。塔身由若干节组装而成，从龙门架开始向上数为第一节、第二节、第三节。驾驶室在第三节中部，提升机构安装在驾驶室下面。第三节上面是用来变更塔高的延接架。延接架的上面是塔顶，回转机构就装在这里，塔顶的上面是塔帽。塔帽的左边伸出平衡臂，变幅机构装在它的中部。塔帽的右边伸出起重臂，两者之间铰接，使起重臂可以绕铰接轴上下俯仰。塔帽可以带着平衡臂和起重臂一起作全圆周回转。

7.4.2 行走机构

行走机构由装在龙门架 4 条腿根部的 4 套行走台车组成。其中两套是用电动机拖动的主动台车，另两套是从动台车。图 7.13 是主动行走台车的传动系统图。行走电动机经过

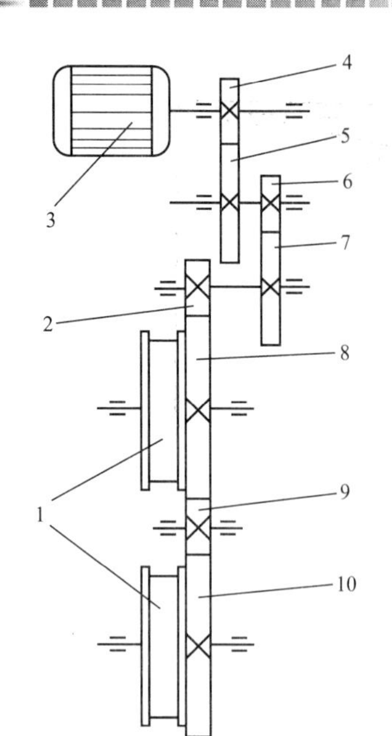

图 7.13 主动行走台车传动系统图

1—行走轮；2、4、5、6、7、8、9、10—传动齿轮；3—行走电动机

三级齿轮减速(4 和 5、6 和 7、2 和 8)带动两个行走轮。

塔式起重机高度大，稳定性较差，故行走机构不用抱闸，以免制动时引起剧烈的振动和倾斜。

在行走台车架内侧装有前后两个行程开关，在钢轨前后两端相应地各装一个撞块，作为行走的限位保护，保证起重机行走安全，不致出轨。因为起重机惯性大，又无行走抱闸，在电动机断电以后还会行走一段距离，所以撞块离钢轨尽头要有足够距离，以免出轨而造成严重的翻车事故。

QT－60/80 型塔式起重机借助于本身的机构就能够转弯，不必附加其他设备。

7.4.3 回转机构

图 7.14 所示为回转机构的传动系统。回转内齿圈固定安装在塔帽底部。回转电动机安装在塔顶，经过蜗杆蜗轮和一级齿轮减速，带动小齿轮转动。小齿轮轴的位置固定在塔顶上，因此小齿轮转动时就推动内齿圈并带着塔帽、平衡臂和起重臂一起作回转运动。

回转电动机转轴的另一端有一套锁紧制动装置，由三相电磁制动器控制。当电磁铁通电时，机构被锁紧而不能回转，保证在有风情况下吊物也能准确就位。只有回转停止时才准锁紧，并由电气线路保证。

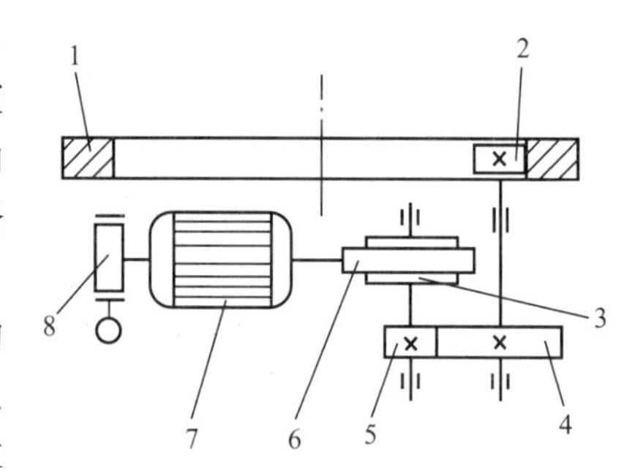

图 7.14 回转机构传动系统

1—回转内齿圈；2—小齿轮；3—蜗轮；4、5—传动齿轮；6—蜗杆；7—回转电动机；8—锁紧制动装置

蜗杆是一种双头蜗杆，因此这套蜗轮蜗杆传动系统没有自锁性而成为可逆传动。这样，当制动电磁铁断电时回转机构就呈自由状态，使起重臂在大风情况下能自动转向顺风方向，减小阻风面积，以免起重机倾翻。

7.4.4 变幅机构

图 7.15 所示为变幅机构传动系统。变幅电动机 1 经过齿轮 13 和 12、2 和 11、3 和 10 三级减速，带着变幅卷筒 4 旋转。卷筒上的钢绳绕过导向滑轮 5、动滑轮组 7 和定滑轮组 8，最后固定在定滑轮组的拉板上。当卷筒收紧钢绳时，拉着起重臂绕铰接轴仰起，幅度变小，反之则幅度变大。完成一次变幅需 3～5min。

在齿轮 12 和轴之间装有棘轮和摩擦盘组成的载荷自制式制动器。当电动机转动时，它自动松开传递动力。当电动机停止时，在起重臂自重的作用下自动锁住，以防止电磁制动器不可靠，起重臂自行下降而造成事故。

7.4.5 提升机构

图 7.16 所示为提升机构传动系统。提升电动机 2 经过闸轮和电力液压推杆制动器 3

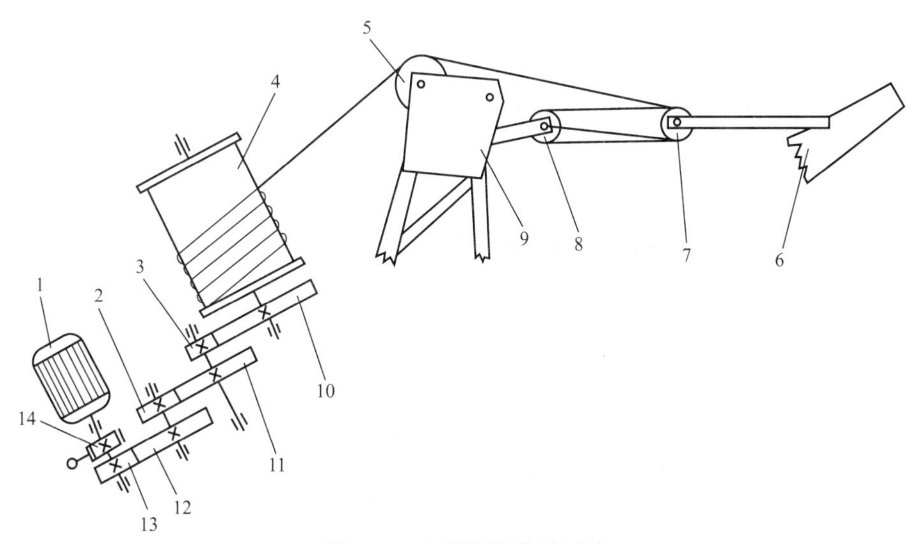

图 7.15 变幅机构传动系统

1—变幅电动机；2、3、10、11、12、13—传动齿轮；4—变幅卷筒；5—导向滑轮；
6—起重臂头部；7—动滑轮组；8—定滑轮组；9—塔帽顶部；14—闸轮和电磁制动器

及齿轮 4、5 减速将动力传递给齿轮滑动轴。在滑动轴上有一对可以借助于操纵杆滑动的双联齿轮 5 和 1。向右滑时齿轮 5 与 7 啮合，向左滑时齿轮 1 和 9 啮合，使传动比改变，所以起重卷筒有高低两种速度。变速操作必须吊钩落地停止起重时才能进行。

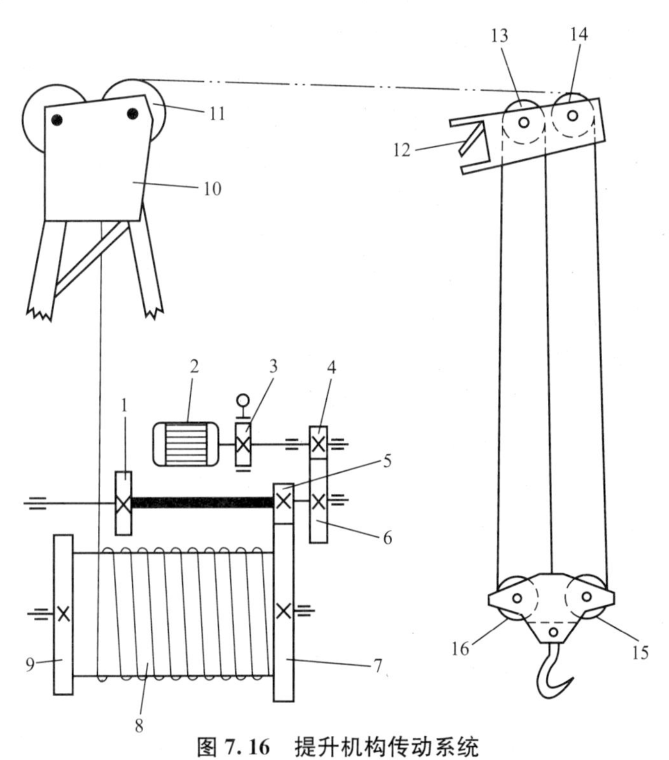

图 7.16 提升机构传动系统

1、4、5、6、7、9—传动齿轮；2—提升电动机；3—闸轮和电力液压推杆制动器；
8—提升卷筒；10—塔帽；11—导向滑轮；12—起重臂头部；13、14—定滑轮；15、16—吊钩滑轮

卷筒上的钢绳沿塔身中心向上绕过导向滑轮 11，再绕过滑轮 14、15、16、13，最后固定在吊钩架上。这样，吊钩就随钢绳的收放而提升或下降。图 7.16 所示的这种钢绳穿法称为三绳穿法。如果不用定滑轮 13，把钢绳末端固定在起重臂头部，则称为双绳穿法。

为了获得缓慢下降的安装用速度，提升机构采用电力液压推杆制动器制动。

7.5 QT－60/80 型塔式起重机电路

QT－60/80 型塔式起重机选用 JZR_2 系列线绕式三相异步电动机。其中提升电动机不但要解决起动和正反转问题，还要解决调速和制动问题，故采用转子外接附加电阻的方式。行走、回转和变幅电动机没有调速要求，所以采用转子外接频敏变阻器的方式，使电路简单，起动平稳，操作简便，维修容易。它采用继电接触器自动控制，以万能转换开关作为主令控制器，因此不但劳动强度低，而且操纵台体积小。全机的电气设备之间用电缆和 4 个多头插接器连接，所以电路安全可靠，拆装方便。

图 7.17 是 QT－60/80 型塔式起重机电气原理图。电气设备见表 7－1。各部分电路分述如下：

1. 电源部分

三相四线制 380V 电源用一根四芯重型橡套电缆（YHC－500，3×16＋1×6）送到电缆卷筒的集电环 1JH 上。经过装在电缆卷筒旁的铁壳开关 DK－1RD，再用电缆送到装在驾驶室内的自动开关 ZK 上，然后分送给主电路、控制电路和信号测量电路。

铁壳开关 DK 是全机电源的隔离开关，其中的熔断器 1RD 作为全机的后备短路保护。本机加装了一个具有电磁脱扣器和热脱扣器的自动开关 ZK（早期出厂的没有），脱扣电流为 100A，作为本机的短路和过载保护，使保护更加完善，故障跳闸后恢复供电更加迅速。

为了使驾驶人和修理人员在检查和修理时有一个明亮和舒适的工作环境，吸顶灯 MD、电铃 DL 及电炉和电扇的插座 1CZ、2CZ 受 ZK 的控制。

本机备有电源指示灯 1XD～3XD、电流表、电压表，以便监视电源的工作情况。

全机的金属结构和电气设备的外壳都安全接零。钢轨除接零外，还要求埋足够的接地体，用摇表测量接地电阻不得大于 4Ω，重复接地电阻不得大于 10Ω。

这种起重机高度大，变幅时不准提升、回转或行走，以保证安全。为此用两个接触器 1C 和 5C 控制这两部分主电路的电源。1C 用按钮 1AN 操作，5C 用按钮 5AN 操作。1C 与 5C 之间不但有按钮互锁，而且有电气互锁（$1C_{-5}$、$5C_{-5}$），使两者不能同时动作，以满足变幅时不准提升、行走和回转的要求。

2. 变幅部分

1）各电气元件的作用

（1）接触器 51C 和 52C。实现电动机的正反转互锁，防止因同时动作而造成电源相间短路。

（2）接触器 53C。起动结束后短接频敏变阻器，以便提高电动机的工作转速，减少损耗。53C 装在电动机 5HD 旁，它的线圈有一端接在 5HD 定子的 A 相（即 $5D_1$）上，53C 与主令控制器 5LX 之间只要一根导线和一个集电环就够了。

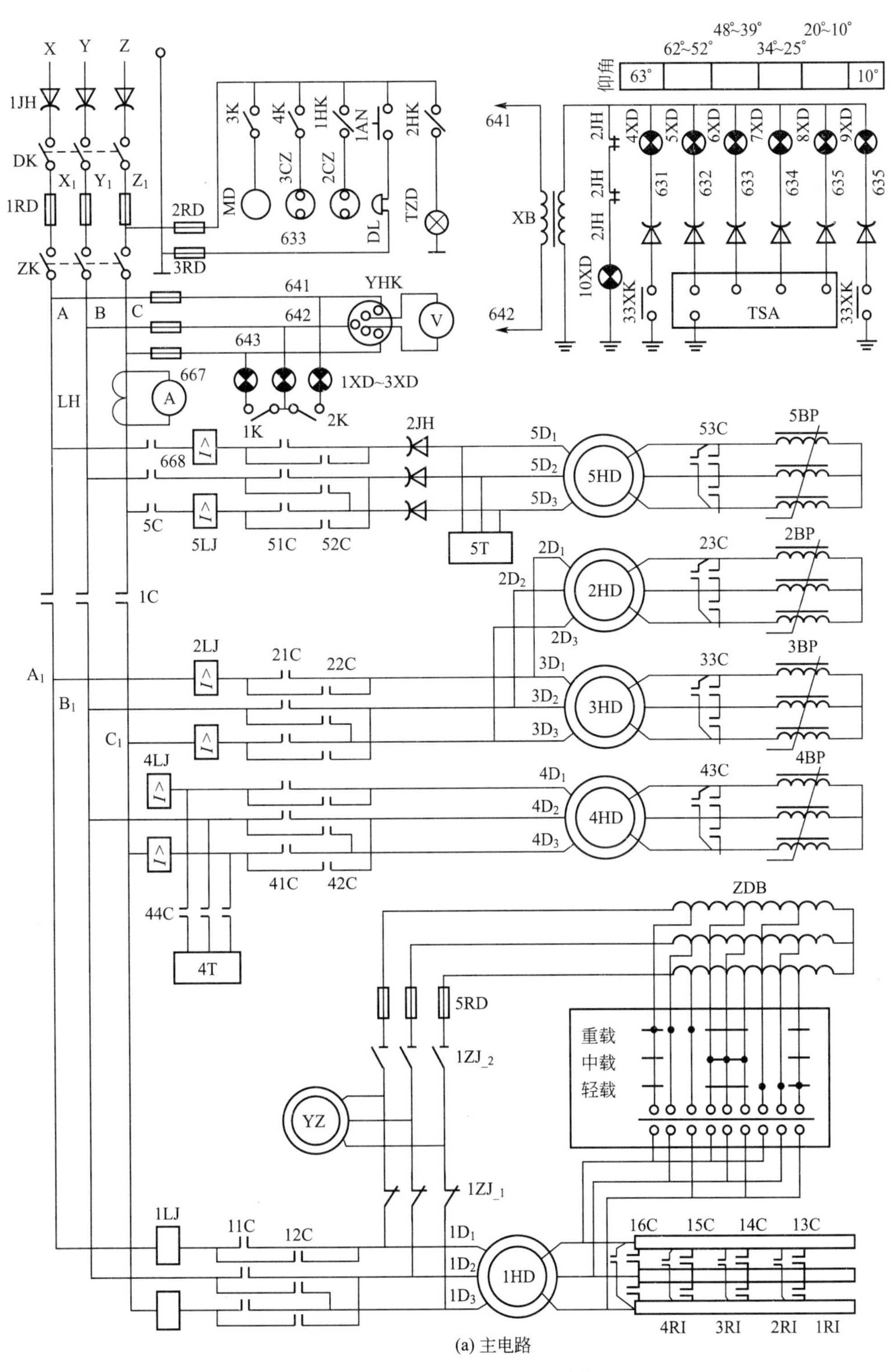

(a) 主电路

图 7.17 QT-60/80 型塔式起重机电气原理图

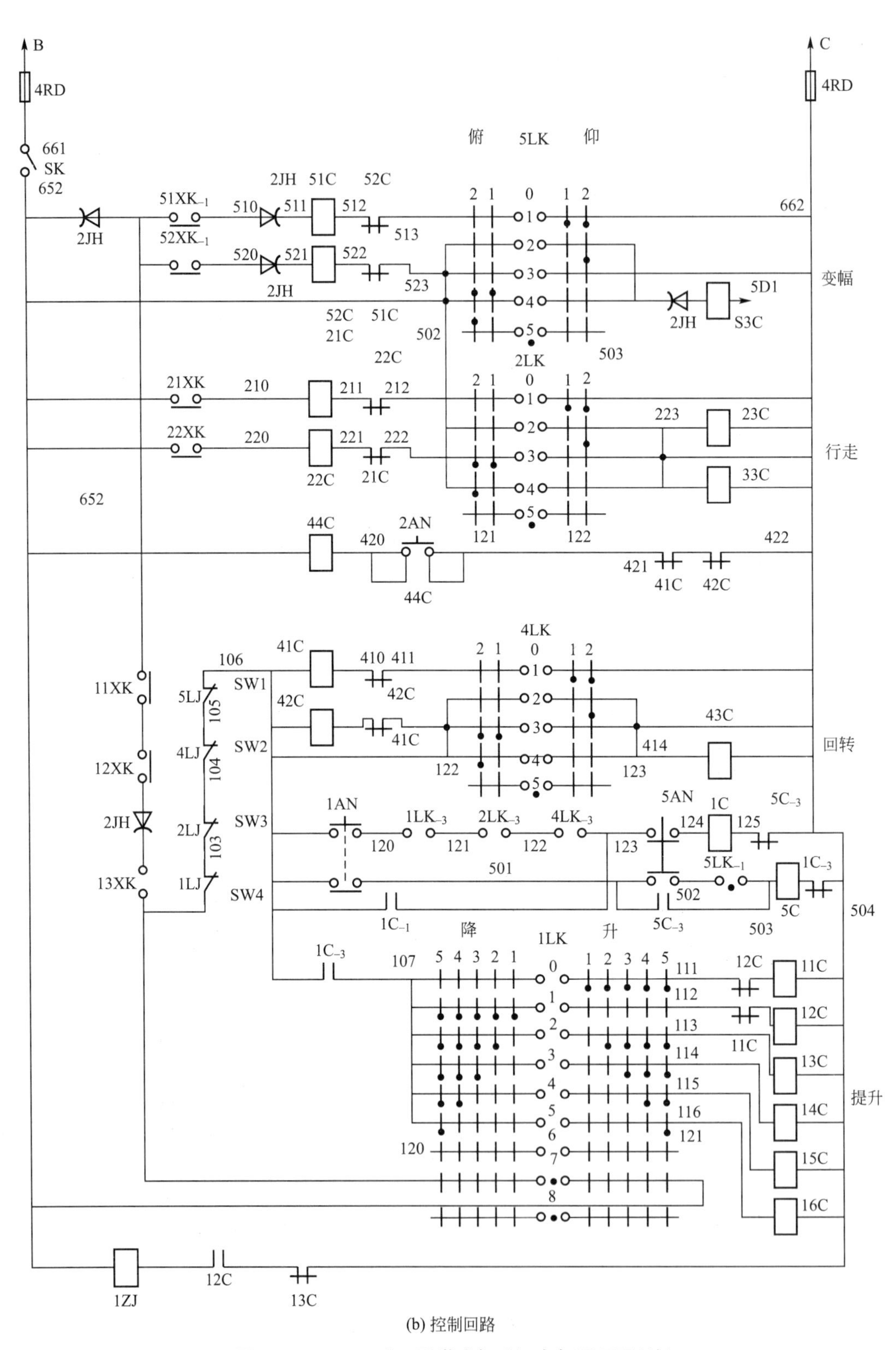

(b) 控制回路

图 7.17 QT－60/80 型塔式起重机电气原理图(续)

表 7-1 QT-60/80 型塔式起重机电气设备

序号	代号	名　　称	型号规格	数量	安装地点
1	1HD	提升电动机	JZR_2-51-8，22kW	1	提升机构
2	2HD、3HD	行走电动机	JZR_2-31-8，7.5kW	2	主动行走台车
3	4HD	回转电动机	JZR_2-12-8，3.5kW	1	回转机构
4	5HD	变幅电动机	JZR_2-31-8，7.5kW	1	变幅机构
5	YZ	电力液压推杆制动器	YT1-90，250W	1	提升机构
6	4T	三相电磁制动器	MZS_1-7	1	回转机构
7	5T	三相电磁制动器	MZS_1-25	1	变幅机构
8	1LJ	过电流继电器	JL_5-60	2	总配电箱
9	2LJ	过电流继电器	JL_5-40	2	总配电箱
10	4LJ	过电流继电器	JL_5-10	2	总配电箱
11	5LJ	过电流继电器	JL_5-20	2	总配电箱
12	$1R_f$～$4R_f$	提升附加电阻	RS-51-8/3	1	驾驶室下
13	2BP、3BP	行走频敏变阻器	BP_1-2	2	主动行走台车
14	4BP	回转频敏变阻器	BP_1-2	1	回转机构
15	5BP	变幅频敏变阻器	BP_1-2	1	变幅机构
16	1C	交流接触器	CJ_{10}-100/3	1	总配电箱
17	21C、22C	交流接触器	CJ_{10}-60/3	2	总配电箱
18	44C	交流接触器	CJ_{10}-20/3	1	总配电箱
19	5C、41C、42C、51C、52C	交流接触器	CJ_{10}-40/3	5	总配电箱
20	11C、12C	交流接触器	CJ_{10}-100/3	2	提升配电箱
21	13C、14C	交流接触器	CJ_{10}-40/3	2	提升配电箱
22	15C、16C	交流接触器	CJ_{10}-60/3	2	提升配电箱
23	23C、33C	交流接触器	CJ_{10}-40/3	2	龙门架
24	43C	交流接触器	CJ_{10}-40/3	1	回转机构
25	33C	交流接触器	CJ_{10}-40/3	1	变幅机构
26	1ZJ	中间继电器	JZ_7-44，380V	1	提升配电箱
27	DK-1RD	铁壳开关	HH-100	1	电缆卷筒旁
28	ZK	自动开关	DZ_{10}-250/330，100A	1	驾驶室配电盘
29	SK	事故开关	2×2，3A，钮子开关	1	操纵台
30	1LK	主令控制器	LW_5-15-L6559/5	1	操纵台

（续）

序号	代号	名　称	型号规格	数量	安装地点
31	2LK、4LK、5LK	主令控制器	LW_5-15-F5871/3	3	操纵台
32	11XK	超高限位开关	LX_3-13 或 JLXK1-111M	1	起重臂头部
33	12XK	脱槽保护开关	LX_5-11H 或 JLXK1-411M	1	塔帽顶部
34	13XK	超重保护开关	LX_5-11H 或 JLXK1-411M	1	驾驶室
35	21XK、22XK	行走限位开关	LX_4-12	1	龙门架
36	51XK、52XK	变幅限位开关	LX_2-131 或 $JLXK_1$-111M	2	塔帽底部
37	YHK	电压换相开关	XH_1-V，500V	1	操纵台
38	1K、2K	钮子开关	2X2，220V，3A	2	操纵台
39	3K、4K	钮子开关	2X2，220V，3A	2	驾驶室配电盘
40	1HK、2HK	组合开关	220V，10A	2	驾驶室配电盘
41	3HK	万能转换开关	LW_5-15-D6370/5	1	驾驶室配电盘
42	1AN、2AN、3AN、5AN	按钮	LA	4	操纵台
43	A	电流表	0～100A，3″，5/100	1	操纵台
44	V	电压表	0～500V，3″	1	操纵台
45	2RD	熔断器	RC1A-15	2	驾驶室配电盘
46	3RD	熔断器	BLX(沪)	3	驾驶室配电盘
47	4RD、5RD	熔断器	RC1A-10	5	驾驶室配电盘
48	XB	信号变压器	50VA，380V/6V	1	操纵台
49	1XD～3XD	电源指示灯	XD_1，～220V，2VA	3	操纵台
50	4XD～9XD	变幅信号灯	6V	6	驾驶室
51	10XD	提升零位指示灯	6V	1	操纵台
52	MD	吸顶灯	100W，220V	1	驾驶室顶
53	TZD	探照灯	用户自备	1	总配电箱
54	LH	电流互感器	LQG 5/100-0.5	1	提升配电箱
55	ZOB	自耦变压器	三相，250W，单卷式		提升配电箱
56	1JH	集电环	自制		电缆卷筒
57	2JH	集电环	自制		塔顶
58	DL	电铃	220V，8″		驾驶室下
59	TSA	幅度指示盘	自制		塔帽底部
60	1CZ、2CZ	插座	15A		驾驶室配电箱
61		插接器			

(3) 频敏变阻器 5BP。限制起动电流，增大起动转矩。

(4) 三相电磁制动器 5T。电动机断电时抱紧，使起重臂牢牢地固定于某一仰角。

(5) 主令控制器 5LK。控制电动机正反转和起动。第 1 挡是起动，第 2 挡是正常运转，操作速度不可过快，否则过早短接频敏变阻器会造成过大的电流冲击和机械冲击。

(6) 过电流继电器 5LJ。电动机运行是间断定额，故用两相式过电流继电器作为瞬时过电流保护。这是一种油阻尼式过电流继电器，动作有一定的延时，工作可靠。

(7) 变幅限位开关 51XK 和 52XK。把起重臂的仰角限制在 63°～10°的安全范围内。起重臂上仰到 63°时 51XK 动作，下俯到 10°时 52XK 动作。

2) 零位保护

零位保护是保证安全生产的一种保护装置，目的是防止停产后或停电后忘记把主令控制器的手柄返回零位，造成送电时电动机立即自起动而可能引起的人身或设备事故。主令控制器 $5LK_{-5}$(第 5 号触头)只有手柄在零位时才接通，并串接在接触器 5C 的线圈电路中。如果送电前手柄不在零位($5LK_{-5}$断开)，那么送电后即使按下 5AN，5C 也不会动作，必须把手柄扳回零位，重新按下 5AN 才能使 5C 动作，然后操作 5LK 能使电动机起动，这样就实现了零位保护。

3) 幅度指示装置

在驾驶室壁上有一个幅度灯光信号角，它由幅度指示盘 TSA 控制，可以指示起重臂的仰角或幅度。幅度指示盘装在起重臂和塔帽的铰接处，原理结构如图 7.18 所示。起重臂俯仰时通过铰接轴带动摇臂，使电刷在 4 个固定触头上移动，或使两边的限位开关 51XK、52XK 动作，借以接通或断开 6 只信号灯 4XD～9XD，从而实现幅度指示。

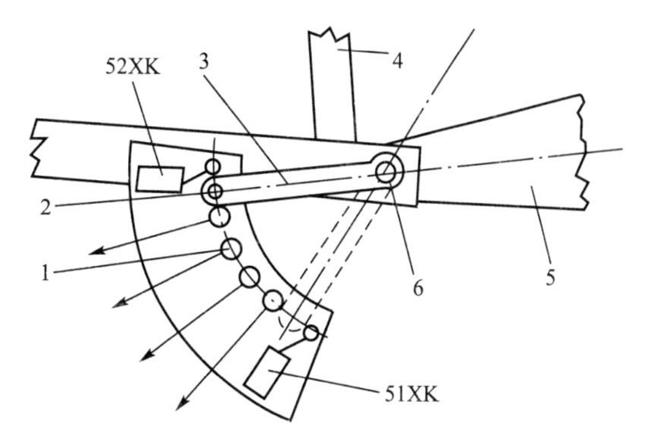

图 7.18 幅度指示盘原理结构

1—固定触头；2—电刷；3—摇臂；4—塔帽；5—起重臂；6—铰接轴；51XK、52XK—变幅限位开关

3. 行定和回转部分

行定和回转部分电路与变幅电路基本相同，不再赘述。行走没有电磁制动器，而回转不需要限位保护。

4T 是为回转锁紧制动装置服务的电磁制动器，用接触器 44C 控制，按钮 2AN 操作，以便在有风的情况下重物能准确就位。因为只有回转电动机停止时才准许锁紧回转机构，所以在 44C 的线圈电路中串联了 41C 和 42C 的两个常闭联锁触头。

行定、回转和提升 3 个主令控制器的零位保护触头 $2LK_{-5}$、$4LK_{-5}$和 $1LK_{-7}$串接在 1C 的线圈电路中起零位保护作用。

4. 提升部分

1) 起动、调速和制动

提升电动机 1HD 用 4 段附加电阻 $1R_f$～$4R_f$进行起动、调速和制动，用主令控制器 1LK 控制，从第 1 挡开始，每过一挡短接一段附加电阻，因此可得 5 条机械特性曲线，如图 7.19 所示。

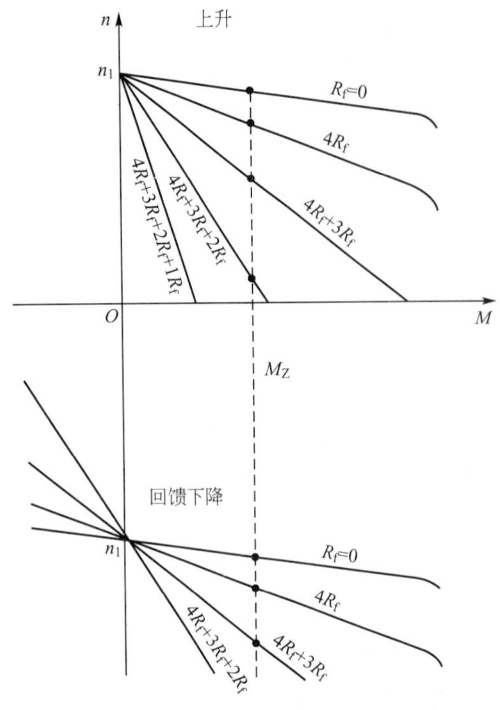

图 7.19 提升电动机各挡机械特性曲线

在提升第 1～5 挡，正转接触器 11C 动作。第 1 挡接入全部附加电阻，起动转矩较小，主要用来咬紧齿轮，减小机械冲击。若是轻载可以慢速提升，若是重载可以仅接制动下降，起动操作时应较快滑过。从第 2 挡至第 5 挡，加速接触器 13C、14C、15C、16C 逐个动作，附加电阻 $1R_f$、$2R_f$、$3R_f$、$4R_f$逐段被短接，电动机逐挡加速。

在下降第 2～5 挡，反转接触器 12C 动作。若是重载则回馈制动下降，高速下放重物，起动时应连续推向第 5 挡。从第 5 挡返回时，附加电阻逐挡增大，下降速度将逐挡加快。

操作时不可在第 2、3 挡停留过久，以防超速下降。若是空钩，电动机必须克服传动系统的摩擦阻力才能送出钢绳，这时电动机工作于拖动状态，称为强力下降，第 5 挡速度是最高的。

2）电力液压推杆制动器的机械制动

下降第 1 挡是用电力液压推杆制动器来获得特别慢的安装用下降速度的。图 7.17(a) 中的 YZ 就是推杆制动器中的小型鼠笼电动机。在其他各挡时，中间继电器 LZJ_{-1}都释放，其常闭触头 LZJ_{-1}把 YZ 与提升电动 1HD 的定子并联，起普通的停电制动作用。在下降第 1 挡而且只有这一挡，12C 动作，13C 释放，1ZJ 动作，其常闭触头 LZJ_{-1}断开，使 YZ 脱离定子电源，常开触头 LZJ_{-2}接通，使 YZ 经过自耦变压器 ZOB、万能转换开关 3HK 并联在 1HD 的转子电路上。

因为 1HD 转子电势的频率与转差率成正比，$f_{H2}=s_H f$，所以 YZ 的同步转速与 $f=50\text{Hz}$ 时相比降低为

$$n_{Y1}=\frac{60f_{H2}}{p_Y}=\frac{60s_H f}{p_Y} \tag{7-8}$$

式中，n_{Y1}为推杆制动器电动机的同步转速；p_Y为推杆制动器电动机的磁极对数；f 为电源频率；f_{H2}为提升电动机的转子频率；s_H为提升电动机的转差率。

这时 YZ 的转速相应降低，油的压力减小，闸瓦松开程度减小而与闸轮发生摩擦，产生机械制动转矩，可使重物下降速度减慢到额定值的 1/8～1/4。

放下重载时需要平衡于较大的机械制动转矩，即需要较小的 n_{Y1}，或者说 s_H较小，下降速度较快。因此，用这种方法放下重载比放下轻载时的速度快，而且差别比较大。

1HD 的转子电压比电源电压低，为了使 YZ 的工作电压尽量接近于额定电压，故用自耦变压器 ZOB 降压后供给 YZ。自耦变压器有 3 组抽头，可根据载荷情况用 3HK 来选择。重载时选择变比较小的抽头，使 YZ 的电压较低，电磁转矩(与电压的平方成正比)和转速较小，机械制动转矩增大，从而进一步减慢重载下降速度。

慢速下降时 1HD 的转子电动势比正常工作时高得多，所以用附加电阻最大的下降第 1

挡进行机械制动，以限制转子电流。

用推杆制动器进行机械制动时，提升电动机输出的机械能和负载的位能都消耗在闸瓦与闸轮之间的摩擦上而严重发热。另外，推杆制动器的小电动机工作于低电压和低频率状态，时间稍长就会使它过热而烧坏。因此，重物距就位点的高度小于2m时才允许使用这种制动方法。

3）超重、超高和钢绳脱槽保护

图7.20所示为本机所用的超重保护装置，它装在驾驶室右侧。顶杆固定在浮动安装的提升机构的机架上，并从下面伸进驾驶室。当超重时，钢绳可以把机架及顶杆向上拉起一定的距离，拨动弯铁向逆时针方向转动，使限位开关13XK复位(原来在弹簧的作用下被弯铁所压)，其接点断开。起重臂的仰角不同，允许的最大起重量也不同，因此超重保护装置的动作值也可以调整。焊在转动铁板上的螺钉从固定铁板的弧形槽内伸出，松开羊角螺母就可以使转动铁板绕轴转动，从而改变顶杆到弯铁的原始距离，即改变动作值。生产中应根据起重臂的仰角进行调整，使保护装置正确地起保护作用。

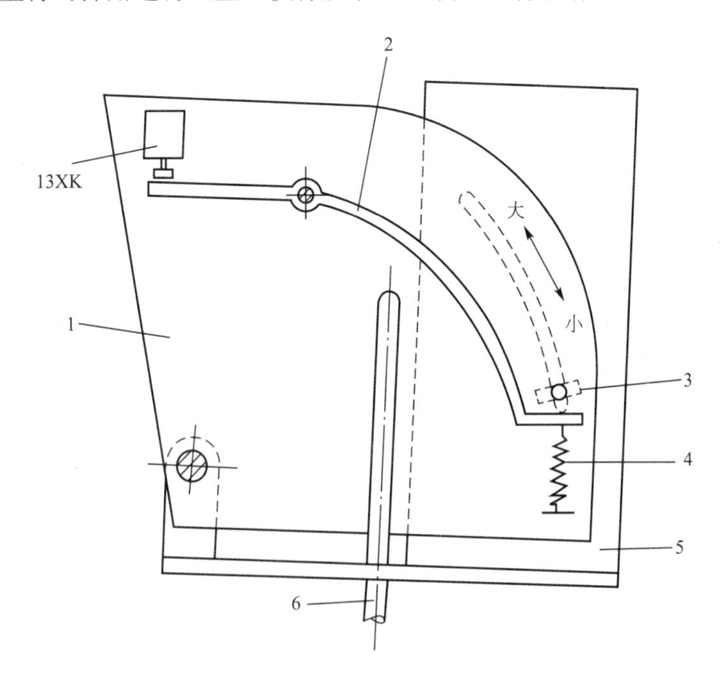

图7.20 超重保护装置

1—转动铁板；2—拨动弯铁；3—羊角螺母；4—弹簧；
5—固定铁板；6—顶杆；13XK—限位开关

图7.21所示为超高超重联合保护装置，它装在起重臂的头部。当吊勾超高时，吊勾推顶杆7向上，通过凸轮6使超高限位开关5动作，常闭触头断开。当超重时，钢绳末端拉杠杆4向下，再压杠杆3向下，使超重限位开关1动作，其常闭触头断开。这种超重保护装置的动作值是随起重臂的仰角自动调整的。钢绳末端的固定卡与杠杆4铰接，当起重臂仰角增大时，钢绳拉力的方向与杠杆4的夹角变小，即力臂减小，动作值增大。调整限位开关的位置或弹簧2的松紧，都可以使动作值改变。

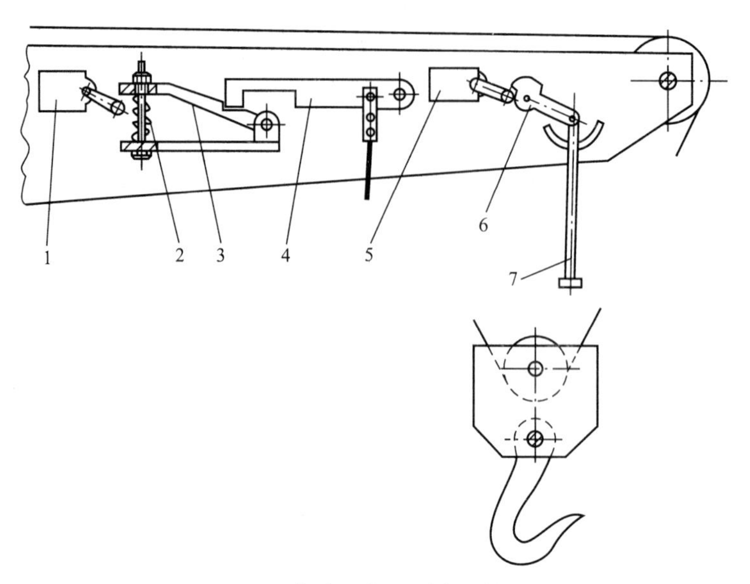

图 7.21　超高和超重联合保护装置

1—超重限位开关；2—弹簧；3、4—杠杆；5—超高限位开关；6—凸轮；7—顶杆

12XK 是起重钢绳脱槽保护的限位开关，安装在塔帽顶的导向滑轮旁，当钢绳脱槽时通过压板能使它动作。

超高(11XK)、超重(12XK)和脱槽(13XK)限位开关串接在电源接触器 1C 和 5C 的线圈电路中，任一个动作都使两个接触器释放，5 台电动机停止而起到保护作用。当主令控制器 1LK 的手柄在零位或下降一边时，它们被第 8 号触头短接，以便把重物放下来。

5. 过流保护、失压保护和事故开关

4 个两相式过电流继电器 1LJ～4LJ 的常闭触头都串接在 1C 和 5C 的线圈电路中，任一个动作都使 1C 和 5C 释放，5 台电动机都将停止。它们的动作电流整定值应取电动机定子额定电流的 1.9～2.5 倍。

电源接触器 1C 和 5C 用按钮操作，带有自保护，因此本身就有失压保护作用。

控制电路的电源开关 SK 兼作事故开关，在发生紧急事故时可断开它，使各电动机立即停止。

7.6　QT－60/80 型塔式起重机的操作和试运转

7.6.1　操作程序

(1) 各机构操作前的准备工作。各机构操作前，应巡视各机电设备，若无异常现象方可操作投运。

① 在机下合上铁壳开关 DK。进驾驶室根据需要合上 3K、4K、1HK、2HK，使吸顶灯 MD、电扇、电炉、探照灯 TZD 投入工作。

② 合上 ZK，再合上 1K 和 2K，使电源指示灯 1XD～3XD 点亮。转动电压换相开关 YHK，检查电源电压，电压表指示 380～400V 为正常。幅度指示灯 4XD～9XD 应有一盏灯亮，指示起重臂的仰角，检查超重保护装置调整得是否正确。这时提升主令控制器零位指示灯 10XD 应亮，说明正反转接触器 11C 和 12C 无粘住故障。

③ 合上控制电源开关 SK。检查各主令控制器手柄是否在零位。

(2) 变幅操作。揿 5AN，操作变幅主令控制器 5LK 到第 1 位，电动机工作稳定后再扳到第 2 位。需要反向时将手柄扳到相反的方向。变幅后应及时调整超重保护装置。

(3) 行走操作。揿 1AN，再揿 3AN 以电铃预告起重机将要行走。操作行走主令控制器 2LK 使起重机前后行走，方法同上。

(4) 回转操作。操作回转主令控制器 4LK 使起重机左右回转，方法同上。在有风天需要重物准确就位时，将 4LK 扳回零位，停止回转，再揿 2AN 锁紧回转机构，然后放下重物。

(5) 提升操作。当需要提升重物时将 1LK 的手柄扳向“提升”一边，逐步推至第 5 挡，速度逐挡增加。各挡速度不同，可供选择。当需要快速放下重物时，将 1LK 的手柄扳向“下降”一边，逐步推至第 5 挡。下降第 1 挡应迅速滑过，在下降第 2、3 挡不可多停留，尤其是重载时。当需要慢速放下重物时，先根据载荷轻重选择 3HK 的位置，然后将 1LK 扳到下降第 1 挡，重物即慢速下降。当超高或超重保护动作时，将 1LK 扳向下降一边，即可使重物下降，限位开关复位。

(6) 操作注意事项。

① 操作速度不可过快，不准越挡操作。

② 变幅、行走和回转电动机起动结束后须将主令控制器手柄扳到第 2 位。

③ 禁止越过零挡操作。

④ 1LK 在下降第 1 挡时不可停留过长。

⑤ 注意重载时下降第 2、3 挡比第 5 挡速度高，停留时间过长有造成超速下降的危险。

⑥ 遇到紧急情况可以断开 SK。

⑦ 1LK 在零位时如果指示灯 10XD 灭，应先检查 11C 或 12C 是否粘住，处理故障后再工作。

7.6.2 试运转

为了确保安全生产，塔式起重机经过大修或在新的施工地点安装后都必须进行试运转。试运转一般可按下列步骤进行。

1. 试运转前的检查和准备工作

(1) 检查钢结构部分的铆钉和螺栓等连接部分；检查各工作机构传动系统的轴承、齿轮啮合、钢绳、滑轮等活动部分。

(2) 检查电气系统的接线是否正确，特别是各电动机定子绕组应接成星形还是三角形，各部分的电压是线电压还是相电压，正反转接触器主触头的连接线是否接错而把电源短路，接地是否符合要求。

(3) 用 500V 兆欧表检查电动机的绝缘电阻，其值应不小于 0.5MΩ，各段连接导线和电缆的绝缘电阻应不小于 0.38MΩ，如低于上述标准值应进行烘干除湿处理。检查连接导线和电缆有无线间或对地短路现象，如有则应排除。

(4) 检查各电器可动部分的动作是否灵活可靠，触头接触是否良好，弹簧压力是否合适。外壳接地是否可靠。

(5) 暂时卸开电动机与传动机构之间的联轴节螺栓，用手转动电动机一周应无卡住现象。

(6) 将所有开关置于断开位置。各主令控制器手柄置于零位。从配电箱的出线处暂时拆下各电动机的3根相线。

2. 电路动作试验

(1) 按操作程序操作，各接触器、继电器、灯、电铃、电压表等的工作应符合原理要求。检查接触器动作情况。

(2) 试验保护装置。①断开SK，全部接触器、继电器都应释放；②将5LK的手柄置于工作位置，揿5AN，5C应不动作，说明零位保护正常，同理试验1LK～4LK的零位保护；③依次手动断开1LJ～5LJ的触头(注意安全)，1C和5C都应释放；④依次手动断开各限位开关，相应的接触器应释放。

(3) 试验电气联锁。依次手动使各联锁触头断开，被联锁的接触器或继电器应释放。

(4) 重新接上各电动机的3根相线，按操作程序操作，检查各电动机的转向。如转向不正确可在配电箱的出线处调换两根相线的位置。如有一台行走电动机的转向不正确，则应在电动机接线盒处调换两根相线的位置。检查各电动机的运转情况。

3. 无载荷试运转

(1) 重新装好联轴节。

(2) 试验提升机构。操作1LK使吊钩上升、下降，反复数次。小心地有意使吊钩上升到极限位置，使超高限位开关11XK动作，电动机应立即停止。然后将1LK扳向下降一边，吊钩应能下降。检查电力液压拉杆制动器及提升机构的工作情况。

(3) 试验回转机构。操作4LK先使起重臂向一个方向回转360°，停稳后再向另一方向回转360°，反复数次。回转停稳后揿2AN，电磁制动器4T应锁紧回转机构。检查电磁制动器和回转机构的工作情况。

(4) 试验行走机构。松开夹轨钳，操作2LK使起重机前后行走20～30m，反复数次。小心地有意将起重机开到钢轨的前后端，使限位开关21XK或22XK动作，电动机应立即停止。行走机构没有抱闸，电动机停止后起重机会在惯性作用下继续走出一段距离。因此，还要检查撞块顺行走方向的长度是否足够，否则限位开关冲过撞块之后又会接通(对于自动复位的限位开关)，电动机又会重新起动(如果2LK的手柄未回零位)，起重机就有出轨的危险。

(5) 试验变幅机构。操作5LK起重臂上仰、下俯数次，并小心地有意使起重臂俯仰到上下极限位置，检查限位开关51XK和52XK的保护作用是否可靠，变幅指示灯亮灭是否正常。

(6) 操作1LK、2LK、4LK使提升、行走和回转3个机构联合动作，反复进行数次。

4. 静载荷试运转

(1) 卡紧夹轨钳。准备好试吊物。

(2) 起重臂上仰到仰角最大的位置。吊起最大仰角时的最大起重量的105%的载荷离地0.5m，保持2min。检查金属结构、传动机构及抱闸的工作情况。然后调整超重保护装置使它正好动作，并做下标记。

(3) 把起重臂下俯到仰角最小的位置，吊起最小仰角时的最大起重量的105%的载荷，再调整超重保护装置使它动作，做下标记。根据前后两个标记，在超重保护装置上划出仰角或幅度的刻度。

(4) 起重机大修后的静载荷试运转应从最大起重量的105%做起，每次增加5%，到125%。保持时间为1～5min。检查起重机倾斜情况和过电流继电器的变化。

5. *动载荷试运转*

(1) 短接超重保护开关，待试验完后再恢复。

(2) 吊起110%的载荷作提升—制动—提升—制动和下降—制动—下降—制动的动作3次。

(3) 将上述载荷提升10m，作左右回转3次，再作提升和回转的联合动作3次。

上述动载荷试运转只在大修后进行，目的是检查金属结构的质量。安装后一般不进行此项试验，但是在投运前应作几次实吊试验。

7.7 QT-60/80型塔式起重机电路故障的判断

电路发生故障后，可先操作各主令控制器和开关，调查各指示灯、电表、接触器、继电器、电磁制动器、电动机等的工作有什么异常表现，再根据电路的工作原理判断故障的性质和可能范围，然后进一步用试电笔、检查灯、万用电表等工具找到故障点，并予以修复。电路的常见故障及其原因如下：

(1) 全机无电。①电源停电；②1RD熔断；③1JH接触不良或电线断了。

(2) 全部电动机不工作。①ZK自动分闸；②4RD熔断；③SK接触不良；④1LJ～5LJ触头接触不良；⑤去1C和5C的控制电路断线；⑥去1C和5C主触头的电缆断线。

(3) 提升、回转和行走电动机不工作。①1LK、2LK、4LK的零位触头接触不良；②5C因故粘住；③5AN的常闭触头接触不良；④1AN常开触头接触不良；⑤1C线圈或电路的连接导线断了；⑥1C上下的主电路断路；⑦1C的自保触头接触不良。

(4) 变幅电动机不工作。①5LK的零位触头接触不良；②1C因故粘住；③5AN常开触头接触不良；④1AN常闭触头接触不良；⑤5C线圈或电路的连接导线断了；⑥5C上下的主电路断了；⑦5C的自保触头接触不良。

(5) 提升、行走或回转电动机某台不工作。①主令控制器触头接触不良；②线圈或连接导线断了；③去电动机的电缆断了；④电动机故障。

(6) 电动机转速达不到预定值。①频敏变阻器调整不当或故障；②附加电阻值过大或加速接触器没有接通；③电动机定子电压过低；④制动器没有完全松开；⑤电动机故障。

(7) 限位开关没有起作用。①触头被短接；②接线错误。

(8) 电动机不能停止：①接触器粘住；②主令控制器触头粘住。

(9) 工作时接触器经常自行释放。①接触器线圈电路中的触头接触不良；②触头的弹簧压力不足。

(10) 过电流继电器经常动作。①操作不正确；②动作电流整定值过小；③过电流继电器过于灵敏；④电动机转子接触器粘住。

(11) 1LK 在下降第 1 挡重物不下降。①5RD 熔断；②3HK 接触不良；③ZOB 故障；④12ZJ 的常开触头接触不良。

(12) 1LK 在下降第 1 挡重物高速下降。12ZJ 不动作。

(13) 超重、超高、脱槽保护动作后无法放下重物。1LK 的第 8 号触头接触不良或接线断了。

复习思考题

1. 塔式起重机在结构上由哪几部分组成？各起什么作用？
2. 塔式起重机在电气上具有哪些安全保护装置？这些安全装置各起什么作用？
3. 简述塔式起重机电动机的起动过程。
4. 简述塔式起重机提升、下降的电气动作过程。
5. 简述塔式起重机试运转操作过程。

第8章 砂石料筛分楼电路

知识要点	掌握程度	相关知识
三相异步电动机	熟悉三相异步电动机的基本结构； 熟悉三相异步电动机工作原理	鼠笼转子、定子； 起动特性、运行方式
筛分楼电路	熟悉筛分楼主电路； 掌握筛分楼电气运行	主电路、控制回路、保护电路； 电气操作、试运转和故障判断

导入案例

振动筛的运用

图 8.0　古代筛子的应用
（见《天工开物》）

用筛分机把碎散物料筛分成不同的颗粒，已经有悠久的历史，如图 8.0 所示的《天工开物》中描绘的筛分物料。英国煤炭工业的文献记载，在 1589 年提到煤的筛分。为了向市场提供各种颗粒的商品煤，广泛的对煤进行筛分，是 19 世纪下半叶才盛行起来的。

固定筛是古老的筛分机。当时，有的固定筛用若干木条构成，也叫棒筛，后来出现了有传动机构的棒条筛，仍不就是沿用至今的辊轴筛。为满足工业生产的需要，圆筒筛、摇动筛和振动筛也先后问世。

与固定筛相比，虽然辊轴筛、圆筒筛和摇动筛的工作效率有较大的提高，但是仍不能满足生产发展的需要。60 年代，这些筛子在我国开始被逐渐淘汰。而固定筛因其不消耗动力和简单可靠的结构，仍大量用于初步筛分。

振动筛采用抛射式筛分，筛子每振动一次，物料被抛射一次，相对筛面冲击一次，被筛分物料的折中特点使得振动筛的筛分效率高，生产能力大，因此被广泛使用。

在振动筛产生以后，人们开始重视建立和发展筛分理论。早期的筛分理论形成于 20 世纪 50 年代初，是以单个颗粒为研究对象发展起来的，一般提前为单颗粒运动理论。该理论系统地描述了振动筛对物料进行抛射式筛分时，单个颗粒的运动情况，进而提出了筛分机特性值，即振动强度 K 以及筛分特性值，即抛射强度 K_V。

经过长期实践，人们发现按照上述筛分理论设计的振动筛，对细物料进行筛分时的生产能力太小，遂意识到以单个颗粒物料的运动状态代表成群的物料运动状态具有较大的片面性。随着研究工作的深入，自 1965 年开始逐步建立起颗粒在筛面上的运动理论。该理论以力群为研究对象，根据物体在碰撞时传递能量的原理，提出了筛面上整个料层中不同位置颗粒的速度变化规律，突破了单颗粒理论关于振动强度 3.3 的临界值。在此基础上建立了薄层筛分法和变倾角筛分法，研制出等厚振动筛。

在力群运动理论的指导下，近代振动筛的振动强度和抛射强度普遍提高，如德国和美国生产的直线振动筛 K 值达 4.4，有的甚至达 6.7K_V 值达 3.5 以上。

零部件标准化、通用化和产品系列化、生产专业化，是近代机械工业的重要标志，筛分机械也不例外。如德国 K. K. D 公司生产的 USK 圆振动筛入 USL 直线振动筛，其激振器可以通用，同一筛框既可以装分级筛面，也可装脱水筛面。又如美国生产的振动筛，其基形已经稳定，主要力量放在改进结构、简化制造和应用新技术方面。有的筛子除激振器外，筛框也作成单体结构，可以在现场组装，极大地方便 了制造，运输和维修。

大型混凝土建筑工程，例如混凝土坝和港口码头等，不但需要大量的砂石料，而且为了获得混凝土的最佳强度和尽量节约水泥，还要求把不同粒径的砂石料按一定的比例配合起来搅拌。砂石料筛分楼(以下简称筛分楼)的作用就是把砂石混合料经过清洗再按粒径筛分成特大石、大石、中石、小石、粗砂、细砂等若干等级，然后送堆料场供搅拌时选用。

筛分楼所用的都是三相异步电动机，因此本章先简单介绍三相异步电动机的结构、工作原理和性能，然后介绍筛分楼电路。

8.1 三相异步电动机的结构和工作原理

三相异步电动机使用三相电源，具有结构简单、坚固耐用、运行可靠、维修容易，价格便宜等优点。按照转子结构形式可分为鼠笼式和线绕式(又称滑环式)两类。鼠笼式电动机比线绕式更简单，但是一般不能调速，起动转矩较小，因此多用于轻载起动不要求调速的机械，如筛分楼、搅拌楼、混凝土泵、振捣器及其他大型工程机械的辅助电动机。线绕式电动机的结构比较复杂，但是可以在一定的范围内调速，而且能够增大起动转矩，因此适用于重载起动并对调速要求不高的机械，如塔式起重机、门式起重机和缆索起重机等。

8.1.1 基本结构

三相异步电动机由定子和转子两部分组成。图8.1是三相鼠笼式电动机的结构图。

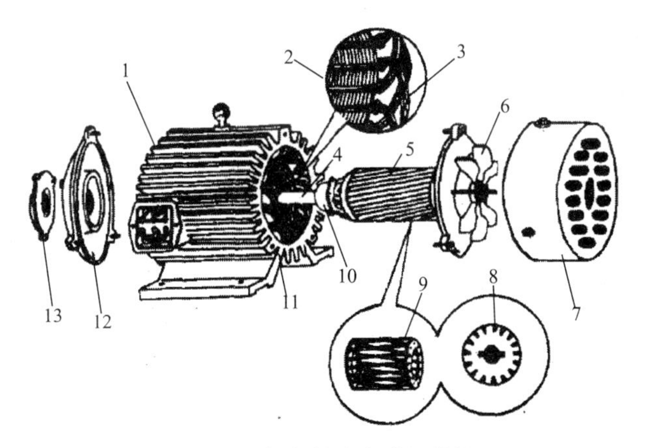

图8.1 三相鼠笼式电动机结构图

1—电动机外壳；2—定子铁心；3—定子绕组；4—转轴；5—转子；6—风扇；7—罩壳；
8—转子铁心；9—鼠笼绕组；10—轴承；11—机座；12—端盖；13—轴承盖

1. 定子

定子由定子铁心和定子绕组两个基本部分，以及机座、接线盒、端盖、轴承盖和罩壳等组成。它的作用是在定子与转子之间的气隙中产生一个按正弦规律分布的，绕电动机轴线在空间以一定速度旋转的磁场，简称旋转磁场。为了减小旋转磁场在铁心中所产生的涡流和磁滞损耗，铁心通常用0.35～0.5mm厚、表面涂有绝缘漆或氧化膜的硅钢片叠压而成。在铁心的内圆周上冲有均匀分布的许多槽，以便放置定子绕组。整个铁心用挤压的方法紧紧地固定在机座内。

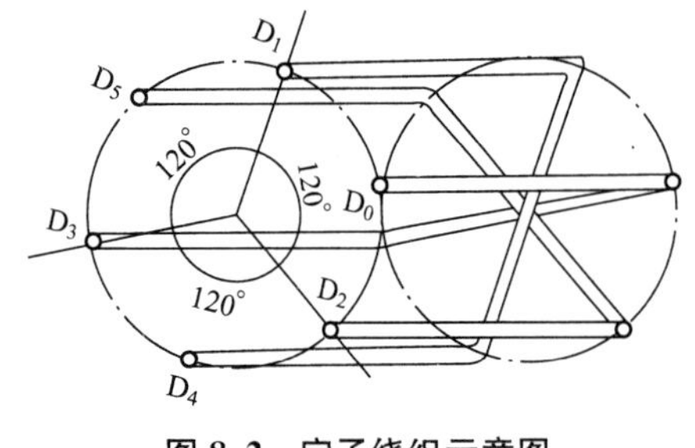

图 8.2　定子绕组示意图

图 8.2 是一个最简单的定子绕组示意图，它由 3 个只有一匝的线圈组成，用 D_1、D_2、D_3 标志三相绕组的头，D_4、D_5、D_6 标志三相绕组的尾。三相绕组在圆周上依次相隔 120°，三相绕组是完全相同的，故称为三相对称绕组。实际上每相绕组由几个线圈组成，分布在几个槽内，每个线圈又用漆包线绕成许多匝，然后把这些线圈按一定的规律连接起来，最后分成 3 个彼此独立的绕组。

三相绕组的 6 根引出线固定在接线盒里面的接线板上，它可以接成星形或三角形。两种接法的改接工作非常方便，如图 8.3 所示。一台三相异步电动机应该接成三角形还是星形，决定于电动机铭牌数据和三相电源的电压，不能随意连接。

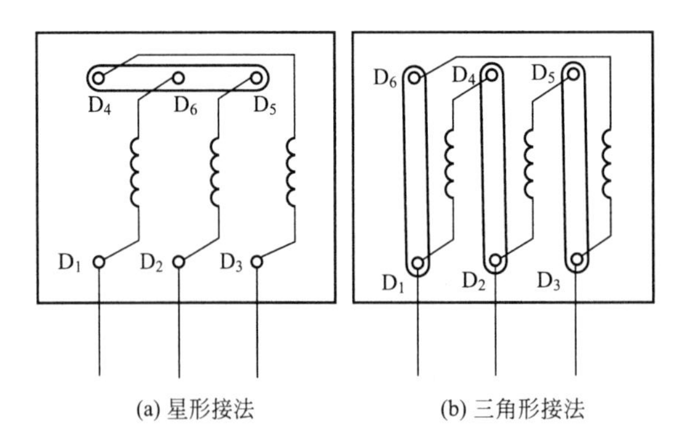

(a) 星形接法　(b) 三角形接法

图 8.3　定子绕组的接法

2. 鼠笼式转子

鼠笼式转子由转子铁心和鼠笼式绕组两个主要部分，以及转轴、轴承和风扇等组成（图 8.1）。它的作用是产生电磁转矩，拖动工作机旋转做功。

转子铁心是一个由硅钢片制成的圆柱体，以挤压的方法直接套在转轴上，其外圆上也冲有均匀分布的槽。在转子槽内放置没有绝缘的铜条，两端用短路铜环焊起来，形成一个鼠笼的样子，称为鼠笼式绕组。

中小型鼠笼式电动机的鼠笼绕组用铝液铸成，并在端环上铸出供冷却用的风扇，称为铸铝转子，制造比较简单。

鼠笼式电动机只有定子绕组与电源相接。转子绕组自成闭合回路，与定子电路及其他电路都没有直接联系，它是借助于磁路与定子电路联系在一起的。

3. 线绕式转子

线绕式转子绕组也是一个三相对称绕组，一般接成星形。在转轴的一端有 3 个铜质集电环，不但集电环之间，而且集电环与转轴之间都绝缘。在定子机座的一端有三组电刷架，架内电刷利用弹簧紧贴在集电环上。线绕式转子电路，靠集电环和电刷可与外电路相连接。图 8.4 是线绕式转子电路示意图。

4. 气隙

电动机的转子与定子之间有一个空气隙，简称气隙，它是磁路的一部分。气隙的磁阻比铁心大得多，因此对电动机的性能有很大影响。为了减小电动机的空载励磁电流，提高功率因数和机电性能，原则上气隙越小越好。一般中小型电动机的气隙为 0.2～1.0mm。

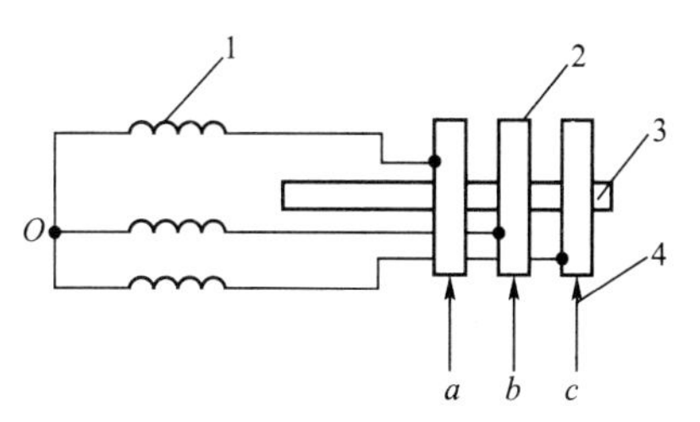

图 8.4　线绕式转子电路示意图

1—转子三相绕组；2—集电环；3—转轴；4—电刷

8.1.2　工作原理

1. 旋转磁场的产生

假设定子三相对称绕组采用星形接法，并接在三相对称电源上，则三相电流 i_A、i_B、i_C也是对称的，如图 8.5(a)和图 8.5(b)所示。现以图解法说明旋转磁场是怎样产生的。

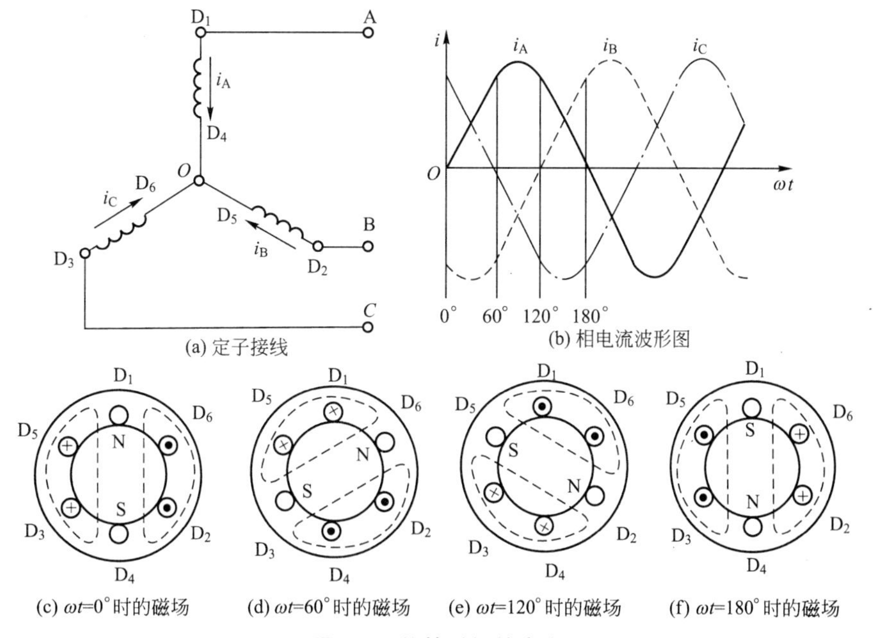

图 8.5　旋转磁场的产生

当 $\omega t=0°$时：$i_A=0$；i_B为负(从 D_5流入，D_2流出)；i_C为正(从 D_3流入，D_6流出)。根据右手螺旋定则，定子磁场轴线应从上向下，即上面为 N 极，下面为 S 极。如图 8.5(c)所示。

当 $\omega t=60°$时：i_A为正(从 D_1流入，D_4流出)，i_B为负(从 D_5流入，D_2流出)；$i_C=0$。定子磁场如图 8.5(d)所示。由图可见电流经过 60°电角度，定子磁场轴线按顺时针方向也转过 60°。

用同样的方法可以分析 $\omega t=120°$、$\omega t=180°$等时刻的磁场，如图 8.5(e)和图 8.5(f)所示。可见把定子三相绕组接在三相电源上，在气隙中就能产生旋转磁场。

在所举的这个例子中，电源的相序是 ABCA，表现在定子的空间位置上是顺时针方向，即 D_1、D_2、D_3、D_1，这时旋转磁场的转向也是顺时针方向。若调换任意两根电源线的位置，如 A 与 C 对调(D_3接 A，D_1接 C)，相序表现在定子的空间位置上就变为逆时针方向。

读者可以用作图法证明，这时旋转磁场的转向也变为逆时针方向。这说明改变定子电源的相序就可以使旋转磁场反转。

该电动机的旋转磁场有一对磁极(叫作二极电动机)，电流变化一周，旋转磁场在空间也转过一周。适当安排定子绕组也可以使旋转磁场具有两对磁极，这时电流变化一周，旋转磁场在空间只转过$\frac{1}{2}$周(也可用作图法证明)。依此类推，p 对磁极时电流变化一周旋转磁场只转过$\frac{1}{2}$周。

习惯上旋转磁场的转速以每分钟转数为单位，用符号 n_1表示，因此旋转磁场的转速为

$$n_1=\frac{60f}{p} \tag{8-1}$$

式(8-1)说明旋转磁场的转速与电源频率 f 成正比，与磁极对数 p 成反比。必须指出，定子铁心是静止的，只有铁心中的磁场在空间旋转。

2. 三相异步电动机的旋转原理

图 8.6 所示为三相异步电动机的旋转原理。图中把旋转磁场用虚线画成一对假想磁极，以 n_1的转速按顺时针方向旋转，并假定初始时刻转子是静止的。这样，转子导体与旋转磁场之间就产生了相对切割运动，在转子导体中就产生感应电动势，其方向用右手定则确定，在 N 极下面的 3 根导体中方向是指出纸面，在 S 极下面的 3 根导体中方向是指入纸面。

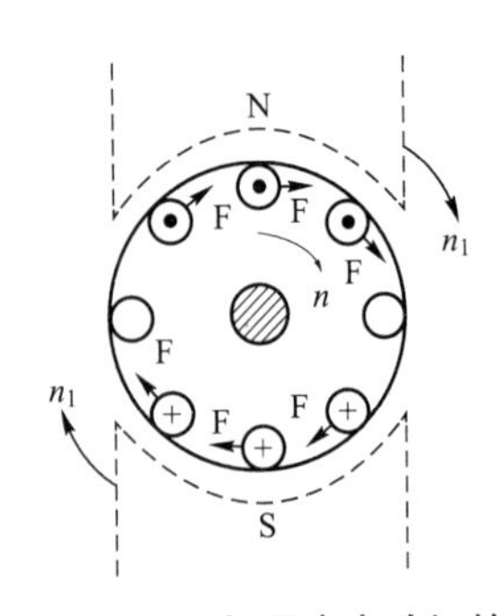

图 8.6　三相异步电动机的旋转原理

感应电动势在转子绕组的闭合回路中又产生电流，由于载流导体处在磁场中会受到电磁力 F 的作用，其方向用左手定则确定，如图 8.6 所示。由图可见，各导体的电磁力都是顺时针方向，对转轴形成一个转矩(称为电磁转矩)，使转子按与旋转磁场相同的转向旋转起来。因为它的电磁转矩是根据电磁感应原理产生的，故又称为感应电动机。

在电磁转矩的作用下，转子的转速 n 逐渐升高，能否升高到 $n=n_1$呢？假定出现了转子与旋转磁场同步转动的情况(因此常把 n_1称为同步转速)，那么转子导体与旋转磁场之间就不存在相对切割运动，感应电动势、感应电流和电磁力都消失，在摩擦阻力的作用下转子必然要慢下来。可见上述假设是不能成立的，或者说这种电动机在没有其他外力矩作用的情况下只有 $n<n_1$，即转子与旋转磁场之间必须保持异步才能工作，故称为异步电动机。

同步转速与电动机转速之差称为转差

$$\Delta n=n_1-n$$

转速差与同步转速的比值称为转差率，用字母 s 表示，即

$$s=\frac{\Delta n}{n_1}=\frac{n_1-n}{n_1} \tag{8-2}$$

三相异步电动机在正常运行时一般 $s=0.02\sim0.06$；在起动时刻，$s=1$；如果电动机的转速达到同步转速，则 $s=0$。

8.1.3 转子绕组中的电动势、电流和频率

下面主要讨论转子绕组中的电动势、电流和频率与转差率的关系。

1. 转子电动势

对于线绕式电动机，可以使转子三相绕组开路。这时，转子绕组中没有电流，因此电动机静止，即转差 $\Delta n=n_1$，令转子开路时的转子每相电动势为 E_{20}。电动机正常工作时的转差为 $\Delta n=n_1-n=sn$，转子每相电动势为 E_2。

对于一台已经制成的电动机和给定的电源，磁感应强度 B 和有效长度 l 都是确定的。感应电动势只与相对切割线速度 u 正比，而 u 又与转差成正比。因此下列等式应该成立

$$\frac{E_2}{E_{20}}=\frac{\Delta n}{\Delta n_0}=\frac{sn_1}{n_1}=s$$

或

$$E_2=sE_{20} \tag{8-3}$$

式(8-3)说明转子每相电动势 E_2 与转差率 s 成正比。在起动时刻，$s=1$，$E_2=E_{20}$；如果达到同步转速，则 $s=0$，$E_{20}=0$，如图 8.7 中的斜线 2 所示。

2. 转子频率

转子绕组与旋转磁场之间的相对转速就是转差 $\Delta n=n_1-n$。一个有 p 对磁极的旋转磁场相对切割转子绕组一周，转子电势就交变 p 周，因此转子电动势的频率为

$$f_2=\frac{p\Delta n}{60}=\frac{p(n_1-n)}{60}=\frac{pn_1}{60}\cdot\frac{n_1-n}{n_1}$$

即

$$f_2=sf \tag{8-4}$$

可见转子电动势的频率 f_2 也与转差率 s 成正比，如图 8.7 中的斜线 3 所示。我国三相电源频率 $f=50\text{Hz}$，故在起动时刻 $s=1$，$f_2=50\text{Hz}$，正常运转时 $s=0.02\sim0.06$，$f_2=1\sim3\text{Hz}$，如果达到同步转速，则 $s=0$，$f_2=0$。

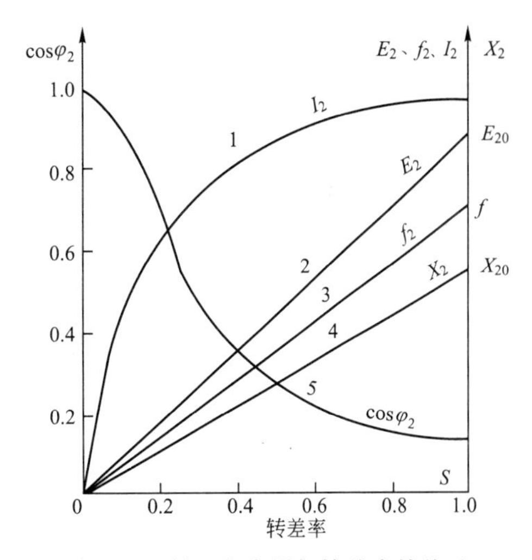

图 8.7 转子各电量与转差率的关系

3. 转子感抗

转子每相绕组的感抗是由转子绕组的漏磁通产生的。若转子每相绕组的自感系数为 L_2，则转子每相绕组的感抗为 $X_2=2\pi f_2L_2=2\pi sfL_2$，令转子开路感抗(即起动时刻的感抗)为

$$X_{20}=2\pi sfL_2$$

则

$$X_2=sX_{20} \tag{8-5}$$

因此，转子每相绕组的感抗 X_2 也与转差率 s 成正比，如图 8.7 中的斜线 4 所示。

4. 转子功率因数

令转子每相绕组的电阻为 R_2，则转子每相绕组的阻抗为

$$Z_2=\sqrt{R_2^2+X_2^2}=\sqrt{R_2^2+(sX_{20})^2} \tag{8-6}$$

转子功率因数为

$$\cos\varphi_2=\frac{R_2}{Z_2}=\frac{R_2}{\sqrt{R_2^2+(sX_{20})^2}} \tag{8-7}$$

可见转子功率因数 $\cos\varphi_2$ 也随转差率 s 而变化，如图 8.7 中的曲线 5 所示。在起动时刻，$s=1$，转子功率因数最低；随电动机转速的升高，转差率减小，功率因数也不断提高；如果达到同步转速，则 $s=0$，$\cos\varphi_2=1$。

5. 转子电流

在转子三相绕组短接的情况下，转子相电流

$$I_2=\frac{E_2}{Z_2}=\frac{sE_{20}}{\sqrt{R_2^2+(sX_{20})^2}} \tag{8-8}$$

说明转子电流 I_2 也随转差率 s 变化，如图 8.7 中的曲线 1 所示。

在电动机起动时刻，$s=1$，转子电流为

$$I_{2Q}=\frac{E_{20}}{\sqrt{R_2^2+X_{20}^2}} \tag{8-9}$$

又叫作转子起动电流。因为起动时刻的转子电动势最高，所以电流也最大；以后随转速的升高，E_2 减小，I_2 也减小；如果达到同步转速，则 $E_2=0$，$I_2=0$，如图 8.7 中的曲线 1 所示。

转子电流要通过磁路反映到定子，所以起动时刻定子电流也最大，可达额定电流的 4～7 倍。若电动机的容量比较大，起动电流通过输电线路和电源内部时，将在线路阻抗和电源内部阻抗上产生相当大的电压降，造成电源电压的波动，影响别的负载正常工作。因此三相异步电动机的起动电流过大是一个需要解决的技术问题。

8.2 三相异步电动机的工作特性

8.2.1 转矩特性

电动机是用来拖动工作机旋转做功的，故最应关心的是电磁转矩与哪些因素有关。电磁转矩是指转子各载流导体在磁场中受到电磁力所产生的转矩总和的平均值。可以看出，电磁转矩与气隙磁场、转子电流及电动机的结构有关。转子电路是一个感性电路，真正做功的是转子电流的有功分量 $I_2\cos\varphi_2$，因此电磁转矩还与转子功率因数有关。

实践与理论都证明，三相异步电动机的电磁转矩

$$M=C_M\Phi I_2\cos\varphi_2 \tag{8-10}$$

式中，M 为电动机的电磁转矩；Φ 为气隙磁场的每极磁通；I_2 为转子相电流有效值；$\cos\varphi_2$ 为转子每相电路的功率因数；C_M 为与电动机结构有关的转矩常数。

式(8-10)在使用上很不方便，因此又进一步推导出电磁转矩与电源电压、频率转差

率及电动机参数的关系

$$M \approx \frac{K}{f} \cdot \frac{sR_2U_1^2}{R_2^2+(sX_{20})^2} \tag{8-11}$$

式中，U_1 为定子绕组相电压有效值；f 为电源频率；s 为转差率；R_2为转子每相绕组的电阻；X_{20}为转子每相绕组的开路感抗；K 为与电动机结构有关的常数。

式(8-11)称为三相异步电动机的转矩特性。在我国，对于已经制成的电动机，fK、R_2、X_{20}都是常数。如果定子每相绕组保持额定电压，就可以用图像来表示电磁转矩与转差率的关系，如图8.8所示。这条曲线叫作三相异步电动机的转矩特性曲线。

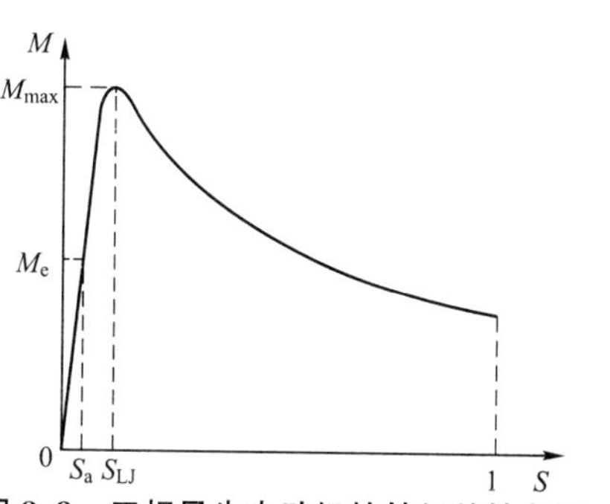

图8.8 三相异步电动机的转矩特性曲线

8.2.2 机械特性

电动机的机械特性是指电动机的转速与电磁转矩的关系。图8.9就是根据图8.8且利用式(8-2)改画成的三相异步电动机的机械特性曲线，它是在定子电压和频率为额定值，转子绕组直接短接的情况下画出的，称为自然机械特性曲线，简称自然特性。下面对这条自然特性曲线作简单的讨论。

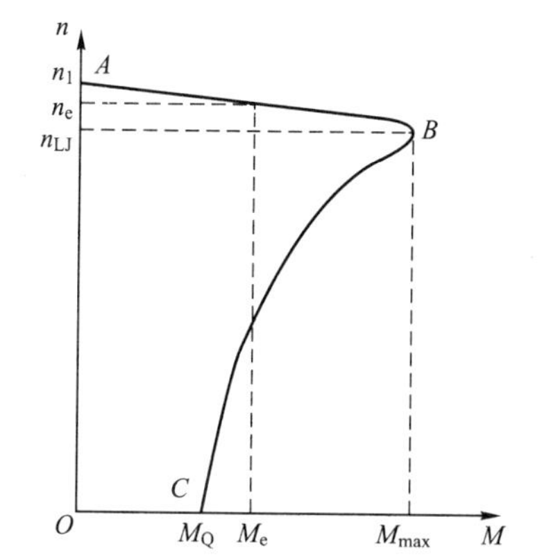

图8.9 三相异步电动机的机械特性曲线

1. 额定转矩

当电动机运行于额定情况(额定电压、额定频率、额定功率及转子绕组直接短接)时的电磁转矩就是额定转矩 M_e，相应的转速就是额定转速 n_e，相应的转差率就是额定转差率 s_e。额定转矩可以用式(8-12)求得

$$M_e \approx 974\,\frac{P_e}{n_e} \tag{8-12}$$

式中，P_e 为铭牌规定的额定功率(kW)；n_e为铭牌规定的额定转速(r/min)；M_e 为额定转矩(kgf·m)。

2. 起动转矩

电动机刚接上电源，但尚未起动时刻的电磁转矩称为起动转矩 M_Q。如图8.9所示，虽然三相异步电动机的起动电流相当大，但是起动转矩并不大。这是由于起动时刻转子功率因数太低的缘故，如图8.7和式(8-10)所示。普通三相鼠笼式电动机。$M_Q=(0.95\sim2.0)M_e$，特殊制造的起重专用鼠笼式电动机 $M_Q=(2.6\sim3.1)M_e$。

3. 最大转矩和过载能力

电动机起动后不断加速，转差率不断减小，如图8.7所示，此时 I_2 不断减小，$\cos\varphi_2$ 不断提高。由于 $\cos\varphi_2$ 提高得比 I_2减小得更快，因此根据式(8-10)，电磁转矩不断增大，直到最大转矩M_{max}出现。最大转矩时的转速称为临界转速n_{LJ}，相应的转差率称为临界转差率s_{LJ}。

最大转矩与额定转矩的比值称为过载能力

$$\lambda=\frac{M_{max}}{M_e} \tag{8-13}$$

它用来衡量电动机遇到短时冲击负荷时的过载能力和运行的稳定性。

4. 理想空载状态

当电动机转速超过临界转速以后，$\cos\varphi_2$ 的提高速率减慢，I_2减小的速率加快(图 8.7)，因此电磁转矩反而随转速的升高而减小。如果是一台没有摩擦阻力也没有负载的理想空载电动机，转速一直可升高到同步转速n_1。这时，电磁转矩等于零，叫作理想空载状态。在一般情况下，电动机是不可能达到理想空载状态的，但是在起重机放下重物时，电动机被重物所拉可以达到这种状态。

5. 稳定运行区和硬特性

假设电动机工作于机械特性的AB段(图 8.9)，当轴上负载增大使电动机转速降低时，电磁转矩也增大，从而能与负载重新平衡；反之当轴上负载减小使电动机转速升高时，电磁转矩也减小，还能与负载重新平衡。因此，在曲线的AB段电动机能稳定运行，称为稳定运行区。

但是，在BC段，当轴上负载增大使电动机转速降低时，电磁转矩反而减小，从而使转速进一步降低，直到停机为止。反之当轴上负载减小使电动机转速升高时，电磁转矩反而增大，从而使转速进一步升高，直到稳定运行区为止。可见在曲线的BC段，电动机不能稳定运行，称为非稳定运行区，或过渡区。

三相异步电动机的机械特性在稳定运行区的斜率很小，并且接近于直线，这说明当负载变化时电动机的转速变化不大，这种特性称为硬特性。因为非稳定运行区在实际上没有什么意义，所以三相异步电动机的机械特性常简化为稳定运行区这一段，并画成一条直线。

8.2.3 定子电压对电动机工作的影响

由式(8-11)可见，电磁转矩与定子电压的平方成正比，说明它对电源电压的波动十分敏感。图 8.10 所示为不同定子电压时(U_e、$0.8U_e$、$0.5U_e$)的 3 条机械特性曲线。由图可见，定子电压越低于额定电压，特性曲线越往左移，最大转矩和起动转矩都大大减小，转速显著降低，甚至造成堵转或不能起动。随着转速的降低，转子电流和定子电流都显著增大(因为转差率使转子电动势增大)，会导致电动机过热，甚至烧坏。因此，三相异步电动机常设有欠电压保护。

定子电压超过额定电压过多也是不允许的。因为气隙磁通将随定子电压正比增加而使铁心饱和，结果励磁电流、磁滞损耗和涡流损耗都增大，也会导致电动机过热甚至烧坏。

国家规定，电动机定子电压的波动不得超过额定电压的±5%。

8.2.4 三相鼠笼式电动机的直接起动

直接起动就是将电动机直接接到电网上进行起动，又叫作全压起动。鼠笼式电动机直接起动时的起动电流很大，不但会使电网电压暂时降低而影响其他电气设备的正常运行，而且，起动的频繁还会引起电动机本身过热。

但是，与电网容量相比，电动机的额定功率较小时，起动所引起的电网电压波动是允许的，可以直接起动。额定功率为多大的电动机允许直接起动，要精确计算是十分复杂的。实践证明，满足下列经验公式的电动机都允许直接起动

$$P_{De} \leqslant (0.2 \sim 0.3) S_{Be} \tag{8-14}$$

式中，P_{De}为允许直接起动的电动机额定功率(kW)；S_{Be}为电网容量(kVA)。

在变压器半载运行，电动机离变压器较近，起动不频繁的情况下，式(8－14)中的系数可取较大值，反之，则应取较小值。对于专用变压器供电的电动机系数可取到0.8。

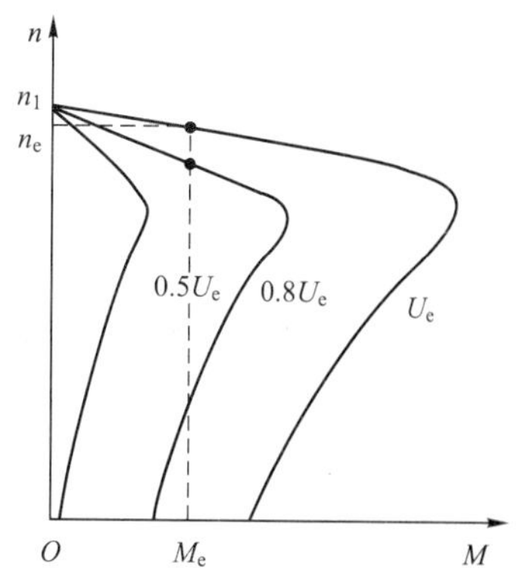

图 8.10　不同定子电压时的机械特性曲线

8.2.5　三相鼠笼式电动机的调速

借助于改变电动机或电源的参数或改变接线方式，人为地使电动机转速改变称为电动机的调速。电动机的转速随负载而变化称为转速波动，不是调速。

将式(8－1)代入式(8－2)，并整理后得三相异步电动机的转速

$$n = \frac{60f}{p}(1-s) \tag{8-15}$$

式(8－15)表明，理论上有3种调速方法：改变电源频率 f、改变磁极对数 p、改变转差率 s。可是，实际上电源频率一般不能改变，磁极对数是厂家制造时决定的。对于鼠笼式电动机，只有用改变定子电压的方法才能人为地改变转差率，而改变定子电压又是不允许的。

因此，鼠笼式电动机一般不能调速。也有特殊制造的双速、三速鼠笼式电动机，可以利用改变磁极对数的方法调速。

8.2.6　三相异步电动机的断相运行

三相异步电动机在运行中一相断线后仍能继续运行，叫作断相运行。这时轴上的负载没有变，但是绕组中的电流将超过额定值，也会烧坏电动机。据估计，在烧坏的电动机中因断相运行的占70%左右。

1. 星形接法的断相运行

星形接法的电动机一相断电后，其他两相绕组串联［图8.11(a)］，每相绕组的电压就从220V降为190V。当电动机的负载功率不变时，则电动机正常运行的额定线电流为

$$I_l = I_P = \frac{P_N}{\sqrt{3} U_L \eta \cos\varphi} \tag{8-16}$$

式中，I_L 为线电流；I_P 为相电流；U_N 为线电压；P_N 为额定功率；$\eta\cos\varphi$ 为功率因数；η 为效率。

当缺相时，如A相断线，则A相电流为零，B、C两相电流相等，并且

$$I'_L = I'_P = \frac{P_N}{U_L \eta \cos\varphi} = \sqrt{3} I_l \tag{8-17}$$

由式(8－17)可知，在额定负载下，星形接线的电动机在缺相运行时的线电流(相电流)是额定电流的$\sqrt{3}$倍。

2. 三角形接法的断相运行

三角形接线的电动机一相断电后，三相定子绕组分成两路，一路为两相绕组串联，另一组仅有一相绕组［图 8.11(b)］。设线电压为 380V，当发生 A 相断线，则其中 2 号绕组电压不变，1 号、3 号绕组电压从 380V 降为 190V。设电动机的负载功率不变，则电动机正常运行时的额定相电流

$$I_P=\frac{P_N}{UI\eta\cos\varphi} \tag{8-18}$$

额定线电流

$$I_l=\sqrt{3}\,I_P \tag{8-19}$$

A 相断线后，设 2 号绕组相电流为 I'_P，则两相绕组串联的相电流为 $I'_P/2$，额定功率为

$$P_N=\left[U_lI'_P\cos\varphi+U_l\frac{1}{2}I'_P\cos\varphi\right]\eta=\frac{3}{2}U_lI'_P\eta\cos\varphi \tag{8-20}$$

由

$$I'_P=\frac{2P_N}{3U_1\eta\cos\varphi} \tag{8-21}$$

得

$$I'_P=2I_P=\frac{2}{\sqrt{3}}I_l \tag{8-22}$$

$$I'_l=\frac{3}{2}I'_P=\sqrt{3}\,I_l \tag{8-23}$$

由分析可知，在额定负载下三角形接线的电动机在缺相运行时的线电流为额定电流的$\sqrt{3}$倍，2 号绕组的线电流为额定相电流的 2 倍；1 号绕组和 3 号绕组的相电流为额定电流。由于相电流增大的比例高于线电流增大的比例，而通过热继电器的是线电流，因此，用一般热继电器作这种断相保护是不可靠的，应采用带断相保护的三相式热继电器来保护。

必须说明，断相运行率因数和效率都降低，故电流增大的倍数比计算结果还会更大些。断相运行时还会发出磁噪声，并且转动不平稳。

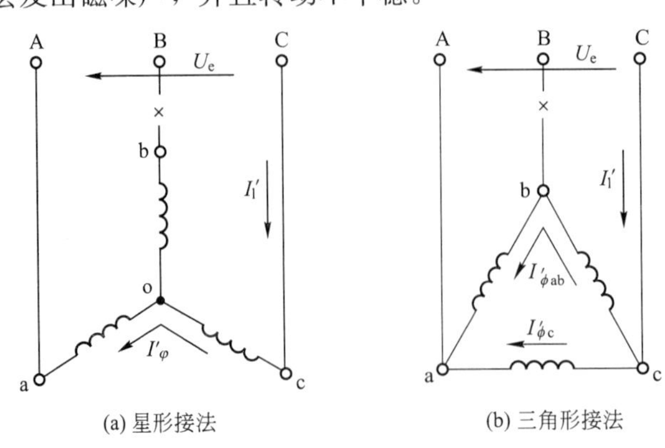

图 8.11　三相异步电动机断相运行电路

8.3 电动机的发热、冷却和定额

8.3.1 电动机的发热过程

电动机接上电源开始运行之后，由于存在铁损、铜损和摩擦损耗，温度将逐渐上升而高于环境温度。电动机温度与环境温度之差称为温升 $\Delta\theta$。由于温升的存在，电动机就要开始散热，而且温升越大散热越快。当温升增高到单位时间的散热量等于单位时间的发热量时，温升就不再增高而达到稳定值，称为稳定温升。

假设运行前电动机的温升等于零，并且运行中损耗不变，则电动机的温升 $\Delta\theta$ 与时间 t 的关系可用式(8-24)表示

$$\Delta\theta=\Delta\theta_{w}(1-e^{-\frac{t}{\tau}}) \quad (8-24)$$

式中，$\Delta\theta$ 为电动机的温升(℃)；$\Delta\theta_{w}$ 为电动机的稳定温升(℃)，它与电动机的单位时间发热量(即损耗功率)成正比，与单位温升、单位时间的散热量成反比；τ 为电动机的发热时间常数(s)，它与电动机的热容量成正比，与单位温升、单位时间的散热量成反比；t 为时间(s)。

图 8.12 中的曲线 1 就是根据式(8-25)绘成的电动机发热曲线。

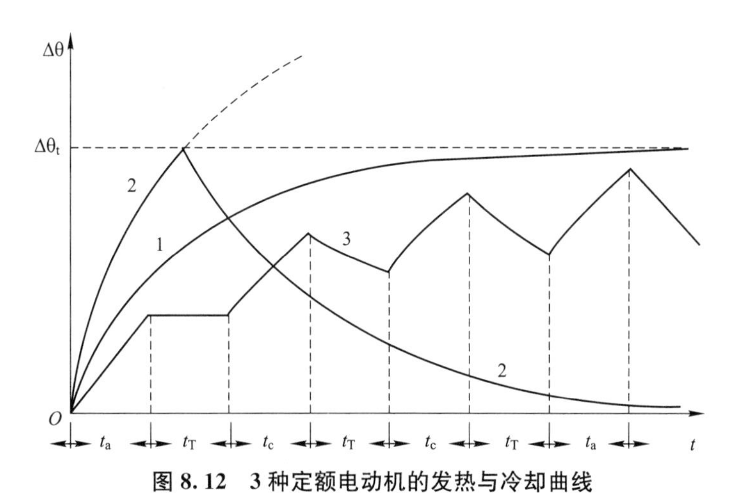

图 8.12 3 种定额电动机的发热与冷却曲线

8.3.2 电动机的冷却过程

电动机运行一段时间以后，切断电源长时间停机就会逐渐冷却直至温升等于零。电动机的冷却过程可用式(8-25)表示

$$\Delta\theta=\Delta\theta_{Q}e^{-\frac{t}{\tau'}} \quad (8-25)$$

式中，$\Delta\theta_{Q}$ 为停机时刻电动机的温升(℃)；τ'为电动机的冷却时间常数(s)。

图 8.12 中的曲线 2 是根据式(8-26)绘成的电动机冷却曲线。由图 8.12 可见：

(1) 电动机的温升随时间逐渐升高或降低不可能跃变，所以电动机允许短时过载而不

会烧坏。

(2) 发热时间常数 τ 和散热时间常数 τ' 说明电动机发热过程和散热过程的快慢。电动机的体积和质量越大，也就是说热容量越大，那么时间常数就越大，发热和散热过程就越慢。因此，大型电动机的短时过负荷能力比小型的更强。电动机轴上一般都装有风扇，停机时由于风扇也停止而使散热条件变坏，因此同一台电动机的 $\tau'>\tau$。对于某些经常低速运行或允许堵转的电动机，为了保证低速或堵转时仍有良好的散热条件，常采用强迫风冷式。这种电动机(如缆机和电铲上的几台主电动机)因工作间歇而停机时，风扇电动机一般不停，以加快散热。

(3) 电动机的发热与冷却过程在理论上都要经过无限长的时间才能达到稳定，工程上则认为经过 3～4 倍的时间常数就已达到稳定。

(4) 只要按照铭牌规定的条件使用，电动机的温升不会超过铭牌规定的额定温升(环境温度一般规定为+40℃)。但是，若电动机过电流运行而使铜损增大或散热条件恶化而使散热量减小，则时间一长温升就会超过额定温升而降低电动机寿命，甚至烧坏。

8.3.3 电动机的定额

上面所讨论的是电动机长时间运行或长时间停机时发热与冷却的情况，实际上电动机的工作方式要复杂得多。习惯上把电动机的工作方式分成三类，即归纳成 3 种定额或工作制。

1. 连续定额

连续定额(又叫长期定额)是指电动机的工作时间大于 $(3\sim4)\tau$，可以达到稳定温升的工作方式。搅拌机、筛分机、皮带机等都属于连续定额。图 8.12 的曲线 1 是连续定额电动机的发热曲线。

连续定额电动机通常采用具有反时限保护特性的热继电器作为它的长期过载保护，以便保证它不因过热而损坏，又能充分利用电动机的短时过负荷能力，避免不必要的停机。

2. 短时定额

短时定额是指电动机的工作时间小于 $(3\sim4)\tau$，不能达到稳定温升，而停机时间大于 $(3\sim4)\tau'$，可以使温升降到零的工作方式。其发热冷却曲线如图 8.12 的曲线 2 所示。国产短时定额电动机的标准工作时间有 15min、30min、60min、90min 四种，它们各有相对应的额定功率。

3. 断续定额

断续定额(又叫间断定额)是指电动机的工作时间小于 $(3\sim4)\tau$，不能达到稳定温升，停机时间也小于 $(3\sim4)\tau'$，不能使温升降到零，并周期性交替的工作方式。其发热与冷却曲线如图 8.12 中的曲线 3 所示。起重机和电铲上的几台主要电动机的工作方式就属于断续定额。

为了衡量断续定额电动机工作的繁重程度，把工作时间占整个工作周期的百分比定义为负载持续率或暂载率，即

$$J_C=\frac{t_C}{t_C+t_T}\times100\% \qquad (8-26)$$

式中，J_C为负载持续率(%)；t_C为电动机的工作时间；t_T为电动机的停机时间。

国产断续定额专用电动机的标准暂载率有15%、25%、40%、60% 4种，它们各有相应的额定功率。必须注意，断续定额电动机不允许在额定负载下长期运转，特别在试车时要避免使它的工作时间过长而造成电动机过热事故。

断续定额电动机的工作时间短，因此不能采用具有热惯性的热继电器来保护，应采用过电流继电器来保护。

8.4 筛分楼简介

筛分楼是一座高大的楼房式钢结构建筑物，按功能可分为进料、石料筛分、粗细砂分级和出料4个系统。图8.13是某大型建筑工地筛分楼的工艺流程示意图。它自上而下分为4层。

进料层有两台并列的进料皮带机11和13，将砂石混合料从地面送上楼。皮带末端各有一个裤状分料漏斗12和14，借助于手动料门将原料分送到下一层的各大石筛分机。

大石筛分层有4台双层筛网的大石筛分机21、22、23和24。筛分机上方有喷水管，边筛分边喷水清洗。上筛网出特大石，再由互相衔接的横向和纵向出料皮带机61、71送到楼外特大石堆料场。下筛网出大石，由皮带机62和72送到大石堆料场。

经过大石筛分以后，漏网的砂石混合料各自卸入中小石筛分层的4台双层筛网的中小石筛分机31、32、33和34。上筛网出中石，由皮带机63和73送到堆料场。下筛网出小石，由皮带机64和74送到堆料场。

经过中小石筛分以后，漏网的砂和水分别卸入粗细砂分级层的4个沉淀箱81、82、83和84。砂子在箱内迅速沉底，多余的废水自动溢出并通过沟排出楼外。从沉淀箱底部手动出料门卸出的砂和水分别进入4台粗砂螺旋分级机41、42、43和44。螺旋机的外壳是一个钢板焊成的槽，内装钢板焊成的螺旋，倾斜安装。较低的首端接受来自沉淀箱的砂和水，靠螺旋的作用将粗砂送到较高的末端出料，再由皮带机65和75送到堆料场。两台粗砂螺旋机和一台细砂螺旋机的首端上部外壳之间有槽相通。细砂沉淀较慢，随水流通过槽流入倾斜安装的细砂螺旋机51和53。多余的水从较低的首端自动溢出，细砂靠螺旋送到较高的末端出料，再由皮带机66和76送到堆料场。

筛分楼所用的都是三相鼠笼式电动机，没有调速要求，单向连续运转。两台皮带机是双电动机拖动，其他都是单电动机拖动。

筛分楼从进料到出料的整个工艺流程是自动连续流水作业，若中间某环节因故停车，其前方各环节必须迅速停车，否则停车环节的砂石料将堆积如山，清理十分费工。因此，要求电气线路必须有相应的联锁，使故障停车的前方各环节自动停车，而后方各环节继续生产到料完为止。但是螺旋机例外，不加联锁。这是因为螺旋机停机的话不但原有的砂子存在机内，而且沉淀箱内的砂子还要继续卸入机内，使螺旋叶片卡住而无法再起动，并且螺旋机内清砂特别费时。这样，当螺旋机后方环节因故停机时，砂子将存积在横向皮带机65或66上，不过皮带机上清理存砂要省事得多。

筛分楼从进料到粗细砂分级安排成两条生产线，以减少因故障或检修而造成全面停产的机会。因此，在电路方面也应该有相应的考虑。

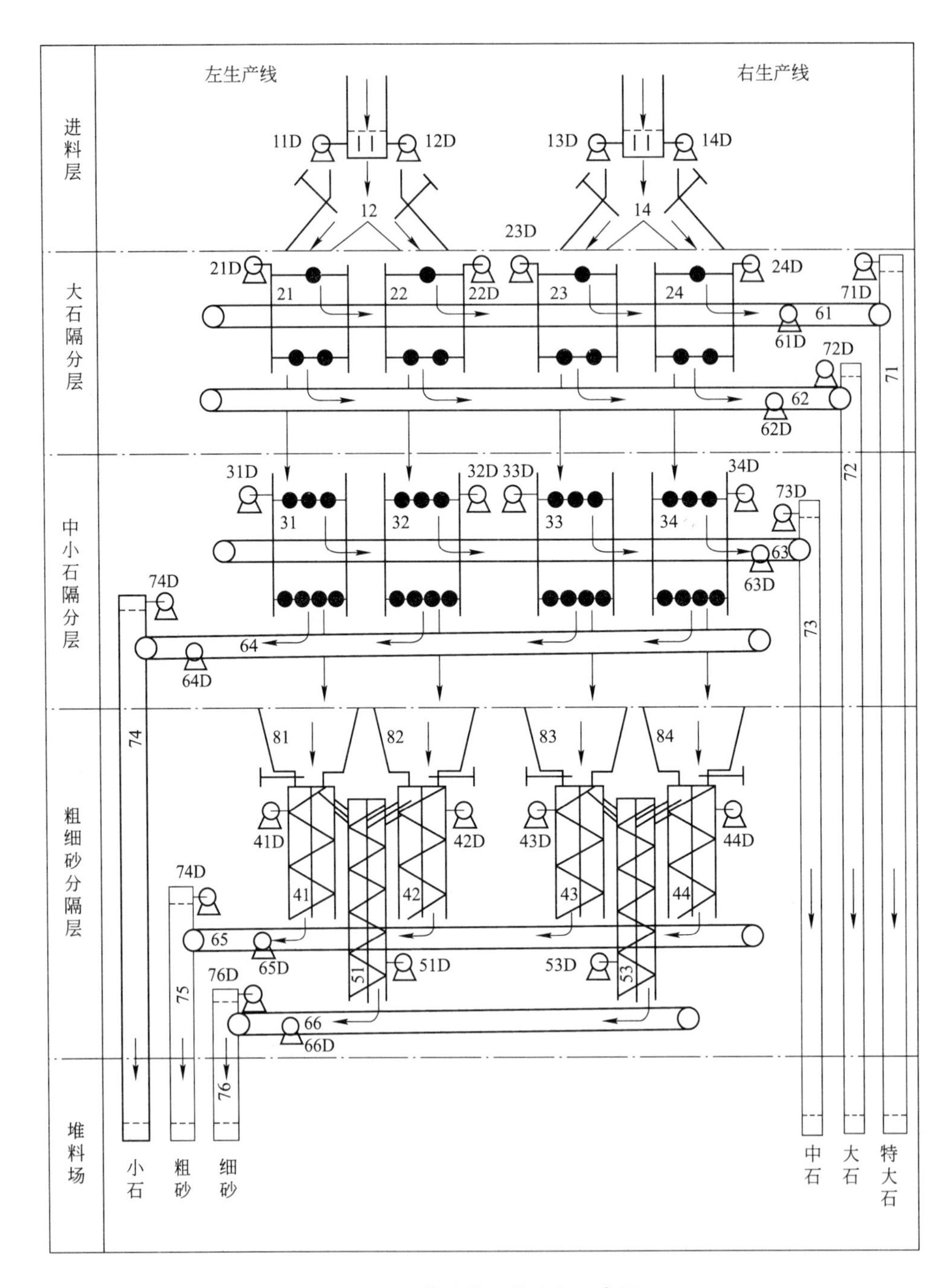

图 8.13 筛分楼工艺流程示意图

11、13—进料皮带机；12、14—裤状分料漏斗；21、22、23、24—大石筛分机；
31、32、33、34—中小石筛分机；81、82、83、84—沉淀箱；
41、42、43、44—粗砂螺旋分级机；51、53—细砂螺旋分级机；
61、62、63、64、65、66—横向出料皮带机；
71、72、73、74、75、76—纵向出料皮带机；D—电动机

8.5 筛分楼电路

老式筛分楼采用就地控制，即把电气设备都安装在工作机械旁，由运转操作工在机旁控制。它的缺点是所需要的值班工人多，工作环境差，互相之间的联系麻烦。此外，因楼内尘土多，振动大，故电气设备容易发生故障，维修工作繁重。这里介绍的筛分楼改为集中控制，即在楼外的控制室内安装电源盘、动力盘、控制盘和操纵台等，由一名操作员在控制室内对全楼进行集中统一的控制，而在楼内则只留少数值班人员进行巡视或处理紧急情况。

筛分楼电路由以下几部分组成。

8.5.1 主电路

筛分楼主电路用单线图画出，如图 8.14 所示。电气设备的文字符号与名称对照列于表 8-1。

1. 电源盘

本筛分楼使用三相交流 380V 电源，它用架空线引至控制室内的电源盘中，经过三极刀开关 DK 和低压空气断路器 QD 再送到低压母线 M 上。

DK 具有正面杠杆操作机构，用来隔离电源，保证检修安全。

QD 具有手动操作机构、3 个作为瞬时过电流保护的电磁脱扣器和 1 个作为失压保护的失压脱扣线圈 YQ。它不但可以接通或断开正常工作的电路，而且可以自动切断短路故障的电路。装在盘面上的停止按钮 TA，用来切断失压脱扣线圈 YQ 的电路，使断路器自动分闸。红灯 HD 和绿灯 LD 是合闸和分闸指示灯。

电压换相开关 YHK 使用一块电压表可以指示 3 个线电压值，电流换相开关 LHK 使用一块电流表 A 可以指示三相电流值。主电路的电流大，不能用电流表直接测量，为此用 3 个电流互感器 LH 将大电流按比例变小。

2. 动力盘

低压母线 M 共有 15 路引出线，其电气设备分装在 8 块动力盘中。各路出线除容量不同外，形式完全相同，图 8.14 中只详细画出第一路引出线。该路引出线首先经过三极刀开关 1DK，然后分成两路，分别经过自动开关 11ZK 或 12ZK，接触器 11C 或 12C 的主触头，三相式热继电器 11RJ、12BJ 的热元件，最后用电缆引到楼内的电动机 11D 或 12D。

1DK 的作用是隔离本路电源，保证本路电气设备的检修安全。自动开关其实只利用它的电磁脱扣器起瞬时过电流保护作用，完全可以用熔断器代替，以降低投资。接触器的作用是控制电动机的起动或停止。热继电器的作用是电动机的长期过载保护和断相保护。

考虑到两条生产线对电路所提出的要求，左右生产线的进料皮带机、大石筛分机、中小石筛分机和粗砂螺旋机都不共用一条引出线。但是，两台细砂螺旋机共用一条引出线，一旦某台细砂螺旋机电路检修，必须断开 9DK，使另一条生产线也无法生产，因此最好它也分为两路独立的引出线。

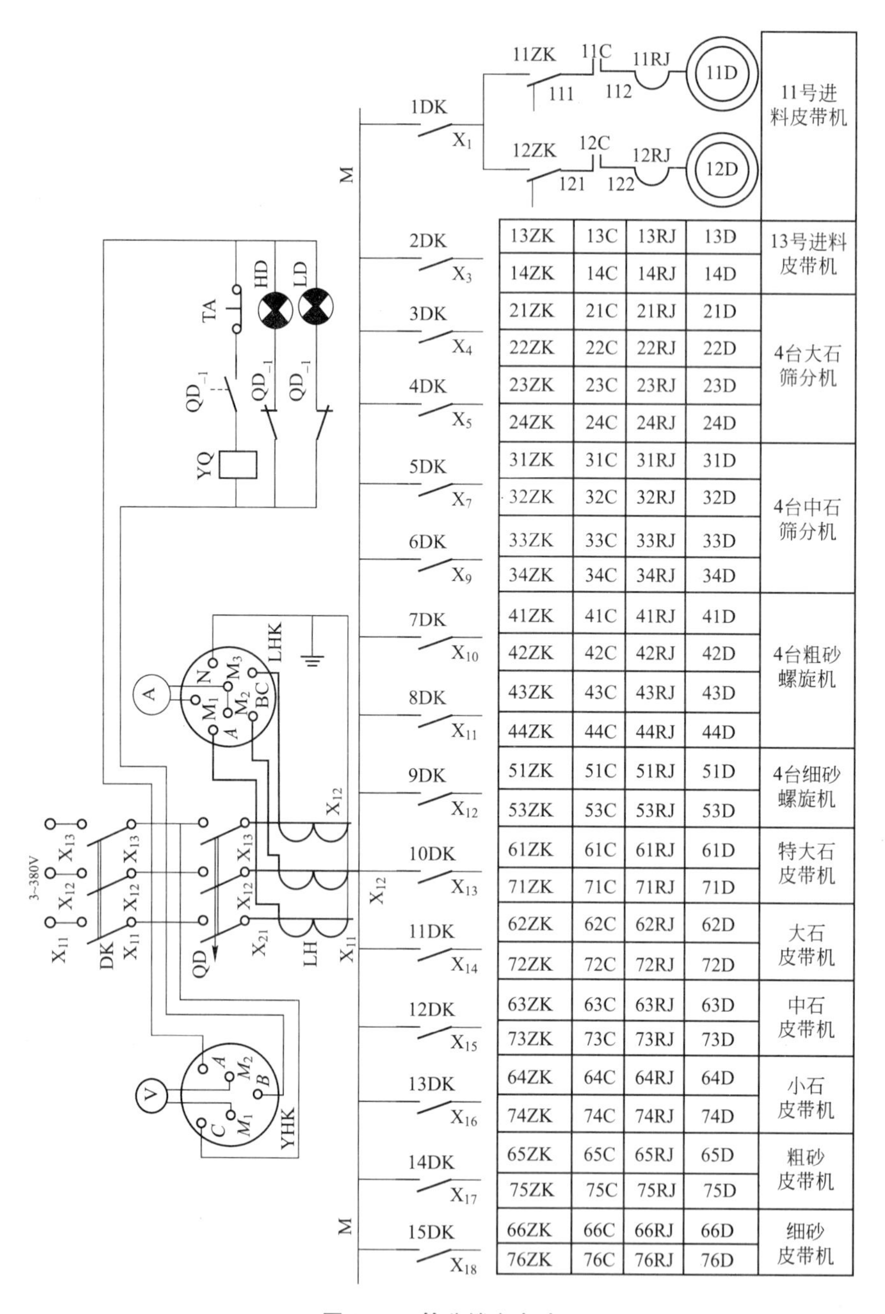

图 8.14 筛分楼主电路

表 8-1 筛分楼电气设备的代号与名称对照表

序号	代号	名　　称	数量	安装地点
1	D	三相鼠笼式电动机	30	机旁
2	DK	三极刀开关(正面杠杆操作机构)	1	电源盘
3	1DK～15DK	三极刀开关	15	动力盘
4	QD	低压空气断路器	1	电源盘

（续）

序号	代号	名　　称	数量	安装地点
5	11ZK～76ZK	塑料外壳式自动开关	30	动力盘
6	C	交流接触器	30	动力盘
7	RJ	三相式热继电器	30	动力盘
8	YHK	电压换相开关	1	电源盘
9	LHK	电流换相开关	1	电源盘
10	V	交流电压表	1	电源盘
11	A	交流电流表	1	电源盘
12	1H	电流互感器	3	电源盘
13	M	低压母线		电源盘、动力盘
14	16DK～21DK	单极刀开关	6	操纵台
15	RD	熔断器	6	操纵台
16	ZJ	中间继电器	30	控制盘
17	QA	起动按钮	29	操纵台或机旁
18	TA	停止按钮	29	操纵台、机旁或电源盘
19	DL	电铃	8	机旁
20	HK_1	两位转换开关	22	操纵台
21	HK_2	两位转换开关	22	机旁
22	HK_3	三位转换开关	16	机旁
23	LD	绿色指示灯	37	操纵台、电源盘
24	HD	红色指示灯	24	机旁、电源盘
25	AD	蓝色指示灯	24	机旁
26	UD	黄色指示灯	24	操纵台
27	SK	事故开关	若干	机旁
28	YQ	失压脱扣线圈	1	框架式自动开关

8.5.2 控制电路

1. 典型控制电路的分析

全楼30台电动机的控制方式相似，现以典型的51号细砂螺旋机为例分析如下：

图8.15是51D的控制原理图，它是一个通过中间继电器控制的单向运转自控线路。三位旋转开关51HK_3装在机旁。机械检修或发生紧急情况时将它转至“0”位，使51ZJ、51C和51D都不能动作，以保证安全；机旁试车时将它转至“2”位，使51ZJ和51C相继动作，51D起动；集中控制时将它转至“1”位，由控制台上的51QA和51TA来控制51D。用接触器51C的辅助触头作为自保触头，因此运转指示绿灯51LD能正确指示51C的动作与否。

所有电动机的接触器线圈电路都与51D一样，并接在本接触器主触头上方的两相上，因此，其他接触器的线圈电路就不再重复画出。中间继电器的线圈电路，因联锁的需要而不完全相同。

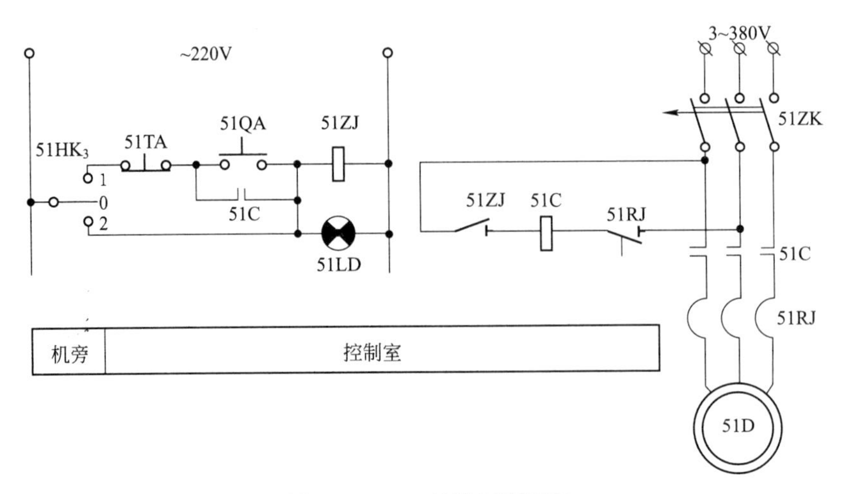

图 8.15 51D 的控制原理图

图 8.16 所示为筛分楼控制电路(不包括接触器线圈电路)，电气设备的说明见表 8-1。

2. 出料皮带机的控制电路

6 条纵向出料皮带机，71～76 的控制电路完全相同。它们与典型电路的区别在于：

(1)在机旁装双联按钮 $76QA_2$ 和 $76TA_2$ 等，供机旁试车或紧急情况使用。

(2) 为了保证安全，沿各皮带机走廊，每隔适当距离装一个事故开关 76SK 等(图 8.16 中每台皮带机只画出一个)。在发生事故的紧急情况下现场值班人员可以就近拉开事故开关，使电动机立即停止。机械检修时也可拉开事故开关，以保证检修安全。

6 条横向出料皮带机 61～66 的控制电路也完全相同。横向皮带机是相应纵向皮带机的前方环节，为了简化操作和实现对应联锁，它的起动和停止由相应纵向皮带机的中间继电器控制，如 66ZJ 由 76ZJ 的常开触头控制。这样，就实现了先纵向皮带机起动，后横向皮带机自动起动；纵向皮带机因故停机，横向皮带机跟着自动停机；而横向皮带机因故停机时，纵向皮带机继续运转直到料完再操作停机。横向皮带机的运转指示灯 66LD 等由相应的接触器辅助触头控制，以正确反映接触器的动作与否。

3. 筛分机和螺旋机的控制电路

进料、石料筛分和粗细砂分级是两条独立的生产线，在控制电路上也设计成两个独立的系统。左右生产线的控制电路完全相同，共用一张电路图，右生产线的电气元件编号标于括号内。

6 台粗细砂螺旋机的控制电路完全相同，如图 8.15 所示。因为螺旋机内清理淤砂困难，所以电路不加任何联锁。

4 台中小石筛分机的电路也完全相同，与典型电路的区别是串联了 6 个联锁触头。例如，31 号中小石筛分机后方几个环节是 41 和 51 号螺旋机，63、64、65 和 66 号横向皮带机，因此在其电路中串联了 41ZJ、51ZJ、63ZJ、64ZJ、65ZJ 和 66ZJ 的常开触头，作为联锁用。

4 台大石筛分机的控制电路也完全相同，在其电路中各串联了 3 个联锁触头。例如，在 21 号大石筛分机的控制电路中串联了 31ZJ、61ZJ 和 62ZJ 的常开触头，作为与其后方 3 个环节的联锁。

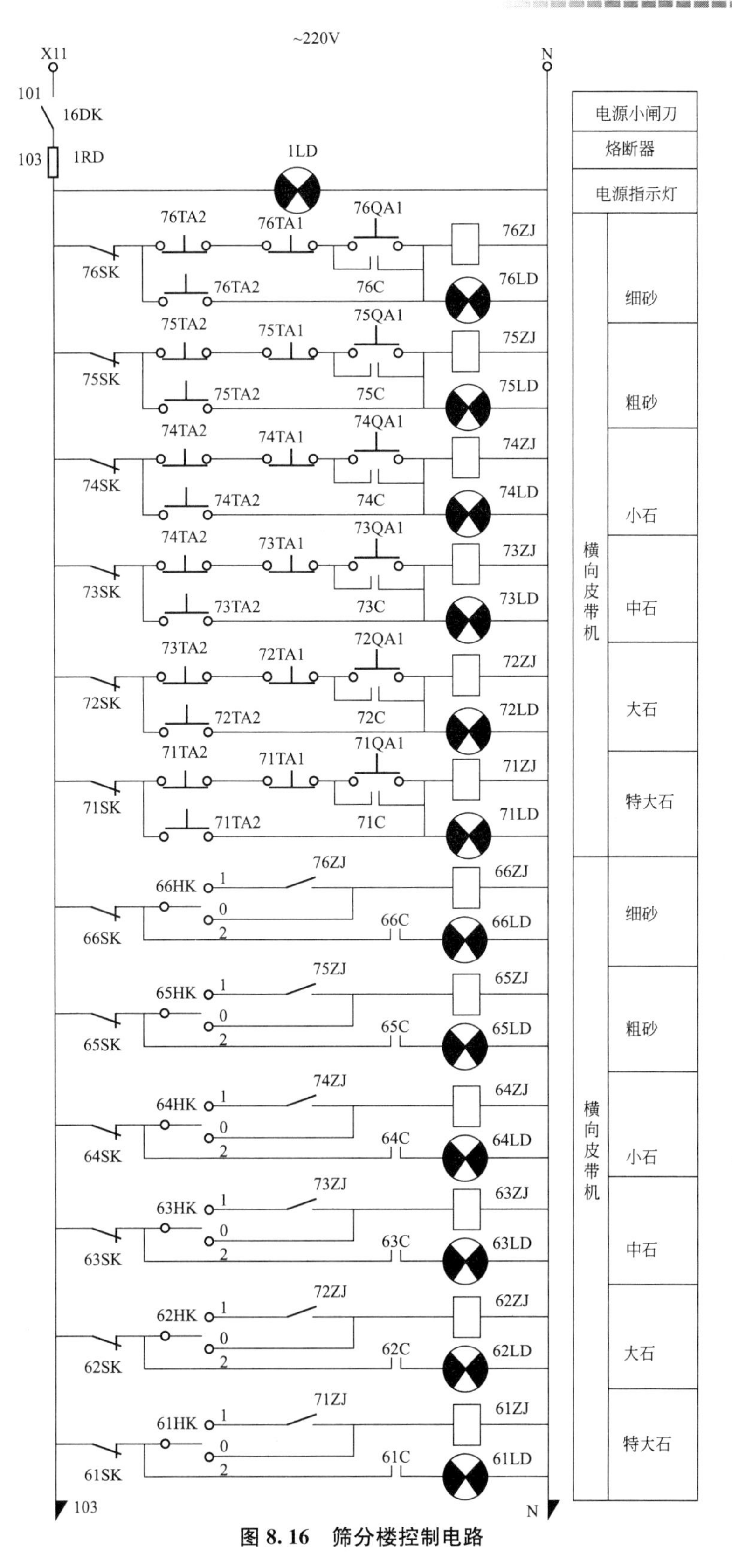

图 8.16 筛分楼控制电路

4. 进料皮带机的控制电路

因为进料皮带机由双电动机拖动，必须同时起动同时停止，不准单机运转，所以用一个中间继电器控制两个接触器，并且用它们的辅助触头串联进行自保。例如，11 号皮带机，用 11ZJ 控制 11C 和 12C，用 11C 和 12C 的辅助触头串联自保。

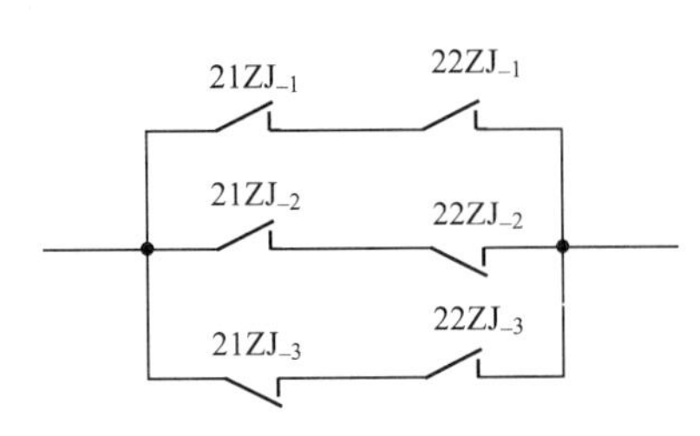

图 8.17　11 号皮带机的原设计联锁电路

11 号皮带机的控制电路中并联接入了 21ZJ 和 22ZJ 的常开触头作为与其后方的 21、22 号大石筛分机的联锁。这是因为在 21 和 22 号机同时生产，以及 21 或 22 号机单独生产的情况下，11 号皮带机都应该供料，只有 21 和 22 号机都因故停机时它才必须自动停止供料。图 8.17 是 11 号皮带机的原设计联锁电路。它的缺点是电路复杂，故障机会增多；此外，当两台大石筛分机 21 和 22 共同生产的过程中因故有一台停机时，11 号皮带机会停止运转。例如，22 号机因故停机，即 22ZJ 释放，其常开辅助触头 $22ZJ_{-1}$先断开，常闭辅助触头 $22ZJ_{-2}$后接通，结果在这个换接过程中使 11ZJ 及 11C 和 12C 都释放，11D 停止，必须重新进行起动操作。

5. 控制电源

控制电路采用单相交流 220V 电源。它借助于 5 个单极刀开关和熔断器分成 5 个单元，各有电源指示灯，图 8.18 是控制电源系统图。一单元控制 12 台出料皮带机：二和四单元分别控制左和右生产线的 4 台筛分机及 3 台螺旋机：三和五单元分别控制 11 和 13 号进料皮带机。

这样安排可以缩小因控制电路故障或检修而造成的停产范围，使它与两条独立生产线相适应。例如，当三单元电路故障或检修时，11 号皮带机停止，但不影响右生产线正常生产，而且左生产线可以把机内的料生产完再操作停机。又如，当二单元电路故障或检修时，左生产线停产，但不影响右生产线正常生产。应当指出，熔丝的额定电流必须满足选择性的要求，不发生越级熔断，才能充分显示上述优越性。

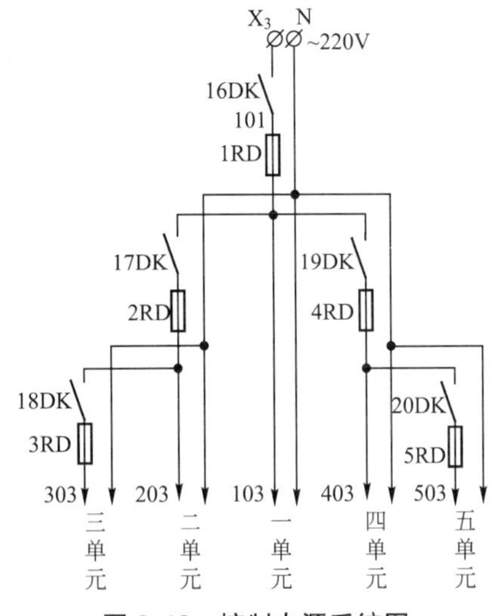

图 8.18　控制电源系统图

8.5.3　信号电路

控制室与筛分系统各部位之间的距离较远，操纵台必须利用信号与机旁值班人员进行联系。联系信号分电铃和灯光两种。图 8.19 是筛分楼信号电路，电气设备的文字符号见表 8－1。电铃 1DL～8DL 分别安装在各有关部位，主要作用是在投产或停产前预告机旁值班人员做好准备。除 6 台横向皮带机不设灯光信号(因它们与纵向皮带机联锁控制)外，其他各机旁都设灯光信号，而且电路完全相同，故图 8.19 中只画出 76 号机的信号电路。装在机旁的蓝灯 76AD 是操纵台通知机旁的该机准备起动信号灯，红灯 76HD 是准备停止信号灯。装在操纵台上的黄灯 76UD 供值班人员答复用。

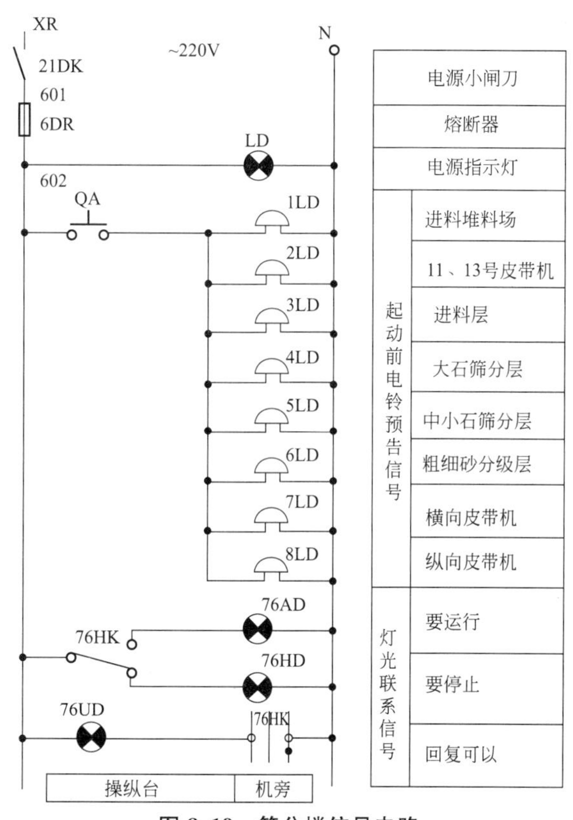

图 8.19 筛分楼信号电路

8.6 筛分楼的电气操作、试运转和故障判断

8.6.1 电气操作

1. 投产操作

对控制室内的电气设备进行巡视后，如无异常现象可按下列步骤进行投产操作。

(1) 送电操作：①先 DK 合闸，LD 亮；后 QD 合闸，HD 亮，LD 灭；转动 YHK，电压表指示约 400V；②先 1DK～15DK 合闸，后 11ZK～76ZK 合闸；③16DK～21DK 合闸，1LD～6LD 亮。

(2) 信号联系：①揿 QA，1DL～8DL 响，预告各部位准备投产；②将 $11HK_1$～$76HK_1$ 都转至“要运行”位置，机旁 11AD～76AD 亮，通知各机准备起动；机旁值班人员检查机械如无异常现象，将 11HK～76HK 转至接通位置，11UD～76UD 亮，回复可以运行，同时将 $11HK_3$～$66HK_3$ 转至“1”位。

(3) 起动操作：①先后揿 $71QA_1$～$76QA_1$，12 台出料皮带机起动；②先后揿 51QA 和 53QA、41QA～44QA，6 台螺旋机起动；③先后揿 31QA～34QA、21QA～24QA，8 台筛分机起动；④先后揿 11QA 和 13QA，两台进料皮带机起动。请注意，各台设备起动按钮的操作过程应保持适当的时间间隔，以免起动电流集中出现。

(4) 通知给料口给料，全楼投产。

2. 停产操作

停产前先用信号通知各部位，然后以相反的步骤进行停产操作。

8.6.2 电气试运转

1. 电路动作试验

(1) 准备工作：①断开全部开关，并从各动力盘的出线处暂时拆下电动机的3根大线；②用500V兆欧表测量各部分电路的绝缘电阻，其值不得低于0.5MΩ；③检查接线是否正确、牢固，各电器动作是否灵活。

(2) 按步骤进行送电操作：在进行送电操作时，要在各接触器主触头的上接线柱测量电压，其值约为400V，且三相平衡。

(3) 起动和停止试验：①将全部SK接通，HK_3都转到“1”位；②按起动操作步骤逐个揿下起动按钮，相应的中间继电器和接触器应动作，运转指示灯应亮，在拆下大线处测量电压，其值约为400V；③再按停止操作步骤逐个揿下停止按钮进行相反的试验。

(4) 电气联锁试验：按起动操作步骤操作，使全部中间继电器和接触器都动作；然后分别揿下有联锁关系的各机停止按钮，被联锁的中间继电器和接触器应释放。或手动使联锁触头断开进行试验。

(5) 机旁操作试验：转动各HK_3到“0”位或揿下$71TA_2$～$76TA_2$，相应的中间继电器和接触器应释放；再转动各HK_3到“2”位或揿下$71QA_2$～$76QA_2$，控制该机的中间继电器和接触器应动作。

(6) 安全保护装置试验：①检查QD、ZB和RJ的动作是否可靠；②检查各SK的作用是否可靠。

(7) 信号电路试验：按操作步骤试验电铃和灯光信号。

(8) 检查继电器和接触器等：检查各继电器和接触器的响声、线圈温度及动作情况有无异常现象。

2. 空载试运转

(1) 准备工作：卸开电动机的联轴节(如有必要)，转动电动机一周应无卡住现象；重新接好拆下的大线。

(2) 按投产操作步骤操作，检查电动机转向是否正确。如转向错误可在拆下大线处交换两根相线的位置。注意电动机的响声、温度和转动情况有无异常表现。

3. 负载试运转

(1) 准备工作。重新装好拆开的联轴节；检查各机械设备。

(2) 按投产操作步骤操作，通知给料口给料。

(3) 检查各电动机的电流不应超过额定电流并三相平衡，响声和温度应无异常表现。检查主电路的各接线柱及触头有无过热和冒火现象。检查电流表的指示，应不超过正常工作电流，并三相基本平衡。检查电压表的指示，应不低于380V。

试运转中发现的问题应及时处理，否则不得进行下一项目的试验。

8.6.3 电路故障的判断

筛分楼电路是一个继电一接触器控制电路，触点较多，楼内又多尘潮湿，故容易发生电气故障。要迅速而准确地判断、寻找和排除故障，就必须懂得电气设备和电路的工作原理，熟悉安装地点和线号，掌握寻找故障的方法。另外，还应在实践中积累经验，了解易出故障的部位。一旦发生故障，首先应根据电动机及指示、操作和控制电器的表现，充分了解故障现象，对故障的可能原因及地段作出判断，然后利用试电笔、检查灯、万用电表和摇表等工具找到故障点，最后排除故障。现将筛分楼电路常见故障的可能原因及地段分列如下，供参考。

(1) 低压空气断路器 QD 自动分闸：①电源停电；②失压脱扣线圈 YQ 回路断路；③低压母线 M 有短路故障；④断路器自由脱扣机构故障。

(2) 自动开关 11ZK～76ZK 自动分闸：①下方主电路有短路故障；②自动开关自由脱扣或脱扣器故障。

(3) 熔断器 1RD～6RD 熔断：①其下方电路有短路故障；②熔件安装不良。

(4) 全部电动机不能起动：①QD 分闸；②1RD 熔断；③控制电路总干线断路。

(5) 左或右生产线电动机都不能起动：①2RD 或 4RD 熔断；②该控制电路干线断路。

(6) 三或五单元电动机都不能起动：①3RD 或 5RD 熔断；②该控制电路干线断路；③11D、12D 或 13D、14D 的控制电路故障。

(7) 单台电动机不能起动：①该电动机故障；②该电动机主电路不通，如自动开关和接触器主触头接触不良或电缆断路；③接触器线圈电路断路；④中间继电器线圈电路断路。

(8) 几台电动机不能起动：有联锁关系的几台电动机(如 41D、31D 和 21D)不能起动，则停机环节的最后一台电动机(如 41D)的控制电路故障。

(9) 某电动机不能停止：①停止按钮被短接或触头被粘住；②中间继电器不释放；③接触器被粘住。

(10) 运行中接触器经常自行释放：接触器或中间继电器线圈电路中的触点接触不良或触头压力不足。

复习思考题

1. 简述三相异步电动机结构的基本组成。
2. 简述三相异步电动机机械特性曲线上的各关键点的含义。
3. 简述 51 号细砂螺旋机的电气动作过程。
4. 简述进料皮带机的控制电路的组成与电气动作过程。
5. 简述信号电路的组成与功能。
6. 简述筛分楼电气起动过程。
7. 简述筛分楼电气试运转的动作过程。

第9章 混凝土搅拌楼电路

知识要点	掌握程度	相关知识
混凝土搅拌楼	了解混凝土搅拌楼的基本组成	进料层、配料层、搅拌层
搅拌楼的电气应用	熟悉搅拌楼的电气操作； 掌握搅拌楼试运转	降压启动、配料计量、系统停车 空载起动、配料精度

导入案例

混凝土的故事

混凝土在古代西方曾经被使用过，罗马人用火山灰混合石灰、砂制成的天然混凝土曾在古代的一些建筑中使用。天然混凝土因具有凝结力强，坚固耐久，不透水等特性，在罗马得到广泛应用，大大促进了罗马建筑结构的发展，而且拱和穹顶的跨度上不断取得突破，造就了一大批仍为人们津津乐道的大型公共建筑。公元前1世纪中，天然建筑在券拱结构中几乎完全排斥了石材。

法国工程师艾纳比克1867年在巴黎博览会上看到莫尼尔用铁丝网和混凝土制作的花盆、浴盆和水箱后，受到启发，于是设法把这种材料应用于房屋建筑上。1879年，他开始制造钢筋混凝土楼板，以后发展为整套建筑使用由钢筋箍和纵向杆加固的混凝土结构梁。仅几年后，他在巴黎建造公寓大楼时采用了经过改善迄今仍普遍使用的钢筋混凝土主柱、横梁和楼板。1884年德国建筑公司购买了莫尼尔的专利，进行了第一批钢筋混凝土的科学实验，研究了钢筋混凝土的强度、耐火能力。钢筋与混凝土的黏结力。1887年德国工程师科伦首先发表了钢筋混凝土的计算方法；英国人威尔森申请了钢筋混凝土板专利；美国人海厄特对混凝土横梁进行了实验。1895—1900年，法国用钢筋混凝土建成了第一批桥梁和人行道。1918年艾布拉姆发表了著名的计算混凝土强度的水灰比理论。钢筋混凝土开始成为改变世界景观的重要材料。

混凝土可以追溯到古老的年代，其所用的胶凝材料为黏土、石灰、石膏、火山灰等。自19世纪20年代出现了波特兰水泥后，由于用它配制成的混凝土具有工程所需要的强度和耐久性，而且原料易得，造价较低，特别是能耗较低，因而用途极为广泛(见无机胶凝材料)。

20世纪初，有人发表了水灰比等学说，初步奠定了混凝土强度的理论基础。以后，相继出现了轻集料混凝土、加气混凝土及其他混凝土，各种混凝土外加剂也开始使用。60年代以来，广泛应用减水剂，并出现了高效减水剂和相应的流态混凝土；高分子材料进入混凝土材料领域，出现了聚合物混凝土；多种纤维被用于分散配筋的纤维混凝土。现代测试技术也越来越多地应用于混凝土材料科学的研究。图9.0所示为混凝土现场浇筑。

图9.0 混凝土现场浇筑

混凝土是现代建筑工程中最重要的建筑材料之一。在水电、水利、港口、码头等大型混凝土建筑工程中，不但所需要的混凝土数量多，而且要求质量高，因此必须采用大型的混凝土搅拌楼进行搅拌。本章所介绍的是我国自行设计、自行制造的 $4\times J_3$-3.0 型混凝土搅拌楼，它具有生产率高，自动化程度高，操作方便，所用劳动力少等特点。由于篇幅限制，其中的电子秤部分只作简单的介绍。

9.1 混凝土搅拌楼简介

混凝土由水泥、水、砂、石等原材料制成。为了提高它的强度，节约水泥和满足某种技术要求，各种原材料必须严格按预先试验好的比例配合在一起。各种原材料的配合比例称为给配。配好的原材料再搅拌均匀就是搅拌楼的产品，叫作混凝土混合料。混凝土混合料运到现场浇筑，经过振捣，再经过 24h 的凝结过程和长时间的硬化过程就成为坚固的混凝土。

混凝土搅拌楼是一座高高耸立的钢结构建筑物，按其功能不同可分为 5 层：进料层、储料层、配料层(称量层)、搅拌层和出料层。

1. 混凝土的原材料

(1) 水泥。水泥是一种极细的粉末状硅酸盐无机物，掺水拌匀后成为浆状，在空气或水中能自行凝结硬化，并具有很高的强度。水泥在混凝土中起胶结剂的作用，将各种松散的骨料(砂、石等)胶结为一个整体。国产水泥有 200、300、400、500 和 600 几种标号。标号越大，制成的混凝土强度越高。

(2) 石子。石子在混凝土中是粗骨料，起骨架作用承受外力。按粒径不同，石子可分为特大石、大石、中石、小石和细石等。

(3) 砂。砂是细骨料，其作用是填充石子之间的空隙。按其粒径不同砂可分为粗砂、中砂和细砂等。

(4) 水。水的作用是将水泥拌成浆状，并促进水泥的凝结和硬化。

(5) 掺合料。为了节约水泥和改善混凝土的某种性能，常在混凝土中掺一些廉价的地方材料，如高炉矿渣、煤渣、粉煤灰、火山灰、黄土或黏土等。这些材料叫作掺合料。

(6) 塑加剂。塑加剂是塑化剂和加气剂的总称，其作用是改善混凝土的某种性能。按作用不同，可分为减水剂、促凝剂、缓凝剂、防水剂、抗冻剂、保水剂、膨胀剂和加气剂等。塑加剂的用量很少，而且与水混合在一起成为混合液。

(7) 冰。冰的作用是保证高温季节所拌出的混凝土混合料有适宜的温度。

2. 进料层

进料层在搅拌楼的顶层，其功能是进行水泥、骨料和掺合料的进料和分料，有骨料进料和水泥进料两个系统。该层设有进料控制室，室内装有 1 号操纵台和 1 号信号箱，由一名进料操作员操作。

1) 骨料进料系统

图 9.1 是骨料进料系统示意图，它由皮带输送机、回转分料漏斗和储料仓口组成。

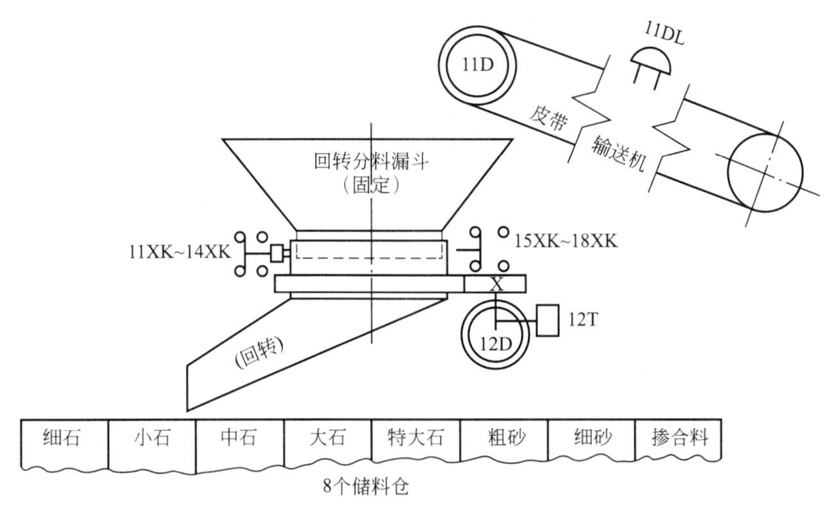

图 9.1　骨料进料系统示意图

XK—限位开关；DL—电铃；12T—电磁制动器；D—电动机

皮带输送机由电动机 11D 拖动，把特大石、大石、中石、小石、细石、粗砂、细砂和掺合料从地垅运到进料层。为了保证安全，沿皮带走廊装若干电铃 11DL 作为皮带机起动前的预告信号。

回转分料漏斗由上下两部分组成。上部是固定漏斗，接受皮带机的来料。下部是倾斜的回转漏斗，由电动机 12D 拖动，将来料分送入布置在回转圆周上的 8 个储料仓口内。8 个限位开关 11XK～18XK 用来实现回转漏斗的自动找位控制。电磁制动器 12T 使回转漏斗准确停位。

2）水泥进料系统

图 9.2 是水泥进料系统示意图，它由垂直斗式提升机、水平螺旋运输机和两个水泥仓口三部分组成。两个水泥仓各储存一种标号的水泥，供配料时选用。

斗式提升机由电动机 13D 拖动，借助于上下循环运动的装料斗将水泥从地面提上进料层，再倒入螺旋运输机内。

螺旋机由电动机 14D 拖动，其末端有一个手动控制的水泥出料门，首端有一个手动控制的掺合料出料门，因此该系统也可以进掺合料。水泥出料门下的裤状叉管内有一个气控翻板门，水泥送到 1 号还是 2 号水泥仓由它来选择。

水泥进料系统在工地已改成风动输送，由压缩空气通过管道直接送入水泥仓。

3）布袋滤尘器和离心通风机

为了回收水泥进料时飞扬于空气中的水泥，进料层还装有布袋滤尘器和离心通风机(图 9.2)。布袋滤尘器(由电动机 15D 拖动)吸入含水泥的空气，经过滤清，废气由离心通风机(由电动机 16D 拖动)排出楼外。回收的水泥借助于具有气控翻板门的裤状叉管送入 1 号或 2 号水泥仓。

行程开关 11CK～16CK 用来控制信号灯，以便指示翻板门和手动出料门的位置。在进料层的墙壁上装有两台由电动机 17D 和 18D 拖动的轴流通风机，以便排出尘土飞扬的空气，保证工人身体健康。

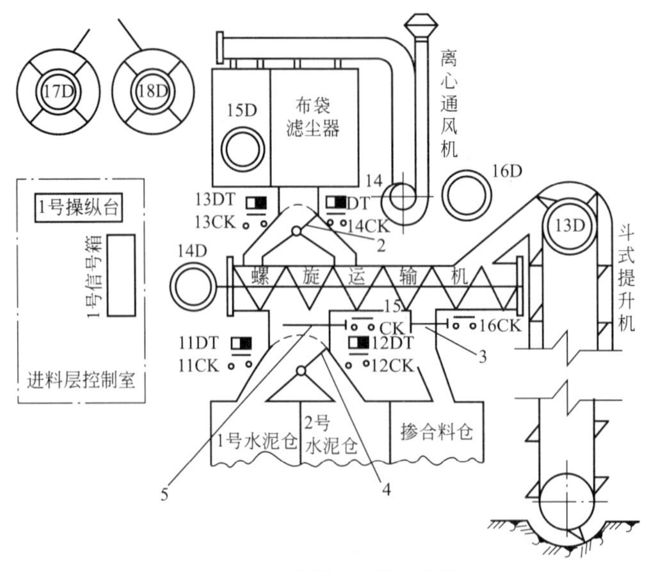

图 9.2　水泥进料系统示意图

1—轴流通风机；2 和 4—气控翻板门；3—手动掺合料出料门；5—手动水泥出料门；
CK—行程开关；DT—电磁气阀；D—电动机

3. 储料层

储料层在进料层的下面，内有特大石、大石料、1 号水泥和 2 号水泥共 10 个巨大的储料仓。

4. 配料层

配料层在储料层的下面，主要设备有：12 台电子秤；水、塑化剂和加气剂的进料系统；两台轴流通风机；一台布袋滤尘器和两台离心通风机；配料控制室内有 2 号操纵台、1 号配电箱、称量柜、电子交流稳压器等电气设备。配料层的主要作用是按调度单预定的给配对各种原材料进行准确称量。图 9.3 是配料层示意图。

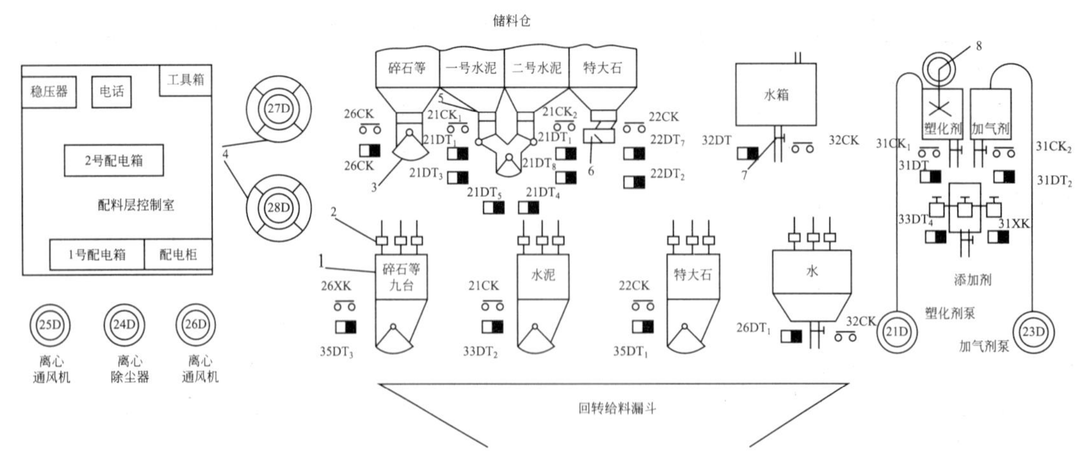

图 9.3　配料层示意图

1—电子秤斗；2—电子秤传感器；3—气控弧门；4—轴流通风机；5—气控翻板门；6—倾翻溜槽；
7—气控阀门；8—搅拌器；CK—行程开关；XK—限位开关；DT—电磁气阀；D—电动机

1）大石、中石、小石、细石、粗砂、细砂、掺合料和冰的配料系统

这9种料的配料系统相同，现以细石为例加以说明。细石储料仓底部有一个气控弧门，当它开启时细石自动进入正下方的电子秤斗。秤斗底部也有一个气控弧门，当称量完毕弧门开启时，细石自动卸入下面的回转给料漏斗。电子秤斗用3根金属杆悬挂，每杆装1个传感器，将质量变换为电信号送入称量柜，经过放大后再在秤盘上指示出来。

2）特大石配料系统

特大石储料仓底不是弧门，而是一个气控倾翻溜槽。当溜槽倾翻时，特大石沿溜槽出仓，进入秤斗。当溜槽上仰时，特大石被堵住，不能出仓。若特大石的粒径不是很大，关门时不会被特大石卡住，也可以改用普通弧门。

3）水泥配料系统

两个水泥仓共用一台电子秤，其仓底各有一个气控翻板门，用来选称1或2号仓的水泥。翻板门可以全闭、全开或半开，以适应停称、粗称或精称3种要求，使水泥称得更为准确。水泥出仓经过翻板门后，还要经过公共的气控中弧门才能进入秤斗。中弧门是经常打开的，只有水泥出仓太快而超称时它才关闭。

4）塑加剂的进料和配料系统

塑化剂和加气剂各用一台离心泵通过管路从地面直接泵入各自的储料箱内。塑化剂容易沉淀，故在储料箱内装有一个搅拌器。

塑化剂和加气剂共用一台小电子秤。它们的储料箱底和秤斗底都有一个气控阀门。塑加剂配料时，先称塑化剂，质量够了再把加气剂加上去称，直到总质量够了为止。

5）水的配料系统

水用自来水管直接送入水箱。水箱和秤斗底分别装有气控阀门。厂家原设计在水秤斗底安装4根出水管，各自送给相应的搅拌机，在工地投运后改为1根出水管，从而简化了机械构造和电路。

6）滤尘和通风设备

配料层的尘土也比较多，故装有两台轴流通风机用来回收水泥的布袋滤尘器和离心通风机。

5. 搅拌层

搅拌层在配料层下面，主要作用是将配好的原材料送入搅拌机，再搅拌均匀成为混凝土混合料。搅拌层的主要设备有：装在层中心顶部的回转给料漏斗；4台卧式搅拌机；搅拌控制室，内有3号操纵台和2号配电箱。图9.4是搅拌层及出料层示意图。

1）回转给料漏斗

回转给料漏斗的上半部是一个固定漏斗，接受各秤斗的来料，下部是一个由电动机81D拖动的倾斜的回转漏斗，将料分送给要料的搅拌机。在回转漏斗的外部套着一个能上下移动的气控给料套筒。在回转漏斗撞块的回转圆周上安装着8个行程开关41CK、51CK、61CK、71CK、82CK～85CK，以实现漏斗的自动找位和对准控制。回转漏斗转到要料的搅拌机前会自动停斗并对准，套筒会自动下放，与搅拌机口浮动吻接，称好的料就可以通过固定漏斗、回转漏斗和套筒进入搅拌机。各秤斗的料卸空以后，套筒自动升起，回转漏斗又自动起动和自动找位。电磁制动器81T使回转漏斗停位准确。

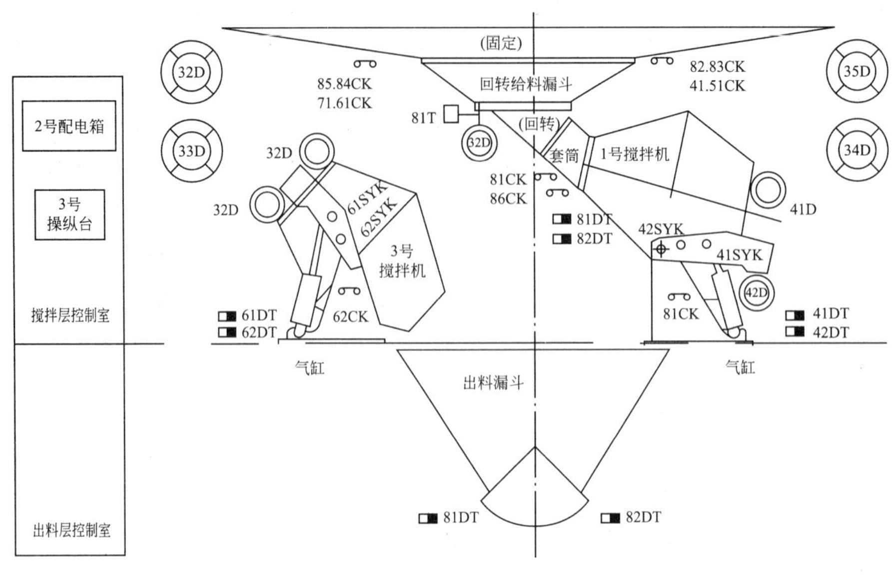

图 9.4　搅拌层和出料层示意图

CX—行程开关；SYK—水银开关；DY—电磁气阀；T—电磁制动器；D—电动机

2）搅拌机

4 台容量为 $3m^3$ 的卧式搅拌机中心对称布置(图 9.4 中仅画出 1 号和 3 号搅拌机，未画出 2 号和 4 号搅拌机)，搅拌机口都在回转漏斗的回转圆周上。机身由双电动机拖动，绕自己的轴线连续旋转，借助于两边的气顶，它还可以绕两边机座上的轴实现上仰和倾倒动作。当气顶的活塞向下运动时，搅拌机上仰到与水平面成+15°，可以进料和搅拌，如 1 号搅拌机。当活塞向上运动时，搅拌机倾倒到与水平面成−55°，如 3 号搅拌机。这时搅拌机出料，把拌好的混凝土混合料倒入出料漏斗内。

6. *出料层*

出料层在搅拌层下面，如图 9.4 所示。出料漏斗底部有一个气控出料弧门，可以全闭、全开或开到任意程度，由一名出料操作员操作。

搅拌楼的旋转机械都用三相鼠笼式电动机拖动，其他动作机械都用电磁气阀和气顶控制，各动作机械的位置或角度都由行程开关或水银开关转换成电信号，再加上电子秤，使整个搅拌楼实现了自动化。在图 9.1～图 9.4 中，电磁气阀、行程开关和水银开关及编号都画在相应的机械旁，以便与电气原理图相对照。

9.2　进料层电路

9.2.1　骨料进料电路

图 9.5 所示为骨科进料电路。进料层电气设备见表 9－1。搅拌楼采用 380V 三相四线制电源，用架空线引到进料控制室，接在自动开关 1ZK 上。1ZK 是本层电源的总控制开

关，具有电磁脱扣器和热脱扣器，作为短路和过载保护。

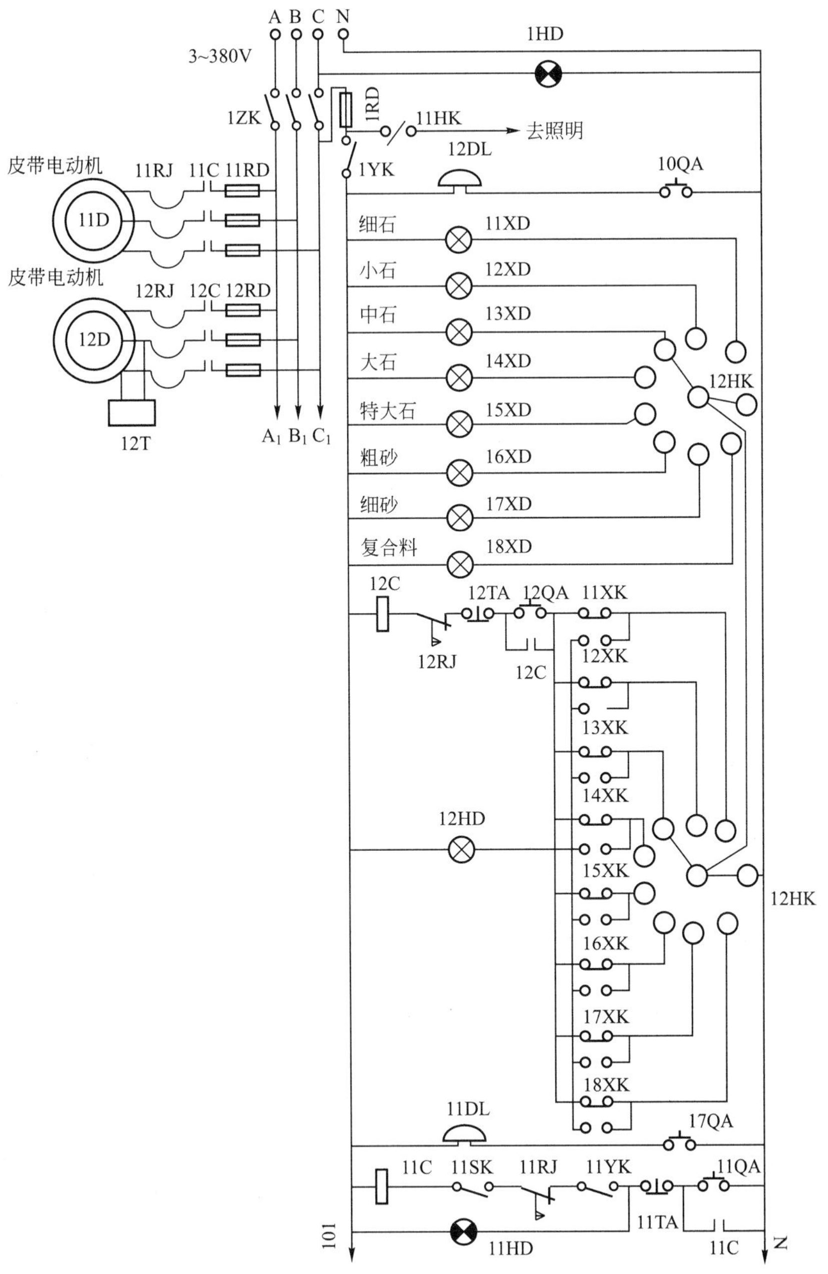

图 9.5 骨料送料电路

表 9-1 进料层电气设备

序号	代号	名称	数量	规格型号	安装地点
1	11D	皮带电动机	1		机旁
2	12D	漏斗电动机	1	JO_3-100L-6，2.2kW	机旁
3	13D	斗机电动机	1	JO_2-71-6，17kW	机旁

（续）

序号	代号	名称	数量	规格型号	安装地点
4	14D	螺旋电动机	1	JO_3－132S－4，7.5kW	机旁
5	L5D	滤尘器电动机	1	JO_2－21－4，1.1kW	机旁
6	16D	离心电动机	1	JO_2－42－2，7.5 kW	机旁
7	17D、18D	轴流电动机	2	JL－31－4，0.6kW	机旁
8	12T	电磁制动器	1	NZD－100，380V	机旁
9	11C	交流接触器	1		进料控制室
10	12C	交流接触器	1	CJ_{10}－10	1号信号箱
11	13C	交流接触器	1	CJ_{10}－6D	1号操纵台
12	14C	交流接触器	1	CJ_{10}－40	1号操纵台
13	15C	交流接触器	1	CJ_{10}－10	1号操纵台
14	16C	交流接触器	1	CJ_{10}－20	1号操纵台
15	11RD	熔断器	3		进料控制室
16	12RD	熔断器	3	RL_1－15/25	1号信号箱
17	13RD	熔断器	3	RL_1－100/100	1号操纵台
18	14RD	熔断器	3	RL_1－60/60	1号操纵台
19	15RD	熔断器	3	RL_1－15/5	1号操纵台
20	16RD	熔断器	3	RL_1－60/40	1号操纵台
21	1RD、17RD	熔断器	4	RL_1－15/10	1号信号箱
22	1ZK	自动开关	1	DZ_{10}－600/337	进料控制室
23	17HK、18HK	组合开关	2	HZ_{10}－10/3	1号信号箱
24	1YK	钥匙开关	1	LA_{10}－22Y	2号信号箱
25	11HK	旋钮开关	1	LA_{10}－22X	1号信号箱
26	12HK	转换开关	1	KHS－10W2D	1号信号箱
27	13HK、14HK	主令开关	2	LS1－2	1号操纵台
28	11YK、13YK～16YK	钥匙开关	5	LA_{10}－22Y	1号操纵台
29	11RJ	热继电器	1		进料控制室
30	12RJ	热继电器	1	JR_{10}－20/30，5A	1号信号箱
31	13RJ	热继电器	1	JR_{10}－60/30，45A	1号操纵台
32	14RJ	热继电器	1	JR_{10}－60/30，32A	1号操纵台
33	15RJ	热继电器	1	JR_{10}－20/30，3.5A	1号操纵台
34	16RJ	热继电器	1	JR_{10}－20/30，22A	1号操纵台
35	10QA～12QA、17QA	起动按钮	4	LA_{10}－22	1号信号箱
36	11TA、12TA	停止按钮	2	LA_{10}－22	1号信号箱
37	13QA～16QA、18QA、19QA	起动按钮	S	LA_{10}－22	1号操纵台
38	13TA～16TA	停止按钮	4	LA_{10}－22	1号操纵台

（续）

序号	代号	名称	数量	规格型号	安装地点
39	11DL～13DL	电铃	3	UC1－5.8″，～220V	机旁、地垅
40	11XD～12XD	白炽灯	8	220V	地垅
41	11HD、12HD	信号灯	2	XD5，220V，红	1号信号箱
42	1HD	信号灯	1	XD5，220V，红	进料控制室
43	13HD～16HD	信号灯	4	XD5，220V，红	1号操纵台
44	11UD～16UD	信号灯	6	XD5，220V，黄	1号操纵台
45	11DT～14DT	电磁气阀	1	薄膜式，～220V	机旁
46	11XK～18XK	限位开关	8	$JLXK_1$－411	分料漏斗
47	11CK～16CK	行程开关	6	$JLXK_1$－411	机旁

1HD是电源指示灯。控制电源是220V的相电压，用钥匙开关1YK控制。

1. 主电路

皮带机和回转分料漏斗主电路的形式相同，都用接触器直接起动，熔断器作为短路保护，三相式带断相保护的热继电器作为过载保护和断相保护。拖动皮带的电动机11D的容量比较大，如电源容量不够，应采用降压起动。

2. 信号电路

电铃12DL装在皮带机首端的地垅处，是进料操作员给地垅的音响预告信号。11DL装在皮带走廊，如皮带较长，可多装几个，它是皮带机起动前的预告电铃。信号灯11XD～18XD分别装在8种料的地垅口，是进料操作员给地垅的要进何种料的灯光信号。

3. 回转分料漏斗自动找位电路

图9.6是回转分料漏斗自动找位原理图。8个限位开关11XK～18XK固定安装在8个储料仓口前。当漏斗回转到某仓口前并对准时，其上的撞块就碰压相应的限位开关，如图9.6中漏斗对准中石仓，撞块碰压13XK。

自动找位电路及回转分料漏斗的动作过程如下：假定漏斗原来停在粗砂仓口，现在要进中石，将$12HK_0$转至“中石”位置，$12HK_{-1}$使13XD亮，$12HK_{-4}$将13XK接入控制电路；揿下12QA，12C动作，12D起动，漏斗回转，当转到对准中石仓口时，撞块碰压13XK其常闭触头断开，使漏斗迅速停止，其常开触头接通，使红灯12HD亮。这样就实现了回转分料漏斗的自动找位和对准仓口。

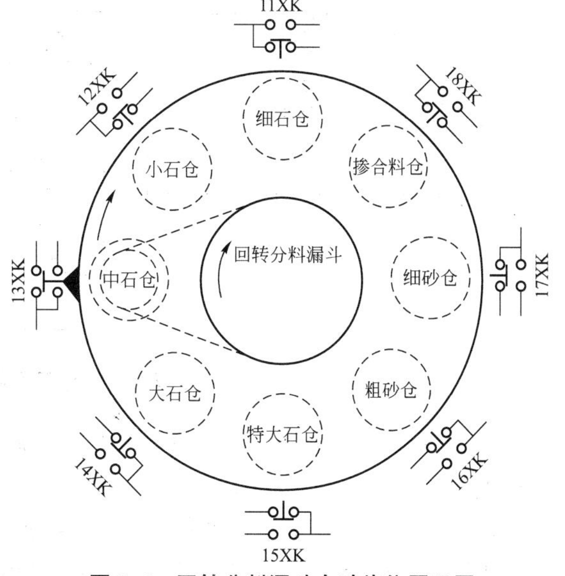

图9.6 回转分料漏斗自动找位原理图

4. 皮带机控制电路

皮带电动机 11D 的控制电路是一个单向运转自控线路。11SK 是装于皮带走廊的事故开关。11YK 是钥匙开关，正常生产时使其接通，检修时将它断开并取走钥匙，保证检修安全。

9.2.2 水泥进料电路

图 9.7 所示为水泥进料电路，电气设备示于表 9－1。

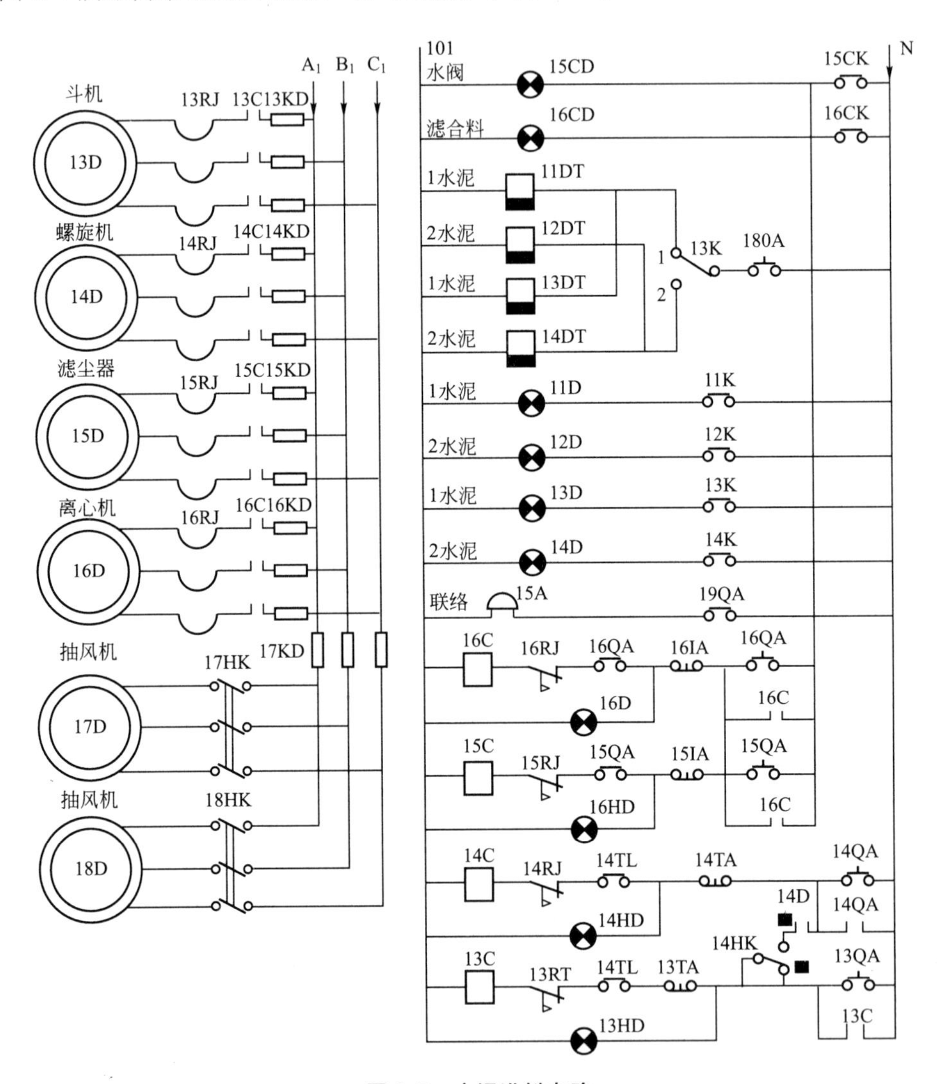

图 9.7　水泥进料电路

15UD、16UD 是螺旋机两个手动出料门的信号灯；15CK、16CK 是与两个手动出料门联动的行程开关，门开接通。

11DT～14DT 是控制螺旋机和布袋滤尘器裤状叉管翻板门的电磁气阀；11CX～14CX 是与翻板门联动的行程开关(图 9.2)。翻板门的控制原理如图 9.8 所示。叉管内的翻板门和叉管外的摇臂焊在同一根转轴上，摇臂与气顶的活塞杆铰接。11DT～14DT是两位三通阀。当11DT(13DT)通电时，压缩空气经11DT的P口、B口进入气缸左部，活塞右行，翻板门翻向右边，叉管通1号水泥仓，11CK(13CK)因碰压而接通。反之，当12DT(14DT)通电时，翻板门翻向左边，叉管通2号水泥仓，12CK(14CK)接通。

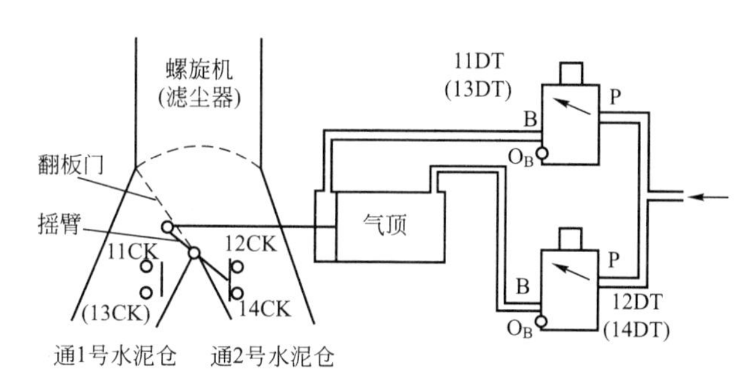

图9.8　翻板门的控制原理

主令开关13HK是叉管通1号或2号水泥仓的选择开关。18QA是翻板门的操作按钮。11UD～14UD是翻板门的位置指示灯。13DL是装在地面水泥进料处的联络电铃。

斗机和螺旋机在正常工作时联动控制，为了检修试车方便也可以单独控制，联动或单开用主令开关14HK选择。常开辅助触头$14C_{-2}$实现前后运输环节之间的联锁。主电路及控制电路的其他问题不再赘述。

9.3　配料层电路

配料电路是全自动化的，只要一次操作就能自动连续地进行配料。电子秤是配料系统的关键性设备，内容比较多，放在本章后半部分专门叙述。配料系统由总操作员在配料控制室内操作。

9.3.1　滤尘、通风和信号电路

图9.9所示为配料层的滤尘、通风和信号电路，电气设备见表9-2。配料层的电源来自搅拌控制室的2号配电箱，自动开关2ZK是它的总控制开关。4ZK是配料层和搅拌层照明的总控制开关。红灯2HD是电源指示灯。

塑化剂泵和搅拌器及加气剂泵电动机21D、22D、23D用组合开关21HK、22HK、23HK手动控制。因为塑化剂和加气剂储料箱有溢流装置，所以21D、23D可以连续运行，使混合液循环流动，避免沉淀。布袋滤尘器、离心通风机和轴流通风机电路不再赘述。

钥匙开关2YK是下列7个单元控制电路的总开关：配料、电子秤、1号搅拌机、2号搅拌机、3号搅拌机、4号搅拌机、回转给料漏斗的控制电路。

配料层的2号操纵台与搅拌层的3号操纵台之间有音响和灯光联系信号。蜂鸣器21MF、22MF供呼唤用：五色信号灯代表5种给配，借以互相联系。

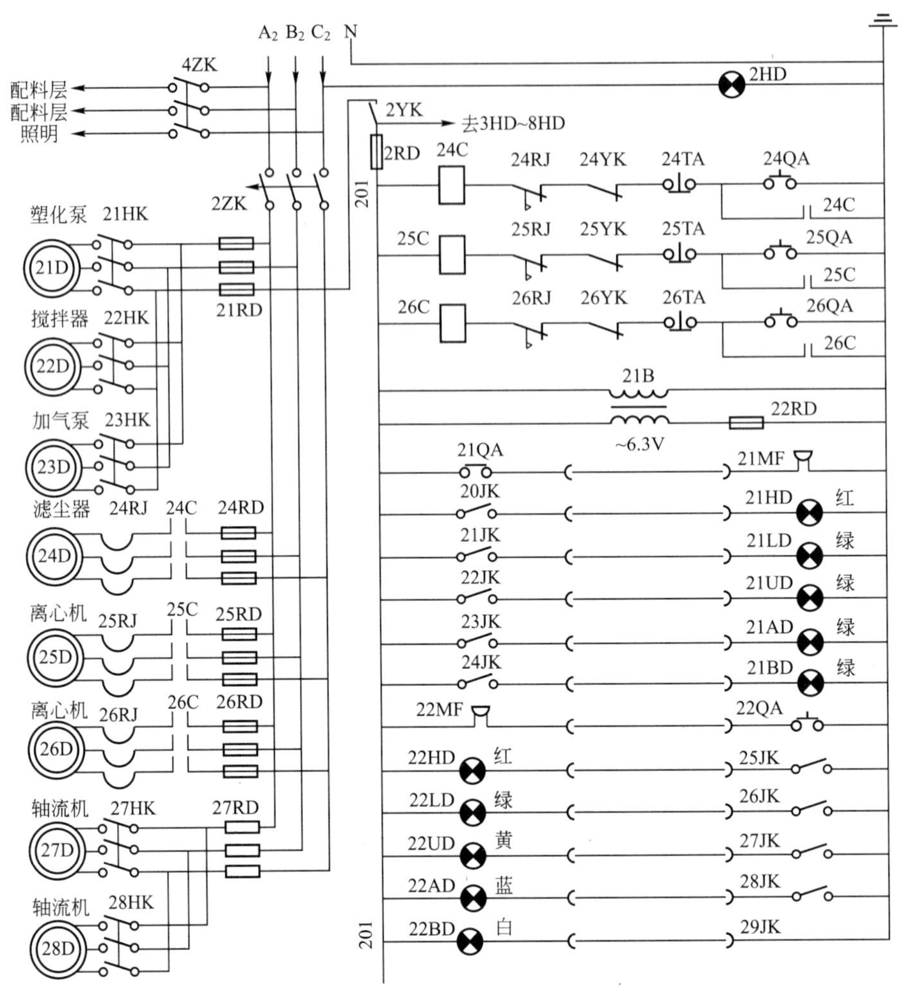

图 9.9　配料层的滤尘、通风和信号电路

表 9-2　配料层电路的电气设备

序号	代　　号	名　　称	数量	规格型号	安装地点
1	21D、23D	泵电动机	2	J02－11－2，0.8kW	机旁
2	22D	搅拌器电动机	1	J02－12－4T，0.8kW	塑化剂槽
3	24D	布袋电动机	1	J02－21－4，1.1kW	布袋除尘器
4	25D、26D	离心电动机	2	J02－22－2，7.5kW	离心通风机
5	27D、28D	轴流电动机	2	JL－31－4，0.6kW	轴流通风机
6	24C	交流接触器	1	CJ10－10	1号配电箱
7	25C、26C	交流接触器	2	CJ10－20	1号配电箱
8	2RD~8RD、21RD、22RD、27RD	熔断器	14	RL_1－15/10	1号配电箱
9	24RD	熔断器	3	RL_1－15/5	1号配电箱
10	25RD、26RD	熔断器	6	RL－60/30	1号配电箱
11	2ZK	自动开关	1	DZ_{10}－100/337	1号配电箱

（续）

序号	代　　号	名　　称	数量	规格型号	安装地点
12	4ZK	自动开关	1	自备	配料控制室
13	21HK～23HK、27HK、28HK	组合开关	5	HZ_{10}-10/3	1号配电箱
14	24RJ	热继电器	1	JB_{15}-2D/30，3.5A	1号配电箱
15	25RJ、26RJ	热继电器	2	JB_{15}-2D/30，22A	1号配电箱
16	2YK、24YK～26YK	钥匙开关	4	LA_{15}-22Y	2号配电箱
17	24HK、26HK	主令开关	2	LS_{15}-22	2号操纵台
18	25HK	万能转换开关	1	LW5-15-F1142/4	2号操纵台
19	24QA～26QA	起动按钮	3	LA_{15}-22	2号配电箱
20	24TA～26TA	停止按钮	3	LA_{15}-22	2号配电箱
21	22QA、23QA、27QA～29QA	起动按钮	5	LA_{15}-22	2号操纵台
22	22QA	起动按钮	1	LA_{15}-22	3号操纵台
23	21B	变压器	1	BK-50，220V/6.3V	1号配电箱
24	21MF	蜂鸣器	1	6V	3号操纵台
25	22MF	蜂鸣器	1	6V	2号操纵台
26	21(H、L、U、A、B)D	信号灯	5	XDX_1红、绿、黄、蓝、白	2号操纵台
27	22(H、L、U、A、B)D	信号灯	5	XDX_1红、绿、黄、蓝、白	3号操纵台
28	2HD	指示灯	1	XD_5，220V，红	2号配电箱
29	22BD、23BD	指示灯	2	XD_5，220V，白	2号操纵台
30	20JK～24JK	钮子开关	5	1W1D，250V，3A	2号操纵台
31	21UK～32UK	钮子开关	17	1W1D，22DV，3A	2号操纵台
32	25JK～29JK	钮子开关	5	1W1D，250V，3A	3号操纵台
33	21XK～32XK	限位开关	12	$JLXK_1$-411	秤斗底门
34	21CK～32CK	行程开关	13	$JLXK_1$-411	储料仓底门
35	21DT～35DT	电磁气阀	31	薄膜式，～220V	机旁
36	21ZJ～27ZJ	中间继电器	7	JZ7-62，～220V	称量柜
37	21SJ～22SJ	时间继电器	2	JZ7-10，～220V，10s	称量柜
38	21JJ	计数器	1	JD_0-Ⅲ，～220V	2号操纵台
39	21SYK	水银开关	1	环状	倾翻溜槽
40	$1DC_C$～$12DC_C$	粗称触头	12		电子秤盘
41	$1DC_J$～$12DC_J$	精称触头	12		电子秤盘
42	$1C_Z$～$12C_Z$	超称触头	12		电子秤盘
43	$1DC_0$～$12DC_0$	零位触头	12		电子秤盘

9.3.2 称量电路

图9.10所示为配料层称量电路，电气设备见表9-2。各种原材料用12台电子秤自动称量。每台电子秤有4副信号输出触头，当质量达到约80%时粗称触头DC_C动作；当质量

达到100%时精称触头DC_J断开；当质量超过100%时超称触头DC_Z动作；当秤斗卸空指针回零时零位触头DC_0接通。

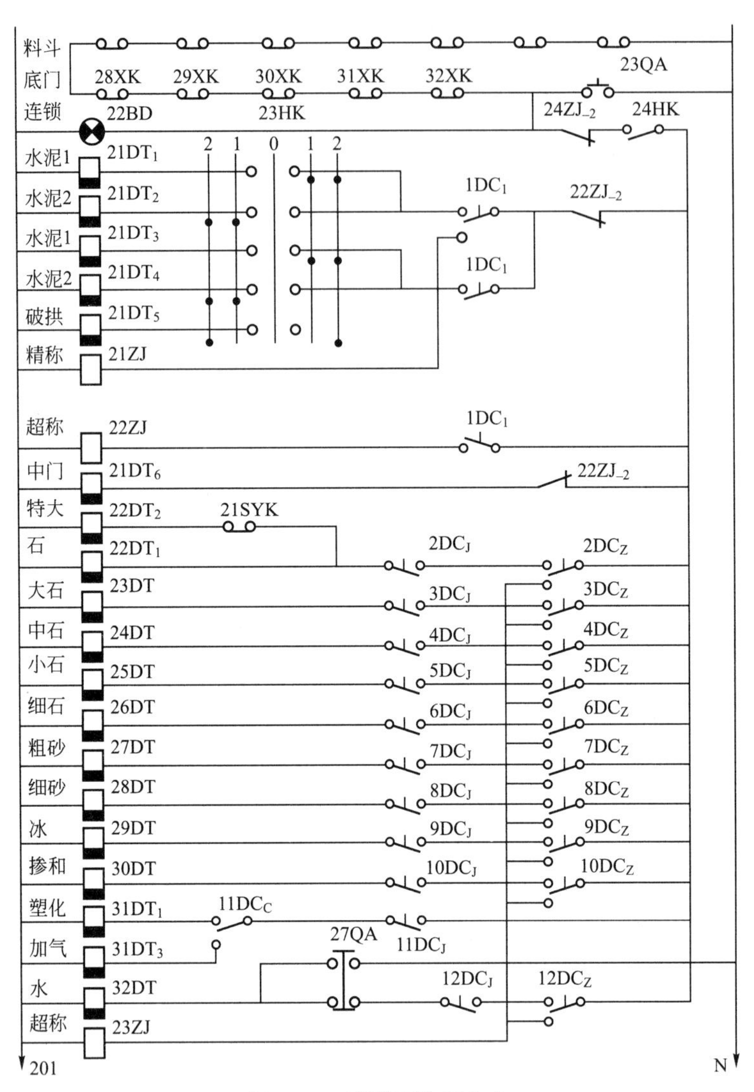

图9.10 配料层称量电路

1. 秤斗底门联锁电路

在称量之前，12个秤斗的底门必须关严，否则边称边漏料会造成错称。限位开关21XK～32XK是秤斗底门的联锁电路，串联在称量电路的电源线中。这些限位开关受秤斗底门操动，门关严才能接通，与秤斗的对应关系是：水泥秤—21XK，特大石秤—22XK，大石秤—23XK，中石秤—24XK，小石秤—25XK，细石秤—26XK，粗砂秤—27XK，细砂秤—28XK，冰秤—29XK，掺合料秤—30XK，塑加剂秤—31XK，水秤—32XK。22BD是秤斗底门都已关严的指示白灯。

主令开关24HK是称量电路的控制开关，它接通才能称量。

23QA是手控称量按钮，特殊情况下使用。例如，当石料秤斗底门被石子卡住而不能关严时，不会影响称量精度，可按 23QA 作一次手控称量，这样就省去了处理石子卡门的麻烦。

2. 水泥称量

万能转换开关 25HK 用来选择称哪一号仓的水泥，其手柄有 5 个位置。右 1 位使电磁气阀 $21DT_1$ 和 $21DT_3$ 通电，称量 1 号仓的水泥；左 1 位使 $21DT_2$ 和 $21DT_4$ 通电，称量 2 号仓水泥；左、右 2 位都使 $21DT_5$ 通电，用来破拱。

图 9.11 所示为水泥仓底翻板门控制原理(以 1 号仓为例)。左右两个气顶的气缸连接成一体，右活塞杆固定在 2 号水泥仓的外壁上，左活塞杆与 1 号仓的翻板门铰接。图 9.11 所示为 $21DT_1$ 和 $21DT_3$ 都断电时的情况：压缩空气经 $21DT_1$ 的 P 口、A 口进入左气缸的左部，推左活塞右行；压缩空气又经 $21DT_3$ 的 P 口、A 口进入右气缸的右部，推气缸右行(因为右活塞是固定的)，翻板被拉向右而完全关闭。

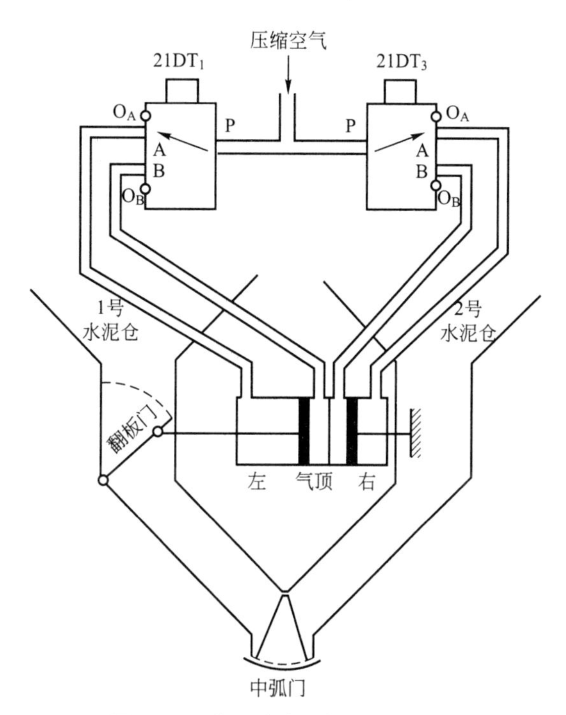

图 9.11 水泥仓底翻板门控制原理

粗称时 $21DT_1$ 和 $21DT_3$ 都通电，压缩空气经两个电磁气阀的 P 口、B 口进入左气缸的右部和右气缸的左部，推动左活塞和气缸都左行，推翻板门向左而全开。这时，水泥迅速出仓经中弧门进入秤斗。

当水泥质量达到 80%时，水泥秤的粗称触头 $1DC_C$ 动作，其常闭触头使 $21DT_1$ 断电($21DT_3$ 仍通电)，左活塞右行，但气缸保持原位，翻板门被拉向右而半开。

这时，水泥慢慢出仓，进行精称。$1DC_C$ 的常开触头同时接通，漏称继电器 21ZJ 动作，作为水泥没有漏称的联锁。

当水泥质量达到 100%时，精称触头 $1DC_J$ 断开，$21DT_3$ 也断电，翻板门全闭，称量结束。

$21DT_5$是破拱电磁气阀。水泥在仓内被挤压得很密实，往往因结拱而不能出料。本楼的破拱装置是供气后以压缩空气自动连续吹拱。如仍不能破拱，可将 25HK 转至 2 位，$21DT_5$通电，开大气门强行破拱。

当水泥出仓过快而超称时，超称触头 $1DC_Z$ 接通，超称继电器 22ZJ 动作。其触头 $22ZJ_{-1}$断开，使翻板门立即关闭；$22ZJ_{-2}$接通，中门电磁气阀 $21DT_6$通电，使中弧门也立即关闭，停止称量；还有 $22ZJ_{-3}$也断开，作为因水泥质量不准而不许自动卸料的联锁。

3. 特大石称量

图 9.12 是特大石仓底倾翻溜槽的控制原理图。图中所示为电磁气阀 $22DT_1$和 $22DT_2$都断电的情况，压缩空气经 $22DT_1$的 P 口、A 口进入气缸右部，活塞左行到图中所示位置，溜槽仰起。

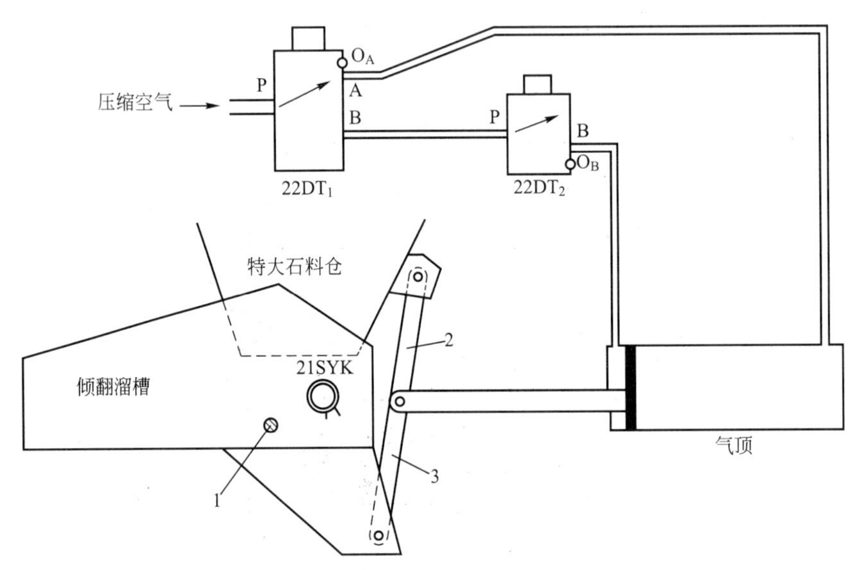

图 9.12　特大石仓底倾翻溜槽控制的控制原理图

1—倾翻溜槽转轴；2、3—连杆；21SYK—水银开关

称量时 $22DT_1$和 $22DT_2$都通电，压缩空气经两个气阀的 P 口、B 口进入气缸左部，活塞右行，连杆 2 和 3 向右曲折，使溜槽转轴 1 按逆时针方向倾翻，特大石沿溜槽出仓进入秤斗。溜槽刚一倾翻水银开关 21SYK 调整于立即断开的位置，故溜槽刚一倾翻 $22DT_3$就断电，其 P 口与 B 口堵死。这时溜槽依靠自重继续倾翻，推动活塞右行，左气缸从 $22DT_2$的 O_B口吸入空气，右气缸的气体经 22DT1 的 O_A口排出。因排气孔很小，故溜槽的倾翻很平稳。

当特大石质量达到 100％时，特大石精称触头 $2DC_J$ 断开，$22DT_1$也断电，活塞左行，溜槽仰起，特大石停止出仓。

当特大石出仓过快而超称时，超称触头 $2DC_Z$ 动作，一方面使电磁气阀断电，溜槽仰起，另一方面使公共超称继电器 23ZJ 动作，作为不许自动卸料的联锁。

4. 大石、中石、小石、细石、粗砂、细砂、掺合料和冰的称量

这 8 种料的称量电路相同，储料仓底都是气控弧门。图 9.13 是弧门控制原理图(以大

石仓底弧门为例)。称量时 23DT 通电，弧门打开，大石进秤斗。当大石质量达到 100%时，大石精称触头 $3DC_J$断开，33DT 断电，弧门关闭。超称环节与特大石相同。

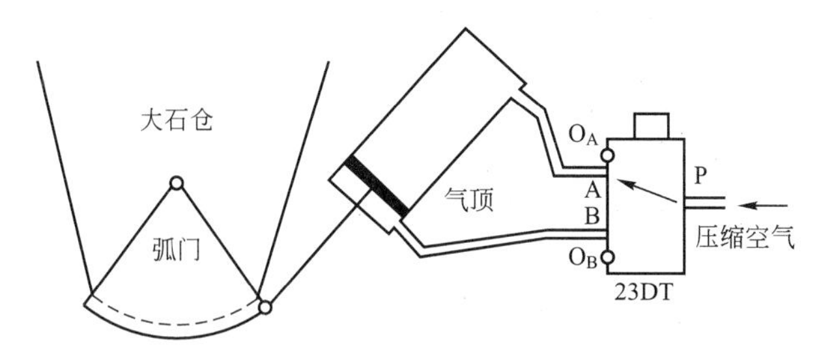

图 9.13 弧门控制原理图

5. 塑加剂称量

塑化剂和加气剂的储料箱底为气控阀门。电磁气阀通电时阀门打开，溶液进秤斗，电磁气阀断电时阀门关闭。塑加剂电子秤的粗称触头 $11DC_C$在塑化剂质量达到 100%时调整动作；精称触头 $11DC_J$ 调整在塑化剂和加气剂的质量之和达到 100%时断开。称量时 $31DT_1$通电，先称塑化剂。粗称触头 $11DC_C$ 动作时，$31DT_1$ 断电，$31DT_2$ 通电，再把加气剂加在塑化剂中一起称。精称触头 $11DC_J$ 断开时，$31DT_2$ 也断电，称量结束。因为塑加剂用量少，秤斗进料慢，所以不必考虑超称问题。

6. 水的称量

水箱底也为气控阀门，称量电路与大石相似。27QA 是手动放水按钮，正常称量时不使用，需要冲洗搅拌机时用它放水。

9.3.3 卸料电路

各种料称量完毕，就可以把料分批先后卸入要料的搅拌机。图 9.14 所示为配料层卸料电路，电气设备见表 9-2。

1. 卸料条件

必须满足下列条件，秤斗才准卸料。

(1) 各秤的本次称量工作都已停止，即各储料仓(箱)底门都已关闭，行程开关21CK～32CK 都已接通。这些行程开关受储料仓(箱)底门控制，门关严才能接通，与储料仓的对应关系是：1 号水泥仓—$21CK_1$，2 号水泥仓—$21CK_2$，特大石仓—22CK，大石仓—23CK，中石仓—24CK，小石仓—25CK，细石仓—26CK，粗砂仓—27CK，细砂仓—28CK，冰仓—29CK，掺合料仓—30CK，塑化剂箱—$31CK_1$，加气剂箱—$31CK_2$，水箱—32CK。23BD 是各储料仓(箱)底门都已关闭的指示白灯。

(2) 没有漏称一种料，即各电子秤的粗称触头 $2DC_C$～$12DC_C$ 都接通，对于水泥是 21ZJ 动作，说明各料都已称过。

(3) 没有一种料超称，即两个超称继电器 22ZJ、23ZJ 都没有动作。

(4) 回转给料漏斗已对准某台搅拌机并已具备进料条件。这时给料继电器的常开触头 $42ZJ_{-1}$、$52ZJ_{-1}$、$62ZJ_{-1}$、$72ZJ_{-1}$中必有一个接通。

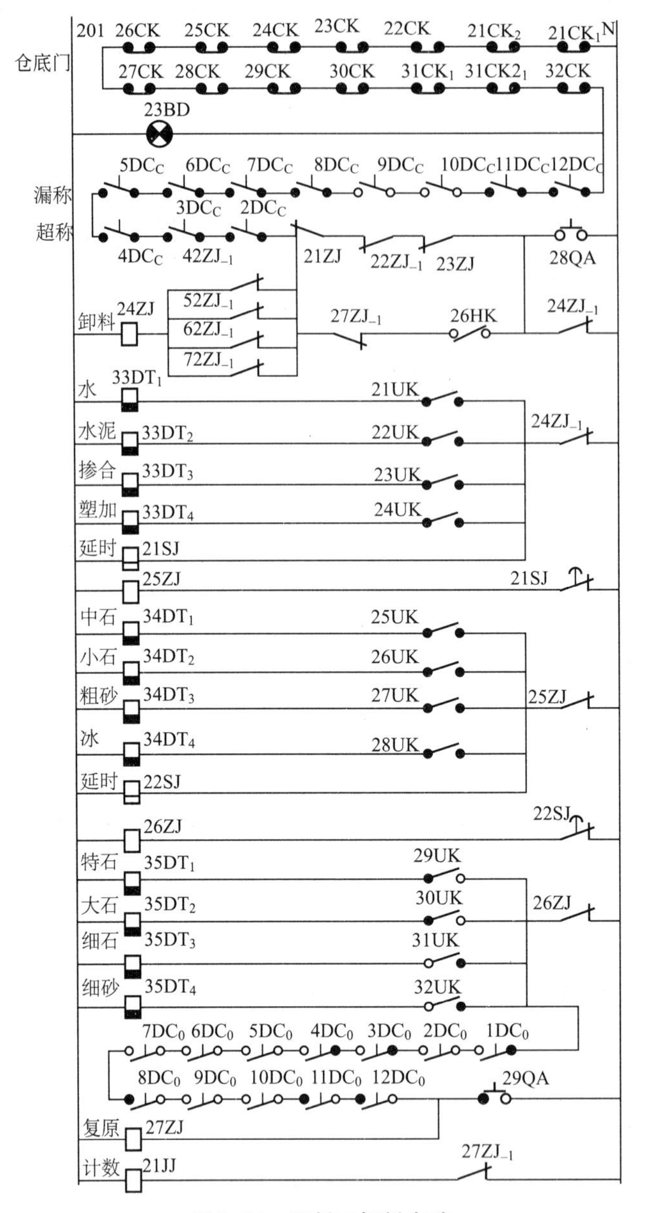

图 9.14　配料层卸料电路

主令开关 26HK 是自动卸料控制开关，它接通才能自动卸料。当上述 4 个条件都已满足时，卸料继电器 24ZJ 动作。其 $24ZJ_{-1}$ 是自保触头，$24ZJ_{-2}$ 断开自动称量电路的电源，因为正在卸料，不允许称量。28QA 是手控卸料按钮，必要时可以用它手控卸料。

2. 分批卸料电路

第一批卸料。当 24ZJ 动作时，$24ZJ_{-3}$ 接通，$33DT_1$、$33DT_2$、$33DT_3$ 和 $33DT_4$ 通电，水、水泥、掺合料和塑加剂的秤斗底门打开，首先卸料。它们一起卸料可以减少水泥和掺合料的飞扬。

第二批卸料。时间继电器 21SJ 和中间继电器 25ZJ 相继动作，使 $34DT_1$、$34DT_2$、

$34DT_3$和$34DT_4$通电，中石、小石、粗砂和冰的秤斗底门打开，第二批卸料。

第三批卸料。同理通过22SJ和26ZJ使第三批的特大石、大石、细石和细砂卸料。特大石和大石安排在最后，并与细石和细砂一起卸，可以减轻对搅拌机及回转给料漏斗的冲击。时间继电器21SJ和22SJ使前后两批卸料之间有一定的时间间隔。

钮子开关21UK～32UK在正常情况下是接通的，当某种料超称时用它把超称的料留在秤斗内。例如水泥超称时，可按下28QA，进行手控卸料。这时应注视电子秤盘的指针走动，当卸出的水泥质量将近100%时，来回扳动22UK，使秤斗底门一开一闭地动作，减慢水泥卸料速度。当卸出的质量达到100%时，断开22UK，停止扳动，把超称的料留在秤斗内，作为下次配料用。

3. 复原和计数电路

如各秤斗的料都已卸空，则电子秤零位触头1～$12DC_0$都接通，复原继电器27ZJ动作。其触头$27ZJ_{-2}$，接通计数器21JJ，计数一次。其$27ZJ_{-1}$断开，24ZJ释放，卸料电路复原，各秤斗底门关闭。24ZJ释放，其触头$27ZJ_{-2}$重新接通，称量电路开始第二次称量。这样周而复始，不断地自动称量、自动卸料，并把卸料次数累计在计数器上。

29QA是手动复原按钮，必要时使用。例如，当水泥超称在秤斗内留料时，因$1DC_0$不能接通而无法自动复原，可揿29QA进行手动复原。

9.4 搅拌层和出料层电路

搅拌系统也是全自动化的，并由总操作员在配料控制室内统一操作。图9.15是搅拌层电路。4台搅拌机的控制电路完全相同，图中只画出1号搅拌机的控制电路。4台搅拌机电气设备和导线连接点的编号，用第一个数字加以区别，1号搅拌机的编号第一个数字为“4”、2号机为“5”、3号机为“6”、4号机为“7”。搅拌层电路的电气设备见表9-3。

三相四线制380V电源用架空线送到搅拌控制室的2号配电箱内。自动开关3ZK是搅拌层和配料层电源的总控制开关。装在2号配电箱上的电压表3V和电流表3A用来测示电源的电压和工作电流。

每台搅拌机的两台电动机用一个接触器控制，用一块电流表测示工作电流。4台搅拌机和回转给料漏斗控制电路的电源都来自配料层的钥匙开关2YK。

9.4.1 各工作机械的控制原理

1. 回转给料漏斗的自动找位原理

图9.16是回转给料漏斗的自动找位原理。在回转漏斗撞块的回转圆周上安装着4个自动找位行程开关82CK～85CK和4个对准行程开关41CK、51CK、61CK、71CK。当漏斗对准搅拌机时相应的行程开关被撞块碰压，如图9.16中漏斗对准1号机，撞块压下82CK和41CK。在电路图中，自动找位行程开关和要斗继电器的常开触头串联，即82CK与$45ZJ_{-3}$、83CK与$55ZJ_{-3}$、84CK与$65ZJ_{-3}$、85CK与$75ZJ_{-3}$串联。因此，只有漏斗转到要料的搅拌机前，这4条串联电路中的一条才能接通，使停斗继电器81ZJ动作而停斗(图9.15)。

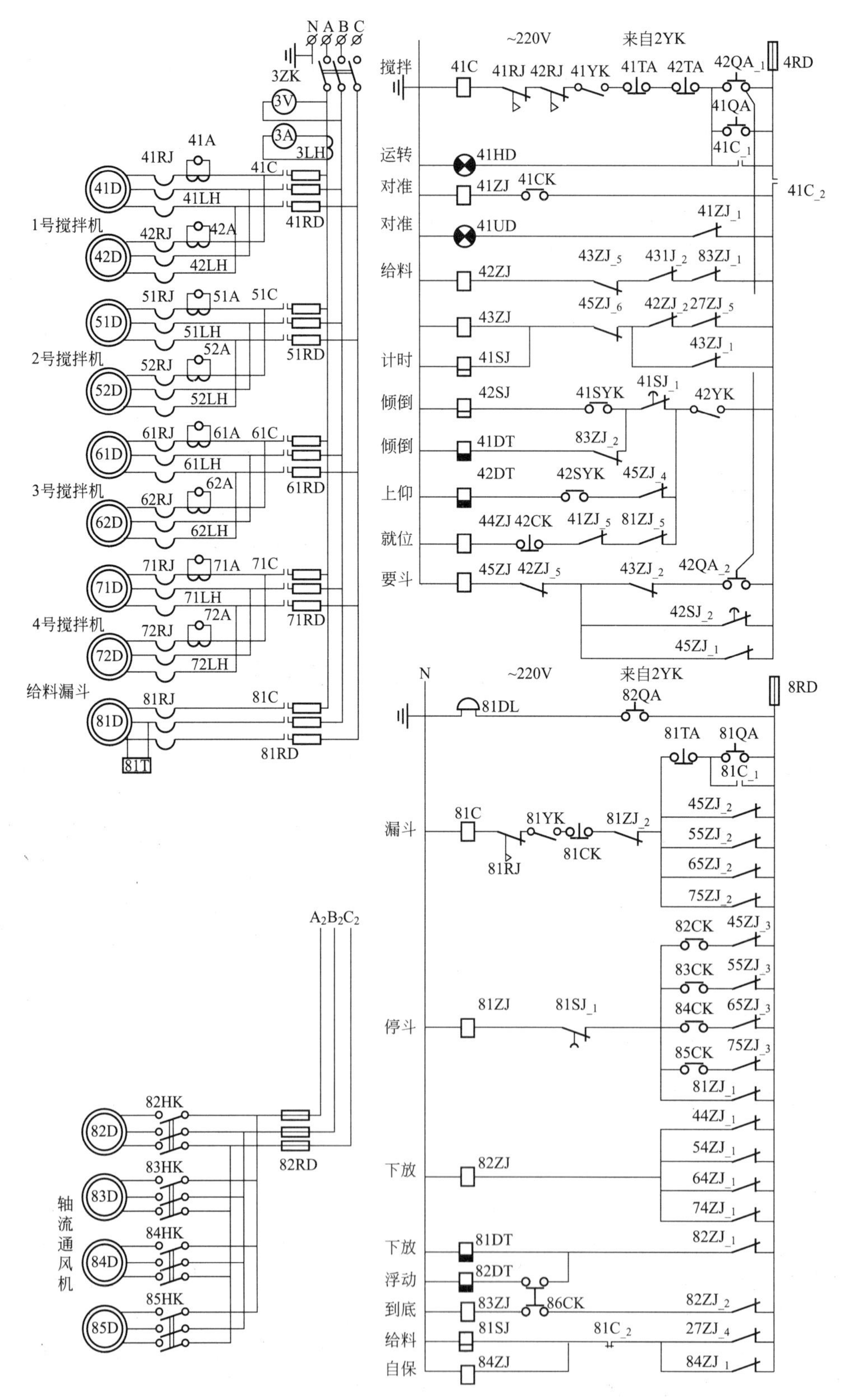

图 9.15　搅拌层与出料层电路

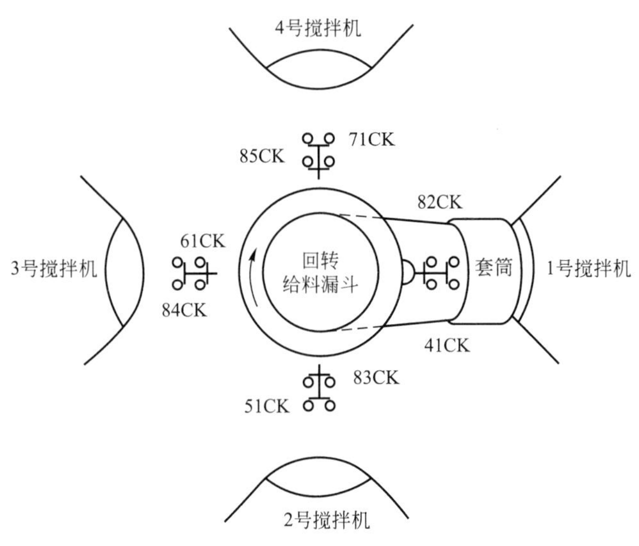

图 9.16 回转给料漏斗自动找位原理

2. 给料套筒自动下放和回升的控制原理

图 9.17 所示为给料套筒下放和回升的控制原理。套筒靠气顶的活塞杆和摇臂下放或回升。图中所示为电磁气阀 81DT 断电，套筒回升到顶的情况。这时压缩空气经 81DT 的 P 口、A 口进入气缸左部，活塞向右，带着套筒回升到顶。当 81DT 和 82DT 都通电时，压缩空气经 81DT 的 P 口、B 口和 82DT 的 P 口、B 口进入气缸右部，活塞向左，套筒下放到底。行程开关 86CK 在套筒下放到底时被碰压，其常闭触头使 82DT 断电。这时，气缸右部经 82DT 的 B 口、O_A口通大气，左部经 81DT 的 A 口、O_A口通大气。套筒靠自重贴在搅拌机口上，称为浮动状态，使摩擦减小，料又不会在接触处漏出。

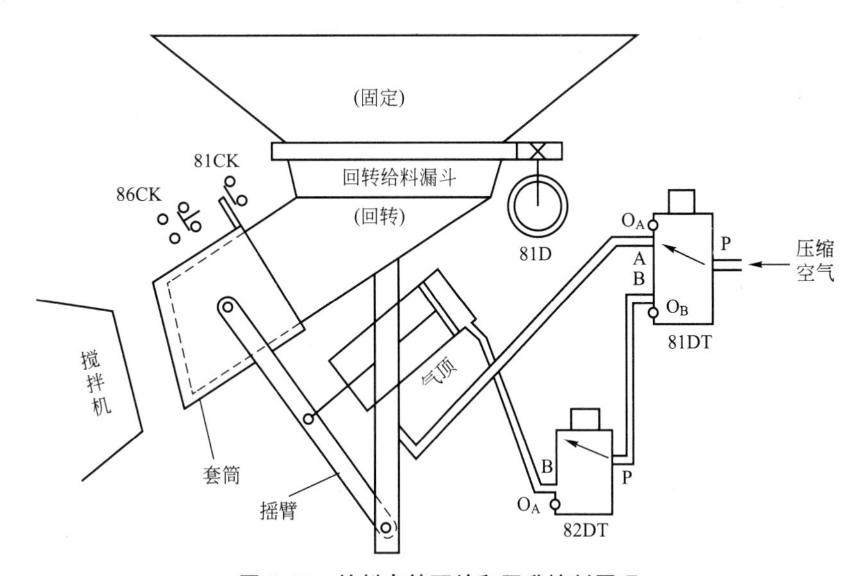

图 9.17 给料套筒下放和回升控制原理

行程开关 81CK 调整在套筒刚开始下放就断开的位置，作为套筒下放后漏斗不准回转的联锁。

3. 搅拌机倾倒和上仰的控制原理

图 9.18 所示为搅拌机倾倒和上仰的控制原理。当倾倒电磁气阀 41DT 通电时，压缩空气从 41DT 的 B 口、P 口进入气缸下部，推活塞向上，使搅拌机绕机座上的轴倾倒气缸上部的空气被活塞压入一个密闭的气罐中(叫作气垫)。因为搅拌机越倾倒，气罐中的气压越高，活塞两边的气压差越小，所以倾倒动作平稳。

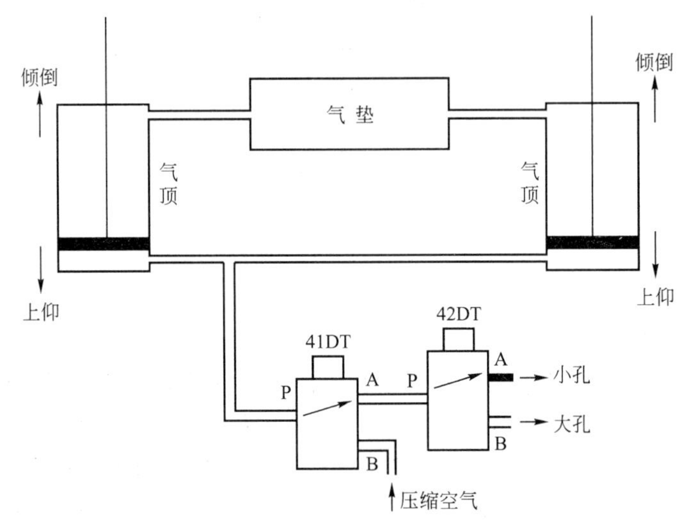

图 9.18　搅拌机倾倒和上仰控制原理

每台搅拌机上安装着 3 个供程序控制用的行程开关和水银开关。行程开关 42CK、52CK、62CK 和 72CK 在搅拌机上仰到＋15°时接通；水银开关 41SYK、51SYK、61SYK 和 71SYK 在搅拌机倾倒到－55°时接通；42YK、52YK、62YK 和 72SYK 在搅拌机上仰到 0°～＋15°范围内断开，倾倒到 0°～－55°范围内接通。

9.4.2　搅拌层电路动作原理

4 台搅拌机空载起动后连续旋转，不断地上仰要料、搅拌和倾倒出料，一台回转给料漏斗不断地把称好的料轮流送给要料的搅拌机，它们互相配合、周而复始、自动连续地进行生产。一台搅拌机的一个生产循环的机械动作过程如下：搅拌机空载起动，上仰到＋15°并要料，回转给料漏斗起动，转到要料的搅拌机前停斗并对准，给料套筒下放，原材料分三批经给料漏斗进入搅拌机；给料套筒回升，给料漏斗又自起动转到下一台要料的搅拌机前，搅拌机经过 120s 的搅拌再倾倒到－55°将料倒入出料斗，搅拌机上仰复位再自动要料。

图 9.19 所示为 1 号搅拌机一个生产循环的电路动作过程。将图 9.15 和图 9.19 结合起来，搅拌层电路的动作原理就容易理解了。

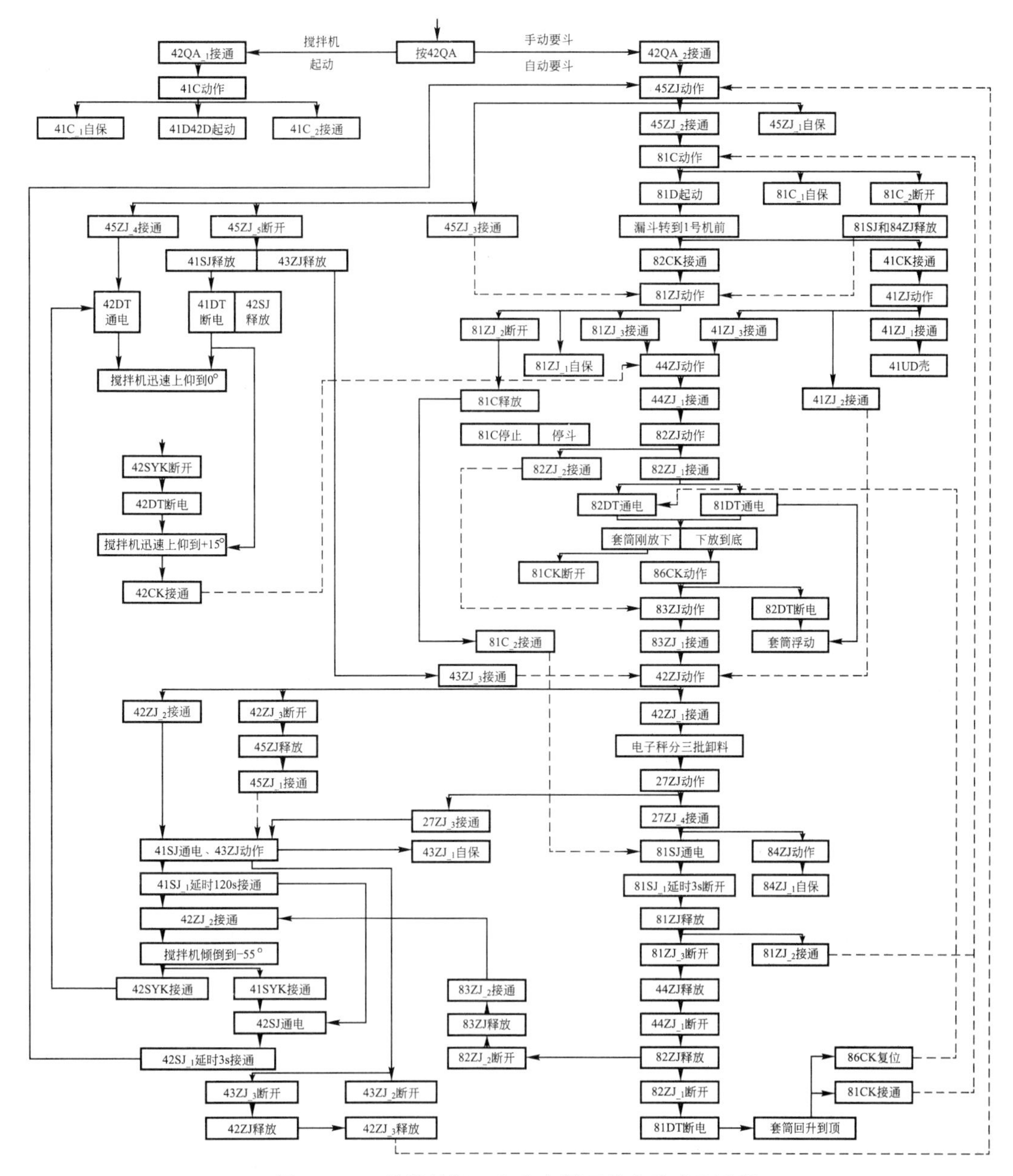

图 9.19　1号搅拌机一个生产循环的电路动作过程

1. 搅拌机的起动

搅拌机起动前应该用电铃 81DL 预告机旁值班人员。按钮 42QA 和 42TA 装在配料控制室的 2 号操纵台上，由总操作员操作。41QA 和 41TA 装在搅拌控制室的 2 号配电箱上，供检修时试车用。因为三相鼠笼式电动机的起动转矩比较小，搅拌机的惯性又比较大，所以在正常情况下搅拌机应该空载起动连续运转。

但是，当搅拌过程中遇到停电等情况时，恢复电源后就不得不满载起动。这时，不但搅拌机的惯性增大了，而且原料存积在搅拌机下部，使重心低于转轴，变成像钟摆一样而无法一次起动起来。起动满载搅拌机的方法如下：先按41QA使搅拌机向一边摆动，当摆到极限位置时按41TA，搅拌机像钟摆一样在自重作用下往回摆，当摆到极限位置再往回摆时又按41QA，搅拌机在电动机转矩和自重作用下摆幅增大。这样反复几次，像打秋千一样，使摆幅逐次增大，就能把满载的搅拌机起动起来。

2. 第一次手动要斗

上仰并空载运转的搅拌机要求回转给料漏斗起动，转到自己前面停斗并对准的过程称为要斗。第一次手动要斗是从按42QA起动搅拌机，同时$42QA_{-2}$接通开始的，电路动作过程如下：

$42QA_{-2}$接通→要斗继电器45ZJ动作→$45ZJ_{-2}$接通→漏斗接触器81C动作→漏斗电动机81D起动→漏斗回转到1号搅拌机前，自动找位行程开关82CK接通($45ZJ_{-2}$已接通)→停斗继电器81ZJ动作→$81ZJ_{-2}$断开→81C释放→81D停止，即停斗；在漏斗转到1号搅拌机前并对准时，对准行程开关41CK接通→对准继电器41ZJ动作→$41ZJ_{-1}$接通→对准指示灯41UD亮。这时，回转给料漏斗停在1号搅拌机前，并已对准。

3. 套筒下放和给料

当具备下列3个条件时：①搅拌机已经上仰到+15°(起动前倾倒电磁阀41DT断电，所以搅拌机早已上仰)，这时42CK接通；②已经停斗，则$81ZJ_{-3}$接通；③已经对准，则$41ZJ_{-3}$接通→搅拌机就位继电器44ZJ动作→$44ZJ_{-1}$接通，套筒下放继电器82ZJ动作→$82ZJ_{-1}$和$82ZJ_{-2}$接通→套筒下放电磁阀81DT和82DT通电→套筒下放到底→86CK动作→其常闭触头使82DT断电，套筒浮动，其常开触头接通，使下放到底继电器83ZJ动作→$83ZJ_{-1}$接通→给料继电器42ZJ动作→$42ZJ_{-1}$接通→如其他3个卸料条件已具备，则电子秤斗分三批卸料。

4. 套筒回升和漏斗自起动

各秤斗都卸空以后，复原继电器37ZJ动作→$27ZJ_{-4}$接通→给料延时继电器81SJ通电→$81SJ_{-1}$延时约3s断开→81ZJ释放→$81ZJ_{-2}$接通，$81ZJ_{-3}$断开→44ZJ释放→$44ZJ_{-1}$断开→82ZJ释放→$82ZJ_{-1}$断开→81DT断电→套筒回升到顶→81CK接通→若别的搅拌机要斗，则漏斗自起动转到别的搅拌机前并给料。

5. 搅拌计时和倾倒出料

搅拌计时从各秤斗卸空，复原继电器27ZJ动作开始→$27ZJ_{-3}$接通(这时因42ZJ早已动作，$42ZJ_{-2}$接通，$42ZJ_{-3}$断开，45ZJ释放，$45ZJ_{-5}$也接通)→搅拌计时继电器41SJ通电，进行搅拌计时，同时43ZJ动作→$41SJ_{-1}$延时90～120s接通(这时因82ZJ释放，$82ZJ_{-2}$断开，83ZJ释放，$83ZJ_{-3}$也已接通)，倾倒电磁阀41DT通电→搅拌机倾倒到−55°出料。

6. 倾倒延时、上仰和自动要斗

搅拌机倾倒到−55°时，41SYK接通→倾倒延时继电器42SJ通电，$42SJ_{-1}$延时约3s接通→45ZJ动作，自动要斗→$45ZJ_{-4}$接通(因42SYK在−55°～0°是接通的)→42DT通电(因$45ZJ_{-5}$断开，41SJ释放，41DT断电)→搅拌机迅速上仰到0°→42SYK断开→42DT断电，41DT仍断电→搅拌机平稳上仰到+15°而就位。至此，等待回转给料漏斗第二次给料。

9.4.3 搅拌层电路的联锁

搅拌层电路的联锁较多，各联锁触头的作用如下：

(1) $41C_{-2}$：保证搅拌机空载起动后，1号搅拌机控制电路的其他部分才能得到电源，即才能要斗和给料。

(2) $43ZJ_{-3}$：本机正在搅拌，给料继电器42ZJ不准动作，即不准再给料。

(3) $41ZJ_{-2}$：保证回转漏斗对准后才能给料。

(4) $45ZJ_{-5}$：使43ZJ、41SJ和42SJ复原。

(5) $42ZJ_{-2}$：当其他搅拌机给料后而使27ZJ动作时，与本机无关，套筒才能下放。

(6) $83ZJ_{-2}$：套筒下放到底，搅拌机不准倾倒。

(7) 42CK：保证搅拌机上仰到+15°就位以后，44ZJ才能动作。

(8) $41ZJ_{-3}$：保证漏斗对准以后，套筒才能下放。

(9) $42ZJ_{-3}$：使45ZJ复原。

(10) $43ZJ_{-2}$：正在搅拌，防止手动误要斗。

(11) 81CK：只有套筒回升到顶，漏斗才准回转。

(12) $81ZJ_{-2}$：本机正停斗给料，其他搅拌机即使要斗，漏斗也不准起动。

(13) $81C_{-2}$：回转漏斗起动后使81SJ和84ZJ复原。

9.4.4 出料层电路

图9.20所示为出料漏斗弧门的控制原理和电路，其中92DT是两个两位开关阀的组合。

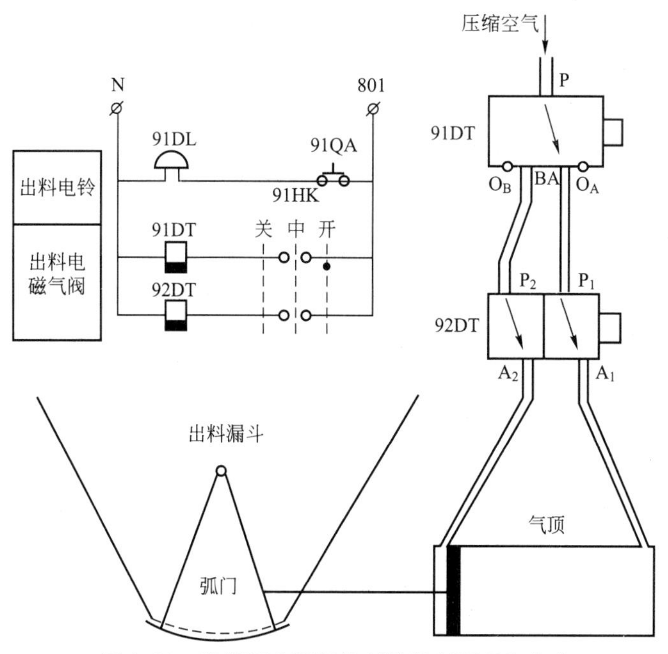

图9.20 出料漏斗弧门控制的控制原理和电路

当万能转换开关91HK转至“关”位时，91DT和92DT都断电，压缩空气经91DT的P口、A口和92DT的P_1口、A_1口进入气缸右部，使弧门关闭。

当91HK转至“开”位时，91DT通电，92DT断电，压缩空气经91DT的P口、B口和92DT的P_2口、A_2口进入气缸左部，使弧门全开。

当92HK转至“中”位时，92DT通电，A_1口与P_1口、A_2口与P_2口都不通，气缸左、右部的空气被封闭，活塞停在原来位置。因此，只要掌握91HK扳到“中”位的时机，就可以使弧门开到任意程度。

91DL是装在出料漏斗下的出料前预告电铃。

9.5 搅拌楼的电气操作和试运转

9.5.1 搅拌楼的电气操作

1. 进料层操作

(1) 送电操作使1ZK合闸，插入钥匙使1YK接通。

(2) 骨料进料操作(以进中石为例)：①揿10QA，以电铃12DL通知地垅准备；②拧12HK至“中石”，地垅的13XD亮；③揿12QA，回转分料漏斗对准中石仓口，12HD亮；④揿17QA，以11DL预告皮带机起动：⑤插入钥匙接通11YK，稍停揿11QA，起动皮带机；⑥再揿10QA，以12DL通知地垅给料。

(3) 水泥进料操作(以水泥进1号仓为例)：①手动关闭螺旋机通掺合料仓的出料门，16UD灭；手动打开通水泥仓的出料门，15UD亮；②将13HK拨向“1#”，两个叉管的翻板门通1号水泥仓，11UD和13UD亮：③揿19QA，以13DL与地面联系；④插入钥匙，接通13～16YK；⑤揿16QA和15QA起动布袋滤尘器和离心通风机，16HD和15HD亮；⑥将14HK拨向“联动”，揿14QA，起动螺旋机和斗式提升机，15HD和14HD亮：⑦再揿19QA，通知给料。

(4) 通风机操作：接通17HK和18HK，起动两台轴流通风机。

2. 配料层操作

(1) 送电操作：①使3ZK合闸，2HD亮；②使2ZK和4ZK合闸；③插入钥匙，使2YK接通。察看并倾听各处有无异常表现，过3～5min后再进行其他操作。

(2) 电子秤操作：①投入交流电子稳压器，调准到220V；②投入12台电子秤及其他检测仪器，预热10～20min；③根据调度命令选好电子秤给配开关位置，调好电子秤；④以对讲电话与各方面联系。

(3) 辅助机械操作：①插入钥匙，接通24YK～26YK，揿24QA～26QA，起动布袋滤尘器和离心通风机；②拨通27HK机28HK，起动两台轴流通风机；③拨通21HK～23HK，起动塑化剂泵、加气剂泵和搅拌器。

(4) 搅拌机起动操作：①用蜂鸣器、信号灯或对讲电话与搅拌层联系；②插入钥匙拨通41YK、51YK、61YK、71YK和81YK；③揿82QA，以81DL预告搅拌机起动；④先后间隔1～2min揿42QA、52QA、62QA和72QA，起动4台搅拌机，41HD、51HD、61HD和71HD亮，41UD、51UD、61UD和71UD中有一灯亮，说明漏斗已对准该搅拌机。

(5) 配料操作：①再次检查或调整电子秤；②拨25HK，选定水泥仓号；③拨通24HK和26HK，开始自动配料；④在特殊情况下，可用23QA，28qA、29QA及21UK～32UK进行手控称料、卸料、复原及超称留料。

3. 出料操作

(1) 按91QA，以91DL预告驾驶人。

(2) 操作91HK，打开出料弧门出料。

(3) 再按91QA，告诉驾驶人出料完毕。

4. 单机检修操作

(1) 检修时应取走本机钥匙开关上的钥匙，以保证安全，试车时以空载运转为宜。

(2) 螺旋机和斗式提升机试车前应将14HK拨向“单开”一边。螺旋机试车时应拧开手动水泥或掺合料出料门，以便余料进仓。

9.5.2 搅拌楼的电气试运转

1. 试运转前的准备

(1) 把所有开关都置于断开位置或零位，暂时取下所有熔断器的熔管。

(2) 送压缩空气，检查气路有无漏气现象。这时所有电磁阀都断电，各气控机械所处的状态应与此相对应。

2. 控制电路动作试验

(1) 装上控制电路熔断器的熔管。

(2) 按操作步骤进行操作，对进料层、配料层、搅拌层各控制电路逐个进行动作试验。检查各信号灯、电铃、接触器、继电器和气控机械等的动作是否符合原理要求。

(3) 试验时，回转漏斗的自动找位和对准行程开关，电子秤的4副输出触头，以及给料继电器42ZJ、52ZJ、62ZJ和72ZJ以手动模拟实际情况。

(4) 各联锁触头的作用可以手动进行试验。

3. 空载试运转

(1) 准备工作：①卸掉电动机的联轴节(如有必要)；②用手转动电动机一周应无卡住现象；③装上主电路熔断器的熔管。

(2) 按操作步骤操作，检查电动机的转向，如转向不符应立即纠正。将卸掉的联轴节重新装上，进行空载试运转。

(3) 给秤斗挂砝码，对配料层进行静载荷试运转，对电子秤进行初步调整。

(4) 先对各层电路逐个进行空载试运转，再对配料层和搅拌层电路进行联合试运转。

(5) 对水银开关、行程开关、电磁制动器和气控机械进行反复调整。各行程开关和水银开关的调整要求见表9-3，供参考。

(6) 对各时间继电器的延时值进行初步调整。各时间继电器的调整要求和延时参考值见表9-4。

表 9-3 行程开关和水银开关的调整要求

序号	代　　号	开关名称	调整要求
1	11XK～18XK	回转分料漏斗自动找位开关	动作后漏斗停止并对准相应的仓口
2	11CK～14CK	水泥叉管翻板门位置开关	翻板门翻到底，它接通
3	15CK、16CK	螺旋机手动出料门位置开关	出料门开，它接通
4	21XK～32XK	秤斗底门位置开关	底门关严，它接通
5	21CK～32CK	料仓底门位置开关	底门关严，它接通
6	41CK、51CK、61CK、71CK	回转给料漏斗对准开关	漏斗对准搅拌机，它接通
7	42CK、52CK、62CK、72CK	搅拌机上仰就位开关	上仰到正常位器(+15°)，它接通
8	41SYK、51SYK、61SYK、71SYK	搅拌机倾倒到底开关	倾倒到底(−55°)，它接通
9	42SYK、52SYK、62SYK、72SYK	搅拌机上仰就位气垫开头	上仰到0°～+15°，它断开；倾倒到0°～−55°，它接通
10	81CK	套筒上升到顶开关	套筒上升到顶，它接通
11	82CK～85CK	回转给料漏斗自动找位开关	接通后漏斗停止并对准搅拌机
12	86CK	套筒浮动开关	套筒下放到底，它动作

表 9-4 时间继电器的调整要求

序号	代号	名称	延时要求	参考值/s
1	21SJ	第二批卸料延时继电器	保证第一批料卸完所需要的时间	2.5～3
2	22SJ	第三批卸料延时继电器	保证第三批料卸完所需要的时间	2.5～3
3	41SJ、51SJ、61SJ、71SJ	搅拌计时时间继电器	保证搅拌均匀所需要的时间	90～120
4	42SJ、52SJ、62SJ、72SJ	搅拌机倾倒延时继电器	保证搅拌机倒空所需要的时间	2.5～3
5	81SJ	给料漏斗延时继电器	保证第三批料全部进入搅拌机所需要的时间	2.5～3

4. 负载试运转

空载试运转合格后方可进行负载试运转。

(1) 进料层实际进料，使各仓储料。

(2) 配料层实际配料。对每台秤所称的料用精度较高的磅秤进行核对，重新调整电子秤，使其精度符合技术要求。

(3) 进行实际配料、给料、搅拌和出料的联合试运转。

(4) 重新调整各行程开关、水银开关、时间继电器、电磁制动器和气控机械。

(5) 注意观察、倾听和检查各电气设备和机械设备的运行情况，如响声、振动、冒火、电流、电压等是否正常。

试运转的其他问题请参看国家有关规范。

9.6 搅拌楼电路故障的判断

搅拌楼多尘、潮湿，装在机旁的电气设备和电缆容易发生动作失灵，接触不良，绝缘损坏，漏电接地等故障。落在电气设备上的水泥溅上水而凝固，会使电器动作失灵，甚至使电动机卡住。因此，日常应加强检查维护，定期清除尘土，消除隐患。现将搅拌楼电路常见故障的可能原因及地段分列如下，供参考。

9.6.1 进料层电路故障的判断

(1) 进料层各设备都不能动作：①电源停电；②1ZK 跳闸；③1RD 熔断；④1YK 不通；⑤控制电路干线断路。

(2) 某台电动机不能起动：①该机的接触器不动作，则故障在控制电路；②若接触器动作，则故障在主电路。

(3) 12HK 在某位时，回转分料漏斗不能起动：①12HK 在该位时不通；②相应的自动找位行程开关常闭触头不通或电缆断线。

(4) 回转分料漏斗不能自动停止：①相应的自动找位行程开关常闭触头不能断开或被短接；②12C 粘住。

(5) 回转分料漏斗对不准仓口：①若某个仓口对不准，问题在该自动找位行程开关；②若所有仓口都对不准，问题在 12T 或机械传动系统。

(6) 斗机和螺旋机能单开但不能联动：①14HK 不通；②联锁触头 $14C_{-2}$不通。

9.6.2 配料层电路故障的判断

(1) 配料层和搅拌层各设备都不能动作：①电源停电；②3ZK 跳闸；③2ZK 跳闸；④2YK 或接线不通。

(2) 配料层各设备全都不能动作：①2RD 熔断；②控制电路干线断路。

(3) 各电子秤都不称料：①有的电子秤红针未回零或 $1DC_0$～$12DC_0$电路不通(这时可揿 29QA 手动复原)；②27ZJ 不动作；③24ZJ 不释放；④有的秤斗底门未关严或 21XK～32XK 电路不通(这时可揿 23QA 手控称料)；⑤24HK 不通。

(4) 某电子秤不称料：①该秤的 DC_J或 DC_Z，对于水泥秤是 $1DC_C$不通或电缆断线；②该料仓底门的电磁气阀故障；③气路或机械故障。

(5) 各秤都不卸料：①有的料仓底门未关严或 21CK～32CK 电路不通；②$2DC_C$～$12DC_C$电路不通；③21ZJ 不动作；④有的料超称；⑤26HK 或 $27ZJ_{-1}$不通；⑥24ZJ 不动作；⑦没有搅拌机要料。

(6) 第二(或三)批不卸料：①21SJ(或 22SJ)故障；②25ZJ(或 26ZJ)故障。

(7) 某秤不卸料：①相应的钮子开关不通；②该秤斗底门电磁气阀故障；③气路或机械故障。

9.6.3 搅拌层电路故障的判断

以 1 号搅拌机为例。

(1) 搅拌机不能起动：①若 41C 不动作，则故障在 41C 线圈电路；②若 41C 动作，则故障在主电路。

(2) 回转给料漏斗不回转：①若 81C 动作，则故障在主电路；②套筒未回升到顶或 81CK 未接通；③复原继电器 27ZJ 不动作；④81RJ 动作；⑤81C 故障。

(3) 回转漏斗不停：①81C 粘住；②81ZJ 不动作；③81SJ 不释放或不断开。

(4) 回转漏斗在 1 号机前不停：①45ZJ 不动作；②82CK 不能接通。

(5) 漏斗已对准，但套筒不下放：①漏斗未对准或 41CK 不能接通；②41ZJ 不动作或 $41ZJ_{-1}$不能接通；③44ZJ 不动作；④82ZJ 不动作；⑤81DT 故障或气路、机械故障。

(6) 套筒已下放，但不给料：①86CK 未接通；②83ZJ 不动作；③42ZJ 不动作；④配料系统故障。

(7) 已给料，但套筒不回升：①复原继电器 27ZJ 不动作；②81SJ 不动作；③81ZJ 不释放；④44ZJ 不释放；⑤82ZJ 不释放；⑥81DT 故障或气路、机械故障。

(8) 搅拌计时继电器 41SJ 指针不走：①45ZJ 不释放；②$42ZJ_{-2}$或 $27ZJ_{-3}$不能接通；③43ZJ 不动作。

(9) 搅拌时间已到，但不倾倒：①83ZJ 不释放；②42YK 不通：③41DT 故障；④气罐内气压不足或机械故障。

(10) 料已倒空，但不上仰：①41SYK 或 42SYK 不能接通；②42SJ 不动作；③45ZJ 不动作；④41SJ 不释放；⑤41DT 故障或气路、机械故障。

9.7 电子秤的工作原理

电子秤是搅拌楼实现全自动化的关键性设备。图 9.21 是电子秤的方框图。它由传感器、测量桥路、放大器、可逆电机、执行机构(秤盘)及稳压电源、滤波器、调零装置、给定信号等部分组成。

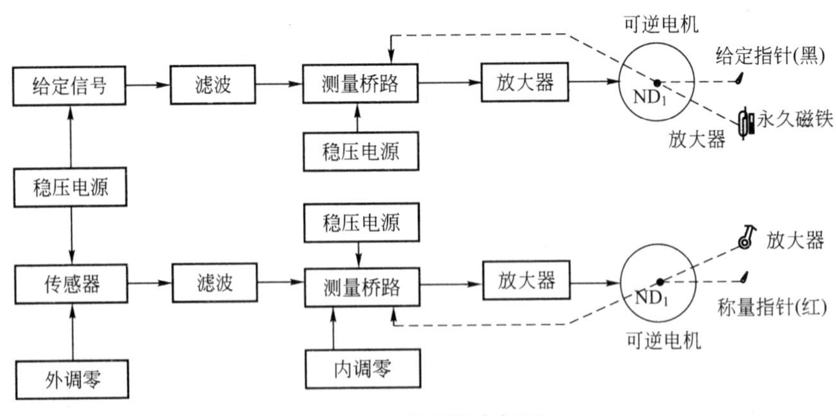

图 9.21　电子秤方框图

一台电子秤分为称量和给定两个单元，称量指针(红色)指示料的净重，给定指针(黑色)指示调度单给定的重量，两单元的工作原理基本相同。称量单元的工作原理如下：传感器把质量变换成电压信号，经过滤波消除干扰、测量桥路的比较、放大器的放大，最后送给可逆电机；可逆电机带动称量指针和测量桥路中电阻盘的滑动点，将指针的转角信号变换成电压信号回送给测量桥路，并与传感器信号进行比较，使测量桥路的输出信号是传感器信号与指针转角信号的差值；当差值信号等于零时，放大器无输出，可逆电机停止，指针就指示所称的质量。

给定单元的输入是一个人为给定的电压信号，使给定指针停在调度单中给定的质量处。当称量指针走到与给定指针重合时，磁短路片进入舌簧管与永久磁铁之间的缝隙，舌簧管动作使精称触头断开而停称。

9.7.1 传感器

传感器是把重量转换成电压的信号转换元件，由电阻应变片和应变筒组成。图9.22是电阻应变片。用电阻系数高、温度系数小、性能稳定的康铜丝制成的电阻丝，粘在用薄纸或有机聚合物制成的基片与覆盖层之间即成为电阻应变片。

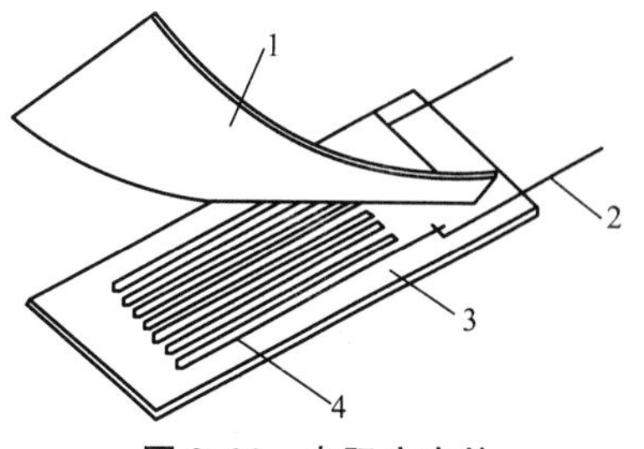

图9.22 电阻应变片

1—覆盖层；2—引出线；3—基片；4—电阻丝

图9.23是传感器的原理结构和电路图。在应变筒的外壁圆柱表面上粘贴着8片电阻应变片(也有粘4片的)，如图9.23(a)所示。图9.23(b)是电阻应变片的粘贴展开图；$r_1 \sim r_4$ 竖贴，叫作工作片；$r_5 \sim r_8$ 横贴，叫作补偿片。8片电阻应变片接成一个电桥电路。r_0 是初始不平衡电阻，r_τ 是温度零点补偿电阻，如图9.23(c)所示。

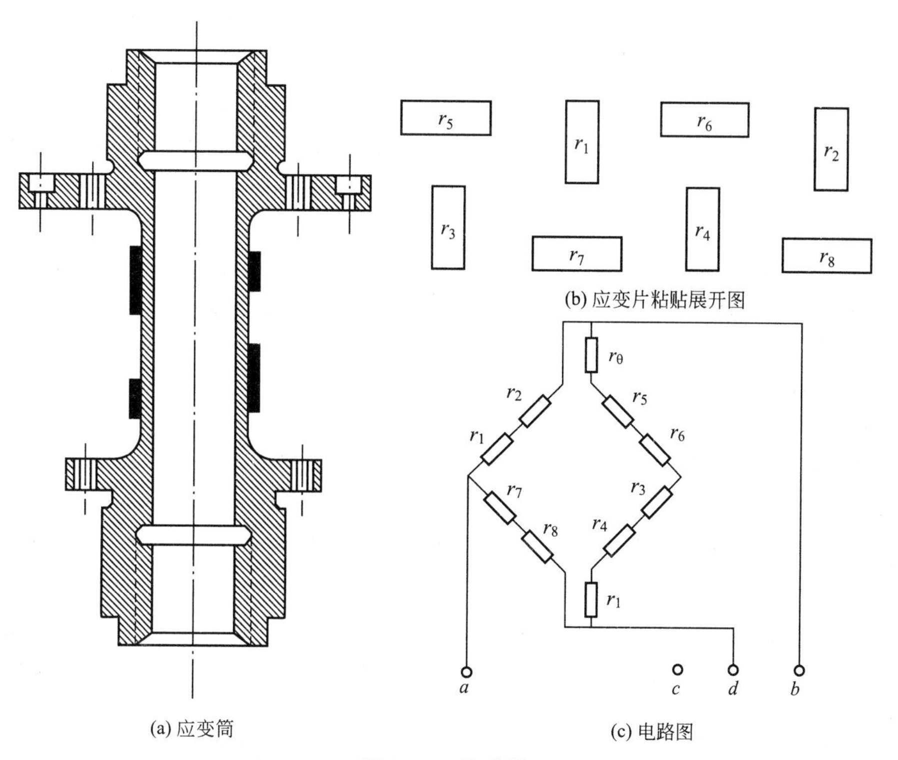

图9.23 传感器

应变筒是一个弹性变形元件，安装在秤斗的3根悬挂杆上部。在秤杆拉力的作用下，应变筒伸长变细，电阻应变片也随之变形。工作片的电阻丝受拉长度伸长，长度直径变细。补偿片的电阻丝受压缩短，直径变粗。当然，变形是很微小的。

电阻丝的电阻与长度成正比，与截面成反比，即

$$r=\rho\frac{l}{s} \tag{9-1}$$

式中，r 为电阻丝的电阻(Ω)；ρ 为电阻丝的电阻率($\Omega\cdot mm^2/m$)；l 为电阻丝的长度(m)；s 为电阻丝的截面(mm^2)。

可见，应变筒受拉力后，工作片的阻值增大。

9.7.2 传感器桥路

应变片的阻值变化很微小，为了提高传感器的灵敏度，把它接成电桥电路。令

$$r_a=r_1+r_2,\quad r_b=r_5+r_6+r_0,\quad r_c=r_3+r_4+r_t,\quad r_d=r_7+r_8$$

就可以把图9.23(c)简化为图9.24。

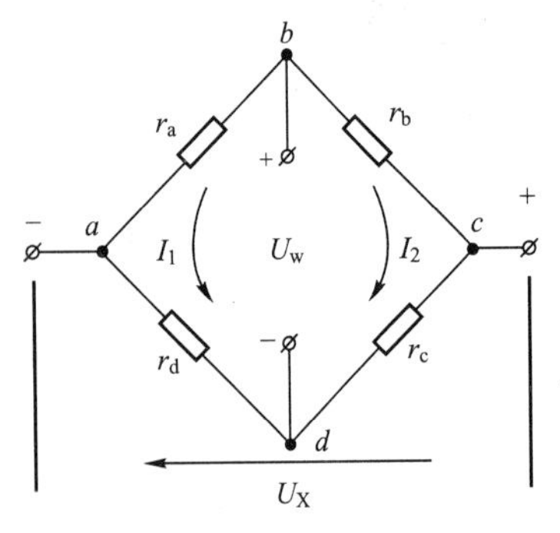

图9.24 电桥电路

r_a、r_b、r_c、r_d 叫作电桥的4个臂，r_a、r_c 是工作臂，r_b、r_d 是补偿臂。电桥的 b 和 d 两端接稳压电源 U_W，a 和 c 是两个输出端。根据电桥原理，当相对两臂的阻值乘积相等时，即

$$r_ar_c=r_br_d \quad 或 \quad \frac{r_a}{r_d}=\frac{r_b}{r_c} \tag{9-2}$$

电桥处于平衡状态，输出电压 $U_X=0$。初始不平衡电阻 r_0 用来补偿4个臂的电阻应变片在工艺上的差别，使电桥在应变筒不受外力的初始状态下处于平衡状态。温度零点补偿电阻 r_t 用来补偿4个臂的电阻值随环境温度而变化的差别，通常用经过老化处理的纯铜丝绕制而成。

传感器在拉力的作用下，工作臂 r_a 和 r_c 的阻值增大，补偿臂 r_b 和 r_d 的阻值减小，电压 U_{ba} 和 U_{cd} 变大，U_{ad} 和 U_{bc} 减小，a 点的电位降低，c 点的电位升高，电桥失去平衡。a、c 两点就有电压输出。输出电压 U_X 基本上与拉力成正比。因此，传感器可以把质量信号转换成电压信号。

在传感器的使用中应注意下列问题，否则会产生过大的测量误差和零点漂移(即秤斗卸载后指针不回零)。

(1) 不能受潮。受潮后会使胶粘不牢固，电阻丝不能跟随应变筒同步变形。检查受潮程度可用500V摇表测量绝缘电阻，20MΩ以上者为合格，否则应进行烘干处理。

(2) 不能磕碰。传感器受磕碰会产生永久变形。装拆传感器应使用六角扳手，不致受伤。

(3) 不许过载。传感器过载也会产生不允许的永久变形。短时过载不得超过120%。

(4) 每台秤3个传感器的输出灵敏度应尽量一致，出厂时它们都是经过选配的，使用中不要随意互相调换。

(5) 传感器投入电路后必须经过预热，待温度稳定后才能开始工作。

9.7.3 电子电位差计

图 9.25 是电子电位差计的工作原理图。R_A，R_B，R_C，R_D及 R_H(被滑动点 D 分成R_{H1}和 R_{H2}两部分)所组成的电桥称为测量桥路，由定压电源 U_W供电。D、A 为输出端，输出电压为 U_{DA}。上支路电流设计为 4mA，下支路为 2mA。U_{DA}与传感器桥路的输出电压U_X反极性串联后送给放大器 JF。放大器的输入电压是它们两者之差

$$U_F = U_X - U_{DA} \tag{9-3}$$

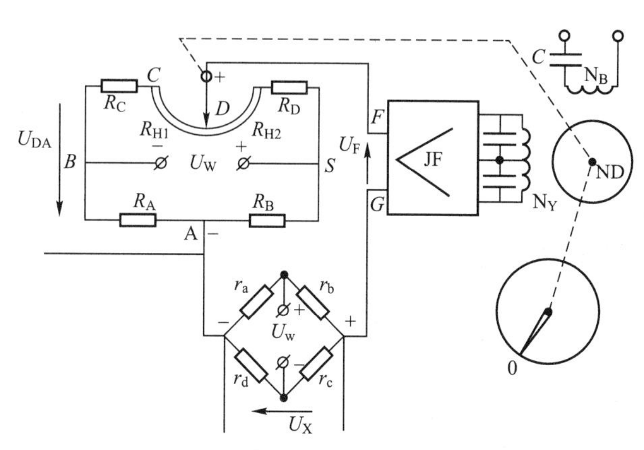

图 9.25 电子电位差计工作原理图

U_F经过放大以后去驱动可逆电机 ND。N_B和 N_Y是可逆电机的励磁绕组和控制绕组。当U_F为正值时，可逆电机正转；当 U_F为负值时，可逆电机反转。可逆电机一方面驱动指针转动，另一方面驱动圆环形滑线电阻盘 R_H的滑点 D 移动。

当传感器不受外力时，$U_X=0$，如果这时测量桥路也处于平衡状态，即 $U_{DA}=0$，那么放大器的输入电压 $U_F=0$。此时，可逆电机静止，整个系统处于原始平衡状态。

当秤斗进料时，传感器输出电压 U_X，极性如图 9.25 所示。刚开始时滑点 D 尚未移动，$U_{DA}=0$，放大器输入正向电压 $U_X=U_F$，故可逆电机正转，指针向顺时针方向走动，滑点 D 向右移动。这时，R_{H2}减小，D 点电位升高，测量桥路失去平衡，电压 U_{DA}(D 点为正，A 点为负)不断增大。这个过程一直进行到秤斗停止进料并 $U_X=U_F$，即 $U_F=0$，可逆电机停止，系统处于新的平衡状态为止。此时指针指示所称的重量值。

当秤斗卸料时，U_X减小。刚开始时滑点 D 尚未移动，$U_{DA}>U_X$，放大器输入反向电压$U_F=U_X-U_{DA}<0$，故可逆电机反转，指针返回，滑点 D 向左移动，U_{DA}不断减小。这个过程又一直进行到卸料结束并 $U_{DA}=U_X$，$U_F=0$，可逆电机停止，系统建立新的平衡状态为止。

这一自动平衡原理就是电子秤的基本工作原理。

9.7.4 称量单元的实际电路

称量单元的实际电路如图 9.26 所示。各元件的作用说明如下。

1. 传感器桥路 CG_{-1}、CG_{-2}、CG_{-3}

每台电子秤斗以 3 根金属杆悬挂、每根杆安装一个传感器。因为料和秤斗的总重量等于 3 根杆的拉力之和，所以 3 个传感器的输出端应该顺极性串联，使 3 个信号电压相加。

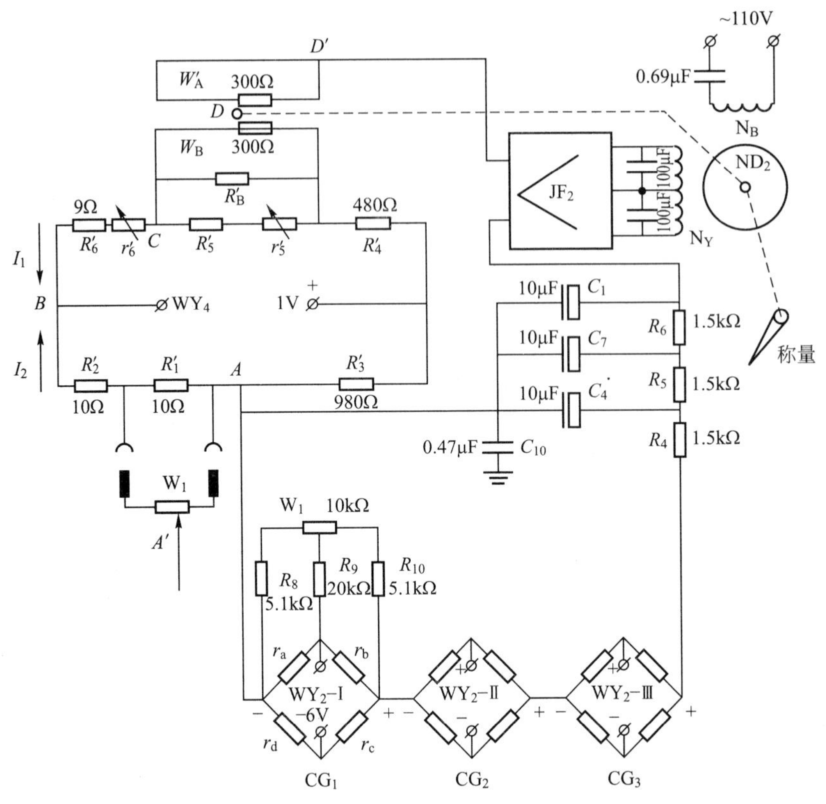

图 9.26　称量单元实际电路

3 个传感器桥路分别由稳压电源，$WY_{2-Ⅰ}$、$WY_{2-Ⅱ}$、$WY_{2-Ⅲ}$供电，电压 6V。

2. 起始电阻$(R'_6+r'_6)$和$(R'_1+R'_2)$

生产上要求称量指针所指的是料的净重，秤斗卸空以后指针应该回零，即 D 点滑到最左端，使系统平衡。这时，D、C 两点之间的电压 $U_{DC}=0$(实际上滑线电阻盘 W_8的左端部还剩一点电阻)，测量桥路的输出电压 $U_{DA}=U_{DC}+U_{CB}-U_{AB}=U_{CB}-U_{AB}$，传感器的输出电压为斗重信号 U_{X0}。根据平衡条件

$$U_F=U_{X0}-U_{DA}=U_{X0}-U_{CB}+U_{AB}=0$$

$$U_{CB}=U_{AB}+U_{X0}$$

或

$$I_1(R'_6+r'_6)=I_2(R'_2+R'_1)+U_{X0} \tag{9-4}$$

式(9-4)中上支路电流 I_1及下支路电流 I_2，都是设计定的。可见，电阻$(R'_6+r'_6)$和$(R'_2+R'_1)$与电子秤的起始重量(斗重)有关，故称为起始电阻。r'_6是供微调用的电阻。

3. 滑线电阻盘 W_8、W'_8和称量范围电阻$(R'_5+r'_5)$

滑线电阻盘 W_8和 W'_8用锰铜丝绕在两个同心的圆环形芯子上，成为盘式结构。滑点 D 是一个银珠，由可逆电机带动它在 W_8和 W'_8之间滚动。银珠和锰铜丝接触时会产生接触电势，影响测量的精度。为此采用两个滑线电阻，使两个接触电动势反极性串联，互相抵消。

滑线电阻盘和银珠应定期用小毛刷和航空汽油洗刷。如表面氧化严重，可用 00 号砂纸均匀地往复擦去氧化物，再清洗干净。不及时清洗会引起电子秤的灵敏度下降，读数不稳定。

滑点 D 滑到最左端时，指针指零；反之滑向最右端时，指示净重上限值。可见 W_8 的阻值决定了电子秤的称量范围，称量范围不同的电子秤就要制造阻值不同的滑线电阻盘。但是，由于它的阻值不大，精度要求高，结构尺寸要求相同，制造工艺困难，因此，厂家只制造一种规格的滑线电阻盘，并且用一个固定电阻 R'_B 与 W_8 并联，使其等效电阻精确为同一规格。为了满足不同电子秤的要求，再并联一个电阻($R'_5+r'_5$)，使 W_8、R'_B 与($R'_5+r'_5$)三者的并联等效电阻适合不同的称量范围，故称($R'_5+r'_5$)为称量范围电阻。r'_5 是供微调用的。

4. 上支路限流电阻 R'_4

测量桥路的定压电源 WY_4 为 1V。上支路的其他电阻选定之后，用 R'_4 把 I_1 限定为 4mA，故称 R'_4 为上支路限流电阻。

5. 下支路限流电阻 R'_3

同理，R'_2、R'_1 选定之后，用 R'_3 把 I_2 限定为 2mA，故称 R'_3 为下支路限流电阻。

6. 内调零电位计 W_9

内调零电位计在现场不使用，在实验室调试电子秤时将 W_9 临时接入电路，使 W_9 与 R'_1 并联，把下支路的输出点 A 改为 W_9 的滑点 A'。这样，只要改变滑点 A' 的位置，即使不接传感器($U_X=0$)，测量桥路本身也可以向放大器输出一个信号

$$U'_F=U_X-U_{DA'}=U_{A'B}-U_{CB}-U_{DC} \tag{9-5}$$

以便对电子秤进行调试。

7. 外调零电位计 W_6

外调零电位计用来解决零点漂移问题。W_6 接在 1 号传感器 CG_1 的电路中，W_6 的左半电阻及 R_6 与工作臂 r_a 并联，W_6 的右半电阻以及 R_{10} 与补偿臂 r_b 并联。调节 W_6 的滑点可以改变工作臂和补偿臂并联等效电阻的大小，使一臂增大，另一臂减小，从而影响传感器桥路的平衡，相当于人为输入一个信号。因此，调节 W_6 可以使电子秤在空斗时指针回零。

如果调零范围不够宽，可以减小 R_6 的阻值。

8. 抗干扰滤波装置

电子秤放大器的灵敏度很高，干扰信号输入放大器会使秤的误差增大，指示不稳，灵敏度下降，甚至不能工作。按照干扰信号输入点的不同可分为端间干扰和对地干扰。

干扰信号加在放大器两输入端之间，叫作端间干扰，它的主要来源是电动机、输电线、变压器和接触器等所产生的 50Hz 交变电磁场穿过传感器两根输入线之间而产生的感应电动势，以及通过分布电容而产生的静电感应。为了减小干扰信号，输入线应远离强磁场铁心和强电流导线，并将两根输入线绞合起来，或者将输入线穿入接地的软铁管内屏蔽起来。

传感器的输出信号是直流电，干扰信号是 50Hz 交流电，因此可以利用电容器的通交流、隔直流特性进行滤波。R_4 和 C_6、R_5 和 C_7、R_6 和 C_8 是接在电子秤输入端的三级“L”形阻容滤波器。图 9.27 所示为一级“L”形阻容滤波原理。设 50Hz 的干扰电压为 $U_g=1V$。则可算得 C_6 的容抗为

$$X_C=\frac{1}{2\pi fC}=\frac{1}{2\times3.1416\times50\times10\times10^{-6}}\Omega=318\Omega$$

$$ZRC=\sqrt{R_4^2+X_C^2}=\sqrt{1500^2+318^2}\,\Omega=1533\Omega$$

X_C与R_4的串联阻抗

$$ZRC=\sqrt{R_4^2+X_C^2}=\sqrt{1500^2+318^2}\,\Omega=1533\Omega$$

经过滤波后输出的干扰信号电压是C_6上的压降

$$U'_g=U_g\frac{X_C}{Z_{RC}}=1\times\frac{318}{1533}\text{V}=0.207\text{V}$$

若经过三级相同的“L”形滤波，干扰信号电压就只有

$$U'''_g=U'^3_g=0.207^3\text{V}=0.0089\text{V}$$

即干扰信号约衰减了99%。

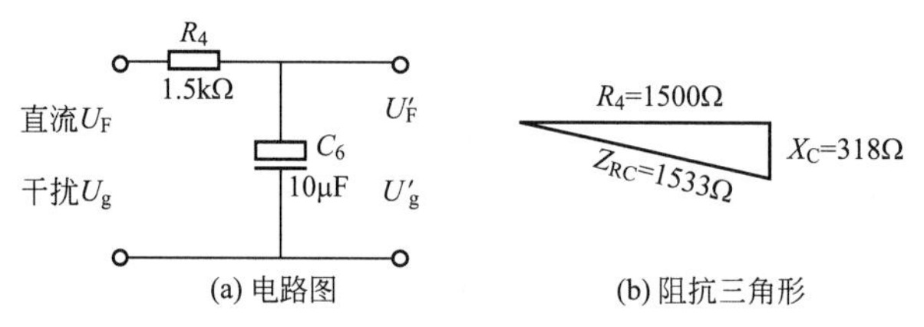

图 9.27　一级“L”形阻容滤波原理

滤波级数不能过多，因为串联电阻($R_4+R_5+R_6$)过大会使直流有效信号电流通过它时压降损失过大，影响电子秤的灵敏度。

干扰信号加在某根输入线和地之间，叫作对地干扰，由传感器和输入线的对地漏电阻引起。为了使这种干扰信号不进入放大器，在电子秤的输入端与地之间接一个旁路电容C_{10}，使干扰信号经C_{10}入地。

9.7.5　给定单元的实际电路

图9.28所示为给定单元实际电路。它与称量单元基本相同，不过输入信号不是来自传感器，而是人为给定的电压。产生给定电压各元件的作用说明如下：

(1) 给定电位计W_1～W_5给定单元的输入信号就是给定电位计上面这部分电阻上的压降。调节给定电位计就可以使给定指针停留在调度单中所规定的质量处。5个给定电位器可根据生产中常用的5种给配预先调妥并锁紧，供选择。

(2) 给配选择开关91JK，它是一个12层5位波段开关。当需要改产另一种给配的混凝土时，只要拧动91JK就能把12台电子秤方便地一次变换好给配。

(3) 搅拌容量变换开关92JK和电阻R_{C1}。92JK是一个12层4位波段开关。拧动92JK可以在电阻R_{C1}上取出不同的电压送给电位计W_1～W_5，使12台电子秤的给定电压都按同一个比例改变，以达到改变搅拌容量的目的。本楼一台搅拌机一次最多可搅拌3m^3的混合料，这时送给W_1～W_5的电压都为1V。例如，当需要把搅拌容量变换为1.5m^3时，只要把92JK拨到“1.5”的位置即可。这时加在12台电子秤的W_1～W_5上的电压都降到原来的二分之一(0.5V)，W_1～W_5所输出的给定电压，给定指针的指示值，各种料所称的质量也都减小到原来的二分之一。利用92JK可以在3.0m^3、2.5m^3、2.0m^3、1.5m^3的4种搅拌容量中方便地变换。

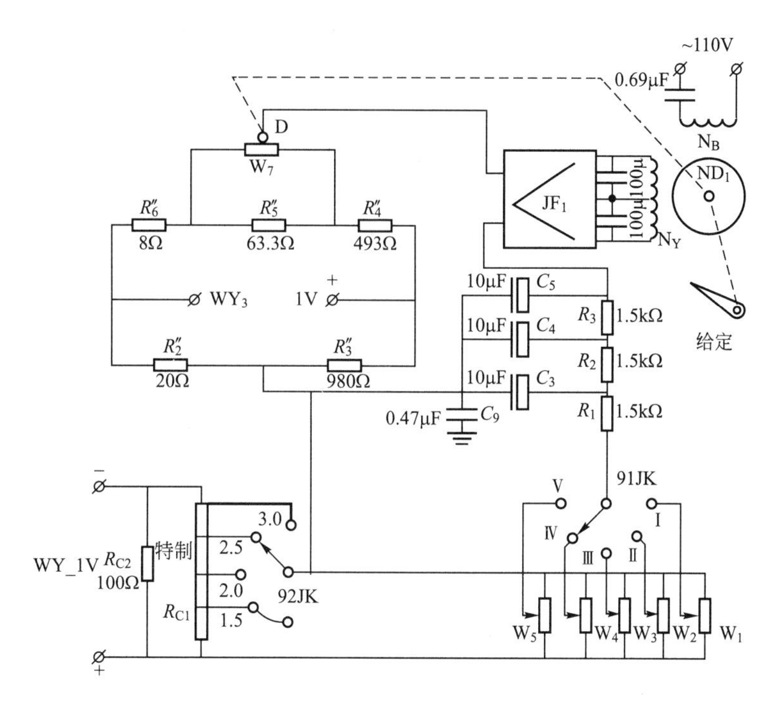

图 9.28　给定单元实际电路

9.8　电子秤的稳压电源

传感器桥路、测量桥路和给定信号都必须用稳压电源供电，以保证电子秤的称量精度。本楼还加装了614－A型交流电子稳压器，以便稳定电子秤的交流电源。

9.8.1　二极管和稳压管

晶体二极管就是一个具有单向导电性能的PN结。图9.29所示为晶体二极管的工作原理。加到二极管两端的电压U和通过二极管电流I的关系曲线，叫作二极管的伏安特性，如图9.29(b)所示。当二极管加正向电压时，开始电流随电压逐渐上升，后来电流急速上升，叫作二极管导通。导通以后，二极管的正向管压降几乎不变，对于硅二极管约为0.7V。当二极管加反向电压时，反向电流很小，叫作二极管截止。但是，当反向电压超过某个数值U'_W时，反向电流突然增大，称为反向击穿。反向击穿以后，尽管反向电流变化很大，反向管压降则几乎维持不变。

晶体稳压管实际上就是经常工作于反向击穿状态的二极管，利用它的反向管压降几乎不变的特性起稳压作用。一般二极管反向击穿以后就损坏了，而稳压管并不损坏，当反向电压降低以后仍能恢复截止状态。

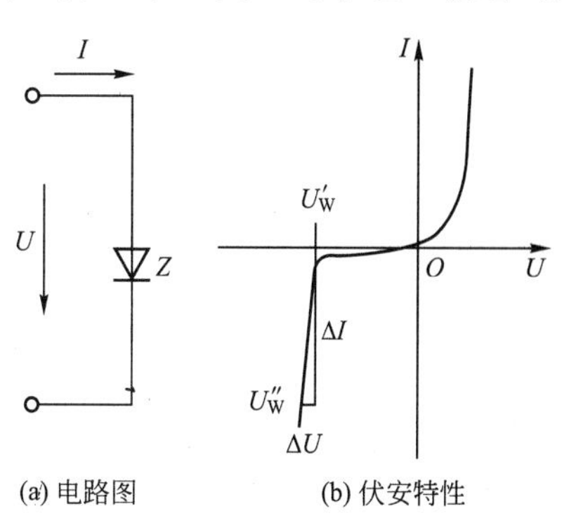

图 9.29　晶体二极管的工作原理

稳压管的稳定电压有一个范围$U'_W \sim U''_W$，如图 9.29(b)所示。工作电压小于这个范围时，稳压管截止，不能起稳压作用；工作电压大于这个范围时，稳压管因工作电流过大而烧坏。

在稳压范围内，反向管压降的变化量ΔU与相应的电流变化量ΔI的比值

$$R_d=\frac{\Delta U}{\Delta I}=\frac{U''_W-U'_W}{I''_W-I'_W} \tag{9-6}$$

叫作动态电阻，一般在 6～40Ω。

稳压管的稳压值与温度有关。稳压值随温度的升高而增大的稳压管具有正的温度系数，反之则具有负的温度系数。稳压值在 6V 左右的稳压管，稳压值受温度的影响最小。

图 9.30 所示为稳压管的稳压原理。设稳压管工作于稳压范围，输入电压为U_1，输出电压为U_2，根据式(9-6)，可以把稳压管两端的电压分成两部分：不变的电压U'_W；随电流而变化的电压，即电流I在动态电阻R_d的压降$\Delta U=IR_d$。于是图 9.30(a)就可以用图 9.30(c)所示的等效电路来代替。

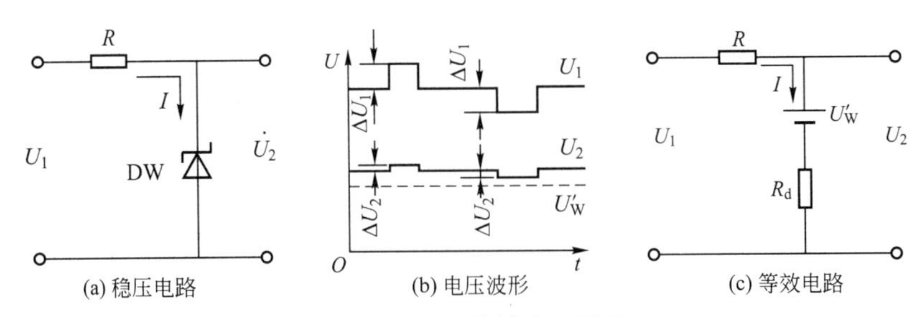

图 9.30　稳压管的稳压原理

当输入电压不变时，输出电压

$$U_2=U'_W+IR_d \tag{9-7}$$

$$U_1=U_2+IR=U'_W+IR_d+IR \tag{9-8}$$

当输入电压的变化量为ΔU_1时，相应的电流变化量为ΔI，则输出电压变化量为ΔU_2。根据根据式(9-7)

$$\Delta U_2=\Delta IR_d \text{ 或 } \Delta I=\frac{\Delta U_2}{R_d} \tag{9-9}$$

根据式(9-8)和式(9-9)

$$\Delta U_1=\Delta IR+\Delta U_2=\frac{\Delta U_2}{R_d}R+\Delta U_2=\Delta U_2\left(\frac{R}{R_d}+1\right) \tag{9-10}$$

或

$$\Delta U_2=\frac{R_d}{R+R_d}\Delta U_1=K\Delta U_1 \tag{9-11}$$

式中，$K=\frac{R_d}{R+R_d}$是稳压系数。如果取$R \gg R_d$，则$K \ll 1$，输出电压的变化量ΔU_2就比输入电压的变化量ΔU_1小得多，如图 9.30(b)所示。因此稳压管可以起稳压作用。

9.8.2　稳压电源实际电路

传感器桥路稳压电源 WY_2，给定稳压电源 WY_1 与测量桥路定压电源 WY_3 和 WY_4 的电路基本相同。图 9.31 所示为 WY_1 和 WY_2 的实际电路，各元件的作用说明如下：

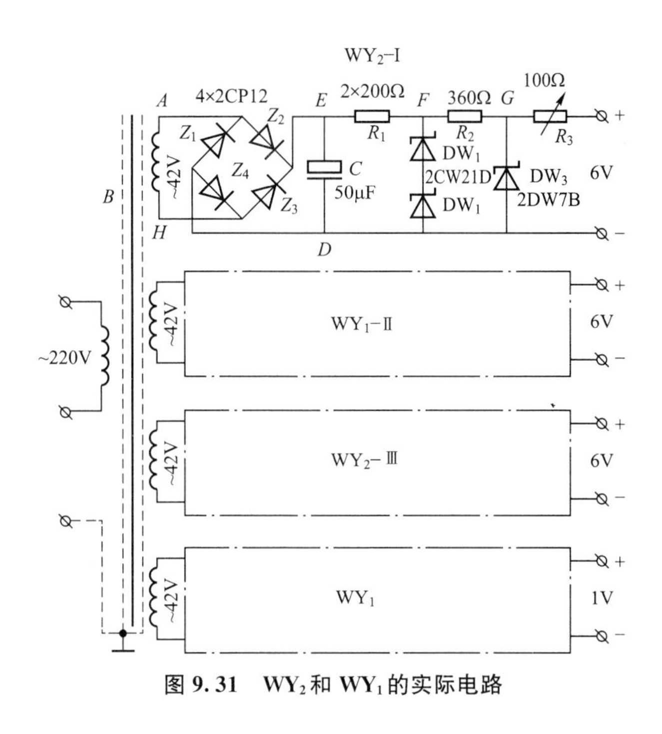

图 9.31 WY_2和 WY_1的实际电路

(1) 电源变压器 B。它是一个具有防干扰屏蔽罩的五绕组变压器，把交流 220V 的电压降为 42V。

(2) 单相桥式整流器 Z_1～Z_4。它把交流电压变换成直流脉动电压，波形如图 9.32 的曲线 2 所示。直流脉动电压可以看成是直流电压和许多交流电压叠加的结果。

(3) 滤波电容 C。经过电容滤波后的电压波形如图 9.32 的曲线 3 所示。

(4) 第一级稳压元件 DW_1、DW_2和 R_1。稳压管 DW_1和 DW_2的稳压范围 7～8.5V，两个串联后的稳定电压约为 16V。经过第一级稳压后的输出电压波形如图 9.32 中的曲线 4 所示。

(5) 第二级稳压元件 DW_3和 DW_2。经过第二级稳压后的输出电压波形如图 9.32 中的曲线 5 所示。稳压管 DW_3的稳压范围 5.9～6.5V。它由一个具有正温度系数的稳压管和一个具有负温度系数的二极管串联而成，如图 9.33 所示，因此具有温度的自补偿作用。这种管子有 3 根引出线，白点所指的 1 接正极，2 接负极。如其中的一个管损坏，可作单管使用。

(6) 微调电阻 R_3。它由锰铜丝制成，可用来微量调节输出电压，使一台电子秤的 3 个传感器的灵敏度一致。

稳压电源 WY_2的输出电压为 6V，出厂时与传感器配套调试好，使用中不可随意调换。给定稳压电源 WY_1的输

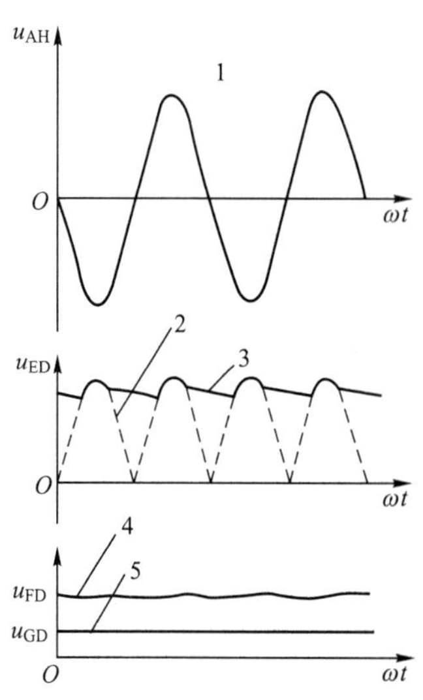

图 9.32 WY_2的各点电压波形

1—变压器输出电压；

2—桥式整流器的输出电压；

3—电容滤波后的电压；

4—第一级稳压输出电压；

5—第二级稳压输出电压

出电压为 1V，形式与 WY_2相同，但是下列元件参数为：

R_1＝1.2kΩ，R_2＝750Ω，R_3≥2kΩ。

图 9.34 所示为测量桥路定压电源 WY_3和 WY_4的实际电路。它的交流电源来自放大器电源变压器的 2×35V 绕组，采用单相全波整流电路，其他部分与 WY_1相同。

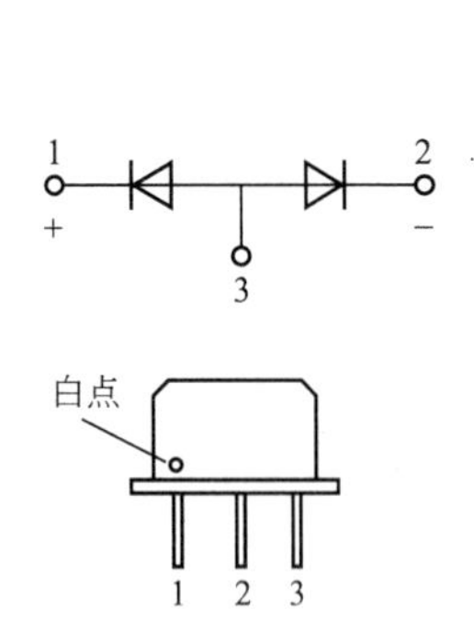

图 9.33　温度自补偿稳压管

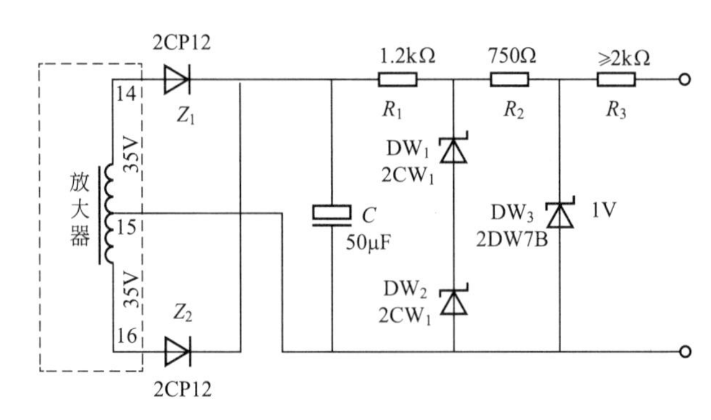

图 9.34　WY3 和 WY4 的实际电路

9.9　电子秤的放大器

放大器的输入信号 U_F是一个微弱的、方向随称料或卸料而改变的直流信号。可逆电机则要求一个较强的，相位随称料或卸料而改变 180°的 50Hz 交流信号，以实现正转或反转。因此，电子秤放大器应具有下列功能：①把输入的直流信号变换成 50Hz 的交流信号；②把微弱的输入信号放大到足以驱动可逆电机的程度；③输出交流信号的相位随输入直流信号的反向而改变 180°。

图 9.35 是电子秤用的、JF－12 型晶体管放大器的方框图。

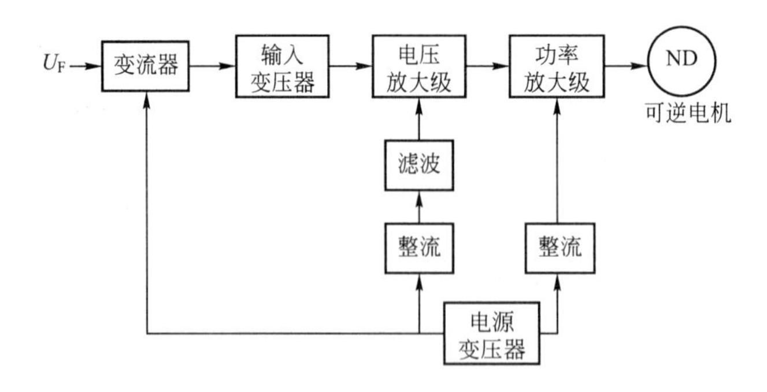

图 9.35　JF－12 型晶体管放大器方框图

9.9.1　变流级

变流级由变流器和输入变压器两部分组成，具有上述第①、②两项功能。

1. 振动变流器的变流原理

图 9.36 所示为振动变流原理。K 是一个周期振动的簧片，与上下两个固定触头 1 和 2 交替相接触。A 和 B 是信号 U_F的输入端。A 和 b 是交流器的输出端。振动变流的工作原

理如下：设 $t=0$ 时刻簧片K从中间位置开始向上振动，输入电压 U_F 的极性 A 为正极，B 为负极。①在 $0\sim t_1$ 期间，K尚未与触头1相接触，输出电压 $U_{ab}=0$；②在 $t_1\sim t_2$ 期间，K与1接触，U_F 加在电阻 R_a 上，a 为正极，b 为负极，输出电压 U_{ab} 为正值：③在 $t_2\sim t_3$ 期间，K向下运动，$U_{ab}=0$；④在 $t_3\sim t_4$ 期间，K与触头2相接触，U_F 加在 R_b 上，a 为负极，b 为正极，U_{ab} 为负值；⑤在 $t_4\sim t_5$ 期间，K又向上运动，$U_{ab}=0$。只要簧片周期性振动，就可以把输入的直流电压 U_F 变换成输出的交流方波电压 U_{ab}，其波形如图9.36(b)所示。当输入电压 U_F 为负值，即 A 为负极，B 为正极时，波形如图9.36(c)所示。若簧片的振动频率为50Hz，则输出方波的基本领率也为50Hz。对比图9.36(b)和图9.36(c)可见，输出电压 U_{ab} 的相位随输入电压的反向而改变了180°。

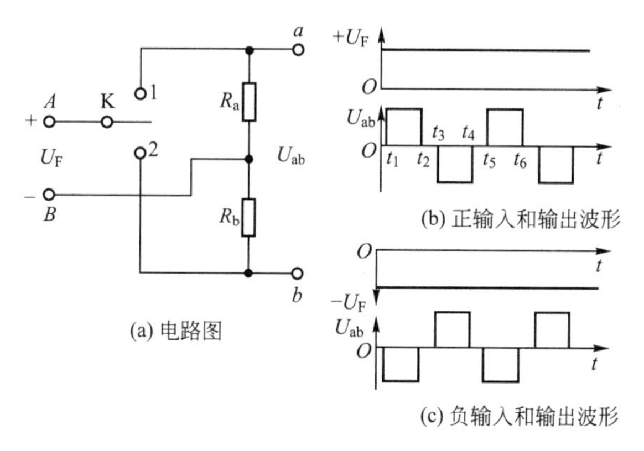

(a) 电路图

(b) 正输入和输出波形

(c) 负输入和输出波形

图9.36 振动变流原理

2. 机械式振动变流器

目前常用的是机械式振动变流器，又叫作斩波器、调制器或振子等。图9.37(a)所示为机械式振动变流器的原理结构。振动簧片上套一个励磁绕组。励磁绕组加6.3V 50Hz交流电，使簧片左端交替呈现N或S极。簧片左端处在永久磁铁的N与S极之间，交变磁场与固定磁场互相作用，使簧片以50Hz的频率振动。簧片中间的动触头就交替与上下静触头接触。调节螺钉用来调节静触头的张开角。

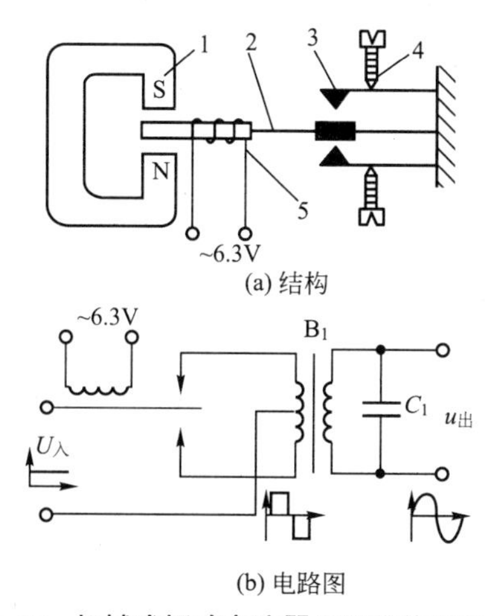

(a) 结构

(b) 电路图

图9.37 机械式振动变流器原理结构及电路图

1—永久磁铁；2—簧片；3—静触头；4—调节螺钉；5—励磁绕组

3. 输入变压器和变流级电路

图 9.37(b)是振动变流级的电路图。振动变流器输出的方波电压交替加在输入变压 B_1 的两半原绕组上，副绕组就感应出基波为 0Hz 的非正弦交流电动势。这个交流电动势可以看成是较强的 50Hz 正弦电动势(基波)与许多较弱的频率较高的正弦电动势(谐波)叠加而成。因为电容器有通高频、阻低频的特性，所以用 C_1 将高频谐波旁路，尽量不进入放大器。

输入信号很弱，放大器的放大倍数很高，故要求输入变压器有很高的效率和抗干扰能力。为此，变压器的铁心和屏蔽罩都采用高导磁率的坡莫合金制成，原、副绕组之间还有铜箔的静电隔离层，而且在结构上也作了特殊安排。输入变压器不许摔碰，敲击或挤压，以免坡莫合金的磁导率下降。

4. 变流级的技术指标

(1) 接触率 J_{φ}。动静触头的接触时间与振动周期之比称为接触率。两个静触头的接触率分别为

$$J_{\varphi1}=\frac{t_2-t_1}{t_5-t_1}\times100\%$$
$$J_{\varphi2}=\frac{t_4-t_3}{t_5-t_1}\times100\% \tag{9-12}$$

工程上要求 $J_{\varphi}=40\%\sim50\%$，一般调整为 45%。

(2) 不对称度。两个静触头的接触率之差称为不对称度。

$$\Delta J_{\varphi}=J_{\varphi1}-J_{\varphi2} \tag{9-13}$$

不对称度一般要求在 5%以内。

接触率和不对称度如果不符合要求，将使电子秤的灵敏度下降，可逆电机的正反转速不等，甚至虽有输入信号但可逆电机毫无反应。卸去外壳，用香蕉水滴在调节螺钉上，然后旋动调节螺钉改变静触头的张开角，可以将接触率和不对称度调节到符合要求。

(3) 波形畸变。如果振动变流器的输出不是良好的方波，如有断裂和毛刺等现象，将使电子秤的指示不稳定，指针左右小幅度摆动。这多半是由于两边固定螺钉不牢固，触头表面污损而引起触头接触不良的缘故。

(4) 绝缘电阻。交流器的触头和励磁绕组对外壳的绝缘电阻不应低于 100MΩ。否则对地干扰过大，将使电子秤的工作不稳定。

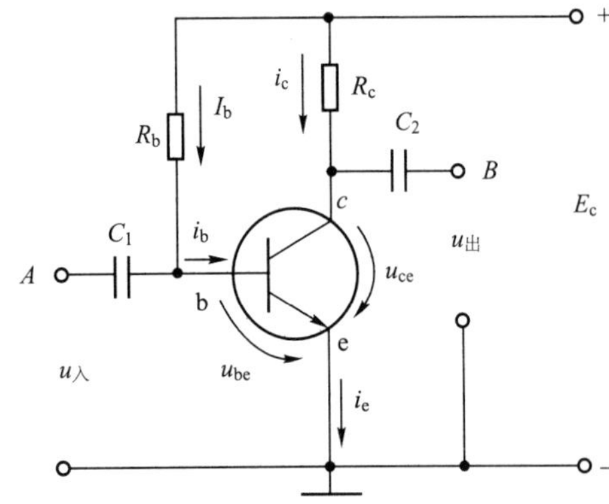

图 9.38　共发射极固定偏置电路

9.9.2　电压放大级

1. 共发射极固定偏置电路

图 9.38 所示为共发射极固定偏置电路。R_c是负载电阻，R_b是偏置电阻，C_1是输入耦合电容，C_2是输出耦合电容。

(1) 无偏置时的晶体管工作情况。图 9.39(a)所示为无偏置时的晶体管工作情况。晶体管的发射结(b 与 e)相当于一个二极管，加正向发

射结电压 u_{be} 时导通，流过基极电流 i_b，反之它截止。图中基极电流 i_b 与发射结电压 u_{be} 的关系就是晶体管的输入特性。如果给发射结加一个交流电压 $u_入=u_b$，那么在 $u_入$ 为正半周时有基极电流 $i_入=i_b$，经过放大后有集电极电流 $i_c=\beta i_b$。(β 是放大系数)；在 $u_入$ 为负半周时 i_b 和 i_c 都等于零，晶体管截止。显然，经过晶体管放大以后，信号的正半周放大了，负半周没有了，波形产生了严重的失真。这种不加偏置的工作状态叫作乙类状态。

(2) 偏置电阻 R_b 的作用。图 9.39(b)所示为有偏置时晶体管的工作情况。因为有固定偏置电阻 R_b，所以没有信号输入时(叫作静态)基极就有一个固定电流 I_b(叫作偏流)，集电极也有一个固定电流 $I_c=\beta I_b$。静态时的集电极电流 I_c 叫作静态工作点。这时，再把输入电压 $u_入$ 加在发射结上，基极电流就是偏流和输入电流的叠加，即 $i_b=I_b+i_入$ 经过放大以后，集电极电流 $i_c=\beta i_b=\beta(I_b+i_入)=I_c+\beta i_入$，它也是固定电流 I_c 与交变电流 $\beta i_入$ 的叠加。借助于输出耦合电容 C_2 的隔直流通交流作用，在输出端 B 就可以得到一个与输入电压 $u_入$ 的波形相似的输出电压 $u_出$。这种偏置合适的工作状态称为甲类状态。

(3) 输出电压和输入电压的相位关系。如图 9.38 所示，集电极 c 对地的电压是电源电 E_c 与负载电阻上的压降 i_cR_c 之差

$$u_{ce}=E_c-i_cR_c \tag{9-14}$$

输出电压 $u_出$ 是 B 点与地之间的电压。图 9.40 是 $u_入$、i_b、i_c、u_{ce}、$u_出$ 的波形图。下面从概念上来说明 $u_出$ 和 $u_入$ 的相位关系。当没有信号输入时，整个电路处于直流状态，由于 C_2 的隔直流作用，因此 $u_出=0$。当 $u_入$ 降低时，i_b 减小，i_c 减小，i_cR_c 减小，u_{ce} 增大，因此输出电压 $u_出$ 升高。反之，当 $u_入$ 升高时，$u_出$ 降低。可见输出电压和输入电压的相位相反，称为晶体管的反相作用。

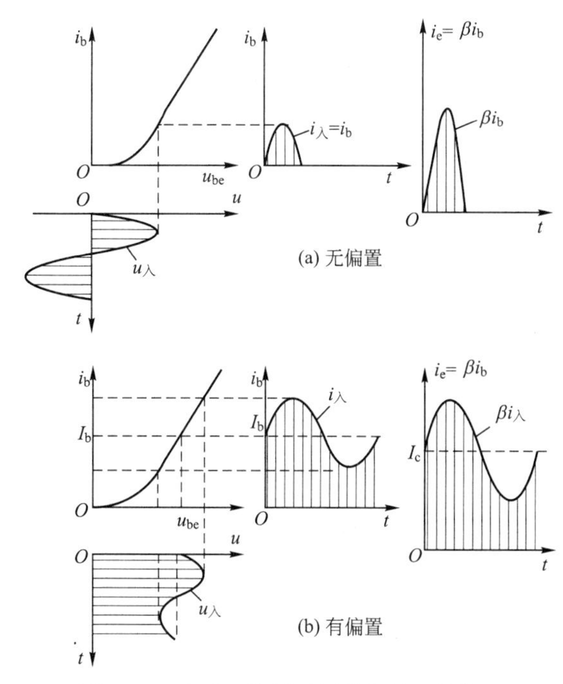

图 9.39 有或无偏置时晶体管的工作情况

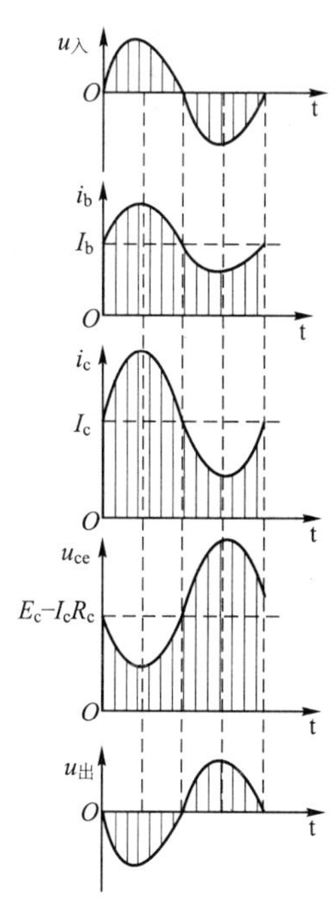

图 9.40 $u_出$、i_b、i_c、u_{ce}、$u_出$ 的波形图

2. 分压式电流负反馈偏置电路

(1) 固定偏置电路的缺点。晶体管的集电极电流与温度有关，即使其他条件不变，也没有信号输入，当温度升高时集电极电流也会增大。集电极电流的增大又会使管温升高。这样恶性循环下去会使集电极电流饱和，输出信号严重失真。因此，固定偏置电路的工作受温度影响较大。

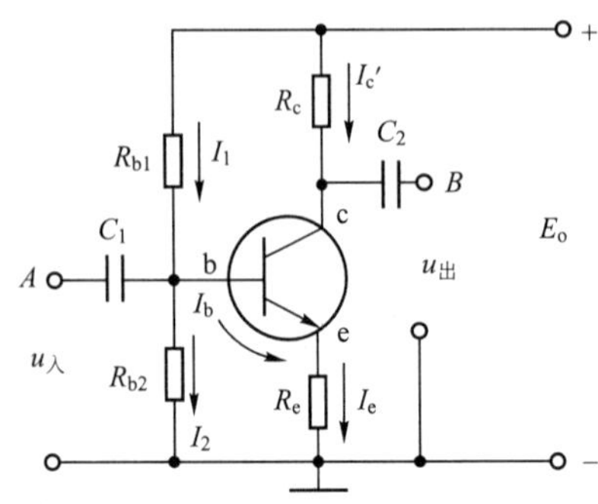

图 9.41　分压式负反馈偏置电路

(2) 分压式偏置。图 9.41 所示为分压式负反馈偏置电路。R_{b1} 和 R_{b2} 是分压式偏置电阻，在选择阻值时使 $I_1 \approx I_2 \gg I_b$。这样就可以把 R_{b1} 和 R_{b2} 看成一条独立的串联电路，电阻 R_{b2} 上的压降 U_{b2} 基本上是恒定的，并决定于两个电阻的分压比，即

$$U_{b2} \approx \frac{R_{b2}}{R_{b1}+R_{b2}} E_c \tag{9-15}$$

(3) 电流负反馈。R_e 是发射极电流负反馈电阻，当发射极电流 I_e 通过它时产生压降 I_eR_e。这时，发射结电压是 R_{b2} 上的压降与 R_e 上的压降之差，即

$$U_{be} = U_{b2} - I_eR_e \tag{9-16}$$

因为 U_{b2} 基本上恒定，所以发射结电压 U_{be} 随发射极电流 I_e 的升高而降低，U_{be} 的降低又使基极电流 I_b 减小。

在温度升高时，这种电路有稳定工作点的作用，具体过程如下：当温度升高时，集电极电流 I_c 增大，即工作点上移，发射极电流 I_e 也增大，R_e 上的压降 I_eR_e 增大，发射结电压 U_{be} 降低，基极电流 I_b 减小，集电极电流 $I_c = \beta I_b$ 又减小下来，即工作点往回移，从而达到稳定工作点的目的。

当然，在有信号输入时 R_e 也有负反馈作用，具体过程如下：当输入电压 $u_入$ 升高时，I_b 增大，i_b 增大，i_e 增大，i_eR_e 增大，u_{be} 降低，使 i_b 和 i_e 减小下来，或者说使放大倍数降低。因为反馈电压 I_eR_e 与电流 I_e 成正比，所以称为电流负反馈。电流负反馈虽然要损失一些放大倍数，但是可以减小失真，使放大器工作更加稳定。

3. 放大器的直接耦合电路

多级放大器级与级之间的联结方式叫作耦合。电子秤放大器所放大的是 50Hz 低频信号，因电容有阻低频作用，故不宜采用电容耦合，而采用直接耦合。图 9.42 所示为一个直接耦合的两级放大器。

所谓直接耦合就是前级(T_1)的集电极与后级(T_2)的基极直接相连。R_{c1} 对于 T_1 是负载电阻，对于 T_2 则是固定偏置电阻，使 T_2 的基极有一个固定偏流。这时 T_1 的集电极电压 U_{c1}(对地而言)就是 T_2 的发射结电压 U_{be2}(如果没有二极管 Z 的话)。发射结的正向压降很小，硅管约 0.7V，锗管约 0.3V，因此前级的集电极电压就被限制在这个小范围内，即使经过更多级的放大，输出电压也不

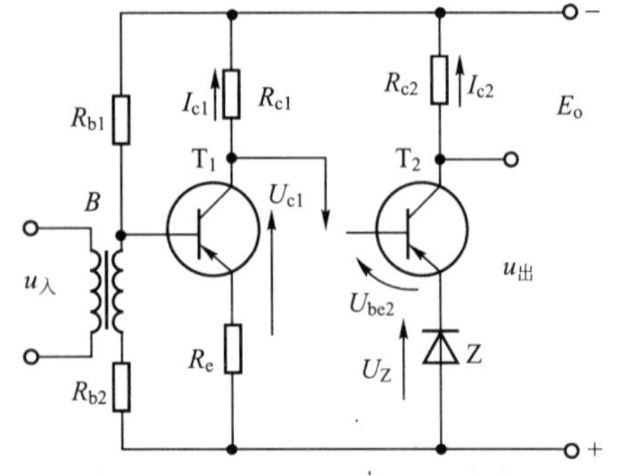

图 9.42　直接耦合的两级放大器

可能超出这个范围。减小 R_{c2} 虽然可使 U_{c1} 提高，但是 U_{c1} 提高即 U_{be2} 提高，T_2 的基极电流增大，T_2 的集电极电流增大，最后导致 T_2 饱和，放大倍数降低，甚至烧坏管子。

为了解决上述矛盾，在 T_2 的发射极电路中串入一个正向工作的二极管 Z，使发射极电流通过它时产生一个正向管压降 U_e。这时，$U_{c1}=U_{be2}+U_Z$，从而提高了 T_1 的集电极电压，放大能力得到了充分发挥。采用二极管的原因是它的正向管压降相当稳定，几乎与所通过的发射极电流大小无关，不会产生电流负反馈作用。

直接耦合的放大器对缓变干扰信号很敏感。例如，当温度或电源电压发生波动而使第一级的集电极电流 I_{c1} 发生缓慢变化时，这个干扰信号就会毫无损失地传递给后级放大，使 50Hz 的有效信号加在这个缓变干扰信号上，称为放大器的零点漂移。要解决零点漂移问题，必须使前面几级，尤其是第一级的工作点十分稳定。

4. 晶体管滤波电路

(1) 晶体管的滤波原理。图 9.43(a)所示为晶体管滤波的原理电路。U_1 是带有一定波纹的输入电压；I_c 是集电极电流，即输入电流；U_2 是输出电压；I_e 是输出电流，即发射极电流；R_e 是负载电阻，接在发射极电路中；E 是一个恒定的基准电压。

根据基尔霍夫第二定律，在 $DaebD$ 回路中，输出电压

$$U_2=I_eR_e=E-U_{be} \tag{9-17}$$

因为发射结正向压降 U_{be} 很小，而且几乎不随基极电流而变化，所以不管 U_1 怎样变动，只要 E 恒定，U_2 就是一个恒定的直流电压。它的滤波稳压过程如下：当 U_1 波动，如增大了 ΔU_1 时，I_c 和 I_e 有增大的趋势，$U_2=I_eR_e$ 也有增大的趋势，根据式(9-17)U_{be} 减小，I_b 减小，I_c 和 I_e 又减小回来，U_2 也减小回来而保持恒定，其实质就是前述的电流负反馈作用。

晶体管的滤波稳压作用也可以从另一个角度说明。在 $DaecAD$ 回路中

$$U_2=U_1-U_{ce}=U_1-I_cR_{ce} \tag{9-18}$$

式(9-18)中，R_{ce} 是集电极与发射极之间的电阻。因为 I_c 随 I_b 的减小而减小，所以 R_{ce} 是一个随 I_b 的减小而增大的可变电阻(如 $I_b=0$ 时，$I_c\approx0$，晶体管截止，$R_{ce}\approx\infty$)。这样，当 U_1 增加 ΔU_1 而使 I_b 减小时，R_{ce} 增大，管压降 U_{ce} 也增加了 ΔU_{ce}，从而使 U_2 保持恒定。

(2) 晶体管滤波的实际电路。图 9.43(b)所示为晶体管滤波的实际电路。R_b 和 C 是跨接在输入端的“L”形阻容滤波电路，C 两端的电压比 U_1 稳定得多，起基准电压 E 的作用。因此，只要 R_b 和 C 的数值足够大，与图 9.43(a)一样也可以起滤波稳压作用。

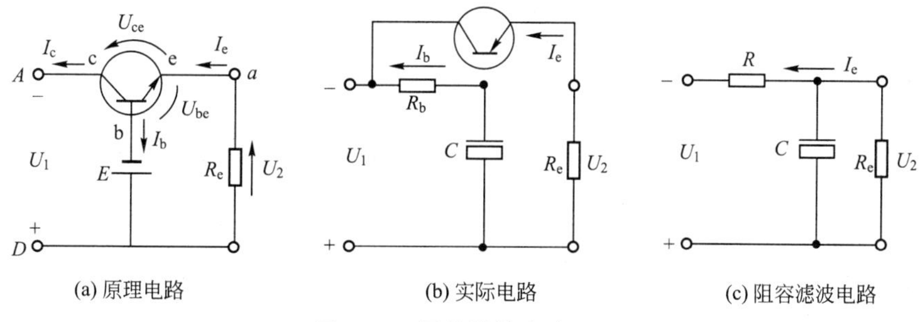

图 9.43 晶体管的滤波原理

(3) 晶体管滤波和阻容滤波的比较。图 9.43(c)所示为阻容滤波电路。当然，增大 R 和 C 的数值也可以提高滤波效果，但是，流过 R 的电流是负载电流 I_e，当 R 增大时电阻

上的压降损失 I_eR 会大大增加而受到限制，如果增大电容 C 则受漏电的限制。

在晶体管滤波电路中流过 R_b 的电流是基极电流 $I_b=I_e-I_c=I_e-\beta I_b$，或 $I_b=\frac{1}{1+\beta}\times I_e$。因此，在压降损失相同的条件下，$R_b$可以比 R 大$(1+\beta)$倍，滤波效果也提高了$(1+\beta)$倍。

5. 电压放大级的实际电路

图 9.44 是 JF－12 型晶体管放大器原理图。电压放大级由 T_1、T_2、T_3、T_4、T_5和 Z_4、Z_5等组成。T_5和 Z_4、Z_5等是电压放大级的电源部分。第一级 T_1是分压式电流负反馈偏置电路，后三级 T_2、T_3、T_4是固定偏置电路，级间采用直接耦合。电路说明如下：

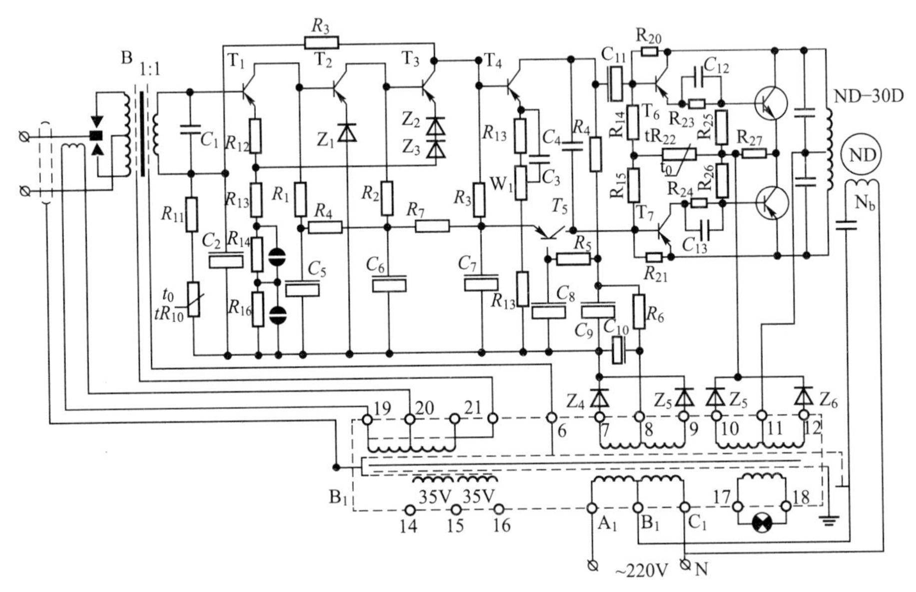

图 9.44　JF－12 型晶体管放大器原理图

(1) 电压放大级的电源。电源变压器的 7、8、9 三个抽头和二极管 Z_4、Z_5组成单相全波整流电路。C_{10}、R_8、C_1组成“π”形阻容滤波电路，供电给第四级 T_4。T_5、R_5、C_8组成晶体管滤波电路，供电给第三级 T_3。C_7、R_7、C_5、R_6、C_5组成两级阻容去耦滤波电路，供电给第二级 T_2和第一级 T_1。电阻 R_6、R_7和 T_5的 R_{ce}用来使 T_1到 T_4的电源电压逐级升高，以确定各级合适的工作点。

4 个电压放大级共用一个直流电源，电源都有内阻。后几级从电源取得的集电极电流较大，它们在电源内阻上产生的压降会使电源电压随集电极电流的变化而波动。电源电压的波动又会使前几级的集电极电流相应变化，这相当于后级信号反馈到前级。如果是正反馈，放大器就会产生振荡现象，即没有信号输入仍有很大的输出，破坏放大器的正常工作。C_5、C_6和 C_7的作用就是给集电极电流的交流成分提供一个通路，使它们不经过电源内阻。这样，通过电源内阻的只有集电极电流的直流成分，电源电压就不会随集电极电流的变化而波动，从而消除了后级放大器通过电源内阻与前级放大器的耦合，故称它们为去耦滤波电容。

(2) R_1、R_2、R_3和 R_4。它们分别是 T_1、T_2、T_3和 T_4的负载电阻，其中 R_1、R_2、

R_3又是下一级的固定偏置电阻。

(3) R_{12}、R_{13}、R_{14}、R_{15}和R_{16}、R_{17}、W_1。它们分别是T_1和T_4的发射极电路中的电流负反馈电阻，起稳定静态工作点的作用。其中R_{13}、R_{14}和R_{15}中流过的是T_1、T_3的发射极电流之和。其中T_3的发射极电流经T_2和T_3两次放大和反相之后，比T_1的发射极电流大得多而且同相，因此负反馈作用很强，目的是更好地稳定第一级的工作点，当然也损失了许多放大倍数。

(4) Z_1和Z_2、Z_3。它们是提高前级集电极电压充分发挥放大能力的二极管。因为在T_2的电路中接入了Z_1，使T_1的集电极电压提高了，所以为了进一步提高T_2的集电极电压，必须在T_3的电路中接入Z_2和Z_3。

(5) R_3、R_9、R_{11}、tR_{10}。它们是第一级T_1的分压式偏置电阻，保证T_1有合适的静态工作点。tR_{10}是一个具有负温度系数的热敏电阻，使T_1的工作点更加稳定。其稳定过程如下：当环境温度升高时，T_1的集电极电流增大，同时，tR_{10}的阻值减小，T_1的基极对地电压降低，基极偏流减小，使T_1的集电极电流又减小回来。

(6) R_9。它是深度电压负反馈电阻，以便更好地稳定T_1的静态工作点。R_9、R_{11}、tR_{10}串接在T_3的集电极与地之间，组成一个分压器，把T_3集电极电压的一部分，即R_{11}和tR_{10}上的这一部分，反馈加在T_1的基极与地之间，因此是电压反馈。T_3的集电极电压经过T_1、T_2、T_3的三次反相以后，与输入信号的相位相反，因此是负反馈。因为经过三级放大再反馈到第一级，反馈作用很强，所以叫作深度电压负反馈。由于在R_{11}和tR_{10}上并联了一个大电容C_2，反馈电压的交流成分经C_2旁路入地，起负反馈作用的是反馈电压的直流成分，因此这个负反馈对放大倍数没有影响，只起稳定静态工作点的作用。R_9稳定工作点的过程如下：假定温度升高使T_1的集电极电流增大，则R_1上的压降增大，T_1的集电极电压降低，T_2的基极电流减小，T_2的集电极电流减小，R_2上的压降减小，T_2的集电极电压增大，T_3的基极电流增大，T_3的集电极电流增大，R_3上的压降增大，T_3的集电极电压降低，反馈到R_{11}和tR_{10}，使T_1的基极对地电压降低，T_1的基极电流减小，最后使T_1的集电极电流减小回来，从而起到稳定工作点的作用。

(7) W_1和C_3。W_1是灵敏度调节电位器。W_1的上半部分和R_{16}因为有C_3的交流旁路作用，所以只有直流负反馈，以稳定静态工作点。W_1的下半部分和R_{17}不但有直流负反馈，还有交流负反馈，使放大倍数降低，故调节W_1可以改变放大器的灵敏度。

在调试电子秤时，如果调节W_1不能使电子秤的灵敏度达到要求，可以将焊点用锡焊住，短接R_{14}或R_{15}，减少第一级的电流负反馈电阻，提高放大倍数。

(8) C_4。它是一个并联移相电容。交流级所输出的方波信号是交流电源控制的，它们的相位相同。可是，经过输入变压器和电压放大级以后，在沿途的电容和电感的影响下会使输出信号产生相位移。C_4可以把移动了的相位再移回来，以满足功率放大级的相位要求。(有关移位原理读者可参阅有关书籍。)

9.9.3 功率放大级

1. 相敏射极输出器

图9.45是相敏射极输出器原理图。它的输出点B接在发射极上，R_e既是负载电阻又是电流负反馈电阻。R_{b1}和R_{b2}设计成使管子工作于乙类状态，即基极偏流很小。电源电压

E_c是全被整流后的单向半波脉动电压。

(1) 相敏射极输出器的工作原理。当没有信号输入，即 $u_入=0$ 时，在脉动电源 E_c的作用下，R_{b2}上有一个与 E_c成正比变化、很小的脉动电压降 u_{b2}，基极有一个很小的脉动电流 i_b，发射极也有一个很小的脉动电流 i_e，波形如图 9.46(a)所示。

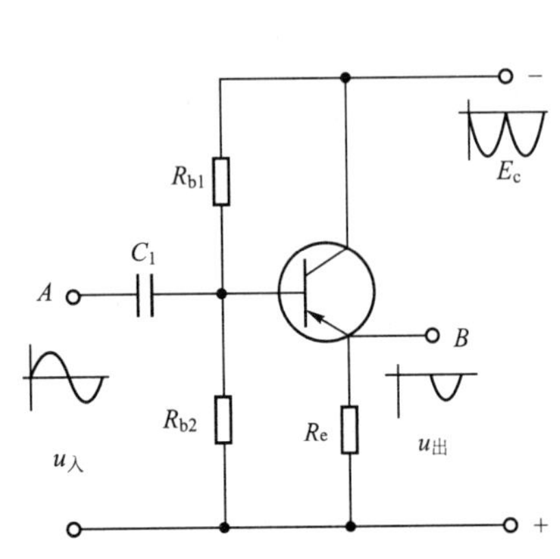

图 9.45　相敏射极输出器原理图

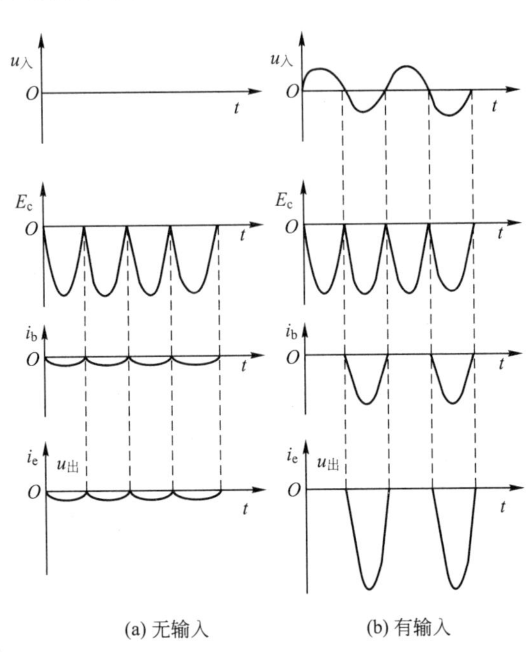

图 9.46　相敏射极输出器波形图

当 $u_入$为正半周时，输入电压使基极电位更正，$i_b=0$，晶体管完全截止，$i_e=0$，$u_出=i_eR_e=0$。当 $u_入$为负半周时，输入电压使基极电位更负，产生半波基极电流 i_b，晶体管导通，形成半波发射极电流 i_e，输出半波电压 $u_出$。有信号时的波形如图 9.46(b)所示。可见这种射极输出器只输出 $u_入$的负半波，而把正半波截去。

输入信号与电源电压最好同相位或反相位，否则基极电流的最大值与电源电压的最大值不在同时出现，结果发射极电流的最大值变小，波形失真。这种输出器对输入信号的相位很敏感，故叫作相敏射极输出器。

射极输出器的输入电压经过耦合电容 C_1加在 R_{b2}上，输出电压取自 R_e。根据克希霍夫第二定律，在发射结回路中可得输出电压

$$u_出=u_入-U_{be} \tag{9-19}$$

在有输出的负半周，发射结正向压降 U_{be}很小，故 $u_出\approx u_入$，并且不会超过 $u_入$。可见射极输出器没有电压放大作用。

(2) 相敏射极输出端的作用。众所周知，当负载电阻等于电源的内阻时，电源的输出功率最大。这种状态是阻抗匹配的最佳状态。功率放大级的目的是放大功率，故希望与电压放大级之间有最佳的阻抗匹配。电压放大级 T_4 的输出电阻基本上是集电极与发射极之间的电阻 R_{ce}，即后级的电源内阻。推挽功率放大器 T_8、T_9(图 9.44)的输入电阻基本上是发射结电阻 R_{be}，即电源的负载电阻。因为 $R_{ce}\gg R_{be}$，所以两者直接匹配的功率放大效果很差。

射极输出器具有大的输入电阻，这可以用电流负反馈原理来解释。当$u_入$增大时，i_b增大，i_e增大，i_eR_e增大，u_{be}减小，使i_b减小回来。因为射极输出器的反馈作用很强，所以i_b实际上增加得不多，从输入端看好像在输入电路中有一个很大的电阻。相反，射极输出器的输出电阻很小。这是因为它的输出电压约等于输入电压，输出电流的变化对它没有多大影响，从输出端看好像是一个内阻很小的电源。由于射极输出器的输入电阻大，输出电阻小，因此把它放在电压输出级与推挽放大器之间，能使上、下级之间都具有良好的阻抗匹配。

2. 功率放大级的实际电路(图9.44)

(1) 各元件的作用：①C_{11}是隔直耦合电容，把电压放大级的交流信号电压送到功率放大级；②T_6和T_7是两个并联工作的相敏射极输出器；③R_{18}和R_{19}分别是T_6和T_7的输入分相电阻，电压放大级输出的交流信号通过它们时产生压降，并分成相位相反的两部分，分别输入T_6和T_7；④R_{20}、R_{18}、tR_{22}和R_{21}、R_{19}、tR_{22}分别是T_6和T_7的分压式偏置电阻；⑤tR_{22}是具有负温度系数的热敏电阻，用来稳定T_6和T_7的静态工作点：⑥R_{25}和R_{26}分别是T_6和T_7的射极输出电阻；⑦R_{23}、C_{12}和R_{24}、C_{13}分别是T_6和T_7的直流负反馈电阻及交流旁路电容，起稳定静态工作点的作用；⑧T_8和T_9组成推挽功率放大器，没有偏置，工作于乙类状态；⑨R_{27}是T_8和T_9的公共发射极电流负反馈电阻；⑩N_y是可逆电机的控制绕组，即T_8和T_9的负载；⑪Z_6、Z_7和电源变压器B_2的10、11、12抽头是功率放大级的电源，单相全波整流，不加滤波，输出单向半波脉动电压。

(2) 功率放大级的工作原理。图9.47是用来说明功率放大级工作原理的波形图。为了简化下面的文字叙述，图中的符号说明如下：①$u_入$是电压放大级输出信号在R_{18}和R_{19}上的压降，即功率放大级的输入电压；②E_c是功率放大级的电源电压；③u_1是T_6的输出信号在R_{25}上的压降，即T_8的输入电压；④u_1'是T_7的输出信号在R_{26}上的压降，即T_9的输入电压；⑤i_{c2}是T_8的集电极电流；⑥i_{c2}'是T_7的集电极电流；⑦$i_出$是流过可逆电机控制绕组Ny合成电流。下面分3种情况来叙述功率放大级的工作原理。

第一种情况，放大器的输入电压$U_F=U_x-U_{DA}=0$，即$u_入=0$。这时，u_1和u_1'是很小的脉动电压，使T_8和T_9的基极电位更负而产生基极电流，再产生很小的i_{c2}和i_{c2}'。它们以相反的方向分别流过N_Y的两半，从整个N_Y来看，合成电流$i_出=i_{c2}-i_{c2}'=0$，故可逆电机静止。其波形图如图9.47(a)所示。

第二种情况，秤斗进料，$U_F=U_x-U_{DA}>0$，设$u_入$的初相为0°。这时，$u_入$在R_{18}上的一半送给T_6，在R_{19}上的一半送给T_7。当$u_入$为正半周时，$u_入$使T_6的基极电位更正而截止，$u_1=0$，T_8也截止，$i_{c2}=0$。但是$u_入$使T_7的基极电位更负而导通，输出半波u_2'，T_9产生半波基极电流，经过放大输出半波i_{c2}'。反之，当$u_入$为负半周时，情况正好相反，T_6和T_8导通，分别输出u_1和i_{c2}；T_7和T_9截止，$u_1'=0$，$i_{c2}'=0$。$i_出=i_{c2}-i_{c2}'$；正好组成一个完整的相位与$u_入$相同的正弦电流，使可逆电机正转。其波形图如图9.47(b)所示。

第三种情况，秤斗卸料，$U_F=U_x-U_{DA}<0$，$u_入$的初相为180°。当$u_入$为正半周时，T_6和T_8截止，$i_{c2}=0$；T_7和T_9导通，输出半波i_{c2}'。当$u_入$为负半周时，T_6和T_8导通，输出半波i_{c2}；T_7和T_9截止，$i_{c2}'=0$。合成电流$i_出$的相位仍与$u_入$相同，或者说与秤斗进料时相比改变了180°，使可逆电机反转。其波形图如图9.47(c)所示。

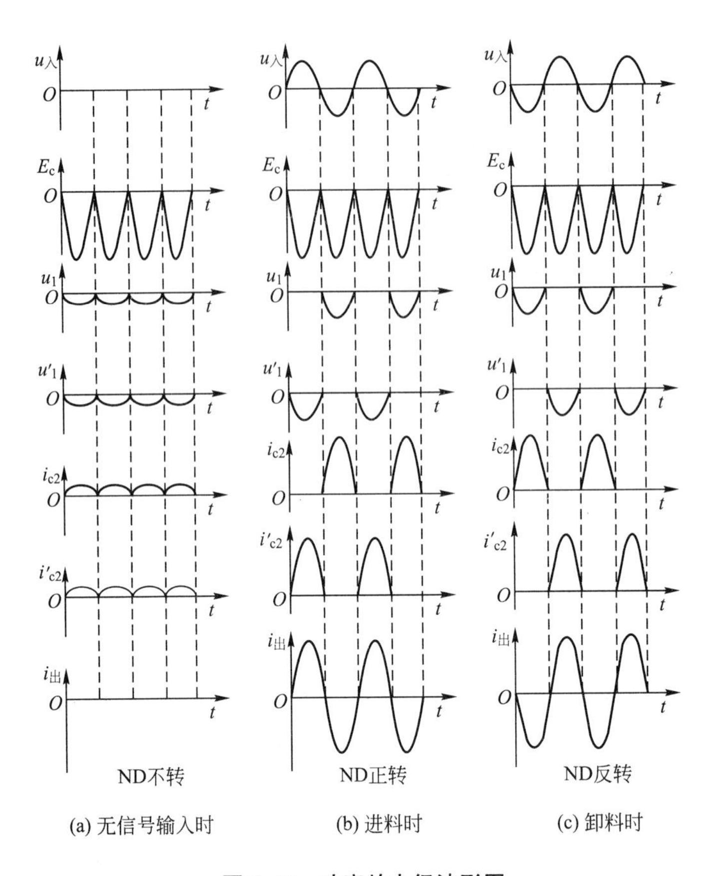

图 9.47　功率放大级波形图

由以上分析可见，T_6和 T_8工作于 $u_入$的负半周，T_7和 T_9工作于 $u_入$的正半周，两套管子轮流工作于不同半周，最后在 N_Y的两半绕组中组成一个正弦输出电流。这种工作方式叫推挽。

相敏放大器的优点：①有利于消除变流级整形不足而残留的高次谐波，降低可逆电机的噪声和发热；②晶体管有一半时间处于截止状态，功率损耗小，管温低；③具有相位鉴别能力，有利于抑制干扰信号，提高抗干扰能力。但是相敏放大器必须有很好的对称性才能使输出的两个半波一致，输入电压与电源电压必须同相或反相才能有最高的灵敏度和不失真的波形。

9.10　电子秤的执行机构

9.10.1　可逆电机

电子秤使用ND－D型可逆电机，它实际上是一台两相鼠笼式微型电动机。图 9.48 是可逆电机的原理结构和电路图。

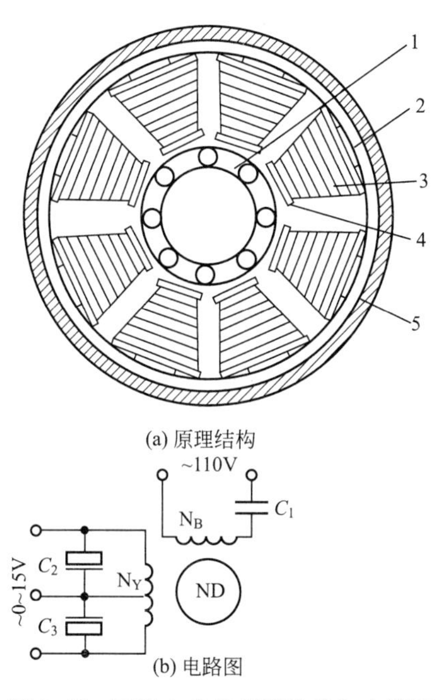

(a) 原理结构

(b) 电路图

图 9.48 可逆电机的原理结构和电路图

1—鼠笼式转子；2—磁轭；3—线圈；4—磁极；5—外壳

1. 可逆电机的原理结构

可逆电机由定子、转子和齿轮减速箱三部分组成。在圆筒形定子磁轭的内圆周上均匀地安装着8个凸出的磁极，每个磁极上套一个集中绕制的线圈。鼠笼式转子通过齿轮减速箱带动指针。

4个互相间隔的线圈反极性串联组成励磁绕组 N_B，另4个线圈组成控制绕组 N_Y。N_B 与电容 C_1 串联以后接110V交流电源；有一个中心抽头的 N_Y 接放大器的3个输出端，电压为0～15V。

2. 可逆电机的工作原理

可逆电机的工作原理与三相鼠笼式电动机基本相同，区别在于它的定子旋转磁场是依靠两相绕组 N_B 和 N_Y 产生的。图9.49是可逆电机旋转磁场的产生原理。图9.49(a)中标出了8个线圈的头尾编号和电流正方向。C_1 是移相电容，利用它的串联移相作用(读者可参看有关书籍)，使励磁绕组 N_B 与控制绕组 N_Y 中的电流在相位上差90°，以便得到比较对称的旋转磁场。可逆电机旋转磁场的产生用图解法说明如下。

(1) 励磁电流 i_b 超前于控制电流 i_Y 90°，电流波形和定子磁场如图9.49(b)和图9.49(c)所示。①t_0 时刻，$i_B=0$，i_Y 为负最大值，i_Y 的流向是 8→8′→4→4′→6′→6→2′→2。根据 i_Y 的流向，用右手螺旋定则确定的磁极极性如图9.49(c_1)所示；②t_1 时刻，$i_Y=0$，i_B 为正最大值，i_B 的流向是 1→1′→3′→3→5→5′→7′→7，磁极极性如图9.49(c_2)所示。对比 t_0 和 t_1 时刻的磁场，向顺时针方向转过了45°。用同样方法可以画出 t_2、t_3 时刻的磁场，如图9.49(c_3)和图9.49(c_4)所示。由图解法可见，可逆电机是一台四极电机，当 i_B 超前于 i_Y 90°时，旋转磁场的转向为顺时针方向。

(2) 控制电流 i_Y 翻转 180°，变成 i_B 滞后于 i_Y 90°，电流波形和定子磁场如图 9.49(b_1') 和图 9.49(c_1')所示。用同样的方法可以画出 t_0、t_1、t_2、t_3 时刻的磁场，如图 9.49(c_1')～图 9.49(c_4')所示。由图可见，旋转磁场的转向变为逆时针方向。

在旋转磁场的作用下，鼠笼转子按图示方向旋转起来。可算出旋转磁场的转速 $n_1=1500$r/min。因为它的转速太高，所以通过齿轮减速箱的减速再去带动指针。

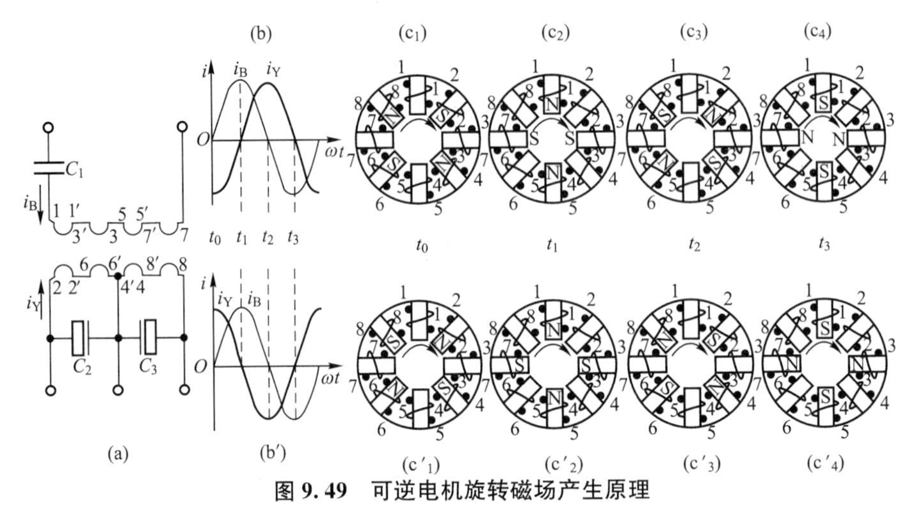

图 9.49　可逆电机旋转磁场产生原理

(a)绕组接线图；(b)和(b′)电流波形图；(c)和(c′)各时刻的定子磁场

C_2 和 C_3 是高频旁路电容，防止高频谐波进入控制绕组而使它发热。

3. 可逆电机的使用和维护

(1) 判断可逆电机是否正常的简单方法。将励磁绕组 N_B 串联移相电容 C_1 再接交流 110V 电源，控制绕组两端加 0.4～15V 交流电压，可逆电机应该旋转；把 N_Y 的两线头调换位置，电机应该反转。转动过程中有轻微的电磁声和传动齿轮的均匀的“嘶嘶”声是正常的，有抖动、卡住、尖叫声及其他杂声是不正常的。

(2) 可逆电机不转。可能是绕组断路，转子卡住，齿轮卡住或移相电容损坏等原因造成的。绕组断路可用万用电表欧姆挡检查。移相电容损坏可用测量各点之间电压的方法检查。在正常情况下，C_1 的端电压应为 220～250V，励磁绕组的端电压应为 150V。如果 C_1 的端电压为 110V，可能是电容断路；如果为 0V，可能是电容被短接或击穿；如果电压过低，可能是电容漏电。

(3) 可逆电机在运转过程中有振动或噪声。可能是电机气隙不均匀，轴承或轴磨损等原因造成的。

(4) 控制绕组加 0.4V 的电压还不能使可逆电机起动。这说明可逆电机的灵敏度过低，多半由于轴承或齿轮润滑不良而造成。齿轮箱中注有硅脂，平时无需加油，检修清洗时才更换硅脂。

9.10.2　执行机构

图 9.50 是电子秤执行机构示意图。执行机构分为给定和称量两个单元，由可逆电机、滑线电阻盘和秤盘三部分组成。

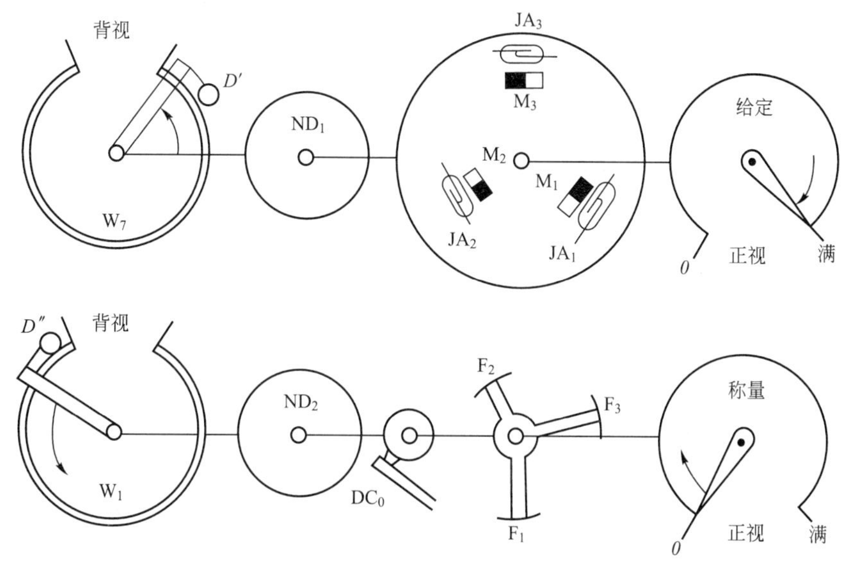

图 9.50　电子秤执行机构示意图

给定可逆电机 ND_1 通过齿轮减速箱带动滑线电阻盘 W_7 的滑点 D'(背视)，铝盘上装有舌簧管，JA_1、JA_2、JA_3 和永久磁铁 M_1、M_2、M_3，以及一根给定指针(黑色)。称量可逆电机 ND_2 通过齿轮减速箱带动 W_8 的滑点 D''(背视)，一组磁短路片 F_1、F_2、F_3，一个凸轮，以及一根称量指针(红色)。给定指针和称量指针及刻度盘安装在称量柜的面板上。指针、铝盘和磁短路片由套轴带动，绕同一中心轴线转动。

装有舌簧管和永久磁铁的铝盘与磁短路片互相配合得很好。当达到粗称值时，F_2 正好插入 JA_2 和 M_2 之间的缝隙，使 JA_2 的触头断开；当质量达到 100%时，即称量指针与给定指针重合时，F_3 插入 JA_3 与 M_3 之间的缝隙，使 JA_3 的触头断开；当超称值时，F_1 插入 JA_1 和 M_1 之间，使 JA_1 的触头断开。当称量指针回零时，ND_2 带动凸轮使零位触头 DC_0 接通。

9.10.3　电子秤的输出电路

图 9.51 所示为电子秤的输出电路，图中只画出 1 号电子秤(水泥秤)的输出电路。12 台电子秤的电源都来自 614－A 型交流电子稳压器。交流电子稳压器的电源来自钥匙开关 2YK。K_1 是 1 号电子秤的电源开关，分 4 路送给电子秤的各部分：①传感器和给定稳压电源 $1WY_2$ 和 $1WY_1$；②给定放大器 $1JF_1$；③称量放大器 $1JF_2$；④输出电路的电源变压器 1B。

$1Z_1$ 和 $1Z_2$ 是单相全波整流二极管。1C 是滤波电容。$1J_1$、$1J_2$、$1J_3$ 是 3 个直流继电器，其触头以线圈通电时的位置画出。$1J_1$ 的触头就是超称触头 $1DC_Z$，$1J_2$ 的触头是粗称触头 $1DC_C$，$1J_3$ 的触头是精称触头 $1DC_J$。舌簧管 $1JA_1$、$1JA_2$、$1JA_3$ 的触头以磁短路片未进入缝隙时的位置画出。也就是说，图 9.51 所示的状态是给定指针已经指给定质量值，称量指针指零位的情况。

输出电路的动作过程如下：秤斗进料，ND_2 带着 F_1、F_2、F_3 朝顺时针方向转动，达到粗称值时，F_2 进入缝隙使 $1JA_2$ 断开，$1J_2$ 释放，$1DC_C$ 动作；达到精称值时，F_3 进入缝隙使

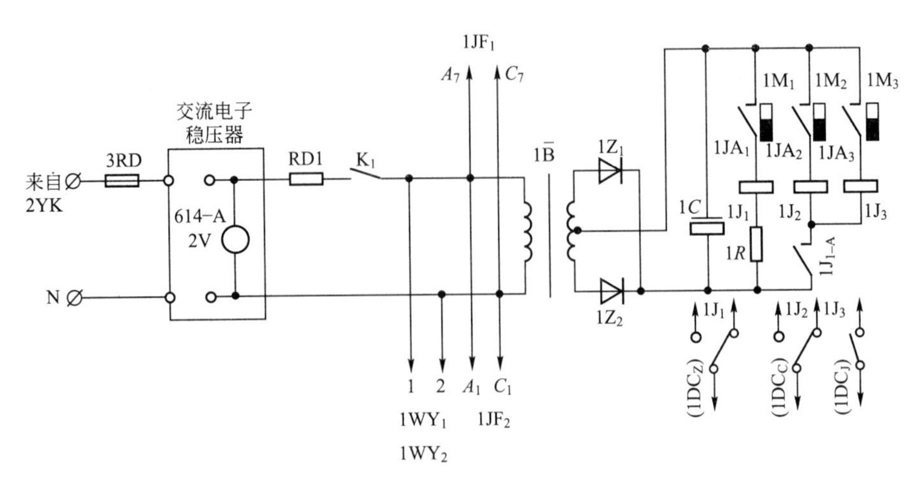

图 9.51　电子秤的输出电路

$1JA_3$断开，$1J_3$释放，$1DC_J$动作断开；因故达到超称值时 F_1 进入缝隙使 $1JA_1$ 断开，$1J_1$ 释放，$1DC_Z$动作，$1J_{1-A}$也断开；超称时，F_2 或 F_3 已经离开缝隙，如果没有联锁触头 $1J_{1-A}$，那么 $1JA_2$ 或 $1JA_3$ 又接通，$1JA_2$ 或 $1JA_3$ 又通电，$1DC_C$ 或 IDC_J 又复原，水泥秤又会使仓底门打开而更加超称。有了 $1J_{1-A}$ 这副触头的联锁就不会出现上述现象。即使这样，这个电路仍不够完善。当水泥进料过猛，超称过快时，可能使 F_1 迅速离开缝隙。这时，电路恢复到开始称量的状态，仓底门持续打开，水泥进秤斗不停止，只好断开 K_1 使称量停止。建议增加磁短路片的长度，使它不会过早离开缝隙。

9.11　电子秤的操作和故障检查

9.11.1　电子秤的操作

(1) 合 2YK。调节电子交流稳压器，使电压表(2V)指示 220V(可在 210～230V 的范围内调整)。

(2) 合 K_{1-12}。电子秤需要 10～20min 的预热使它趋近稳定状态，才能开始工作。

(3) 预调电子秤给配。92JK 置于“3.0”位置，91JK 置于“Ⅰ”位置。根据Ⅰ号给配调度单的要求调整 $1W_1$～$12W_1$，使 12 台电子秤的黑针都指规定的质量值。然后，将 91JK 分别置于“Ⅱ”“Ⅲ”“Ⅳ”“Ⅴ”位置，根据其余 4 号给配调度单分别调整 $1W_2$～$12W_2$、$1W_3$～$12W_3$、$1W_4$～$12W_4$、$1W_5$～$12W_5$。

(4) 根据调度单选择 91JK 和 92JK 的位置。核对各秤的黑针是否指调度单中所要求的质量值。

(5) 检查各秤的红针是否都指零。若不指零，可调节该秤的 W_6，使其指零。

(6) 称量开始。转动 24HK 于自动配料位置，各秤开始称量。

9.11.2 电子秤故障的检查

1. 电子秤故障的替换检查法

一台电子秤在结构上由传感器、电源和放大器、表头(包括测量桥路、可逆电机和执行机构)三大部分组成，它们互相之间用电缆和插接器连接。12 台电子秤的三大部分大体上是相同的，可以利用这个有利条件来确定故障在哪一部分，具体方法如图 9.52 所示。

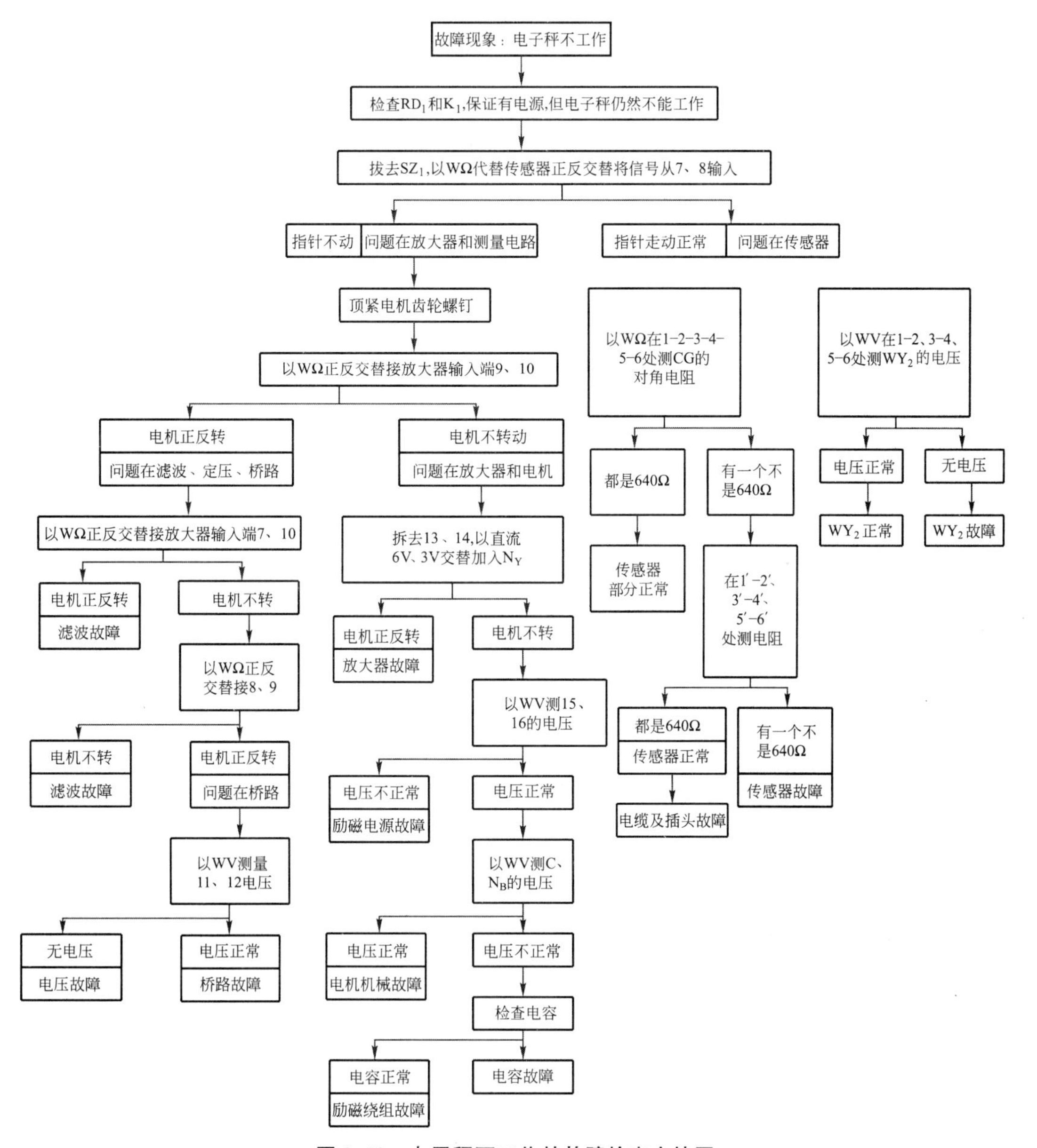

图 9.52 电子秤不工作的故障检查方块图

拔去故障电子秤的传感器的总插头，以万用表的低电阻挡正反交替来代替传感器，送入一个极性变更的直流信号，如果指针能快速而平稳地往返转动，则故障在拔去的传感器部分(包括电缆及插头等)；若指针不能快速而平稳地转动，可换上一块良好的电源和放大器，再送入信号检查；若故障消除，则故障在电源和放大器；若故障仍然存在，可换上一套良好的表头，再送入信号检查，若故障消除，则故障在表头。

2. 电子秤故障的方块图检查法

方块图检查法是根据电子秤的工作原理，利用各种检查手段，逐步排除正常的部分，最后确定故障所在。方块图可以根据各种故障现象事先画出。作为例子的图 9.52，是根据电子秤不工作这个故障现象画出的方块图，供参考。方块图中各测点的编号如图 9.53 所示，图中的“WΩ”代表万用电表电阻挡，“WV”代表万用电表电压挡。

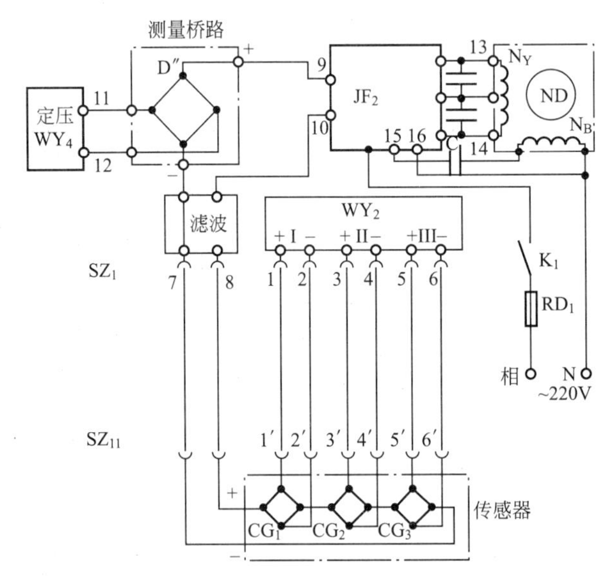

图 9.53　方块图中的测点编号

复习思考题

1. 混凝土搅拌楼由哪些系统组成？各系统分别起什么作用？
2. 简述进料层电路的组成及各部分的电气动作过程。
3. 简述配料层电路的组成及各部分的电气动作过程。
4. 简述搅拌层电路的组成及各部分的电气动作过程。
5. 简述搅拌楼的电气操作和试运转。
6. 简述电子秤的工作原理。

第10章 混凝土振捣器和混凝土泵电路

知识要点	掌握程度	相关知识
混凝土振捣器	了解混凝土振捣器结构； 熟悉混凝土振捣器电路	轴承、变频机、润滑油； 开关、保护器
混凝土泵车	了解混凝土泵车的基本结构； 熟悉混凝土泵车电路； 熟悉混凝土泵车运行	输送系统、液压系统、电气系统及拖行装置等的组成； 控制电路、主电路； 空载运行、运行、停止运行混凝土泵车

导入案例

混凝土泵车的世界之最

2008年12月，湖南中联重科收购意大利CIFA成为世界第一大混凝土设备制造商。中联重科生产的101m超长臂架泵车，泵送排量200m/h，配置大口径输送缸，吸料性能好，换向次数少，延长了易损件寿命；计算机节能控制，自动实现功率匹配，平均节能20%；集成全自动高低切换、砼活塞自动退回、GPS等多项先进技术；前摆式多级伸缩支腿、单侧支撑，适合狭窄场地施工；臂架减振技术，延长了臂架使用寿命，改善了末端软管的操作性能。

20世纪60年代末期，普茨迈斯特推出16m臂架泵车；1986年，其研发的62m世界最长臂架泵车诞生。算下来，德国人用近20年的时间，将臂架高度提升近40m。而再次将这一记录刷新，又足足等待了20年，这一次主角已变成中国企业。

2007年，三一重工率先在行业推出66m臂架泵车，一举超越普茨迈斯特，成为世界最长臂架泵车制造商。当年，三一重工的66m臂架泵车还获得了世界最长臂架泵车的吉尼斯世界纪录。值得一提的是，这是中国工程机械行业的第一个吉尼斯纪录。当时，混凝土泵车领域广泛流传这样一句话：混凝土泵车臂架的长度每增加一米，难度难于上青天。但是，后来的一连串事实证明，中国工程机械企业“上青天”委实不难。图10.0所示为混凝土输送现场。

图10.0　混凝土输送现场

2009年，三一重工刷新了自己创造的纪录，将泵车臂架长度增至72m，该台泵车创造了臂架长度世界第一、泵车混凝土输送量世界第一两项世界纪录。而尤为值得关注的是，该台72m泵车推出后顺利交付客户，成为当时在实际施工中使用的最长臂架泵车。

2011年，三一重工自主研制的86m泵车成功下线，再一次刷新世界纪录。短短两年，实现从72m到86m的跨越。当时，三一重工86m泵车又实现了三项世界之最——臂架最长，臂架节数最多，泵送排量最大。短短几年的时间，三一实现了泵车臂架高度世界纪录的“三级跳”。

2011年，几乎与三一重工86m臂架泵车推出同一时间段，中联重科80m臂架泵车下线。而与三一重工不同的是，此次中联重科推出的融合CIFA最新欧洲技术自主研发的80m碳纤维臂架泵车，保持了基于通用汽车底盘最长臂架泵车，最长碳纤维臂架泵车等多项世界纪录，同样获得吉尼斯世界纪录认证。

2012年9月28日，在中联重科20周年庆典上，中联重科一举推出了多款“中国或者世界之最”的产品，而其中最为耀眼的明星产品当属101m全球最长臂架泵车。因为中联重科不仅再一次创造了吉尼斯纪录，更令人惊奇的是中联重科将该纪录足足提升了15m。

10.1 混凝土振捣器

振捣器是混凝土的捣固机械，它能产生振幅不大，频率较高的机械振动。振动力传递给浇筑于仓号内的混凝土混合料，克服粗骨料之间的内摩擦力和黏附力，使它们在自身重力的作用下互相滑动向下沉落，能大大增加混合料的流动性。经过振捣以后，因为粗骨料排置得非常紧密，充满所有角落，其间的空隙又由水泥砂浆填满并排出空气，使混凝土能获得最理想的强度。

当然，增大含水量也可以使混合料的流动性增加。但是，试验结果表明，过大的含水量会使混凝土的强度降低，拆模时间延长，增加水泥用量。当采用合适的含水量时，混合料的流动性又会明显降低，形成许多蜂窝空洞而影响混凝土的强度。因此，利用振捣器来增加混合料流动性是解决这一矛盾的理想方法。

1. 机械振动的产生

众所周知，任何有质量的旋转物体都要产生离心力。当旋转物体的质量以转轴对称分布时，各部分所产生的离心力互相平衡，物体平稳转动，如一般的电动机。质量不以转轴对称分布，即重心不在转轴上，这样的旋转物体叫作偏心体。旋转偏心体的离心力不能平衡，故产生机械振动，振捣器就是根据这个原理制成的。

图10.1所示为一个质量为m，重心为A点，旋转轴心在O点，偏心距为R的旋转偏心体。当它以角速度ω旋转时，就产生方向始终从O指向A的离心力F。因为F随偏心体的旋转而不断改变方向，所以使振捣器产生机械振动。

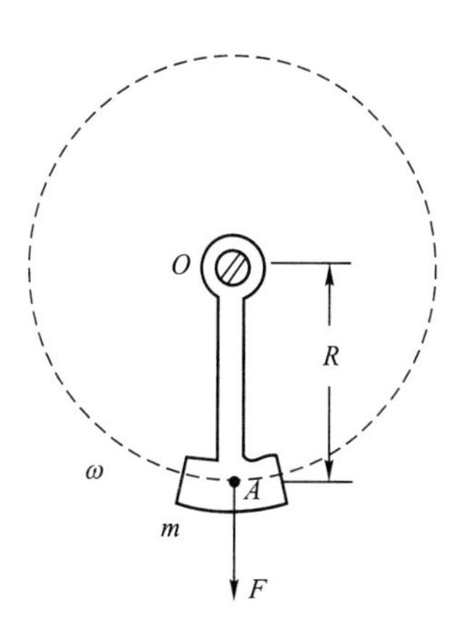

图10.1 旋转偏心体的离心力

由动力学可知，旋转偏心体所产生的离心力

$$F=m\omega^2R \qquad (10-1)$$

式中，F为离心力(N)；m为偏心体的质量(kg)；ω为偏心体的角速度(rad/s)；R为偏心距(m)。

在工程上，偏心体的角速度用转速n(r/min)表示，则$\omega=2\pi n/60(\mathrm{s}^{-1})$；偏心体的重力$G$(N)为已知，则$m=G/$

9.81(kg)；离心力以 kgf 为单位，则

$$F = m\omega^2 R = \frac{GRn^2}{895.5}(\text{kgf}) \tag{10-2}$$

由式(10－2)可见，离心力即振捣器的振动力，与转速的平方、重力及偏心距的乘积成正比。要提高振捣器的振动力，又要使它轻而小，最好增加它的转速。另外，振动频率提高，即转速的增加，也可以使混合料的流动性增大。振捣器的振动频率一般为每秒150～200 次。

2. 振动子的种类

习惯上把旋转偏心体叫作振动子，或简称振子。图 10.2 所示为常见的四种振动子。

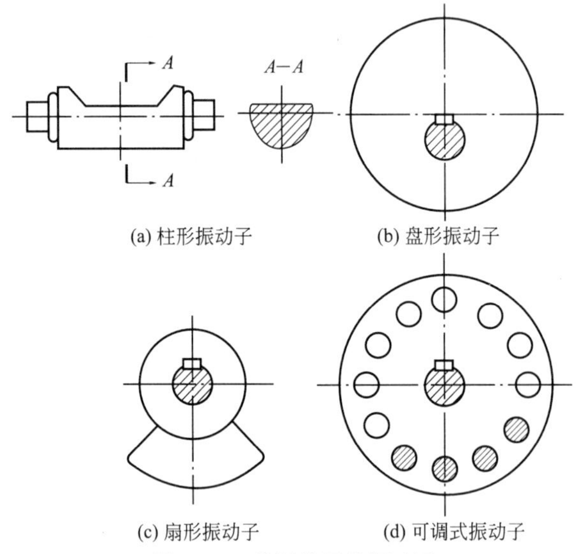

图 10.2　常见的四种振动子

柱形振动子是一个削掉一边的圆柱体，因而使其偏心。盘形振动子像一个圆盘，不过转轴的轴线与圆盘的圆心不重合，因而使其偏心。扇形振动子有一块突出的扇形体。可调式振动子是一个沿圆周对称地钻了许多孔的圆盘，转轴的轴线与圆盘的圆心重合。当圆孔中插入的销子不对称分布时就使振动子偏心，改变插入销子的多少及位置可以调节偏心距和质量，从而改变振动力的大小。

3. 振捣器的类型

振捣器按结构和工作方式的不同可分为多种类型。把振捣器安装在模板表面，通过模板把振动力传递给混合料以达到捣固目的的称为附着式振捣器。把振捣器放在混合料的上表面进行振捣的称为平板式振捣器。把振捣器制成棒形，插入混合料中进行振捣的称为插入式振捣器。

1）附着式振捣器

附着式振捣器由一台封闭式二极三相鼠笼式电动机和安装在电动机轴两端的两个圆盘形或扇形振动子组成。通常用螺栓将它固定安装在被振对象的外侧，如大型钢架模板浇筑时将它固定在模板的外侧。也常把它固定在搅拌楼出料漏斗或砂石料堆料廊道下料漏斗的

外侧，帮助出料。它直接使用普通三相电源，电路简单。

2）平板式振捣器

把附着式振捣器安装在一块长方形木板上就成为平板式振捣器。它常用于混凝土路面、坝体平面或混凝土预制件的捣固。

3）插入式振捣器

(1) 软轴插入式振捣器。它由机体、软轴和振动棒三部分组成。机体内装一台三相鼠笼式电动机、增速用的皮带齿轮传动机构及简单的控制设备。振动棒内装振动子，插入混合料中进行振捣。机体放在被振对象的附近，通过可以移动的软轴把动力传递给振动棒。这种振捣器的振动力较小，一般用于钢筋密度大的小型混凝土构件，如楼房的圈梁及桥梁等。它的电动机功率一般在3kW以下，直接使用普通三相电源，用胶盖闸刀控制即可。

(2) 硬轴插入式振捣器。它由一台单相电动机、硬轴传动机构和振动棒三部分组成。手把下的电动机，通过硬轴传动机构与下部振动棒内的振动子相连接。操作开关装在手把内。这种振捣器的振动力很小，只能用于小型混凝土构件。它使用单相电源。

(3) Z_2D型手持棒形插入式振捣器。图10.3所示为广东佛山振动器厂出品的Z_2D-80型振捣器。从外形看，它由手把、减振器和振动棒三部分组成。振动棒的尾盖、棒壳和端塞之间用螺纹相连接。装在振动棒内的中频三相鼠笼式电动机与偏心体之间用轴直接连接。端塞的内部和偏心体的空心轴内是一套轴承润滑用的油路系统。手把下和尾盖上各焊接一个连接筒，内装空心胶管，将手把和振动棒连接起来。空心胶管起减振作用，以便消除操作者上肢的振感。有的在手把下装一个三相转换开关，有的不装(因为开关容易被振坏)。

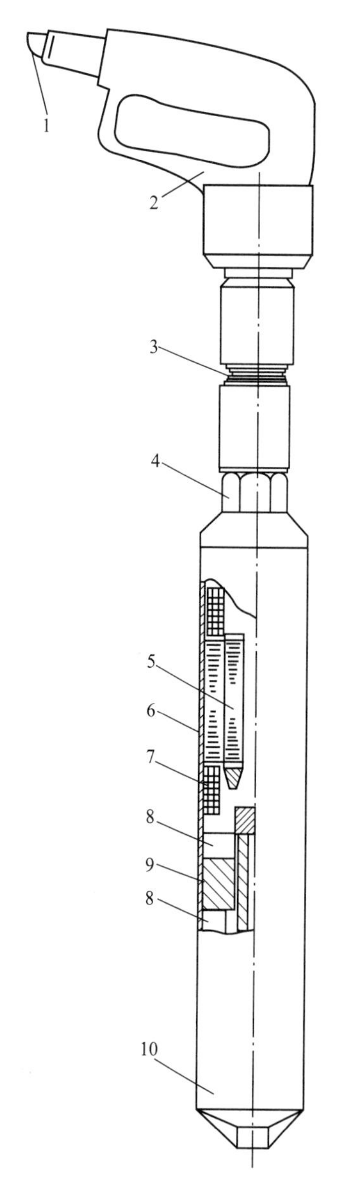

图10.3 佛山Z_2D-80型振捣器

1—电缆；2—手把；3—减振胶管；4—后盖；5—电动机转子；6—电动机定子；7—棒壳；8—轴承；9—偏心体；10—端塞

各厂家生产的Z_2D型插入式振捣器的原理和结构基本上相同，只在外形上略有区别。图10.4所示为另一类Z_2D型插入式振捣器的外形。

(4) 日本手持棒形插入式振捣器。20世纪60年代我国曾进口过一批日本芝浦制作所生产的EB-6B型振捣器，近年来又进口了一批EB-$6C_2$型振捣器，图10.5所示为它的外形，图10.6所示为它的内部结构。EB-$6C_2$型的原理与Z_2D型相同，但在结构上有如下特点：

① 电动机的电压为200V，电流为8A(空载时约3A)，频率为125Hz，转速约7200～7500r/min，2极。

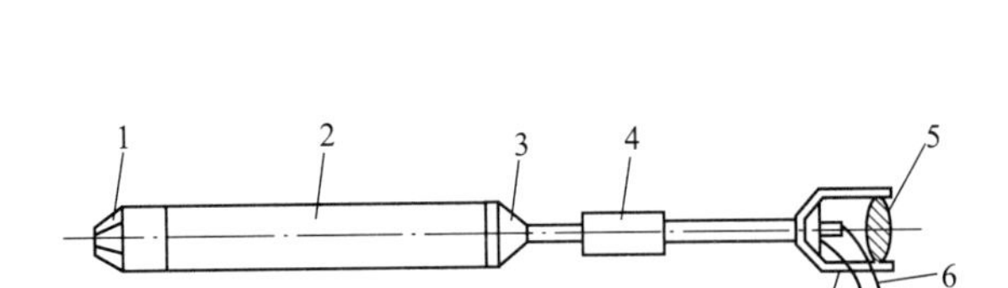

图 10.4 另一类 Z_2D 型插入式振捣器的外形

1—端塞；2—棒壳；3—尾盖；4—减振器；5—手把；6—电动机电缆；7—控制电缆；8—控制开关

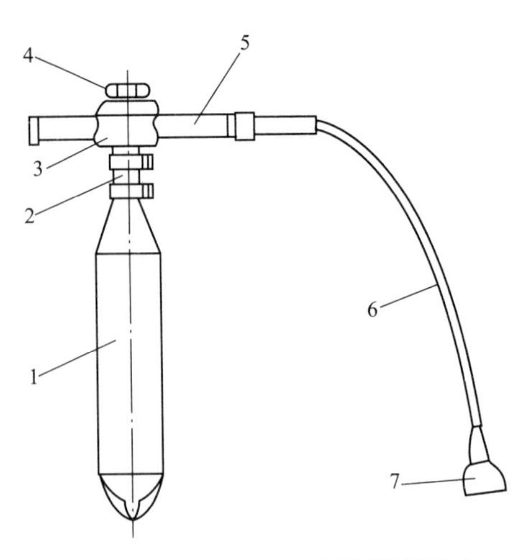

图 10.5 日本 EB－$6C_2$ 型振捣器外形

1—振动棒；2—橡胶减振器；3—开关盒；4—开关；5—手柄；6—电缆；7—插塞

② 振捣器有 3 个滚珠轴承。上部轴承(306#)用 1 号 BRB 轴承脂(相当于国产 GB－492－52 钠基润滑脂)，中部和下部轴承(46406#)用 909 汽轮机油(相当于国产 SYB1201－60 含添加剂 22 号透平油)。振捣器运转时借助于轴底部的吸油器使油上吸，溅在中部轴承上不断进行润滑。在最冷的季节振捣器仍能保持全部性能。

③ 棒壳与尾盖及端塞之间采用焊接密封，保证混凝土砂浆不会渗入振动棒内部。振捣器累计运行 100h 后应更换润滑油。换油时先剔去加油口圆堵片的焊缝，即露出加油孔，加油量 500～550mL，加油后再用焊接复原。振捣器累计运行 500h 后应进行解体检修。解体时用车床沿棒壳的上、下焊缝切割约 3mm 深，检修后再采用低温焊接或采用电焊复原。用电焊时应使用湿布等冷却没有焊接的地方。

④ 该型振捣器的振动力大，振动范围广，适用于粗细骨料配比大混凝土的捣实作业。$6m^3$ 的混凝土罐配 4～6 台振捣器即可。

使用注意事项如下：

a. 插入混凝土中的运转时间不得超过 1.5min，从混凝土中抽出后的不受载时间不得少于 30s，在空气中的连续运行时间不得超过 3s。

b. 应在插入混凝土之前起动振捣器，插入后不许再操纵开关，以免带负载起动，过大的起动电流把熔丝熔断。

c. 为保证电缆在恶劣环境(强烈的振动)下可靠工作，其截面积不得小于应为 $1mm^2$。

d. 振捣器采用较高的 200V 电压，要求电动机定子绕组对壳绝缘电阻不低于 1MΩ(用 500V 摇表)，并且接地必须良好，以保证安全。

e. 该振捣器所配用的变频机可同时供 6 台振捣器，两者之间用分路器(配电箱及电线、插接器) 连接，其现场布置情况如图 10.7 所示。

常用手持插入式振捣器规格见表 10－1。

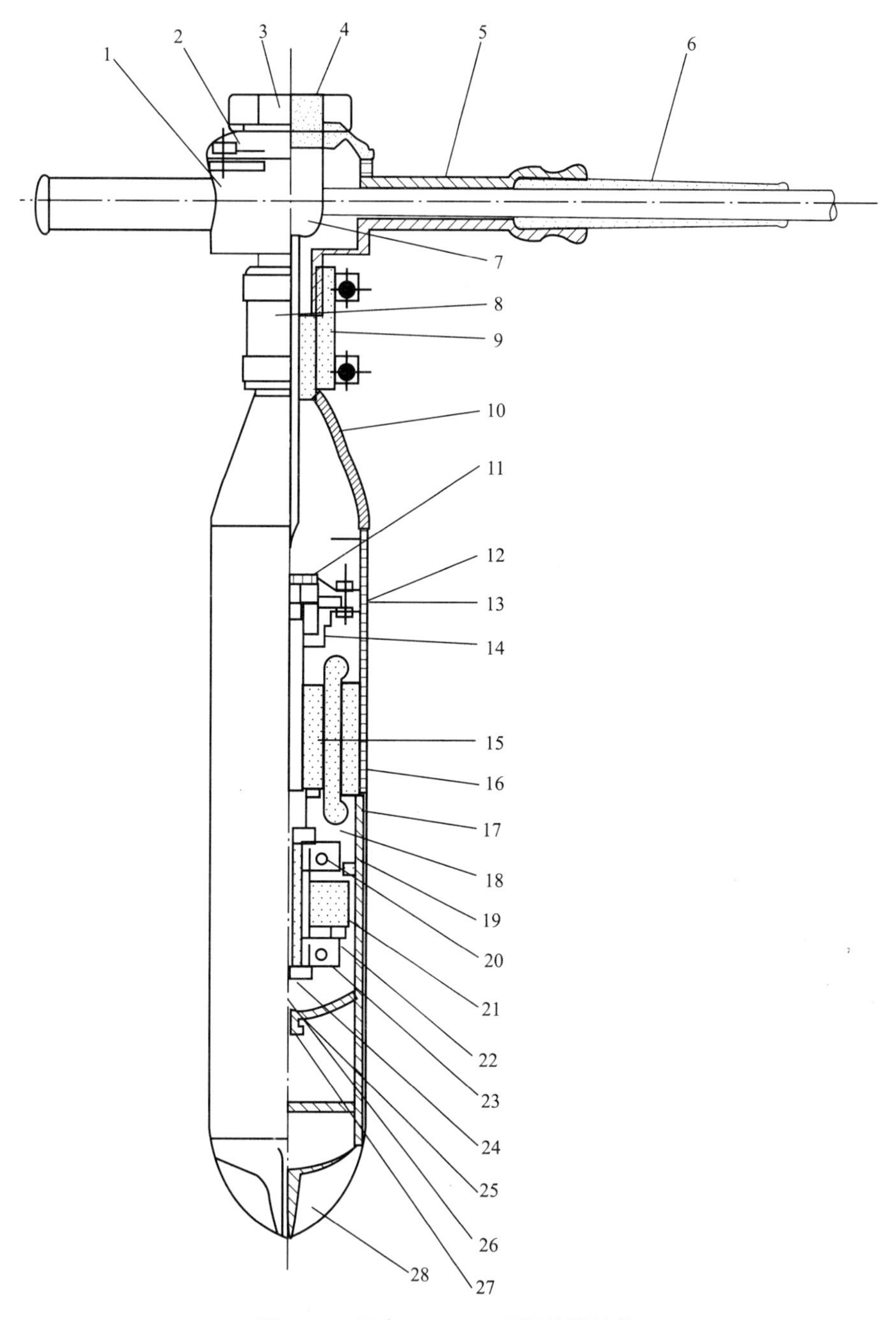

图 10.6 日本 EB-$6C_2$ 型振捣器结构

1—开关盒；2—开关盒盖；3—开关手柄；4—O 形圈；5—手柄；6—橡胶电缆护套；7—开关；8—橡胶减振器；9—接地弹簧；10—尾盖；11—轴承盖；12—上轴承支撑；13—滚珠轴承；14—油封；15—转子；16—定子；17—棒壳；18—挡油板；19—中间轴承座；20—中间滚珠轴承；21—偏心体；22—下轴承盖；23—下滚珠轴承；24—可卸螺母；25—吸油口；26—加油口圆堵片；27—中间挡油板；28—端塞

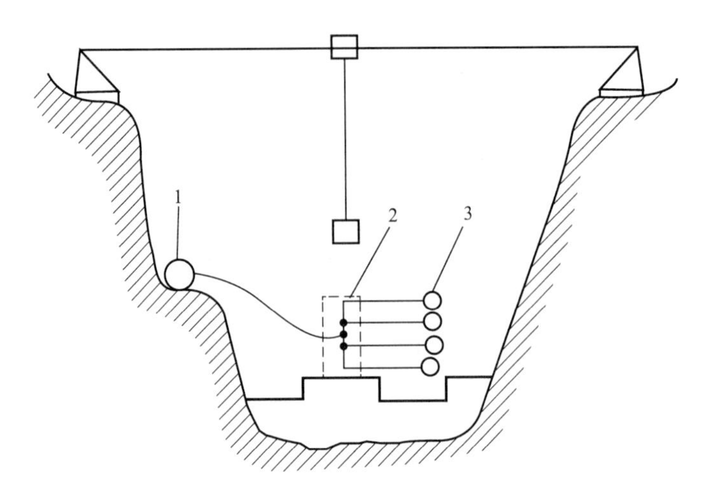

图 10.7　振捣器的现场布置

1—变频机；2—分路器；3—振捣器

表 10-1　常用手持插入式振捣器规格

序号	型号	棒径/mm	工作长度/mm	振动频率/(1/min)	振幅/mm	激振力/kgf	质量/kg	电动机功率/kW	电压/V	电流/A	频率/Hz	转速/(r/min)	厂家
1	Z_1D-100	100	520	8400	1.6	1300	22	1.5	42		150	8400	广东佛山振动器厂
2	Z_1D-130	130	520	8400	2	2000	30	2.5	48		150	8400	
3	Z_1D-80	80	436	11 500	0.8	660	15	0.8	42	15.7	195±5	11 500	
4	Z_1D_1-100	100	497	8000	1.6	1360	20	1.5	42		150	8000	呼和浩特电动工具厂
5	Z_1D_1-80	80	440	11 000	1.0	650	14	0.8	42		200	11 000	
6	Z_2D-50	56	460	11 000	1.0	450	7	0.945	42	16.3	200	11 000	石首砂轮机厂
7	Z_2D-80	80	430	11 400	0.8	660	13	0.8	42		200	11 400	
8	Z_2D-100	100	490	8400	1.6	1300	22	1.5	42		150	8400	三门峡木工机械厂
9	SMX-1A	133	530	5800		800	32	1.1	32	36	200	5800	
10	SZD-100	104	490	8500	1.5	1200	20	1.5	60	22	150	8500	
11	EB-6B	130	600	7200	1.6	1300	28	1	200	8	125	7200	日本芝浦制作所
12	$EB-6C_2$	130	600	7200/7500	1.6	1300	34	1	200	8	125	7200/7500	
13	H_1B-130	130	660	7300	1.6		31	1.85	200		125	7300	正在试制
14	CD-110	110	500	8400	1.6	1340	25	1.5	42		150	8400	

注：1kgf=9.806 65N。

10.2 变频机组

插入式振捣器通常都采用提高电动机转速的方法来提高振动频率。可是，普通电源的频率为50Hz，电动机的磁极对数最少为一对，根据式(10-1)，同步转速最高为

$$n_1=\frac{60f}{p}=3000(\text{r/min}) \tag{10-3}$$

电动机的实际转速还要略低于此数。由式(10-3)可见，再要提高三相鼠笼式电动机的转速，必须使用更高频率的三相电源。

将50Hz的三相电源变换成更高频率的三相电源的装置称为变频机组。图10.8是异步式变频机组的工作原理。它由一台三相鼠笼式电动机LD和一台三相线绕式异步发电机HF组成，两者的转子同轴。HF实际上是一台三相绕线式异步电动机，定子和转子三相绕组的极对数 p_F 相同，不过在这里起发电机的作用。它的转子绕组接在380V、50Hz的三相电源上，定子绕组输出更高频率的三相交流电。

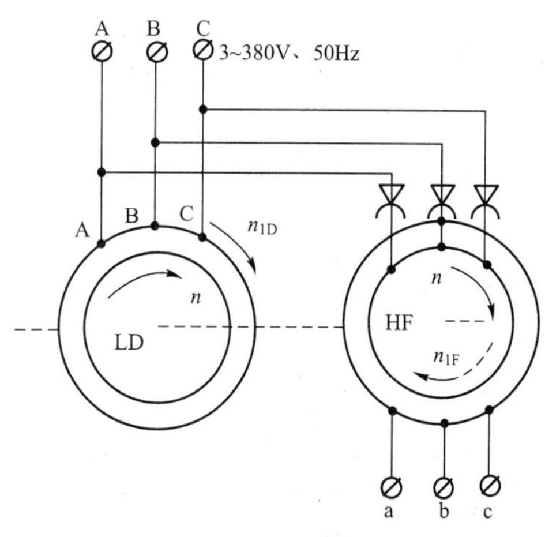

图10.8 异步式变频机组工作原理

转子三相绕组接在三相电源上就会产生一个旋转磁场，它相对于转子铁心的转速为

$$n_{1F}=\frac{60f}{p_F} \tag{10-4}$$

假定转子三相绕组的三相电源相序ABC是顺时针方向，那么旋转磁场 n_{1F} 的转向也是顺时针方向。

LD的极对数 $p_D=1$，接在同一个三相电源上，相序也是顺时针方向。因此，LD拖着HF的转子按顺时针方向以 n 的转速转动，使HF转子的旋转磁场在空间的转速加快。这时，HF的转子旋转磁场与定子绕组的相对转速为

$$\Delta n=n+n_{1F} \tag{10-5}$$

HF的定子三相绕组在转子旋转磁场的切割下产生三相对称交流电动势，其频率为

$$f_2=\frac{\Delta n p_F}{60}=\frac{np_F}{60}+\frac{n_{1F}p_F}{60}=\frac{np_F}{60}+f \tag{10-6}$$

由式(10-6)可见，发电机输出电压的频率 f_2 大于电源的频率 f，而且只要适当选择发电机的极对数 p_F 就可以获得所需频率的新三相电源。

LD的转速约为2850r/min，令HF的极对数 $p_F=3$，代入式(10-6)，得

$$f_2=\left(50+\frac{2850\times3}{60}\right)\text{Hz}=192.5\text{Hz}$$

这时，发电机的输出频率提高到将近200Hz。由于鼠笼式电动机的转速随负载有一些变化，因此发电机的输出频率也随负载的变化而有一些波动。

常用变频机组的规格列于表10-2中。

表 10-2 常用变频机组的规格

序号	型号	电机	容量/(kW/kVA)	频率/Hz	相数	电压/V	电流/A	转速/(r/min)	cosφ	定额	质量/kg	厂家
1	ZJB-200	电动机 发电机	4.2 4.5	50 195±5	3	380 48	8.3 54	2850	0.8		78	广东佛山振动器厂
2	ZJB-150	电动机 发电机	6 8.5	50 150	3	380 48	11.6 102	2850	0.8		110	广东佛山振动器厂
3	ZJB-200	电动机 发电机	4 3	50 200	3	380 48	8 47	2850	0.8		96	呼和浩特电动工具厂
4	ZJB-150	电动机 发电机	4 4	50 150	3	380 48	8 60	2850	0.8		96	呼和浩特电动工具厂
5	ZJB-200	电动机 发电机	4.2 4.5	50 200	3	380 48	8.3 54	2850			78	石首砂轮机厂
6	ZJB-150	电动机 发电机	9 12	50 150	3	380 48	17.6 144	2850	0.8		140	石首砂轮机厂
7	ZJB-150	电动机 发电机	9 12	50 150	3	380 48	17.6 144	2850			140	湖北荆州电动工具厂
8	$SMX_{-4}A$	电动机 发电机	5.5 4	50 200	3	380 40	57.7	2800				三门峡水工机械厂
9	TP-10/150	电动机 同步 发电机	12 10	50 150	3	380 65	22.5 110	2930			210	三门峡水工机械厂
10	日本 PC802A3	电动机 发电机	8	50 125	3	220 200	40 23	1500	0.8	连续	280	芝浦制作所
11	日本 PC802A	电动机 发电机	8	50 125	3	380 200	21 23	1500	0.8	连续	310	芝浦制作所

10.3 振捣器电路

1. 手控振捣器电路

图 10.9 所示为手控振捣器电路，电气设备的文字符号和名称对照见表 10-3。

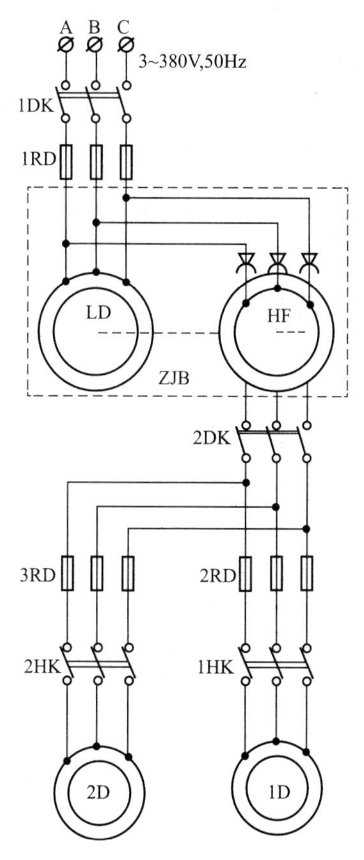

图 10.9 手控振捣器电路

表 10-3 手控振捣器电气设备的文字符号和名称对照

序号	代　　号	名　　称	数量	安装地点
1	LD	鼠笼式电动机	1	变频机组
2	HF	异步发电机	1	变频机组
3	1D、2D	鼠笼式电动机	2	每振捣器一台
4	1DK、2DK	闸刀开关	2	配电板
5	1RD～3RD	熔断器	9	配电板
6	1HK、2HK	旋转开关	2	配电扳或振捣器

变频机组和振捣器电动机的容量不大，并且操作不频繁，故可采用闸刀开关和旋转开关等手控电气控制。该电路简单，不再赘述。

2. 自控振捣器电路

大多数控制振捣器的旋转开关原来都装在手把下，极易损坏，所以后来有些机器把它改装在配电板上，但是，操作人员就不能在振捣器旁控制，带来许多不便。为此，振捣工作人员提出了一个既可以在振捣器旁控制变频机组的起动和停止，又可以省去手把下旋转开关的自控振捣器电路设计方案，如图 10.10 所示。

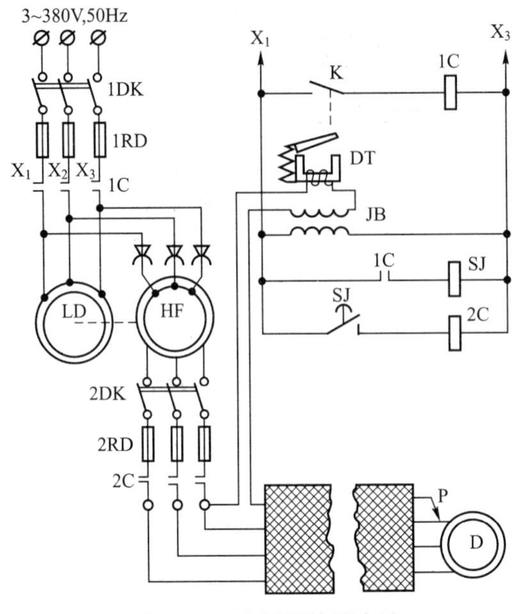

图 10.10 自控振捣器电路

变频机组的输入和输出用接触器 1C 和 2C 控制。K 是一个照明拉线开关，其拉索由电磁铁 DT 操动。SJ 是一个气囊式时间继电器。振捣器与变频机组用四芯电缆连接，其第四芯在 P 处(手把下)做成一个裸露的线头，并将相应的相线在 P 处剥开而露出铜心。该电路的动作原理如下：

起动时，在 P 处使第四芯碰触相线，DT 短时吸引衔铁，K 被拉而接通，1C 动作，LD 起动，同时 SJ 通电，2C 延时动作，振捣器电动机 D 启动。SJ 的延时值调整在保证 LD 起动完毕所需要的时间。

停止时，在 *P* 处再碰触一下，DT 又短时吸引一次，K 被拉而断开，1C、SJ 和 2C 相继释放，LD 和 D 都停止。

经过多年使用，这个电路不但操作方便、安全，而且故障较少。目前使用的电磁铁 DT 是铁心直动式，吸引后磁路不闭合，并且设计于短时工作，因此在 *P* 处接触时间过长就把 DT 的线圈烧坏。建议采用吸引后磁路闭合的铁心，并设计于长期工作，就不容易出现线圈烧坏的故障了。

10.4 振捣器的试运转和常见故障

10.4.1 试运转

(1) 试运转前的准备：①核对接线是否正确，机壳安全接地是否良好可靠；②检查发电机集电环电刷的接触面是否清洁，接触是否良好，弹簧压力是否合适；③用 500V 摇表测量绝缘电阻，在接近工作温度时不得低于 0.5MΩ；④检查变频机组和振捣器的铭牌，两者的电压和频率是否能配套使用；⑤用手转动变频机组一周应无卡住现象；⑥检查振捣器各部件装配是否良好，紧固件有无松动，焊接点有无裂缝或脱落现象；⑦有的振捣器出厂时不装润滑油，试机前应先装润滑油。

(2) 变频机组空载试运转。短时接通电源，让变频机组空载运转，察看其转向是否符合厂家规定。如转向不符，可停电调换接电源的 3 根相线任意两根的位置。检查输出电压和频率应不低于额定值。若频率和电压都很低，一般是发电机转子电源的相序接错所致。如果相序接错的话，发电机转子旋转磁场的转向与转子的转向相反，那么它的空间转速降低为

$$\Delta n' = n - n_{1F}$$

结合式(10-6)，其输出频率降低

$$f_2' = \frac{np_F}{60} - f = f_2 - 2f = f_2 - 100\ (\mathrm{Hz}) \tag{10-7}$$

输出电压也相应降低。这时，可调换发电机转子的 3 根相线中任意两根的位置。空载试运车时，机组转动应均匀平稳，无异常响声，电刷集电环无火花。

(3) 振捣器空载试运转。变频机组正常运转之后，先投入一台振捣器在空气中试运转，运转的响声应均匀，无有害杂音。这时，不许把振捣器水平放置，试运时间不得超过 1～5min(各厂家规定不同)。

(4) 振捣器负载试运转。空载试运转正常以后，可将振捣器顺力沉入混合料中进行负载试运转。不准用力硬插，防止被钢筋夹住或碰坏。

(5) 变频机组负载试运转。逐台投入振捣器，使变频机组满载运转。这时应检查变频机组的温升，集电环电刷的火花，输出电压和电流，以及响声是否正常；各电器和电缆，特别是接线柱和触头是否有过热冒火现象。

10.4.2 使用注意事项

(1) 振捣器和变频机组最好配套使用，如不是配套机组，则电压和频率必须相符。

(2) 有的变频机组不允许两台振捣器同时起动，因为机组容量不大，不允许同时起动的冲击电流。有的变频机组则允许两台振捣器同时起动。

(3) 使用时振捣器的倾斜角不可超过 45°，工作部分插入混合料中不可超过 2/3。

(4) 使用时不准松掉振捣器的把手，以防全部沉入混合料中而无法拔出。

(5) 电缆长度不得超过规定，截面不得小于规定，以保证振捣器有足够的端电压。

(6) 投运时先开变频机组空载运行，再投入振捣器在空气中试运转，然后插入混合料中振捣。

(7) 变频机组和振捣器都用熔断器保护，对过载或断相运行不能起保护作用，故发现振捣器运转不正常应及时停机。

(8) 变频机组不宜频繁起动。

(9) 振捣器长期停放时应立置，以防润滑油长期浸泡电动机定子绕组，影响使用寿命。

10.4.3 常见故障

(1) 电缆的一相被拉断而造成振捣器断相运行。这时，振动力减小，转动不平稳，发

出不正常的磁噪声。振捣器电动机通常采用三角形接法，断相运行时线电流是电动机额定线电流的 1.7～2 倍，而熔件的额定电流是电动机额定线电流的 2～2.5 倍，因此不能起保护作用。另外，断相后电动机定子绕组的三相电流不相等，过电流最严重一相的电流是额定相电流的 2～2.5 倍，因此时间稍长就会把电动机烧坏。

(2) 振捣器沉入混合料中过多而造成过载。这时熔断器也不能起保护作用，导致振捣器烧坏。

(3) 振动棒密封不严，漏入水泥砂浆而卡转。这时变频机组发出怪声，转速减慢，振捣器很快烧坏，时间稍长变频机组也要烧坏。

(4) 冬季振捣器很难起振，当气温低到－20℃左右时，需通电 5～10min 后才能起振。在此期间电动机接近于卡转，也要烧坏电动机。难起振的原因是低温使润滑油的黏度增大，因此建议冬季采用降压预热的振捣器电路，如图 10.11 所示。降压电阻 R 的阻值和时间继电器 SJ 的延时值应根据实际情况选择。

(5) 变频机组的集电环打火甚至相间弧光短路。这种故障多是由于电刷弹簧压力不足，电刷摆动、电刷的接触面缺损、集电环表面不清洁和集电环偏心等原因造成。

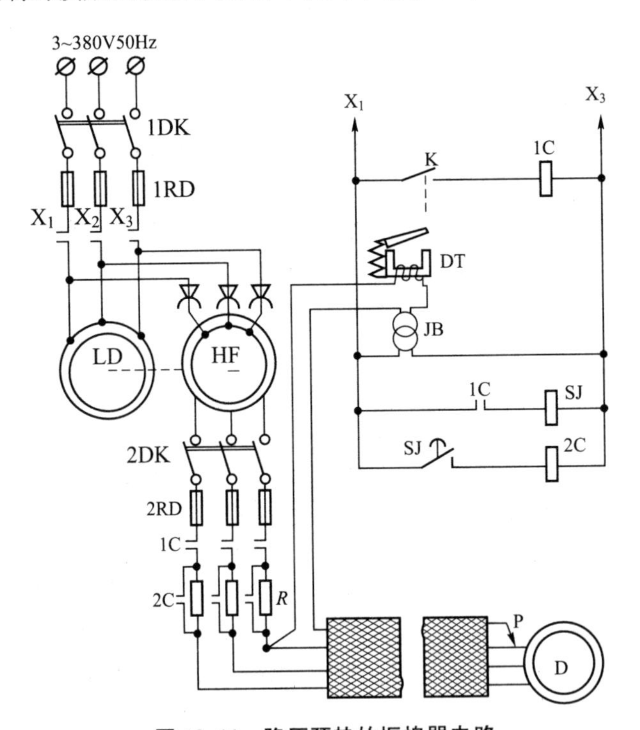

图 10.11　降压预热的振捣器电路

10.5　日本 700S－1 型混凝土泵简介

混凝土泵是混凝土工程机械化施工的重要设备，其主要作用是在建筑混凝土工程中把混合料送到工作面上。

图 10.12 所示为日本 700S－1 型混凝土泵的外形。它主要由混凝土输送系统、液压系统、电气系统及拖行装置等组成。

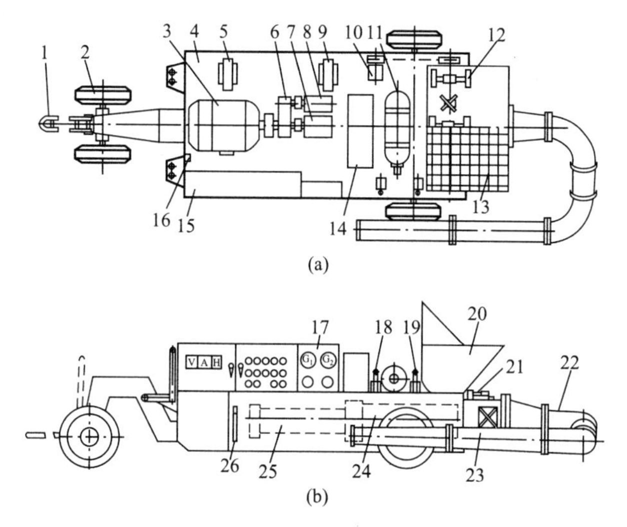

图 10.12 日本 700S－1 型混凝土泵的外形

1—挂环；2—橡胶轮；3—电动机；4—机台；5—泵电液阀；6—传动机构；7—主油泵；8—副油泵；9—蝶阀电液阀；10—液压马达；11—蓄能器；12—搅拌器；13—筛网；14—水箱；15—电气控制箱；16—电源插座；17—油压控制箱；18—搅拌器操作手柄；19—注油泵；20—进料斗；21—蝶阀油压缸；22—混凝土输送管；23—蝶阀阀箱（蝶阀在箱内）；24—混凝土泵；25—泵油压缸；26—油位指示器

10.5.1 混凝土输送系统

混凝土输送系统包括进料斗、搅拌器、混凝土泵、蝶阀和输送管等。它利用混凝土泵的两个往复运动的活塞与反复转动的蝶阀同步协调动作，把进料斗内的混合料通过输送管(可以接长)送到浇筑工作面上。

1. 进料斗和搅拌器

容量为 0.3m^3的进料斗位于混凝土泵体的上前端，顶面上钢筋焊成的筛网可以防止超粒径的骨料和杂物进入料斗中，并保证人身安全。进料斗内的搅拌器由液压马达通过链轮和链条拖动，转向用搅拌器操作手柄控制，其作用是经常保持混合料有足够的流动性。

2. 混凝土泵和蝶阀

图 10.13 所示为混凝土泵送工作原理。左右两个混凝土泵是混合料的推送机构。泵的活塞和油压缸的活塞装在同一根活塞杆上，在压力油的驱动下一个活塞推出，另一个活塞返回，交替循环运动。

蝶阀是一块矩形钢板，可绕竖轴左右转动。它是混凝土分配机构，故又称混凝土分配阀。在蝶阀油压缸的驱动下，蝶阀在阀箱里左右转动，控制着 4 个通道：两个泵缸口，进料斗的下料口和阀箱的出料口。

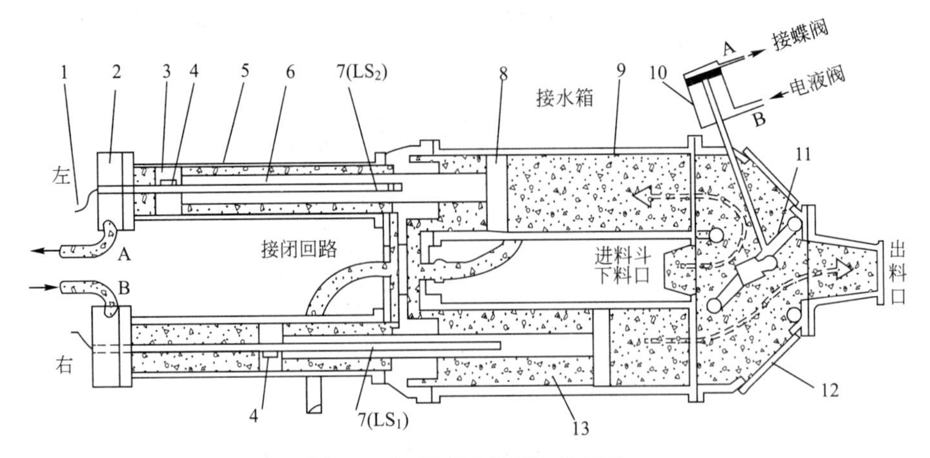

图 10.13　混凝土泵送工作原理

1—导线；2—油压缸盖；3—油压缸活塞；4—永久磁钢；5—泵油压缸；6—活塞杆；7—舌簧管；8—泵活塞；9—泵缸；10—蝶阀油压缸；11—蝶阀；12—阀箱门；13—冷却水

混凝土泵送的工作原理和动作过程如下：①蝶网处于图 10.13 所示位置，左泵活塞返回将料斗内的混合料经过下料口和左阀箱吸入泵缸，同时右泵活塞推出，将原来吸入缸内的混合料经右阀箱和出料口推入输送管；②当右泵活塞推出到达行程终端时，舌簧管 7 (LS_1)发出电信号使压力油换向，蝶网向顺时针转过约 90°，同时右泵活塞返回作吸入行程，左泵活塞推出作推压行程；③当左泵活塞推出到达行程终端时，舌簧管(LS_2)发出电信号，再使压力油换向，重复左缸吸入，右缸推压的行程。如此循环动作，轮流把混合料连续推入输送管。

10.5.2　电液换向滑阀

电液换向滑阀简称电液阀，在液压系统中用来实现多通路自动控制，是自动控制油压缸活塞往复运动的重要电器。图 10.14 是电液阀的原理结构。电液阀由电磁换向滑阀(简称电磁阀)和液动换向滑阀(简称液动阀)组成，前者是先导阀，后者是主阀。

1. 电磁阀

电磁阀用电磁铁 8 来变换控制油路的油流方向，以便进一步控制液动阀的工作。阀体 2 的内部是一个形状复杂的油道，在图 10.14(b)中可见两个与液动阀相连的工作油口 a 和 b，在图 10.14(a)中可见进油口 P 和回油口 O。这种电磁阀有 4 个油口与液压系统的油路相通，叫作四通。在左右电磁铁的推动下，阀杆 5 可以左右移动，相对于阀体可处于左、中、右三个位置，叫作三位。此种电磁阀叫作三位四通 Y 型弹簧对中阀，它的工作原理如下：

当左、右线圈 SV_1 和 SV_2 都断电时，在左、右回位弹簧 4 和 6 的作用下，阀杆处于中位，P 口被网杆的两个台肩封闭，a 口和 b 口与 O 口相通。

当 SV_2 通电时，右铁心 8 被吸，通过推杆 7 使阀杆向左移动而处于左位，P 口通 a 口，b 口通 O 口。

当 SV_1 通电时，左铁心被吸，阀杆向右移动而处于右位，P 口通 b 口，a 口通 O 口。

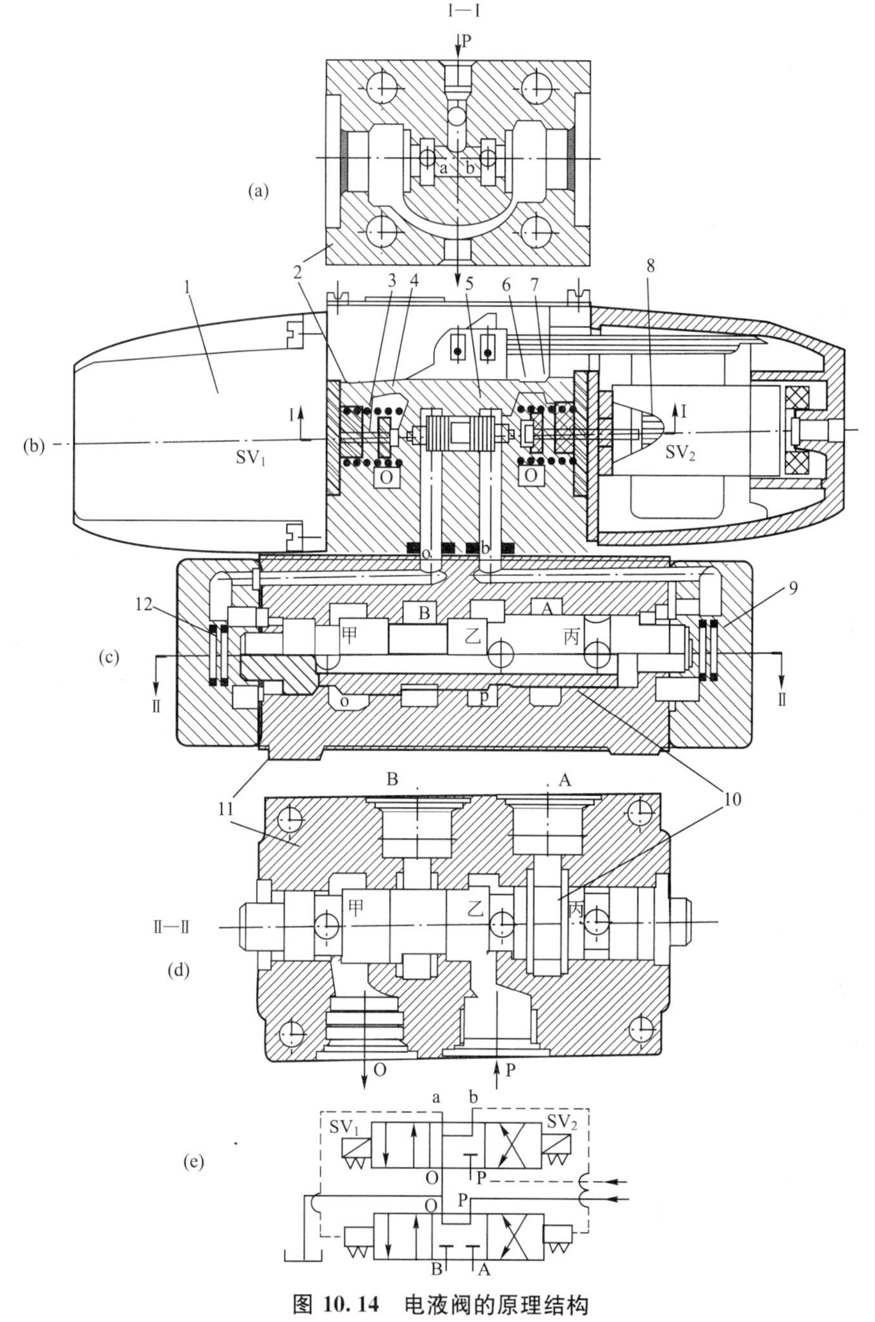

图 10.14　电液阀的原理结构

(a) 电磁阀阀体的Ⅰ—Ⅰ剖面图；(b) 电磁阀；(c) 液动阀；
(d) 液动阀体和阀杆的Ⅱ—Ⅱ剖面图；(e) 电磁阀的职能符号图

2. *液动阀*

液动阀是一个三位四通 M 型弹簧对中阀，阀杆的 3 个位置由电液阀工作油口 a 和 b 送出的压力油控制。阀杆 10 的内部有一个两端堵死的内油道，并有 3 个十字孔甲、乙、丙。

当 a、b 口无压力油送出时，在回位弹簧 9 和 12 的作用下，阀杆处于中位，进油口 P

经孔乙、内油道、孔甲通回油口 O，工作油口 A 和 B 被阀杆的台肩封闭。

当电磁阀的 a 口送出压力油时，阀杆向右移动而处于右位，P 口经阀杆的外油道与 B 口相通，A 口经孔乙、阀杆内油道、孔甲与 O 口相通。反之，当电磁阀的 b 口送出压力油时，推阀杆处于左位，P 口通 A 口，B 口通 O 口。

图 10.14(e)是此电液阀的职能符号图。图中的 3 个方块代表阀杆的 3 个位置；中间方块的油路图代表阀杆处中位的油路通断情况；左或右方块内的箭头代表 SV_1 或 SV_2 通电时的油流方向；实线代表工作油路，虚线代表控制油路。该电液阀用来控制泵油压缸。

10.5.3 液压系统

图 10.15 是 700S－1 型混凝土泵的液压系统图。它是由一个主调压回路和两个辅助调压回路组成的三泵开式调压系统。主油泵 1 和副油泵 2、3 由同一台电动机 M 拖动。

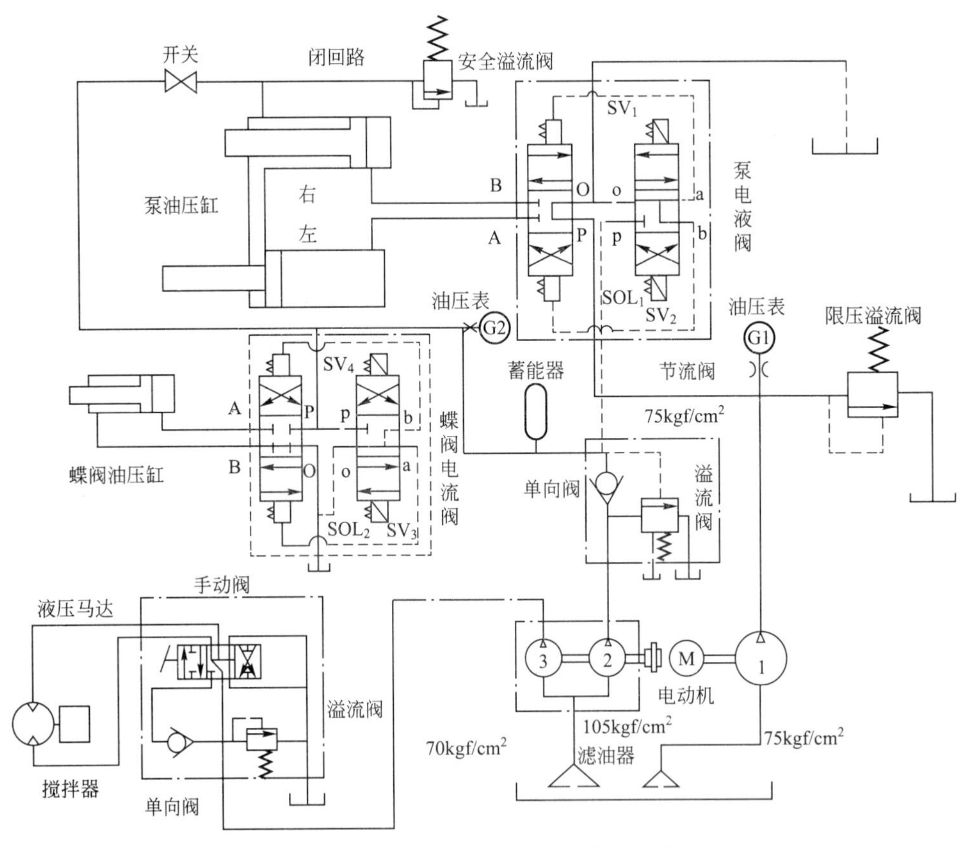

图 10.15　700S－1 型混凝土泵液压系统图

1—主油泵；2、3—副油泵

1. 泵油油压回路

泵油压回路由主油泵、泵电液阀、泵液压缸、限压溢流阀、安全溢流阀等组成。当线圈 SV_1 和 SV_2 交替通电时，主油泵送出的压力油经泵电液阀的 P→A 口或 P→B 口交替送到左、右两个泵油压缸去驱动活塞。两缸左部相通，并且是一个闭回路。当一个活塞推出时，此压力通过闭回路油使另一活塞强制返回，这样就实现了两个活塞交替推出和返回。

主油泵的最大工作压力为 75kgf/cm²，可用限压溢流阀调节。当油压高于给定值时，限压溢流阀自动打开，使主油泵处于卸荷状态，保证安全。

2. 蝶阀油压缸回路

蝶阀油压缸回路由副油泵 2、蝶阀电液阀、蝶阀油压缸、蓄能器、单向阀、溢流阀等组成。当蝶阀电液阀的线圈 SV_3 和 SV_4 交替通电时，副油泵 2 送出的压力油经过 P→A 口或 P→B 口交替送到蝶阀油压缸的右部或左部，驱动活塞推出或返回。

溢流阀用来把该回路的压力调定于 105kgf/cm²，并保证该回路的安全。气囊式蓄能器用来储蓄油压能，起缓冲和吸收脉动压力的作用，使回路的油压稳定，蝶阀换向迅速，两个电液阀的先导控制作用稳定。

单向阀只允许油流单方向通过，因此停机时蓄能器的压力油不会倒流回副油泵 2。又因为停机时蝶阀电液阀的 P 口与 O 口不相通，所以蓄能器内的压力油无路释放而保持压力状态。

蝶阀油压缸回路与闭回路之间有开关相连，正常工作时开关是关闭的，当闭回路油压不足时可打开开关把高压油注入闭回路，使泵缸活塞有正常的行程。闭回路的最高油压用安全溢流阀调节，并保证闭回路安全。

3. 搅拌器液压马达回路

搅拌器液压马达回路由副油泵 3、手动阀、液压马达及单向阀、溢流阀等组成。手动阀用来控制通过马达的油流方向，实现马达的正反转或停止。

10.6 “星-三角”降压起动

700S－1 型混凝土泵的主副油泵用一台 45kW 的三相鼠笼式电动机拖动，正常工作时为三角形接法(对于 380V 的电源)。为了降低起动电流，减小因起动所引起的电网电压波动，以便适用于较小容量的电源，故采用“星-三角”降压起动。

所谓“星-三角”起动，就是起动时把电动机定子绕组接成星形，起动结束后改接成三角形正常运转。可见正常工作时接成三角形的电动机才能采用这种起动方法。

1.“星-三角”降压起动原理

三相异步电动机是一个三相对称负载。令起动时定子每相阻抗为 Z_Q，电源额定电压为 U_c。因为三角形联结时的相电压等于电源的线电压，所以起动时的相电流为

$$I_c=\frac{U_c}{Z_Q}$$

因三角形直接起动时的起动电流（即线电流)是相电流的$\sqrt{3}$倍，即

$$I_{\triangle Q}=\sqrt{3}\,I_c=\sqrt{3}\frac{U_c}{Z_Q} \tag{10-8}$$

因为星形联结时的线电压等于相电压的$\sqrt{3}$倍，故星形降压起动时的起动电流

$$I_{YQ}=\frac{U_\phi}{Z_Q}=\frac{U_c}{\sqrt{3}Z_Q} \tag{10-9}$$

式(10－8)与式(10－9)相比，得

$$\frac{I_{YQ}}{I_{\triangle Q}}=\frac{1}{3} \tag{10-10}$$

可见采用“星-三角”起动可以把起动电流降低到三角形直接起动时的1/3。三角形直接起动时定子每相绕组所加的是电源线电压，而星形起动时每相绕组所加的电压降低到电源线电压的$1/\sqrt{3}$，故称为降压起动，这是起动电流降低的根本原因。

2.“星-三角”起动电路

图10.16所示为“星-三角”起动电路的一种。起动时利用接触器C_Y将定子绕组接成星形，起动完毕利用$C_\triangle$接成三角形。时间继电器SJ保证起动过程有足够的时间。触头$C_{\triangle-1}$和C_{Y-1}防止$C_\triangle$及C_Y因故同时接通而造成电源相间短路。SJ_{-1}是自保触头。

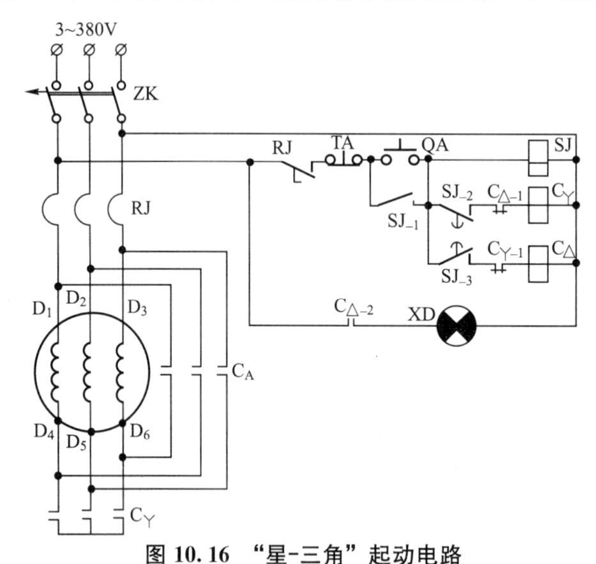

图10.16 “星-三角”起动电路

10.7 700S－1型混凝土泵电路

图10.17所示为700S－1型混凝土泵电路。图10.18是电气控制箱及面板的布置图。电气设备见表10－4。为了便于读图，电气图形符号都改为我国的标准符号，而代号仍保留日本原图的代号。

本机的电源为三相380V、50Hz，由一根低压橡套电缆经电源插座(R、S、T)引入。本机没有电源隔离开关和短路保护，因此在电缆首端应装一个100A的自动开关。电压表V的表芯为通用式，R_F是它的外附分压电阻。控制电源的电压是200V，由降压变压器B供给。

1. 电动机的控制电路

电动机M用“星-三角”降压起动，电路原理如上节所述。时间继电器T_1的延时值调整于10～12s。热继电器OCR作为电动机的长期过载保护，其热元件采用电流互感器加热式。因为电动机采用三角形接法，所以这种两相式热继电器不能起断相保护作用。

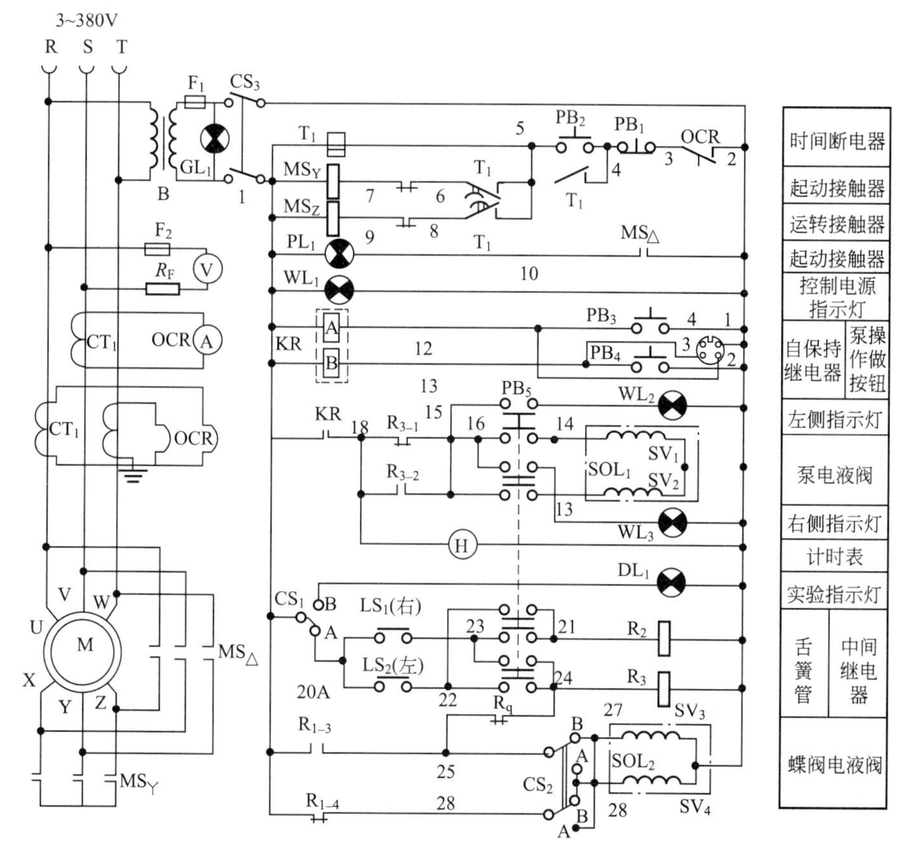

图 10.17　700S－1 型混凝土泵电路

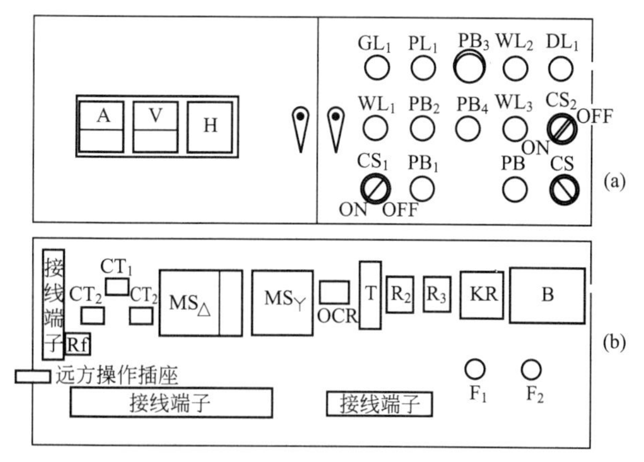

图 10.18　电气控制箱及面板布置图

表 10－4　700S－1 型混凝土泵电气设备

序号	代号	名　称	规　格	数量	安装地点
1	M	三相鼠笼式电动机	45kW，380V，50Hz，4P，△接法	1	机台
2	SOL_1	磁电液阀		1	机台

（续）

序号	代号	名　　称	规　　格	数量	安装地点
3	SOL_2	蝶阀电液阀		1	机台
4	A	交流电流表	PSK-100，2.5级，120/5A	1	机台
5	V	交流电压表	PSK-100，2.5级	1	面板
6	R_F	外附分压电阻		1	面板
7	H	计时表	SF-204H，200V，50Hz	1	面板
8	GL	三相电源指示灯	2W，18V，附变压器	1	面板
9	PL_1	运转指示灯	2W，18V，附变压器	1	面板
10	WL_1	控制电源指示灯	2W，18V，附变压器	1	面板
11	WL_1	泵左右指示灯	2W，18V，附变压器	2	面板
12	WL_2、WL_3	实验最高压指示灯	2W，18V，附变压器	1	面板
13	DL_1	控制电源旋转开关	C810C，1a	1	面板
14	CS_1	试验旋转开关	C810C，1a1b	1	面板
15	CS_2	蝶阀旋转开关	C810，2a2b	1	面板
16	CS_3	电动机操作按钮	N812B，防水，	2	面板
17	PB_1、PB_2	泵操作按钮	N812B，防水	2	面板
18	PB_3、PB_4	泵反向按钮		1	面板
19	PB_8	电流互感器	CTU051B，120/5A	1	控制箱
20	CT_1	电流互感器	CTU051A，100/5A	2	控制箱
21	CT_2	热继电器	热元件2.8～5.6A，整定4.2A	1	控制箱
22	OCR	起动接触器	SRC-3631-3，200V	1	控制箱
23	$MS_{\triangle}$	运转接触器	SRC-3631-3，200V	1	控制箱
24	T_1	时间断电器	MCT-503，20DV	1	控制箱
25	KR_{AB}	自保持继电器	200V	1	控制箱
26	R_2、R_3	中间继电器	200V	2	控制箱
27	F_1	熔断器	螺旋式，5A	1	控制箱
28	F_2	熔断器	螺旋式，3A	1	控制箱
29	B	控制变压器	380V/200V，300VA	1	控制箱
30	LS_1、LS_2	舌簧管	常开式	2	泵油压缸
31	R. S. T	电源插座	4孔，200A，440V	1	机台
32		远方操作插座	4孔	1	控制箱
33					
34					
35					
36					
37					
38					

2. 泵和蝶阀的控制电路

PB_3是泵和蝶阀的起动按钮，PB_4是停止按钮。KB是一个自保持继电器，所以停止按钮PB_4是常开的。KB的常开触头KR(1、18)控制着泵电液阀SOL_1的线圈SV_1和SV_2的电源。中间继电器R_3的常闭触头R_{3-1}和常开触头R_{3-2}使SV_1和SV_2交替通电，再使泵的左右活塞交替推出或返回。其常开触头R_{3-3}和常闭触头R_{3-4}使蝶阀电液阀SOL_2的线圈SV_3和SV_4交替通电，再使蝶阀来回转动。舌簧管LS_2和LS_1分别装在泵的左右油压缸内，当某活塞推出到终端位置时，相应的舌簧管因装在活塞内的永久磁钢靠近而使触头接通，进一步控制R_3的动作或释放，从而实现泵的活塞和蝶阀的自动循环动作。自动控制的过程如下：

(1) CS_1接通后蝶阀的第一次动作过程。CS_1接通→SV_3断电，SV_4通电→蝶阀油压缸的活塞返回→蝶阀处于图10.13所示位置。

(2) 揿下PB_2以后泵和蝶阀的循环动作过程。KR动作使触头KB(1、18)接通，首先SV_2和SV_4通电，右缸活塞推出，左缸活塞返回，如图10.13所示。当右缸活塞推出到终端时，LS_1接通，R_3动经触头R_{3-3}和R_2(24、25)自保。这时R_{3-3}和R_{3-3}接通，变为SV_1和SV_3通电，左缸活塞推出，右缸活塞返回，同时蝶阀油压缸的活塞推出，蝶阀向顺时针方向转约90°。当左缸活塞推出到终端位置时，LS_2接通，R_2动作，触头R_2(24、25)断开，R_3释放。这时触头R_{3-1}和R_{3-4}接通，SV_2和SV_4通电，重复前一阶段的动作过程。图10.19是泵和蝶阀的循环动作过程方块图，有助于进一步理解混凝土泵的自动控制原理。

3. PB_5、CS_2、CS_3的作用

(1) 泵缸活塞反向按钮PB_5。揿下此按钮，SV_1与SV_2、LS_1与LS_2在电路中部交换位置，泵活塞反向运行，混凝土倒流。它用来处理混凝土泵的临时性故障。例如，当泵的活塞被砂石卡住而不能运行时，可按下PB_5，使活塞反向运行，故障消除后再松掉PB_5，恢复正常运行。

(2) 最高油压试验开关CS_2。正常工作时此开关应处于图10.17所示的“A”位(即图10.18的“OFF”)。为了检查泵油压缸回路而进行最高油压试验时，将此开关转至图10.17所示的“B”位(即图10.18的“ON”)。此时，R_3保持转换时刻的动作或释放状态，SV_1、SV_2、SV_3、SV_4也保持转换时刻的通电或断电状态，泵缸活塞和蝶阀缸活塞推到终端后停止运动。如图10.15所示，主油泵送出的压力油经过泵电液阀的P口、A口或B口进入左或右泵油压缸，但不能通油箱，故油压不断升高，直到最高压力使限压溢流阀打开放油。这时油压表G_1约指$80kgf/cm^2$为正常，并发出很响的放油啸叫声。

(3) 蝶阀反向开关CS_3。正常工作时此开关应处于图10.17所示的“B”位(即图10.18所示的位置)。停掉电动机后用它来放掉蝶阀油压缸回路中蓄能器所储存的高压油，以保证安全。这时可来回转动CS_2，使SV_3和SV_4交替通电断电，蝶阀来回转动，每转动一次就放掉一部分油回油箱，G_2的指示值逐次减小，直到指零为止。正常工作时，如果误操作此开关，将造成泵缸活塞的运动与蝶阀的转动反向而使混凝土倒流。

4. 指示灯和计时表

(1) GL_1是三相电源指示灯，合上电缆首端的自备自动开关，电源送到本机时，灯亮。

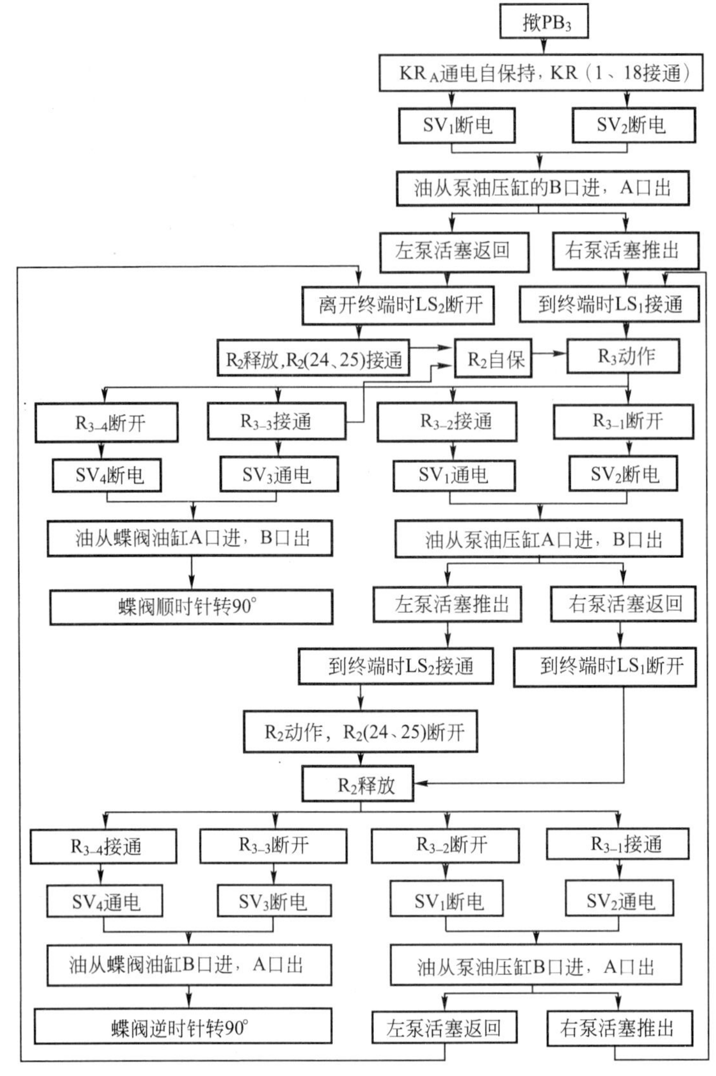

图 10.19　泵和蝶阀循环动作过程的方块图

(2) WL_1是控制电源指示灯，合上CS_1时，灯亮。

(3) PL_1是电动机运转指示灯，接触器MS_4动作，电动机正常运转时，灯亮。

(4) WL_2和WL_3是左右泵工作指示灯，泵正常工作时，两灯交替亮、灭。

(5) DL_1是试验最高压指示灯，试验时灯亮。

(6) H 是累计式计时表，用来记录生产时间。

5. 远距离操作

如图 10.18 所示，2、12 和 13 线号接有一个可以插接操作按钮的四孔插座，控制泵和蝶阀的工作。注意，起动和停止按钮都是常开的。

10.8 700S－1型混凝土泵的操作和电路故障判断

10.8.1 操作

1. 投运前的准备工作

(1) 检查油箱和水箱内的油和水是否足够。

(2) 检查料斗内有无杂物。

(3) 打开蝶阀阀箱的左右门，检查泵缸及阀室内有无杂物，然后关严锁紧。

(4) 反复推拉几次注油泵的操作手柄，给各轴承加润滑油。

(5) 巡视各机电设备。CS_1和CS_2应指“OFF”，CS_3手柄的上端应指左边，电源插头应插接牢固。

2. 投运操作步骤

(1) 合上自备的自动开关，GL_1亮，电压表V的指示应不小于380伏。

(2) 转动CS_1指“ON”，WL_1亮。

(3) 揿PB_2，电动机起动，延时10～12s，PL_1亮。这时，电流表A的指针摆至最大值，然后退回到20～25A。油压表G_1的指针逐渐升至105kgf/cm^2。电动机起动时要注意它的转向，如转向不对应立即停机，倒换电源相序。

(4) 揿PB_3，泵和蝶阀开始循环动作，WL_2和WL_3交替亮、灭。

(5) 转动CS_2指向“ON”，进行最高油压试验。这时DL_1亮，泵和蝶阀停止，油压表G_2的指针迅速指向约80kgf/cm^2，同时发出很响的啸叫声。最高压试验后将CS_2转回“OFF”，泵和蝶阀又开始循环动作。

(6) 检查活塞行程。泵活塞每分钟往复18～19次，说明活塞行程正常；若次数过多，说明活塞行程不足。原因是闭回路油压力不足，使行程缩短。这时应揿PB_4停掉泵和蝶阀，拧开放油入闭回路的开关，把蝶阀油压缸回路的高压油放入闭回路。1～2min再拧死开关，揿PB_4重新起动泵和蝶阀。再次检查活塞每分钟往复的次数，直到符合要求为止。放油开关安装在油压表G_2的下方。

(7) 操作搅拌器手动操作手柄，起动液压马达，使搅拌器运转。

(8) 向进料斗加入混合料，开始正常生产。这时电动机满载运转，电流表A的指示不要超过100A。

3. 停运操作步骤

(1) 进料斗和泵内的混合料送完后，揿PB_4停掉泵和蝶阀。

(2) 揿PB_1，停掉电动机。

(3) 将搅拌器手动操作手柄扳至中位，停掉搅拌器。

(4) 反复拧动CS_3，蝶阀来回动作，直到油压表G_2指针回零。

(5) 转动CS_1指向“OFF”，断开自动开关。

4. 异常操作

(1) 泵的活塞卡住。这时应揿 PB_5 使活塞反向运动，即可消除卡住故障。

(2) 混合料堵塞。①揿 PB_5，把混合料吸回进料斗；②揿 PB_4，暂时停止泵的工作，再来回拧动 CS_3；③使蝶阀反复转动，将阀箱内的混合料打松。

10.8.2 电路故障判断

(1) 电压表 V 指零：①电源停电；②机外自动开关自动分闸；③熔断器 F_1 熔断。

(2) 电源指示灯 GL_1 不亮：①熔断器 F_1 熔断；②变压器 B 故障。

(3) 控制电源指示灯 WL_1 不亮：①CS_1 接触不良；②控制电路断路。

(4) 电动机不能起动：①热继电器 OCR 动作为复位；②起动接触器 MS_Y 故障；③运转接触器 $MS_\triangle$ 的常闭辅助触头、时间继电器 T_1 的常闭触头或停止按钮 PB_1 接触不良；④主电路故障。

(5) 电动机起动但不自保：①自保触头接触不良，②时间继电器 T_1 不动作。

(6) 电动机起动但运转指示灯 PL_1 不亮：①时间继电器 T_1 的常闭触头粘住；②运转接触器 $MS_\triangle$ 的常开触头接触不良。

(7) 电动机起动 10～12s 停止：①运转接触器 $MS_\triangle$ 故障；②起动接触器 MS_Y 的常闭辅助触头接触不良；③时间继电器 T_1 的常开延时触头接触不良。

(8) 揿 PB_2 电动机直接起动，PL_1 立即亮：时间继电器 T_1 的常开延时触头粘住或被短接。

(9) 电动机经常无故停车：①运转按触器 $MS_\triangle$ 线圈回路中的触头接触不良或触头弹簧过松；②热继器 OCR 的动作电流整定值过小。

(10) 泵和蝶阀都不动作，揿 PB_5 仍不动作，而且 WL_2 和 WL_3 都不亮：①PB_3 接触不良；②自保持继电器 KR 故障；③触头 R_{3-1} 接触不良。

(11) 泵和蝶阀都不动作，揿 PB_5 时仍不动作，但 WL_2 和 WL_3 交替亮灭：①泵电液阀 SOL_1 故障；②到 SOL_1 的电线断了。

(12) 右(或左)泵活塞停在推出的终端位置，长时间揿下 PB_5，它返回一次又停在推出的终端位置：①右(或左)缸内的舌簧管 LS_1(或 LS_2)不能接通；②到舌簧管的电线断了。

(13) 右(或左)泵活塞停在推出的终端位置，长时间揿下 PB_5，它返回到底再不推出：继电器 R_3(或 E_2)不动作。

(14) 来回转动 CS_3 蝶阀不动作：①蝶阀电液阀 SOL_2 故障；②到 SOL_2 的电线断了；⑧CS_3 接触不良。

10.9 国产 HB－30 型混凝土泵电路

国产 HD－30 型混凝土泵是在吸收日本 700S－1 型混凝土泵新技术的基础上，结合我国国情研制而成的。图 10.20 所示为 HB－30 型混凝土泵电路。它与 700S－1 型混凝土泵电路的区别说明如下：

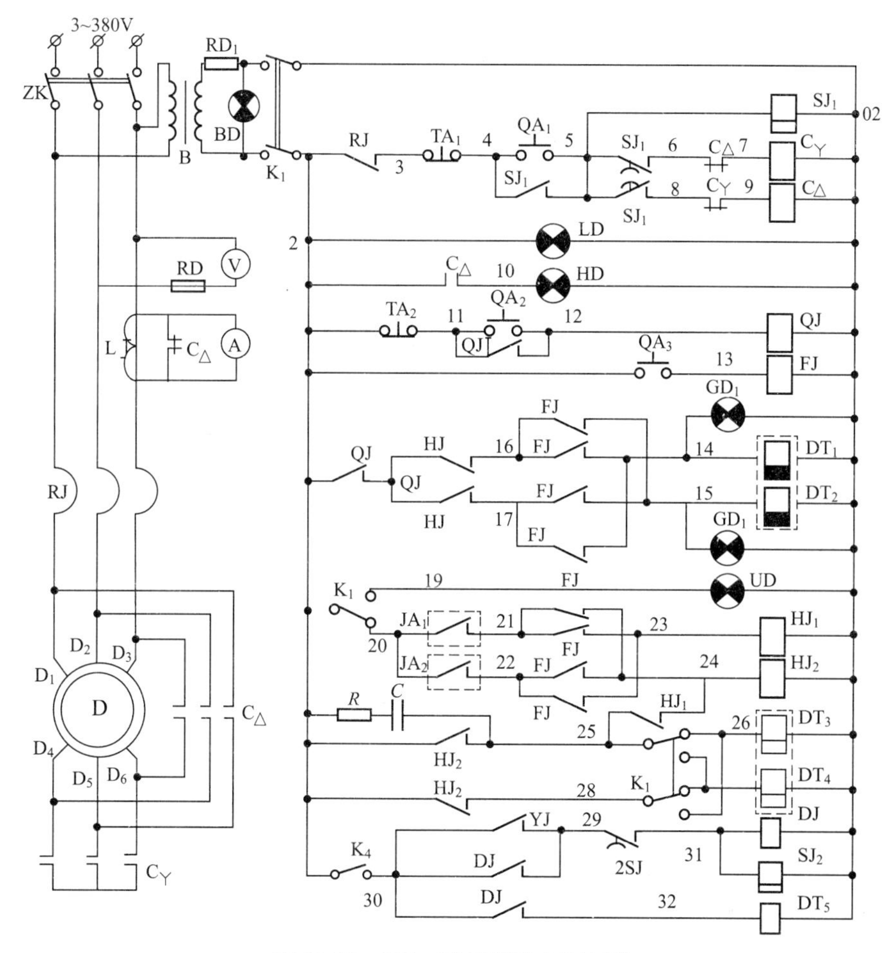

图 10.20　HB-30 型混凝土泵电路

(1) 采用三相式带有断相保护装置的热继电器 RJ，以便对三角形接法的电动机起断相保护作用。

(2) 机内增设自动开关 ZX，使操作方便。

(3) 为了避免电动机起动时冲击电流对电流表 A 的危害，在电流表的两端并联了一个运转接触器 $C_{\triangle}$ 的常闭辅触头。

(4) 泵和蝶阀的起动继电器 QJ 是一个普通中间继电器，不是自保持继电器(700S-1 型中的 KR)，故停止按钮 TA_2 是常闭的。在加接远距离操作按钮时，电路应进行改接，使加接的停止按钮与 TA_2 串联，加接的起动按钮与 QA_2 并联。

(5) 泵和蝶阀的反向开关(700S-1 型中的 PB_5)用一个按钮 QA_3 控制的反向继电器 FJ 代替。

(6) 因为换向继电器 HJ_2 的 4 副触头用来接通或断开电液阀的铁心线圈，而且动作频繁，所以并联了一个阻容保护电路 $R-C$，以减小触头断开时刻的过电压，保护触头不被电弧烧坏。图 10.20 中只一副触头有 $R-C$ 保护电路，最好 4 副都有。

(7) 搅拌器自动反转装置。当搅拌器正转受阻时，此装置能使液压马达自动反转，经过数秒钟故障排除后，又能自动恢复正转。图 10.21 所示为搅拌器液压马达的油压回路。

DT_5是一个电磁换向阀，其线圈通电能自动改变通过液压马达的油流方向，使马达反转。YJ 是一个油压继电器，当搅拌器运转受阻，转速降低使油压升高时，它的触头自动接通。自动反转装置的电路工作原理如下：接通自动反转开关 K_4，当搅拌器受阻使 YJ 接通时，继电器 DJ 动作并自保，电磁换向阀 DT_5通电使液压马达反转，经过预定的时间，时间继电器 SJ_2的延时断开触头使 DJ 释放，DT_5断电，马达自动恢复正转。

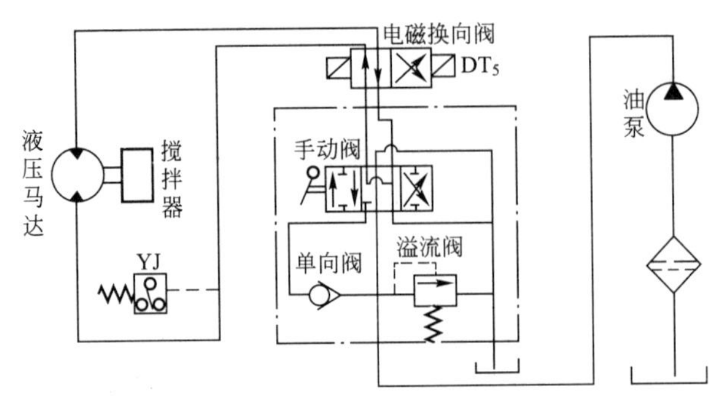

图 10.21　搅拌器液压马达的油压回路

复习思考题

1. 简述混凝土振捣器的基本结构和工作原理。
2. 简述混凝土振捣器的变频工作原理。
3. 简述 Y -△降压起动的电气工作原理。
4. 简述 700S－1 型混凝土泵电路组成及工作原理。

参考文献

[1] 程宪平. 机电传动与控制 [M]. 3 版. 武汉：华中科技大学出版社，2010.
[2] 金君恒. 大型工程机械电路 [M]. 北京：水利电力出版社，1994.
[3] 梁杰，王慧君. 工程机械电器与电子控制装置 [M]. 北京：人民交通出版社，2000.
[4] 王化祥，张淑英. 传感器原理及应用 [M]. 3 版. 天津：天津大学出版社，2007.
[5] 仲崇生. 电气控制及 PLC [M]. 郑州：郑州大学出版社，2008.
[6] 张少军. 交流调速原理及应用 [M]. 北京：中国电力出版社，2005.
[7] 赵仁杰. 工程机械电气设备 [M]. 北京：人民交通出版社，2002.
[8] 陈淑珍. 电动装卸机械电气设备 [M]. 大连：大连海事大学出版社，2005.
[9] 何友华. 可编程序控制器及常用控制电器 [M]. 北京：冶金工业出版社，2008.
[10] 王乐天. 可编程控制器应用与实践教程 [M]. 上海：上海交通大学出版社，2007.
[11] 秦曾煌. 简明电工学教程 [M]. 6 版. 北京：高等教育出版社，2007.
[12] 孟庆春. 电力拖动自动控制系统 [M]. 沈阳：东北大学出版社，2005.
[13] 熊年禄. 数字电路 [M]. 北京：北京邮电大学出版社，2010.
[14] 李英姿. 建筑电气 [M]. 武汉：华中科技大学出版社，2010.
[15] 马小军. 建筑电气控制技术 [M]. 北京：机械工业出版社，2010.
[16] 肇溥仁. 越重与工程机械电气设备 [M]. 北京：中国铁道出版社，1992.
[17] 何挺继. 现代公路施工机械 [M]. 北京：人民交通出版社，1999.
[18] 吕广明. 工程机电技术 [M]. 哈尔滨：哈尔滨工业大学出版社，2004.
[19] 周萼秋. 现代工程机械应用技术 [M]. 长沙：国防科技大学出版社，1997.
[20] 焦生杰. 工程机械机电液一体化 [M]. 北京：人民交通出版社，2005.

北京大学出版社教材书目

✧ 欢迎访问教学服务网站www.pup6.com，免费查阅已出版教材的电子书(PDF版)、电子课件和相关教学资源。

✧ 欢迎征订投稿。联系方式：010-62750667，童编辑，13426433315@163.com，pup_6@163.com，欢迎联系。

序号	书　名	标准书号	主　编	定价	出版日期
1	机械设计	978-7-5038-4448-5	郑　江，许　瑛	33	2007.8
2	机械设计	978-7-301-15699-5	吕　宏	32	2013.1
3	机械设计	978-7-301-17599-6	门艳忠	40	2010.8
4	机械设计	978-7-301-21139-7	王贤民，霍仕武	49	2014.1
5	机械设计	978-7-301-21742-9	师素娟，张秀花	48	2012.12
6	机械原理	978-7-301-11488-9	常治斌，张京辉	29	2008.6
7	机械原理	978-7-301-15425-0	王跃进	26	2013.9
8	机械原理	978-7-301-19088-3	郭宏亮，孙志宏	36	2011.6
9	机械原理	978-7-301-19429-4	杨松华	34	2011.8
10	机械设计基础	978-7-5038-4444-2	曲玉峰，关晓平	27	2008.1
11	机械设计基础	978-7-301-22011-5	苗淑杰，刘喜平	49	2015.8
12	机械设计基础	978-7-301-22957-6	朱　玉	38	2014.12
13	机械设计课程设计	978-7-301-12357-7	许　瑛	35	2012.7
14	机械设计课程设计	978-7-301-18894-1	王　慧，吕　宏	30	2014.1
15	机械设计辅导与习题解答	978-7-301-23291-0	王　慧，吕　宏	26	2013.12
16	机械原理、机械设计学习指导与综合强化	978-7-301-23195-1	张占国	63	2014.1
17	机电一体化课程设计指导书	978-7-301-19736-3	王金娥　罗生梅	35	2013.5
18	机械工程专业毕业设计指导书	978-7-301-18805-7	张黎骅，吕小荣	22	2015.4
19	机械创新设计	978-7-301-12403-1	丛晓霞	32	2012.8
20	机械系统设计	978-7-301-20847-2	孙月华	32	2012.7
21	机械设计基础实验及机构创新设计	978-7-301-20653-9	邹旻	28	2014.1
22	TRIZ 理论机械创新设计工程训练教程	978-7-301-18945-0	蒯苏苏，马履中	45	2011.6
23	TRIZ 理论及应用	978-7-301-19390-7	刘训涛，曹　贺等	35	2013.7
24	创新的方法——TRIZ 理论概述	978-7-301-19453-9	沈萌红	28	2011.9
25	机械工程基础	978-7-301-21853-2	潘玉良，周建军	34	2013.2
26	机械工程实训	978-7-301-26114-9	侯书林，张　炜等	52	2015.10
27	机械 CAD 基础	978-7-301-20023-0	徐云杰	34	2012.2
28	AutoCAD 工程制图	978-7-5038-4446-9	杨巧绒，张克义	20	2011.4
29	AutoCAD 工程制图	978-7-301-21419-0	刘善淑，胡爱萍	38	2015.2
30	工程制图	978-7-5038-4442-6	戴立玲，杨世平	27	2012.2
31	工程制图	978-7-301-19428-7	孙晓娟，徐丽娟	30	2012.5
32	工程制图习题集	978-7-5038-4443-4	杨世平，戴立玲	20	2008.1
33	机械制图(机类)	978-7-301-12171-9	张绍群，孙晓娟	32	2009.1
34	机械制图习题集(机类)	978-7-301-12172-6	张绍群，王慧敏	29	2007.8
35	机械制图(第 2 版)	978-7-301-19332-7	孙晓娟，王慧敏	38	2014.1
36	机械制图	978-7-301-21480-0	李凤云，张　凯等	36	2013.1
37	机械制图习题集(第 2 版)	978-7-301-19370-7	孙晓娟，王慧敏	22	2011.8
38	机械制图	978-7-301-21138-0	张　艳，杨晨升	37	2012.8
39	机械制图习题集	978-7-301-21339-1	张　艳，杨晨升	24	2012.10
40	机械制图	978-7-301-22896-8	臧福伦，杨晓冬等	60	2013.8
41	机械制图与 AutoCAD 基础教程	978-7-301-13122-0	张爱梅	35	2013.1
42	机械制图与 AutoCAD 基础教程习题集	978-7-301-13120-6	鲁　杰，张爱梅	22	2013.1
43	AutoCAD 2008 工程绘图	978-7-301-14478-7	赵润平，宗荣珍	35	2009.1
44	AutoCAD 实例绘图教程	978-7-301-20764-2	李庆华，刘晓杰	32	2012.6
45	工程制图案例教程	978-7-301-15369-7	宗荣珍	28	2009.6
46	工程制图案例教程习题集	978-7-301-15285-0	宗荣珍	24	2009.6
47	理论力学（第 2 版）	978-7-301-23125-8	盛冬发，刘　军	38	2013.9

序号	书　名	标准书号	主　编	定价	出版日期
48	材料力学	978-7-301-14462-6	陈忠安，王　静	30	2013.4
49	工程力学(上册)	978-7-301-11487-2	毕勤胜，李纪刚	29	2008.6
50	工程力学(下册)	978-7-301-11565-7	毕勤胜，李纪刚	28	2008.6
51	液压传动（第2版）	978-7-301-19507-9	王守城，容一鸣	38	2013.7
52	液压与气压传动	978-7-301-13179-4	王守城，容一鸣	32	2013.7
53	液压与液力传动	978-7-301-17579-8	周长城等	34	2011.11
54	液压传动与控制实用技术	978-7-301-15647-6	刘　忠	36	2009.8
55	金工实习指导教程	978-7-301-21885-3	周哲波	30	2014.1
56	工程训练（第3版）	978-7-301-24115-8	郭永环，姜银方	38	2016.1
57	机械制造基础实习教程	978-7-301-15848-7	邱　兵，杨明金	34	2010.2
58	公差与测量技术	978-7-301-15455-7	孔晓玲	25	2012.9
59	互换性与测量技术基础(第3版)	978-7-301-25770-8	王长春等	35	2015.6
60	互换性与技术测量	978-7-301-20848-9	周哲波	35	2012.6
61	机械制造技术基础	978-7-301-14474-9	张　鹏，孙有亮	28	2011.6
62	机械制造技术基础	978-7-301-16284-2	侯书林　张建国	32	2012.8
63	机械制造技术基础	978-7-301-22010-8	李菊丽，何绍华	42	2014.1
64	先进制造技术基础	978-7-301-15499-1	冯宪章	30	2011.11
65	先进制造技术	978-7-301-22283-6	朱　林，杨春杰	30	2013.4
66	先进制造技术	978-7-301-20914-1	刘　璇，冯　凭	28	2012.8
67	先进制造与工程仿真技术	978-7-301-22541-7	李　彬	35	2013.5
68	机械精度设计与测量技术	978-7-301-13580-8	于　峰	25	2013.7
69	机械制造工艺学	978-7-301-13758-1	郭艳玲，李彦蓉	30	2008.8
70	机械制造工艺学(第2版)	978-7-301-23726-7	陈红霞	45	2014.1
71	机械制造工艺学	978-7-301-19903-9	周哲波，姜志明	49	2012.1
72	机械制造基础(上)——工程材料及热加工工艺基础(第2版)	978-7-301-18474-5	侯书林，朱　海	40	2013.2
73	制造之用	978-7-301-23527-0	王中任	30	2013.12
74	机械制造基础(下)——机械加工工艺基础(第2版)	978-7-301-18638-1	侯书林，朱　海	32	2012.5
75	金属材料及工艺	978-7-301-19522-2	于文强	44	2013.2
76	金属工艺学	978-7-301-21082-6	侯书林，于文强	32	2012.8
77	工程材料及其成形技术基础（第2版）	978-7-301-22367-3	申荣华	58	2016.1
78	工程材料及其成形技术基础学习指导与习题详解（第2版）	978-7-301-26300-6	申荣华	28	2015.9
79	机械工程材料及成形基础	978-7-301-15433-5	侯俊英，王兴源	30	2012.5
80	机械工程材料（第2版）	978-7-301-22552-3	戈晓岚，招玉春	36	2013.6
81	机械工程材料	978-7-301-18522-3	张铁军	36	2012.5
82	工程材料与机械制造基础	978-7-301-15899-9	苏子林	32	2011.5
83	控制工程基础	978-7-301-12169-6	杨振中，韩致信	29	2007.8
84	机械制造装备设计	978-7-301-23869-1	宋士刚，黄　华	40	2014.12
85	机械工程控制基础	978-7-301-12354-6	韩致信	25	2008.1
86	机电工程专业英语(第2版)	978-7-301-16518-8	朱　林	24	2013.7
87	机械制造专业英语	978-7-301-21319-3	王中任	28	2014.12
88	机械工程专业英语	978-7-301-23173-9	余兴波，姜　波等	30	2013.9
89	机床电气控制技术	978-7-5038-4433-7	张万奎	26	2007.9
90	机床数控技术(第2版)	978-7-301-16519-5	杜国臣，王士军	35	2014.1
91	自动化制造系统	978-7-301-21026-0	辛宗生，魏国丰	37	2014.1
92	数控机床与编程	978-7-301-15900-2	张洪江，侯书林	25	2012.10
93	数控铣床编程与操作	978-7-301-21347-6	王志斌	35	2012.10
94	数控技术	978-7-301-21144-1	吴瑞明	28	2012.9
95	数控技术	978-7-301-22073-3	唐友亮　佘　勃	45	2014.1
96	数控技术与编程	978-7-301-26028-9	程广振　卢建湘	36	2015.8
97	数控技术及应用	978-7-301-23262-0	刘　军	49	2013.10
98	数控加工技术	978-7-5038-4450-7	王　彪，张　兰	29	2011.7
99	数控加工与编程技术	978-7-301-18475-2	李体仁	34	2012.5
100	数控编程与加工实习教程	978-7-301-17387-9	张春雨，于　雷	37	2011.9
101	数控加工技术及实训	978-7-301-19508-6	姜永成，夏广岚	33	2011.9
102	数控编程与操作	978-7-301-20903-5	李英平	26	2012.8
103	现代数控机床调试及维护	978-7-301-18033-4	邓三鹏等	32	2010.11
104	金属切削原理与刀具	978-7-5038-4447-7	陈锡渠，彭晓南	29	2012.5

序号	书　名	标准书号	主　编	定价	出版日期
105	金属切削机床(第 2 版)	978-7-301-25202-4	夏广岚，姜永成	42	2015.1
106	典型零件工艺设计	978-7-301-21013-0	白海清	34	2012.8
107	模具设计与制造(第 2 版)	978-7-301-24801-0	田光辉，林红旗	56	2016.1
108	工程机械检测与维修	978-7-301-21185-4	卢彦群	45	2012.9
109	工程机械电气与电子控制	978-7-301-26868-1	钱宏琦	54	2016.3
110	特种加工	978-7-301-21447-3	刘志东	50	2016.1
111	精密与特种加工技术	978-7-301-12167-2	袁根福，祝锡晶	29	2011.12
112	逆向建模技术与产品创新设计	978-7-301-15670-4	张学昌	28	2013.1
113	CAD/CAM 技术基础	978-7-301-17742-6	刘　军	28	2012.5
114	CAD/CAM 技术案例教程	978-7-301-17732-7	汤修映	42	2010.9
115	Pro/ENGINEER Wildfire 2.0 实用教程	978-7-5038-4437-X	黄卫东，任国栋	32	2007.7
116	Pro/ENGINEER Wildfire 3.0 实例教程	978-7-301-12359-1	张选民	45	2008.2
117	Pro/ENGINEER Wildfire 3.0 曲面设计实例教程	978-7-301-13182-4	张选民	45	2008.2
118	Pro/ENGINEER Wildfire 5.0 实用教程	978-7-301-16841-7	黄卫东，郝用兴	43	2014.1
119	Pro/ENGINEER Wildfire 5.0 实例教程	978-7-301-20133-6	张选民，徐超辉	52	2012.2
120	SolidWorks 三维建模及实例教程	978-7-301-15149-5	上官林建	30	2012.8
121	UG NX 9.0 计算机辅助设计与制造实用教程(第 2 版)	978-7-301-26029-6	张黎骅，吕小荣	36	2015.8
122	CATIA 实例应用教程	978-7-301-23037-4	于志新	45	2013.8
123	Cimatron E9.0 产品设计与数控自动编程技术	978-7-301-17802-7	孙树峰	36	2010.9
124	Mastercam 数控加工案例教程	978-7-301-19315-0	刘　文，姜永梅	45	2011.8
125	应用创造学	978-7-301-17533-0	王成军，沈豫浙	26	2012.5
126	机电产品学	978-7-301-15579-0	张亮峰等	24	2015.4
127	品质工程学基础	978-7-301-16745-8	丁　燕	30	2011.5
128	设计心理学	978-7-301-11567-1	张成忠	48	2011.6
129	计算机辅助设计与制造	978-7-5038-4439-6	仲梁维，张国全	29	2007.9
130	产品造型计算机辅助设计	978-7-5038-4474-4	张慧姝，刘永翔	27	2006.8
131	产品设计原理	978-7-301-12355-3	刘美华	30	2008.2
132	产品设计表现技法	978-7-301-15434-2	张慧姝	42	2012.5
133	CorelDRAW X5 经典案例教程解析	978-7-301-21950-8	杜秋磊	40	2013.1
134	产品创意设计	978-7-301-17977-2	虞世鸣	38	2012.5
135	工业产品造型设计	978-7-301-18313-7	袁涛	39	2011.1
136	化工工艺学	978-7-301-15283-6	邓建强	42	2013.7
137	构成设计	978-7-301-21466-4	袁涛	58	2013.1
138	设计色彩	978-7-301-24246-9	姜晓微	52	2014.6
139	过程装备机械基础（第 2 版）	978-301-22627-8	于新奇	38	2013.7
140	过程装备测试技术	978-7-301-17290-2	王毅	45	2010.6
141	过程控制装置及系统设计	978-7-301-17635-1	张早校	30	2010.8
142	质量管理与工程	978-7-301-15643-8	陈宝江	34	2009.8
143	质量管理统计技术	978-7-301-16465-5	周友苏，杨　飒	30	2010.1
144	人因工程	978-7-301-19291-7	马如宏	39	2011.8
145	工程系统概论——系统论在工程技术中的应用	978-7-301-17142-4	黄志坚	32	2010.6
146	测试技术基础(第 2 版)	978-7-301-16530-0	江征风	30	2014.1
147	测试技术实验教程	978-7-301-13489-4	封士彩	22	2008.8
148	测控系统原理设计	978-7-301-24399-2	齐永奇	39	2014.7
149	测试技术学习指导与习题详解	978-7-301-14457-2	封士彩	34	2009.3
150	可编程控制器原理与应用(第 2 版)	978-7-301-16922-3	赵　燕，周新建	33	2011.11
151	工程光学	978-7-301-15629-2	王红敏	28	2012.5
152	精密机械设计	978-7-301-16947-6	田　明，冯进良等	38	2011.9
153	传感器原理及应用	978-7-301-16503-4	赵　燕	35	2014.1
154	测控技术与仪器专业导论(第 2 版)	978-7-301-24223-0	陈毅静	36	2014.6
155	现代测试技术	978-7-301-19316-7	陈科山，王燕	43	2011.8
156	风力发电原理	978-7-301-19631-1	吴双群，赵丹平	33	2011.10
157	风力机空气动力学	978-7-301-19555-0	吴双群	32	2011.10
158	风力机设计理论及方法	978-7-301-20006-3	赵丹平	32	2012.1
159	计算机辅助工程	978-7-301-22977-4	许承东	38	2013.8
160	现代船舶建造技术	978-7-301-23703-8	初冠南，孙清洁	33	2014.1